普通高等教育机械类特色专业系列教材
“十三五”江苏省高等学校重点教材

机 械 原 理

于明礼　朱如鹏　主编

科 学 出 版 社
北 京

内 容 简 介

本书是“十三五”江苏省高等学校重点教材（编号：2019-2-096）。

本书根据教育部高等学校机械基础课程教学指导分委员会制定的《机械原理课程教学基本要求》和《机械原理课程教学改革建议》，并结合近年来教学改革实践的经验编写而成。

全书共 13 章，包括绪论、平面机构的结构分析、平面机构的运动分析、空间连杆机构的运动分析、运动副中的摩擦和机械效率、平面连杆机构、凸轮机构、齿轮机构、轮系、其他常用机构、机器的运转及其速度波动的调节、机械的平衡、机械传动系统运动方案设计。本书在进一步凝练课程核心内容的基础上，突出了对学生创新思维、创新能力与工程意识的培养。

本书可用作高等院校机械类各专业师生的教材，也可供其他有关专业的师生和工程技术人员参考。

图书在版编目(CIP)数据

机械原理/于明礼，朱如鹏主编. —北京：科学出版社，2020.10
(普通高等教育机械类特色专业系列教材·“十三五”江苏省高等学校重点教材)
ISBN 978-7-03-066381-8

Ⅰ. ①机…　Ⅱ. ①于…②朱…　Ⅲ. ①机械原理-高等学校-教材
Ⅳ. ①TH111

中国版本图书馆 CIP 数据核字(2020)第 198974 号

责任编辑：朱晓颖　邓　静 / 责任校对：郭瑞芝
责任印制：张　伟 / 封面设计：迷底书装

科学出版社 出版
北京东黄城根北街 16 号
邮政编码：100717
http://www.sciencep.com
天津市新科印刷有限公司 印刷
科学出版社发行　各地新华书店经销
*
2020 年 10 月第　一　版　开本：787×1092　1/16
2023 年 1 月第三次印刷　印张：19 1/4
字数：492 000

定价：59.80 元
(如有印装质量问题，我社负责调换)

前　言

本书根据教育部高等学校机械基础课程教学指导分委员会制定的《机械原理课程教学基本要求》和《机械原理课程教学改革建议》，在南京航空航天大学朱如鹏主编的《机械原理》的基础上，结合近年来南京航空航天大学及各兄弟院校教学改革实践的经验编写而成。

本书以机构与机器的基本问题、运动设计、动力学设计和运动方案设计为主线，突出设计的共性规律和基本方法，系统地介绍机构结构分析、机构运动分析和力分析、常用机构及其设计、机械系统动力学和机械传动系统运动方案设计等内容。增加了创新设计方面的基本知识，加强了机械系统运动方案设计部分的内容，有选择地充实了一些较成熟的新理论、新概念和新技术，主要章节复习思考题中增加了一些启发性、创新性的训练内容。在内容取舍与编排上，根据学生能力发展与培养规律，充分考虑与机械设计系列课程的有机衔接，注重对先修课程，特别是高等数学、理论力学等所学知识的综合与运用能力的培养。在保证一般机械类专业教学需求的前提下，主要章节精选了一些航空、航天领域的特色典型机构和新型机构作为案例，以开阔学生视野，提高学习兴趣。

本书由朱如鹏编写第 1 章，刘雷编写第 2 章和第 4 章，于明礼编写第 3 章和第 5 章，陆俊华编写第 6 章和第 10 章，赵威编写第 7 章，马希直编写第 8 章，尹明德编写第 9 章和第 13 章，郭勤涛编写第 11 章和第 12 章。全书由于明礼和朱如鹏担任主编，负责统稿。

本书承东南大学钱瑞明教授和南京理工大学范元勋教授悉心审阅，他们对本书提出了非常中肯的意见；南京航空航天大学机械原理课程组的全体教师参加了本书编写的多次讨论，提出了很多极有价值的建议；南京航空航天大学教务处和机电学院对本书编写提供了强有力的支持，在此一并表示感谢。

本书为“机械原理”国家级一流本科课程配套教材，同时为“机械原理”MOOC 课程指定教材，该 MOOC 课程由南京航空航天大学机械原理课程教学团队主讲，在“中国大学MOOC”平台开课，网址：www.icourse163.org/course/ NUAA-1453993185。

在本书编写过程中，参考、引用了相关手册、标准以及兄弟院校相关教材的内容，在此对这些文献的编著者致以衷心的感谢。

由于编者水平所限，书中难免有疏漏、不当之处，敬请广大读者不吝指正。

编　者

2020 年 7 月

目　录

第1章 绪 论

1.1 机械原理课程研究的对象和内容

1.1.1 机械原理课程的研究对象

“机械”是“机器”和“机构”的总称，“机械原理”是“机器和机构原理”的简称，它是一门以研究机器和机构为对象的科学。那么，什么是“机器”和“机构”呢？这需要进一步加以说明。

机器的类型很多。在日常生活和生产中，我们都接触过许多机器，如发电机、内燃机、各种机床、起重机、汽车和飞机等。各种不同的机器具有不同的构造和用途。然而，当我们对不同的机器进行分析时，可以看到它们具有一些相同的特征。

图 1-1 所示的内燃机，是由气缸 11、活塞 10、连杆 3、曲轴 4、轴承 5、齿轮 1 和 18、凸轮轴 7、气阀 17、弹簧 9 等一系列的实体人为地组成起来的。当燃气推动活塞做往复运动时，通过连杆使曲柄做连续转动，从而将燃气的热能转换为机械能。至于燃气定时地进入气缸和排出气缸，则是经过齿轮将曲轴上的转动传递到凸轮轴 7 上，从而通过凸轮轮廓的作用推动阀门顶杆 8 来完成的。

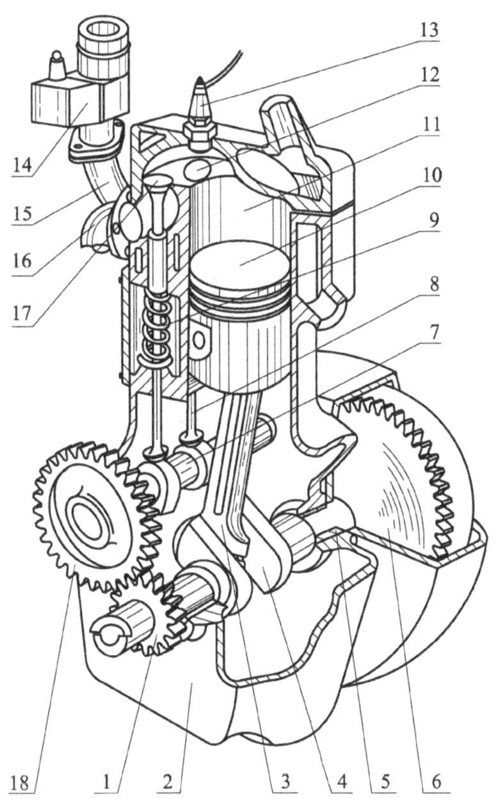

图 1-1 内燃机

在直升机中，如图 1-2 所示，通过轴、齿轮等实体将发动机的动力传递到旋翼和尾桨，使其按规定的速度旋转，产生升力和平衡旋翼反作用扭矩。如图 1-3 所示，倾斜盘、操纵拉杆、变距连杆等实体对旋翼进行操纵，控制直升机的升降、前后和俯仰运动。再如，发电机是一个转子和一个定子所组成的，当发电机被拖动时，它便将转子转动的机械能转换为电能。

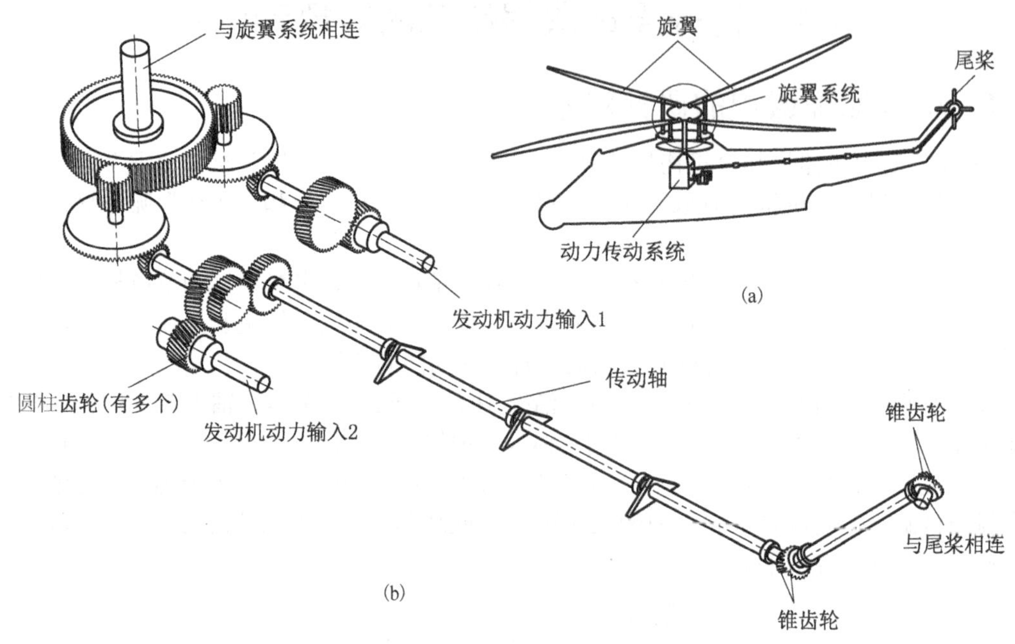

图 1-2　直升机动力传动系统

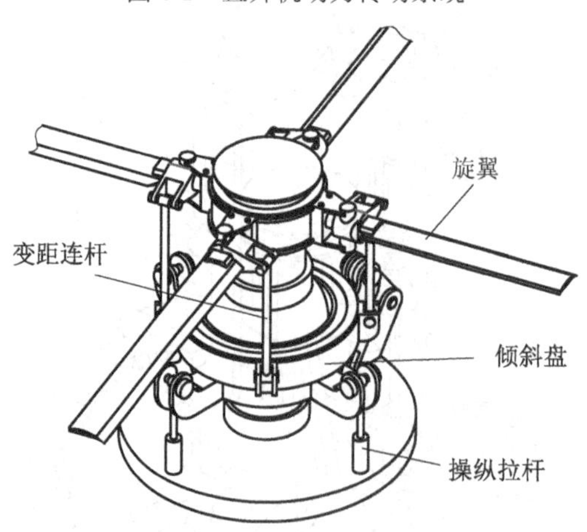

图 1-3　直升机旋翼系统

通过分析机器的组成、运动和用途，我们可以看出它们都具有以下三个共同的特征：

(1) 都是人为的实物组合体；

(2) 组成机器的各实物具有确定的运动；

(3) 能实现能量的转换，完成有用功或信息处理，代替或减轻人类的劳动。

凡同时具备上列三个特征的实物组合便称为机器。按照用途的不同，机器可分为动力机器、加工机器、运输机器和信息处理机器等几大类。动力机器的用途是实现机械能与其他能量的转换，如内燃机、蒸汽机、电动机等；加工机器的用途是改变被加工对象的形状、尺寸、性质等，如各种金属加工机床、包装机等；运输机器的用途是搬运人和物品，如汽车、飞机、直升机、起重机等；信息处理机器的用途是处理各种信息，如打印机、复印机、绘图机等。

当研究机器完成有用的机械功或实现能量的转换时，通常要涉及专业方面的要求和特点，这已属于专业课程所讨论的内容。而机械原理研究机器的一些共性的、基本的问题，即着重考察机器的组成和运动这两个方面，并将具有机器前两个特征的称为“机构”。因此，“机构”也是人为的实体组合，而且各实体在工作中具有确定的运动。

在机器中进行着某一运动传递或变换的一部分实体就是一种基本机构。例如，在内燃机中(图 1-1)，一对齿轮 1、18 和起支撑作用的气缸 11 等实体将绕一轴的转动传递到另一轴上，两轴转动的速度大小和方向都可能不同，这一部分实体就组成了一种基本机构，称为齿轮机构；凸轮轴 7、气阀 17 或阀门顶杆 8 和起支撑作用的气缸 11 等实体将凸轮轴的转动变换为顶杆的往复直线移动，这一部分也组成一种基本机构，称为凸轮机构；活塞 10、连杆 3、曲轴 4 和起支撑作用的气缸 11 等实体将活塞的往复直线移动，经连杆传递变换为曲轴的连续转动，这一部分又组成一种基本机构，称为曲柄滑块机构。

在一部机器中，可以只包括一种机构，也可以包括数种机构。同时，在不同的机器中可以包括相同的机构。从组成和运动的观点来看，机器与机构并无区别。因此，用“机械”一词作为“机器”和“机构”的总称。

在工程上，通常将一部机械分为以下三大部分。

第一是原动部分。这是机械动力的来源。最常见的原动机有电动机、内燃机、液压马达和空气压缩机等。

第二是工作部分。这部分处于整个传动路线的终点，用来完成要求的机械动作。它的结构形式完全取决于机械本身的用途。

第三是传动部分。在一部机械中，传动部分是把原动机的运动和功率传递给工作部分的中间环节。传动部分由机构组成，如齿轮机构、凸轮机构、连杆机构等。

应当注意的是，机械不只是由刚体所组成的，液体、气体及柔韧体等也参与运动的变换和传递。同时，为了使各部分能协调地工作，机械中常利用气、液、光、电、磁、声等组成控制部分，尤其是计算机的广泛应用。这些内容已超出本课程的要求，将在其他课程中介绍。

1.1.2　机械原理课程研究的内容

关于机械原理课程研究的内容，各有关教材中有不同的分类方法。本书中分为以下四部分。

第一部分是各种机构共同的基本问题，主要内容有：①机构的组成原理；②机构运动简图的表示方法；③机构的自由度计算；④平面机构的运动分析；⑤空间机构的结构和空间连杆机构的运动分析；⑥运动副中的摩擦和机械效率。

第二部分是常用机构的分析与设计，主要内容有：①连杆机构的特性和运动设计；②凸轮机构的从动件的运动规律、凸轮轮廓的设计和凸轮机构的尺寸参数的选择；③齿轮机构的原理、齿轮的参数与几何尺寸计算；④齿轮系的传动比计算及其设计中的若干问题；⑤其他几种常用机构的组成及其运动特性分析。

第三部分是机器动力学问题，主要内容有：①机械中惯性力的平衡；②机械的动力学模型、作用力与运动的关系和机械的调速问题。

第四部分是机械系统运动方案的设计，主要内容有：①机构选型与评价；②机构的组合与变异；③机械系统方案设计。

1.2 机械原理课程的重要性和学习方法

1.2.1 机械原理课程的重要性

1. 机械原理课程在专业教学中的重要地位

由于机器的种类繁多，在教学计划中，按专业设置有相应课程，讲述有关专业机器的专门问题。而各种专业机器所共有的一些问题，则由机械原理、机械设计等几门技术基础课程来讨论。

机械原理课程以高等数学、普通物理、理论力学和机械制图等课程为先导，为后续的机械设计和有关专业课程打下理论基础，起着承前启后的桥梁作用。另外，其中有些内容也可以直接应用于生产实践。机械原理是一门机械类各专业的重要技术基础课程。

2. 机械原理在发展国民经济方面的重要作用

由于科学技术的飞速发展，机械产品更新换代的周期越来越短，对机械产品的性能、质量的要求越来越高。机械原理的深入研究和广泛应用可以有力地推动机械工业中许多新产品、新设备的出现与发展。机械原理的研究成果为设计先进的机器和仪器设备以及创造发明新机械，提供了有效的途径。世界上许多工业发达的国家，如美国、德国、日本等，都十分重视机器和机构理论的研究，就是这个道理。采用机器和机构理论来创新、开发新的机械产品的例子，真是举不胜举。例如，选用合适的连杆曲线来实现所需要的工艺动作，大大提高了飞剪、型材摆锻机的生产效率；根据包络曲线原理设计制造了旋转活塞式发动机和多种油泵转子叶片的型线；利用面齿轮机构的啮合特点，设计出了具有分路传动的高性能直升机主传动系统，使重量大幅度地下降；以并联机构为基础，研发出了并联机床(又称虚拟轴机床)、飞船的并联对接装置、并联微操作机器人等；利用空间连杆机构制成的摆盘式发动机已用于新式水下武器；采用开式运动链的研究成果已制成了机器人、机器蛇、机器苍蝇等仿生机械。凡此种种均充分说明了机器和机构的理论对于设计与创造新机器有何等的重要作用。

1.2.2 机械原理课程的学习方法

第一，要认识到机械原理课程的内容是以机械的运动为核心而展开的，着重培养学生以运动的观点和方法设计并研究机械的能力。注意围绕机械的运动表示、运动确定性条件、运动分析、运动设计、运动与力、运动调节等方面，建立机械原理的知识体系，使学生具备进行简单机械的运动设计与分析的能力。

第二，应注意把学习的基本原理和方法与其在实际机构和机器中的具体运用密切联系起来。随时留心在日常生活和生产中所遇到的各种机构和机器，根据所学的原理和方法进行观察和分析，做到理论和实际相结合。

第三，应当注意机械原理是一门技术基础课程。一方面，机械原理较物理、理论力学等基础课更加结合工程实际，例如，理论力学中的运动学和动力学研究对象是质点和刚体，而机械原理中的运动学和动力学则是就机构和机器进行研究的。另一方面，它与机械类专业课程又有所不同。专业机械种类繁多，机械原理课程不可能、也不必要对各种各样的具体机械进行研究，只是对这些机械的一些共性问题和各种机器中常用的一些机构进行较为深入的探讨。根据本课程的这一性质，我们不期望学生在学完本课程后就能承担某种具体机械的全部设计任务，但本课程为完成这些任务提供了必不可少的知识基础。为了打好这一基础，在学习本课程的过程中，既要着重注意搞清基本概念，理解基本原理，掌握机构分析和综合的基本方法，也要注意这些原理和方法在工程上实际应用的范围和条件。

第四，要注意加强工程意识和技术能力的培养。与大家所习惯的学习理论基础课的方法有所不同，本课程要用到很多与工程有关的名词、符号、公式、标准及参数，以及机械研究的一些常用的简化方法，如反转、转化、当量、等效、代换等。在机构分析与综合中，除解析法外，还介绍了图解法、实验法等工程中实用的方法。因此在学习时，对名词应正确理解其含义，对公式应掌握其应用范围，对设计参数要了解相关标准和规范，而对方法则着重掌握其基本原理和用途。另外，实际工程问题都涉及多方面的因素，其求解可采用多种方法，其解一般也不是唯一的。这就要求设计者具有分析、判断、决策的能力，要养成综合分析、全面考虑问题的习惯和科学严谨、一丝不苟的工作作风。

1.3　机械原理学科的发展概况

人类创造发明机械的历史是十分悠久的，但是将机器和机构的理论作为一门独立的学科，一直到19世纪中下叶才奠定了一定的基础。例如，1875年德国的列罗(F. Realeaux)所著的《机械运动学》比较系统地论述了机构的运动学问题。以列罗和布尔梅斯特尔(L. Burmester)为代表的德国学者根据运动几何学原理用图解法进行了机构的分析和综合。差不多在同时，俄国以契贝舍夫(П. Л. Чебышев)为代表的学者用函数逼近论等代数方法来解决机构的近似综合问题。以上述研究成果为基础，机器和机构的理论才逐渐发展成一门独立的技术基础学科。

20世纪30年代以后，德国以运动几何学为基本理论方法进行了平面连杆机构分析和综合的研究，在连杆机构、组合机构以及机械动力学与测试技术等方面取得了不少成就；苏联在利用代数方法解决机构综合问题方面也有很大的进展，并在机构结构理论、机构精确度、平面低副机构综合、高副包络理论、空间机构、机械动力学等方面有很多贡献。美国、英国、澳大利亚、加拿大、日本以及东欧一些工业比较发达的国家对机器和机构理论的研究逐渐重视起来，并使其得到了迅速发展。例如，美国在机构结构理论、平面与空间连杆机构的分析及综合、机械动力学和机构优化设计等方面取得了引人注目的成就，并十分重视计算机在机构学与机械动力学方面的应用；日本则重点围绕生产过程的自动化，以及机器人、机械手的研制进行了机构分析和综合的研究，在步行机、多自由度多关节开式运动链的运动分析和稳定性研究等方面均有贡献。

为了加强对机器和机构理论研究的国际合作，1969年秋在波兰正式成立了国际机器和机构理论联合会(International Federation for Theory of Machines and Mechanisms，IFToMM)。IFToMM每四年定期举行机器和机构理论学术会议(World Congress on TMM (Theory of Mechanisms and Machines))，并与一些会员国合办专题国际学术会议。IFToMM还定期出版*Mechanism and Machine Theory*(简称MMT)这一国际性学术刊物。2000年IFToMM的全名称

改为 International Federation for the Promotion of Mechanism and Machine Science，相应的学术会议名称由 TMM 改为 MMS(Mechanism and Machine Science)。这种改动体现了机构学由原来的“理论”和“方法”发展为“科学”，是对机构学认识的一种深化，提升了机构学的学术内涵与地位，也极大地激发了机构学研究人员的责任感和积极性。

我国在机器和机构理论方面的研究发展迅速，成果累累。1982 年在中国机械工程学会机械传动分会中成立了机构学专业委员会，随后几乎每年一次地召开全国机构学学术讨论会。与此同时，加强国际交流，一方面邀请国外专家来国内讲学，另一方面积极选派国内学者到国外学习和参加学术交流。从而促进了我国机械原理的深入研究，推动了我国机械原理赶超世界先进水平的进程。我国机械传动分会于 1983 年正式参加了 IFToMM 国际学术组织。为了顺应中国机构学国际化、现代化的发展，对机构学学术研讨会进行了改革，自 2004 年以来逢双年为中国机构与机器科学国际会议(China International Conference of Mechanism and Machine Science，CCMMS)、逢单年为中国机构与机器科学应用国际会议(China International Conference of Applied Mechanism and Machine Science，CCAMMS)。我国已在机器和机构理论的许多方面达到了世界领先地位，如机械结构理论、平面连杆机构的综合、空间机构的分析与综合、新型啮合传动、机械的平衡、机械动力学中的非线性现象与动态设计等。

近代基础理论科学与工业技术的迅速发展和计算机的广泛应用，促进了机器和机构理论在研究内容及方法上的很大发展。其发展主要表现在下列几方面：从刚体到弹性体、从线性到非线性、从确定的到随机的、从常规设计到最优设计和可靠性设计、从人工设计与分析到计算机辅助设计与仿真、从常规尺寸到小型尺寸及微型尺寸等。此外，由于机器人学、机械动力学等其他学科的出现与发展，机械原理中的许多内容已有了新的生长点。

本 章 小 结

本章讲述了机械原理课程研究的对象与内容、机械原理课程的重要性和学习方法、机械原理学科的发展概况，主要内容如下。

(1)“机械”是“机器”和“机构”的总称。机器具有三个特点：①都是人为的实物组合；②在工作中，其各实物具有确定的运动；③在生产劳动中，能实现能量的转换，完成有用功或信息处理，代替或减轻人类的劳动。机构具有机器的前两个特点。

(2)本课程是研究机器和机构理论的一门科学，主要内容有：各种机构共同的基本问题、常用机构的分析与设计、机器动力学、机械系统运动方案的设计。

(3)本课程在教学计划中占有十分重要的地位，在发展国民经济方面也具有重要意义；机械原理是一门技术基础课程，它以高等数学、普通物理、机械制图和理论力学等课程为基础，又为以后学习机械设计和有关专业课程，以及掌握机械方面的最新成就打下理论基础。

复习思考题

1．什么叫机构？什么叫机器？什么叫机械？它们之间有何联系？试举例说明之。

2．机械原理的课程内容是什么？学习本课程应注意哪些方面？

第 2 章　平面机构的结构分析

2.1　概　　述

机构的结构分析是机构运动分析、动力分析及机构综合的必要前提。其目的在于探讨机构运动的可能性及其具有确定运动的条件；将各种机构按结构加以分类，并按这种分类建立运动和动力分析的一般方法；通过结构分析掌握正确绘制机构运动简图的方法。除此之外，研究机构的结构还可以为合理设计机构和创造新机构提供途径。

从结构分析的目的出发，结构分析的内容主要包含以下三方面。

(1) 研究机构的组成及其具有确定运动的条件。机构作为运动及力传递的可动装置，是由具有确定相对运动的构件组合而成的。显然，机器中的机构需要具有确定的运动。因此，机构结构分析的主要内容之一是研究机构是怎样组成的，以及在什么条件下机构才具有确定的运动。

(2) 根据结构特点进行机构的结构分类。对机构进行运动分析和动力分析是机械原理的一项基本任务，其目的在于了解机构运动过程中各构件的位移、速度、加速度和受力的变化规律。现代技术的发展使机构形式繁多，逐个进行分析是不可能的，但可以按结构特点对形式各异的机构进行分类。对同一类型的机构，就可采用同一方法进行运动分析和动力分析，最终使问题简化。

(3) 研究机构的组成原理。根据机构运动应具有确定性的要求，以构件组成机构时，是否有可遵循的规律？机构的组成原理可为这一问题的解决提供指导。另外，在懂得了机构的组成原理之后，也便于对机构进行结构分析，进而进行机构的结构分类。

2.2　平面机构的组成

2.2.1　构件

从制造的角度来分析，通常将组成机构的每一个能单独加工的单元体称为零件。而从研究机构运动的角度来看，并非所有零件都独立地影响机构的运动，往往由于结构和工艺的需要，把几个零件刚性地连接在一起。这些零件之间不能产生任何相对运动，构成了一个运动单元体。机构中每一个运动单元体就称为一个构件，简称“杆”。

由上述定义可见，从运动的观点分析机构，构件是组成机构的基本单元体，机构中构件间具有确定的相对运动。构件可以由若干个零件刚性地连接在一起组成，也可以是一个零件。如图 2-1 所示的内燃机连杆，在内燃机中是作为一个整体而运动的，所以连杆是一个构件。但从制造的角度来看，连杆是由连杆体 1、连杆盖 2、轴套 3、轴瓦 4、螺栓 5、螺母 6 等零件装配而成的部件。

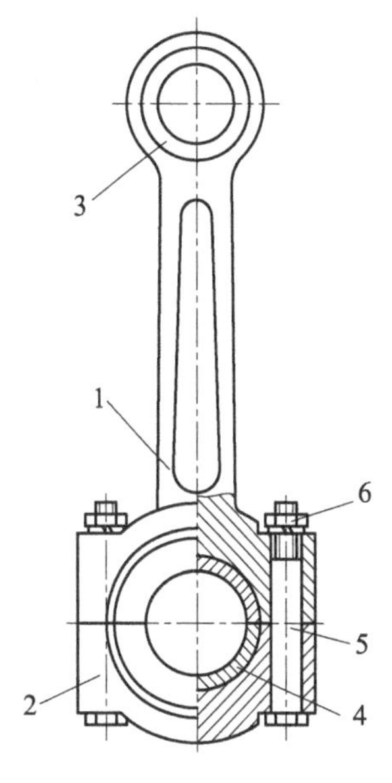

图 2-1　内燃机的连杆

2.2.2　运动副

既然机构是由若干个具有确定相对运动的构件组成的，那么在机构中每个构件都需以一定的方式与其他构件相互连接，且这种连接能使两构件间产生一定的相对运动。通常我们把使两构件直接接触而又能产生一定相对运动的连接称作运动副。简单地说，运动副就是两构件间直接接触而形成的可动连接。如图 2-2 所示，轴承 1 与轴颈 2 之间的连接(图 2-2(a))、导槽 1 与滑块 2 之间的连接(图 2-2(b))、轮齿 1 与轮齿 2 之间的连接(图 2-2(c))都构成运动副。

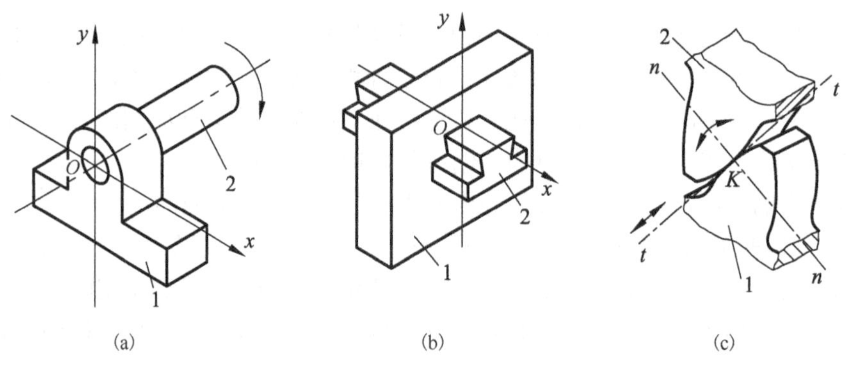

图 2-2　平面运动副

通常按构成运动副的两构件间的相对运动是平面运动还是空间运动，将运动副分为平面运动副和空间运动副两大类。图 2-2 为平面运动副，图 2-3 和图 2-4 为空间运动副。本章主要对平面运动副进行讨论。

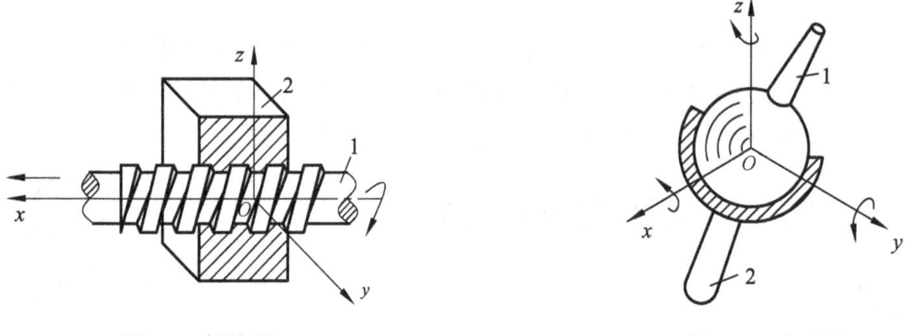

图 2-3　螺旋副　　　　图 2-4　球面副

运动副除按上述方法进行分类外，还可以按构成运动副的两构件之间的接触情况进行分类。构件之间的接触不外乎点、线、面三种。将两构件上能够直接参与接触而构成运动副的点、线、面称为运动副元素。凡以面接触形成的运动副称为低副，如图 2-2(a)和(b)所示的两种运动副；凡以点或线接触形成的运动副称为高副，如图 2-2(c)所示的运动副。

运动副还可以根据构成运动副的两构件之间相对运动的形式不同进行分类。把两构件间相对运动为转动的运动副称为转动副或回转副，俗称铰链，如图 2-2(a)所示；相对运动为移动的运动副称为移动副，如图 2-2(b)所示。当转动中心趋于无穷远时，转动就成为移动，因而可以认为移动副是转动中心在无穷远处的转动副。相对运动为螺旋运动的运动副称为螺旋副，如图 2-3 中螺杆 1 与螺母 2 组成的运动副。相对运动为球面运动的运动副称为球面副，如图 2-4 中球头 1 与球碗 2 所组成的运动副。

构成运动副的两构件之间的相对运动仅与两运动副元素的几何形状和接触情况有关，因此可以用简单的符号将各类运动副表示出来。常用运动副的表示方法已制定有国家标准，表 2-1 为部分常用运动副的符号。

表 2-1　常用运动副的符号

运动副名称		运动副符号	
		两活动构件构成的运动副	两构件之一固定时的运动副
平面运动副	转动副	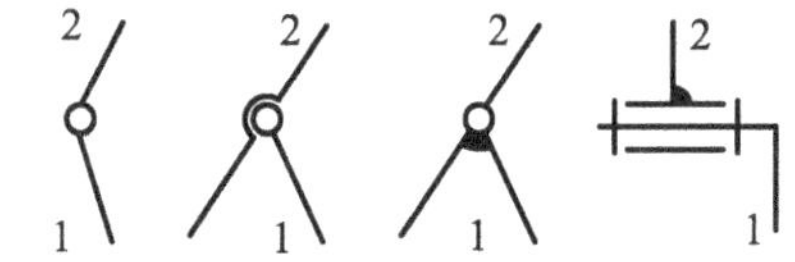 （Ⅴ级）	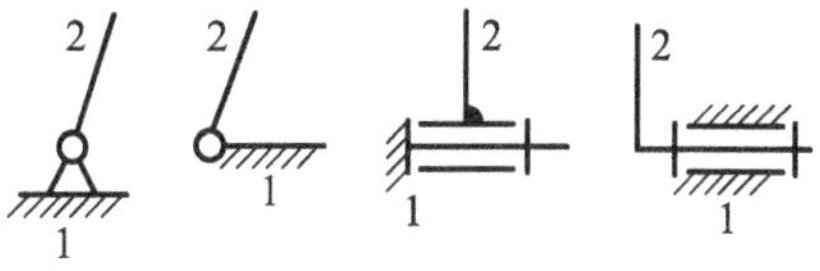 （Ⅴ级）
	移动副	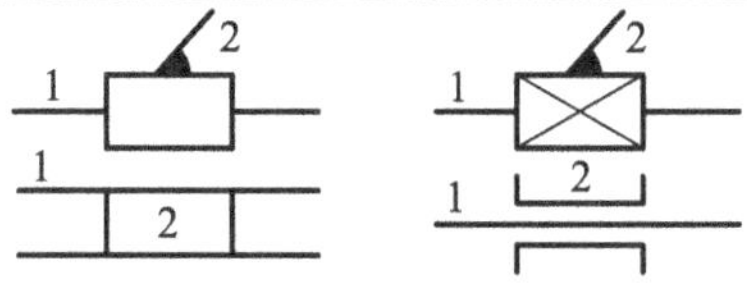 （Ⅴ级）	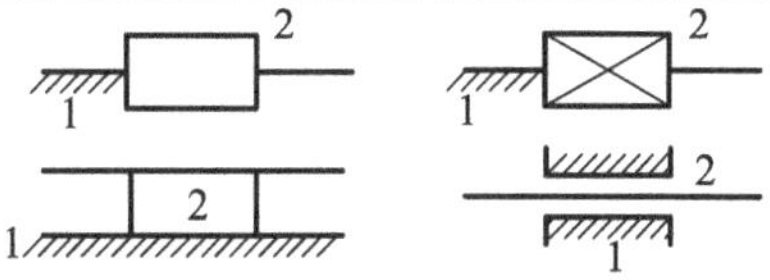 （Ⅴ级）
	平面高副	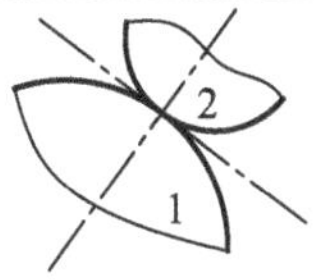 （Ⅳ级）	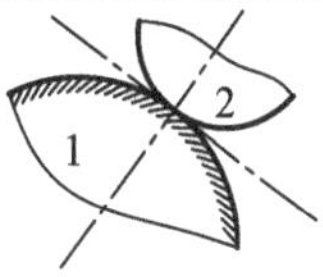 （Ⅳ级）
空间运动副	点接触与线接触高副	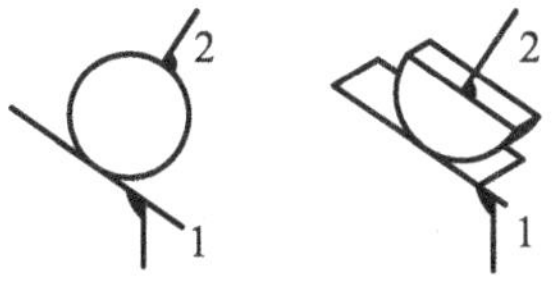 （Ⅰ级）　（Ⅱ级）	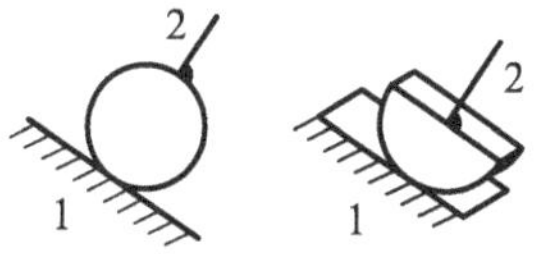 （Ⅰ级）　（Ⅱ级）
	圆柱副	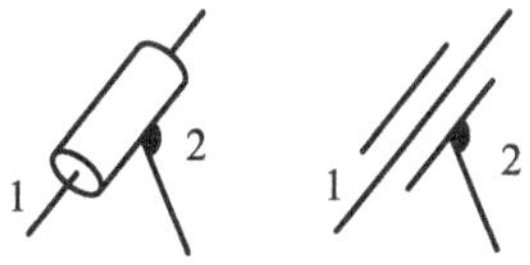 （Ⅳ级）	 （Ⅳ级）
	球面副及球销副	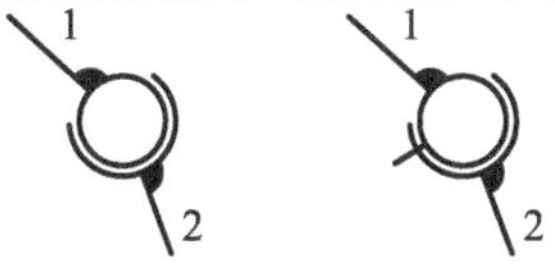 （Ⅲ级）　（Ⅳ级）	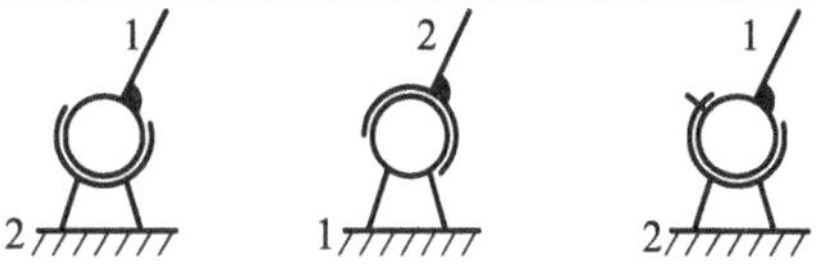 （Ⅲ级）　（Ⅲ级）　（Ⅳ级）
	螺旋副	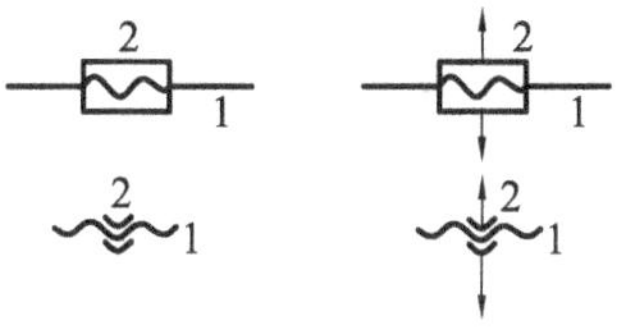 （Ⅴ级）	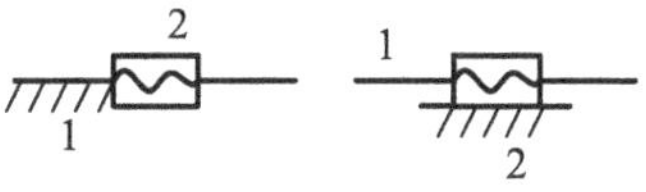 （Ⅴ级）

2.2.3 运动链与机构

两个以上的构件通过运动副连接构成的系统称为运动链，如图 2-5 所示。如果运动链的各构件未构成首末封闭的系统，如图 2-5(a)和(b)所示，称为开式运动链，简称开链。如果运动链的各构件构成首末封闭的系统，如图 2-5(c)和(d)所示，则称为闭式运动链，简称闭链。在闭链中，如图 2-5(c)所示，只有一个封闭环的称作单环闭链；如图 2-5(d)所示，有两个或多个封闭环的分别称作双环闭链或多环闭链。常用机械一般都采用闭链，因为闭链便于机械中运动和力的传递，但机器人或机械手等机械则常用到开链。

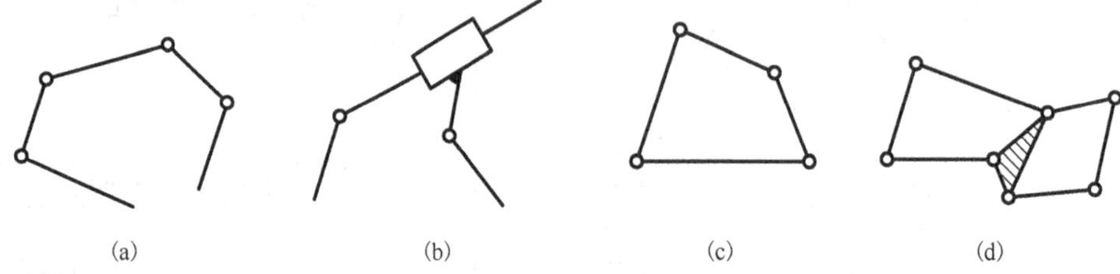

图 2-5　平面运动链

此外，根据运动链中各构件间的相对运动为平面运动还是空间运动，也可以把运动链分为平面运动链和空间运动链两类，分别如图 2-5 和图 2-6 所示。

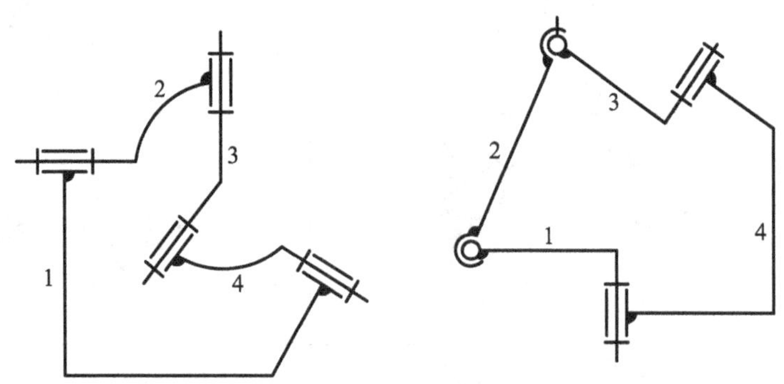

图 2-6　空间运动链

在运动链中，当将其中某一构件加以固定，另一个或几个构件按给定的运动规律相对于所固定构件运动时，其余构件也随之做确定的运动，这种运动链便成为机构。其中，被固定的构件称作机架，而按给定运动规律运动的构件称作主动件或原动件，其余构件称为从动件。因此，机构也可以说是带有机架和原动件，具有确定的运动的运动链。

根据组成机构的各构件之间的相对运动为平面运动或空间运动，也可把机构分为平面机构和空间机构两类，其中以平面机构应用最为广泛，本章主要讨论平面机构。

2.3 平面机构的运动简图

组成机构的基本元素是构件和运动副。机构各部分的运动是由其原动件的运动规律、该机构中各运动副的类型和确定各运动副相对位置的尺寸来决定的，而与构件的外形和截面尺寸、组成构件的零件数目、运动副的具体构造等无关。因此，在研究机构运动时，为了使问题简化，可以不考虑那些与运动无关的因素，仅仅用简单的线条和符号来代表构件和运动副，并按一定比例表示各运动副的相对位置。这种表明机构中各构件间相对运动关系的简单图形通常称为机构运动简图。有时只是为了定性地表明机构的运动状况，而不需要借助机构运动简图求解机构的运动参数，也可以不要求严格地按比例来绘制机构简图，通常将其称为机构示意图。

由以上分析可知，机构运动简图应与原机构具有完全相同的运动特性，因而可以根据该图对机构进行运动及动力分析。应用机构运动简图还可在研究各种不同机械的运动时收到举一反三的效果。例如，活塞式内燃机、空气压缩机和冲床的外形与功用各不相同，但其主要执行机构的运动简图相同。因此，可以用同一种运动简图来研究它们的运动。

2.3.1　构件的表示方法

为了准确地画出机构运动简图，首先必须掌握组成机构的基本要素——构件和运动副的基本画法。在 2.2.2 节中已经介绍了一些常用运动副的表示符号，机架和活动构件的常用表示方法分别如图 2-7(a)和(b)所示。

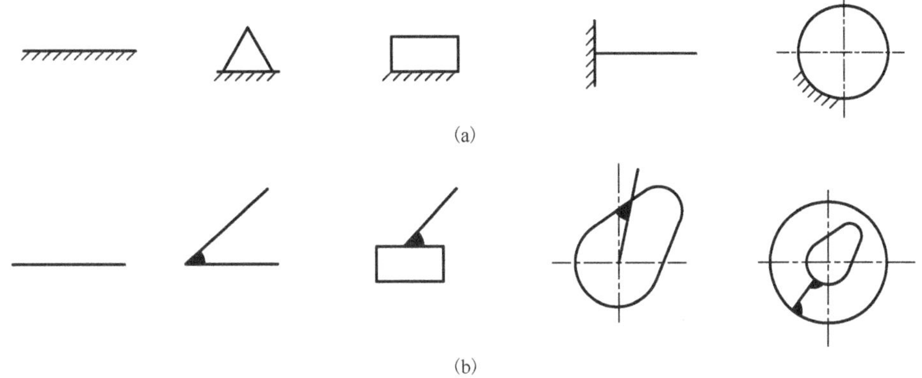

图 2-7　机架和活动构件的表示

有关构件与运动副相应关系的具体表示方法说明如下。

两活动构件组成转动副时，其表示方法如图 2-8(a)所示。若构成运动副的两构件之一为机架，则应把代表机架的构件 1 画上斜线，如图 2-8(b)和(c)所示。

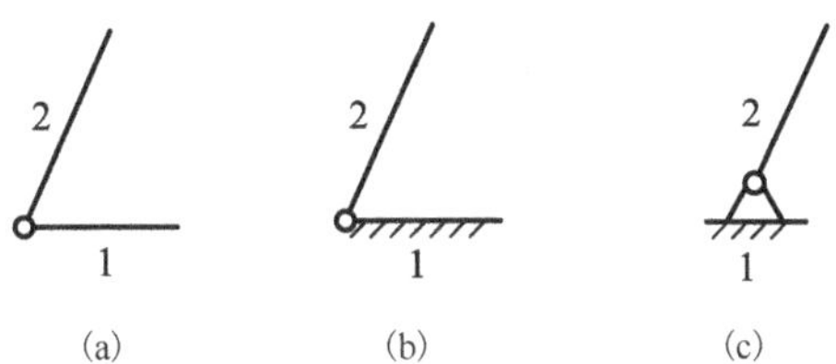

图 2-8　两构件组成转动副的表示

两构件组成移动副时，其表示方法如图 2-9 所示。画有斜线的构件代表机架。两构件组成平面高副时，机构运动简图中应画出两构件接触处的曲线轮廓，如图 2-10 所示。

具有两个运动副元素的构件，可用一条直线连接两个运动副，如图 2-11 所示。为了准确地反映构件间原有的相对运动，表示转动副的小圆，其圆心必须与相对回转轴重合；表示移动副的滑块、导杆或导槽，其导路必须与相对移动的方向一致；表示平面高副的曲线，其曲率中心的位置必须与构件的实际轮廓相符。

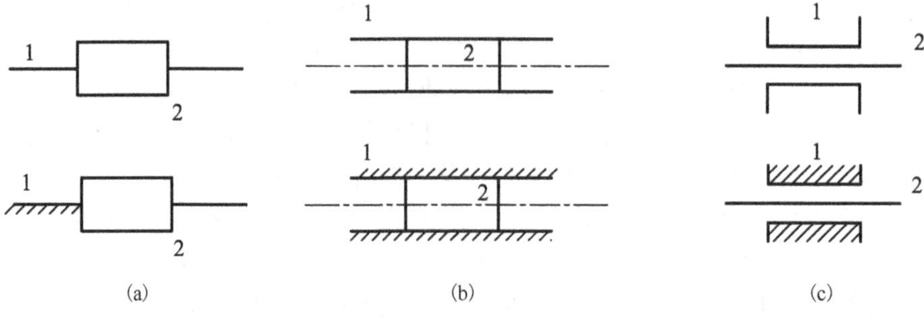

图 2-9　两构件组成移动副的表示

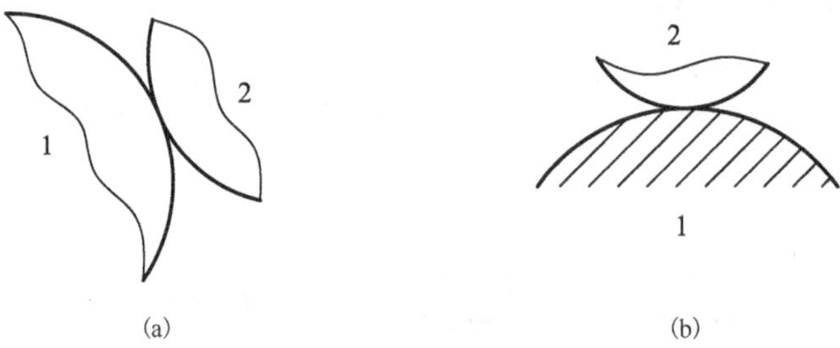

图 2-10　两构件组成高副的表示

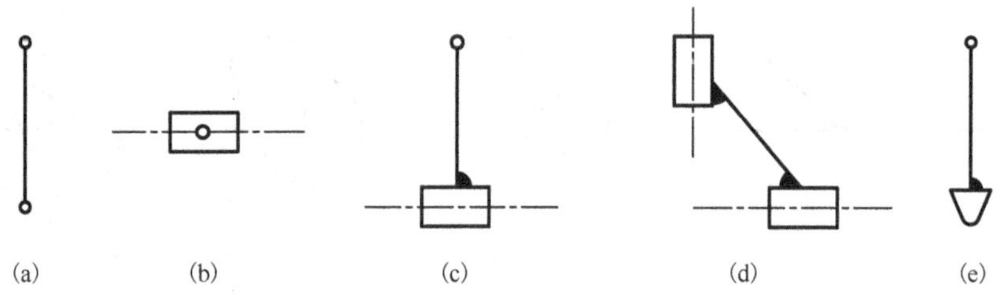

图 2-11　具有两个运动副元素的构件

同理，具有三个运动副元素的构件可用三条直线连接三个运动副元素所组成的三角形来表示，如图 2-12(a)、(b)所示。为了说明这三个转动副元素是在同一构件之上，可将每两条直线相交的部位涂上焊缝的记号，如图 2-12(a)所示；或在三角形中间画上剖面线，如图 2-12(b)所示。当不便以焊缝符号表示时，也可标以同样的构件编号，如 6，6′(见例题 2-2)。如果三个转动副的中心处于一条直线上，其表示方法如图 2-12(c)所示。以此类推，具有 n 个运动副元素的构件可用 n 边形表示，图 2-12(d)为具有三个转动副元素和一个移动副元素的构件的表示方法。

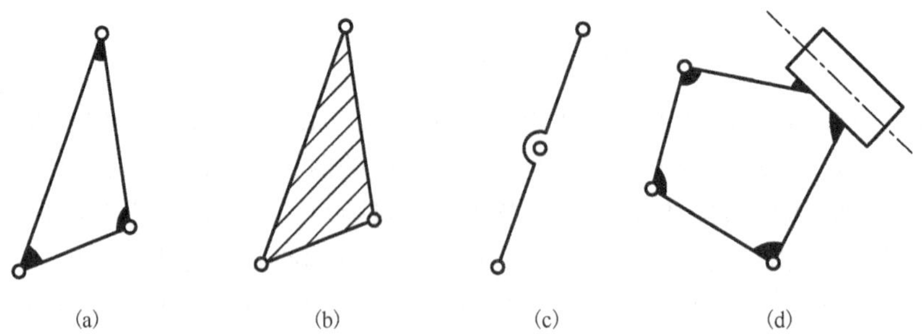

图 2-12　具有三个和四个运动副元素的构件

国家标准还具体规定了一些常见机构在运动简图中的表示方法，如表 2-2 所示。

表 2-2　常用机构运动简图符号(摘自 GB/T 4460—2013)

名称	符号	名称	符号
在支架上的电机	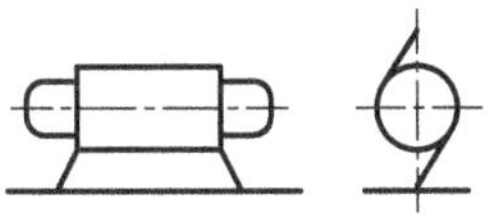	齿轮齿条传动机构	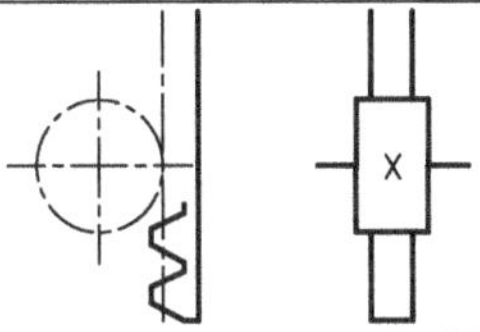
带传动机构	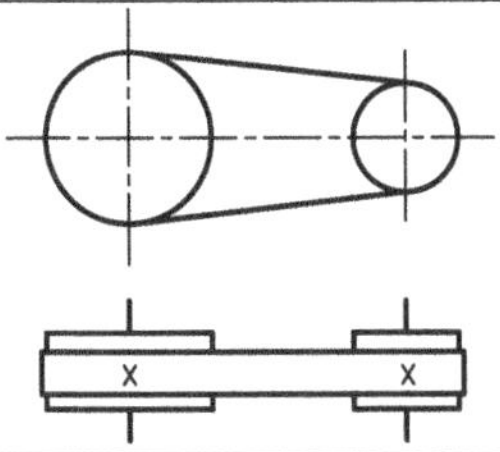	圆锥齿轮传动机构	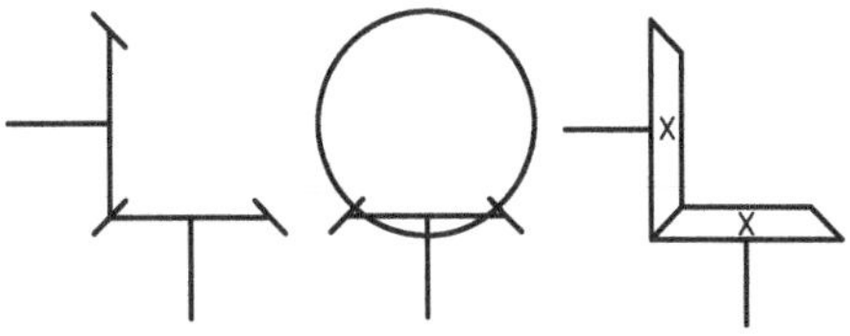
链传动机构	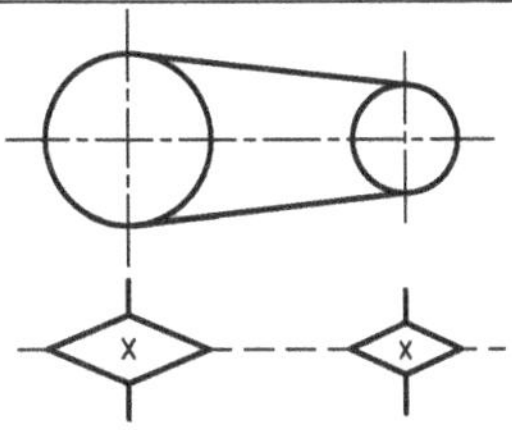	圆柱蜗杆蜗轮传动机构	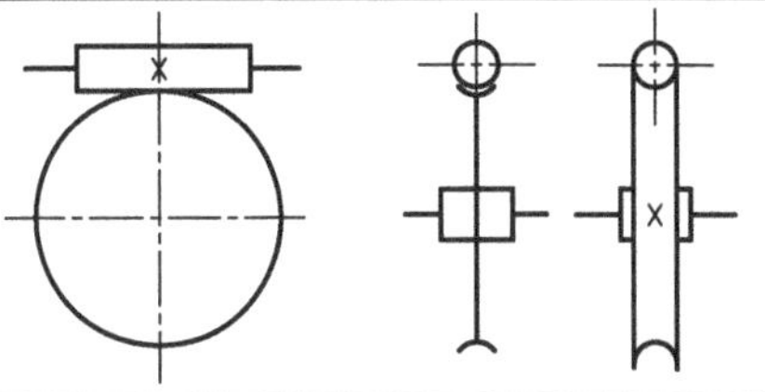
外啮合圆柱齿轮传动机构	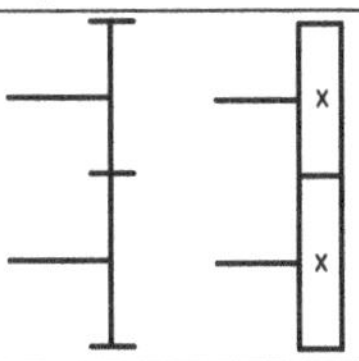	凸轮机构	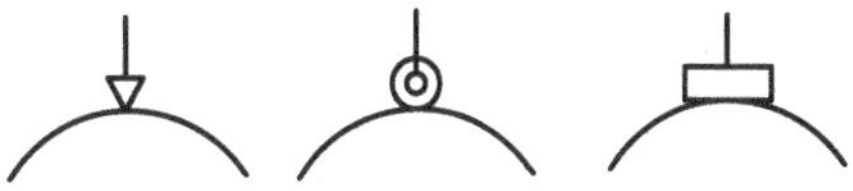
内啮合圆柱齿轮传动机构	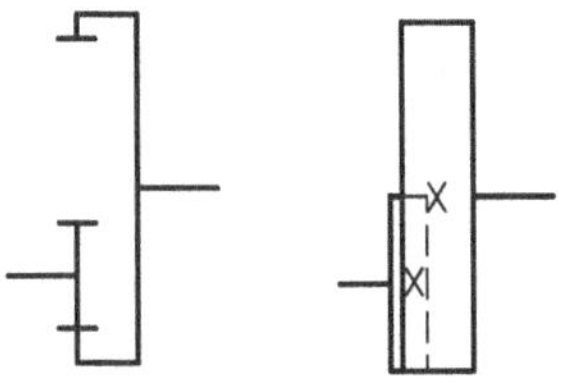	棘轮机构	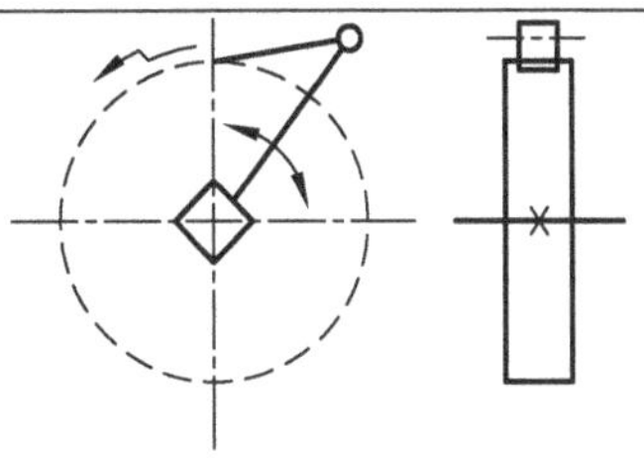

2.3.2　平面机构运动简图的绘制

绘制机构运动简图一般应遵循下列步骤。

(1)分析机械的动作原理、组成情况和运动情况，确定其原动件、机架、工作部分和传动部分。

(2)沿着运动传递路线，逐一分析各构件间相对运动的性质，确定运动副的类型和数目。

(3)恰当地选择视图平面，通常可选择与机构中多数构件的运动平面相平行的平面作为视图平面，必要时也可选择两个或两个以上的视图平面，然后将其展开到同一图面上。

(4)选择适当的比例尺μ_l(μ_l=实际尺寸(m)/图示长度(mm))，定出各运动副的相对位置，并用各运动副的代表符号、常用机构的运动简图符号和简单线条，绘制机构运动简图。从原动件开始，按传动顺序标出各构件的编号和运动副的代号。在原动件上标出箭头以表示其运动方向。

【例 2-1】图 2-13(a)为飞机起落架收放机构的示意图，其中，1 为油缸，2 为活塞杆，3、4、5 为杆件，6 为机身，试绘制该机构的运动简图。

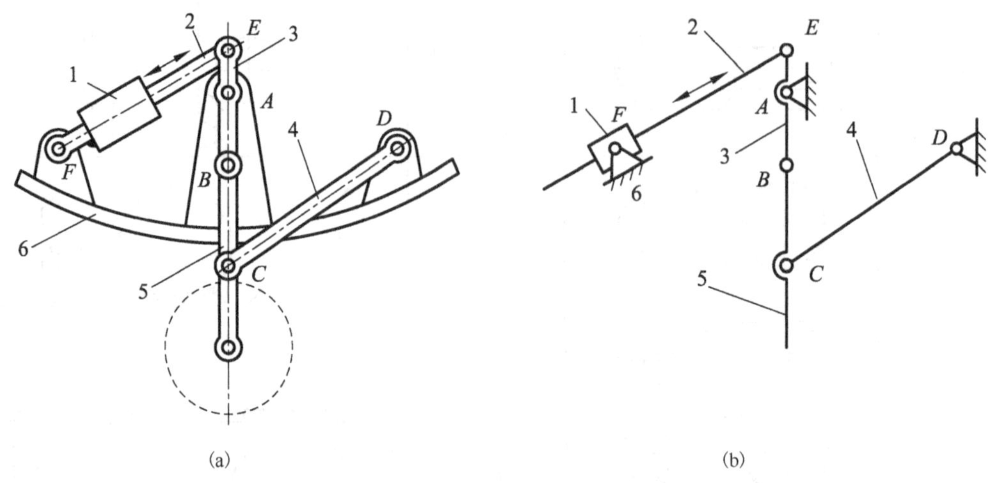

图 2-13　飞机起落架收放机构及其运动简图

解：(1)本例中，活塞杆 2 是原动件，由液压油驱动；机身 6 为机架；其余构件都是从动件。

(2)活塞杆 2 和油缸 1 之间为移动副连接；油缸 1、杆件 3 和杆件 4 与机身 6 之间分别以转动副连接；活塞杆 2 和杆件 3、杆件 4 和 5 之间也都是以转动副连接。因此，该机构具有 6 个构件、6 个转动副和 1 个移动副。

(3)以油缸 1 的运动平面作为投影面。这时机构中各构件的运动情况已能表达清楚，不必再作辅助视图。根据图 2-13(a)，选定比例尺绘制飞机起落架收放机构的运动简图，如图 2-13(b)所示。

【例 2-2】试绘制图 2-14(a)所示的小型压力机的机构运动简图。

解：(1)由图 2-14(a)可知，该机构是由偏心轮 1，齿轮 1′，杆件 2、3、4，滚子 5，槽凸轮 6，齿轮 6′，滑块 7，压杆 8，机架 9 组成的。其中，齿轮 1′和偏心轮 1 固结在同一转轴 O_1 上，为同一构件；齿轮 6′和槽凸轮 6 固结在同一转轴 O_2 上，为同一构件。运动由偏心轮 1 输入，分两路传递：一路由偏心轮 1 经杆件 2 和 3 传至杆件 4；另一路由齿轮 1′经齿轮 6′、槽凸轮 6、滚子 5 传至杆件 4。两路运动经杆件 4 合成，由滑块 7 传至压杆 8，使压杆做上下移动，实现冲压动作。由以上分析可知，构件 1-1′为原动件，构件 8 为执行构件，其余为传动部分。

(2)确定各运动副的类型。由图 2-14 可知，机架 9 和构件 1-1′，构件 1 和 2，构件 2 和 3，构件 3 和 4，构件 4 和 5，构件 6-6′和 9，构件 7 和 8 之间均构成转动副；构件 3 和 9，构件 8 和 9 之间分别构成移动副；而齿轮 1′和 6′，滚子 5 和槽凸轮 6 分别形成平面高副。

(3)选择视图投影面和比例尺，测量各构件尺寸和各运动副间的相对位置，根据图 2-14(a)，选定比例尺绘制运动简图，在原动件 1-1′上标出箭头以表示其转动方向，图 2-14(b)为该机构的运动简图。

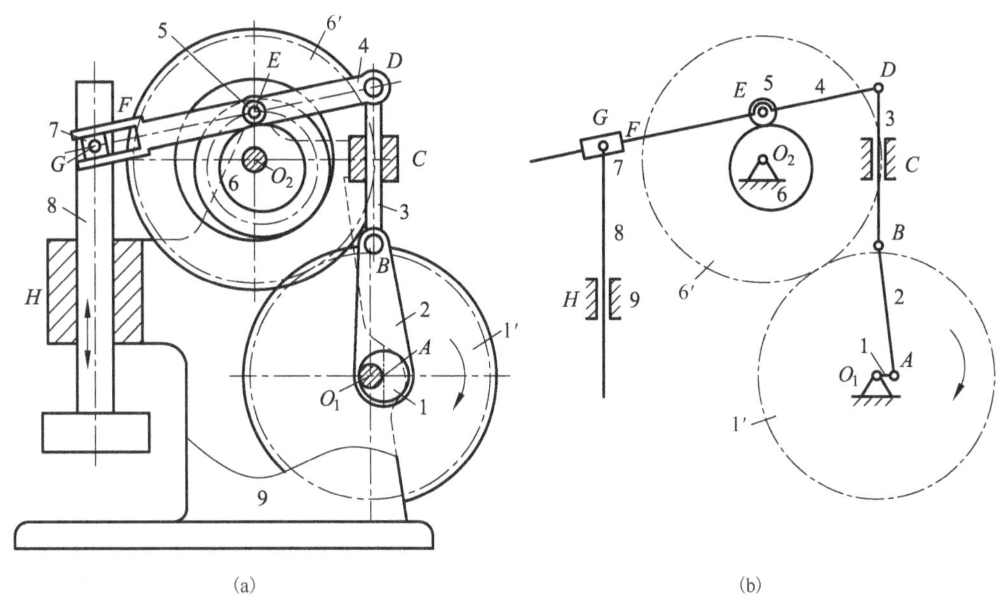

图 2-14　小型压力机及其机构运动简图

2.4　平面机构自由度的计算

如前所述，组成机构的构件间要具有确定的相对运动。本节说明机构具有确定运动的条件，并研究平面机构自由度计算的问题。

2.4.1　构件的自由度和运动副的约束

1. 构件的自由度

一个构件在尚未与其他构件构成运动副之前为自由构件。从运动的角度来看，机械原理中的“构件”即理论力学中的“刚体”。由理论力学已知，做平面运动的刚体具有三个独立运动参数，即沿 x 方向的移动、沿 y 方向的移动和绕垂直于 xOy 平面的轴的转动，如图 2-15 所示。将构件具有的独立运动参数的数目称作构件的自由度。因此，一个做平面运动的自由构件具有三个自由度。

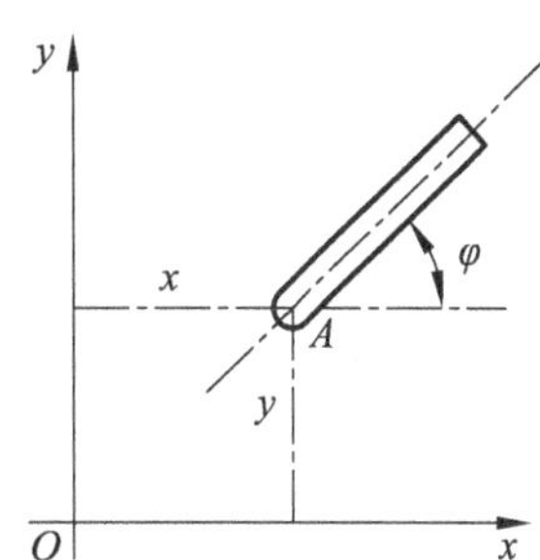

图 2-15　平面自由构件的独立运动参数

2. 运动副对构件运动的约束

一个构件与另一个构件通过运动副连接以后，每个构件的自由运动便受到限制。运动副对构件运动的这种限制作用通常称作约束。运动副的约束使机构中构件的自由度相应地减少，减少的数目就等于运动副引入的约束数目。不同的运动副具有不同的约束形式，产生的约束数目也不尽相同。下面对各种平面运动副的约束作进一步分析。

(1) 转动副：如图 2-16 所示，转动副的约束，使两构件间失去了沿 x、y 两个方向相对移动的自由度，仅剩下绕垂直于 xOy 平面的轴的相对转动这一个自由度。

(2) 移动副：如图 2-17 所示，由于移动副限制了两构件间沿 y 方向的相对移动和绕垂直于 xOy 平面的轴的相对转动，仅剩下沿 x 方向的相对移动这一个自由度。

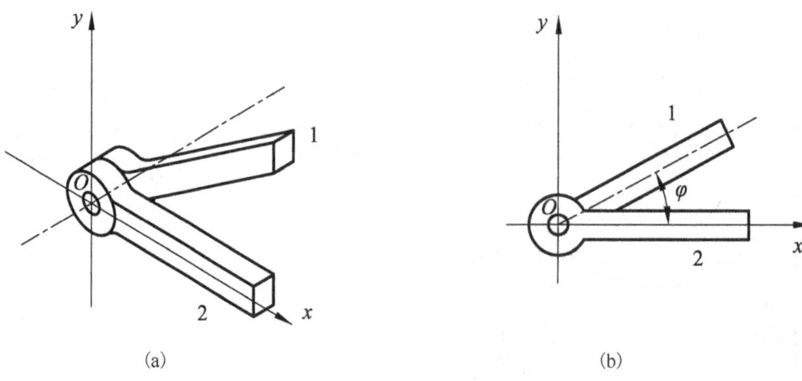

图 2-16　转动副对运动的约束

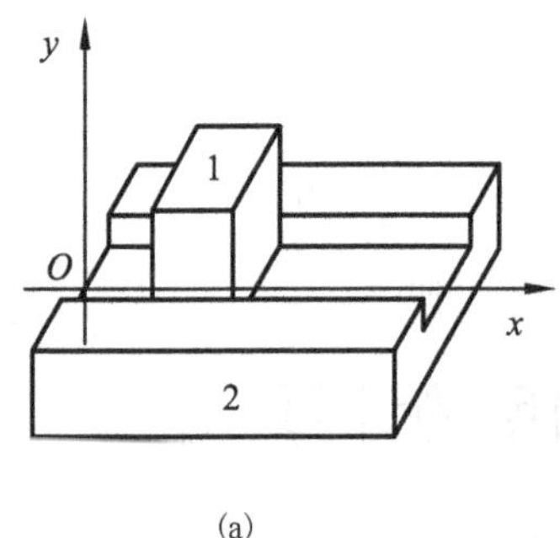

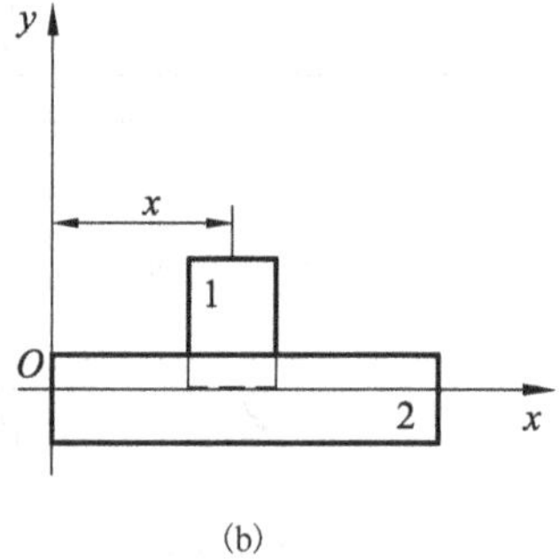

图 2-17　移动副对运动的约束

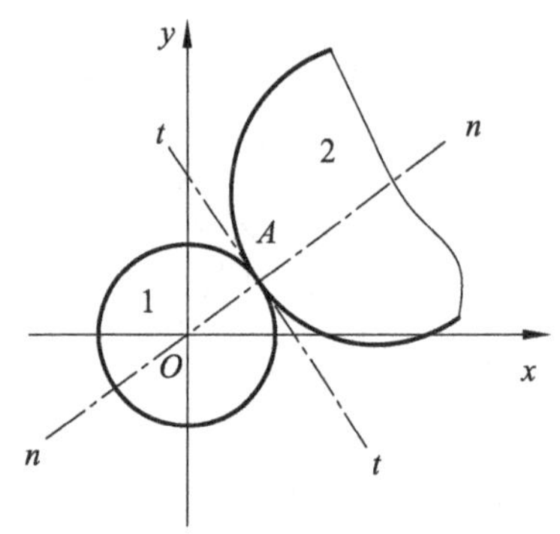

图 2-18　平面高副对运动的约束

(3) 平面高副：如图 2-18 所示，平面高副仅限制了两构件沿其接触点公法线 *n-n* 方向的相对移动，剩下沿其接触点公切线 *t-t* 方向的相对移动和绕接触点 *A* 的相对转动这两个自由度。

综上所述，平面低副，即移动副和转动副，具有两个约束；平面高副只具有一个约束。

2.4.2　平面机构自由度及其计算公式

机构具有确定运动时所给定的独立运动参数的数目，通常称为机构的自由度。对于一个已知的机构，其中构件的数目、运动副的类型及其数目应是确定的。这样，就可以根据组成机构的各构件的自由度和各运动副的约束数目确定该机构的自由度。

设某平面机构由 N 个构件、P_L 个低副和 P_H 个高副组成。N 个构件在自由状态下的自由度为 $3N$ 个；每个低副引入两个约束，每个高副引入一个约束，机构中运动副产生的约束为 $(2P_L+P_H)$ 个；机构中有一个机架，其产生的约束为 3 个。因此，机构的自由度 F 应是构件在自由状态下的自由度总数减去受到的约束总数，即

$$F=3N-(2P_L+P_H)-3=3n-2P_L-P_H \tag{2-1}$$

式中，n 为活动构件数，$n=N-1$。下面举例说明式(2-1)的应用。

【例 2-3】试计算图 2-19 所示曲柄滑块机构的自由度。

解： 由曲柄滑块机构的运动简图不难看出，此机构共有 3 个活动构件(构件 1、2、3)，4 个低副(3 个转动副 A、B、C 和 1 个移动副 D)，没有高副。从而，$n=3$，$P_L=4$，$P_H=0$。根据式(2-1)得

$$F=3n-(2P_L+P_H)=3\times 3-(2\times 4+0)=1$$

因此，图 2-19 所示曲柄滑块机构的自由度为 1。

【例 2-4】试计算图 2-20 所示凸轮机构的自由度。

解： 由图 2-20 可知该机构有 2 个活动构件 1 和 2，2 个低副 A 和 C，一个高副 B，即 $n=2$，$P_L=2$，$P_H=1$。根据式(2-1)得

$$F=3n-(2P_L+P_H)=3\times 2-(2\times 2+1)=1$$

因此，图 2-20 所示凸轮机构的自由度为 1。

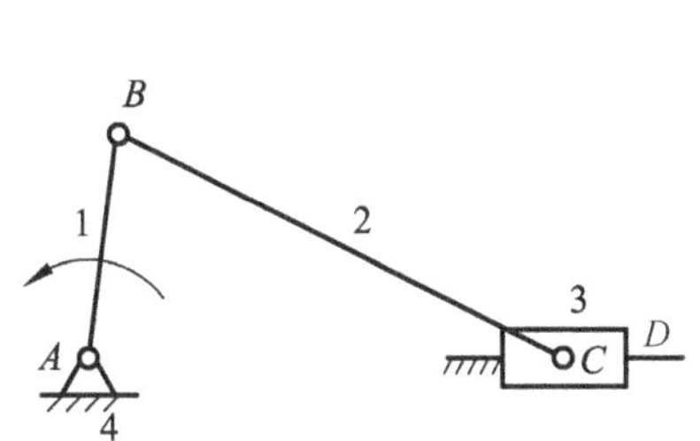

图 2-19　曲柄滑块机构

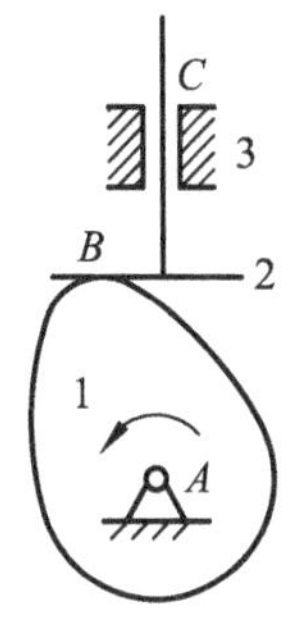

图 2-20　凸轮机构

2.4.3　机构具有确定运动的条件

机构的自由度为机构所具有的独立运动的数目。在机构中只有原动件是按照给定的运动规律做独立运动的构件，且通常与机架相连，一般一个原动件只能给定一个独立的运动参数。因此，机构的自由度也就是机构应当具有的原动件的数目。以下对机构的自由度、原动件数目与机构确定运动之间的关系作进一步分析，以便得到机构具有确定运动的条件。

图 2-21 为铰链四杆机构。因 $n=3$，$P_L=4$，$P_H=0$，故由式(2-1)知，此机构的自由度 F 为 1，应当有一个原动件。设构件 1 为原动件，变参数 φ_1 表示构件 1 的独立转动，则由图 2-21 可见，每给出一个 φ_1 的数值，从动件 2 和 3 便有一个确定的对应位置。也就是说，此自由度 F 为 1 的机构在具有一个原动件时可以获得确定的运动。假设这个机构有两个原动件，如构件 1 和构件 3，那就等于要求构件 3 一方面必须处于由原动件 1 所确定的位置，另一方面又能够独立转动。这两个互相矛盾的要求不能同时满足，致使整个机构卡住而不能运动。如果强迫两个原动件按照各自的规律运动，则机构中最弱的构件必将损坏。

图 2-22 为铰链五杆机构。因 $n=4$，$P_L=5$，$P_H=0$，由式(2-1)知，该机构的自由度 F 为 2，应当有两个原动件。若取构件 1 和 4 为原动件，参数 φ_1 和 φ_4 分别表示构件 1 和构件 4 的独立运动。由图 2-22 可见，每给定一组 φ_1 和 φ_4 的数值，从动件 2 和 3 便有一个确定的相应位置。也就是说，这个自由度 F 为 2 的机构在具有两个原动件时可以获得确定运动。如果只给定一个原动件，如构件 1，则当给定 φ_1 后，由于 φ_4 不确定，构件 2 和 3 既可处于实线所示的位置，也可处于虚线所示的位置或其他位置，机构的运动不确定。这种无规律乱动的运动

链没有实用价值，不能称为机构。

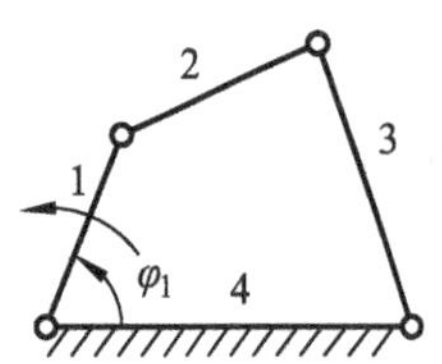

图 2-21　铰链四杆机构

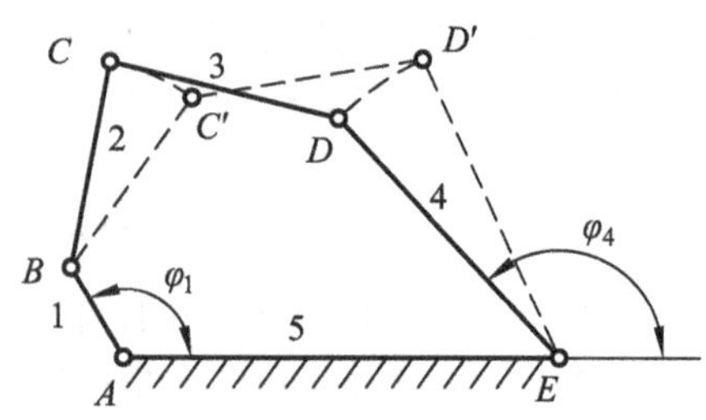

图 2-22　铰链五杆机构

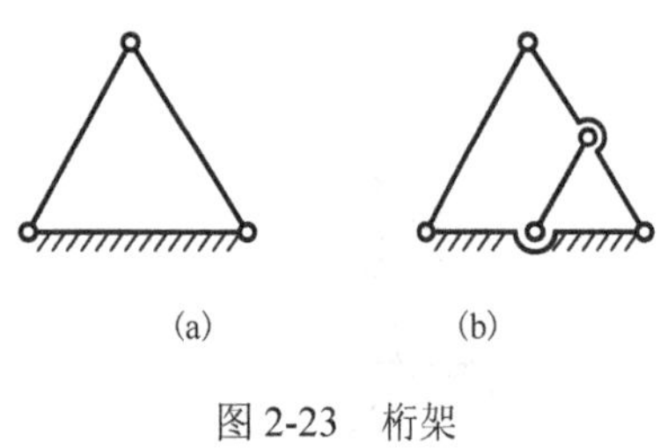

图 2-23　桁架

如图 2-23(a)所示运动链，因$n=2$，$P_L=3$，$P_H=0$，由式(2-1)知其自由度$F=0$。故该运动链不存在原动件，也不可能有构件之间的运动，实际上是刚性桁架。

又如，图 2-23(b)所示运动链，因$n=3$，$P_L=5$，$P_H=0$，由式(2-1)知其自由度$F=-1$。故由运动副引入的约束多于活动构件在自由状态下的自由度，此运动链已成为超静定桁架。

综上所述，我们可以得到结论：机构具有确定运动的条件是机构的原动件数目应等于机构的自由度。

2.4.4　计算自由度时应注意的事项

从上面的分析可以看出，正确计算机构的自由度，是判断机构是否具有确定运动的关键。对于大多数机构，可以依据机构运动简图，直接运用式(2-1)进行自由度的计算。但对于有些机构，则需要在计算自由度时考虑以下几方面的问题，否则将会造成计算所得自由度与实际机构自由度不相符的情况。

1. 复合铰链

两个以上的构件在同一处以铰链相连接，此种铰链称为复合铰链。图 2-24(a)就是 3 个构件在同一处以转动副相连接而构成的复合铰链。而由图 2-24(b)可以看出，此 3 个构件共构成 2 个转动副。同理，若有 m 个构件在同一转轴上构成复合铰链，共构成的转动副数应为$(m-1)$个。在计算机构自由度时，应注意机构中的复合铰链，弄清楚复合铰链中转动副的实际数目。

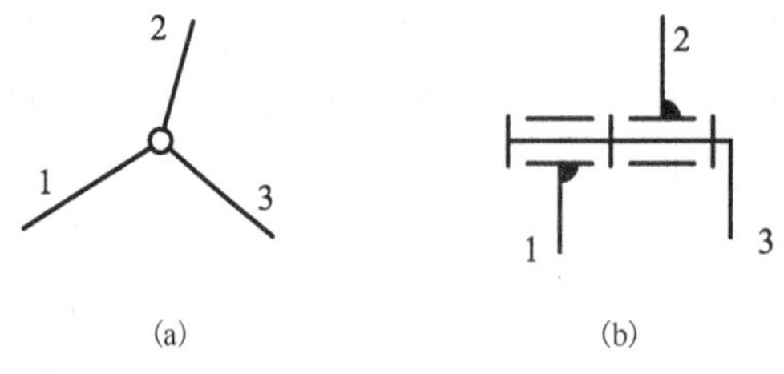

图 2-24　复合铰链

【例 2-5】计算图 2-25 所示直线机构的自由度。

解： 此机构 B、C、D、F 四处都是由三个构件组成的复合铰链，各具有两个转动副。故其 $n=7$，$P_L=10$，$P_H=0$，由式(2-1)得

$$F=3n-(2P_L+P_H)=3\times7-(2\times10+0)=1$$

因此，该直线机构的自由度为 1。

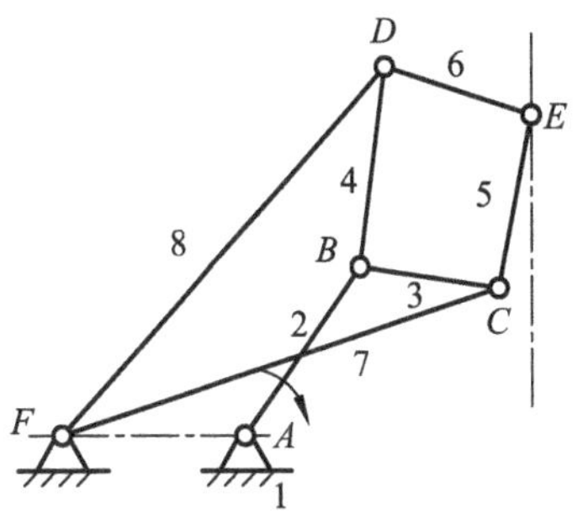

图 2-25　直线机构

2. 局部自由度

如图 2-26(a)所示的凸轮机构，为了减少高副接触处的磨损，在凸轮 1 和从动件 2 间安装了圆柱形滚子。可以看出，滚子绕其自身轴线的自由转动丝毫不影响其他构件的运动，通常将这种运动称为局部运动。由局部运动所产生的自由度称为局部自由度。

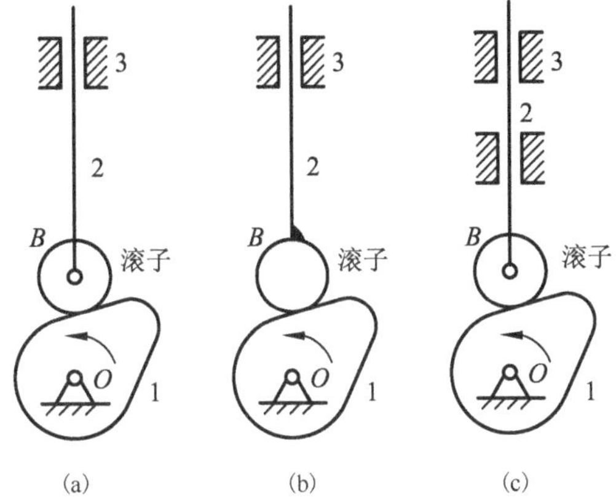

图 2-26　凸轮机构中的局部自由度

由图 2-26(a)可知，此机构中 $n=3$，$P_L=3$，$P_H=1$，由式(2-1)得

$$F=3n-(2P_L+P_H)=3\times3-(2\times3+1)=2$$

上述计算结果表明：该机构的自由度为 2。事实上，当凸轮 1 为原动件时，从动件 2 的运动规律也就随之确定，即该凸轮机构的自由度为 1。上述计算结果与实际情况不符。这是由于计算结果中包含了滚子绕自身轴线转动的局部自由度。因此，需要从计算结果中减去局部自由度数，才能得到机构的自由度。对于局部自由度的另外一种处理方法是：在计算机构自由度时，首先将局部自由度去除，然后进行计算。对于图 2-26(a)所示的凸轮机构先转化为图 2-26(b)所示结构，使滚子与从动件焊成一体。对图 2-26(b)而言，$n=2$，$P_L=2$，$P_H=1$，由式(2-1)得

$$F=3n-(2P_L+P_H)=3\times2-(2\times2+1)=1$$

所算得的机构自由度与实际机构自由度一致。

3. 虚约束

在运动副所加的约束中，有些约束所起的限制作用是重复的，将这种起重复限制作用的约束称为虚约束。在计算机构自由度时，虚约束应当除去不计。

例如，在图 2-27(a)所示的平行四边形机构中，连杆 3 做平移运动，BC 线上各点的轨迹

均为圆心在 AD 线上而半径等于 AB 的圆周。因 $n=3$，$P_L=4$，$P_H=0$，则该机构的自由度为

$$F=3n-(2P_L+P_H)=3\times3-(2\times4+0)=1$$

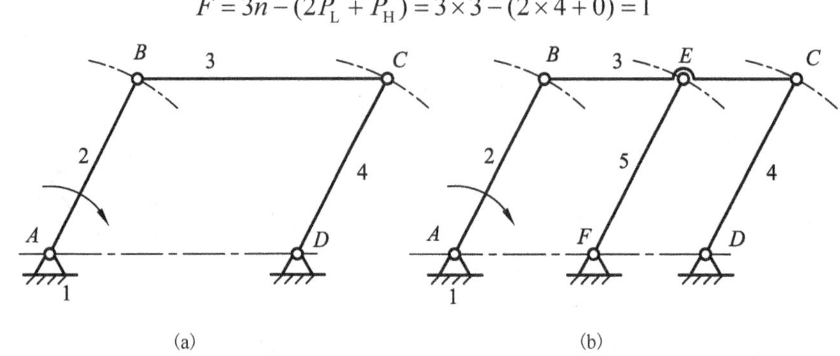

图 2-27　平行四边形机构中的虚约束

现如图 2-27(b)所示，为增加连杆刚度，在连杆 3 上的一点 E 处再铰接一构件 5，而该构件的另一端则铰接于 E 点轨迹的圆心，即 AD 线上的 F 点处，使构件 5 与构件 2、4 相互平行且长度相等。显然构件 5 的加入对该机构的运动并不产生任何影响，但此时 $n=4$，$P_L=6$，$P_H=0$，则该机构的自由度为

$$F=3n-(2P_L+P_H)=3\times4-(2\times6+0)=0$$

这是因为增加了一个活动构件，虽然引入了 3 个自由度，但却因增加了两个转动副而引入了 4 个约束，即多引入了一个约束，而这个约束对机构的运动起重复的约束作用，是一个虚约束。

由此可以看出，在计算自由度时如果将虚约束考虑进去，所得计算结果将与实际机构的自由度不符。因此，在计算机构自由度时，应将产生虚约束的构件 5 和运动副 E、F 去掉，按图 2-27(a)所示机构进行计算。

机构中虚约束常见的形式有以下几种。

(1)重复轨迹。在机构中，若将两构件在被连接点处拆开后，两构件上连接点处的运动轨迹仍重合，则该连接带入虚约束。如图 2-27(b)所示的平行四边形机构中，若将构件 5 与构件 3 处的连接拆开，则两构件上连接点 E 的运动轨迹将是重合的。又如，在图 2-28 所示的椭圆机构中，$\angle CAD=90°$，$\overline{BC}=\overline{BD}$。在机构的运动过程中，构件 2 上 C_2 的轨迹为沿 y 轴的直线，与 C_3 点的轨迹重合，故滑块 3 处引入虚约束，计算自由度时应去除滑块 3 及其相关运动副。若保留滑块 3，则滑块 4 处也引入虚约束。这类虚约束通常要经过几何证明才能确定。

(2)在机构运动过程中，如果两构件上的某两点之间的距离始终保持不变，将此两点间以一个构件和两个转动副相连，由此而形成的约束也是虚约束。如图 2-29 所示的平面连杆机构中，$AB\,/\!/\,CD$，且 $\overline{AB}=\overline{CD}$；$AE\,/\!/\,DF$，且 $\overline{AE}=\overline{DF}$，故在机构运动过程中，$E$、$F$ 两点之间的距离始终保持不变。此时，若用带两转动副的杆 5 将 E、F 两点相连，将带入一个虚约束。图 2-27(b)中的 E、F 两点之间和图 2-28 中的 A、B 两点之间也可看作此种情况。

(3)机构中对传递运动不起独立作用的对称部分。如图 2-30 所示的行星齿轮系中，行星齿轮 2 与齿轮 1 和 3 接触形成两个高副，另外两个行星齿轮 2′、2″与齿轮 1 和 3 接触形成的高副就构成重复约束，计算机构自由度时，也只能考虑一个行星齿轮。

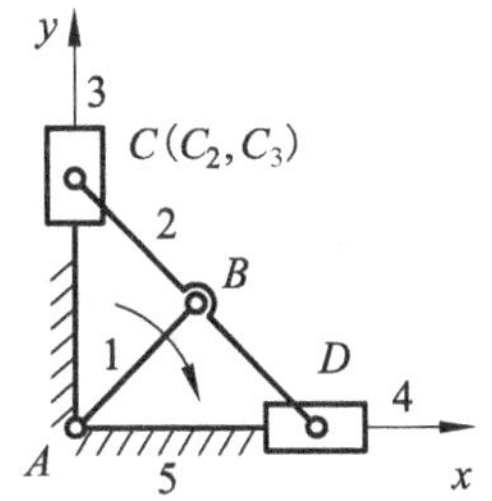

图 2-28　椭圆机构中的虚约束

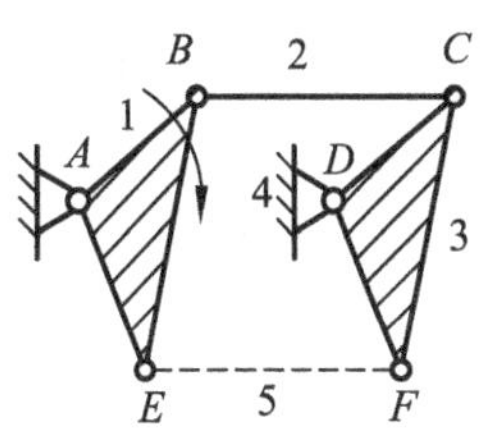

图 2-29　平面连杆机构中的虚约束

(4) 如果两构件在多处接触而构成移动副，且移动方向平行或重合，只能按一个移动副计算，如图 2-26(c) 和图 2-31 所示机构中的移动副；如果两构件在多处相配合而构成转动副，且转动轴线重合，只能按一个转动副计算，如图 2-32 所示机构中的转动副。

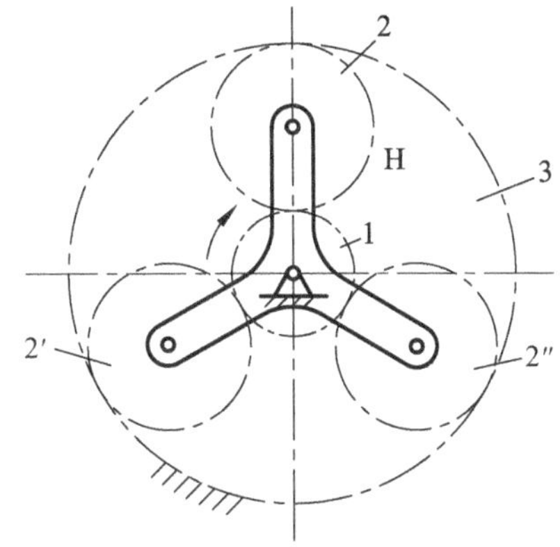

图 2-30　行星齿轮系中的虚约束

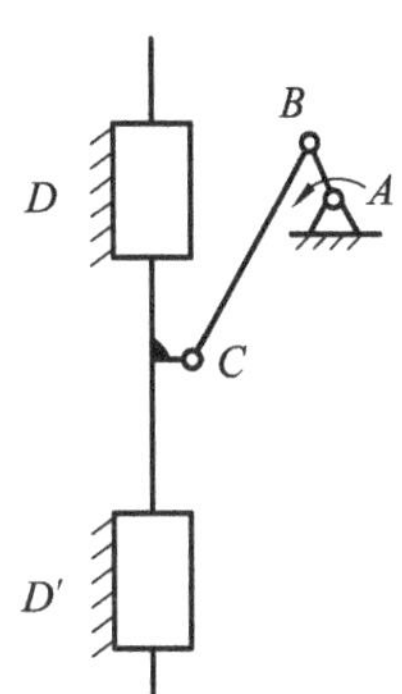

图 2-31　重复移动副

(5) 如果两构件在多处相接触而构成平面高副，且各接触点处的公法线彼此重合，如图 2-33 所示，则只能算一个平面高副。如果两构件在多处相接触而构成平面高副，且各接触点处的公法线方向彼此不重合，如图 2-34 所示，则图 2-34(a) 相当于一个转动副，图 2-34(b) 相当于一个移动副。

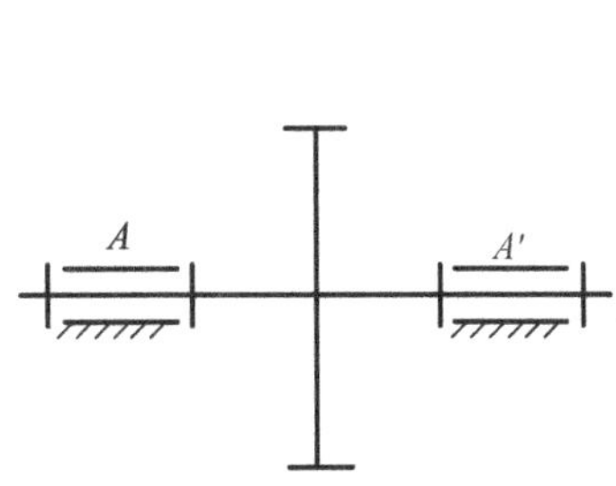

图 2-32　重复转动副

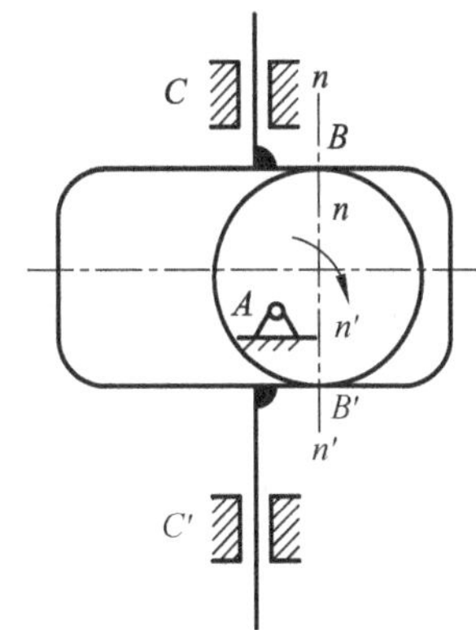

图 2-33　具有重复高副的机构

图 2-34　多个高副等同于一个低副的情形

【例 2-6】试计算图 2-35(a)所示大筛机构的自由度。

解：分析图 2-35(a)可知，此机构中 C 处有一复合铰链，F 处滚子绕自身轴线的转动为一局部自由度，E 与 E'两处为互相重复的移动副，可删除其中之一。将局部自由度和重复移动副除去之后可得图 2-35(b)，此时，$n=7$，$P_L=9$，$P_H=1$，按式(2-1)得

$$F=3n-(2P_L+P_H)=3\times7-(2\times9+1)=2$$

此机构的自由度为 2，应当有两个原动件。

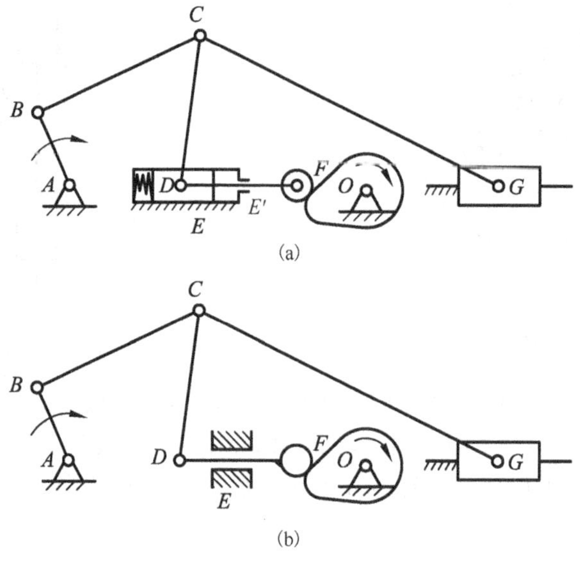

图 2-35　大筛机构

2.5　平面机构的组成原理与结构分析

2.5.1　平面机构中的高副低代

为了表明平面机构中高副与低副的内在联系，使平面低副机构的结构分析和运动分析方法能适用于含有高副的平面机构，有必要探讨在平面机构中用低副(转动副或移动副)代替高副的方法。通常把机构中的高副虚拟地以低副来代替的方法称作高副低代。

为了保证高副低代后的机构具有与原机构相同的运动特征，高副低代的条件是：①代替前后机构的自由度完全相同；②代替前后机构的瞬时速度和瞬时加速度完全相同。为满足上述第一个条件，显然要保持代替前后运动副提供的约束数目不变。为此，在机构中增加一个构件，该构件与组成高副的两构件分别以低副相连接以代替原来的高副。在平面机构中，一

个自由构件具有 3 个自由度，而两个低副提供 4 个约束。因此，这样的高副低代实际提供一个约束，即与一个高副提供的约束相同，没有改变机构的自由度。为了满足第二个条件，可分以下几种情况来讨论具体的代替方法。

1. 用低副代替由两曲线组成的高副

如图 2-36(a)所示机构，构件 1 和 2 分别为绕 A 和 B 回转的两个圆盘。若两个圆盘的几何中心分别为 O_1 和 O_2，半径分别为 r_1 和 r_2，在 C 点接触组成高副。当构件 1 绕点 A 转动时，由两圆弧的接触推动构件 2 绕点 B 转动。由图 2-36(a)可见，当机构运动时，距离 $\overline{O_1O_2}$（为 r_1+r_2）、$\overline{AO_1}$ 和 $\overline{BO_2}$ 保持不变。我们可以在点 O_1 和 O_2 之间加上一个虚拟的构件 4，并分别与构件 1 和构件 2 在点 O_1 和 O_2 构成转动副，以代替两圆盘组成的平面高副 C，得到图 2-36(b)所示的仅含平面低副的机构。可以看出，代替前后，构件 1 和 2 上的点 O_1 和 O_2 分别绕各自的回转中心 A 和 B 转动，同时点 O_1 相对于点 O_2 做以 O_2 为圆心、$\overline{O_1O_2}$ 为半径的圆周运动。因此，高副低代前后机构的运动特征没有改变，即能满足高副低代的第二个条件。而且在代替前后，机构的自由度也没有发生改变，满足了高副低代的第一个条件。

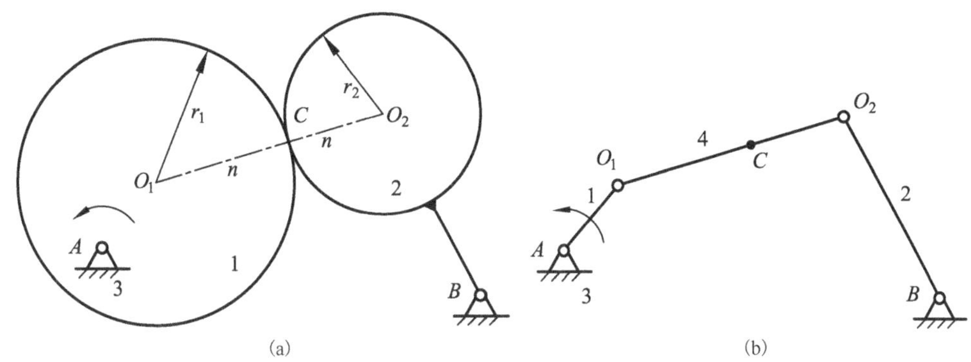

图 2-36　圆弧接触的高副低代

此代替方法可推广到如图 2-37(a)所示的非圆轮廓的高副机构。在进行高副低代时，先找出接触点 C 处的曲率中心 O_1 和 O_2，再将一虚拟构件 4 在 O_1 和 O_2 点分别与构件 1 和 2 以转动副相连，便得到如图 2-37(b)所示的高副低代后的机构。因为两曲线轮廓各处曲率中心的位置是不同的，所以在机构运动过程中 $\overline{O_1O_2}$、$\overline{AO_1}$ 和 $\overline{BO_2}$ 不断地改变，图 2-37(b)只是保持机构在此位置的瞬时速度和瞬时加速度不变的瞬时代替。因此，对于一般的高副机构，在不同位置有不同的瞬时代替机构。

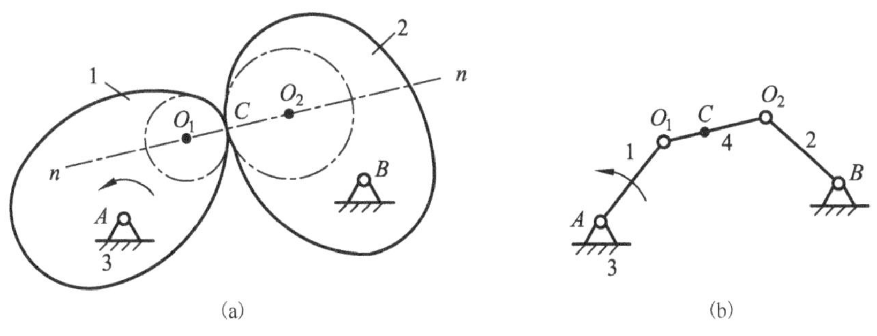

图 2-37　非圆接触的高副低代

根据以上分析，我们可以得出结论：在平面机构中进行高副低代时，为了使得在代替前后机构的自由度、瞬时速度和瞬时加速度都保持不变，只需用一个虚拟构件分别在构成高副的两构件接触点的曲率中心处与该两构件以转动副相连即可。

2．用低副代替直线与曲线组成的高副

在图 2-38(a)所示的由直线与曲线组成的高副机构中，我们仍可以用上述方法进行高副低代。由于直线的曲率中心趋于无穷远，因此在该曲率中心处的转动副即演化成沿直线移动的移动副，其代替结果如图 2-38(b)或(c)所示。

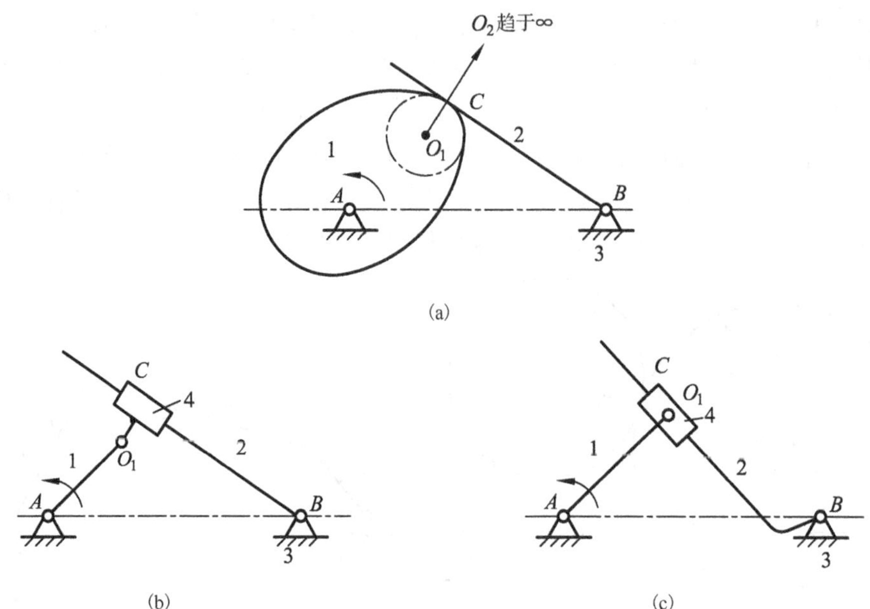

图 2-38　直线与曲线接触的高副低代

3．用低副代替由点及曲线组成的高副

在图 2-39(a)所示的高副机构中，两接触轮廓之一为一点。点的曲率半径为零，其曲率中心与两构件的接触点 C 重合。因此，在高副低代时，虚拟构件 4 的一端在 C 点处与构件 2 构成转动副，而另一端在曲线上 C 点的曲率中心 O_1 处与构件 1 构成转动副，其代替机构如图 2-39(b)所示。

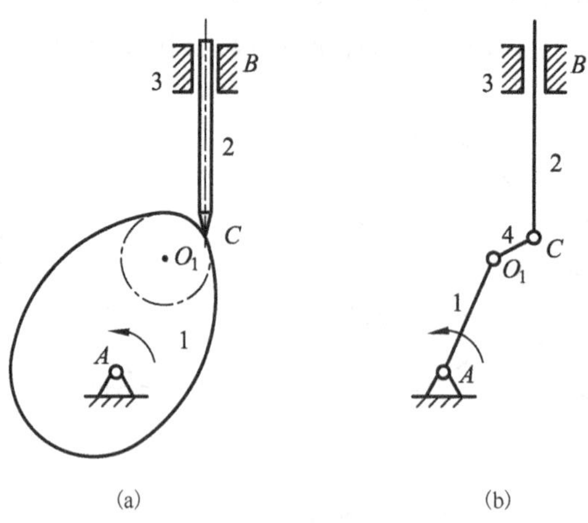

图 2-39　点与曲线接触的高副低代

通过以上的分析可以看出，对于含有高副的平面机构可以通过高副低代将其转化为只含有低副的平面机构。因此，对平面机构的结构分析、运动学分析及动力学分析只需讨论仅含低副的机构，使研究得以简化。

2.5.2　平面机构的组成原理

在机械原理中，通常按机构结构组成对机构进行分类，以便通过对每类机构的共性研究来达到研究各类不同机构的目的。因此，需要掌握组成机构的基本原理。

任何机构都是由机架、原动件和从动件系统三部分组成的。由于通常每个原动件具有一个自由度，并且机构的原动件数目与机构的自由度相等，因此从动件系统必然是一个自由度为零的运动链。而这个自由度为零的运动链，有时还可以再拆成更简单的自由度为零的运动链。我们把最后不能再拆的、最简单的、自由度为零的运动链称为基本杆组或阿苏尔杆组，简称杆组。根据上面的分析可知：任何机构都可以看作由若干个基本杆组依次连接到原动件和机架上而构成的。这就是机构的组成原理。

下面对只含平面低副的杆组进行分析。设杆组由 n 个构件和 P_{L} 个平面低副所组成，由杆组的定义可知，其自由度 F 必须满足下式：

$$F = 3n - 2P_{\mathrm{L}} = 0$$

或

$$P_{\mathrm{L}} = \frac{3}{2}n \tag{2-2}$$

在式(2-2)中，因 n 和 P_{L} 都只能取正整数，故 n 应是 2 的倍数，而 P_{L} 应是 3 的倍数，它们的组合有：$n=2$，$P_{\mathrm{L}}=3$；$n=4$，$P_{\mathrm{L}}=6$；$n=6$，$P_{\mathrm{L}}=9$ 等。

因此，最简单的基本杆组由 2 个构件和 3 个低副构成。这种杆组的所有构件都只含有两个低副，称其为Ⅱ级杆组。Ⅱ级杆组是机构中应用最广的杆组，其常见的形式有 5 种，如图 2-40 所示。

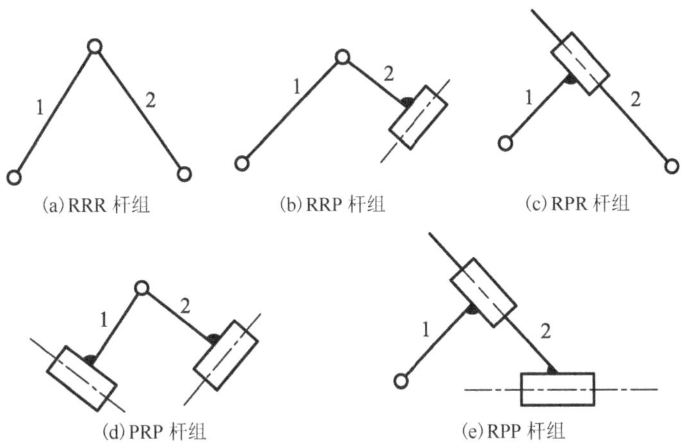

图 2-40　Ⅱ级杆组的结构形式

$n=4$、$P_{\mathrm{L}}=6$ 的杆组可分为两大类，如图 2-41 所示。图 2-41(a)所示杆组的外接构件均为两副构件，但中心构件具有三个运动副，称这类杆组为Ⅲ级杆组；图 2-41(b)所示杆组的中心构件由 4 个运动副构成活动的封闭四边形，称这类杆组为Ⅳ级杆组。杆组中的一些转动副可以用移动副取代而演化成多种派生形式，如图 2-42 所示。

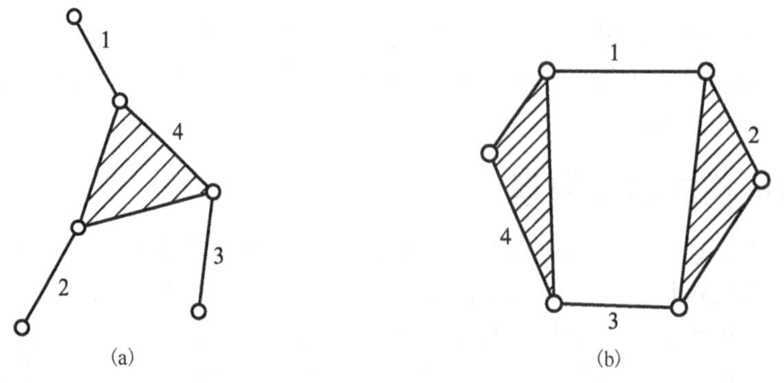

图 2-41　III级和IV级杆组的结构形式

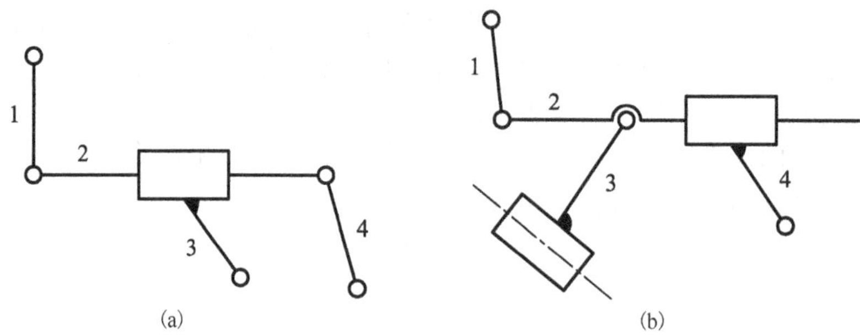

图 2-42　III级杆组的派生形式

至于$n \geqslant 6$的杆组，类型很多，而实际机构中却很少应用，故不再列举。

按照杆组的观点，任何机构都可以用基本杆组依次连接到原动件和机架上去的方法来组成。如图 2-43 所示，将图 2-43(b)所示 II 级杆组 2-3 并接在如图 2-43(a)所示原动件 1 和机架 4 上便得到如图 2-43(c)所示的四杆机构；再将图 2-43(d)所示III级杆组 5-6-7-8 并接在 II 级杆组和机架上，即得到如图 2-43(e)所示的八杆机构。继续运用这种方法可以获得更为复杂的机构。

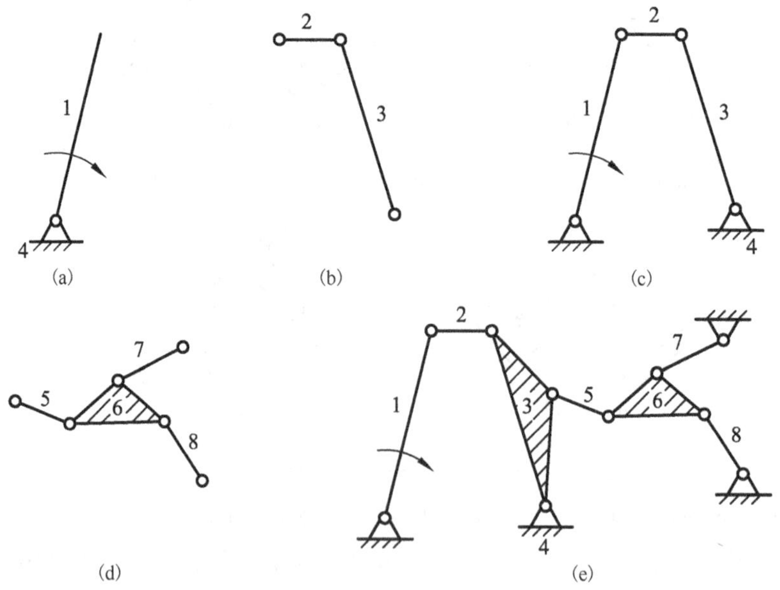

图 2-43　基本杆组形成机构的过程

必须指出的是，杆组的各个外接运动副不能全部并接在同一构件上，如图 2-44 所示，因为这种并接会使杆组与被并接件形成桁架，以致起不到添加杆组的作用。

机构的级别是由所含杆组的最高级别决定的。如图 2-43(e)所示的机构，其所含杆组的最高级别为III级，即为III级机构。不包含杆组，只具有原动件和机架的机构称为 I 级机构。

机构的组成原理揭示了机构组成的内在规律，对机构的设计具有指导意义，也为对机构进行结构分析、运动学分析和动力学分析提供了方便。

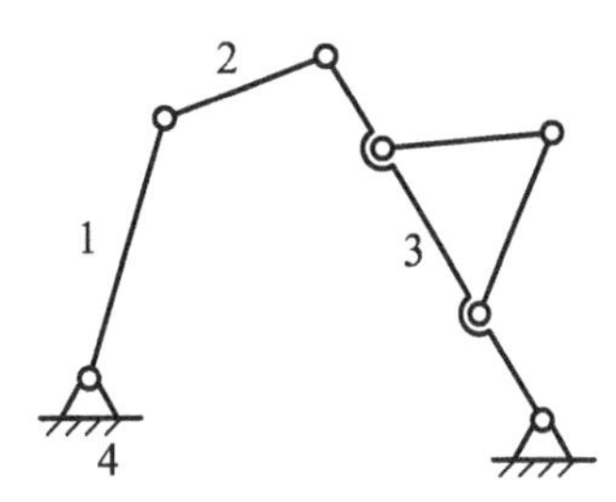

图 2-44　起不到添加杆组作用的并接

2.5.3　平面机构的结构分析

机构的结构分析就是将已知机构分解为原动件、机架和若干基本杆组，并确定机构的级别。这与机构的组成过程正好相反。对机构进行结构分析应遵循以下原则。

(1) 应计算机构的自由度，确定原动件，然后从远离原动件的构件开始拆分杆组。应先试拆 $n=2$ 的杆组，如果不可能，再依次试拆 $n=4$ 和 $n=6$ 的杆组，直到仅剩下机架和原动件。

(2) 拆下机架、原动件和杆组以后，不能再有剩余的构件或运动副。

(3) 如果机构中含有局部自由度和虚约束，应先将其除去，再拆分杆组。

(4) 如果机构中含有平面高副，应先进行高副低代，再拆分杆组。

对于自由度确定的机构，若选不同的构件为原动件，杆组拆分的结果也可能不同。

如图 2-45(a)所示机构，自由度 $F=1$。若将构件 1 选定为原动件，拆出一个III级杆组后，剩下原动件 1 和机架 6，此时机构为III级机构，如图 2-45(b)所示。如果将原动件选为构件 5，如图 2-45(c)所示，从动件系统可以拆成两个 II 级杆组，此时机构为 II 级机构。

可见，由同一运动链组成的、自由度确定的机构，只有当原动件选定后，其杆组拆分结果才是唯一的。

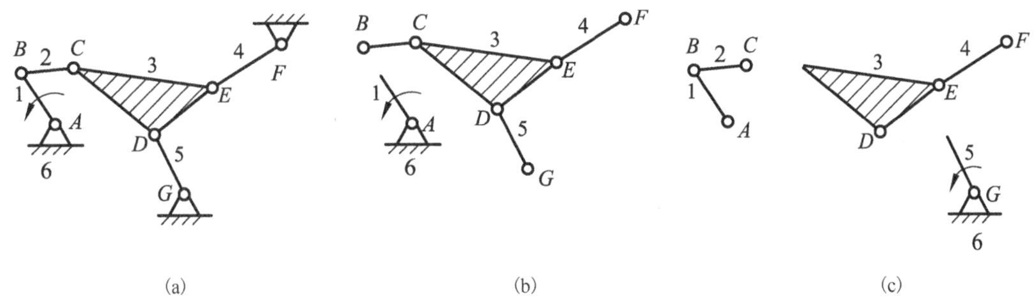

图 2-45　原动件的选择对机构级别的影响

【例 2-7】试对图 2-35(a)所示大筛机构进行结构分析，并确定该机构的级别。

解： 首先，由例 2-6 的计算可知，去掉机构中的局部自由度和虚约束，如图 2-35(a)所示，该机构的自由度 $F=2$，并选定构件 1 及构件 2 为原动件。其次，进行高副低代，则得到只含平面低副的机构，如图 2-46(a)所示。最后，对这一机构进行结构分析，具体步骤如下。

(1) 从远离原动件的构件开始拆杆组，在机架和复合铰链 C 之间拆下 II 级杆组 7-8。

(2) 从剩余机构中拆下Ⅱ级杆组 5-6。

(3) 再从剩余机构中拆下Ⅱ级杆组 3-4。

至此，完成拆分杆组，其结果如图 2-46(b) 所示。由此可知，该机构是由机架 9、原动件 1 和 2 以及顺次加入的Ⅱ级杆组 3-4、5-6 和 7-8 而形成的。由于组成机构的杆组的最高级别为Ⅱ级，因此该机构为Ⅱ级机构。

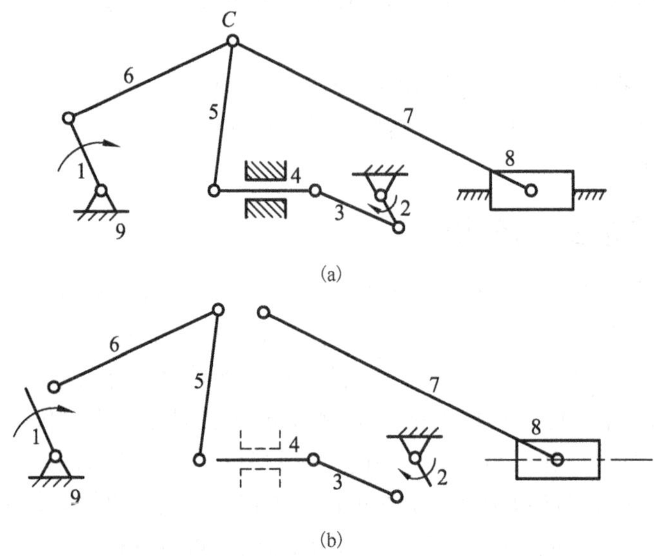

图 2-46　大筛机构的结构分析

本 章 小 结

本章讨论平面机构的结构分析的有关问题，主要内容如下。

(1) 从运动的角度来看，机构是由具有确定的相对运动的构件组成的，而构件之间是通过运动副连接的。根据运动副元素是点或线、面，有高副、低副之分。两个以上的构件通过运动副的连接而构成的系统称为运动链，机构可以看作具有机架和原动件且有确定运动的运动链。

(2) 机构运动简图是用简单的线条和规定的符号表示构件及运动副，并按一定比例表示出各运动副相对位置的简明图形。运动副的符号和常用机构的运动简图都有规定画法。机构运动简图要表示出机构中构件间的相对运动关系。

(3) 机构具有确定运动的条件是机构自由度等于原动件数目。机构自由度 F 的基本计算公式为：$F = 3n - 2P_{\mathrm{L}} - P_{\mathrm{H}}$。在计算机构自由度时要注意复合铰链、局部自由度及虚约束等问题。

(4) 引入基本杆组的概念后，机构是由原动件、机架和若干基本杆组所组成的。常用的基本杆组有Ⅱ级杆组、Ⅲ级杆组和Ⅳ级杆组。通过拆分机构的杆组来确定机构的级别，还可以由高副低代将平面机构归结为平面低副机构。

复习思考题

1. 什么叫运动副？什么叫低副？什么叫高副？常用的平面运动副有哪些？
2. 什么叫自由度？做平面运动的自由构件有几个自由度？
3. 平面低副和平面高副对构件间的相对运动各有几个约束？各有几个自由度？
4. 什么叫机构运动简图？如何绘制？机构运动简图有何用处？
5. 什么叫运动链？什么叫开式运动链？什么叫闭式运动链？
6. 什么叫复合铰链？计算机构自由度时如何计算复合铰链处的运动副数目？
7. 什么叫局部自由度？计算机构自由度时，对局部自由度应如何处理？
8. 什么叫虚约束？如何判别虚约束的存在？有些机构为什么要采用有虚约束的结构？
9. 试写出平面机构自由度的计算公式，进行机构自由度计算时有哪些应注意的问题？
10. 机构的原动件数与自由度有何关系？如果不满足这个关系将出现什么情况？
11. 在平面机构中，如何进行高副低代？
12. 什么是机构的组成原理？
13. 如何进行平面机构的结构分析？

习　题

2-1　试绘制题 2-1 图所示机构的运动简图，并计算其自由度。

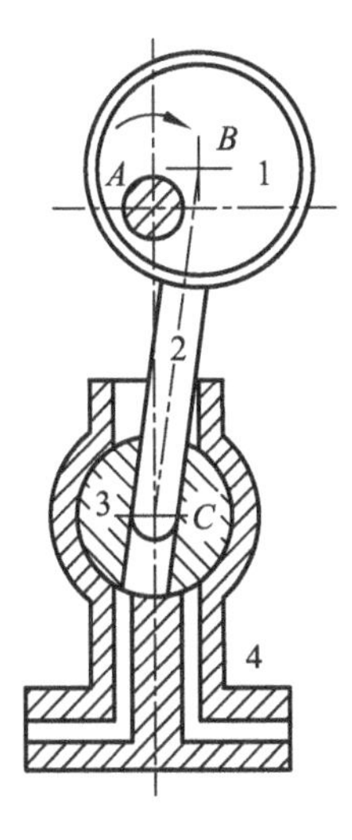

(a)

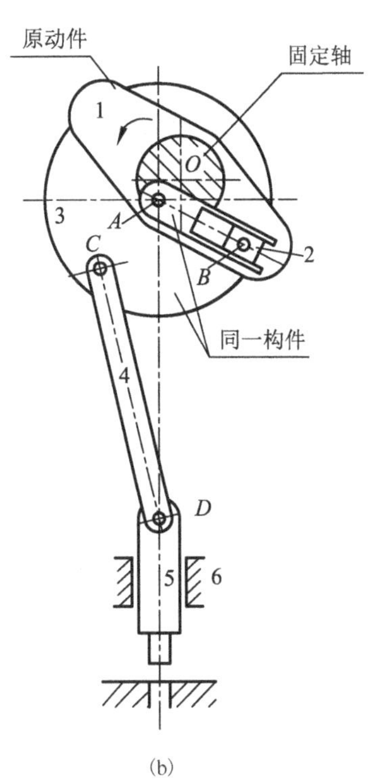

(b)

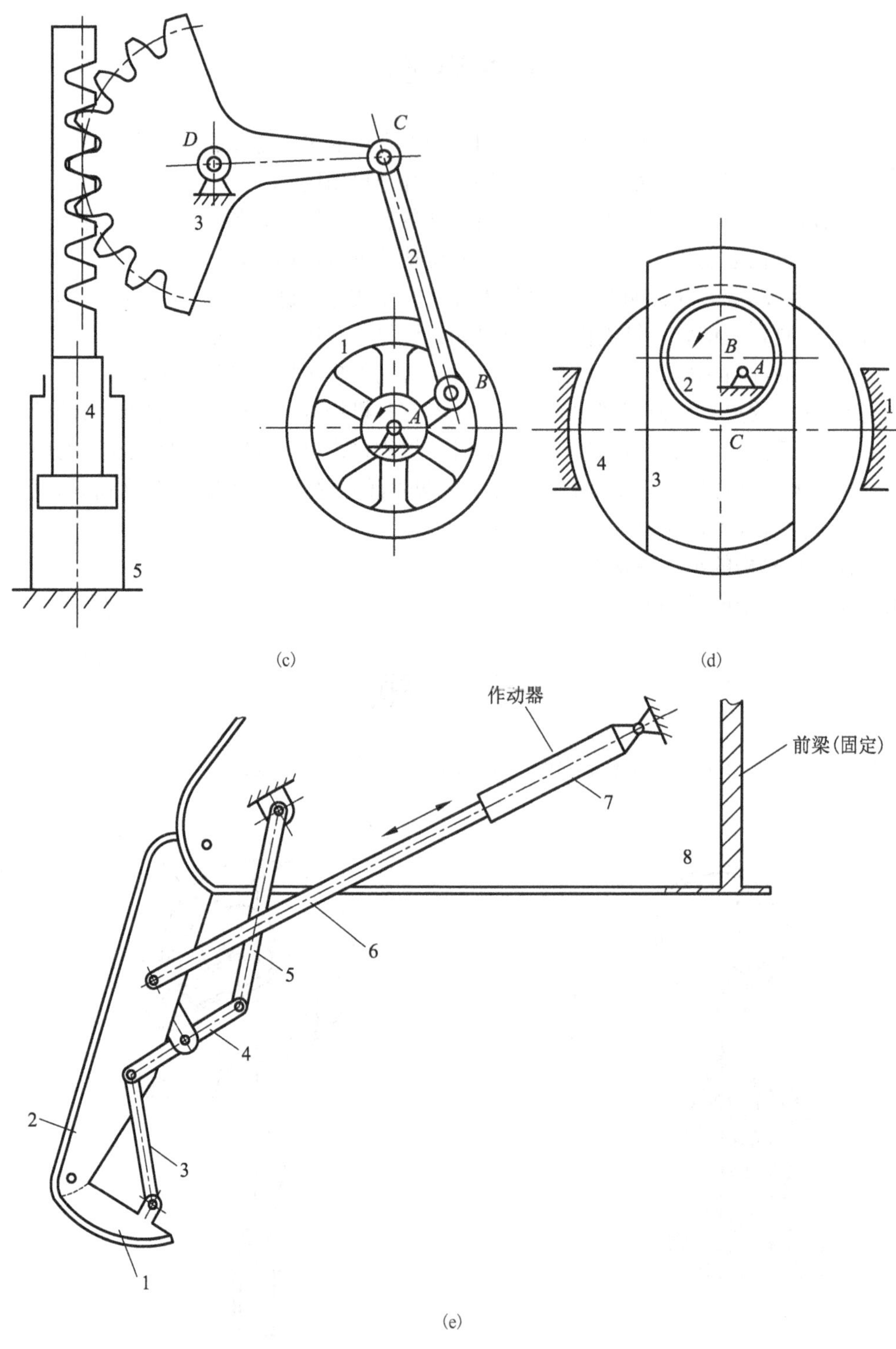

题 2-1 图

2-2　试计算题 2-2 图所示机构的自由度，并指出机构中存在的复合铰链、局部自由度和虚约束。

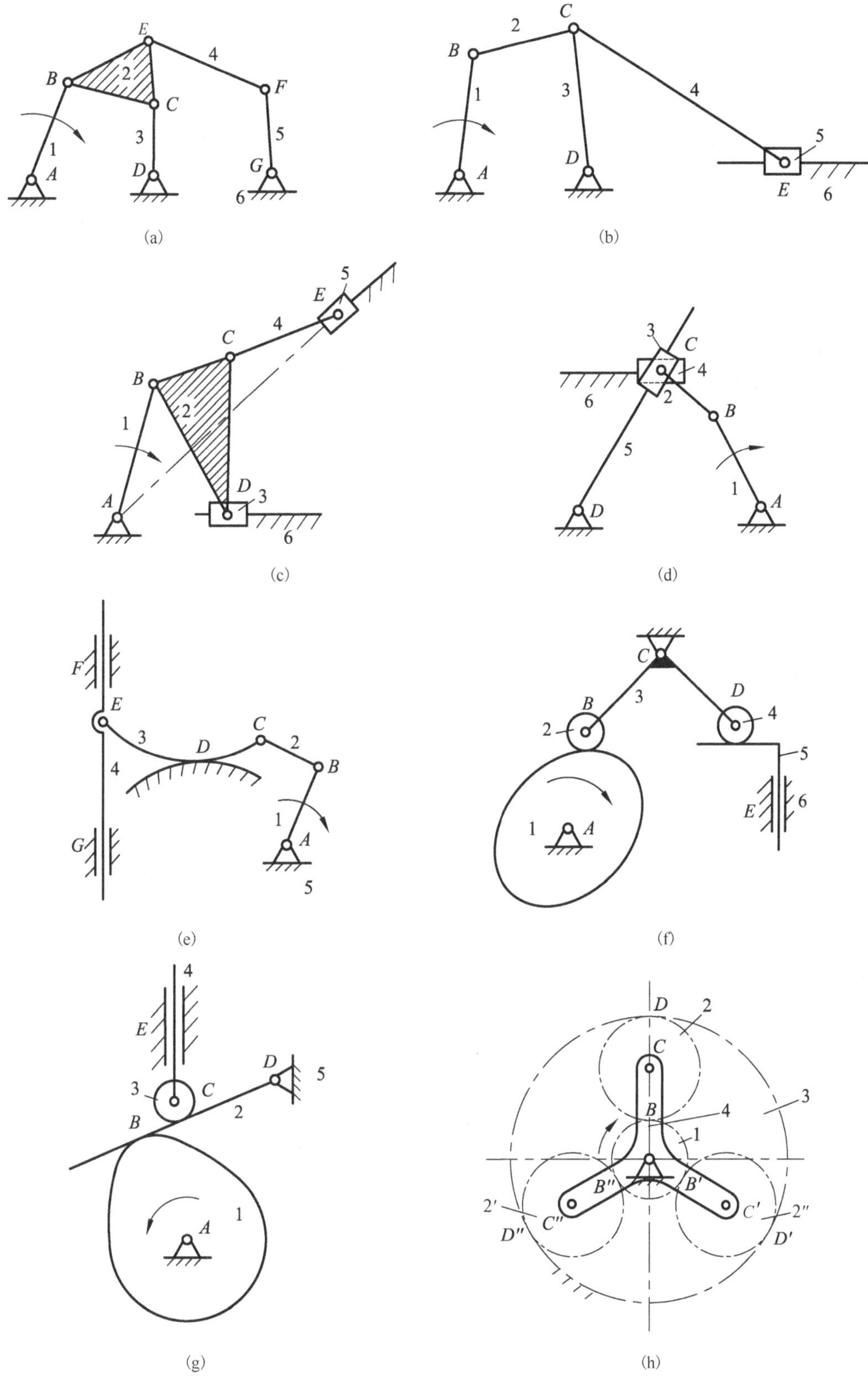
E
2
4
B
F
C
1
3
5
A
D
G
6
(a)
C
2
B
4
1
3
5
A
D
E
6
(b)
5
E
4
C
B
1
2
A
D
3
6
(c)
3
C
4
6
2
B
5
1
D
A
(d)
F
E
3
C
D
2
4
B
1
A
G
5
(e)
C
D
B
3
4
2
5
E
6
1
A
(f)
4
E
D
5
3
C
B
2
1
A
(g)
D
2
C
3
B
4
1
B″
B′
2′
C″
C′
2″
D″
D′
(h)

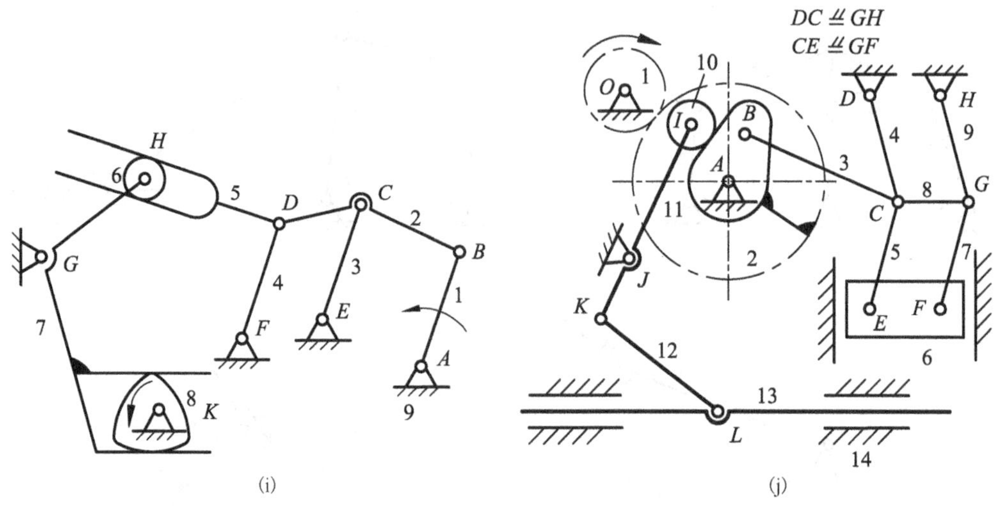

(i)　　(j)

题 2-2 图

2-3　试判别题 2-3 图所示运动链，哪些是机构？哪些不是机构？

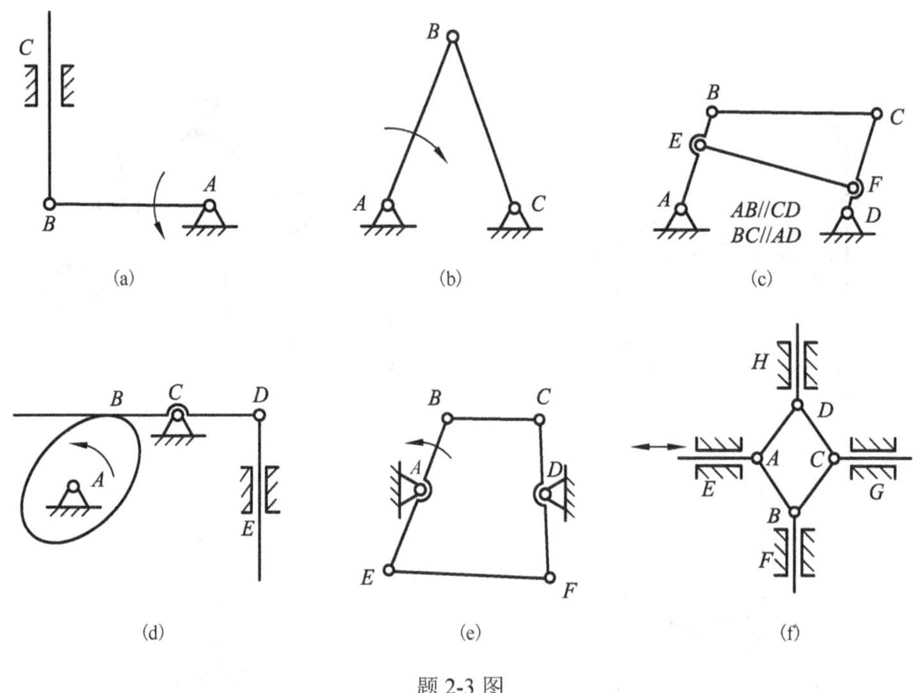

(a)　(b)　(c)

(d)　(e)　(f)

题 2-3 图

2-4　试将题 2-2 图中 (e)、(f) 和 (g) 所示的高副机构化为低副机构，并确定机构的级别。

2-5　题 2-5 图为某机构设计方案的示意图。设计者的思路是：曲柄 1 为原动件，通过滑块 2 使导杆 3 摆动，进而带动构件 4 做往复移动。图示系统能否满足设计的运动要求？若不能满足要求，应如何改进？

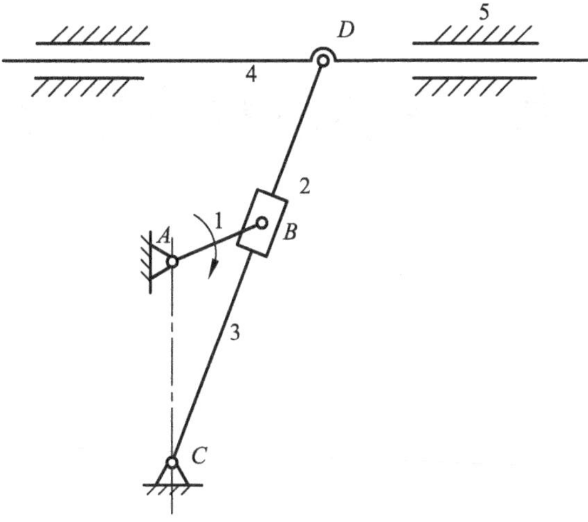

题 2-5 图

第3章　平面机构的运动分析

3.1　概　　述

3.1.1　机构运动分析的目的

机构的运动分析，就是在已知机构尺寸和原动件运动规律的条件下，确定机构中其他构件某些点的位移、轨迹、速度和加速度，以及这些构件的角位移、角速度和角加速度。无论设计新的机械，还是研究现有机械的运动性能，对机构进行运动分析都是十分必要的。

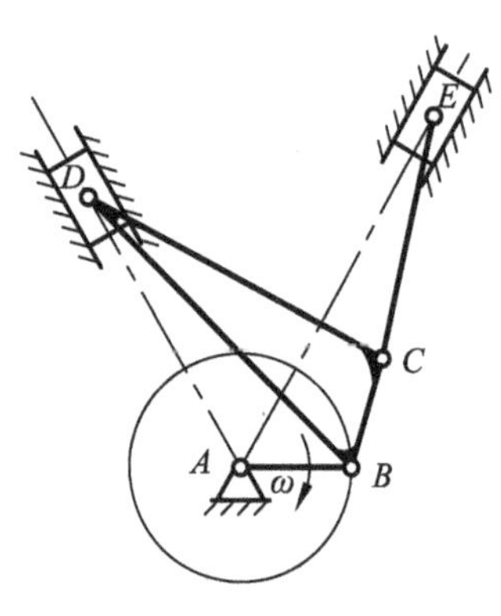

图3-1　V形发动机

通过对机构的位移或轨迹分析，可以确定从动件的行程和机构运动所需的空间，据此可判断机构运动时各构件是否会发生干涉或确定机壳轮廓尺寸，还可以考察某构件或构件上某点能否实现预定的位置或轨迹要求，等等。如在图3-1所示的V形发动机中，为了确定活塞的行程，就必须确定活塞上下运动的极限位置，为了确定机壳的外廓尺寸，就必须知道连杆上一些外端点的运动轨迹和所需的运动空间范围。

通过对机构的速度分析，可以了解从动件的速度变化规律能否满足工作要求。例如，插齿机等切削机床的刀具在切削行程中要求接近于做等速运动，以保证加工表面质量并延长刀具寿命，在空回行程中则要求快速退回，即应具有急回特性，以提高生产效率。为检验所设计的机床是否满足这些要求，必须对其进行速度分析。此外，速度分析还是进行加速度分析和确定机器动能及功率的基础。

对于高速机械和重型机械，其运动构件往往会产生很大的惯性力，这对机械的强度、振动和动力性能均会产生较大影响。为确定惯性力，必须进行加速度分析。

在本章的讨论中，将不考虑力的作用，仅从几何关系上分析机构的运动情况，原动件的运动规律通常设为匀速运动。

3.1.2　机构运动分析的方法

对平面机构进行运动分析的方法有图解法、解析法和实验法等。图解法的特点是形象直观，物理概念清楚，但其精度取决于作图精度，比解析法要低，而且对机构的一系列位置进行分析时，需反复作图，过程烦琐。图解法一般用于解决简单机构的运动分析问题。解析法的特点是先根据机构中已知的尺寸参数和运动变量与待求的运动变量之间的关系建立数学模型，然后求解。虽然推导过程较复杂，计算量大，但计算精度高，便于编程计算。借助于计算机，可方便地对机械进行整个运动循环过程的研究，还便于将机构分析和机构综合问题联系起来寻求最优方案。随着计算机的普及和性能提升，解析法已得到了广泛的应用。实验法是用测试仪器对机构的运动进行实时测量，并对所测得的信号进行处理和输出。

本章主要讨论机构运动分析的图解法和解析法，实验法将在有关实验课程中介绍。机构的位置或轨迹分析的图解法是几何作图问题，本书不作专门讨论。

3.2　用速度瞬心法进行机构的速度分析

速度瞬心法是平面机构速度分析的一种图解法。当对某些构件数目较少的机构进行速度分析时，利用速度瞬心法来求解，颇为简便、直观；同时，对机构的运动特性进行定性分析和探讨设计原理时，速度瞬心法是常用的方法之一。

3.2.1　速度瞬心的概念

在理论力学中已经给出了速度瞬心的概念：在任一瞬时，做平面运动的构件（刚体）上都唯一地存在一个速度为零的点，该点称为瞬时速度中心，简称速度瞬心或瞬心。在一般情况下，如图 3-2 所示，若构件 1 和构件 2 做平面相对运动，在任一瞬时都存在一个相对速度为零的重合点 P_{21}，在这一瞬时两构件的相对运动可看作绕点 P_{21} 的转动，点 P_{21} 就是这两个构件的瞬心。若瞬心的绝对速度为 0，则称为绝对瞬心；若绝对速度不为 0，则称为相对瞬心。构件 i 与构件 j 之间的瞬心用符号 P_{ij} 来表示。

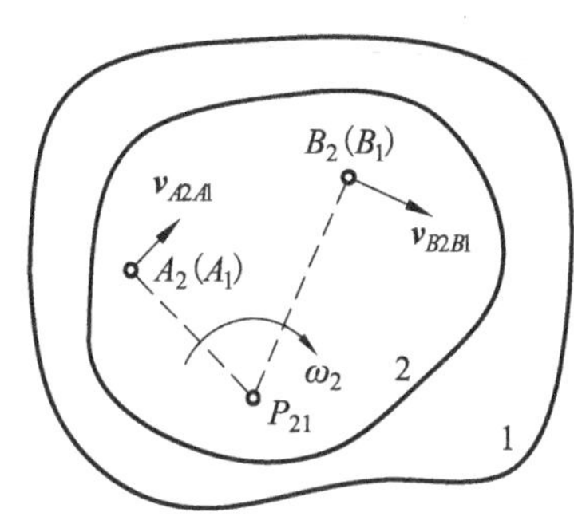

图 3-2　速度瞬心

3.2.2　机构中速度瞬心的数目和位置

机构中任意两个构件之间都有相对运动，因此，每两个构件之间就存在一个瞬心。对于含有 n 个构件的机构，求其瞬心数目的问题应为从 n 个构件中每次取定两个构件的组合问题，即机构中速度瞬心数目 N 为

$$N = \mathrm{C}_n^2 = \frac{n(n-1)}{2} \tag{3-1}$$

当两构件的相对运动已知时，瞬心的位置便可确定。如图 3-2 中，已知两重合点 $A(A_1$、$A_2)$ 和 $B(B_1$、$B_2)$ 的相对速度 $\boldsymbol{v}_{A2A1}$ 和 $\boldsymbol{v}_{B2B1}$ 的方向，则两速度矢量的垂线的交点即为瞬心 P_{21}。若两构件之间通过运动副直接相连，则其瞬心位置通过直接观察即可确定；若不直接相连，没有构成运动副的两构件，其瞬心位置需要借助于三心定理来确定。

1. 通过运动副直接相连的两构件间的瞬心

(1) 以转动副相连接的两构件的瞬心位于转动副的回转中心。如图 3-3(a)、(b)所示，构件 1、2 构成转动副，两构件在转动副回转中心 P_{12} 处的速度恒相等，故其瞬心位于点 P_{12} 处。图 3-3(a) 和 (b) 中的 P_{12} 分别为绝对瞬心和相对瞬心。

(2) 以移动副连接的两构件的瞬心位于垂直于相对移动导路方向的无穷远处。如图 3-3(c) 和 (d) 所示，构件 1、2 构成移动副，两构件上任何重合点处的相对速度均沿着移动副导路的方向，故其瞬心 P_{12} 位于垂直于相对移动导路方向的无穷远处。图 3-3(c) 和 (d) 中的 P_{12} 分别为绝对瞬心和相对瞬心。

(3) 图 3-3(e) 和 (f) 为两构件 1 和 2 在点 M 处接触组成平面高副。图 3-3(e) 中两构件组成纯滚动的高副，接触点 M 处的相对速度为零，其瞬心 P_{12} 即位于 M 点处。图 3-3(f) 中两构件组成兼有滚动与滑动的高副，相对滑动速度 $\boldsymbol{v}_{M1M2}$ 的方向沿着接触点 M 处的公切线 t-t 方向，则其瞬心 P_{12} 必定位于过该接触点的公法线 n-n 上。此时，瞬心 P_{12} 的具体位置还需由其他条件进一步确定。

2. 不通过运动副直接相连的两构件间的瞬心

当两构件不通过运动副直接相连时，不能直接应用瞬心的定义求瞬心的位置，可借助于三心定理进行分析。三心定理可叙述为：3 个彼此做平面相对运动的构件共有 3 个瞬心，且位于同一直线上。证明如下。

如图 3-4 所示，构件 1、2 和 3 彼此做平面相对运动，由式(3-1)可知它们共有 3 个瞬心，设为 P_{12}、P_{13} 和 P_{23}。为简化证明过程，设构件 1 固定不动，且 P_{12}、P_{13} 分别为构件 1 与构件 2、3 之间的速度瞬心，现要证明构件 2 与 3 之间的速度瞬心 P_{23} 必位于 P_{12} 和 P_{13} 的连线上。

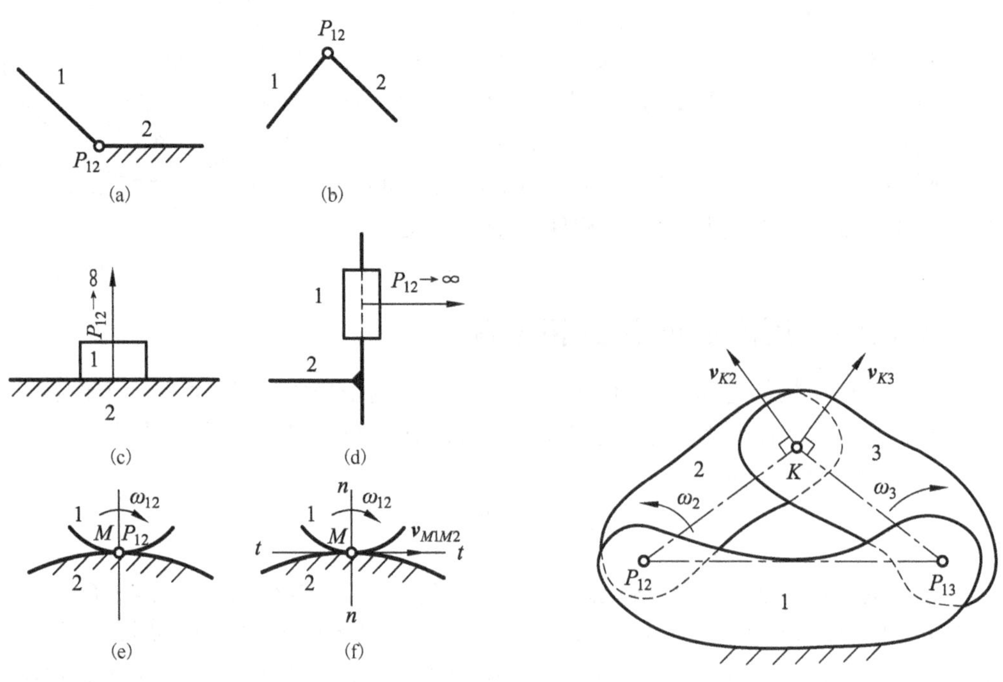

图 3-3　通过运动副直接相连两构件的瞬心　　　　图 3-4　三心定理证明

先设 P_{23} 不在 P_{12} 和 P_{13} 的连线上，而是位于构件 2 与 3 其他的任一重合点 K 处，则两构件在此重合点的绝对速度 $\boldsymbol{v}_{K2}$ 和 $\boldsymbol{v}_{K3}$ 应分别垂直于连线 KP_{12} 和 KP_{13}。此时，$\boldsymbol{v}_{K2}$ 和 $\boldsymbol{v}_{K3}$ 的方向不一致，这与瞬心的定义相矛盾。因此 K 点不可能是构件 2 与构件 3 之间的速度瞬心。由图 3-4 可以看出，只有当 K 点位于 P_{12} 和 P_{13} 连线上时，$\boldsymbol{v}_{K2}$ 和 $\boldsymbol{v}_{K3}$ 的方向才能一致，故瞬心 P_{23} 必位于 P_{12} 和 P_{13} 的连线上。P_{23} 在 P_{12} 和 P_{13} 连线上的确切位置需由其他运动条件确定。

【例 3-1】图 3-5 为一铰链四杆机构。试确定该机构在图示位置时其全部瞬心的位置。

解： 根据式(3-1)，该机构的瞬心数目 N 为

$$N = \mathrm{C}_n^2 = \frac{n(n-1)}{2} = \frac{4\times(4-1)}{2} = 6$$

很明显，瞬心 P_{12}、P_{23}、P_{34} 和 P_{14} 分别位于机构的转动副中心 A、B、C 和 D 处，而瞬心 P_{13} 和 P_{24} 需根据三心定理确定。对于构件 1、2 和 3 来说，瞬心 P_{13} 必在 P_{12} 与 P_{23} 的连线上；而对于构件 1、4、3 来说，瞬心 P_{13} 也必在 P_{14} 与 P_{34} 的连线上，则上述两连线的交点即为瞬心 P_{13}。同理，瞬心 P_{24} 在 P_{23} 和 P_{34} 连线与 P_{12} 和 P_{14} 连线的交点上。

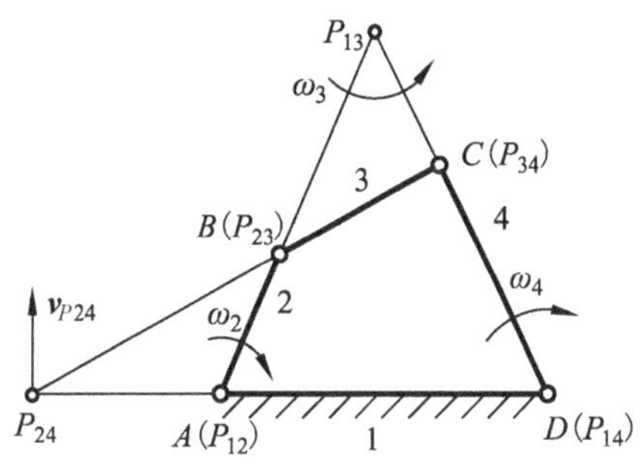

图 3-5　铰链四杆机构的瞬心

3.2.3　速度瞬心法在机构速度分析中的应用

利用速度瞬心对平面机构进行速度分析的方法通常称为瞬心法。下面举例说明瞬心法的应用。

1. 铰链四杆机构的速度分析

如图 3-5 所示的铰链四杆机构中，已知各构件的尺寸，又知原动件 2 以角速度 ω_2 顺时针方向等角速回转，现需确定机构在图示位置时从动件 4 的角速度 ω_4 及铰链中心 C 的速度 $\boldsymbol{v}_C$ 。

此类问题应用瞬心法求解极为简单。在例 3-1 已确定的 6 个瞬心中，P_{24} 为构件 2 与 4 的等速重合点，该点速度为

$$v_{P24} = \omega_2 \overline{P_{12}P_{24}} \mu_l = \omega_4 \overline{P_{14}P_{24}} \mu_l$$

式中，μ_l 为机构尺寸的比例尺，即构件的真实长度与图示长度之比，单位为 m/mm 或 mm/mm。由上式得

$$\frac{\omega_2}{\omega_4} = \frac{\overline{P_{14}P_{24}}}{\overline{P_{12}P_{24}}} \tag{3-2}$$

由图 3-5 及式(3-2)可知，ω_4 与 ω_2 同向，其大小为

$$\omega_4 = \frac{\overline{P_{12}P_{24}}}{\overline{P_{14}P_{24}}} \omega_2$$

点 C 处的速度为

$$v_C = \omega_4 \overline{P_{14}P_{34}} \mu_l$$

其方向垂直于 P_{14} 与 P_{34} 的连线，且与 ω_4 的转向相符。

在式(3-2)中，ω_2/ω_4 为该机构原动件 2 与从动件 4 的瞬时角速度之比，称为机构的瞬时传动比。此传动比等于该两构件的绝对瞬心 P_{12} 和 P_{14} 至其相对瞬心 P_{24} 距离的反比。式(3-2)可以推广为平面机构中任意两构件 i 与 j 的角速度之间的关系式，即

$$\frac{\omega_i}{\omega_j} = \frac{\overline{P_{1j}P_{ij}}}{\overline{P_{1i}P_{ij}}} \tag{3-3}$$

式中，下标 1 是指固定件。

2. 曲柄滑块机构的速度分析

图 3-6 为曲柄滑块机构，设各构件的尺寸已知，又知原动件 2 的角速度 ω_2 沿逆时针方向。求图示位置时机构的全部瞬心和从动件 4 的移动速度 $\boldsymbol{v}_C$ 。

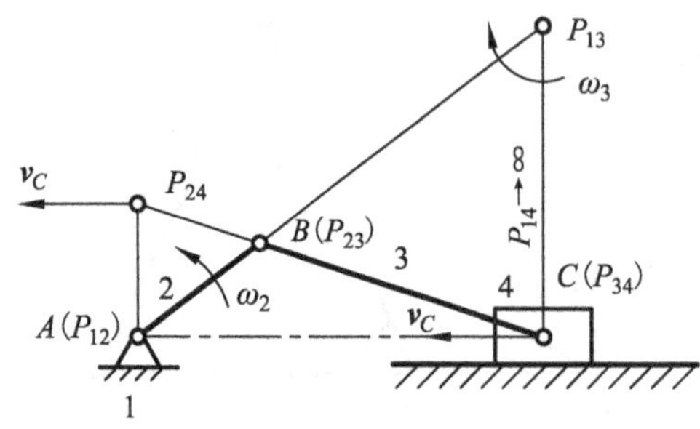

图 3-6　曲柄滑块机构瞬心法速度分析

根据式(3-1)，该机构的瞬心数目 N 为

$$N = C_n^2 = \frac{n(n-1)}{2} = \frac{4\times(4-1)}{2} = 6$$

应用 3.2.2 节中所述的方法，求得其 6 个瞬心的位置如图 3-6 所示。

滑块 4 做直线移动，其上各点速度相等，将瞬心 P_{24} 看成滑块上的一点，根据瞬心的定义，可得 v_C 为

$$v_C = v_{P24} = \omega_2 \overline{P_{12}P_{24}}\mu_l$$

其方向如图 3-6 所示。

3. 平面高副机构的速度分析

图 3-7 为具有 3 个构件的平面高副机构。已知各构件的尺寸，原动件 2 以角速度 ω_2 沿顺时针方向匀速回转，采用瞬心法来确定从动件 3 和原动件 2 的角速度之间的关系，同样十分简便。

由式(3-1)得
$$N = C_n^2 = \frac{n(n-1)}{2} = \frac{3\times(3-1)}{2} = 3$$

即此机构共有 3 个瞬心。其中 P_{12} 和 P_{13} 分别位于构件 2 和 3 的回转中心处，且为绝对速度瞬心。构件 2 和构件 3 的相对速度瞬心 P_{23} 应在过构件 2 和 3 的接触点 K 的公法线 n-n 上。由三心定理可知，P_{23} 又应位于 P_{12} 和 P_{13} 的连线上。因此，此两直线的交点即为瞬心 P_{23}，如图 3-7 所示。利用瞬心 P_{23} 为构件 2 和 3 的等速重合点这一特征，得

$$v_{P23} = \omega_2 \overline{P_{12}P_{23}}\mu_l = \omega_3 \overline{P_{13}P_{23}}\mu_l$$

则
$$\frac{\omega_2}{\omega_3} = \frac{\overline{P_{13}P_{23}}}{\overline{P_{12}P_{23}}} \tag{3-4}$$

且 ω_3 与 ω_2 转向相反。

又如，图 3-8 为一平底对心直动从动件凸轮机构，已知各构件尺寸和原动件 2 以等角速度 ω_2 逆时针转动，则从动件 3 的上下移动速度 $\boldsymbol{v}_3$ 也可应用瞬心法求出。

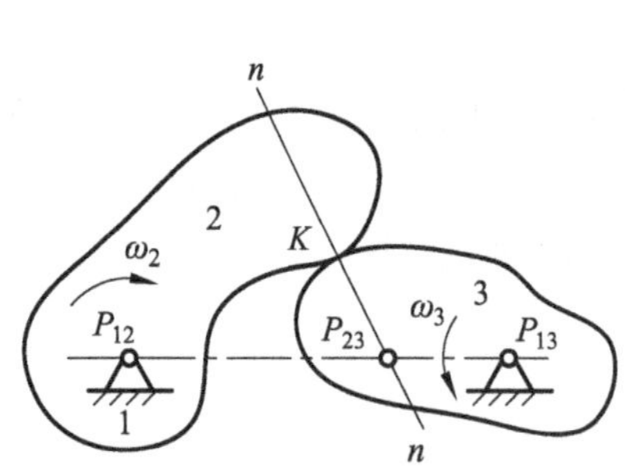

图 3-7　平面高副机构瞬心法速度分析

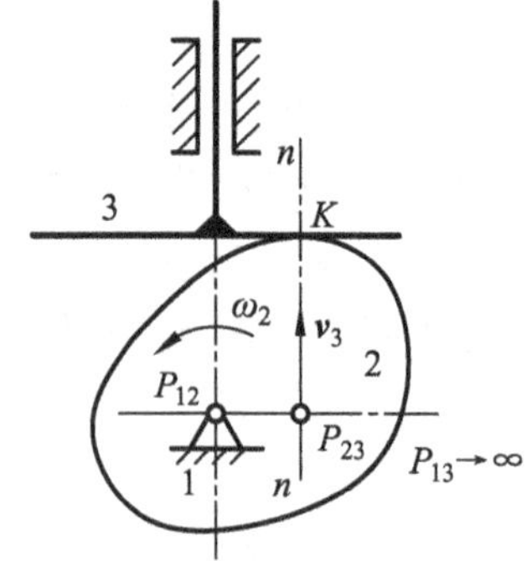

图 3-8　凸轮机构瞬心法速度分析

此机构共有 P_{12}、P_{13} 和 P_{23} 三个瞬心。P_{12} 位于凸轮的回转中心处，P_{13} 位于从动件移动导路垂直线上的无穷远处，P_{23} 则位于高副接触点 K 处公法线 n-n 与 P_{12} 和 P_{13} 连线的交点处，如图 3-8 所示。由此可知，$\boldsymbol{v}_3$ 方向向上，大小为

$$v_3 = v_{P23} = \omega_2 \overline{P_{12}P_{23}}\mu_l$$

通过以上例子可见，应用瞬心法对简单的平面机构，特别是平面高副机构进行速度分析非常简便。但对于多杆机构，瞬心数目多使问题复杂化，有时瞬心位置还会超出图纸，给求解带来不便。

3.3 用相对运动图解法进行机构的速度及加速度分析

3.3.1 基本原理及方法

相对运动图解法所依据的基本原理是理论力学中的运动合成原理。在对机构进行速度或加速度分析时，首先利用机构中同一构件上各点之间、两构件重合点之间的相对运动关系，列出它们之间速度或加速度的矢量方程式，然后通过绘制速度或加速度矢量多边形来求解未知的速度或加速度。

下面就机构运动分析中所出现的两种情况，即同一构件上两点间的速度、加速度的关系和两构件重合点间的速度、加速度的关系，进行讨论，以说明相对运动图解法的基本原理和方法。

1. 同一构件上两点间的速度、加速度的关系

由理论力学课程可知，构件的平面运动可以分解为随同基点的牵连平动和绕基点的相对转动。现以图 3-9(a)所示曲柄滑块机构为例，说明上述原理在同一构件上两点间速度、加速度关系分析中的应用。设已知各构件的尺寸，原动件 2 以等角速度 ω_2 沿顺时针方向转动，现求连杆 3 的角速度 ω_3、角加速度 ε_3，以及连杆 3 上 C、D 两点的速度 $\boldsymbol{v}_C$、$\boldsymbol{v}_D$ 及加速度 $\boldsymbol{a}_C$、$\boldsymbol{a}_D$。

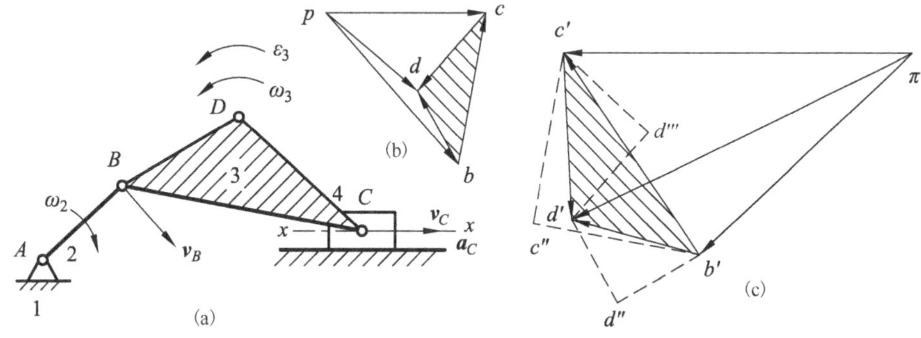

图 3-9 曲柄滑块机构相对运动图解法运动分析

1) 构件上速度关系的分析

连杆 3 做平面运动，B 点的速度 $\boldsymbol{v}_B$ 可由已知条件求得，以点 B 为基点，则 C 点的速度 $\boldsymbol{v}_C$ 为

$$\boldsymbol{v}_C = \boldsymbol{v}_B + \boldsymbol{v}_{CB} \tag{3-5}$$

	$\boldsymbol{v}_C$	$\boldsymbol{v}_B$	$\boldsymbol{v}_{CB}$
方向	x-x	$\perp AB$	$\perp CB$
大小	?	$\omega_2 l_{AB}$	?

式中，$\boldsymbol{v}_{CB}$ 为点 C 绕基点 B 的相对转动速度。$\boldsymbol{v}_{CB}$ 的大小等于构件 3 的瞬时角速度 ω_3 与 B、C 两点间实际距离 l_{BC} 的乘积，即 $v_{CB} = \omega_3 l_{BC}$；$\boldsymbol{v}_{CB}$ 的方向与点 B、C 的连线垂直，指向与 ω_3 的转向一致。式(3-5)即为同一构件上两点间的速度关系式。

每个平面矢量都是由大小和方向两个量组成的，故式(3-5)共有六个量。已知点 B 的速度 $\boldsymbol{v}_B$ 的大小、方向和点 C 的速度 $\boldsymbol{v}_C$ 的方向，且相对速度 $\boldsymbol{v}_{CB}$ 垂直于 BC。这样式(3-5)中只有两个未知量，可用作图法求解。具体求解过程如下。

首先，确定合适的速度比例尺 μ_v。取 μ_v=速度 / 代表速度的线段长度，其中速度以 m/s 计，线段长以 mm 计。

然后，作速度矢量多边形，如图 3-9(b)所示。任取一点 p 作为绝对速度矢量的起始点，过点 p 作与 $\boldsymbol{v}_B$ 平行的线段 $\overline{pb}$，使其长度(以 mm 计)等于 v_B/μ_v，矢量 $\overrightarrow{pb}$ 代表 $\boldsymbol{v}_B$；过点 b 作直线 bc 垂直于构件 BC，代表 $\boldsymbol{v}_{CB}$ 的方向线；又从点 p 作直线 pc 平行于 $\boldsymbol{v}_C$，以代表 $\boldsymbol{v}_C$ 的方向线。直线 bc 和 pc 相交于点 c，则矢量 $\overrightarrow{pc}$ 即代表 $\boldsymbol{v}_C$，矢量 $\overrightarrow{bc}$ 即代表 $\boldsymbol{v}_{CB}$，两速度的大小分别为

$$v_C = \mu_v \overline{pc}, \quad v_{CB} = \mu_v \overline{bc}$$

由于 $v_{CB} = \omega_3 l_{BC}$，可得构件 3 的绝对角速度(以 rad/s 计)为

$$\omega_3 = \frac{v_{CB}}{l_{BC}} = \frac{\mu_v \overline{bc}}{\mu_l \overline{BC}}$$

将代表 $\boldsymbol{v}_{CB}$ 的矢量 $\overrightarrow{bc}$ 平移至构件图的点 C 上，则根据 $\boldsymbol{v}_{CB}$ 绕点 B 的方向可知 ω_3 为逆时针方向。

进一步考察构件 3 上点 D 的速度 $\boldsymbol{v}_D$。如果以 B 为基点，则点 D 的速度 $\boldsymbol{v}_D$ 为

$$\begin{array}{lcccc} & \boldsymbol{v}_D & = & \boldsymbol{v}_B & + & \boldsymbol{v}_{DB} \\ \text{方向} & ? & & \perp AB & & \perp BD \\ \text{大小} & ? & & \omega_2 l_{AB} & & \omega_3 l_{BD} \end{array} \tag{3-6}$$

式中，$\boldsymbol{v}_{DB}$ 为点 D 绕基点 B 的相对转动速度，其大小和方向都可求出。在矢量方程(3-6)中只有 $\boldsymbol{v}_D$ 的大小和方向未知，可用作图法求解。如图 3-9(b)所示，矢量 $\overrightarrow{bd}$ 代表 $\boldsymbol{v}_{DB}$，矢量 $\overrightarrow{pd}$ 代表 $\boldsymbol{v}_D$。$\boldsymbol{v}_D$ 的大小为

$$v_D = \mu_v \overline{pd} \tag{3-7}$$

如果以 C 为基点，则点 D 的速度 $\boldsymbol{v}_D$ 为

$$\begin{array}{lcccc} & \boldsymbol{v}_D & = & \boldsymbol{v}_C & + & \boldsymbol{v}_{DC} \\ \text{方向} & ? & & x\text{-}x & & \perp CD \\ \text{大小} & ? & & \mu_v \overline{pc} & & \omega_3 l_{CD} \end{array} \tag{3-8}$$

式中，$\boldsymbol{v}_{DC}$ 为点 D 绕基点 C 的相对转动速度，其大小和方向都可求出。在矢量方程(3-8)中只有 $\boldsymbol{v}_D$ 的大小和方向未知，可用作图法求解。如图 3-9(b)所示，矢量 $\overrightarrow{cd}$ 代表 $\boldsymbol{v}_{DC}$，矢量 $\overrightarrow{pd}$ 代表 $\boldsymbol{v}_D$。$\boldsymbol{v}_D$ 的大小仍然按式(3-7)计算。

从作图过程可知，图 3-9(a)与(b)中 $\triangle bcd \backsim \triangle BCD$，两三角形的字母顺序也相同，只是 $\triangle bcd$ 的位置是 $\triangle BCD$ 沿 ω_3 方向转过了 90° 而已，故将速度图形 bcd 称为构件图形 BCD 的速度影像。这样，只要已知构件上两点的速度，利用速度影像与构件图形的相似关系可很方便地求出该构件上任一点的速度。

如图 3-9(b)所示，在由各速度矢量构成的速度多边形中，点 p 称为速度多边形的极点。在速度多边形中，极点 p 代表构件上相应点的绝对速度为零；由极点 p 向外放射的矢量，代表构件上相应点的绝对速度；而连接两绝对速度矢端的矢量，则代表构件上相应两点间的相对速度。

要注意此矢量的字母顺序恰与相对速度下脚标的字母顺序相反。例如，矢量$\overrightarrow{cd}$代表$\boldsymbol{v}_{DC}$。

2) 构件上加速度关系的分析

构件 2 以角速度ω_2等速转动，点 B 的加速度$\boldsymbol{a}_B$可求得，故选点 B 为基点，则点 C 的绝对加速度$\boldsymbol{a}_C$为

$$\boldsymbol{a}_C = \boldsymbol{a}_B + \boldsymbol{a}_{CB} = \boldsymbol{a}_B + \boldsymbol{a}_{CB}^{\mathrm{n}} + \boldsymbol{a}_{CB}^{\mathrm{t}} \tag{3-9}$$

方向	x-x	$B\rightarrow A$	$C\rightarrow B$	$\perp BC$
大小	?	$\omega_2^2 l_{AB}$	$\omega_3^2 l_{BC}$	?

式中，$\boldsymbol{a}_{CB}$为 C 点绕基点 B 相对转动的加速度；$\boldsymbol{a}_{CB}^{\mathrm{n}}$和$\boldsymbol{a}_{CB}^{\mathrm{t}}$分别为点 C 绕基点 B 相对转动的法向和切向加速度，两者的矢量和为$\boldsymbol{a}_{CB}$，均以 $\mathrm{m/s^2}$ 计。

式(3-9)即为同一构件上两点间的加速度关系式，且只含两个未知量，可用图解法求解，具体作图方法如下所述。

首先，确定合适的加速度比例尺μ_a。取μ_a=加速度/代表加速度的线段长度，单位为$(\mathrm{m/s^2})/\mathrm{mm}$。

然后，作加速度矢量多边形，如图 3-9(c)所示。任取一点π作为绝对加速度矢量的起始点，此点即为绝对加速度为零的点。由点π作与$\boldsymbol{a}_B$平行的矢量$\overrightarrow{\pi b'}$，使其长度等于a_B/μ_a，以代表$\boldsymbol{a}_B$；过点b'作与线段 CB 平行的矢量$\overrightarrow{b'c''}$，使其长度等于$a_{CB}^{\mathrm{n}}/\mu_a$，其方向由点 C 指向点 B，以代表$\boldsymbol{a}_{CB}^{\mathrm{n}}$；再过点$c''$作直线$c''c'$垂直于 CB，以代表$\boldsymbol{a}_{CB}^{\mathrm{t}}$的方向线；由点$\pi$作与$\boldsymbol{a}_C$平行的直线$\pi c'$，代表$\boldsymbol{a}_C$的方向线而与$\boldsymbol{a}_{CB}^{\mathrm{t}}$的方向线交于点$c'$。则矢量$\overrightarrow{\pi c'}$即代表$\boldsymbol{a}_C$，矢量$\overrightarrow{c''c'}$即代表$\boldsymbol{a}_{CB}^{\mathrm{t}}$，以 $\mathrm{m/s^2}$ 计，大小分别为

$$a_C = \mu_a \overline{\pi c'},\quad a_{CB}^{\mathrm{t}} = \mu_a \overline{c''c'}$$

由于$a_{CB}^{\mathrm{t}} = \varepsilon_3 l_{BC}$，则可得构件 3 的绝对角加速度$\varepsilon_3$（以 $\mathrm{rad/s^2}$ 计）为

$$\varepsilon_3 = \frac{a_{CB}^{\mathrm{t}}}{l_{BC}} = \frac{\mu_a \overline{c''c'}}{\mu_l \overline{BC}} \tag{3-10}$$

将代表$\boldsymbol{a}_{CB}^{\mathrm{t}}$的矢量$\overline{c''c'}$平移至构件图上的 C 点，则根据$\boldsymbol{a}_{CB}^{\mathrm{t}}$绕点 B 的方向可知$\boldsymbol{\varepsilon}_3$为逆时针方向。

进一步考察构件上点 D 的加速度$\boldsymbol{a}_D$。如果以 B 为基点，则点 D 的加速度$\boldsymbol{a}_D$为

$$\boldsymbol{a}_D = \boldsymbol{a}_B + \boldsymbol{a}_{DB} = \boldsymbol{a}_B + \boldsymbol{a}_{DB}^{\mathrm{n}} + \boldsymbol{a}_{DB}^{\mathrm{t}} \tag{3-11}$$

方向	?	$B\rightarrow A$	$D\rightarrow B$	$\perp BD$
大小	?	$\omega_2^2 l_{AB}$	$\omega_3^2 l_{BD}$	$\varepsilon_3 l_{BD}$

式中，$\boldsymbol{a}_{DB}$为 D 点绕基点 B 相对转动的加速度。

在矢量方程(3-11)中只有$\boldsymbol{a}_D$的大小和方向未知，可用作图法求解。如图 3-9(c)所示，矢量$\overrightarrow{b'd''}$和$\overrightarrow{d''d'}$分别代表$\boldsymbol{a}_{DB}^{\mathrm{n}}$和$\boldsymbol{a}_{DB}^{\mathrm{t}}$，矢量$\overrightarrow{\pi d'}$代表$\boldsymbol{a}_D$。$\boldsymbol{a}_D$的大小为

$$a_D = \mu_a \overline{\pi d'} \tag{3-12}$$

如果以点 C 为基点，则点 D 的加速度$\boldsymbol{a}_D$为

$$\boldsymbol{a}_D = \boldsymbol{a}_C + \boldsymbol{a}_{DC} = \boldsymbol{a}_C + \boldsymbol{a}_{DC}^{\mathrm{n}} + \boldsymbol{a}_{DC}^{\mathrm{t}} \tag{3-13}$$

方向	?	x-x	$D\rightarrow C$	$\perp CD$
大小	?	$\mu_a \overline{\pi c'}$	$\omega_3^2 l_{CD}$	$\varepsilon_3 l_{CD}$

式中，$\boldsymbol{a}_{DC}$ 为 D 点绕基点 C 相对转动的加速度。

在矢量方程(3-13)中只有 $\boldsymbol{a}_D$ 的大小和方向未知，可用作图法求解。如图 3-9(c)所示，矢量 $\overrightarrow{c'd'''}$ 和 $\overrightarrow{d'''d'}$ 分别代表 $\boldsymbol{a}_{DC}^{\mathrm{n}}$ 和 $\boldsymbol{a}_{DC}^{\mathrm{t}}$，矢量 $\overrightarrow{\pi d'}$ 代表 $\boldsymbol{a}_D$。$\boldsymbol{a}_D$ 的大小仍然按式(3-12)计算。

此外，图 3-9(c)中矢量 $\overrightarrow{b'c'}$、$\overrightarrow{b'd'}$ 和 $\overrightarrow{c'd'}$ 分别代表相对加速度 $\boldsymbol{a}_{CB}$、$\boldsymbol{a}_{DB}$ 和 $\boldsymbol{a}_{DC}$。

由上述作图过程可知，在图 3-9(a)与(c)中，$\triangle b'c'd' \backsim \triangle BCD$，两三角形字母顺序也相同，故将加速度图形 $b'c'd'$ 称为构件图形 BCD 的加速度影像。与速度分析一样，只要已知构件上两点的加速度，利用加速度影像与构件图形的相似关系可很方便地求出该构件上任一点的加速度。

如图 3-9(c)所示，在由各加速度矢量构成的加速度多边形中，π 点称为加速度多边形的极点。在加速度多边形中，极点 π 代表构件上相应点的绝对加速度为零；由极点 π 向外放射的矢量代表构件上相应点的绝对加速度；而连接两绝对加速度矢端的矢量，则代表构件上相应两点间的相对加速度，其字母顺序与加速度下脚标的字母顺序相反，例如，矢量 $\overrightarrow{c'd'}$ 代表 $\boldsymbol{a}_{DC}$。

必须注意：速度影像和加速度影像的相似原理，只能应用于机构中同一构件上的各点，而不能应用于不同构件上的点。

2. 两构件重合点间的速度及加速度的关系

由理论力学课程可知：动点的绝对速度等于它的牵连速度与相对速度的矢量和；当牵连运动是平动时，动点的绝对加速度等于它的牵连加速度与相对加速度的矢量和；当牵连运动是转动时，动点的绝对加速度等于它的牵连加速度、相对加速度与科氏加速度三者的矢量和。

在机构中，若两构件组成移动副，在对其进行运动分析时，要利用两构件重合点间的运动关系。在如图 3-10(a)所示的导杆机构中，已知各构件的位置、长度，原动件 1 以角速度 ω_1 沿逆时针方向等速转动，现求导杆 3 的角速度 $\boldsymbol{\omega}_3$ 和角加速度 $\boldsymbol{\varepsilon}_3$。

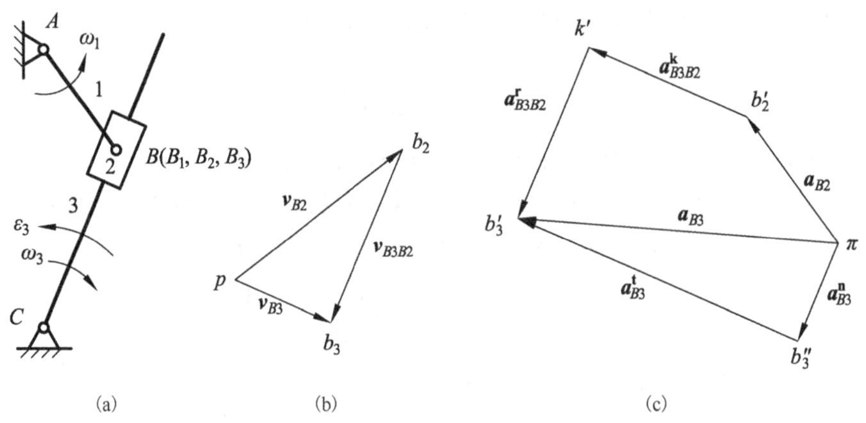

图 3-10　导杆机构相对运动图解法运动分析

1) 重合点间的速度关系

如图 3-10(a)所示，因为构件 1、2 在 B 点构成转动副，所以 $\boldsymbol{v}_{B2}=\boldsymbol{v}_{B1}$。把动坐标取在构件 2 上，构件 3 上的 B_3 点看成动点。则动点 B_3 的绝对速度 $\boldsymbol{v}_{B3}$ 等于动坐标上与动点 B_3 重合的点 B_2 的绝对速度 $\boldsymbol{v}_{B2}$ 和动点 B_3 相对于动坐标的速度 $\boldsymbol{v}_{B3B2}$ 的矢量和，即

$$\begin{array}{lcccccc} & \boldsymbol{v}_{B3} & = & \boldsymbol{v}_{B2} & + & \boldsymbol{v}_{B3B2} \\ \text{方向} & \perp BC & & \perp AB & & //BC \\ \text{大小} & ? & & \omega_1 l_{AB} & & ? \end{array} \tag{3-14}$$

在式(3-14)中，只有 $\boldsymbol{v}_{B3}$ 和 $\boldsymbol{v}_{B3B2}$ 的大小两个未知量，故可通过作速度多边形进行求解。具体作图法如前所述，图 3-10(b)即为其速度多边形。图 3-10(b)中矢量 $\overrightarrow{pb_2}$、$\overrightarrow{pb_3}$ 及 $\overrightarrow{b_2b_3}$ 分别代表 $\boldsymbol{v}_{B2}$、$\boldsymbol{v}_{B3}$ 及 $\boldsymbol{v}_{B3B2}$。由于 $v_{B3}=\omega_3 l_{BC}$，则可得导杆 3 的绝对角速度大小(以 rad/s 计)为

$$\omega_3=\frac{v_{B3}}{l_{BC}}=\frac{\mu_v\overline{pb_3}}{\mu_l\overline{BC}}$$

2)重合点间的加速度关系

与前述一样，若把动坐标取在构件 2 上，把构件 3 上的 B_3 点看成动点，则动点 B_3 的绝对加速度 $\boldsymbol{a}_{B3}$ 应等于牵连点 B_2 的绝对加速度 $\boldsymbol{a}_{B2}(\boldsymbol{a}_{B2}=\boldsymbol{a}_{B1})$、科氏加速度 $\boldsymbol{a}^{\mathrm{k}}_{B3B2}$ 和 B_3 点对动坐标的相对加速度 $\boldsymbol{a}^{\mathrm{r}}_{B3B2}$ 三者的矢量和，即

$$\boldsymbol{a}_{B3}=\boldsymbol{a}_{B2}+\boldsymbol{a}^{\mathrm{k}}_{B3B2}+\boldsymbol{a}^{\mathrm{r}}_{B3B2} \tag{3-15}$$

式中，$\boldsymbol{a}_{B3}=\boldsymbol{a}^{\mathrm{n}}_{B3}+\boldsymbol{a}^{\mathrm{t}}_{B3}$，故有

$$\begin{array}{lccccccccc} & \boldsymbol{a}^{\mathrm{n}}_{B3} & + & \boldsymbol{a}^{\mathrm{t}}_{B3} & = & \boldsymbol{a}_{B2} & + & \boldsymbol{a}^{\mathrm{k}}_{B3B2} & + & \boldsymbol{a}^{\mathrm{r}}_{B3B2} \\ \text{方向} & B\to C & & \perp BC & & B\to A & & \perp BC\text{ 向左} & & //BC \\ \text{大小} & \omega_3^2 l_{BC} & & ? & & \omega_1^2 l_{AB} & & 2\omega_2 v_{B3B2} & & ? \end{array}$$

式中，科氏加速度 $\boldsymbol{a}^{\mathrm{k}}_{B3B2}=2\boldsymbol{\omega}_2\times\boldsymbol{v}_{B3B2}$，$\boldsymbol{\omega}_2$ 为构件 2 的角速度。在平面机构中，因 $\boldsymbol{\omega}_2$ 与 $\boldsymbol{v}_{B3B2}$ 垂直，科氏加速度大小 $a^{\mathrm{k}}_{B3B2}=2\omega_2 v_{B3B2}$，方向为从 $\boldsymbol{v}_{B3B2}$ 的方向顺着 $\boldsymbol{\omega}_2$ 转向转过 90°。相对加速度 $\boldsymbol{a}^{\mathrm{r}}_{B3B2}$ 的方向必沿移动副的导路方向。上式中只有 $\boldsymbol{a}^{\mathrm{t}}_{B3}$ 及 $\boldsymbol{a}^{\mathrm{r}}_{B3B2}$ 的大小两个未知量，故可通过作加速度多边形进行求解。作图方法与前述相同，图 3-10(c)即为其加速度多边形，图中矢量 $\overrightarrow{\pi b_2'}$、$\overrightarrow{\pi b_3'}$、$\overrightarrow{b_3''b_3'}$ 及 $\overrightarrow{k'b_3'}$ 分别代表 $\boldsymbol{a}_{B2}$、$\boldsymbol{a}_{B3}$、$\boldsymbol{a}^{\mathrm{t}}_{B3}$ 及 $\boldsymbol{a}^{\mathrm{r}}_{B3B2}$。

由于 $a^{\mathrm{t}}_{B3}=\varepsilon_3 l_{BC}$，则可得构件 3 的绝对角加速度 $\boldsymbol{\varepsilon}_3$ 大小(以 rad/s^2 计)为

$$\varepsilon_3=\frac{a^{\mathrm{t}}_{B3}}{l_{BC}}=\frac{\mu_a\overline{b_3''b_3'}}{\mu_l\overline{BC}} \tag{3-16}$$

3.3.2　应用举例

从以上分析可知，欲求机构构件上某点的速度和加速度，只要已知该构件上另一点的速度和加速度(包括大小和方向)，或者另一构件上与该点重合的点的速度和加速度(包括大小和方向)，以及该点的速度和加速度的方向(或大小)，就可以用图解法求解其大小(或方向)。由此可见，在以图解法进行机构的速度及加速度分析时，应先由具备这种已知运动条件的构件着手，然后分析与该构件依次相连的其他各个构件。现举例加以说明。

【例 3-2】图 3-11(a)为某六杆机构的运动简图。设已知各构件的尺寸、原动件曲柄 2 等速回转的角速度 $\boldsymbol{\omega}_2$，试求机构在图示位置时滑块 6 的速度 $\boldsymbol{v}_E$、加速度 $\boldsymbol{a}_E$ 及导杆 4 的角速度 $\boldsymbol{\omega}_4$、角加速度 $\boldsymbol{\varepsilon}_4$。

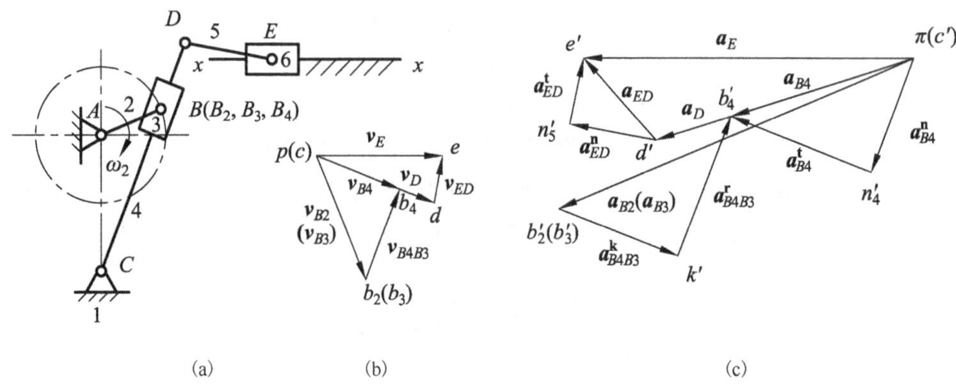

图 3-11　六杆机构运动分析

解： 对于速度分析，此例的解题步骤应是，先求出原动件 2 上 B 点的速度 $\boldsymbol{v}_{B2}$（即 $\boldsymbol{v}_{B3}$），再通过分析构件 3、4 上的重合点 B_3 与 B_4 的速度关系求得 $\boldsymbol{v}_{B4}$；以构件 4 为对象，用速度影像法求得 $\boldsymbol{v}_D$；以构件 5 为对象，分析 D 点和 E 点的速度关系，便求得 $\boldsymbol{v}_E$。并以同样步骤进行加速度分析。现分别就速度和加速度的分析说明如下。

1. 速度分析

(1) 求原动件 2 上 B 点的速度 $\boldsymbol{v}_{B2}$。

由于构件 2 以匀角速度回转，故可得其上 B 点的速度：

$$v_{B2}=\omega_2 l_{AB}$$

其方向垂直于 AB，且指向与 $\boldsymbol{\omega}_2$ 转向一致。

又因为构件 2 与构件 3 在 B 点以转动副相连接，故 $\boldsymbol{v}_{B3}=\boldsymbol{v}_{B2}$。

(2) 分析构件 3、4 上的重合点 B_3 与 B_4 的速度关系，求 $\boldsymbol{v}_{B4}$ 及 $\boldsymbol{\omega}_4$。

因为构件 3 与构件 4 组成移动副，B_4 与 B_3 为重合点，若把 B_4 点取为动点，动坐标系取在构件 3 上，根据式(3-14)可得

	$\boldsymbol{v}_{B4}$	=	$\boldsymbol{v}_{B3}$	+	$\boldsymbol{v}_{B4B3}$
方向	$\perp BC$		$\perp AB$		$/\!/ BC$
大小	?		$\omega_2 l_{AB}$		?

上式中只有 $\boldsymbol{v}_{B4}$ 及 $\boldsymbol{v}_{B4B3}$ 的大小未知，可通过作速度多边形求解。如图 3-11(b)所示，选取适当的速度比例尺 μ_v，任选一点 p 作为速度多边形的极点，取矢量 $\overrightarrow{pb_3}$ 代表 $\boldsymbol{v}_{B3}$，再由 b_3 点作平行于 CB_4 的线段，以代表 $\boldsymbol{v}_{B4B3}$ 的方向线，由 p 点作垂直于 CB_4 的线段，以代表 $\boldsymbol{v}_{B4}$ 的方向线，此两方向线交于 b_4 点，则矢量 $\overrightarrow{pb_4}$ 及 $\overrightarrow{b_3b_4}$ 分别代表 $\boldsymbol{v}_{B4}$ 及 $\boldsymbol{v}_{B4B3}$，而

$$v_{B4}=\mu_v\overline{pb_4}\,,\quad v_{B4B3}=\mu_v\overline{b_3b_4}$$

$$\omega_4=\frac{v_{B4}}{l_{BC}}=\frac{\mu_v\overline{pb_4}}{\mu_l\overline{BC}}$$

其方向为顺时针方向。

(3) 以构件 4 为对象，用速度影像法求 D 点的速度 $\boldsymbol{v}_D$。

利用速度影像法求出 D 点的速度影像 d，即延长 pb_4 至点 d，使 $\overline{pd}/\overline{pb_4}=\overline{CD}/\overline{CB_4}$，则矢量 $\overrightarrow{pd}$ 即代表 D 点的速度 $\boldsymbol{v}_D$，其大小为

$$v_D = \mu_v \overline{pd}$$

另外，在求出了构件 4 的角速度 ω_4 后，也可通过下式求得 D 点的速度：

$$v_D = \omega_4 l_{CD}$$

其方向与 $\boldsymbol{\omega}_4$ 的转向一致。

(4) 分析构件 5 上 D 点和 E 点的速度关系，求 $\boldsymbol{v}_E$。

因为 D 点与 E 点同为构件 5 上的两点，根据式(3-5)可得

	$\boldsymbol{v}_E$	=	$\boldsymbol{v}_D$	+	$\boldsymbol{v}_{ED}$
方向	$// x\text{-}x$		$\perp CD$		$\perp ED$
大小	?		$\omega_4 l_{CD}$		?

上式中只有 $\boldsymbol{v}_E$ 及 $\boldsymbol{v}_{ED}$ 的大小未知，故可通过作速度多边形进行求解。如图 3-11(b)所示，过 d 点作垂直于 ED 的线段，以代表 $\boldsymbol{v}_{ED}$ 的方向线，过 p 点作平行于 $x\text{-}x$ 的线段，以代表 $\boldsymbol{v}_E$ 的方向线，此两方向线交汇于 e 点，则矢量 $\overrightarrow{pe}$ 即代表滑块 6 上 E 点的速度 $\boldsymbol{v}_E$，其大小为

$$v_E = \mu_v \overline{pe}$$

同时可得 $\boldsymbol{\omega}_5$ 方向为逆时针，大小为

$$\omega_5 = \frac{v_{ED}}{l_{DE}} = \frac{\mu_v \overline{de}}{\mu_l \overline{DE}}$$

2. 加速度分析

(1) 求 $\boldsymbol{a}_{B2}$ (即 $\boldsymbol{a}_{B3}$)。

因原动件 2 以匀角速度 ω_2 回转，所以有

$$a_{B2} = a_{B2}^{\mathrm{n}} = \omega_2^2 l_{AB}$$

其方向由 B 点指向 A 点。

因构件 2 与构件 3 在 B 点以转动副相连，故有 $\boldsymbol{a}_{B3} = \boldsymbol{a}_{B2}$。

(2) 分析 B_3 与 B_4 的加速度关系，求 $\boldsymbol{a}_{B4}$ 及 $\boldsymbol{\varepsilon}_4$。

由速度分析可知，B_4 点及 B_3 点为构件 4 及构件 3 组成移动副的重合点，将 B_4 点取为动点，动坐标系取在构件 3 上，且构件 4 绕定轴 C 回转，根据式(3-15)可得

$$\boldsymbol{a}_{B4} = \boldsymbol{a}_{B3} + \boldsymbol{a}_{B4B3}^{\mathrm{k}} + \boldsymbol{a}_{B4B3}^{\mathrm{r}}$$

又因 B_4 点及 C 点同属于构件 4 上的两点，且 C 点为一固定点，故

$$\boldsymbol{a}_{B4} = \boldsymbol{a}_{B4}^{\mathrm{n}} + \boldsymbol{a}_{B4}^{\mathrm{t}}$$

将此式代入上式，得

	$\boldsymbol{a}_{B4}^{\mathrm{n}}$	+	$\boldsymbol{a}_{B4}^{\mathrm{t}}$	=	$\boldsymbol{a}_{B3}$	+	$\boldsymbol{a}_{B4B3}^{\mathrm{k}}$	+	$\boldsymbol{a}_{B4B3}^{\mathrm{r}}$
方向	$B \rightarrow C$		$\perp BC$		$B \rightarrow A$		$\perp BC$ 向右		$// BC$
大小	$\omega_4^2 l_{CD}$		?		$\omega_2^2 l_{AB}$		$2\omega_3 v_{B4B3}$		?

上式中只有 $\boldsymbol{a}_{B4}^{\mathrm{t}}$ 及 $\boldsymbol{a}_{B4B3}^{\mathrm{r}}$ 的大小未知，故可用加速度多边形进行求解。如图 3-11(c)所示，首先选取 π 点作为加速度多边形的极点，并确定其加速度比例尺 μ_a，然后按上式各矢量作加速度多边形，图中矢量 $\overrightarrow{\pi b_4'}$ 即代表 $\boldsymbol{a}_{B4}$，其大小为

$$a_{B4} = \mu_a \overline{\pi b_4'}$$

其方向与矢量 $\overrightarrow{\pi b_4'}$ 一致。而

$$\varepsilon_4 = \frac{a_{B4}^{\mathrm{t}}}{l_{BC}} = \frac{\mu_a \overline{n_4' b_4'}}{\mu_l \overline{BC}}$$

其方向为逆时针方向。

(3) 以构件 4 为对象，用加速度影像法求 D 点的加速度 $\boldsymbol{a}_D$。

利用加速度影像法求出 D 点的加速度影像 d'，即延长 $\pi b_4'$ 至点 d'，使 $\overline{\pi d'}/\overline{\pi b_4'} = \overline{CD}/\overline{CB_4}$，则矢量 $\overrightarrow{\pi d'}$ 即代表 D 点的加速度 $\boldsymbol{a}_D$，其大小为

$$a_D = \mu_a \overline{\pi d'}$$

其方向与矢量 $\overrightarrow{\pi d'}$ 一致。

(4) 分析构件 5 上 D 点和 E 点的加速度关系，求 $\boldsymbol{a}_E$。

因为 D、E 点同属于构件 5 上的两点，根据式 (3-9) 可得

$$\begin{array}{lcccc} & \boldsymbol{a}_E = & \boldsymbol{a}_D & + \ \boldsymbol{a}_{ED}^{\mathrm{n}} & + \ \boldsymbol{a}_{ED}^{\mathrm{t}} \\ \text{方向} & //x\text{-}x & \pi \rightarrow d' & E \rightarrow D & \perp ED \\ \text{大小} & ? & \mu_a \overline{\pi d'} & \omega_5^2 l_{DE} & ? \end{array}$$

上式中只有 $\boldsymbol{a}_E$ 及 $\boldsymbol{a}_{ED}^{\mathrm{t}}$ 的大小未知，故也可通过作加速度多边形进行求解。如图 3-11 (c) 所示，按上式矢量作加速度多边形，图中矢量 $\overrightarrow{\pi e'}$ 即代表 $\boldsymbol{a}_E$，其大小为

$$a_E = \mu_a \overline{\pi e'}$$

【例 3-3】图 3-12 (a) 为液压缸机构，设已知机构各构件的尺寸，并已知柱塞在液压油进入液压缸时以速度 v_{r} 等速外伸。现求机构在图示位置时，构件 2、4 的角速度 $\boldsymbol{\omega}_2$、$\boldsymbol{\omega}_4$ 和角加速度 $\boldsymbol{\varepsilon}_2$、$\boldsymbol{\varepsilon}_4$。

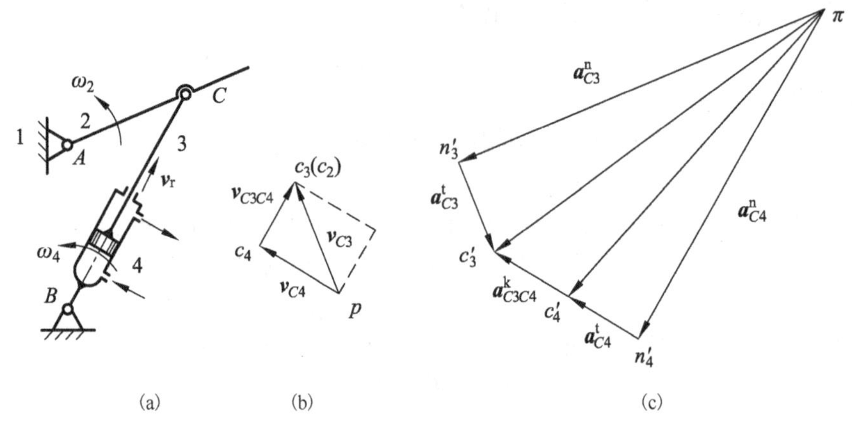

图 3-12　液压缸机构运动分析

解： 由图 3-12 可知，构件 2 和构件 4 做定轴转动，其上各点的运动方向可以确定；构件 2 和构件 3 在 C 点铰接，C_2 点和 C_3 点运动相同；构件 3 与构件 4 构成移动副，相对运动已知。此例可通过分析构件 3、4 上的重合点 C_3 和 C_4 的运动关系求解，说明如下。

1. 速度分析

(1) 分析 C_3 点和 C_4 点的速度关系，求 $\boldsymbol{v}_{C3}$、$\boldsymbol{v}_{C4}$。

$\boldsymbol{v}_{C2} = \boldsymbol{v}_{C3}$，其方向垂直于 AC。取 C_3 点为动点，C_4 点为牵连点，根据式 (3-14) 可得

$$\begin{array}{lccc} & \boldsymbol{v}_{C3} = & \boldsymbol{v}_{C4} & + \ \boldsymbol{v}_{C3C4} \\ \text{方向} & \perp AC & \perp BC & //BC \\ \text{大小} & ? & ? & v_{\mathrm{r}} \end{array}$$

上式中只有 $\boldsymbol{v}_{C3}$ 及 $\boldsymbol{v}_{C4}$ 的大小未知，故可通过作速度多边形进行求解。其作图步骤如下。

首先，如图 3-12(b)所示，选取 p 点作为速度多边形的极点，自 p 点分别作垂直于 AC 和 BC 的直线，即 $\boldsymbol{v}_{C3}$ 和 $\boldsymbol{v}_{C4}$ 的方向；通过辅助线(图中的虚线)，按速度比例尺 $\mu_v = v_r / \overline{c_4c_3}$ 沿导路方向(//BC)作出矢量 $\overrightarrow{c_4c_3}$，即相对速度 $\boldsymbol{v}_{C3C4}$；然后分别自 p 点作矢量 $\overrightarrow{pc_3}$ 和 $\overrightarrow{pc_4}$，即 $\boldsymbol{v}_{C3}$ 和 $\boldsymbol{v}_{C4}$：

$$v_{C3} = \mu_v \overline{pc_3} = v_{C2}, \quad v_{C4} = \mu_v \overline{pc_4}$$

(2)求 $\boldsymbol{\omega}_2$、$\boldsymbol{\omega}_4$。

$$\omega_2 = \frac{v_{C2}}{l_{AC}} = \frac{\mu_v \overline{pc_2}}{\mu_l \overline{AC}}, \quad \omega_4 = \frac{v_{C4}}{l_{BC}} = \frac{\mu_v \overline{pc_4}}{\mu_l \overline{BC}}$$

为了确定 $\boldsymbol{\omega}_2$ 及 $\boldsymbol{\omega}_4$ 的方向，可分别将代表 $\boldsymbol{v}_{C2}$ 及 $\boldsymbol{v}_{C4}$ 的矢量平移至 C 点，即可判定 $\boldsymbol{\omega}_2$、$\boldsymbol{\omega}_4$ 均为逆时针方向。

2. 加速度分析

由于 $\boldsymbol{a}_{C2} = \boldsymbol{a}_{C3}$，依据速度分析时选取的动点和牵连点，由式(3-15)得

	$\boldsymbol{a}_{C3}^{\mathrm{n}}$	+ $\boldsymbol{a}_{C3}^{\mathrm{t}}$	= $\boldsymbol{a}_{C4}^{\mathrm{n}}$	+ $\boldsymbol{a}_{C4}^{\mathrm{t}}$	+ $\boldsymbol{a}_{C3C4}^{\mathrm{r}}$	+ $\boldsymbol{a}_{C3C4}^{\mathrm{k}}$
方向	$C \to A$	$\perp CA$	$C \to B$	$\perp BC$	$//BC$	$\perp BC$
大小	$\omega_2^2 l_{AC}$	?	$\omega_4^2 l_{BC}$	?	0	$2\omega_4 v_{C3C4}$

上式中只有 $\boldsymbol{a}_{C3}^{\mathrm{t}}$ 及 $\boldsymbol{a}_{C4}^{\mathrm{t}}$ 的大小两个未知量，故可通过作加速度多边形进行求解。如图 3-12(c)所示，首先选取 π 点作为加速度多边形的极点，并确定其加速度比例尺，然后按上式作加速度多边形，图中矢量 $\overrightarrow{n_3'c_3'}$ 和 $\overrightarrow{n_4'c_4'}$ 分别代表 $\boldsymbol{a}_{C3}^{\mathrm{t}}$ 及 $\boldsymbol{a}_{C4}^{\mathrm{t}}$，其大小分别为

$$a_{C3}^{\mathrm{t}} = \mu_a \overline{n_3'c_3'} = a_{C2}^{\mathrm{t}}, \quad a_{C4}^{\mathrm{t}} = \mu_a \overline{n_4'c_4'}$$

其方向分别与矢量 $\overrightarrow{n_3'c_3'}$ 和 $\overrightarrow{n_4'c_4'}$ 一致。而

$$\varepsilon_2 = \frac{a_{C2}^{\mathrm{t}}}{l_{AC}} = \frac{\mu_a \overline{n_3'c_3'}}{\mu_l \overline{AC}}$$

其方向为顺时针方向。

$$\varepsilon_4 = \frac{a_{C4}^{\mathrm{t}}}{l_{BC}} = \frac{\mu_a \overline{n_4'c_4'}}{\mu_l \overline{BC}}$$

其方向为逆时针方向。

【例 3-4】图 3-13(a)为一平底摆动从动件盘形凸轮机构，从动件 2 的平底与凸轮 1 在 K 点相接触形成高副。已知凸轮 1 以匀角速度 ω_1 逆时针方向转动，求从动件 2 在图示位置时的角速度 $\boldsymbol{\omega}_2$ 及角加速度 $\boldsymbol{\varepsilon}_2$。

解： 在进行速度及加速度分析之前，应对原机构进行高副低代。替代结果如图 3-13(a)中虚线所示，附加构件 4 在凸轮轮廓线的曲率中心 B 处与构件 1 铰接，而与构件 2 在 K 点处组成移动副。由于已知运动点是铰链中心 B_1(即 B_4 点)，因此假想把构件 2 向 B_1 点处扩大，即可得到构件 2 上与 $B_1(B_4)$ 点相重合的 B_2 点，利用两构件重合点的运动关系即可求解。

1. 速度分析

(1)求原动件 1 上 B 点的速度 $\boldsymbol{v}_{B1}$(即 $\boldsymbol{v}_{B4}$)。

由于构件 1 以匀角速度 $\boldsymbol{\omega}_1$ 转动，故

$$\boldsymbol{v}_{B1} = \boldsymbol{\omega}_1 l_{AB}$$

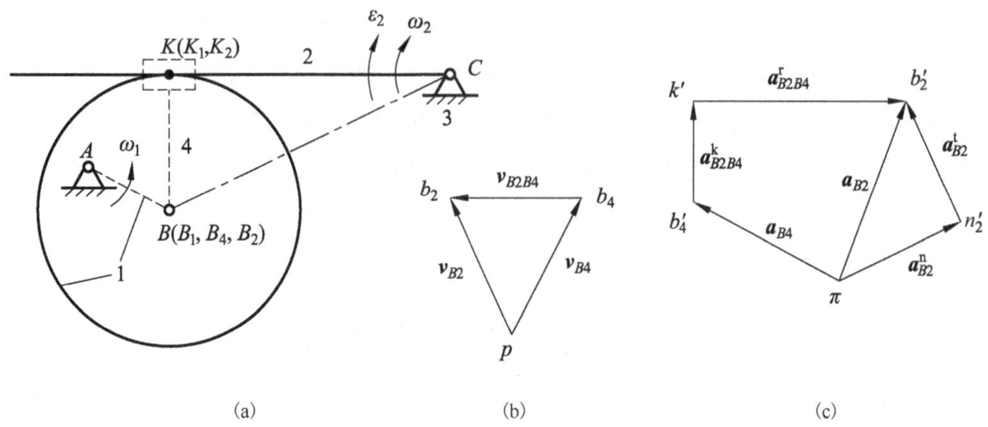

图 3-13　平底摆动从动件盘形凸轮机构运动分析

其方向垂直于 AB，且指向与 $\boldsymbol{\omega}_1$ 转向一致。而构件 4 与构件 1 在 B 点处以转动副相连接，故有

$$\boldsymbol{v}_{B4}=\boldsymbol{v}_{B1}$$

(2) 分析构件 2、4 上重合点 B_2、B_4 的速度关系，求 $\boldsymbol{\omega}_2$。

由于 B_4 与 B_2 点为构件 4、2 在 B 点处的重合点，若把 B_2 点取为动点，而将 B_4 点作为牵连点，根据式(3-14)可得

	$\boldsymbol{v}_{B2}$	=	$\boldsymbol{v}_{B4}$	+	$\boldsymbol{v}_{B2B4}$
方向	$\perp BC$		$\perp AB$		$/\!/ KC$
大小	?		$\omega_1 l_{AB}$		?

上式中只有 $\boldsymbol{v}_{B2}$ 及 $\boldsymbol{v}_{B2B4}$ 的大小两个未知量，故可通过作速度多边形进行求解，上式的图解过程示于图 3-13(b)中，依图可得构件 2 的角速度 $\boldsymbol{\omega}_2$ 为

$$\omega_2=\frac{v_{B2}}{l_{BC}}=\frac{\mu_v\,\overline{pb_2}}{\mu_l\,\overline{BC}}$$

其转向为顺时针方向。

2. 加速度分析

(1) 求 $\boldsymbol{a}_{B1}$ (即 $\boldsymbol{a}_{B4}$)。

由于构件 1 以匀角速度 $\boldsymbol{\omega}_1$ 转动，故有

$$\boldsymbol{a}_{B1}=\boldsymbol{a}_{B1}^{\mathrm{n}}=\boldsymbol{\omega}_1^2 l_{AB}$$

其方向由 B 指向 A。

与速度分析同理有：$\boldsymbol{a}_{B4}=\boldsymbol{a}_{B1}$。

(2) 求 $\boldsymbol{\varepsilon}_2$。

依速度分析时动点及牵连点的选取，以及构件 2 绕 C 点转动，根据式(3-15)可得

	$\boldsymbol{a}_{B2}^{\mathrm{n}}$	+ $\boldsymbol{a}_{B2}^{\mathrm{t}}$	= $\boldsymbol{a}_{B4}$	+ $\boldsymbol{a}_{B2B4}^{\mathrm{k}}$	+ $\boldsymbol{a}_{B2B4}^{\mathrm{r}}$
方向	$B\to C$	$\perp BC$	$B\to A$	$B\to K$	$/\!/ KC$
大小	$\omega_2^2 l_{BC}$	?	$\omega_1^2 l_{AB}$	$2\omega_2 v_{B2B4}$	?

上式中只有 $\boldsymbol{a}_{B2}^{\mathrm{t}}$ 及 $\boldsymbol{a}_{B2B4}^{\mathrm{r}}$ 的大小两个未知量，故可通过作加速度多边形求解。上式的图解过程示于图 3-13(c)中，依图可得构件 2 的角加速度：

$$\varepsilon_2 = \frac{a_{B2}^{t}}{l_{BC}} = \frac{\mu_a \overline{n_2'b_2'}}{\mu_l \overline{BC}}$$

其方向为顺时针方向。

【例 3-5】图 3-14(a)为一摆动筛机构的运动简图。设已知各构件的尺寸，并已知原动件 2 以等角速度 ω_2 回转，试作图示位置时的速度多边形，以表示机构上各点的速度。

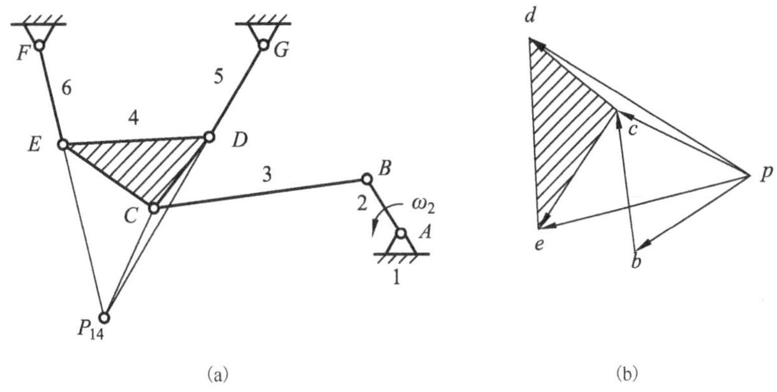

图 3-14　摇动筛机构速度分析

解：由图 3-14(a)可知，此机构是结构较为复杂的六杆机构。按机构的结构分类应属于Ⅲ级机构。对这类比较复杂的机构，综合运用速度瞬心法及相对运动图解法进行运动分析，较为方便。下面具体说明解题的过程。

根据本节所述的图解过程，此题的关键是需要确定 C 点的速度方向。而这需要先确定构件 4 的绝对速度瞬心 P_{14} 的位置。根据三心定理可知，P_{14} 必位于 GD 和 FE 两延长线的交点处，如图 3-14(a)所示，故知 $\boldsymbol{v}_C$ 的方向线必垂直于 P_{14} 与 C 点的连线 $P_{14}C$。

$\boldsymbol{v}_C$ 的方向确定后，对于构件 3，根据式(3-5)可得

	$\boldsymbol{v}_C$	=	$\boldsymbol{v}_B$	+	$\boldsymbol{v}_{CB}$
方向	$\perp P_{14}C$		$\perp AB$		$\perp BC$
大小	?		$\omega_2 l_{AB}$		?

根据上式作矢量多边形即可求得 $\boldsymbol{v}_C$ 的大小。

求出 C 点的速度 $\boldsymbol{v}_C$ 后，D、E 两点的速度 $\boldsymbol{v}_D$、$\boldsymbol{v}_E$ 不难求解，结果如图 3-14(b)所示。

3.4　用解析法进行机构的运动分析

用图解法进行机构的运动分析时，对于在一般情况下工作的机构，既能保证足够的精度，求解过程也形象直观。但是，对于高速机械和精密机械中的机构，用此方法所得结果便不能保证足够的精度，并且费时较多；同时，也不便于把机构分析问题和机构综合问题联系起来。而采用解析法对机构进行运动分析，既可获得理想的高精度，又可以建立各种运动参数和机构尺寸之间的关系式，便于进行更深入的研究。随着计算机的广泛运用，运用解析法对机构进行运动分析更加便捷。

用解析法对机构进行运动分析，也包括位移分析、速度分析和加速度分析三个方面，其中以建立已知的运动参数、机构各构件尺寸与机构未知运动参数间的位移方程式最为关键，

将位移方程式对时间 t 求一阶导数和二阶导数，便可得出速度及加速度的方程式。

对机构进行运动分析的解析法，可分为直角坐标矢量法(简称矢量法)、矩阵法和极坐标复数矢量法(简称复数法)等。对于构件数目较少的简单机构宜采用矢量法和复数法，对于复杂机构则宜采用矩阵法。由于矢量法最为基本，且计算机程序设计较为容易，故本节只对矢量法作具体介绍。

矢量法是先写出机构的封闭矢量多边形在 x、y 坐标轴上的投影方程式，再对时间求导，求出所需的运动参数。这种方法能给出各运动参数与机构各构件尺寸间的解析关系式和机构中某些点的轨迹方程式，所以它能帮助我们合理地选择机构的尺寸，对某一机构进行深入系统的研究。下面以 3 种常用四杆机构为例来说明这种运动分析的方法。

3.4.1　铰链四杆机构

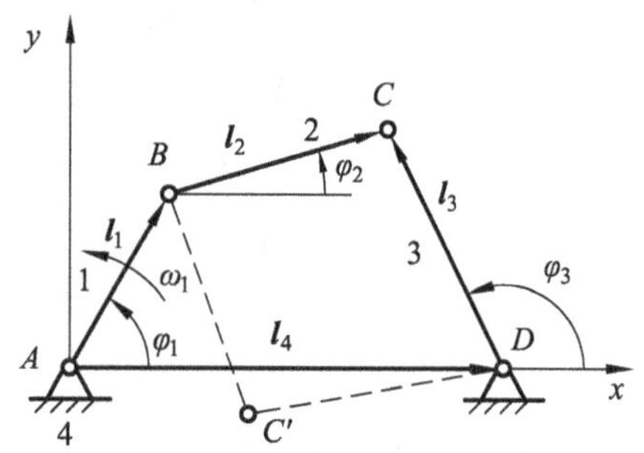

图 3-15　铰链四杆机构的运动分析

在图 3-15 所示的铰链四杆机构中，已知各构件的尺寸分别为 l_1、l_2、l_3 和 l_4，原动件 1 匀速转动的角速度为 ω_1。要求确定连杆 2 和摇杆 3 的转角、角速度和角加速度。

1. 角位移分析

如图 3-15 所示，将机构置于直角坐标系 xAy 中，并使机架 4 与 x 轴重合，将各构件用矢量 $\boldsymbol{l}_1$、$\boldsymbol{l}_2$、$\boldsymbol{l}_3$ 和 $\boldsymbol{l}_4$ 表示，相对于 x 轴的夹角分别为 φ_1、φ_2、φ_3 和 φ_4，度量时以 x 轴的正向为始边，逆时针方向取定为正值。在列矢量关系式时，连架杆的矢量可以从固定点引出(因此，$\varphi_4=0$，图中未标出)，如图 3-15 所示，以便于标转角，其他构件矢量的指向可任意定。按如图 3-15 所标指向，该机构各边所形成的封闭矢量多边形的方程式为

$$\boldsymbol{l}_1+\boldsymbol{l}_2=\boldsymbol{l}_4+\boldsymbol{l}_3 \tag{3-17}$$

将式(3-17)分别向 y 轴和 x 轴上投影，得方程组：

$$\left.\begin{aligned} l_1\sin\varphi_1+l_2\sin\varphi_2&=l_3\sin\varphi_3\\ l_1\cos\varphi_1+l_2\cos\varphi_2&=l_4+l_3\cos\varphi_3 \end{aligned}\right\} \tag{a}$$

其中只有 φ_2 和 φ_3 两个未知量，故可通过解方程组求得。令

$$l_1\sin\varphi_1=b,\quad l_4-l_1\cos\varphi_1=a \tag{b}$$

则得

$$\left.\begin{aligned} l_2\sin\varphi_2&=l_3\sin\varphi_3-b\\ l_2\cos\varphi_2&=l_3\cos\varphi_3+a \end{aligned}\right\} \tag{c}$$

将方程组(c)两边平方相加，消去 φ_2 并经整理后可得

$$\cos\varphi_3-\frac{b}{a}\sin\varphi_3+\frac{a^2+b^2+l_3^2-l_2^2}{2al_3}=0$$

令

$$A=\frac{a^2+b^2+l_3^2-l_2^2}{2al_3},\quad B=\frac{b}{a} \tag{d}$$

则得

$$A+\cos\varphi_3=B\sqrt{1-\cos^2\varphi_3}$$

将上式两边平方并整理后得

$$(1+B^2)\cos^2\varphi_3+2A\cos\varphi_3+(A^2-B^2)=0$$

解之得

$$\cos\varphi_3=\frac{1}{1+B^2}(-A\pm B\sqrt{1-A^2+B^2}) \tag{3-18}$$

式(3-18)中根号前的“±”说明在$1-A^2+B^2>0$时φ_3有两个值，对应在相同杆长条件下机构的两种装配方案。取“+”时，φ_3值适用于$ABCD$位置的装配，取“−”时，φ_3值适用于$ABC'D$位置的装配。装配方案确定后，机构运动过程中符号不会改变。

将式(b)代入式(d)，展开可得

$$A=\frac{l_4^2-2l_1l_4\cos\varphi_1+l_1^2+l_3^2-l_2^2}{2(l_4-l_1\cos\varphi_1)l_3},\quad B=\frac{l_1\sin\varphi_1}{l_4-l_1\cos\varphi_1}$$

解得$\cos\varphi_3$之后，代入方程组(c)的第 2 式得

$$\cos\varphi_2=\frac{l_3\cos\varphi_3+a}{l_2}=\frac{l_3\cos\varphi_3+l_4-l_1\cos\varphi_1}{l_2} \tag{3-19}$$

2. 角速度分析

将方程组(a)对时间t求导数得

$$\left.\begin{aligned}l_1\omega_1\cos\varphi_1+l_2\omega_2\cos\varphi_2=l_3\omega_3\cos\varphi_3\\-l_1\omega_1\sin\varphi_1-l_2\omega_2\sin\varphi_2=-l_3\omega_3\sin\varphi_3\end{aligned}\right\} \tag{e}$$

式中，$\omega_1=\mathrm{d}\varphi_1/\mathrm{d}t=$常数；$\omega_2=\mathrm{d}\varphi_2/\mathrm{d}t$；$\omega_3=\mathrm{d}\varphi_3/\mathrm{d}t$。此方程组中只有$\omega_2$与$\omega_3$两个未知量，故可通过解方程组求得。由方程组(e)的第 2 式可得

$$l_3\omega_3=\frac{l_1\omega_1\sin\varphi_1+l_2\omega_2\sin\varphi_2}{\sin\varphi_3}$$

将之代入方程组(e)的第 1 式并经整理后得

$$\omega_2=-\frac{l_1\sin(\varphi_1-\varphi_3)}{l_2\sin(\varphi_2-\varphi_3)}\omega_1 \tag{3-20}$$

同理可得

$$\omega_3=\frac{l_1\sin(\varphi_1-\varphi_2)}{l_3\sin(\varphi_3-\varphi_2)}\omega_1 \tag{3-21}$$

3. 角加速度分析

将方程组(e)对时间t求导数，并注意到$\mathrm{d}\omega_1/\mathrm{d}t=0$，得

$$\left.\begin{aligned}-l_1\omega_1^2\sin\varphi_1-l_2\omega_2^2\sin\varphi_2+l_2\varepsilon_2\cos\varphi_2=-l_3\omega_3^2\sin\varphi_3+l_3\varepsilon_3\cos\varphi_3\\-l_1\omega_1^2\cos\varphi_1-l_2\omega_2^2\cos\varphi_2-l_2\varepsilon_2\sin\varphi_2=-l_3\omega_3^2\cos\varphi_3-l_3\varepsilon_3\sin\varphi_3\end{aligned}\right\} \tag{f}$$

式中，$\varepsilon_2=\mathrm{d}\omega_2/\mathrm{d}t$，$\varepsilon_3=\mathrm{d}\omega_3/\mathrm{d}t$。上述方程组中只有$\varepsilon_2$与$\varepsilon_3$两个未知量，故可通过解方程组求得。由方程组(f)的第 2 式解出ε_3，代入第 1 式，经整理后可得

$$\varepsilon_2=\frac{l_3\omega_3^2-l_1\omega_1^2\cos(\varphi_1-\varphi_3)-l_2\omega_2^2\cos(\varphi_2-\varphi_3)}{l_2\sin(\varphi_2-\varphi_3)} \tag{3-22}$$

同理可得

$$\varepsilon_3=\frac{l_1\omega_1^2\cos(\varphi_1-\varphi_2)+l_2\omega_2^2-l_3\omega_3^2\cos(\varphi_3-\varphi_2)}{l_3\sin(\varphi_3-\varphi_2)} \tag{3-23}$$

3.4.2 曲柄滑块机构

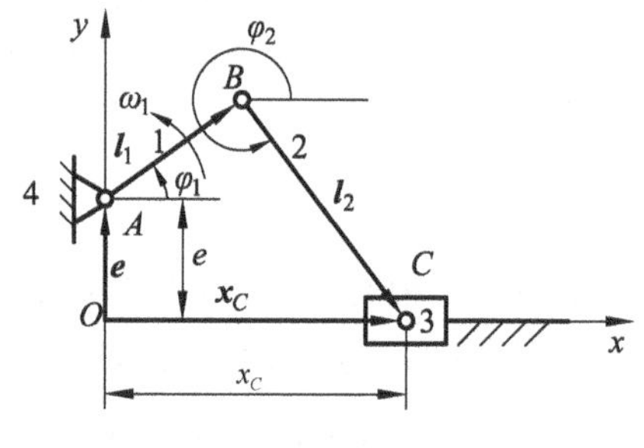

图 3-16 曲柄滑块机构的运动分析

在图 3-16 所示的曲柄滑块机构中，已知曲柄、连杆的长度l_1、l_2和偏距 e，原动件 1 以角速度ω_1逆时针方向匀速转动。欲求连杆 2 的转角φ_2、角速度ω_2和角加速度ε_2，以及滑块 C 的位移s_C、速度$\boldsymbol{v}_C$和加速度$\boldsymbol{a}_C$。

1．对连杆 2 的转角、角速度及角加速度进行分析

将机构置于坐标系 xOy 中，各构件的矢量指向如图 3-16 所示，则该机构各矢量所形成的封闭矢量多边形的方程式为

$$\boldsymbol{e}+\boldsymbol{l}_1+\boldsymbol{l}_2=\boldsymbol{x}_C \tag{3-24}$$

将式(3-24)分别向 x 轴和 y 轴上投影，得方程组：

$$\left.\begin{aligned} l_1\cos\varphi_1+l_2\cos\varphi_2=x_C \\ e+l_1\sin\varphi_1+l_2\sin\varphi_2=0 \end{aligned}\right\} \tag{g}$$

方程组(g)的第 2 式中只含φ_2一个未知量，有

$$\sin\varphi_2=-\frac{l_1\sin\varphi_1+e}{l_2} \tag{3-25}$$

将式(3-25)对时间 t 求导数后可解得

$$\omega_2=-\lambda\frac{\cos\varphi_1}{\cos\varphi_2}\omega_1 \tag{3-26}$$

式中，$\lambda=l_1/l_2$。将式(3-26)对时间 t 求导数后可解得

$$\varepsilon_2=\frac{\mathrm{d}\omega_2}{\mathrm{d}t}=-\lambda\omega_1\frac{-\omega_1\cos\varphi_2\sin\varphi_1+\omega_2\sin\varphi_2\cos\varphi_1}{\cos^2\varphi_2} \tag{3-27}$$

2. 对滑块 C 的位移、速度及加速度进行分析

由于滑块 C 受其导路的约束只能沿 x 轴移动，所以，设滑块 C 运动至右极限位置时的位移为$s_{C\max}$，则利用方程组(g)的第 1 式，即可求出图示位置时滑块 C 相对于该极限位置的位移方程式：

$$s_C=s_{C\max}-x_C=s_{C\max}-l_1\cos\varphi_1-l_2\cos\varphi_2 \tag{3-28}$$

将式(3-28)对时间 t 求导得

$$v_C=\frac{\mathrm{d}s_C}{\mathrm{d}t}=l_1\omega_1\sin\varphi_1+l_2\omega_2\sin\varphi_2$$

将式(3-26)代入上式并整理后得

$$v_C=l_1\omega_1\frac{\sin(\varphi_1-\varphi_2)}{\cos\varphi_2} \tag{3-29}$$

将式(3-29)对时间 t 求导数，并将式(3-26)代入经整理后可得

$$a_C=\frac{\mathrm{d}v_C}{\mathrm{d}t}=l_1\omega_1^2\left[\frac{\cos(\varphi_1-\varphi_2)}{\cos\varphi_2}+\lambda\frac{\cos^2\varphi_1}{\cos^3\varphi_2}\right] \tag{3-30}$$

3.4.3 导杆机构

在图 3-17(a)所示的导杆机构中，已知转动副 A 和 B 之间的距离为l_1，曲柄 2 的长度为l_2，

并且已知曲柄 2 以角速度 ω_2 逆时针匀速转动，欲求导杆 4 的转角 φ_4、角速度 ω_4、角加速度 ε_4，以及滑块 3 在导杆 4 上滑动时的相对位移 s、相对滑动速度 $\boldsymbol{v}_{C3C4}$、相对滑动加速度 $\boldsymbol{a}^{\mathrm{r}}_{C3C4}$。

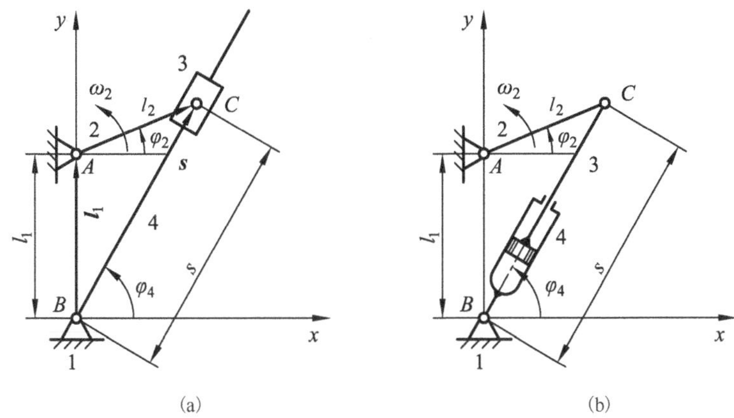

图 3-17　导杆机构的运动分析

将机构置于 xBy 坐标系中，各构件的矢量指向如图 3-17(a) 所示。该机构的封闭矢量方程式为

$$\boldsymbol{l}_1 + \boldsymbol{l}_2 = \boldsymbol{s} \tag{3-31}$$

将式(3-31)分别向 x 轴和 y 轴投影，得方程组：

$$\left.\begin{aligned} l_2\cos\varphi_2 &= s\cos\varphi_4 \\ l_1 + l_2\sin\varphi_2 &= s\sin\varphi_4 \end{aligned}\right\} \tag{h}$$

其中只有 s 及 φ_4 两个未知数，故可通过解方程组求得。将方程组(h)中两式等号两边平方后相加，得

$$s^2 = l_1^2 + l_2^2 + 2l_1l_2\sin\varphi_2$$

$$s = \sqrt{l_1^2 + l_2^2 + 2l_1l_2\sin\varphi_2} \tag{3-32}$$

将方程组(h)中的第 2 式除以第 1 式，得

$$\tan\varphi_4 = \frac{l_1 + l_2\sin\varphi_2}{l_2\cos\varphi_2} \tag{3-33}$$

将方程组(h)对时间 t 求导数，因 $\omega_2 = \mathrm{d}\varphi_2/\mathrm{d}t$、$\omega_4 = \mathrm{d}\varphi_4/\mathrm{d}t$ 及 $v_{C3C4} = \mathrm{d}s/\mathrm{d}t$，得

$$\left.\begin{aligned} -l_2\omega_2\sin\varphi_2 &= -s\omega_4\sin\varphi_4 + v_{C3C4}\cos\varphi_4 \\ l_2\omega_2\cos\varphi_2 &= s\omega_4\cos\varphi_4 + v_{C3C4}\sin\varphi_4 \end{aligned}\right\} \tag{i}$$

其中只有 ω_4 及 v_{C3C4} 两个未知量，故可通过解方程组求得，由此方程组第 1 式中解出 v_{C3C4} 后，代入第 2 式，经整理后可得

$$\omega_4 = \frac{l_2\omega_2\cos(\varphi_2 - \varphi_4)}{s} \tag{3-34}$$

同理可得

$$v_{C_3C_4} = -l_2\omega_2\sin(\varphi_2 - \varphi_4) \tag{3-35}$$

因 $\mathrm{d}\omega_2/\mathrm{d}t = 0$、$\mathrm{d}\omega_4/\mathrm{d}t = \varepsilon_4$ 及 $\mathrm{d}v_{C3C4}/\mathrm{d}t = a^{\mathrm{r}}_{C3C4}$，将方程组(i)对时间 t 求导数并合并同类项得

$$\left.\begin{aligned} -l_2\omega_2^2\cos\varphi_2 &= -s\omega_4^2\cos\varphi_4 - s\varepsilon_4\sin\varphi_4 - 2v_{C3C4}\omega_4\sin\varphi_4 + a^{\mathrm{r}}_{C3C4}\cos\varphi_4 \\ -l_2\omega_2^2\sin\varphi_2 &= -s\omega_4^2\sin\varphi_4 + s\varepsilon_4\cos\varphi_4 + 2v_{C3C4}\omega_4\cos\varphi_4 + a^{\mathrm{r}}_{C3C4}\sin\varphi_4 \end{aligned}\right\} \tag{j}$$

其中只有ε_4及a^{r}_{C3C4}两个未知数，故可通过解方程组求得。从此方程组的第1式中解出a^{r}_{C3C4}后，代入第2式，经整理后可得

$$\varepsilon_4=-\frac{2v_{C3C4}\omega_4+l_2\omega_2^2\sin(\varphi_2-\varphi_4)}{s}=-\frac{a^{k}_{C3C4}+l_2\omega_2^2\sin(\varphi_2-\varphi_4)}{s} \tag{3-36}$$

式中，$a^{k}_{C3C4}=2v_{C3C4}\omega_4$，为科氏加速度。同理可得

$$a^{r}_{C3C4}=s\omega_4^2-l_2\omega_2^2\cos(\varphi_2-\varphi_4) \tag{3-37}$$

图3-17(b)所示的摆动液压缸机构是导杆机构的特例，也可用上述公式进行运动分析。当柱塞3为原动件时，构件2的转角φ_2随可变长度s而变化的函数关系可由式(3-32)求得

$$\sin\varphi_2=\frac{s^2-l_1^2-l_2^2}{2l_1l_2} \tag{3-38}$$

对于较为复杂的机构，上述解题过程相当复杂，但借助于计算机的辅助计算，此问题将得以解决。

3.5　用杆组法进行机构的运动分析

根据机构组成原理，任何平面机构都可以分解为原动件、杆组和机架三部分。每个原动件为一个单独构件，即单杆，其余活动构件可分为若干杆组。由于杆组的自由度为零，若给定外部运动副的位置、速度和加速度等运动参数，即可求得杆组内部运动副的位置、速度和加速度等运动参数。因此，只要将单杆构件和常见杆组的运动分析分别编制成相应的子程序，就可以根据机构的组成情况，通过依次调用这些子程序，来完成对整个机构的运动分析。

在工程实际中，大多数机构是Ⅱ级机构，即由作为单杆的原动件和一些Ⅱ级杆组组成。Ⅱ级杆组一般有五种形式，本节主要介绍常用的三种，即RRRⅡ级杆组、RRPⅡ级杆组和RPRⅡ级杆组。

3.5.1　单杆的运动分析

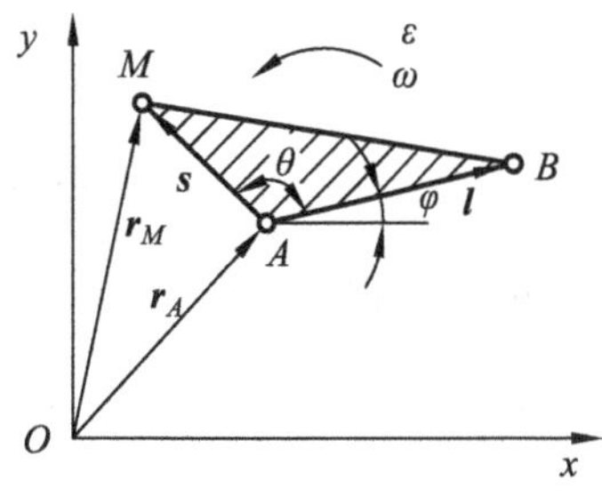

图3-18　单杆构件的运动分析

单杆构件如图3-18所示，已知构件AB长l，基点A的位置坐标(x_A, y_A)，速度$\boldsymbol{v}_A$，加速度$\boldsymbol{a}_A$，以及AB的位置角φ、角速度ω、角加速度ε。求构件AB上任意一点M的位置坐标(x_M, y_M)、速度$\boldsymbol{v}_M$和加速度$\boldsymbol{a}_M$。

1. 位置分析

如图3-18所示，在直角坐标系xOy中，构件上A、M点的位置分别用矢量$\boldsymbol{r}_A$、$\boldsymbol{r}_M$表示，令$\boldsymbol{s}=\overrightarrow{AM}$，列出矢量方程

$$\boldsymbol{r}_M=\boldsymbol{r}_A+\boldsymbol{s} \tag{3-39}$$

将式(3-39)分别向x轴和y轴投影得

$$\left.\begin{aligned}x_M&=x_A+s\cos(\theta+\varphi)\\ y_M&=y_A+s\sin(\theta+\varphi)\end{aligned}\right\} \tag{3-40}$$

式中，s为M点与A点间的距离；θ为AM与AB间的夹角。

2. 速度分析

将式(3-40)对时间求导，即得速度方程：

$$\left.\begin{aligned} v_{Mx} &= v_{Ax} - s\omega\sin(\theta+\varphi) = v_{Ax} - \omega(y_M - y_A) \\ v_{My} &= v_{Ay} + s\omega\cos(\theta+\varphi) = v_{Ay} - \omega(x_M + x_A) \end{aligned}\right\} \tag{3-41}$$

3. 加速度分析

将式(3-41)对时间求导，即得加速度方程：

$$\left.\begin{aligned} a_{Mx} &= a_{Ax} - s\varepsilon\sin(\theta+\varphi) - \omega^2 s\cos(\theta+\varphi) = a_{Ax} - \varepsilon(y_M - y_A) - \omega^2(x_M - x_A) \\ a_{My} &= a_{Ay} + s\varepsilon\cos(\theta+\varphi) - \omega^2 s\sin(\theta+\varphi) = a_{Ay} + \varepsilon(x_M - x_A) - \omega^2(y_M - y_A) \end{aligned}\right\} \tag{3-42}$$

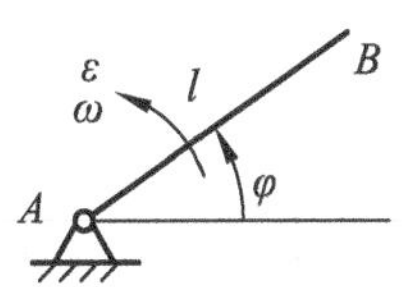

图 3-19　定轴转动单杆构件的运动分析

如图 3-19 所示，对于做定轴转动的曲柄，因点 A 固定不动，只要令 $v_{Ax}=v_{Ay}=0$，$a_{Ax}=a_{Ay}=0$，$\theta=0$，$s=l$，由式(3-40)～式(3-42)即可得曲柄上 B 点的位置、速度和加速度公式：

$$\left.\begin{aligned} x_B &= x_A + l\cos\varphi \\ y_B &= y_A + l\sin\varphi \end{aligned}\right\} \tag{3-43}$$

$$\left.\begin{aligned} v_{Bx} &= -l\omega\sin\varphi \\ v_{By} &= l\omega\cos\varphi \end{aligned}\right\} \tag{3-44}$$

$$\left.\begin{aligned} a_{Bx} &= -l\varepsilon\sin\varphi - \omega^2 l\cos\varphi \\ a_{By} &= l\varepsilon\cos\varphi - \omega^2 l\sin\varphi \end{aligned}\right\} \tag{3-45}$$

3.5.2　RRR II 级杆组的运动分析

RRR II 级杆组如图 3-20 所示，它由两个构件 2、3 和三个转动副 B、C、D 构成。已知外部运动副 B、D 的位置坐标$(x_B，y_B)$、$(x_D，y_D)$，速度 $\boldsymbol{v}_B$、$\boldsymbol{v}_D$，加速度 $\boldsymbol{a}_B$、$\boldsymbol{a}_D$，以及杆长 l_2、l_3。求内部运动副 C 的位置坐标$(x_C，y_C)$，速度 $\boldsymbol{v}_C$、加速度 $\boldsymbol{a}_C$，构件 2、3 的位置角φ_2、φ_3，角速度ω_2、ω_3，以及角加速度ε_2、ε_3。

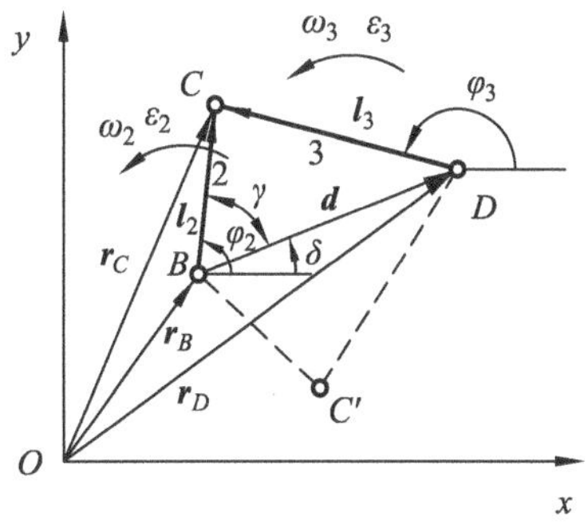

图 3-20　RRR II 级杆组的运动分析

1. 位置分析

建立矢量方程：

$$\boldsymbol{r}_C = \boldsymbol{r}_B + \boldsymbol{l}_2 = \boldsymbol{r}_D + \boldsymbol{l}_3 \tag{3-46}$$

向 x 轴和 y 轴投影得

$$\left.\begin{aligned} x_C &= x_B + l_2\cos\varphi_2 = x_D + l_3\cos\varphi_3 \\ y_C &= y_B + l_2\sin\varphi_2 = y_D + l_3\sin\varphi_3 \end{aligned}\right\} \tag{3-47}$$

点 B、D 之间的距离为

$$d = \sqrt{(x_D - x_B)^2 + (y_D - y_B)^2} \tag{3-48}$$

若 $d > l_2 + l_3$ 或 $d < |l_2 - l_3|$，则构件 2、3 无法组装，此 II 级杆组不成立，应停止计算。

矢量 $\boldsymbol{d}$ 与 x 轴的夹角为

$$\delta = \arctan\frac{y_D - y_B}{x_D - x_B} \tag{3-49}$$

矢量 $\boldsymbol{d}$ 与 l_2 的夹角为

$$\gamma = \arccos\frac{d^2 + l_2^2 - l_3^2}{2dl_2} \tag{3-50}$$

由图 3-20 可知，构件 2 的位置角为

$$\varphi_2 = \delta \pm \gamma \tag{3-51}$$

式中的正负号表明，当点 B、D 的位置和杆长 l_2、l_3 确定后，φ_2 有两组解，即图 3-20 中的实线位置 BCD 和虚线位置 $BC'D$，对应该Ⅱ级杆组的两种装配形式。当Ⅱ级杆组处于实线位置 BCD 时，角γ是由矢量 $\boldsymbol{d}$ 沿逆时针方向转到 $\boldsymbol{l}_2$，此时γ前取正号；当Ⅱ级杆组处于虚线位置 $BC'D$ 时，角γ是由矢量 $\boldsymbol{d}$ 沿顺时针方向转到 $\boldsymbol{l}_2$，此时γ前应取负号。一般情况下，当机构的初始位置确定后，由运动连续条件可知，机构在整个运动循环中Ⅱ级杆组 BCD（或 $BC'D$）的顺序是不变的，即式(3-51)中的正负号是不变的。因此，在编制程序时，可将式(3-51)写成如下形式：

$$\varphi_2 = \delta + M\gamma \tag{3-52}$$

式中，M 为位置模式系数，在调用子程序时预先根据机构的初始位置确定杆组的装配形式，给定 M 的值(+1 或−1)。

求得φ_2后，即可得出 C 点的位置方程：

$$\left.\begin{aligned} x_C &= x_B + l_2\cos\varphi_2 \\ y_C &= y_B + l_2\sin\varphi_2 \end{aligned}\right\} \tag{3-53}$$

进而得到构件 3 的位置角：

$$\varphi_3 = \arctan\frac{y_C - y_D}{x_C - x_D} \tag{3-54}$$

2. 速度分析

将式(3-47)对时间求导可得

$$\left.\begin{aligned} v_{Cx} &= v_{Bx} - l_2\omega_2\sin\varphi_2 = v_{Dx} - l_3\omega_3\sin\varphi_3 \\ v_{Cy} &= v_{By} + l_2\omega_2\cos\varphi_2 = v_{Dy} + l_3\omega_3\cos\varphi_3 \end{aligned}\right\} \tag{3-55}$$

考虑到

$$\left.\begin{aligned} l_2\sin\varphi_2 &= y_C - y_B \\ l_2\cos\varphi_2 &= x_C - x_B \\ l_3\sin\varphi_3 &= y_C - y_D \\ l_3\cos\varphi_3 &= x_C - x_D \end{aligned}\right\} \tag{3-56}$$

将式(3-56)代入式(3-55)可得

$$\left.\begin{aligned} -\omega_2(y_C - y_B) + \omega_3(y_C - y_D) &= v_{Dx} - v_{Bx} \\ \omega_2(x_C - x_B) - \omega_3(x_C - x_D) &= v_{Dy} - v_{By} \end{aligned}\right\} \tag{3-57}$$

可解得

$$\left.\begin{aligned} \omega_2 &= \frac{(v_{Dx} - v_{Bx})(x_C - x_D) + (v_{Dy} - v_{By})(y_C - y_D)}{(y_C - y_D)(x_C - x_B) - (y_C - y_B)(x_C - x_D)} \\ \omega_3 &= \frac{(v_{Dx} - v_{Bx})(x_C - x_B) + (v_{Dy} - v_{By})(y_C - y_B)}{(y_C - y_D)(x_C - x_B) - (y_C - y_B)(x_C - x_D)} \end{aligned}\right\} \tag{3-58}$$

进而由式(3-55)、式(3-56)求得 C 点的速度：

$$\left.\begin{aligned} v_{Cx} &= v_{Bx} - \omega_2(y_C - y_B) \\ v_{Cy} &= v_{By} + \omega_2(x_C - x_B) \end{aligned}\right\} \tag{3-59}$$

3. 加速度分析

将式(3-55)对时间求导，并将式(3-56)代入整理可得

$$\left.\begin{aligned} -\varepsilon_2(y_C - y_B) + \varepsilon_3(y_C - y_D) &= E \\ \varepsilon_2(x_C - x_B) - \varepsilon_3(x_C - x_D) &= F \end{aligned}\right\} \tag{3-60}$$

式中，

$$\left.\begin{aligned} E &= a_{Dx} - a_{Bx} + \omega_2^2(x_C - x_B) - \omega_3^2(x_C - x_D) \\ F &= a_{Dy} - a_{By} + \omega_2^2(y_C - y_B) - \omega_3^2(y_C - y_D) \end{aligned}\right\}$$

解上述方程组可得

$$\left.\begin{aligned} \varepsilon_2 &= \frac{E(x_C - x_D) + F(y_C - y_D)}{(x_C - x_B)(y_C - y_D) - (x_C - x_D)(y_C - y_B)} \\ \varepsilon_3 &= \frac{E(x_C - x_B) + F(y_C - y_B)}{(x_C - x_B)(y_C - y_D) - (x_C - x_D)(y_C - y_B)} \end{aligned}\right\} \tag{3-61}$$

进而求得 C 点的加速度：

$$\left.\begin{aligned} a_{Cx} &= a_{Bx} - \omega_2^2(x_C - x_B) - \varepsilon_2(y_C - y_B) \\ a_{Cy} &= a_{By} - \omega_2^2(y_C - y_B) + \varepsilon_2(x_C - x_B) \end{aligned}\right\} \tag{3-62}$$

3.5.3 RRPⅡ级杆组的运动分析

RRPⅡ级杆组如图 3-21 所示，它由杆件 2、滑块 3、一个外部转动副 B、一个内部转动副 C 和一个外部移动副构成。已知外部转动副 B 的位置坐标$(x_B，y_B)$、速度 $\boldsymbol{v}_B$、加速度 $\boldsymbol{a}_B$，构件 2 杆长 l_2，移动副导路上的参考点 P 的位置坐标$(x_P，y_P)$、速度 $\boldsymbol{v}_P$、加速度 $\boldsymbol{a}_P$，滑块 3 的位置角φ_3、角速度ω_3及角加速度ε_3。求内部转动副 C 的位置坐标(x_C,y_C)、速度 $\boldsymbol{v}_C$、加速度 $\boldsymbol{a}_C$，滑块相对于参考点 P 的位置 $\boldsymbol{s}_r$、速度 $\boldsymbol{v}_r$ 和加速度 $\boldsymbol{a}_r$，以及构件 2 的位置角φ_2、角速度ω_2、角加速度ε_2。

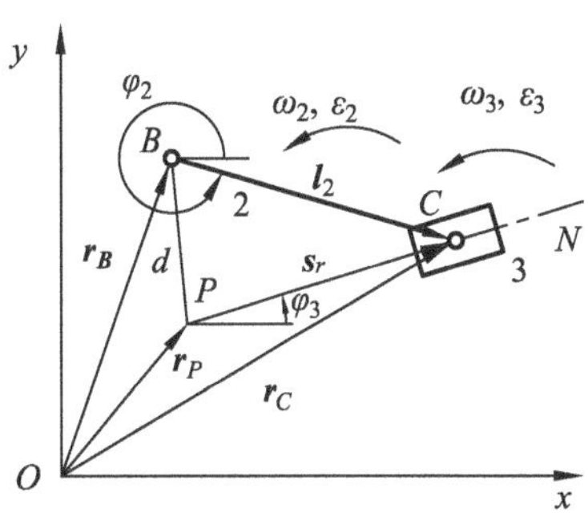

图 3-21　RRPⅡ级杆组的运动分析

1. 位置分析

根据图 3-21 列出矢量方程：

$$\boldsymbol{r}_C = \boldsymbol{r}_B + \boldsymbol{l}_2 = \boldsymbol{r}_P + \boldsymbol{s}_r \tag{3-63}$$

式(3-63)在坐标轴上的投影为

$$\left.\begin{aligned} x_B + l_2\cos\varphi_2 &= x_P + s_r\cos\varphi_3 \\ y_B + l_2\sin\varphi_2 &= y_P + s_r\sin\varphi_3 \end{aligned}\right\} \tag{3-64}$$

由式(3-64)可得

$$s_r^2 + Es_r + F = 0 \tag{3-65}$$

式中，

$$E = 2[(x_P - x_B)\cos\varphi_3 + (y_P - y_B)\sin\varphi_3]$$
$$F = (x_P - x_B)^2 + (y_P - y_B)^2 - l_2^2 = d^2 - l_2^2$$

求解式(3-65)可得

$$s_r = \frac{\left|-E \pm \sqrt{E^2 - 4F}\right|}{2} \tag{3-66}$$

在式(3-66)中，若 $E^2<4F$，则表示以 B 为圆心、以 l_2 为半径的圆弧与导路无交点，即此时该Ⅱ级杆组无法装配，在编程时应对此加以检验，若出现这种情况，应停止计算。若 $E^2=4F$，则表示上述圆弧与导路相切，s_r 有唯一解，如图 3-22(a)所示。若 $E^2>4F$，则表示上述圆弧与导路相交，此时有两种情况：①若 $l_2<d$，上述圆弧与导路有两个交点 C 和 C'，且位于参考点 P 的同一侧，如图 3-22(b)所示，即该Ⅱ级杆组有两种装配形式，分别对应 s_r 的两个解 s_r' 和 s_r''。当装配形式为图中实线位置时，式(3-66)根号前为正号；当装配形式为图中虚线位置时，式(3-66)根号前为负号。②若 $l_2>d$，如图 3-22(c)所示，上述圆弧与导路有两个交点 C 和 C'，且位于参考点 P 的两侧。由于φ_3角定义为矢量 $\boldsymbol{s}_r$ 的正向与 x 轴的夹角，故图 3-22(c)中的两个交点 C 和 C'对应的φ_3角相差 180°。可以证明在图 3-22(c)中实线位置和虚线位置，式(3-66)中根号前均应取正号(注意此时 $\angle BCP$ 和 $\angle BC'P$ 均小于 90°)。

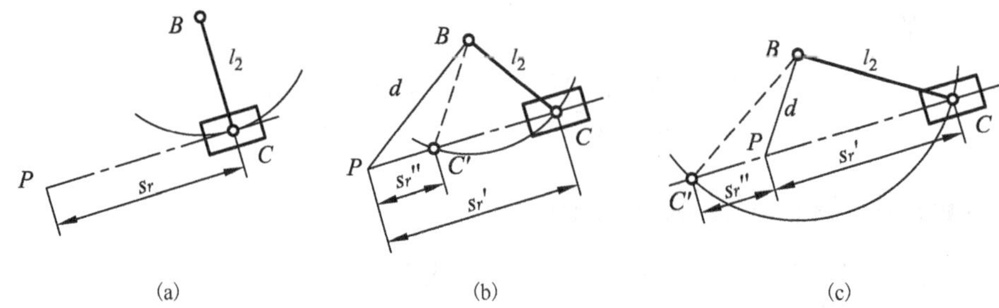

图 3-22　RRP Ⅱ级杆组装配形式的讨论

编程时，可将式(3-66)改写成如下形式：

$$s_r = \frac{\left|-E + M\sqrt{E^2 - 4F}\right|}{2} \tag{3-67}$$

式中，M 为位置模式系数。在调用该子程序时，先根据机构的初始位置确定杆组的装配形式，确定 M 的值，即若 $\angle BCP<90°$，$M=+1$，反之，$M=-1$。

求得 s_r 后，点 C 的坐标位置(x_C，y_C)和构件 2 的位置角φ_2即可确定，即

$$\left.\begin{aligned} x_C &= x_P + s_r\cos\varphi_3 \\ y_C &= y_P + s_r\sin\varphi_3 \end{aligned}\right\} \tag{3-68}$$

$$\varphi_2 = \arctan\left(\frac{y_C - y_B}{x_C - x_B}\right) \tag{3-69}$$

2. 速度分析

将式(3-64)对时间求导，整理后可得

$$\left.\begin{aligned} -l_2\omega_2\sin\varphi_2 - v_r\cos\varphi_3 &= E_1 \\ l_2\omega_2\cos\varphi_2 - v_r\sin\varphi_3 &= F_1 \end{aligned}\right\} \tag{3-70}$$

式中，

$$E_1 = v_{Px} - v_{Bx} - s_r \omega_3 \sin\varphi_3$$
$$F_1 = v_{Py} - v_{By} + s_r \omega_3 \cos\varphi_3$$

解式(3-70)可得

$$\left.\begin{aligned} \omega_2 &= \frac{-E_1 \sin\varphi_3 + F_1 \cos\varphi_3}{l_2 \sin\varphi_2 \sin\varphi_3 + l_2 \cos\varphi_2 \cos\varphi_3} \\ v_r &= -\frac{E_1 \cos\varphi_2 + F_1 \sin\varphi_2}{\sin\varphi_2 \sin\varphi_3 + \cos\varphi_2 \cos\varphi_3} \end{aligned}\right\} \tag{3-71}$$

进一步求得 C 点的速度分量：

$$\left.\begin{aligned} v_{Cx} &= v_{Bx} - l_2 \omega_2 \sin\varphi_2 \\ v_{Cy} &= v_{By} + l_2 \omega_2 \cos\varphi_2 \end{aligned}\right\} \tag{3-72}$$

3. 加速度分析

将式(3-70)对时间求导，整理后得

$$\left.\begin{aligned} -l_2 \varepsilon_2 \sin\varphi_2 - a_r \cos\varphi_3 &= E_2 \\ l_2 \varepsilon_2 \cos\varphi_2 - a_r \sin\varphi_3 &= F_2 \end{aligned}\right\} \tag{3-73}$$

式中，

$$E_2 = a_{Px} - a_{Bx} + l_2 \omega_2^2 \cos\varphi_2 - 2\omega_3 v_r \sin\varphi_3 - \varepsilon_3 s_r \sin\varphi_3 - \omega_3^2 s_r \cos\varphi_3$$
$$F_2 = a_{Py} - a_{By} + l_2 \omega_2^2 \sin\varphi_2 + 2\omega_3 v_r \cos\varphi_3 + \varepsilon_3 s_r \cos\varphi_3 - \omega_3^2 s_r \sin\varphi_3$$

解式(3-73)得

$$\left.\begin{aligned} \varepsilon_2 &= \frac{-E_2 \sin\varphi_3 + F_2 \cos\varphi_3}{l_2 \sin\varphi_2 \sin\varphi_3 + l_2 \cos\varphi_2 \cos\varphi_3} \\ a_r &= -\frac{E_2 \cos\varphi_2 + F_2 \sin\varphi_2}{\sin\varphi_2 \sin\varphi_3 + \cos\varphi_2 \cos\varphi_3} \end{aligned}\right\} \tag{3-74}$$

进一步求得 C 点的加速度分量：

$$\left.\begin{aligned} a_{Cx} &= a_{Bx} - \omega_2^2 l_2 \cos\varphi_2 - \varepsilon_2 l_2 \sin\varphi_2 \\ a_{Cy} &= a_{By} - \omega_2^2 l_2 \sin\varphi_2 + \varepsilon_2 l_2 \cos\varphi_2 \end{aligned}\right\} \tag{3-75}$$

3.5.4　RPRⅡ级杆组的运动分析

RPRⅡ级杆组如图 3-23 所示，它由滑块 2、导杆 3、两个转动副 B、C 和一个移动副组成，两个转动副为外副，移动副为内副。已知两个转动副 B、C 的位置坐标(x_B, y_B)、(x_C, y_C)，速度 $\boldsymbol{v}_B$、$\boldsymbol{v}_C$，加速度 $\boldsymbol{a}_B$、$\boldsymbol{a}_C$，以及尺寸参数 e 和 l_3。求导杆 3 的角位移φ_3、角速度ω_3、角加速度ε_3，导杆上点 D 的位置坐标(x_D, y_D)、速度 $\boldsymbol{v}_D$、加速度 $\boldsymbol{a}_D$，以及滑块相对于导杆的位置 $\boldsymbol{s}_r$、速度 $\boldsymbol{v}_r$ 和加速度 $\boldsymbol{a}_r$。

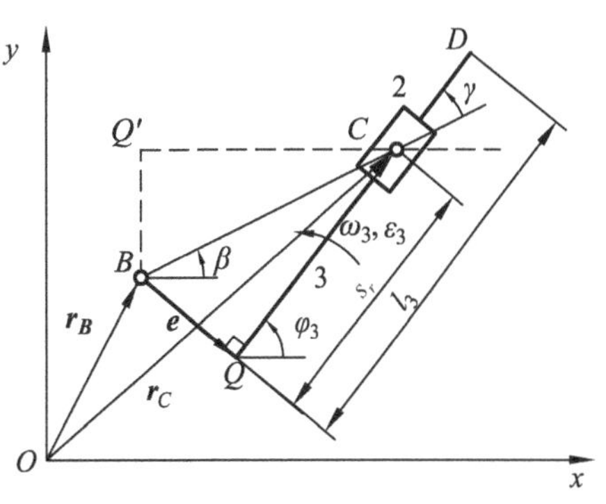

图 3-23　RPRⅡ级杆组的运动分析

1. 位置分析

根据图 3-23 建立矢量方程：

$$\boldsymbol{r}_C = \boldsymbol{r}_B + \boldsymbol{e} + \boldsymbol{s}_r \tag{3-76}$$

向坐标轴投影得

$$\left.\begin{aligned} x_C &= x_B + e\sin\varphi_3 + s_r\cos\varphi_3 \\ y_C &= y_B - e\cos\varphi_3 + s_r\sin\varphi_3 \end{aligned}\right\} \tag{3-77}$$

则有

$$s_r = \sqrt{(x_C - x_B)^2 + (y_C - y_B)^2 - e^2} \tag{3-78}$$

$$\gamma = \arctan\left(\frac{e}{s_r}\right) \tag{3-79}$$

$$\beta = \arctan\left(\frac{y_C - y_B}{x_C - x_B}\right) \tag{3-80}$$

$$\varphi_3 = \beta \pm \gamma \tag{3-81}$$

式(3-81)表明φ_3有两个值，分别对应Ⅱ级杆组的两种装配形式。当矢量$\overrightarrow{BC}$沿逆时针方向转过γ角与矢量$\boldsymbol{s}_r$平行且指向相同时，γ前取正号，如图 3-23 中实线位置 BQC 所示；当矢量$\overrightarrow{BC}$沿顺时针方向转过γ角与矢量$\boldsymbol{s}_r$平行且指向相同时，γ前取负号，如图 3-23 中虚线位置 $BQ'C$ 所示。编程时，将式(3-81)写成如下形式：

$$\varphi_3 = \beta + M\gamma \tag{3-82}$$

式中，M 为位置模式系数，在调用子程序时预先根据机构的初始位置确定杆组的装配形式，给定 M 的值(+1 或-1)。

由图 3-23 可知，D 点的位置矢量方程为

$$\boldsymbol{r}_D = \boldsymbol{r}_B + \boldsymbol{e} + \boldsymbol{l}_3 \tag{3-83}$$

向坐标轴投影可得

$$\left.\begin{aligned} x_D &= x_B + e\sin\varphi_3 + l_3\cos\varphi_3 \\ y_D &= y_B - e\cos\varphi_3 + l_3\sin\varphi_3 \end{aligned}\right\} \tag{3-84}$$

2. 速度分析

将式(3-77)对时间求导，整理后可得

$$\left.\begin{aligned} -\omega_3(s_r\sin\varphi_3 - e\cos\varphi_3) + v_r\cos\varphi_3 &= v_{Cx} - v_{Bx} \\ \omega_3(s_r\cos\varphi_3 + e\sin\varphi_3) + v_r\sin\varphi_3 &= v_{Cy} - v_{By} \end{aligned}\right\} \tag{3-85}$$

解上述方程组，并注意到

$$\left.\begin{aligned} s_r\sin\varphi_3 - e\cos\varphi_3 &= y_C - y_B \\ s_r\cos\varphi_3 + e\sin\varphi_3 &= x_C - x_B \end{aligned}\right\} \tag{3-86}$$

可得

$$\left.\begin{aligned} \omega_3 &= \frac{(v_{Cy} - v_{By})\cos\varphi_3 - (v_{Cx} - v_{Bx})\sin\varphi_3}{(x_C - x_B)\cos\varphi_3 + (y_C - y_B)\sin\varphi_3} \\ v_r &= \frac{(v_{Cy} - v_{By})(y_C - y_B) + (v_{Cx} - v_{Bx})(x_C - x_B)}{(x_C - x_B)\cos\varphi_3 + (y_C - y_B)\sin\varphi_3} \end{aligned}\right\} \tag{3-87}$$

进一步可求得 D 点的速度分量：

$$\left.\begin{aligned} v_{Dx} &= v_{Bx} - \omega_3(y_D - y_B) \\ v_{Dy} &= v_{By} + \omega_3(x_D - x_B) \end{aligned}\right\} \tag{3-88}$$

3. 加速度分析

将式(3-85)对时间求导，并将式(3-86)代入，整理后可得

$$\left.\begin{aligned}-\varepsilon_3(y_C-y_B)+a_r\cos\varphi_3=E\\ \varepsilon_3(x_C-x_B)+a_r\sin\varphi_3=F\end{aligned}\right\}\tag{3-89}$$

式中，

$$E=a_{Cx}-a_{Bx}+\omega_3^2(x_C-x_B)+2\omega_3 v_r\sin\varphi_3$$
$$F=a_{Cy}-a_{By}+\omega_3^2(y_C-y_B)-2\omega_3 v_r\cos\varphi_3$$

解方程组(3-89)可得

$$\left.\begin{aligned}\varepsilon_3=\frac{-E\sin\varphi_3+F\cos\varphi_3}{(x_C-x_B)\cos\varphi_3+(y_C-y_B)\sin\varphi_3}\\ a_r=\frac{E(x_C-x_B)+F(y_C-y_B)}{(x_C-x_B)\cos\varphi_3+(y_C-y_B)\sin\varphi_3}\end{aligned}\right\}\tag{3-90}$$

进一步可求得 D 点的加速度分量：

$$\left.\begin{aligned}a_{Dx}=a_{Bx}-\omega_3^2(x_D-x_B)-\varepsilon_3(y_D-y_B)\\ a_{Dy}=a_{By}-\omega_3^2(y_D-y_B)+\varepsilon_3(x_D-x_B)\end{aligned}\right\}\tag{3-91}$$

【例 3-6】在图 3-24(a)所示的六杆机构中，已知各构件的尺寸，$l_{AB}=80\,\text{mm}$，$l_{BC}=260\,\text{mm}$，$l_{CD}=300\,\text{mm}$，$l_{DE}=400\,\text{mm}$，$l_{EF}=460\,\text{mm}$。曲柄 AB 沿逆时针方向等速转动，转速 $n_1=180\,\text{r/min}$。试求该机构在一个运动循环中，滑块 5 的位移 s_F、速度 $\boldsymbol{v}_F$、加速度 $\boldsymbol{a}_F$，以及构件 2、3、4 的角速度 ω_2、ω_3、ω_4，角加速度 ε_2、ε_3、ε_4。

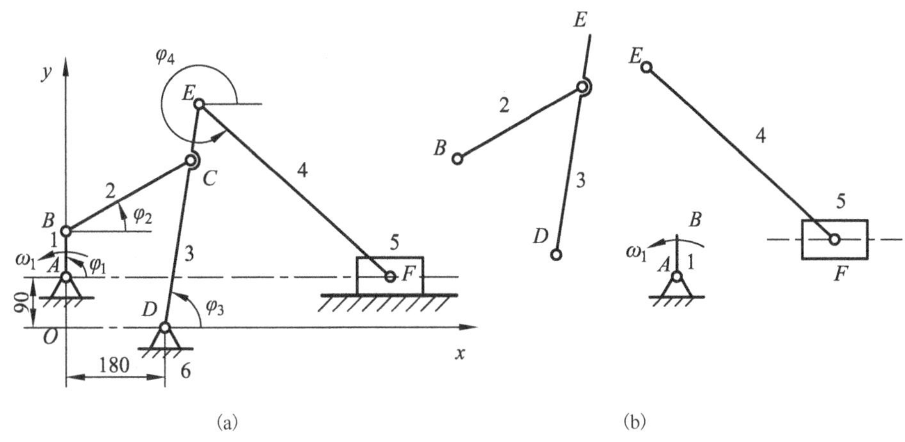

图 3-24　六杆机构的运动分析

解：(1)建立坐标系 xOy，如图 3-24(a)所示。

(2)根据机构组成原理，将机构拆分为杆组。该六杆机构可分解为原动件曲柄 AB、构件 2、3 组成的 RRRⅡ级杆组和构件 4、5 组成的 RRPⅡ级杆组 3 部分，如图 3-24(b)所示。先调用单杆构件运动分析子程序可求得 B 点位置、速度和加速度，然后调用 RRRⅡ级杆组运动分析子程序可求得构件 2、3 的位置、角速度和角加速度，再调用单杆构件运动分析子程序可求得 E 点的位置、速度和加速度，最后调用 RRPⅡ级杆组运动分析子程序求得构件 4 的位置、角速度和角角速度以及滑块 5 的位移、速度和加速度。

(3) 根据机构的初始位置，确定各Ⅱ级杆组的位置模式系数 M。由图 3-24(a) 可知，RRR Ⅱ级杆组和 RRPⅡ级杆组的位置模式系数均为 M=+1。

(4) 按以上分析过程，画出计算流程图，编制计算程序上机计算。

(5) 根据计算结果，绘制机构的位置、速度和加速度运动线图，如图 3-25 所示。

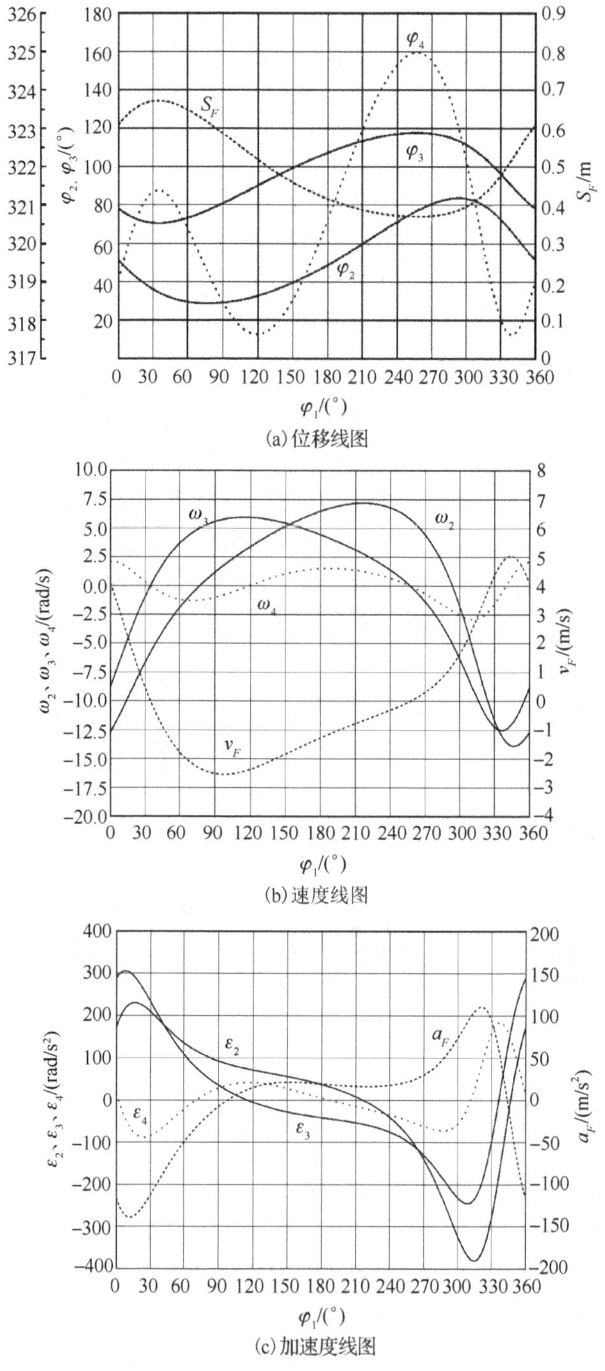

(a) 位移线图

(b) 速度线图

(c) 加速度线图

图 3-25　六杆机构的运动线图

通过机构的运动线图，可一目了然地看出机构在一个运动循环中各构件位移、速度和加速度的变化情况，有利于进一步掌握机构的性能。

本 章 小 结

本章讨论了平面机构运动分析的图解法和解析法，其主要内容如下。

(1) 在机构中每两两构件之间有一个速度瞬心，且有相对速度瞬心和绝对速度瞬心之分。两构件直接相连时的速度瞬心位置由运动副的形式确定，否则要应用三心定理确定速度瞬心的位置。利用两构件在其速度瞬心处速度相等的特点，可进行机构的速度分析。

(2) 在用相对运动图解法进行机构的运动分析时，主要是利用同一构件上两点间的速度和加速度的关系，以及两构件上重合点间的速度和加速度的关系。在作速度多边形和加速度多边形时，要按照一定的规则，同时要注意应用同一构件上的速度影像和加速度影像。

(3) 对机构进行运动分析的解析法有多种途径。本章主要介绍了最基本的直角坐标矢量法，并简要介绍了杆组法。直角坐标矢量法的基本步骤是：先写出机构的封闭矢量多边形在坐标轴上的投影方程；直接解投影方程可进行机构的位移分析；若对投影方程求时间的一次或二次导数，可进行机构的速度或加速度分析。杆组法是先将机构分解为原动件(单杆)、杆组和机架三部分。将单杆构件和常见杆组的运动分析分别编制成相应的子程序，根据机构的组成情况，通过依次调用这些子程序，完成对整个机构的运动分析。在解析法中，应用计算机辅助分析是最普遍的手段。

复习思考题

1．什么叫瞬心？什么叫绝对瞬心和相对瞬心？

2．如何确定机构中组成运动副的两构件的相对瞬心？如何确定不组成运动副的两构件的相对瞬心？

3．为什么在图 3-6 中，P_{14} 既可在过 P_{12} 点且垂直于导路 AC 的直线上，又可在过 P_{34} 点且垂直于导路 AC 的直线上？

4．怎样用瞬心法求机构中任一构件的角速度和其上一点的速度？

5．为什么作机构位置图、速度多边形和加速度多边形时要用比例尺？

6．同一构件上两点的速度之间及加速度之间有什么关系？组成移动副的两平面运动构件，在重合点上的速度之间及加速度之间又有什么关系？

7．平面机构的速度(或加速度)多边形有何特性？

8．什么叫速度影像和加速度影像？其在速度和加速度分析中有何用处？

9．作机构运动分析时，在什么情况下有科氏加速度出现？其大小及方向如何确定？

10．假设由计算得到 B 点的速度 $v_B = 10\ \text{m/s}$，在速度多边形上用 $\overline{pb} = 40\ \text{mm}$ 长的线段来表示，试问速度比例尺 μ_v 为多少？又从上述速度多边形上量得长度 $\overline{bc} = 24\ \text{mm}$，试问相对速度 $\boldsymbol{v}_{CD}$ 的大小为多少？

习　题

3-1　试求题 3-1 图所示各机构全部瞬心的位置。

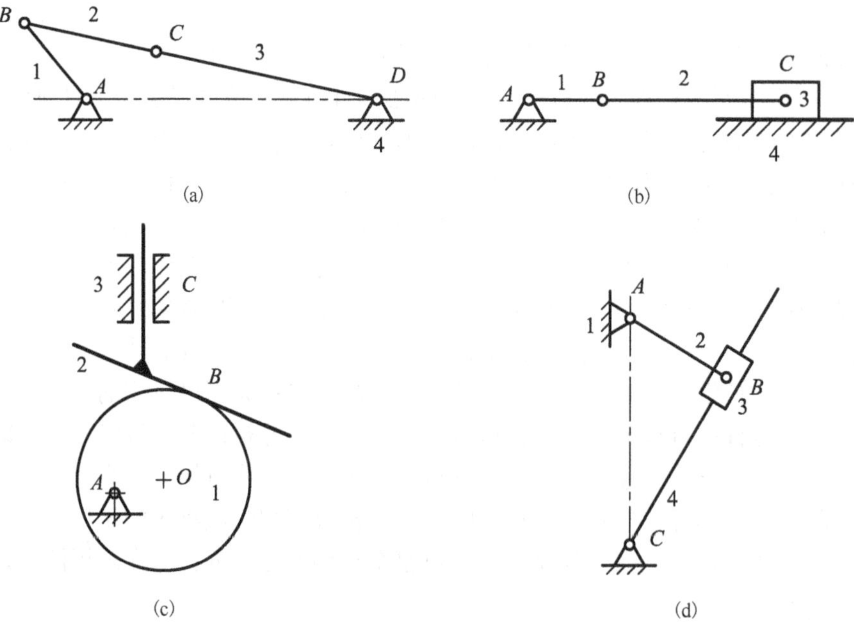

题 3-1 图

3-2　在题 3-2 图所示的四杆机构中，$l_{AB}=65\ \mathrm{mm}$，$l_{DC}=90\ \mathrm{mm}$，$l_{AD}=l_{BC}=125\ \mathrm{mm}$，$\omega_1=10\ \mathrm{rad/s}$，试用瞬心法求：

(1) 当 $\varphi=15°$ 时，点 C 的速度 $\boldsymbol{v}_C$；

(2) 当 $\varphi=15°$ 时，构件 BC 上(即 BC 或其延长线上)速度最小的一点 E 的位置及其速度的大小；

(3) 当 $v_C=0$ 时，φ 角之值。

3-3　机构如题 3-3 图所示，已知各构件的尺寸为 $l_{AB}=180\ \mathrm{mm}$，$l_{BC}=280\ \mathrm{mm}$，$l_{BD}=450\ \mathrm{mm}$，$l_{CD}=250\ \mathrm{mm}$，$l_{AE}=120\ \mathrm{mm}$，$\varphi=35°$，构件 1 匀速转动，其上 E 点的速度为 $v_E=150\ \mathrm{mm/s}$。试用瞬心法求该位置时点 D 和点 C 的速度，以及连杆 2 的角速度。

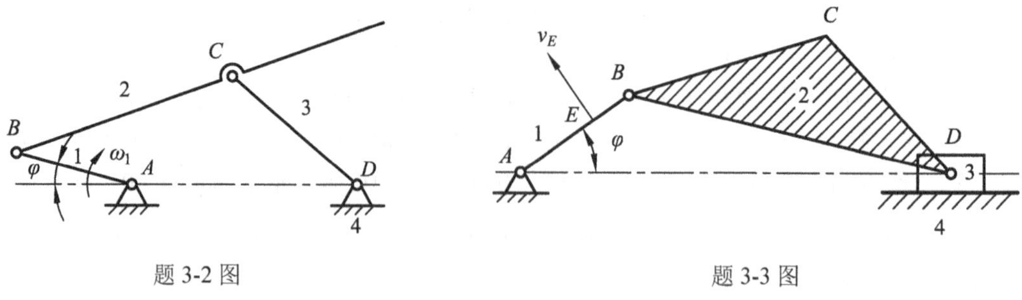

题 3-2 图　　　　题 3-3 图

3-4　在题 3-4 图所示的齿轮-连杆组合机构中，试用瞬心法求齿轮 1 与齿轮 3 的传动比 ω_1/ω_3。

3-5　在题 3-5 图所示的机构中，已知 $l_{AD}=85\,\text{mm}$，$l_{AB}=35\,\text{mm}$，$l_{CD}=45\,\text{mm}$，$l_{BC}=50\,\text{mm}$，原动件以等角速度 $\omega_1=10\,\text{rad/s}$ 沿逆时针方向转动。试用相对运动图解法求图示位置时点 E 的速度和加速度。

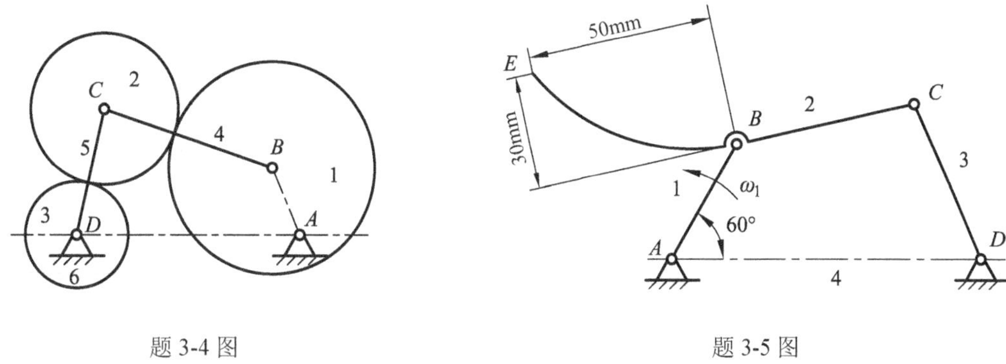

题 3-4 图　　题 3-5 图

3-6　在题 3-6 图所示的两机构中，若考察移动副重合点 B 处的加速度关系，是否都存在科氏加速度？若存在科氏加速度，又在何位置时其科氏加速度为零？并作出相应的机构位置图。

3-7　在题 3-7 图所示的摆动导杆机构中，已知 $l_{AB}=50\,\text{mm}$，$l_{AC}=100\,\text{mm}$，$\varphi_1=60°$，曲柄 AB 以等角速度 $\omega_1=20\,\text{rad/s}$ 顺时针回转。①因构件 1 与构件 2 在 B 点组成回转副，故有 $\boldsymbol{v}_{B1}=\boldsymbol{v}_{B2}$ 和 $\boldsymbol{a}_{B1}=\boldsymbol{a}_{B2}$，又 $\boldsymbol{v}_{B3B2}=\boldsymbol{v}_{B3B1}$，所以得出等式 $a^{k}_{B3B2}=a^{k}_{B3B1}=2\omega_1 v_{B3B1}$，对吗？②试用相对运动图解法求此位置时构件 3 的角速度 ω_3 及角加速度 ε_3。

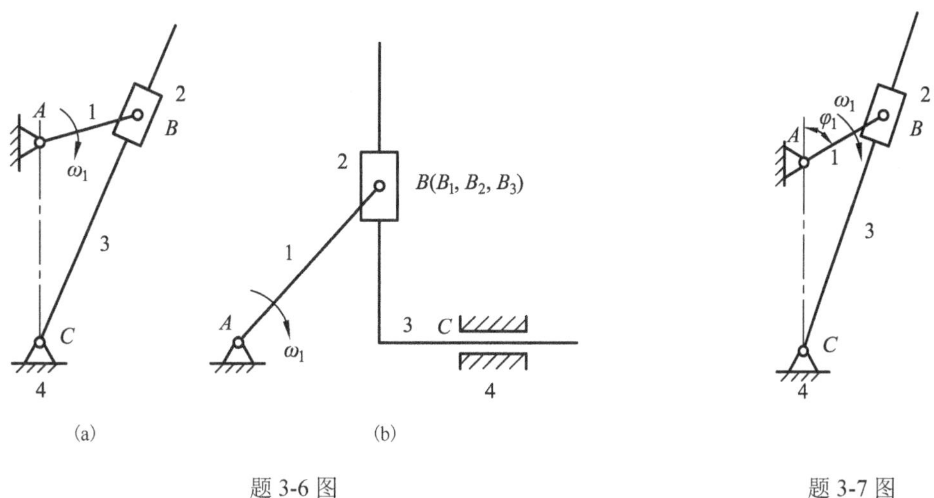

题 3-6 图　　题 3-7 图

3-8　在图题 3-8 所示的四杆机构中，已知 $l_{AD}=300\,\text{mm}$，$l_{CD}=200\,\text{mm}$，$\varphi_1=\varphi_2=45°$，构件 1 以等角速度 $\omega_1=20\,\text{rad/s}$ 逆时针回转，试用相对运动图解法求构件 3 的角速度 ω_3 及角加速度 ε_3。

3-9　在题 3-9 图所示的机构中，已知原动件 1 以等角速度 $\omega_1=20\,\text{rad/s}$ 逆时针转动，$l_{AB}=38\,\text{mm}$，$l_{BC}-20\,\text{mm}$，$l_{DE}=50\,\text{mm}$，$x_D=150\,\text{mm}$，$y_D=60\,\text{mm}$，$\varphi_1=35°$。试用相对运动图解法求构件 3 的角速度 ω_3 和角加速度 ε_3，以及 E 点的速度 $\boldsymbol{v}_E$ 和加速度 $\boldsymbol{a}_E$。

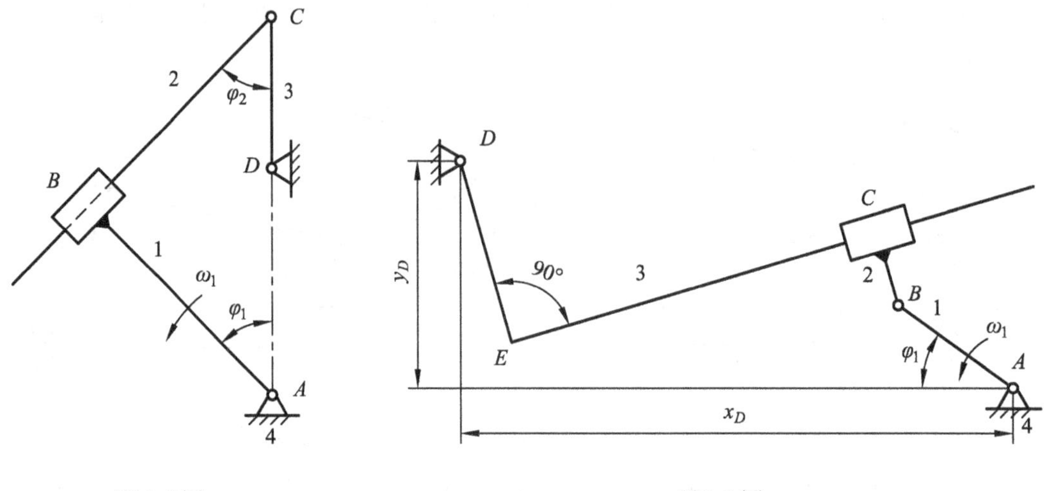

题 3-8 图　　题 3-9 图

3-10　在题 3-10 图所示的机构中，已知原动件 1 以等角速度 $\omega_1 = 10\ \text{rad/s}$ 逆时针转动，$l_{AB} = 30\ \text{mm}$，$l_{AC} = 100\ \text{mm}$，$l_{BD} = 50\ \text{mm}$，$l_{DE} = 40\ \text{mm}$，$\varphi_1 = 45^\circ$。试用相对运动图解法求 D 点和 E 点的速度及加速度，以及构件 3 的角速度和角加速度。

3-11　在题 3-11 图所示的机构中，已知原动件 1 以等角速度 $\omega_1 = 20\ \text{rad/s}$ 逆时针转动，$l_{AB} = 100\ \text{mm}$，$l_{BC} = 200\ \text{mm}$，$\angle BAC = 90^\circ$。①构件 2 上 C_2 点的速度方向是否已知？C_2 点的加速度方向是否与速度方向一致？②试用解析法求构件 3 的速度 $\boldsymbol{v}_3$ 及加速度 $\boldsymbol{a}_3$。

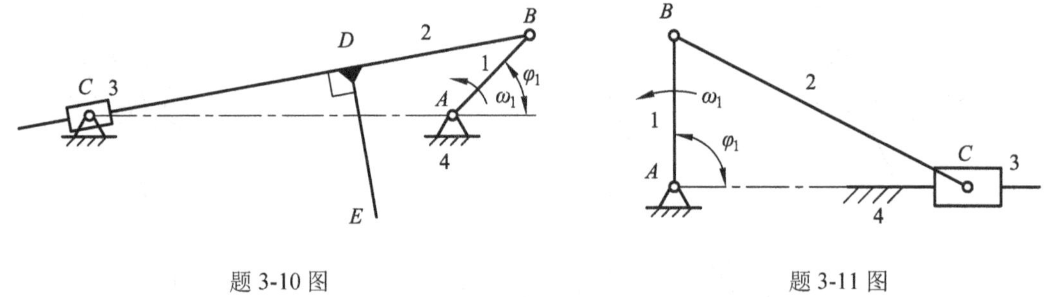

题 3-10 图　　题 3-11 图

3-12　在题 3-12 图所示的机构中，已知原动件 1 以等角速度 $\omega_1 = 6\ \text{rad/s}$ 逆时针转动，$\varphi_1 = 30^\circ$，$H = 400\ \text{mm}$，试用解析法求构件 3 的速度 $\boldsymbol{v}_3$ 和加速度 $\boldsymbol{a}_3$。

3-13　在题 3-13 图所示的机构中，已知 l_{BC}=280mm，l_{AB}=840mm，l_{AD}=1300mm，β=15°，以及等角速度 ω_{21}=1rad/s。求点 C、D 的速度与加速度。（提示：先将构件 1 固定不动，得到其转化机构，对转化机构进行运动分析，再根据原机构与转化机构的运动关系求解。）

3-14　在题 3-14 图所示的机构中，构件 1 通过销钉 B 驱动构件 2 运动。构件 1 以角速度 ω_1=20rad/s 沿顺时针方向匀速回转，滑轨半径 R=300mm，l_{AC} =220mm，l_{AB} =50mm。试用相对运动图解法求 φ_1=30° 时构件 2 的角速度与角加速度。（提示：先进行高副低代。）

3-15　题 3-15 图为摆动滚子从动件盘形凸轮机构。已知凸轮的实际廓线为圆，其半径 R=40mm，l_{OA} =20mm，l_{AC} =80mm，l_{BC} =80mm，滚子半径 r_r=10mm，凸轮 1 匀速转动，其角速度 ω_1=10rad/s，绘制出其高副低代后的机构运动简图，当 φ_1=45° 时，试用相对运动图解法求解出从动件 2 的角速度和角加速度。

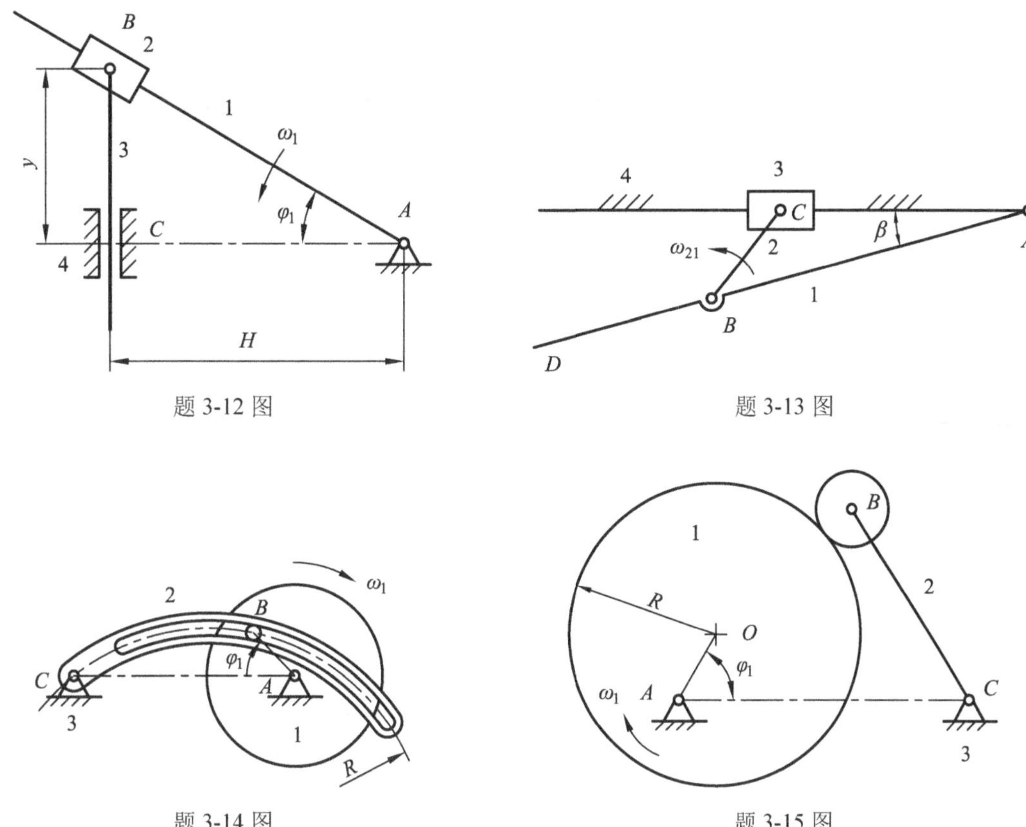

题 3-12 图　题 3-13 图

题 3-14 图　题 3-15 图

3-16　在题 3-16 图所示的机构中，已知 h=800mm，h_1=360mm，h_2=120mm，l_{AB}=200mm，l_{CD}=960mm，l_{DE}=160mm。设曲柄 1 以等角速度ω_1=10rad/s 沿逆时针方向回转，试综合运用瞬心法和相对运动图解法求机构在φ_1=135° 位置时构件 5 上 C 点的速度 $\boldsymbol{v}_C$。

3-17　在题 3-17 图所示的干草压缩机中，已知 $\omega_1=10\ \text{rad/s}$，$l_{AB}=150\ \text{mm}$，$l_{BC}=600\ \text{mm}$，$l_{CE}=200\ \text{mm}$，$l_{EF}=600\ \text{mm}$，$l_{CD}=460\ \text{mm}$，$x_D=400\ \text{mm}$，$y_D=500\ \text{mm}$，$y_F=600\ \text{mm}$，$\varphi_1=30^\circ$，试用解析法求此位置时活塞 5 的速度和加速度，以及杆 4 的角速度和角加速度。

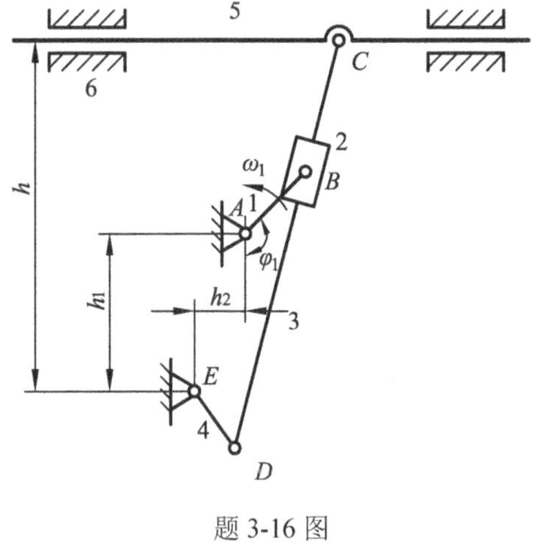

题 3-16 图　题 3-17 图

3-18　用杆组法求解题 3-17。

第 4 章　空间连杆机构的运动分析

4.1　概　　述

4.1.1　组成和应用

在机构中，若组成机构的构件间的相对运动是空间的，则称为空间机构。含有高副的空间机构称为空间高副机构，如空间齿轮机构和空间凸轮机构等。不含高副的空间机构称为空间低副机构或称空间连杆机构。本章主要讨论空间连杆机构。

做空间运动的自由构件具有 6 个自由度，即沿 x、y、z 轴的 3 个独立移动和绕该三轴的 3 个独立转动。当两构件组成运动副之后，其相对运动便被加上约束，其约束数最少为 1 个，最多为 5 个。根据所加约束数目的不同，可将空间机构中的运动副分为 5 级，即具有 1 个约束的为 I 级运动副(简称 I 级副)；具有 2 个约束的为 II 级运动副(简称 II 级副)，其余类推。

组成空间连杆机构的运动副除常见的 V 级副(包括转动副 R、移动副 P 和螺旋副 H)外，还有Ⅳ级副和III级副，如既能沿轴线移动又能绕轴线转动的圆柱副 C(图 4-1(a))、绕球心能有两个转动的球销副 S′(图 4-1(b))、绕球心能有三个转动的球面副 S(图 4-1(c))以及能做自由平面运动的平面副 E(图 4-1(d))等。平面连杆机构可看作空间连杆机构的特例。

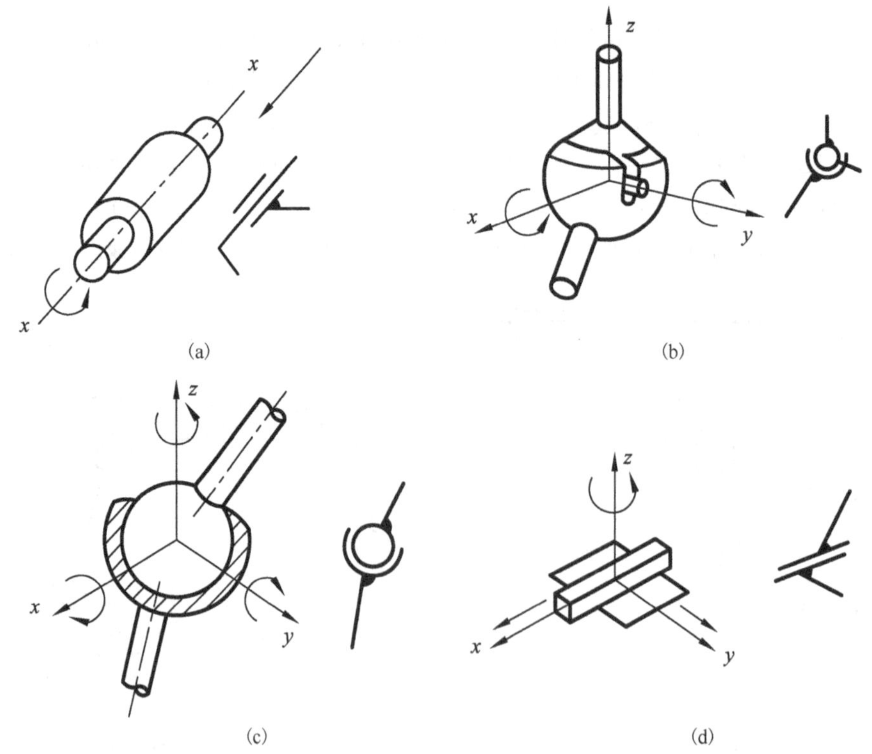

图 4-1　几种常见的空间运动副

空间连杆机构按其运动链的形式可分为开链型和闭链型。开链型空间连杆机构主要应用于机器人、机械手、工程机械、夹具等场合，而闭链型空间连杆机构在农业机械、轻工机械以及航空运输机械等领域获得了较多的应用。

图 4-2 为一种飞机起落架的收放机构，由一个转动副 R、一个圆柱副 C 和两个球面副 S 组成。空间连杆机构常用所含运动副的代号依次相连来命名。这就是一个空间 RSCS 四杆机构。当构件 2、3 在液压油的作用下运动时，支柱 1 绕斜轴摆动，从而达到收放机轮的目的。

图 4-3 为 PUMA-560 机器人的轴测简图。该机器人由六个活动构件通过六个转动副连接而成，是一种空间开链型 6R 连杆机构。通过控制各个构件间的相对运动使得机器人手部达到预定的空间位置和姿态，从而完成预定的任务。

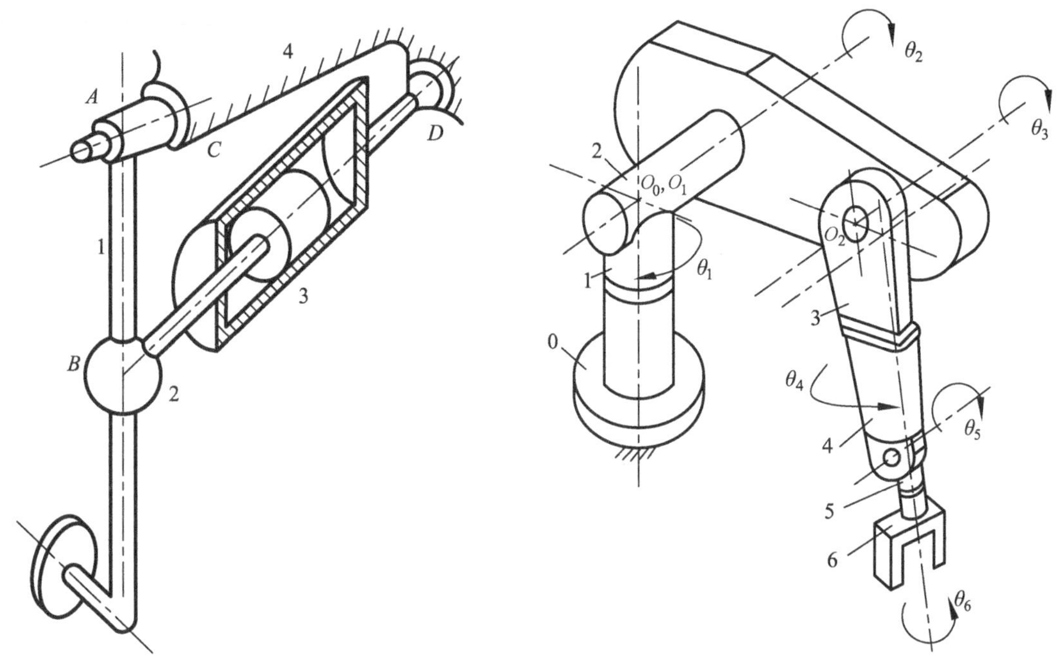

图 4-2　飞机起落架的收放机构

图 4-3　PUMA-560 机器人

空间连杆机构的各构件能在三维空间做相对运动，所以能完成平面连杆机构所不能或很难完成的运动。与平面连杆机构相比，空间连杆机构结构简单紧凑，运动多样，灵活可靠，具有很多优点。

4.1.2　空间连杆机构的研究方法

空间连杆机构的应用远不如平面连杆机构那样广泛，其中的一个重要原因就是其分析与综合比较复杂，不易想象，很难采用直观试凑法或几何作图法。

研究空间连杆机构常用图解法和解析法。图解法发展较早，比较直观，主要以画法几何为基础，精度比较低，仅适用于一些简单的空间连杆机构。随着计算机的广泛应用，尤其是机械手和机器人的不断发展，解析法有了很大的发展，已经成为空间连杆机构研究中的基本方法。按所用数学工具的不同，解析法也有很多种，如矢量法、矩阵法、二元数法、四元数法以及张量法等。本章主要介绍矩阵法。

4.2　空间连杆机构的自由度计算

设有一空间连杆机构，其共有 n 个活动构件，P_1个Ⅰ级副，P_2个Ⅱ级副，P_3个Ⅲ级副，P_4个Ⅳ级副，P_5个Ⅴ级副。当这些构件未用运动副连接起来之前，每个构件均可做空间自由运动，即每个构件具有 6 个自由度，n 个构件应有 $6n$ 个自由度。当这 n 个构件组成机构时，每个构件都必须与其他构件相连接，从而构成运动副。这就限制了构件间的某些相对运动，故机构的实际自由度数要比 $6n$ 少得多。每引入一个Ⅴ级副，产生 5 个约束，故 P_5个Ⅴ级副就产生 $5P_5$个约束。类似地，Ⅰ级副、Ⅱ级副、Ⅲ级副和Ⅳ级副产生的约束数分别为 P_1、$2P_2$、$3P_3$和 $4P_4$。由此可得空间机构的自由度计算公式为

$$F = 6n - \left(5P_5 + 4P_4 + 3P_3 + 2P_2 + P_1\right) \tag{4-1}$$

【例 4-1】计算图 4-3 所示 PUMA-560 机器人的自由度。

解： 由图 4-3 可见，n=6，P_5=6，P_4=P_3=P_2=P_1=0，代入式(4-1)得 $F=6$。

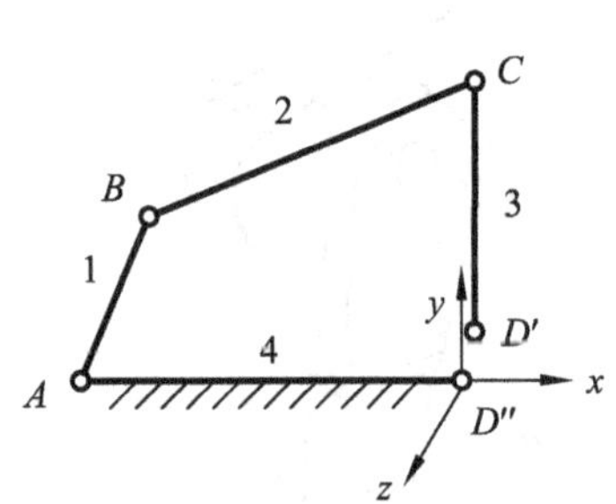

图 4-4　平面四杆机构

应用式(4-1)计算机构的自由度时，常常会出现计算结果与实际不符的情况。如图 4-4 所示的平面四连杆机构，n=3，P_5=4，P_4=P_3=P_2=P_1=0，代入式(4-1)得 $F=-2$，显然与实际情况不符。其原因分析如下。

如图 4-4 所示，假设将运动副 D 拆开，使一个运动副元素 D'保留在构件 3 上，另一个运动副元素 D''保留在构件 4 上。D 是一个Ⅴ级副，提供 5 个约束，用 s_x、s_y、s_z、θ_x和θ_y来表示，其中 s_x、s_y和 s_z表示不允许 D'和 D''沿三个坐标轴方向发生相对移动的约束，θ_x和θ_y表示不允许 D'和 D''绕 x 轴和 y 轴发生相对转动的约束。由于该机构的四个转动副轴线相互平行，在运动副 D 被拆开后，D'和 D''的轴线始终平行，且 D'和 D''在一个平面内，即 D'和 D''不能发生沿 z 轴方向的移动和绕 x 轴、y 轴的相对转动。可见，在运动副 D 所提供的 5 个约束中，θ_x、θ_y和 s_z是不起作用的约束，称为虚约束或重复约束，这与 2.4.4 节所讲的平面机构中的虚约束的意义相同。设机构中的虚约束数为 S，在计算机构的自由度时，显然应从机构的约束数中减去虚约束数，即

$$F = 6n - \left(5P_5 + 4P_4 + 3P_3 + 2P_2 + P_1 - S\right) \tag{4-2}$$

式(4-2)对空间机构和平面机构都普遍适用。

应用式(4-2)重新计算图 4-4 所示的平面四杆机构的自由度，将 S=3 代入式(4-2)得 F=1，与实际情况一致。

在应用式(4-2)计算机构的自由度时，关键是确定虚约束数 S。对于开链型机构来说，其运动副数等于活动构件数，此时所有运动副的约束都是有效的，即 S=0。对于闭链型机构来说，其运动副数多于活动构件数，此时就可能产生虚约束。为了确定虚约束数，可拆开机构中的任一运动副，观察被拆开后两运动副元素不能发生相对移动或相对转动的约束是否与拆开前运动副所产生的约束有重复。重复的个数即为虚约束数。下面再举几例说明。

【例 4-2】图 4-5 为某空间连杆机构，试计算该机构的自由度。

解：从图 4-5 可知，n=3，P_5=3，P_3=1。为了确定虚约束数 S，把球面副 B 拆开，球面副有三个约束，即 s_x、s_y、s_z。当把球面副 B 拆开后，由于运动副 A、C、D 的轴线相互平行，故球面副 B 的两运动副元素 B' 和 B'' 不能沿 z 轴方向发生移动，即 s_z 为虚约束，而其余两个约束是有效的，故 S=1，代入式(4-2)得 F=1。

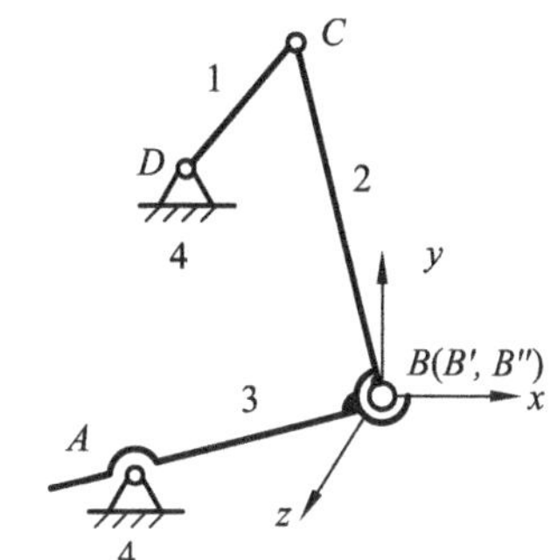

图 4-5　某空间连杆机构

【例 4-3】图 4-6 为 RSSR 空间四杆机构，试计算其自由度。

解：从图 4-6 中可知，n=3，P_5=2，P_3=2。为了确定虚约束数 S，将球面副 C 拆开，拆开后的两球面副元素有沿 x、y、z 三个方向发生相对移动的可能，故球面副所产生的三个约束都是有效的，即 S=0，代入式(4-2)得 F=2。由于该机构的构件 2 有一个绕自身轴线转动的局部自由度，所以说该机构的实际自由度为 1，即只需一个原动件就能获得确定的运动。

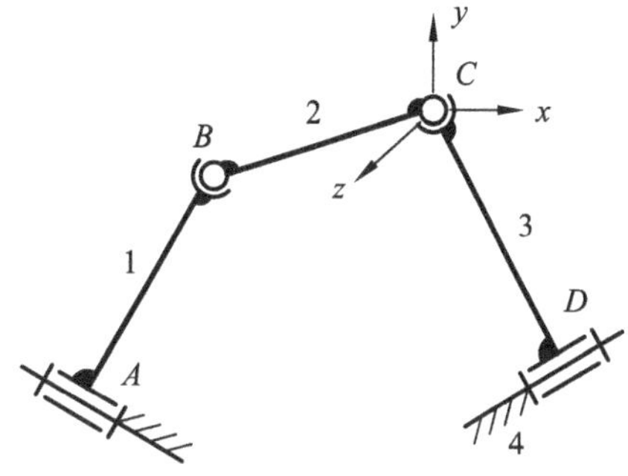

图 4-6　RSSR 空间四杆机构

【例 4-4】图 4-7 为万向联轴器，试计算该机构的自由度。

解：由图 4-7 中可知，n=3，P_5=4。该万向联轴器的特点是所有回转副的轴线交于一点 O，而且 O 点距各转动副的距离不变。当把转动副 D 拆开后，其两运动副元素的轴线仍然都通过 O 点，且距 O 点的距离不变，故只要两运动副元素中心的 y 和 z 坐标一致，就可以重新组合成运动副 D，故 s_x、θ_y、θ_z 为虚约束，即 S=3，代入式(4-2)得 F=1。

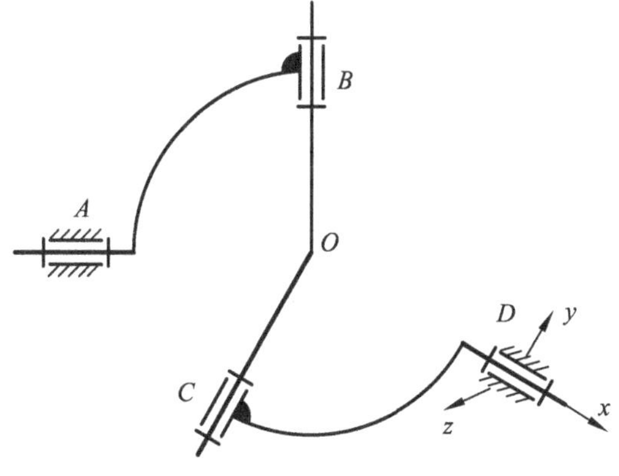

图 4-7　万向联轴器

由上述几例可见，对运动副轴线无特殊配置关系的机构，其 S=0；运动副轴线有特殊配置关系的机构，其 $S>0$，即机构将产生虚约束，常称为过约束机构。过约束机构的结构比较简单，支撑刚度比较大，但由于各运动副轴线间或各构件的尺度要遵从某种特殊关系，所以对误差比较敏感，易出现运动不灵活或运动受卡现象，S 越大，就越容易出现这种现象。

4.3　空间连杆机构的运动分析

空间连杆机构的运动分析包括位移分析、速度分析和加速度分析。关键是位移分析，尤其是推导输入输出方程。在位移方程求出后，对时间求一阶、二阶导数，即可得到速度和加速度方程。解此线性方程组即可完成机构的速度分析和加速度分析。本节主要采用矩阵法进行空间连杆机构的位移分析。

矩阵法的基本思想是在机构的各构件上设置一个直角坐标系，应用坐标变换理论来研究各个构件间的相对位置关系，列封闭方程式，或通过拆副、拆杆、拆链等方法，建立解析方程式，进而求得待求参数。

4.3.1　坐标系的设置

一般先定出各个构件上直角坐标系的 z 轴，而 x 轴取为沿两个相邻 z 轴的公垂线，z 轴和 x 轴定出以后，按右手定则可以定出 y 轴。为了图面清晰，在图上往往不标 y 轴，而只标出 x 轴和 z 轴。

对含有轴线的运动副，如转动副、移动副、圆柱副或螺旋副，z 轴规定为与运动副轴线重合，其指向可自由选定。对于球面副，z 轴可选为过球心并与相邻的一个 z 轴平行，也可取为与相邻球面副的连心线相重合。对于球销副，z 轴可选为与销轴重合，也可选为与销槽的主平面垂直。

下面以图 4-8 所示的含有三个转动副的运动链为例，说明坐标系的设置。

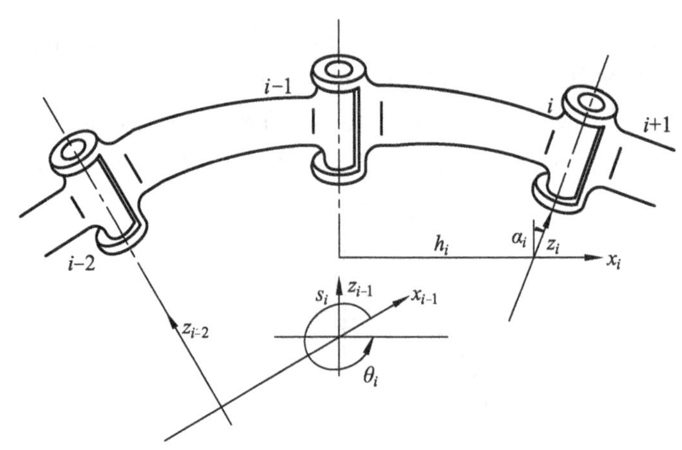

图 4-8　3R 运动链

一般选取机架为 0，其他构件依次命名为 1、2、…、n，z_i 取在由构件 i 和 i+1 相连的转动副的轴线上，x_i 取在 z_{i-1} 和 z_i 的公垂线上。由图 4-8 可见，两相邻坐标系 i−1 和 i 的相对位置可通过 4 个参数来描述：

(1) 杆距或副长 s_i——沿 z_{i-1} 轴，从 x_{i-1} 轴量至 x_i 轴的距离，规定与 z_{i-1} 轴正向一致为正；

(2) 转角 θ_i——绕 z_{i-1} 轴，从 x_{i-1} 轴转至 x_i 轴的角度，规定逆时针方向为正；

(3) 杆长 h_i——沿 x_i 轴，从 z_{i-1} 轴量至 z_i 轴的距离，规定与 x_i 轴正方向一致为正；

(4) 扭角 α_i——绕 x_i 轴，从 z_{i-1} 轴转至 z_i 轴的角度，规定逆时针方向为正。

在图 4-8 中，h_i、α_i 和 s_i 为不变量，都是结构参数；θ_i 为变量，是运动参数。

上述 4 个参数对一般运动链也是适用的。例如，把图 4-8 中的杆 i–1 和 i 用移动副相连，也可建立类似的坐标系，只不过此时θ_i变为结构参数，而 s_i 变为运动参数。

图 4-9 给出了按以上方法为 RCCC 空间四杆机构的各构件建立的坐标系。

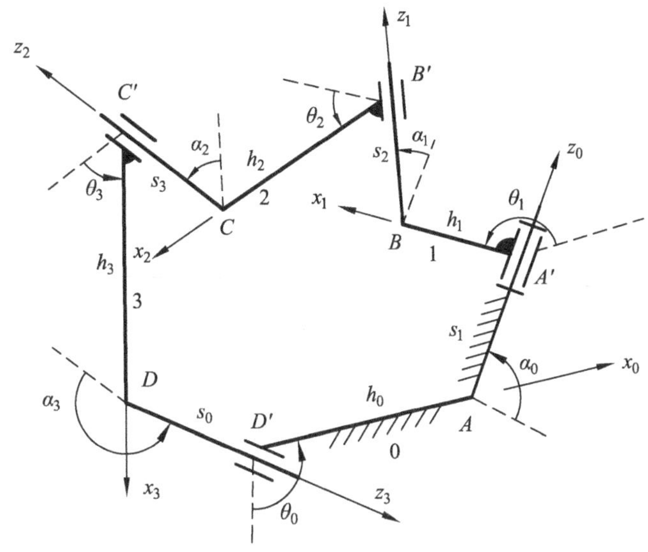

图 4-9　RCCC 空间四杆机构

4.3.2　坐标变换

1．绕一个坐标轴转动的坐标变换

如图 4-10 所示，坐标系 $Ox_jy_jz_j$ 是由坐标系 $Ox_iy_iz_i$ 绕 z_i 轴转动θ_i角所得到的。由解析几何可知，空间任一点 P 在这两个坐标系中的坐标(x_i, y_i, z_i)和(x_j, y_j, z_j)有下列关系：

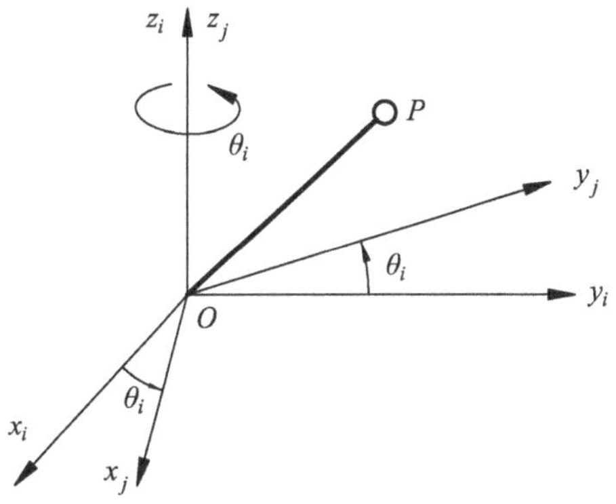

$$\left.\begin{aligned} x_i &= x_j\cos\theta - y_j\sin\theta \\ y_i &= x_j\sin\theta + y_j\cos\theta \\ z_i &= z_j \end{aligned}\right\}$$

或写成矩阵形式：

$$\begin{bmatrix} x_i \\ y_i \\ z_i \end{bmatrix} = \begin{bmatrix} \cos\theta & -\sin\theta & 0 \\ \sin\theta & \cos\theta & 0 \\ 0 & 0 & 1 \end{bmatrix} \begin{bmatrix} x_j \\ y_j \\ z_j \end{bmatrix}$$

图 4-10　坐标轴转动的坐标变换

并可进一步写成

$$\begin{bmatrix} x_i \\ y_i \\ z_i \\ 1 \end{bmatrix} = \begin{bmatrix} \cos\theta & -\sin\theta & 0 & 0 \\ \sin\theta & \cos\theta & 0 & 0 \\ 0 & 0 & 1 & 0 \\ 0 & 0 & 0 & 1 \end{bmatrix} \begin{bmatrix} x_j \\ y_j \\ z_j \\ 1 \end{bmatrix} \tag{4-3}$$

式中，$(x_i, y_i, z_i, 1)$和$(x_j, y_j, z_j, 1)$分别称为点 P 在坐标系 $Ox_iy_iz_i$ 和 $Ox_jy_jz_j$ 中的齐次坐标。

可见，齐次坐标比直角坐标多了一个坐标 1。令

$$\mathrm{rot}(z,\theta)=\begin{bmatrix}\cos\theta & -\sin\theta & 0 & 0\\ \sin\theta & \cos\theta & 0 & 0\\ 0 & 0 & 1 & 0\\ 0 & 0 & 0 & 1\end{bmatrix} \tag{4-4}$$

则式(4-3)可简写为

$$\begin{bmatrix}x_i & y_i & z_i & 1\end{bmatrix}^{\mathrm{T}}=\mathrm{rot}(z,\theta)\begin{bmatrix}x_j & y_j & z_j & 1\end{bmatrix}^{\mathrm{T}} \tag{4-5}$$

$\mathrm{rot}(z,\theta)$ 描述了坐标系绕 z 轴转动的坐标变换，被称为绕 z 轴转动的齐次坐标变换矩阵。类似地，可得绕 x 轴转动的齐次坐标变换矩阵：

$$\mathrm{rot}(x,\theta)=\begin{bmatrix}1 & 0 & 0 & 0\\ 0 & \cos\theta & -\sin\theta & 0\\ 0 & \sin\theta & \cos\theta & 0\\ 0 & 0 & 0 & 1\end{bmatrix} \tag{4-6}$$

2．平移变换

如图 4-11 所示，坐标系 $O_jx_jy_jz_j$ 可以认为是由坐标系 $O_ix_iy_iz_i$ 平移 $\boldsymbol{O_iO_j}=(a，b，c)$ 而得到的。若空间有一点 P，在两坐标系中的坐标分别为 (x_i, y_i, z_i) 和 (x_j, y_j, z_j)，则有

$$x_i=x_j+a,\quad y_i=y_j+b,\quad z_i=z_j+c$$

写成矩阵形式：

$$\begin{bmatrix}x_i\\ y_i\\ z_i\\ 1\end{bmatrix}=\begin{bmatrix}1 & 0 & 0 & a\\ 0 & 1 & 0 & b\\ 0 & 0 & 1 & c\\ 0 & 0 & 0 & 1\end{bmatrix}\begin{bmatrix}x_j\\ y_j\\ z_j\\ 1\end{bmatrix} \tag{4-7}$$

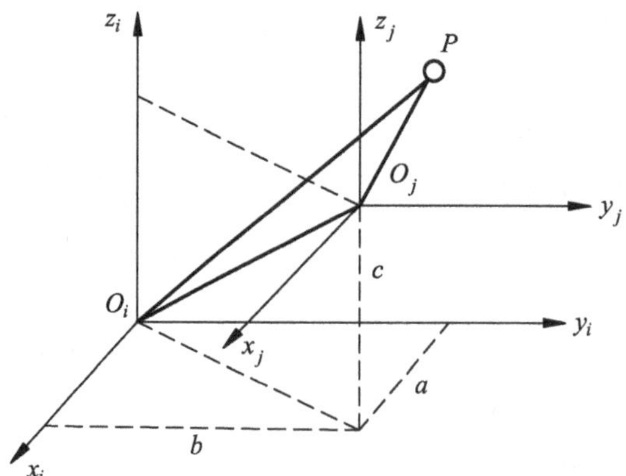

图 4-11　平移坐标变换

令

$$\mathrm{Trans}(a,b,c)=\begin{bmatrix}1 & 0 & 0 & a\\ 0 & 1 & 0 & b\\ 0 & 0 & 1 & c\\ 0 & 0 & 0 & 1\end{bmatrix} \tag{4-8}$$

则式(4-7)可简写为

$$\begin{bmatrix} x_i & y_i & z_i & 1 \end{bmatrix}^{\mathrm{T}} = \mathrm{Trans}\begin{bmatrix} x_j & y_j & z_j & 1 \end{bmatrix}^{\mathrm{T}}$$

$\mathrm{Trans}(a,b,c)$ 描述了坐标系的平移变换，称为平移变换矩阵，a、b、c 分别表示坐标系沿 x、y、z 轴平移的大小。

3. 一般变换

一般情况下，如图 4-12 所示，坐标系 $O_j\ x_j\ y_j\ z_j$ 相对 $O_i\ x_i\ y_i\ z_i$（以下简称坐标系 j、i）既有转动，又有平移，但总可以通过一系列的平移变换和绕坐标轴转动的变换而得到。即坐标系 j 变换到坐标系 i 的齐次变换矩阵 $\boldsymbol{T}_{ij}$ 可以通过一系列平移的变换矩阵及绕坐标轴转动的变换矩阵相乘得到。

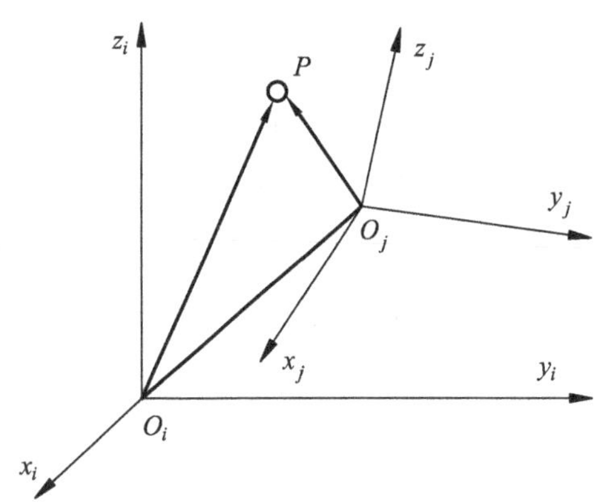

图 4-12　一般坐标变换

现以图 4-8 所示的空间运动链为例说明之。此图中所示的坐标系 i 可以看成由坐标系 i-1 经过以下变换而得。即先绕 z_{i-1} 轴转动 θ_i 角，再沿 z_{i-1} 轴平移 s_i，然后再沿 x_i 轴平移 h_i，最后再绕 x_i 轴转动 α_i 角。因此，将坐标系 i 变换到 i-1 的齐次变换矩阵 $\boldsymbol{T}_{i-1i}$ 可通过下式求得

$$\boldsymbol{T}_{i-1\,i} = \mathrm{rot}(z,\theta_i)\mathrm{Trans}(0,0,s_i)\mathrm{Trans}(h_i,0,0)\mathrm{rot}(x,\alpha_i)$$

将式(4-4)、式(4-6)和式(4-8)代入上式得

$$\boldsymbol{T}_{i-1\,i} = \begin{bmatrix} \cos\theta_i & -\sin\theta_i\cos\alpha_i & \sin\theta_i\sin\alpha_i & h_i\cos\theta_i \\ \sin\theta_i & \cos\theta_i\cos\alpha_i & -\cos\theta_i\sin\alpha_i & h_i\sin\theta_i \\ 0 & \sin\alpha_i & \cos\alpha_i & s_i \\ 0 & 0 & 0 & 1 \end{bmatrix} \tag{4-9}$$

将坐标系 i-1 变换到坐标系 i 的齐次变换矩阵，可通过对式(4-9)求逆得到

$$\boldsymbol{T}_{i\,i-1} = \boldsymbol{T}_{i-1\,i}^{-1} = \begin{bmatrix} \cos\theta_i & \sin\theta_i & 0 & -h_i \\ -\sin\theta_i\cos\alpha_i & \cos\theta_i\cos\alpha_i & \sin\alpha_i & -s_i\sin\alpha_i \\ \sin\theta_i\sin\alpha_i & -\cos\theta_i\sin\alpha_i & \cos\alpha_i & -s_i\cos\alpha_i \\ 0 & 0 & 0 & 1 \end{bmatrix} \tag{4-10}$$

在一般情形下，对图 4-12 所示的两坐标系来说有

$$\boldsymbol{T}_{ij} = \begin{bmatrix} [R_{ij}] & \boldsymbol{O}_i\boldsymbol{O}_j \\ [0] & 1 \end{bmatrix} \tag{4-11}$$

式中，$[R_{ij}]$ 为 3×3 矩阵，表示坐标系 j 相对于坐标系 i 的转动。设

$$[R_{ij}] = \begin{bmatrix} R_{11} & R_{12} & R_{13} \\ R_{21} & R_{22} & R_{23} \\ R_{31} & R_{32} & R_{33} \end{bmatrix} \tag{4-12}$$

其中各元素的几何意义如下：R_{11}、R_{12} 和 R_{13} 分别对应于坐标系 j 的 x_j、y_j、z_j 三轴与坐标系 i 的 x_i 轴间夹角的余弦，即 $R_{11}=\cos(x_i, x_j)$，$R_{12}=\cos(x_i, y_j)$，$R_{13}=\cos(x_i, z_j)$。类似地，$R_{21}=\cos(y_i, x_j)$，$R_{22}=\cos(y_i, y_j)$，$R_{23}=\cos(y_i, z_j)$，$R_{31}=\cos(z_i, x_j)$，$R_{32}=\cos(z_i, y_j)$，$R_{33}=\cos(z_i, z_j)$。

由于 $[R_{ij}]$ 中的各元素确定了两坐标系各坐标轴间的角度关系，故 $[R_{ij}]$ 可描述坐标系 j 相对坐标系 i 的转动。$[R_{ij}]$ 中任一元素都表示坐标系 j 和坐标系 i 的某两个坐标轴间夹角的余弦，所以 $[R_{ij}]$ 常称为方向余弦矩阵。

由 $[R_{ij}]$ 各元素的几何意义，易于证明 $[R_{ij}]$ 的每行或每列元素的平方之和为 1，$[R_{ij}]$ 的两个不同行或列各对应元素的乘积之和为 0，故 $[R_{ij}]$ 为正交矩阵，即 $\left[R_{ij}\right]^{-1}=\left[R_{ij}\right]^{\mathrm{T}}=\left[R_{ji}\right]$。由于存在以上一些关系，$\left[R_{ij}\right]$中的 9 个元素只有三个是独立的。

式(4-11)中的 $\boldsymbol{O_iO_j}$ 为 3×1 矩阵，表示坐标系 j 的原点相对于坐标系 i 的原点的平移，$\boldsymbol{O_iO_j}$ 的各元素分别对应于坐标系 j 的原点在坐标系 i 中的各坐标。

综上所述，$\boldsymbol{T}_{ij}$ 描述坐标系 j 相对坐标系 i 的平移和转动，说明坐标系 j 相对坐标系 i 的位置和姿态，常称为位姿矩阵。

4.3.3　用矩阵法作空间连杆机构的位移分析

空间连杆机构位移分析的方法与平面连杆机构位移分析的方法类似，如列封闭方程并消去中间变量，或利用拆副、拆杆、拆链等方法直接列出含较少运动参数的方程并解出待求变量。只不过空间连杆机构所含运动参数较多，而且构件间的相对运动是空间的，不太容易想象，所以求解比较复杂，需要一定的技巧。以下结合实例说明如何利用矩阵法对空间连杆机构进行位移分析。

【例 4-5】在图 4-9 所示的 RCCC 空间四杆机构中，已知机构的结构参数 s_1、h_1、h_2、h_3、h_0、α_0、α_1、α_2、α_3，设杆 1 为原动件，θ_1 为输入转角，求运动参数θ_0、θ_2、θ_3、s_0、s_2、s_3。

解：图 4-9 中已为各构件设置了坐标系，由式(4-9)和式(4-10)可写出各相邻坐标系之间的齐次变换矩阵 $\boldsymbol{T}_{i-1\,i}$ 和 $\boldsymbol{T}_{i\,i-1}$，i=1, 2, 3。

设有一坐标系，由坐标系 0 依次运动至坐标系 1、2、3，再返回坐标系 0，则可建立如下表示机构封闭性的矩阵方程：

$$\boldsymbol{T}_{01}\boldsymbol{T}_{12}\boldsymbol{T}_{23}\boldsymbol{T}_{30}=\boldsymbol{I} \tag{4-13}$$

式中，$\boldsymbol{I}$ 为 4×4 的单位矩阵。式(4-13)共包含了 16 个等式。由于各个 $\boldsymbol{T}_{i-1\,i}$ 的最后一行始终为(0 0 0 1)，式(4-13)的第 4 行所构成的 4 个等式为恒等式。所以，式(4-13)实际上只有 12 个等式可以利用。又因 $\boldsymbol{T}_{i-1\,i}$ 的前 3 行和前 3 列所构成的子矩阵 $\boldsymbol{R}_{i-1\,i}$ 为正交矩阵，只有 3 个等式是独立的。从以上分析可见，式(4-13)只有 6 个独立方程，而待求运动参数正好也是 6 个，故可以求解。

式(4-13)实际上是由一系列非线性方程所构成的方程组，求解比较困难，需要一定的技巧，可通过观察具体机构的结构特点及变换式(4-13)来求解。

1．求解$\boldsymbol{\theta}_0$

在图 4-9 中，为了不引入其他变量，可利用 z_1 轴和 z_2 轴的夹角恒为α_2 这一关系来列方程。由前述的坐标变换理论可知，z_1 轴和 z_2 轴夹角的余弦对应矩阵 $\boldsymbol{T}_{12}$ 的(3,3)元素。变换式(4-13)得

$$\boldsymbol{T}_{12}=\boldsymbol{T}_{01}^{-1}\boldsymbol{T}_{30}^{-1}\boldsymbol{T}_{23}^{-1} \tag{4-14}$$

利用式(4-14)两边的(3,3)元素相等，可得

$$a_1\sin\theta_0+b_1\cos\theta_0+c_1=0 \tag{4-15}$$

式中，a_1、b_1、c_1 分别为

$$a_1=\sin\alpha_1\sin\alpha_3\sin\theta_1$$

$$b_1 = -\sin\alpha_3\left(\cos\alpha_0 \sin\alpha_1 \cos\theta_1 + \sin\alpha_0 \cos\alpha_1\right)$$

$$c_1 = \cos\alpha_3\left(\cos\alpha_0 \cos\alpha_1 - \sin\alpha_0 \sin\alpha_1 \cos\theta_1\right) - \cos\alpha_2$$

由式(4-15)可解得

$$\theta_0 = 2\arctan\frac{a_1 \pm \sqrt{a_1^2 + b_1^2 - c_1^2}}{b_1 - c_1} \tag{4-16}$$

由此可见，对应每个θ_1，θ_0有两个解。

2．求解$\boldsymbol{\theta}_2$

由图 4-9 可见，为避开未知参数θ_3，可根据坐标轴x_0、y_0、z_0和z_2轴的夹角与θ_3无关这一点来列方程，而上述 3 个夹角的余弦对应矩阵$\boldsymbol{T}_{23}\boldsymbol{T}_{30}$的(3,1)、(3,2)、(3,3)元素。变换式(4-13)得

$$\boldsymbol{T}_{23}\boldsymbol{T}_{30} = \boldsymbol{T}_{12}^{-1}\boldsymbol{T}_{01}^{-1} \tag{4-17}$$

由式(4-17)两边矩阵的(3,1)、(3,2)、(3,3)元素对应相等，可得

$$\sin\alpha_3 \sin\theta_0 = \sin\alpha_2 \cos\theta_1 \sin\theta_2 + \cos\alpha_1 \sin\alpha_2 \sin\theta_1 \cos\theta_2 + \sin\alpha_1 \cos\alpha_2 \sin\theta_1 \tag{4-18}$$

$$\begin{aligned}\cos\alpha_0 \sin\alpha_3 \cos\theta_0 + \sin\alpha_0 \cos\alpha_3 = {}& \sin\alpha_2 \sin\theta_1 \sin\theta_2 - \cos\alpha_1 \sin\alpha_2 \cos\theta_1 \cos\theta_2 \\ & - \sin\alpha_1 \cos\alpha_2 \cos\theta_1\end{aligned} \tag{4-19}$$

$$-\sin\alpha_0 \sin\alpha_3 \cos\theta_0 + \cos\alpha_0 \cos\alpha_3 = -\sin\alpha_1 \sin\alpha_2 \cos\theta_2 + \cos\alpha_1 \cos\alpha_2 \tag{4-20}$$

在已求出θ_0后，由式(4-20)可求得$\cos\theta_2$，代入式(4-18)可求得$\sin\theta_2$，并唯一定出θ_2。式(4-19)可作为求解θ_2的辅助关系式。显然，上面三个式子只有两个是独立的。

3．求解$\boldsymbol{\theta}_3$

由于矩阵$\boldsymbol{T}_{23}$的(1,1)、(2,1)元素分别为$\cos\theta_3$和$\sin\theta_3$，通过对式(4-13)变换可得

$$\boldsymbol{T}_{23} = \boldsymbol{T}_{12}^{-1}\boldsymbol{T}_{01}^{-1}\boldsymbol{T}_{30}^{-1} \tag{4-21}$$

由式(4-21)两边的(1,1)、(2,1)元素相等可得

$$\begin{aligned}\cos\theta_3 = {}& \cos\theta_0\left(\cos\theta_1 \cos\theta_2 - \sin\theta_1 \cos\alpha_1 \sin\theta_2\right) \\ & - \sin\theta_0 \cos\alpha_0\left(\cos\theta_2 \sin\theta_1 + \sin\theta_2 \cos\theta_1 \cos\alpha_1\right) + \sin\theta_2 \sin\alpha_1 \sin\theta_0 \sin\alpha_0\end{aligned} \tag{4-22}$$

$$\begin{aligned}\sin\theta_3 = {}& \cos\theta_0\left(-\sin\theta_2 \cos\alpha_2 \cos\theta_1 - \cos\theta_2 \cos\alpha_2 \sin\theta_1 \cos\alpha_1 + \sin\alpha_2 \sin\theta_1 \sin\alpha_1\right) \\ & - \sin\theta_0 \cos\alpha_0\left(-\sin\theta_2 \cos\alpha_2 \sin\theta_1 + \cos\theta_2 \cos\alpha_2 \cos\theta_1 \cos\alpha_1 - \sin\alpha_2 \cos\theta_1 \sin\alpha_1\right) \\ & + \sin\theta_0 \sin\alpha_0\left(\cos\theta_2 \cos\alpha_2 \sin\alpha_1 + \sin\alpha_2 \cos\alpha_1\right)\end{aligned} \tag{4-23}$$

由式(4-22)、式(4-23)可求出θ_3。在θ_0、θ_2求出以后，θ_3有唯一解。

4．求解 s_0

为避开 s_2、s_3，可将机构的封闭形向 x_2 轴上投影，为此运用式(4-17)两边(1,4)元素相等的关系：

$$h_0\left(\cos\theta_0 \cos\theta_3 - \cos\alpha_3 \sin\theta_0 \sin\theta_3\right) + s_0 \sin\theta_3 \sin\alpha_3 + h_3 \cos\alpha_3 = -h_1 \cos\theta_2 - s_1 \sin\alpha_1 \sin\theta_2 - h_2$$

求出

$$s_0 = \frac{1}{\sin\alpha_3 \sin\theta_3}\left[h_0\left(\cos\alpha_3 \sin\theta_0 \sin\theta_3 - \cos\theta_0 \cos\theta_3\right) - h_1 \cos\theta_2 - h_2 - h_3 \cos\alpha_3 - s_1 \sin\alpha_1 \sin\theta_2\right] \tag{4-24}$$

5．求解 s_3 和 s_2

s_3的求法与s_0的求法类似，只要将机构的封闭形向x_1轴上投影即可。变换式(4-13)得

$$\boldsymbol{T}_{12}\boldsymbol{T}_{23} = \boldsymbol{T}_{01}^{-1}\boldsymbol{T}_{30}^{-1} \tag{4-25}$$

由式(4-25)两边的(1,4)元素相等，可得

$$\begin{aligned} s_3 = \frac{1}{\sin\alpha_2 \sin\theta_2}&\left[h_3\left(\cos\alpha_2 \sin\theta_2 \sin\theta_3 - \cos\theta_2 \cos\theta_3\right)\right. \\ &\left.- h_0 \cos\theta_1 - h_1 - h_2 \cos\alpha_2 - s_0 \sin\alpha_0 \cos\alpha_1\right] \end{aligned} \tag{4-26}$$

由式(4-25)两边的(3,4)元素相等，还可求得

$$\begin{aligned} s_2 = {}& s_0 \sin\alpha_0 \sin\alpha_1 \cos\theta_1 - h_0 \sin\alpha_1 \sin\theta_1 - s_1\left(\cos\alpha_1 + \cos\alpha_0 \cos\alpha_1\right) \\ & - s_3 \cos\alpha_2 - h_2 \sin\alpha_2 \sin\theta_3 \end{aligned} \tag{4-27}$$

至此，已求出 RCCC 空间四杆机构的全部运动参数。对应每个输入角θ_1，θ_0有两个解，相应于两种装配位置。θ_0确定后，其他运动参数是唯一确定的。

【例 4-6】求图 4-13 所示 RSSR 空间四杆机构的输入输出方程。

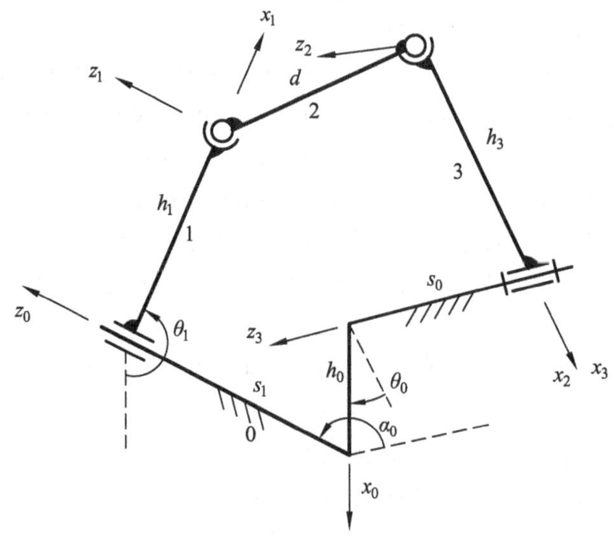

图 4-13　RSSR 空间四杆机构

解： 按前述的坐标系设置法，在各杆上设置坐标系，如图 4-13 所示。为了简便，取 z_1 轴平行于 z_0 轴，z_2 轴平行于 z_3 轴，x_2 轴与 x_3 轴重合。由图 4-13 可见，$\alpha_1=\alpha_3=0$，$\theta_3=0$，$s_3=0$。

与例 4-5 类似，可写出表示 RSSR 机构封闭性的矩阵方程：

$$\boldsymbol{T}_{01}\boldsymbol{T}_{12}\boldsymbol{T}_{23}\boldsymbol{T}_{30} = \boldsymbol{I} \tag{4-28}$$

该机构的输入参数为θ_1，输出参数为θ_0，本例就是要在已知各杆件长度和输入角θ_1的情况下求θ_0。

式(4-28)中的$\boldsymbol{T}_{01}$、$\boldsymbol{T}_{23}$和$\boldsymbol{T}_{30}$可利用式(4-9)写出，$\boldsymbol{T}_{12}$不能直接写出。尽管如此，根据$\boldsymbol{T}_{12}$的几何意义可知，其最后一列表示坐标系 2 原点在坐标系 1 中的坐标，不妨设$\boldsymbol{T}_{12}$的最后一列为$\left(d_x \quad d_y \quad d_z \quad 1\right)^{\mathrm{T}}$，显然，$d_x^2 + d_y^2 + d_z^2 = d^2$。变换式(4-28)，可得

$$\boldsymbol{T}_{12} = \boldsymbol{T}_{01}^{-1}\boldsymbol{T}_{30}^{-1}\boldsymbol{T}_{23}^{-1} \tag{4-29}$$

由式(4-29)两边的(1,4)、(2,4)、(3,4)各元素分别相等，得

$$d_x = -\cos\theta_1\left(h_0 + h_3\cos\theta_0\right) + \sin\theta_1\left(h_3\sin\theta_0\cos\alpha_0 - s_0\sin\alpha_0\right) - h_1$$

$$d_y = \sin\theta_1\left(h_0 + h_3\cos\theta_0\right) + \cos\theta_1\left(h_3\sin\theta_0\cos\alpha_0 - s_0\sin\alpha_0\right)$$

$$d_z = -\left(h_3\sin\theta_0\sin\alpha_0 + s_0\cos\alpha_0\right) - s_1$$

将上面三个式子平方相加并整理得

$$a_2\sin\theta_0+b_2\cos\theta_0+c_2=0 \tag{4-30}$$

式中，a_2、b_2、c_2 分别为

$$a_2=h_3\left(s_1\sin\alpha_0-h_1\cos\alpha_0\sin\theta_1\right)$$

$$b_2=h_3\left(h_0+h_1\cos\theta_1\right)$$

$$c_2=\frac{1}{2}\left(h_0^2+h_1^2+h_3^2-d^2+s_0^2+s_1^2\right)+h_1\left(h_0\cos\theta_1+s_0\sin\alpha_0\sin\theta_1\right)+s_0s_1\cos\alpha_0$$

由式(4-30)可解出 θ_0。对应每个 θ_1，θ_0 有两个解。

4.4　机器人运动学简介

从机构学观点来看，机器人是开链型空间连杆机构。机器人运动学主要研究各运动构件与手部在空间的位置、姿态、速度以及加速度之间的关系。确定机器人手部的位置和姿态的问题通常可分为两类：一类是运动学正问题，即已知机器人各运动副的运动参数和杆件的结构参数，确定手部相对于机座坐标系或绝对坐标系的位置和姿态。另一类是运动学逆问题，即给定机器人手部相对机座坐标系的位置和姿态以及杆件的结构参数，求各运动副的运动参数。以下通过一实例说明机器人运动学正问题的求解。机器人运动学逆问题的求解比较复杂，可参考有关专著。

【例 4-7】确定图 4-3 所示 PUMA-560 机器人的手部相对机座坐标系的位置和姿态。

解：图 4-14 为这种机器人的机构运动简图，图中已在各构件上建立了坐标系。机器人手部的姿态可用三个单位矢量 $\boldsymbol{n}$、$\boldsymbol{o}$、$\boldsymbol{a}$ 来描述，矢量 $\boldsymbol{n}$ 和 $\boldsymbol{a}$ 的方向如图 4-14 所示，$\boldsymbol{o}=\boldsymbol{a}\times\boldsymbol{n}$。手部的坐标系 $Oxyz$ 的选取方法是：x、y、z 三轴的正方向分别沿矢量 $\boldsymbol{n}$、$\boldsymbol{o}$、$\boldsymbol{a}$ 的方向，原点取在 3 矢量的交点。为图面清晰起见，图 4-14 中未画出手部坐标系。

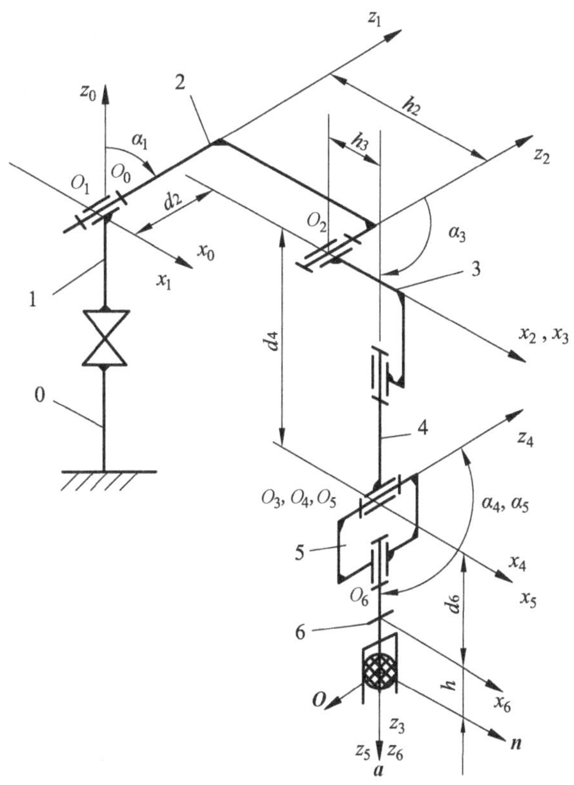

图 4-14　PUMA-560 机器人手部姿态坐标

若取机座坐标系与坐标系 $O_0x_0y_0z_0$ 重合，手部坐标系的原点在机座坐标系中的位置用矢量 $\boldsymbol{P}=\left(p_x\ p_y\ p_z\right)^{\mathrm{T}}$ 来描述，则本例就是要确定手部坐标系相对于机座坐标系的齐次变换矩阵 $\boldsymbol{T}$ 的各元素：

$$\boldsymbol{T}=\begin{bmatrix} n_x & o_x & a_x & p_x \\ n_y & o_y & a_y & p_y \\ n_z & o_z & a_z & p_z \\ 0 & 0 & 0 & 1 \end{bmatrix} \tag{4-31}$$

由图 4-14 所建立的各坐标系，可确定各相邻坐标系的齐次变换矩阵的各结构参数为：$\alpha_1=-90°$，$h_1=0$，$s_1=0$；$\alpha_2=0$，$h_2=h_2$，$s_2=d_2$；$\alpha_3=-90°$，$h_3=h_3$，$s_3=0$；$\alpha_4=90°$，$h_4=0$，$s_4=d_4$；$\alpha_5=-90°$，$h_5=0$，$s_5=0$；$\alpha_6=0°$，$h_6=0$，$s_6=d_6$，运动变量为绕各 z_i 轴的转角θ_1，θ_2，…，θ_6。

设手部坐标系相对于坐标系 6 的齐次变换矩阵用 $\boldsymbol{E}$ 来表示，显然

$$\boldsymbol{E}=\begin{bmatrix}1&0&0&0\\0&1&0&0\\0&0&1&h\\0&0&0&1\end{bmatrix} \tag{4-32}$$

为了简化书写，在机器人学中，常用 c_i 表示 $\cos\theta_i$，s_i 表示 $\sin\theta_i$，c_{ij} 表示 $\cos\left(\theta_i+\theta_j\right)$，$s_{ij}$ 表示 $\sin\left(\theta_i+\theta_j\right)$。

根据式(4-9)和有关的结构参数可确定出相邻两构件间的齐次变换矩阵为

$$\left.\begin{aligned}
&\boldsymbol{T}_{01}=\begin{bmatrix}c_1&0&-s_1&0\\s_1&0&c_1&0\\0&-1&0&0\\0&0&0&1\end{bmatrix},\quad \boldsymbol{T}_{12}=\begin{bmatrix}c_2&-s_2&0&h_2c_2\\s_2&c_2&0&h_2s_2\\0&0&1&d_2\\0&0&0&1\end{bmatrix}\\
&\boldsymbol{T}_{23}\begin{bmatrix}c_3&0&-s_3&h_3c_3\\s_3&0&c_3&h_3s_3\\0&-1&0&0\\0&0&0&1\end{bmatrix},\quad \boldsymbol{T}_{34}=\begin{bmatrix}c_4&0&s_4&0\\s_4&0&-c_4&0\\0&1&0&d_4\\0&0&0&1\end{bmatrix}\\
&\boldsymbol{T}_{45}=\begin{bmatrix}c_5&0&-s_5&0\\s_5&0&c_5&0\\0&-1&0&0\\0&0&0&1\end{bmatrix},\quad \boldsymbol{T}_{56}=\begin{bmatrix}c_6&-s_6&0&0\\s_6&c_6&0&0\\0&0&1&d_6\\0&0&0&1\end{bmatrix}
\end{aligned}\right\} \tag{4-33}$$

手部坐标系相对于机座坐标系的位姿矩阵 $\boldsymbol{T}$ 为

$$\boldsymbol{T}=\boldsymbol{T}_{01}\boldsymbol{T}_{12}\boldsymbol{T}_{23}\boldsymbol{T}_{34}\boldsymbol{T}_{45}\boldsymbol{T}_{56}\boldsymbol{E} \tag{4-34}$$

将式(4-32)、式(4-33)代入式(4-34)可求出 $\boldsymbol{T}$ 的前 3 行 12 个元素的表达式为

$$\left.\begin{aligned}
n_x&=c_1\left[c_{23}\left(c_4c_5c_6-s_4s_6\right)-s_{23}s_5c_6\right]+s_1\left(s_4c_5c_6+c_4s_6\right)\\
n_y&=s_1\left[c_{23}\left(c_4c_5c_6-s_4s_6\right)-s_{23}s_5c_6\right]-c_1\left(s_4c_5c_6+c_4s_6\right)\\
n_z&=-s_{23}\left(c_4c_5c_6-s_4s_6\right)-c_{23}s_5c_6
\end{aligned}\right\} \tag{4-35}$$

$$\left.\begin{aligned}
o_x&=c_1\left[-c_{23}\left(c_4c_5s_6+s_4c_6\right)+s_{23}s_5s_6\right]+s_1\left(-s_4c_5s_6+c_4c_6\right)\\
o_y&=s_1\left[-c_{23}\left(c_4c_5s_6+s_4c_6\right)+s_{23}s_5s_6\right]-c_1\left(-s_4c_5s_6+c_4c_6\right)\\
o_z&=s_{23}\left(c_4c_5s_6+s_4c_6\right)+c_{23}s_5s_6
\end{aligned}\right\} \tag{4-36}$$

$$\left.\begin{aligned}
a_x&=-c_1\left(c_{23}c_4s_5+s_{23}c_5\right)-s_1s_4s_5\\
a_y&=-s_1\left(c_{23}c_4s_5+s_{23}c_5\right)+c_1s_4s_5\\
a_z&=s_{23}c_4s_5-c_{23}c_5
\end{aligned}\right\} \tag{4-37}$$

$$\left.\begin{aligned}
p_x &= -c_1\left[\left(h+d_6\right)\left(c_{23}c_4s_5+s_{23}c_5\right)+d_4s_{23}-h_3c_{23}-h_2c_2\right]+s\left[\left(h+d_6\right)s_4s_5-d_2\right]\\
p_y &= -s_1\left[\left(h+d_6\right)\left(c_{23}c_4c_5+s_{23}c_6\right)+d_4s_{23}-h_3c_{23}-h_2c_2\right]+c_1\left[\left(h+d_6\right)s_4s_5+d_2\right]\\
p_z &= \left(h+d_6\right)\left(s_{23}c_4s_5-c_{23}c_5\right)-d_4c_{23}-h_3s_{23}-h_2s_2
\end{aligned}\right\}\tag{4-38}$$

式(4-35)～式(4-38)即为描述 PUMA-560 机器人手部的位置和姿态方程。

本 章 小 结

本章介绍了空间连杆机构的特点、应用、研究方法、自由度计算及运动分析等基本知识。

空间连杆机构可实现比平面连杆机构更为复杂多样的运动形式。空间连杆机构常用所含运动副的代号来命名。空间连杆机构自由度计算的基本公式为$F=6n-\left(5P_5+4P_4+3P_3+2P_2+P_1\right)$，但要考虑虚约束的数目。当进行运动分析时，可采用解析法、图解法。

本章介绍了解析法中的矩阵法。矩阵法的基本思想是先在机构的各构件上建立直角坐标系；然后运用坐标变换理论来研究各构件间的相对位置关系；最后通过列出封闭方程或者拆副、拆杆、拆链等方法列出方程式，从而求出有关参数。

机器人运动学主要研究各运动构件与手部在空间的位置、姿态、速度及加速度之间的关系。确定机器人手部的位置和姿态有运动学正问题和运动学逆问题之分。

复习思考题

1. 与平面连杆机构相比，空间连杆机构有哪些特点？
2. 通常采用什么方法对空间连杆机构命名？试画出 RSCR、RSRC、RSCP 空间连杆机构的示意图。
3. 空间连杆机构自由度计算的基本公式是什么？使用该公式时要注意什么问题？
4. 空间连杆机构相邻两构件之间的位置关系是如何描述的？
5. 简述用矩阵法分析空间连杆机构位移的过程。
6. 何谓机器人运动学中的正问题和逆问题？

习　　题

4-1　试计算题 4-1 图所示机构的自由度。

4-2　计算题 4-2 图所示机构的自由度。

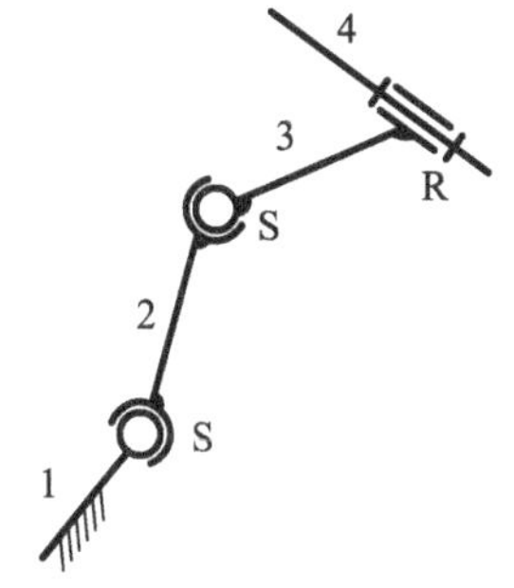

题 4-1 图

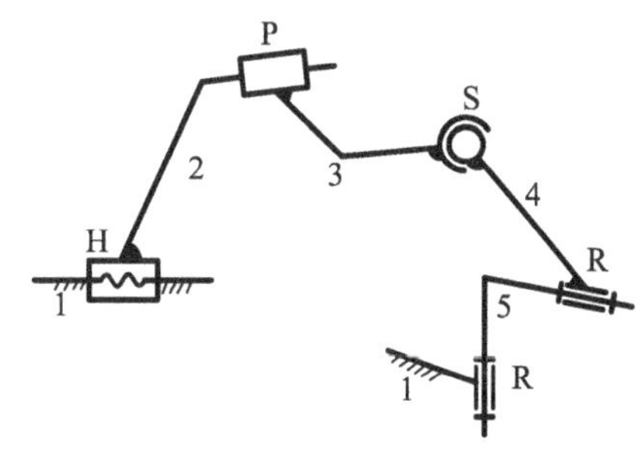

题 4-2 图

4-3　题 4-3 图为 RSCR 空间四杆机构，杆 1 为主动件，杆 3 为从动件，试求其输入输出方程。

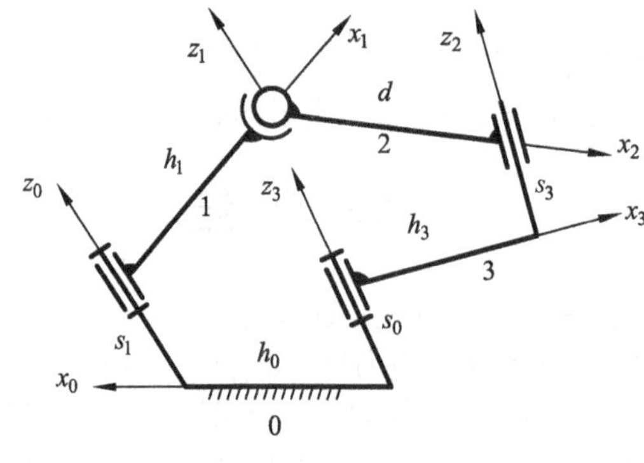

题 4-3 图

4-4　题 4-4 图为一万向联轴器，杆 1 为主动件，杆 3 为从动件，试求其输入输出方程。

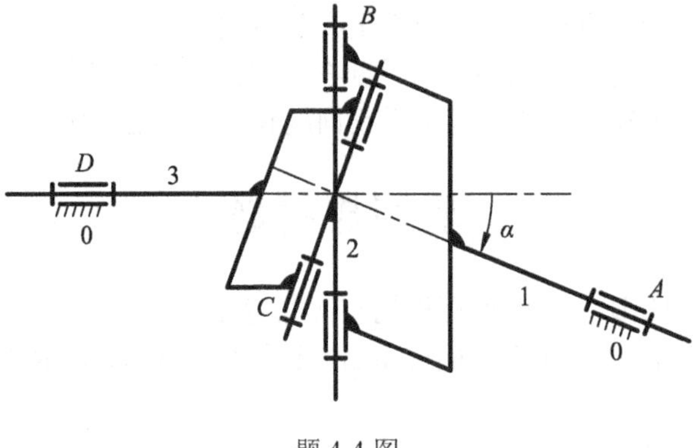

题 4-4 图

第 5 章　运动副中的摩擦和机械效率

5.1　概　　述

摩擦存在于一切做相对运动或者具有相对运动趋势的两个直接接触的物体表面之间。机构中的运动副是构件之间的活动连接，同时又是机构传递动力的媒介。因此，各运动副中将产生阻止其相对运动的摩擦力。

摩擦具有两重性，对机械既有其有害的一面，也有其有利的一面。有害的一面表现为：摩擦力消耗输入功，使机械效率降低；同时，摩擦造成零件磨损，削弱零件的强度，影响机械工作的精度和可靠性；另外，它还会引起机械的温度升高，破坏机械的正常润滑条件，甚至导致运动副咬紧和卡死，使机械毁坏。有利的一面表现为：利用摩擦传递机械的运动和能量，如摩擦轮传动、带传动、摩擦离合器等；利用摩擦进行机械的制动，例如制动装置。由此可见，摩擦对机械的工作具有较大的影响，有必要来研究机械中的摩擦，以便设法减少其有害方面而发挥其有利作用。

摩擦、效率以及自锁是一个问题的几个方面，矛盾的主要方面是摩擦。摩擦大，效率就低；效率低到一定程度，机械就会出现自锁。本章主要研究常见运动副中摩擦力的分析，以及与摩擦有关的机械效率和自锁问题。

5.2　移动副中的摩擦

5.2.1　水平面平滑块的摩擦

如图 5-1(a)所示，滑块 A 在驱动力 $\boldsymbol{F}$ 的作用下，沿水平面 B 向左运动。设力 $\boldsymbol{F}$ 与接触面法线成α角，则 $\boldsymbol{F}$ 可分解为切向分力 F_x 和法向分力 F_y，它们的大小分别为

$$\left.\begin{aligned}F_x &= F\sin\alpha \\ F_y &= F\cos\alpha\end{aligned}\right\} \tag{5-1}$$

由式(5-1)可得

$$F_x/F_y = \tan\alpha \tag{5-2}$$

平面 B 对滑块 A 产生的反力有法向反力 $\boldsymbol{R}_\mathrm{n}$ 和摩擦力 $\boldsymbol{F}_\mathrm{f}$，它们的合力以 $\boldsymbol{R}$ 表示，称为总反力。由库仑摩擦定律知，$F_\mathrm{f} = fR_\mathrm{n}$，式中，$f$ 为摩擦系数。由图 5-1(a)得

$$\tan\varphi = \frac{F_\mathrm{f}}{R_\mathrm{n}} = f \tag{5-3}$$

式中，φ为 $\boldsymbol{R}$ 与 $\boldsymbol{R}_\mathrm{n}$ 间的夹角，称为摩擦角。

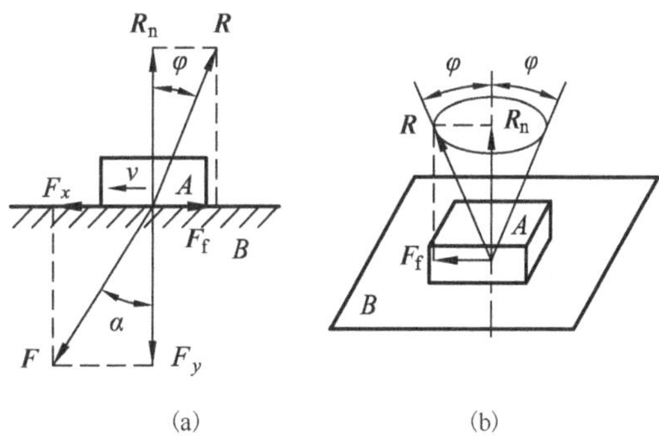

图 5-1　平面摩擦

由以上分析可知：①摩擦角φ的大小由f决定，与驱动力 $\boldsymbol{F}$ 的大小及方向无关；②总反力 $\boldsymbol{R}$ 与滑块运动方向总是成$90°+\varphi$角。因为$R_n = F_y = F\cos\alpha$，并引用式(5-3)，可得 $\boldsymbol{F}$ 的水平分力 F_x为

$$F_x = F\sin\alpha = \frac{R_n}{\cos\alpha}\sin\alpha = R_n\tan\alpha = F_f\frac{\tan\alpha}{\tan\varphi} \tag{5-4}$$

由式(5-4)可知：①当$\alpha>\varphi$时，$F_x > F_f$，滑块做加速运动。②当$\alpha=\varphi$时，$F_x=F_f$，若滑块原来运动，则做等速运动；若滑块原来静止，则不管外力 F 的大小如何，滑块都不会运动。③当$\alpha<\varphi$时，$F_x<F_f$，若滑块原来就在运动，则做减速运动直到静止；若滑块原来静止不动，则不论 $\boldsymbol{F}$ 力多大，都不能使滑块运动。这种不管驱动力多大，由于摩擦力的作用而使机构不能运动的现象称为自锁。

以 $\boldsymbol{R}$ 的作用线绕接触面法线回转而形成的一个以 2φ为锥顶角的圆锥称为摩擦锥，如图 5-1(b)所示。若滑块原来静止不动，则当力 $\boldsymbol{F}$ 在空间不同方向作用时，只要它的作用线在摩擦锥以内或正在摩擦锥上，不论力 $\boldsymbol{F}$ 多大，都不能使滑块产生运动，即发生自锁。

5.2.2 斜面平滑块的摩擦

如图 5-2(a)所示，平滑块置于倾斜角为θ的斜面上，$\boldsymbol{Q}$ 为作用在滑块上的铅垂载荷(包括滑块自重)，φ为接触面间的摩擦角。现设滑块在水平驱动力 $\boldsymbol{F}$ 作用下沿斜面等速上升，斜面对滑块的总反力为$\boldsymbol{R}$，它与滑块运动方向成$90°+\varphi$角，根据平滑块的平衡条件

$$\boldsymbol{Q}+\boldsymbol{F}+\boldsymbol{R}=0$$

作力三角形如图 5-2(b)所示，从图可得

$$F = Q\tan(\theta+\varphi) \tag{5-5}$$

由式(5-5)可知：当θ在 0 到$\pi/2-\varphi$范围内变化时，力 F 随θ的增大而增大；当$\theta=\pi/2-\varphi$时，$F=\infty$，这时不论力 $\boldsymbol{F}$ 多大都不能使滑块等速上升，即机构发生自锁。当$\theta>\pi/2-\varphi$时，力 $\boldsymbol{F}$ 为负值，但这是不符合给定条件的，因此滑块不可能等速上升，即机构发生自锁，故等速上升时的自锁条件为$\theta \geqslant \pi/2-\varphi$。

图 5-3(a)为水平力 $\boldsymbol{F'}$维持滑块沿斜面等速下降的情况，这时 $\boldsymbol{Q}$ 为驱动力而 $\boldsymbol{F'}$为生产阻力，总反力 $\boldsymbol{R'}$与滑块运动方向成$90°+\varphi$角，根据平衡条件

$$\boldsymbol{Q}+\boldsymbol{F'}+\boldsymbol{R'}=0$$

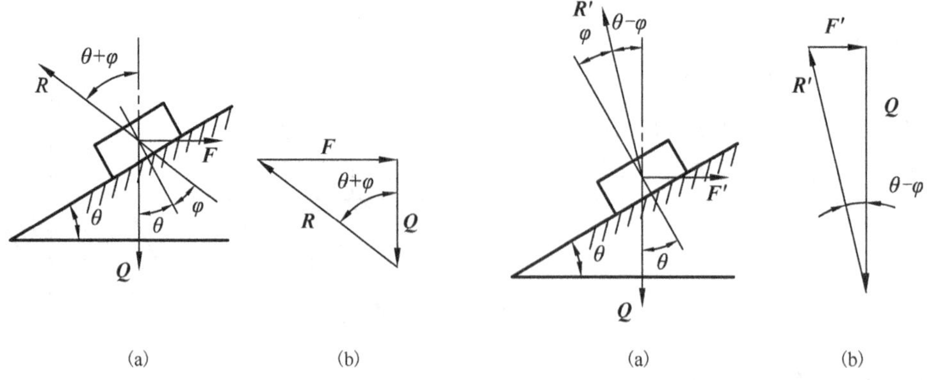

图 5-2 斜面摩擦(滑块等速上升)　　图 5-3 斜面摩擦(滑块等速下滑)

作力三角形如图 5-3(b)所示，得

$$F' = Q\tan(\theta - \varphi) \tag{5-6}$$

由式(5-6)可知：当$\theta<\varphi$时，$\boldsymbol{F}'$为负值，这表示只有把力$\boldsymbol{F}'$变为驱动力才能使滑块等速下降，如果不是如此，则滑块不能运动，即机构发生自锁；当$\theta=\varphi$时，$F'=0$，这是自锁的极限情况，故等速下降的自锁条件为$\theta\leqslant\varphi$。

【例 5-1】图 5-4(a)为一压榨机的斜面机构，$\boldsymbol{F}$ 为作用于楔块 1 的水平驱动力，$\boldsymbol{Q}$ 为被压榨物体对滑块 2 的反力，即生产阻力，θ为楔块的倾斜角。设各接触面间的摩擦系数均为f，求 $\boldsymbol{F}$ 和 $\boldsymbol{Q}$ 两力间的关系式，并讨论机构的自锁问题。

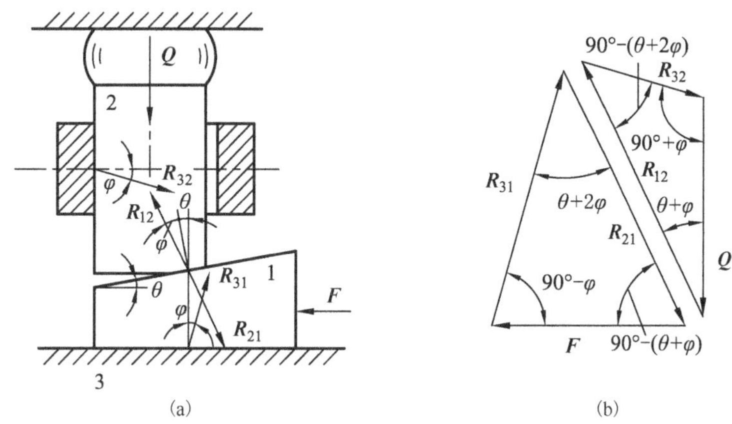

图 5-4　压榨机斜面机构

解：当力 $\boldsymbol{F}$ 推动楔块 1 向左移动时，滑块 2 将向上移动压榨被压物体，这个行程称为工作行程或正行程，而与此相反的行程称为反行程。正行程时，楔块 1 和滑块 2 的受力情况如图 5-4(a)所示，其中$\varphi=\arctan f$。根据楔块 1 和滑块 2 的平衡条件

$$\boldsymbol{F}+\boldsymbol{R}_{31}+\boldsymbol{R}_{21}=\boldsymbol{0}\text{，}\quad \boldsymbol{Q}+\boldsymbol{R}_{32}+\boldsymbol{R}_{12}=\boldsymbol{0}$$

作力三角形如图 5-4(b)所示，得

$$\frac{Q}{\sin[90^\circ-(\theta+2\varphi)]}=\frac{R_{12}}{\sin(90^\circ+\varphi)}$$

$$\frac{F}{\sin(\theta+2\varphi)}=\frac{R_{21}}{\sin(90^\circ-\varphi)}$$

因 $R_{12}=R_{21}$，从上面两式中把它们消去，即得 $\boldsymbol{F}$ 和 $\boldsymbol{Q}$ 两力间的关系式：

$$F=Q\tan(\theta+2\varphi)$$

由上式和斜面自锁条件的讨论可知，当$\theta\geqslant 90^\circ-2\varphi$时，机构将发生自锁。但压榨机在正行程中不应自锁，故设计时应使$\theta<90^\circ-2\varphi$。

在反行程中，$\boldsymbol{Q}$ 为驱动力，而 $\boldsymbol{F}$ 已减少成为生产阻力 $\boldsymbol{F}'$。用同样的分析方法可得

$$F'=Q\tan(\theta-2\varphi)$$

由上式和斜面自锁条件的讨论可知，反行程的自锁条件为$\theta\leqslant 2\varphi$。

5.2.3　楔形滑块的摩擦

如图 5-5 所示，楔形滑块 A 置于夹角为 2α的槽面 B 上，$\boldsymbol{Q}$ 为作用于滑块上的铅垂载荷(包括滑块自重)，接触面间的摩擦系数为f。现设滑块受水平驱动力 $\boldsymbol{F}$ 的作用沿槽面做等速滑动，

这时滑块的两个接触面上各有一个法向反力，其大小各为 $R_n/2$，并各有一个摩擦力 $F_f/2$ 作用。根据楔形滑块 A 的平衡条件得

$$R_n \sin\alpha - Q = 0$$

又有

$$F_f = fR_n$$

从两式中消去 R_n，得

$$F_f = \frac{f}{\sin\alpha}Q = f_v Q$$

式中，

$$f_v = \frac{f}{\sin\alpha} \tag{5-7}$$

称为当量摩擦系数，它相当于把楔形滑块视为平滑块时的摩擦系数。与 f_v 相对应的摩擦角 $\varphi_v = \arctan f_v$，称为当量摩擦角。

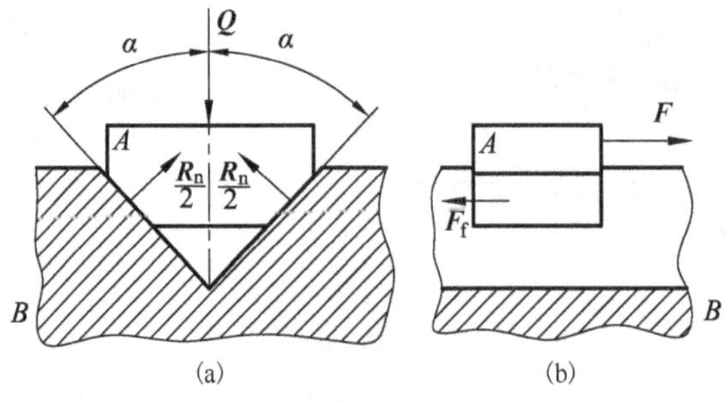

图 5-5　槽面摩擦

由于 f_v 大于 f，故楔形滑块摩擦比平滑块摩擦大，因此我们常利用楔形来增大所需的摩擦力。V 带传动、三角形螺纹连接等即为其应用的实例。

5.3　螺旋副中的摩擦

在研究螺旋副的摩擦时，可假定：①螺母与螺杆间的压力作用在螺旋平均半径 r_0 的螺旋线上(图 5-6(a))；②螺旋副中力的作用与滑块和斜面间力的作用相同，这样就可以把螺旋平均半径处的螺旋线展开在平面上，将空间问题化为平面问题来研究。

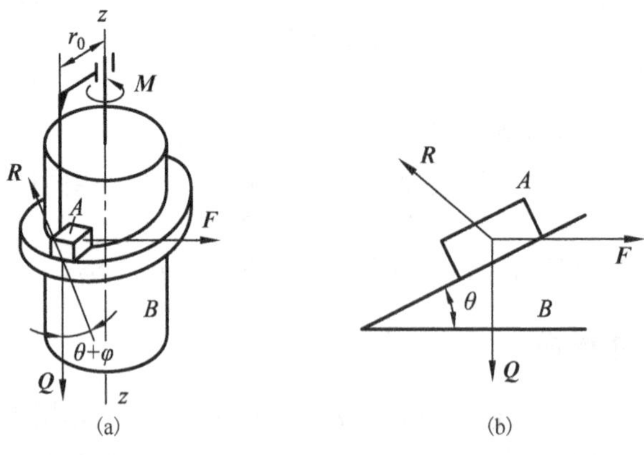

图 5-6　矩形螺纹副

5.3.1 矩形螺纹

如图 5-6(a)所示，设 A 代表螺母，$\boldsymbol{Q}$ 为作用其上的轴向载荷，$\boldsymbol{M}$ 为驱使螺母 A 沿螺杆 B 的螺旋面做等速运动的力矩，它可以用假想作用在螺旋平均半径 r_0 处的水平力 $\boldsymbol{F}$ 对 z 轴的力矩来表示，即 $M=Fr_0$。

当螺母 A 克服载荷 $\boldsymbol{Q}$ 沿螺旋面等速上升时，即拧紧螺母时，根据上述假定，其力的作用可用图 5-6(b)所示的滑块与斜面间的力的作用来代替，图中斜面的倾角θ等于螺旋平均半径 r_0 处螺旋线的升角。由式(5-5)，可得

$$M = Fr_0 = Qr_0\tan(\theta+\varphi) \tag{5-8}$$

当螺母 A 顺着载荷 $\boldsymbol{Q}$ 方向沿螺旋面等速下降，即松开螺母时，同理，引用式(5-6)，可得

$$M' = F'r_0 = Qr_0\tan(\theta-\varphi) \tag{5-9}$$

式中，M'与 F'为维持螺母 A 在载荷 $\boldsymbol{Q}$ 作用下做等速下降的支持力矩与支持力，它们的方向仍各与 $\boldsymbol{M}$ 和 $\boldsymbol{F}$ 相同。由式(5-9)可知，当$\theta\leqslant\varphi$时，M'或 F'将为负值，说明单凭载荷 $\boldsymbol{Q}$ 螺母不能自动松开，即发生自锁。

5.3.2 非矩形螺纹

研究非矩形螺纹(图 5-7)时，可把螺母在螺杆上的运动近似地认为是楔形滑块沿斜槽面的运动，而斜槽面的夹角可认为等于 $2(90^\circ-\beta)$，β为非矩形螺纹的牙侧角。应用式(5-7)，可得

$$f_{\mathrm{v}} = \frac{f}{\sin(90^\circ-\beta)} = \frac{f}{\cos\beta}$$

而 $\varphi_{\mathrm{v}} = \arctan f_{\mathrm{v}} = \arctan(f/\cos\beta)$。于是可利用矩形螺纹中的式(5-8)和式(5-9)，只需将其中的φ用 φ_{v} 代替，即可得拧紧和松开螺母时的力矩各为

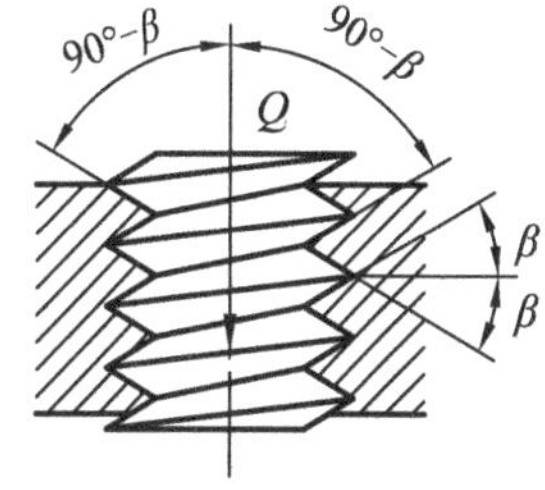

图 5-7　三角形螺纹副

$$M = Fr_0 = Qr_0\tan(\theta+\varphi_{\mathrm{v}}) \tag{5-10}$$

$$M' = F'r_0 = Qr_0\tan(\theta-\varphi_{\mathrm{v}}) \tag{5-11}$$

由式(5-11)可知，当 $\theta\leqslant\varphi_{\mathrm{v}}$ 时，螺旋副将发生自锁。

由于 $\varphi_{\mathrm{v}}>\varphi$，故非矩形螺纹的摩擦较矩形螺纹的大，自锁性好，宜于连接固紧之用；而矩形螺纹摩擦较小，效率较高，宜用于传递动力的场合。

5.4 转动副中的摩擦

转动副可按载荷作用情况的不同分为两种。当载荷垂直于轴的几何轴线时称为径向轴颈与轴承(图 5-8)；当载荷平行于轴的几何轴线时称为止推轴颈与轴承。

5.4.1 径向轴颈与轴承

图 5-8 为轴颈 A 置于轴承 B 中，$\boldsymbol{Q}$ 为作用在轴心 O 的铅垂载荷(包括自重在内)。现设轴颈 A 受驱动力矩 $\boldsymbol{M}$ 的作用做等速回转，根据平衡条件可知，轴承 B 对轴颈 A 的所有法向反力和摩擦力合成后的总反力 $\boldsymbol{R}_{BA}$ 必与 $\boldsymbol{Q}$ 等值反向，而 $\boldsymbol{R}_{BA}$ 与 $\boldsymbol{Q}$ 必组成一对力偶，力偶矩 $\boldsymbol{M}_{\mathrm{f}}$ 与 $\boldsymbol{M}$ 等值反向，力偶臂ρ为

$$\rho = \frac{M_f}{R_{BA}} \tag{5-12}$$

力偶矩 $\boldsymbol{M}_f$ 称为摩擦力矩。

将 $\boldsymbol{R}_{BA}$ 在其作用线与轴颈的交点 C 处分解为通过轴心 O 和相切于轴颈的两个分力 $\boldsymbol{N}$ 和 $\boldsymbol{T}$，T 和 N 的比值用 f_1 表示，则

$$Q = R_{BA} = \sqrt{N^2 + T^2} = N\sqrt{1 + f_1^2}$$

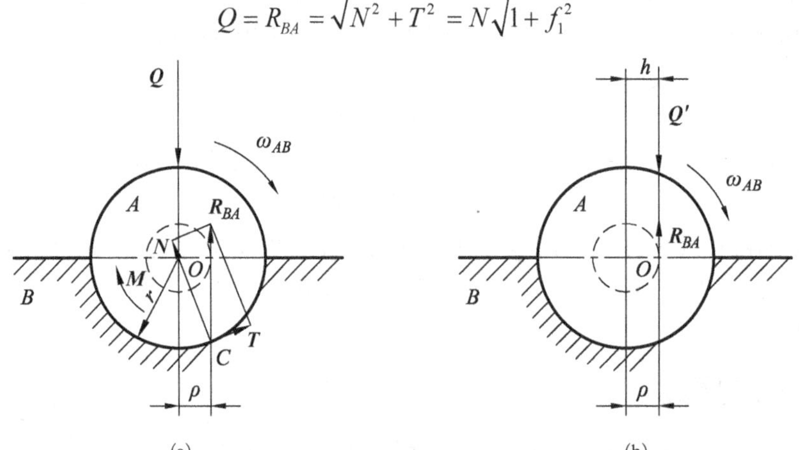

图 5-8　径向轴颈与轴承

因分力 $\boldsymbol{N}$ 对轴心 O 的力矩为零，故

$$M_f = Tr = f_1 Nr = \frac{f_1}{\sqrt{1 + f_1^2}} Qr = f_v Qr \tag{5-13}$$

式中，r 为轴颈的半径；$f_v = f_1\big/\sqrt{1 + f_1^2}$ 称为当量摩擦系数，其值通常由实验来确定，随摩擦表面的材料和状态以及工作条件等在颇大范围内变动。在干摩擦的情况下，借助关于转动副接触面上压强分布规律的某些假定，可以求得：对于轴颈轴承接触面磨损极少的所谓非跑合轴颈 $f_v = \pi f/2$；对于跑合后接触面接触良好的所谓跑合轴颈 $f_v = 4f/\pi$，f 为轴颈与轴承间的滑动摩擦系数。

在轴颈与轴承之间有少许间隙且为干摩擦的情况下，轴颈表面与轴承表面间为线接触，此时 $\boldsymbol{T}$ 即为摩擦力，故 T/N 或 f_1 即等于它们间的滑动摩擦系数 f。由于 f 值一般均不大，故 f^2 与 1 相比可忽略不计，因而

$$f_v = f_1\big/\sqrt{1 + f_1^2} = f\big/\sqrt{1 + f^2} \approx f$$

在这种情况下，摩擦力矩 M_f 为

$$M_f = f_v Qr \approx fQr$$

5.4.2　摩擦圆

从式(5-12)和式(5-13)可得力偶臂 ρ 之值为

$$\rho = \frac{M_f}{R_{BA}} = \frac{f_v Qr}{Q} = f_v r \tag{5-14}$$

若以轴心 O 为圆心、ρ 为半径作圆，如图 5-8(a)中虚线所示，则总反力 $\boldsymbol{R}_{BA}$ 将与此圆相切。与摩擦角和摩擦锥相似，这个以 ρ 为半径的圆称为摩擦圆。由于摩擦力矩阻止相对运动，$\boldsymbol{R}_{BA}$ 对

轴心的力矩方向必与 ω_{AB} 相反。这样，在一般机构设计及摩擦力的分析中，利用摩擦圆、构件间相对运动的方向和构件的力平衡条件，便可以确定各转动副中总反力的作用线的位置，并进一步求出其大小和方向。

根据力偶等效定律，可将驱动力偶矩 $\boldsymbol{M}$ 与载荷 $\boldsymbol{Q}$ 合并成一合力 $\boldsymbol{Q}'$，该合力的大小仍为 Q，其作用线偏移距离为 $h=M/Q$，如图 5-8(b)所示。由此，可出现下述 3 种情况。

(1)当 $h=\rho$ 时，$\boldsymbol{Q}'$ 与摩擦圆相切(即图 5-8(b)中所示的位置)，$M=M_f$，因此轴颈做等速转动(若原来就在转动)或静止不动(若原来就不动)。

(2)当 $h>\rho$ 时，$\boldsymbol{Q}'$ 在摩擦圆外，$M>M_f$，因此轴颈加速转动。

(3)当 $h<\rho$ 时，$\boldsymbol{Q}'$ 与摩擦圆相割，$M<M_f$，此时若轴颈原来就在运动则将做减速运动直至静止不动；若轴颈原来就不动，则不论 $\boldsymbol{Q}'$ 大小如何，轴颈 A 都不能转动，这就是在转动副中发生的自锁现象。这种自锁原理常应用于某些夹具和箱柜的锁闩机构中。

【例 5-2】在图 5-9(a)所示的曲柄滑块机构中，已知各构件的尺寸、各转动副的半径及其当量摩擦系数，以及滑块与导路间的摩擦系数。机构在已知驱动力 $\boldsymbol{F}$ 的作用下运动，设不计各构件的自重和惯性力，求在图示位置时作用在曲柄上沿已知作用线的生产阻力 $\boldsymbol{Q}$，并讨论机构的自锁问题。

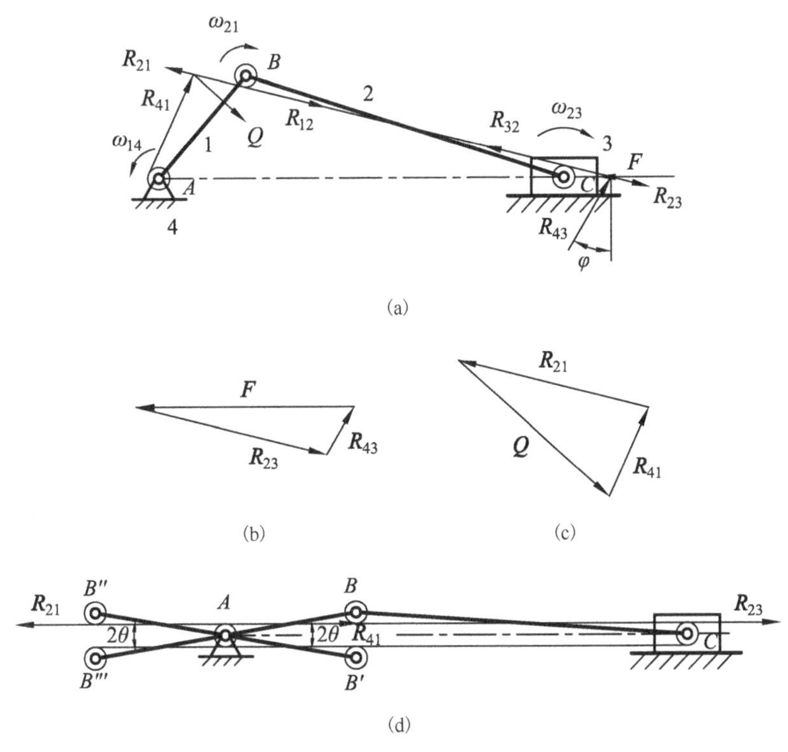

图 5-9　曲柄滑块机构

解：(1)根据式(5-14)算出各转动副的摩擦圆半径，并在机构图上绘出这些摩擦圆。

(2)分析连杆 2 的受力情况。因为不计构件的自重和惯性力，故连杆 2 为受压二力构件。在 C 端因力 $\boldsymbol{F}$ 驱使滑块向左运动，故 $\angle ACB$ 在增大，因此 ω_{23} 为顺时针转向。现连杆受压，滑块 3 对连杆 2 的总反力 $\boldsymbol{R}_{32}$ 应从 C 端指向 B 端，总反力对 C 点的力矩方向应与 ω_{23} 相反，其

作用线必切于 C 处摩擦圆的上方。在 B 端由于 $\angle ABC$ 在减小，故 ω_{21} 必为顺时针转向，同时曲柄 1 对连杆 2 的总反力 $\boldsymbol{R}_{12}$ 应从 B 端指向 C 端，$\boldsymbol{R}_{12}$ 对 B 点的力矩方向应与 ω_{21} 相反，故 $\boldsymbol{R}_{12}$ 的作用线必切于 B 处摩擦圆的下方。由于连杆 2 在 $\boldsymbol{R}_{32}$ 和 $\boldsymbol{R}_{12}$ 作用下受压平衡，此两力必共线，而该线必同时切于 C 处摩擦圆的上方和 B 处摩擦圆下方，如图 5-9(a) 所示。

(3) 分析滑块 3 的受力情况。滑块 3 在驱动力 $\boldsymbol{F}$、连杆 2 对滑块 3 的总反力 $\boldsymbol{R}_{23}$ 以及机架 4 对滑块 3 的总反力 $\boldsymbol{R}_{43}$ 的作用下平衡。其中 $\boldsymbol{F}$ 已知，$\boldsymbol{R}_{23}=-\boldsymbol{R}_{32}$ 并共线；$\boldsymbol{R}_{43}$ 的作用线与滑块运动方向成 $(90^\circ+\varphi)$ 角（$\varphi=\arctan f$），并必通过 $\boldsymbol{F}$ 和 $\boldsymbol{R}_{23}$ 两力作用线的交点，如图 5-9(a) 所示。在这三个力中，只有 $\boldsymbol{R}_{23}$ 和 $\boldsymbol{R}_{43}$ 两者的大小未知，因此可作力三角形求得，如图 5-9(b) 所示。

(4) 分析曲柄 1 的受力情况。曲柄 1 在生产阻力 $\boldsymbol{Q}$、连杆 2 对曲柄 1 的推力 $\boldsymbol{R}_{21}$ 以及机架 4 对曲柄 1 的总反力 $\boldsymbol{R}_{41}$ 的作用下平衡。其中 $\boldsymbol{Q}$ 的作用线已知，因为是生产阻力，$\boldsymbol{Q}$ 指向如图 5-9(a) 所示，$\boldsymbol{R}_{21}=(-\boldsymbol{R}_{12}=\boldsymbol{R}_{32})=-\boldsymbol{R}_{23}$ 已求得，而 $\boldsymbol{R}_{41}$ 的作用线必通过 $\boldsymbol{Q}$ 和 $\boldsymbol{R}_{21}$ 两力作用线的交点，其方向朝上；因 $\angle BAC$ 在增大，故 ω_{14} 必为逆时针转向，则 $\boldsymbol{R}_{41}$ 的作用线必切于 A 处摩擦圆的左边。至此，可作力三角形求得 $\boldsymbol{Q}$ 的大小，如图 5-9(c) 所示。

(5) 分析机构的自锁。当机构在图 5-9(d) 所示的 ABC 位置时，推力 $\boldsymbol{R}_{21}$ 的作用线与 A 处摩擦圆相切或相割，此时不论驱动力 $\boldsymbol{F}$ 多大，$\boldsymbol{R}_{21}$ 始终不能使曲柄 1 产生预定方向的运动，即使 $Q=0$ 也不能使机构运动，即机构发生自锁。图 5-9(d) 中 B'、B''、B''' 各为与 B 点相对称的位置，由上述理由可知，当曲柄位于 2θ 角的范围之内时，机构将自锁，由图可知

$$\sin\theta=\frac{\rho_A+\rho_B}{l_{AB}}$$

式中，ρ_A 和 ρ_B 各为 A 和 B 处摩擦圆的半径；l_{AB} 为曲柄 1 的长度。

【例 5-3】在图 5-10 所示的偏心夹具中，已知偏心圆盘 1 的半径 $r_1=60\,\text{mm}$，轴颈 A 的半径 $r_A=15\,\text{mm}$，偏心距 e=40mm，轴颈 A 的当量摩擦系数 $f_v=0.2$，圆盘 1 和工件 2 之间的摩擦系数 $f=0.14$，求不加力 $\boldsymbol{F}$ 时机构自锁的最大楔紧角 α。

解： 轴颈 A 的摩擦圆半径为

$$\rho=f_v r_A=0.2\times15=3\ \text{(mm)}$$

圆盘 1 与工件 2 之间的摩擦角为

$$\varphi=\arctan f=\arctan 0.14=7^\circ58'$$

当 F=0，机构反行程自锁时，圆盘有逆时针转动的趋势，故工件 2 对圆盘 1 的反力 $\boldsymbol{R}_{21}$ 的方向应向上并从接触处的法线向左偏 φ 角。因圆盘(不计本身重量)为二力构件，故圆盘 1 对轴颈 A 的反力 $\boldsymbol{R}_{1A}=(-\boldsymbol{R}_{A1})=\boldsymbol{R}_{21}$ 并共线，而圆盘 1 相对于轴颈 A 的回转趋势为逆时针，因此 $\boldsymbol{R}_{1A}$ 对 A 点的力矩必为逆时针方向，故 $\boldsymbol{R}_{1A}$ 应相切于或相割于 A 处摩擦圆的右方，机构自锁。由图 5-10 得知

$$e\sin(\alpha-\varphi)-r_1\sin\varphi\leqslant\rho$$

将已知数值代入并整理，得

$$\sin(\alpha-7^\circ58')\leqslant\frac{60\times\sin7^\circ58'+3}{40}=0.2829$$

最大楔紧角为

$$\alpha=\arcsin0.2829+7^\circ58'=24^\circ24'$$

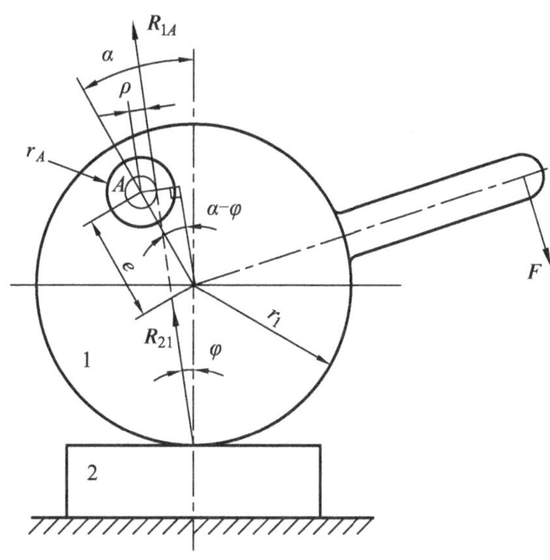

图 5-10　偏心夹具

5.4.3　止推轴颈与轴承

止推轴颈与轴承的接触面可以是任意的旋转面，但实际上常用的是一个圆平面、一个或数个圆环面。若引用某些关于接触面上压强分布的假定，可以求得非跑合的和跑合的两种止推轴颈与轴承的摩擦力矩的公式。

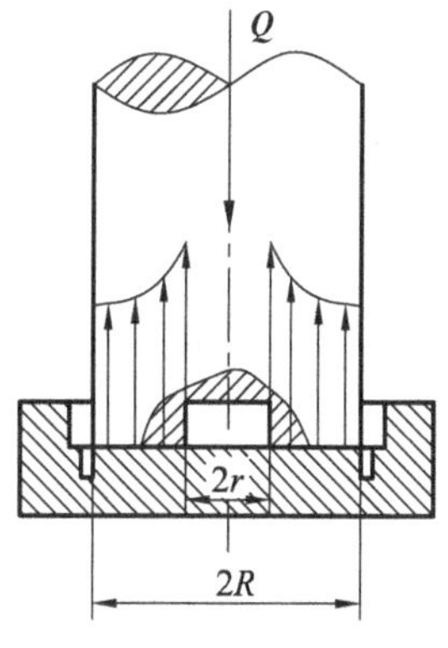

图 5-11　止推轴承

如图 5-11 所示的圆环面止推轴颈与轴承的摩擦力矩公式如下：

(1) 非跑合的止推轴颈：

$$M_{\mathrm{f}}=\frac{2}{3}\frac{R^3-r^3}{R^2-r^2}fQ \tag{5-15}$$

(2) 跑合的止推轴颈：

$$M_{\mathrm{f}}=\frac{1}{2}(R+r)fQ \tag{5-16}$$

上面两式中，R 和 r 各为接触面的外半径和内半径；f 为接触面上的滑动摩擦系数；Q 为作用在轴颈轴线上的轴向载荷。

5.5　机 械 效 率

机械在运转时，由于有摩擦力和空气阻力等存在，总有一部分驱动力所做的功消耗在克服这些有害阻力上。这部分的消耗完全是一种能量的损失，应力求减小。工程上用“效率”这个术语来衡量机械对能量有效利用的程度。效率高，能量的有效利用程度就高，机械的质量就好；反之，机械的质量就差。效率是机械的重要质量指标之一。还可利用效率来判别机械是否发生自锁。

5.5.1 机械效率的表达形式

1. 效率的定义

机械的运转过程可分为起动、稳定运转和停车三个阶段，如图 5-12 所示。在稳定运转的一个运动循环 T 中，输入功 W_d 等于输出功 W_r 和损耗功 W_f 之和，即

$$W_d = W_r + W_f \tag{5-17}$$

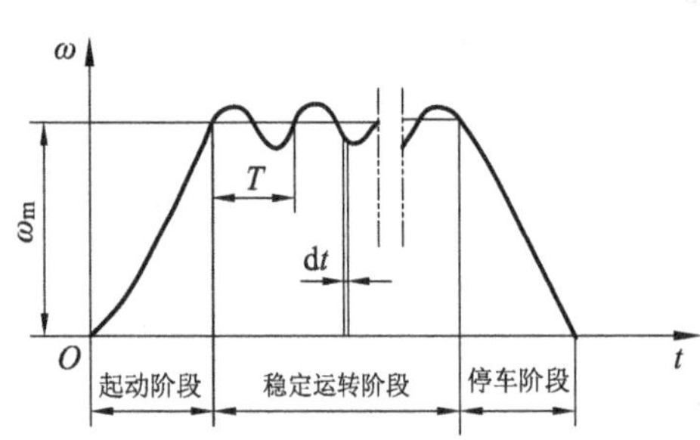

图 5-12 机械运转的三个阶段

在式(5-17)中，对于一定的输入功或驱动功 W_d，输出功 W_r（或有益阻力功）越大或损耗功 W_f 越小，则该机械对能量的有效利用程度越高，即能量损失越小。因此，可用输出功 W_r 与输入功 W_d 的比值 η 来衡量机械对能量的有效利用程度，即

$$\eta = \frac{输出功}{输入功} = \frac{W_r}{W_d} \tag{5-18}$$

将式(5-17)代入式(5-18)得

$$\eta = \frac{W_d - W_f}{W_d} = 1 - \frac{W_f}{W_d} \tag{5-19}$$

比值 η 称为机械的效率，简称效率。由式(5-19)可知，当机械中存在摩擦时，$W_f/W_d > 0$，故 $\eta < 1$。由此可知，机械的效率总是小于 1 的，不会出现大于 1 或等于 1 的情况。

还应注意，机械的效率是指机械在稳定运转阶段一个运动循环内输出功 W_r 和输入功 W_d 的比值，即对整个循环而言。在一个运动循环中某一微小区间 dt 内输出功与输入功之比值，如图 5-12 所示，则称为机械的瞬时效率。机械的效率和机械的瞬时效率有时相等，有时不等。当机械在稳定运转阶段做匀速运动时，因其动能在整个稳定运转阶段都保持不变，动能增量等于零，机械的效率就等于任一瞬时的瞬时效率；当机械做变速运动时，任一微小区间内机械动能增量不一定等于零，机械的效率就不等于任一瞬时的瞬时效率，且各瞬时的瞬时效率不一定相同。

简单传动机械和运动副的效率在一般机械手册中都可以查到。

2. 效率的其他表示法

1) 功率表示法

效率也可以用驱动力和生产阻力所产生的功率来表示。将式(5-18)的分子、分母都除以一个运动循环的时间后，即得

$$\eta = \frac{输出功率}{输入功率} = \frac{N_r}{N_d} = 1 - \frac{N_f}{N_d} \tag{5-20}$$

式中，N_d、N_r 和 N_f 分别为一个运动循环中输入功率、输出功率和损耗功率的平均值。

2) 力和力矩表示法

效率也可用力的比值形式来表示。图 5-13 为一机械传动装置示意图，设 $\boldsymbol{P}$ 为驱动力，$\boldsymbol{Q}$ 为生产阻力，v_P 和 v_Q 分别为 $\boldsymbol{P}$ 和 $\boldsymbol{Q}$ 作用点沿该力作用方向的速度，于是由式(5-20)得

$$\eta = \frac{N_r}{N_d} = \frac{Qv_Q}{Pv_P} \tag{a}$$

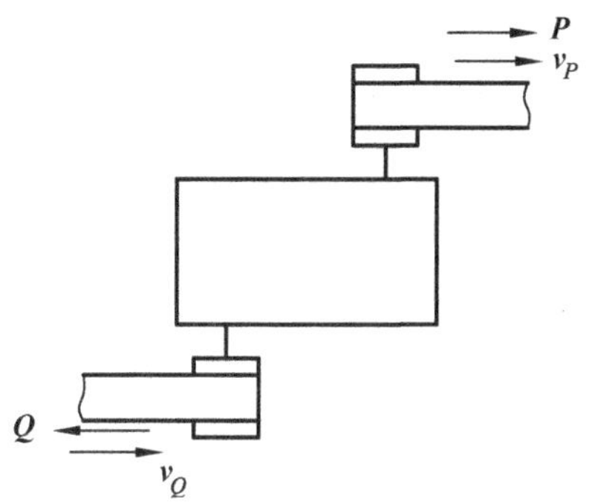

图 5-13　机械传动装置示意图

假想在该机械中不存在摩擦(称为理想机械)。这时，为了克服同样的生产阻力 $\boldsymbol{Q}$，其所需的驱动力(称为理想驱动力)显然就不再需要像 P 那样大了。如果 $\boldsymbol{P}_0$ 表示不考虑摩擦时所需的驱动力，则因理想机械效率 η_0 应等于 1，故得

$$\eta_0=\frac{Qv_Q}{P_0v_P}=1 \tag{b}$$

将式(b)代入式(a)，得

$$\eta=\frac{Qv_Q}{Pv_P}=\frac{P_0v_P}{Pv_P}=\frac{P_0}{P}=\frac{理想驱动力}{实际驱动力} \tag{5-21}$$

又设想机械中没有摩擦，驱动力仍为 $\boldsymbol{P}$，而阻力由 $\boldsymbol{Q}$ 变为 $\boldsymbol{Q}_0$，称 $\boldsymbol{Q}_0$ 为理想阻力，即无摩擦状态下的阻力。显然，$Q_0>Q$。这一理想状态下，同理有

$$Q_0v_Q=Pv_P \tag{c}$$

将式(c)代入式(a)，又可得到用力表达机械效率的另一种形式，即

$$\eta=\frac{Qv_Q}{Pv_P}=\frac{Qv_Q}{Q_0v_Q}=\frac{Q}{Q_0}=\frac{实际阻力}{理想阻力} \tag{5-22}$$

用同样道理，机械的效率也可以用力矩之比的形式来表达，即

$$\eta=\frac{理想驱动力矩}{实际驱动力矩}=\frac{实际阻力矩}{理想阻力矩} \tag{5-23}$$

5.5.2　效率的计算

1．机器或机组的效率计算

按机组连接方式的不同，其效率计算可分下列三种情况。

(1) 串联。如图 5-14 所示，设有 k 个机器依次相互串联，各个机器的效率分别为 $\eta_1,\eta_2,\eta_3,\dots,\eta_k$，由于

$$\eta_1=\frac{W_1}{W_\mathrm{d}},\ \eta_2=\frac{W_2}{W_1},\ \eta_3=\frac{W_3}{W_2},\ \dots,\ \eta_k=\frac{W_k}{W_{k-1}}$$

所以机组的总效率为

$$\eta=\frac{W_k}{W_\mathrm{d}}=\frac{W_1}{W_\mathrm{d}}\frac{W_2}{W_1}\frac{W_3}{W_2}\cdots\frac{W_k}{W_{k-1}}=\eta_1\eta_2\eta_3\cdots\eta_k \tag{5-24}$$

由式(5-24)可知，串联机组总效率等于各个机器效率的连乘积。由于各个机器的效率都小于 1，

故串联后的总效率必小于任一机器的效率，且串联的机器越多，其总效率越小。

图 5-14　串联机械系统

(2) 并联。图 5-15 为由 k 个相互并联的机器组成的机组，因其总输入功为

$$W_d = W_1 + W_2 + W_3 + \cdots + W_k$$

总输出功为

$$W_v = W_1' + W_2' + W_3' + \cdots + W_k' = \eta_1 W_1 + \eta_2 W_2 + \eta_3 W_3 + \cdots + \eta_k W_k$$

所以总效率为

$$\eta = \frac{W_v}{W_d} = \frac{\eta_1 W_1 + \eta_2 W_2 + \eta_3 W_3 + \cdots + \eta_k W_k}{W_1 + W_2 + W_3 + \cdots + W_k} \tag{5-25}$$

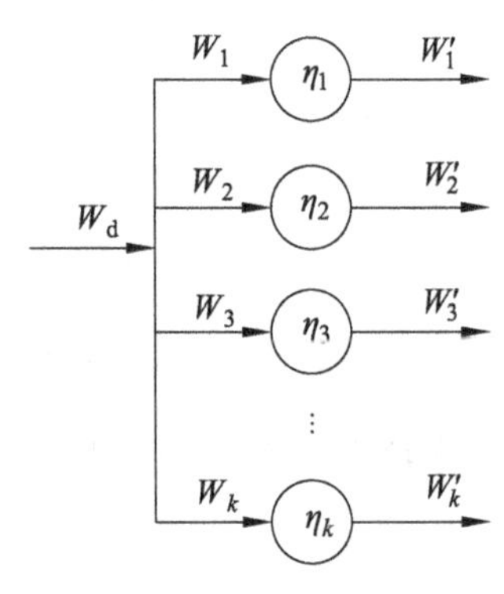

图 5-15　并联机械系统

式(5-25)表明，并联机组的总效率不仅与各机器的效率有关，而且与总输入功分配到各机器的分配方式有关，设 η_{max} 和 η_{min} 为各机器的效率的最大值和最小值，则 $\eta_{min} < \eta < \eta_{max}$。又若各个局部效率均相等，那么无论 k 的数目为多少以及输入功如何分配，总效率总等于任一局部效率。

(3) 混联。混联是由串联和并联组合而成的，总效率的求法因组合方式的不同而异。可先将输入功至输出功的路线弄清，然后分别按其连接的形式参照式(5-24)和式(5-25)建立的方法，推导出总效率的计算公式。

2. 螺旋机构的效率计算

现有的机构多种多样，各种机构的效率计算公式虽不相同，但其建立的思路有类同之处，或用功，或用功率，或用力来建立。下面仅以常用的螺旋机构为例，说明效率公式如何建立。

由式(5-10)可知，拧紧螺母时的实际驱动力矩为

$$M = Qr_0 \tan(\theta + \varphi_v)$$

当螺旋副中没有摩擦时，$\varphi_v = 0$，可得理想的驱动力矩为

$$M_0 = Qr_0 \tan\theta$$

由式(5-23)得拧紧螺母时的效率为

$$\eta = \frac{M_0}{M} = \frac{\tan\theta}{\tan(\theta + \varphi_v)} \tag{5-26}$$

同理，松开螺母时的效率为

$$\eta' = \frac{\tan(\theta - \varphi_v)}{\tan\theta} \tag{5-27}$$

由此可见螺旋机构正反两行程的效率是不同的，其他机构也有这种特性。

5.5.3　机械的自锁

若加于机械上的驱动力不管有多么大，都不能使机械产生运动，这种现象称为机械的自锁。自锁，有时必须避免，有时却要利用。若螺旋机构用于传动，正、反行程都要求运动，

不允许发生自锁现象；若螺旋机构用作起重装置(千斤顶)，正行程要求能运动，而反行程必须有自锁性。

5.2～5.4 节曾从机构受力的观点研究过自锁问题。本节再从效率的观点来研究机械发生自锁的条件。

如果机械的效率$\eta>0$，则机械能运动，不会发生自锁。

若$\eta=0$，则有两种情况：①如果机械原来就在运动，那么它仍能运动，但是不做任何有用功，机械的这种运动统称为空转；②如果该机械原来就不动，那么无论其驱动力多么大而机械总不能运动，即发生自锁。

若$\eta<0$，则全部驱动力所做的功尚不足以克服有害阻力的功，所以无论机械原来情况如何，其必定发生自锁。综上所述，机械发生自锁的条件为

$$\eta \leqslant 0 \tag{5-28}$$

式中，$\eta=0$ 是有条件的自锁，即必须机械原来就静止不动。这种有条件的自锁一般不可靠。

机械设计时，可以利用式(5-28)来判断其是否自锁及出现自锁的条件。下面以螺旋机构为例，说明如何确定其自锁条件。

螺旋机构在松开螺母(即滑块下降)时，如果发生自锁，应用式(5-27)与式(5-28)，知其条件为

$$\eta' = \frac{\tan(\theta - \varphi_{\mathrm{v}})}{\tan\theta} \leqslant 0$$

$$\theta \leqslant \varphi_{\mathrm{v}} \tag{5-29}$$

可见，当螺杆的螺旋线升角小于或等于摩擦角时，会发生自锁。螺旋千斤顶就利用了这个条件。

【例 5-4】在图 5-16(a)所示的平面滑块机构中，若主动力 $\boldsymbol{P}$ 和生产阻力 $\boldsymbol{Q}$ 的作用方向和作用点 A 和 B(设此滑块不发生倾倒)，滑块 1 的运动方向，以及运动副中的摩擦角φ和力 $\boldsymbol{Q}$ 的大小均为已知。试求此机构的效率和不发生自锁的条件。

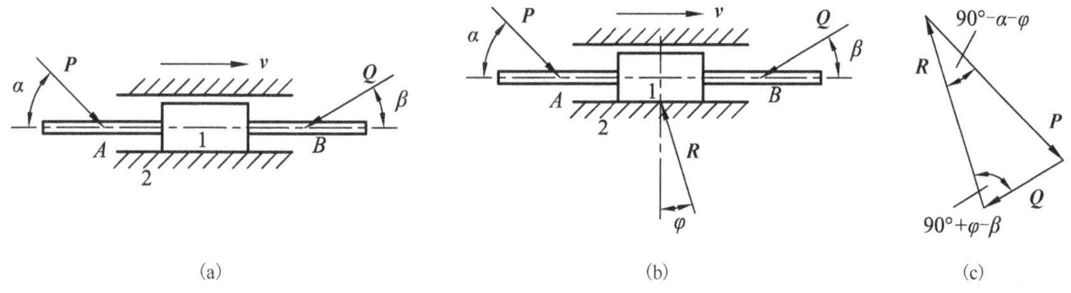

图 5-16　平面滑块机构

解：滑块 1 所受三力 $\boldsymbol{P}$、$\boldsymbol{Q}$ 和 $\boldsymbol{R}$ 处于平衡，即

$$\boldsymbol{P}+\boldsymbol{Q}+\boldsymbol{R}=\boldsymbol{0}$$

其中，反力 $\boldsymbol{R}$ 应与速度 $\boldsymbol{v}$ 成$90^\circ+\varphi$的钝角，因此 $\boldsymbol{R}$ 应由法线向逆时针偏转摩擦角φ，如图 5-16(b)所示。图 5-16(c)中作出了力三角形，并标出了有关的夹角。由图 5-16(c)可得

$$P = Q\frac{\sin(90^\circ+\varphi-\beta)}{\sin(90^\circ-\alpha-\varphi)} = Q\frac{\cos(\beta-\varphi)}{\cos(\alpha+\varphi)}$$

$\varphi=0$ 时，$P_0 = Q\cos\beta/\cos\alpha$。因此，机械效率为

$$\eta = \frac{P_0}{P} = \frac{Q\cos\beta/\cos\alpha}{Q\cos(\beta-\varphi)/\cos(\alpha+\varphi)} = \frac{\cos\beta\cos(\alpha+\varphi)}{\cos\alpha\cos(\beta-\varphi)}$$

令$\eta>0$，即得机构不发生自锁的条件为$(\alpha+\varphi)<90^\circ$，或$\alpha<(90^\circ-\varphi)$。

本 章 小 结

本章讨论了计及摩擦时机构的受力分析及机械效率的计算方法。首先，以运动副为研究对象，分别讨论了移动副、螺旋副和转动副中存在摩擦时的受力分析方法及机构自锁的判定条件。然后，撇开机构的具体形式，从一般意义上阐述了机械效率的表达形式和计算方法，并从效率的观点考察了机械发生自锁的条件。

水平面平滑块的受力分析较简单。从这一分析中引出了总反力、摩擦力、摩擦锥和自锁等重要概念。斜面平滑块的受力分析方法是讨论斜面机构和螺旋副问题的基础，分析时应注意区分正、反行程。在楔形滑块的受力分析中，为了计算方便，引入了当量摩擦系数和当量摩擦角的概念。

螺旋副虽属空间运动副，但可展开成斜面加以研究。矩形螺纹相当于斜面平滑块问题；非矩形螺纹相当于楔形表面的斜面移动副。

在转动副的受力分析中，引入了摩擦圆的概念。利用摩擦圆进行转动副的受力分析时，必须明确总反力是相切于摩擦圆的，并且总反力对轴颈中心的矩是阻止相对转动的。

机械效率有功、功率和力(或力矩)三种表达形式，适用于不同的场合。利用机械效率$\eta\leqslant 0$的条件，可判断机械的自锁性。

复习思考题

1．为什么要研究机械中的摩擦？机械中的摩擦是否都有害？

2．何谓摩擦角？如何确定移动副中总反力的方向？

3．何谓楔形滑块的当量摩擦系数？引出这个概念有何作用？

4．为什么三角形螺纹常用于连接，而梯形螺纹常用于传动？

5．何谓摩擦圆？怎样确定转动副中总反力的作用线？影响摩擦圆大小的因素是什么？

6．在止推轴颈中，其摩擦力矩与哪些因素有关？

7．机构正、反行程的机械效率是否相同？其自锁条件是否相同？原因何在？

8．“自锁”与“不动”这两个概念有何区别？“不动”的机械是否一定“自锁”？机械发生自锁是否一定“不动”？为什么？

习　　题

5-1　在题 5-1 图所示的滑块机构中，已知 Q=10kN，G=1kN，α=20°。试求当滑块 2 向右运动，物体 1 处于平衡状态时，1 与 2 之间的摩擦系数 f 为多少？(注：受有作用力 $\boldsymbol{G}$ 的滚轮与绳之间的摩擦不计。)

5-2　在题 5-2 图所示的钻床摇臂中，滑套和立柱之间的摩擦系数 f=0.125，摇臂自重为 $\boldsymbol{Q}$。当 h=100mm 时，要使滑套不能自动向下滑动，重心 C 至立柱轴线间的偏距 l 应为多少？

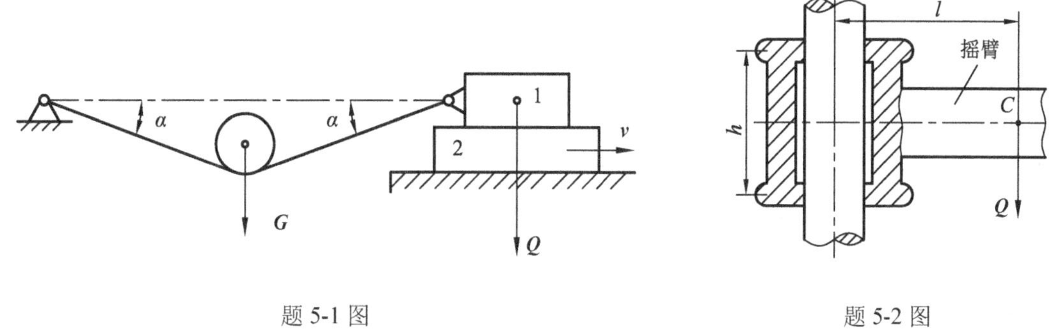

题 5-1 图　　题 5-2 图

5-3　题 5-3 图为一压榨机。已知楔块的夹角为 2δ，各接触面间的摩擦角均为 φ。试求该压榨机的效率；若反行程自锁，δ角应为多大？

5-4　试求题 5-4 图所示用螺钉把绳索压紧在卷扬机鼓轮体壁上所需的压紧力 $\boldsymbol{Q}$。已知沿绳索轴向的作用力 P=10kN，摩擦系数 f=0.15，楔形槽的角度β=60°，β_1=45°。

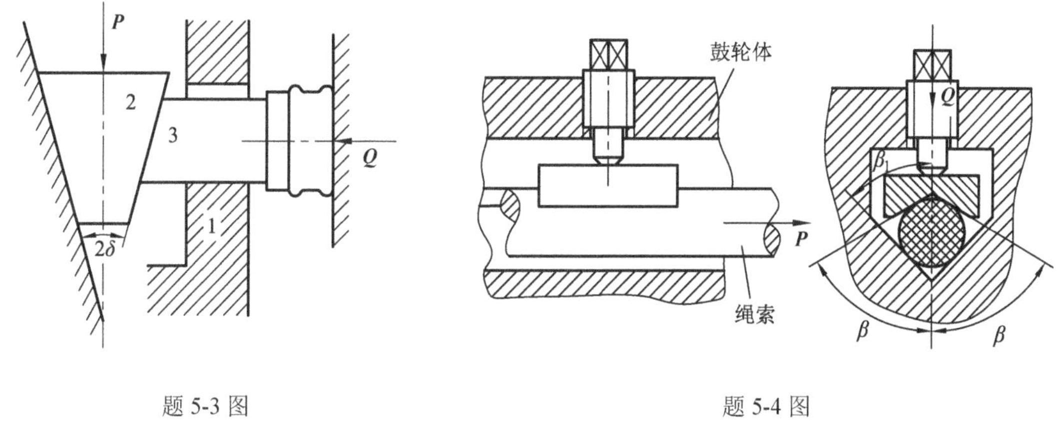

题 5-3 图　　题 5-4 图

5-5　题 5-5 图所示的滑块 1 与导路 2 组成复合式移动副。滑块 1 的运动方向垂直于纸面，重心在 s 处，几何尺寸如题 5-5 图所示。又知接触面间的摩擦系数 f=0.1。试求整个移动副的当量摩擦系数 f_v。

5-6　在题 5-6 图所示的升降千斤顶中，矩形螺杆 1 两端分别与螺母 2、3 连接，螺母 2 为右旋，而螺母 3 为左旋。其螺距 p=4mm，平均直径 d_2=20mm。若每个螺母与螺杆间的摩擦系数均为 0.15，与螺母 2、3 铰接的连杆对边相互平行且各杆长都相等，铰链中摩擦略去不计。试求：

(1)提升起 Q = 5kN 载荷时，在螺杆 1 上所需的力矩；

(2)放下 Q = 5kN 载荷时，在螺杆 1 上所需的力矩。

5-7　在题 5-7 图所示的双滑块机构中，滑块 1 在驱动力 $\boldsymbol{P}$ 的作用下等速运动。设已知各转动副中轴颈半径 r =10mm，运动副处当量摩擦角φ_v=10°，l_{AB}=200mm。各构件的质量略去不计。当 P=500N 时，试求所能克服的生产阻力 $\boldsymbol{Q}$ 的大小以及该机构在此瞬时位置的效率。

5-8　在题 5-8 图所示的旋臂起重机中，已知载荷 Q=50kN，l=5m，h=4m，轴颈的直径均为 d=80mm，径向轴颈和止推轴颈的摩擦系数均为 f=0.1，设它们都是非跑合的。当起重机以

n=3r/min 的转速匀速转动时，试求电动机带动旋臂所需的功率 N。

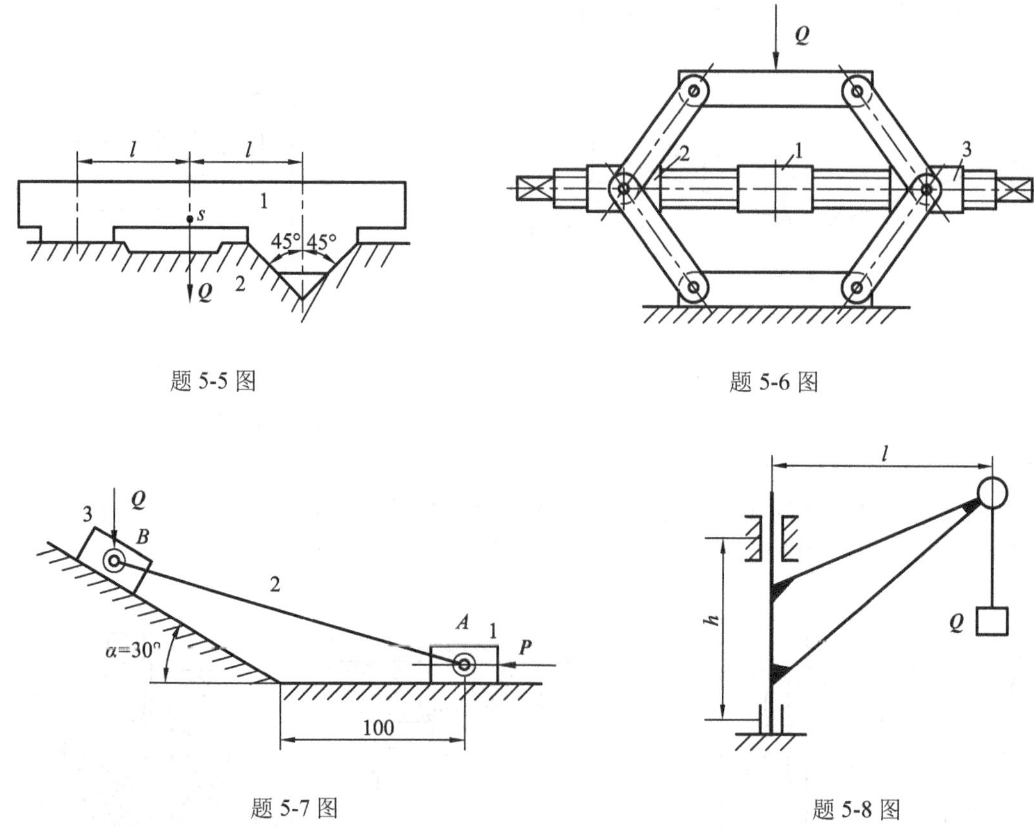

题 5-5 图　　题 5-6 图

题 5-7 图　　题 5-8 图

5-9　在题 5-9 图所示的机构中，已知其局部机构的效率 $\eta_{1\text{-}2}=0.95$，$\eta_{3\text{-}4}=\eta_{5\text{-}6}=\eta_{7\text{-}8}=\eta_{9\text{-}10}=0.93$。试求该机构的总效率 η。

5-10　在题 5-10 图所示的缓冲器中，已知各滑块接触面之间的摩擦系数均为 f，弹簧压力为 $\boldsymbol{Q}$，各滑块倾角为 α。试求正、反行程中力 $\boldsymbol{P}$ 的大小和该机构的效率，以及缓冲器的适用条件(即正、反行程不自锁的几何条件)。

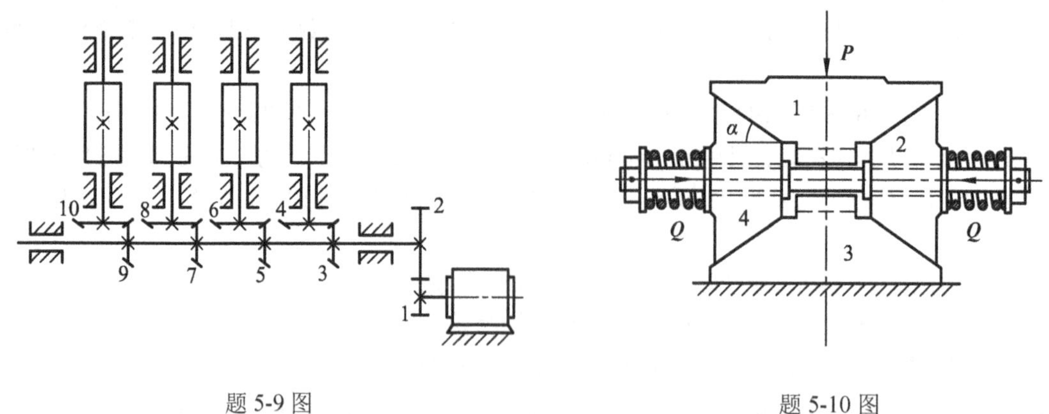

题 5-9 图　　题 5-10 图

5-11　在题 5-11 图所示立式车床的止推轴承调节机构中，已知 Q=30kN，i_{12}=2.5，楔块 3 斜面倾角 α=6°，螺杆止推轴颈的内径 D_2=44mm，外径 D_1=72mm，矩形螺纹的外径 d=44mm，

内径 d_1=36mm，螺距 p=8mm，所有运动副中的摩擦系数 f=0.1。设不计圆锥齿轮传动中的径向轴承和止推轴承的摩擦。试求应加在齿轮 1 轴上的驱动力矩 M_d；若该对圆锥齿轮的效率为 0.96，求机构的总效率。

5-12　在题 5-12 图所示的锁紧机构中，已知机构尺寸 l、b、d、a、α、β、δ及各接触面间的摩擦系数 f 均为 0.2。试求当工作面处需要夹紧力 $\boldsymbol{Q}$ 时，在杠杆上需加的力 $\boldsymbol{P}$；并求该机构的机械效率η及自锁条件。

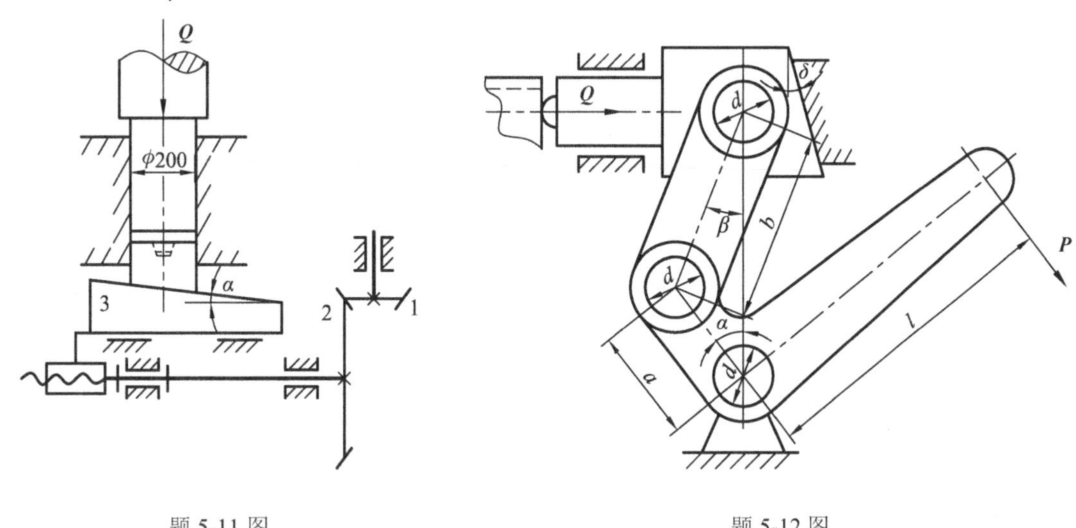

题 5-11 图　　题 5-12 图

第 6 章　平面连杆机构

6.1　概　　述

平面连杆机构是不含高副的平面机构。因运动副全部是低副，为面接触，在相同载荷情况下，接触面处压强比高副低，因而磨损小，可传递较大动力。此外，平面连杆机构有结构简单、低副易于加工、运动转换多样、容易改变运动参数等特点，在航空工业及各个工业部门的机械和仪表中得到了广泛的应用。平面连杆机构的缺点是低副中存在间隙，例如，构件与运动副数目较多时，运动传递的积累误差较大；连杆的惯性力不好平衡，不适合用于高速情况；设计较复杂，不易精确地实现复杂运动规律等。

平面连杆机构的类型很多，其中由四个构件组成的平面四杆机构应用最为广泛，其又是组成多杆机构的基础。图 6-1 为三种常见的平面四杆机构，图 6-2 所示的平面六杆机构就可看作由 *ABCD* 和 *DEF* 两个平面四杆机构构成的。因此，本章着重以平面四杆机构为研究对象，讨论其类型、特性及设计方法，其设计方法有图解法和解析法。

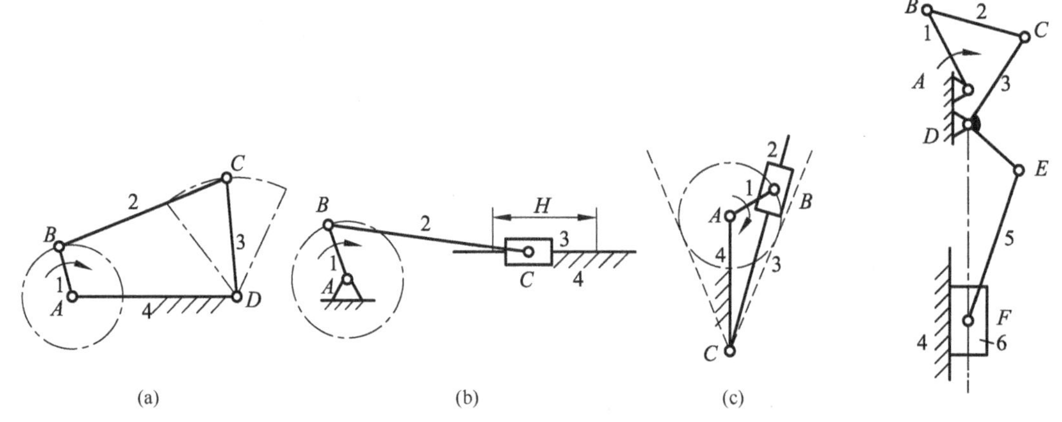

图 6-1　常用平面四杆机构

图 6-2　平面六杆机构

本章主要按照运动学方面提出的要求设计平面连杆机构。随着生产的发展，机器运转速度和载荷不断提高，从动力学及结构方面提出越来越多的要求，优化设计方法和计算机辅助设计方法已成为研究与设计连杆机构的重要方法，相应编制出大量的、使用方便的通用软件。随着现代数学工具的日益完善和计算机技术的提高与普及，很多用常规方法难以解决的复杂平面连杆机构的设计问题会逐步得到解决，并将使平面连杆机构得到更广泛的应用。

6.2　平面四杆机构的基本类型及其演化

6.2.1　铰链四杆机构的基本类型

全部用转动副连接的平面四杆机构称为铰链四杆机构，如图 6-3(a)所示。与机架 2 相连的杆 1、杆 3 称为连架杆；不与机架相连的杆 4 称为连杆。在连架杆中，能做整周回转的称为曲柄，而只能在某一角度范围内摆动的称为摇杆。

在铰链四杆机构中，各运动副都是转动副。若组成转动副的两构件能相对整周运动(如图 6-3(a)中的 A、B 副)，则称其为周转副；而不能做相对整周转动者(如图 6-3(a)中的 C、D 副)，则称为摆转副。

铰链四杆机构根据其两连架杆是曲柄还是摇杆，可分为曲柄摇杆机构、双曲柄机构和双摇杆机构三种基本类型，分别如图 6-3(a)～(c)所示。

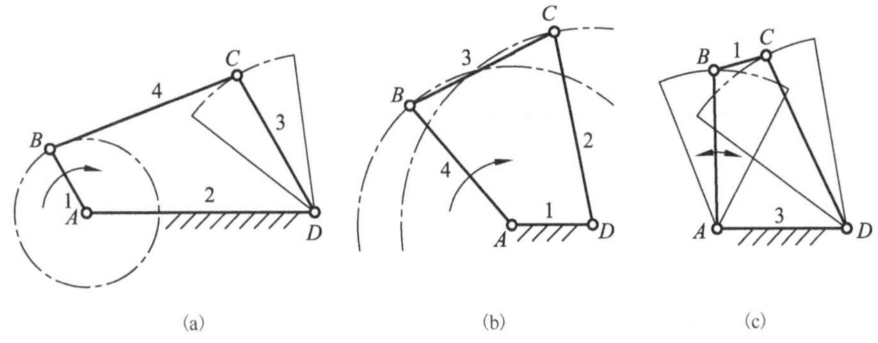

图 6-3　铰链四杆机构的三种类型

1. 曲柄摇杆机构

一个连架杆为曲柄，另一个连架杆为摇杆的铰链四杆机构(图 6-3(a))，称为曲柄摇杆机构。

曲柄摇杆机构的曲柄为原动件时，可将曲柄的连续转动转变为摇杆的往复摆动，其应用很广泛。如图 6-4(a)中调整雷达天线俯仰角的曲柄摇杆机构，曲柄 1 缓慢地匀速转动时，摇杆 3 在一定角度范围内摆动，从而调整俯仰角。又如，颚式破碎机(图 6-4(b))、搅拌机(图 6-4(c))等皆为曲柄摇杆机构。

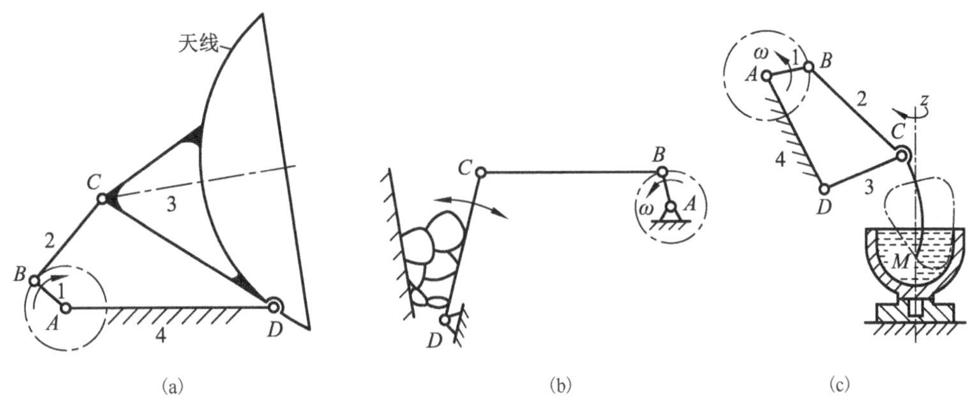

图 6-4　曲柄摇杆机构的应用

2. 双曲柄机构

两个连架杆都是曲柄的铰链四杆机构(图 6-3(b))，称为双曲柄机构。当双曲柄机构的原动件曲柄做连续转动时，从动件曲柄也做连续转动。在图 6-2 所示的平面六杆机构中，构件 1、2、3 和 4 组成双曲柄机构。构件 1 做匀角速度转动，构件 3 做变角速度转动，固接有插刀的滑块 6 做往复移动。图 6-5(a)所示惯性筛中的构件 1、2、3 和 4 也组成双曲柄机构。

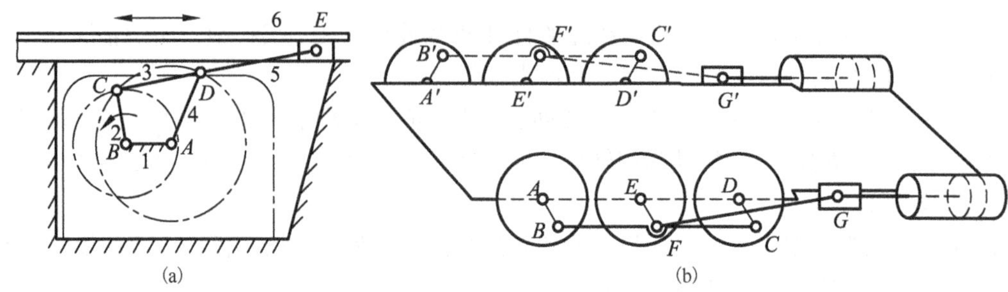

图 6-5　双曲柄机构的应用

在双曲柄机构中，若其相对的两构件长度相等且平行，可得到如图 6-6(a)所示的平行双曲柄机构。此时两曲柄转向相同，角速度相等。若其相对的两构件长度分别相等，但不平行(图 6-6(b)、(c))，则得到反向双曲柄机构，此时两曲柄角速度不相等。在反向双曲柄机构中，以长的构件为机架时(图 6-6(b))，两曲柄的回转方向相反；以短的构件为机架时，则两曲柄回转方向相同。为了防止平行双曲柄机构当各构件位于一条直线上时转化为反向双曲柄机构，可利用从动件本身或附加质量的惯性来导向，也可以采用机构错位排列的方法保证机构的正常运转，如图 6-5(b)所示的机车车轮联动机构。

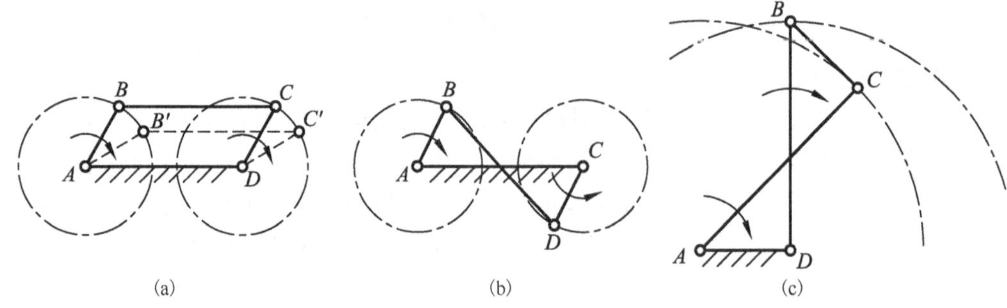

图 6-6　平行及反平行双曲柄机构

3．双摇杆机构

两连架杆都是摇杆的铰链四杆机构(图 6-3(c))，称为双摇杆机构。图 6-7(a)为双摇杆机构在鹤式起重机中的应用。当摇杆 1 摆动时，摇杆 3 随着摆动，连杆 2 上 E 点的运动轨迹近似为水平线。图 6-7(b)为飞机起落架中的双摇杆机构。

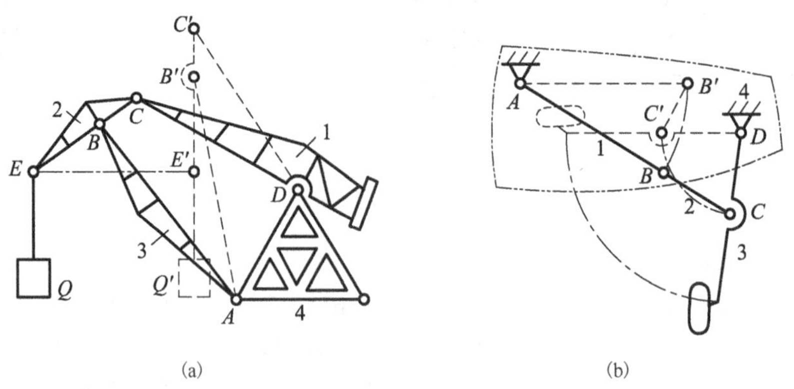

图 6-7　双摇杆机构的应用

6.2.2　平面四杆机构的演化形式

为改善机器的受力状况及满足工作需要，在实际机器中，还广泛地采用多种其他形式的平面四杆机构。这些都可认为是由平面四杆机构的基本形式通过改变构件形状及相对尺寸、改变某些运动副的尺寸或者选择不同构件作为机架等方法演化而得到的。

1．改变构件的形状及相对尺寸的演化

图 6-8(a)为曲柄摇杆机构，摇杆 C 点轨迹为以 D 为圆心、CD 杆长为半径的圆弧β-β。现如图 6-8(b)所示将摇杆 3 做成滑块形式，并使其沿圆弧导轨β-β往复移动，则 C 点的运动没有发生变化。但此时铰链四杆机构已演化为曲线导轨的曲柄滑块机构，进一步设图 6-8(a)中的摇杆 3 的长度增至无穷大，则 C 点运动的轨迹β-β将变为直线，而与之相应的图 6-8(b)中曲线导轨变为直线导轨。于是铰链四杆机构将演化为曲柄滑块机构，如图 6-9 所示。其中图 6-9(a)的滑块导路与曲柄转动中心有一偏距 e，特称为偏置曲柄滑块机构；而图 6-9(b)中没有偏距，则称为对心曲柄滑块机构。

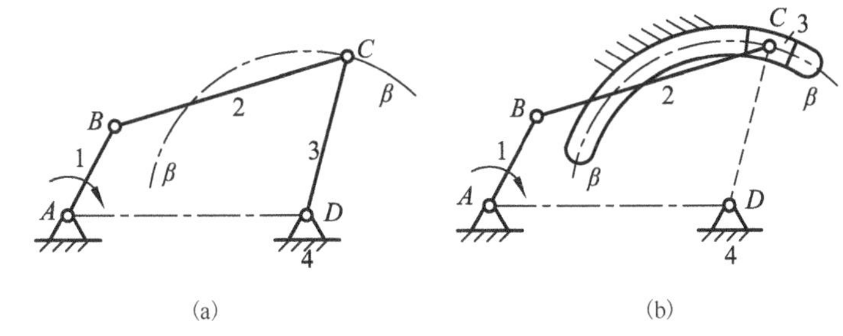

图 6-8　曲线导轨曲柄滑块机构

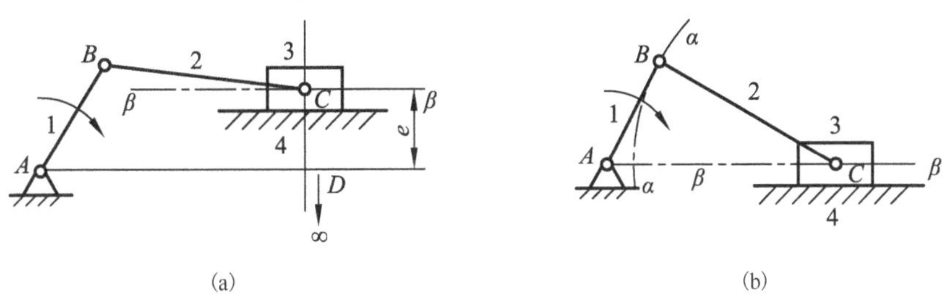

图 6-9　曲柄滑块机构

曲柄滑块机构在冲床、内燃机、空气压缩机等机械中得到广泛应用。如图 6-10 所示的搓丝机，原动件曲柄 AB 做转动时，带动板牙做相对移动，将板牙中的工件搓出螺纹。

如将图 6-9(b)所示的曲柄滑块机构的连杆 BC 长度增至无穷大时，演化成双滑块机构，如图 6-11 所示，即为正弦机构。这时杆 3 的位移与角度φ成正弦函数关系，即 $s=l_{AB}\sin\varphi$。

2．扩大转动副尺寸的演化

这是一种常见并有实用价值的演化。图 6-12(a)是曲柄滑块机构，当曲柄尺寸较短时，往往因工艺结构和强度等方面的要求，需将回转副 B 扩大到包括回转副 A 而形成偏心轮机构，如图 6-12(b)所示。这种结构尺寸的演化不影响机构的运动性质，却可避免在尺寸很小的曲柄 AB 两端装设两个转动副而引起结构设计上的困难，同时盘状构件在强度方面优于杆状构件。因此，在一些传递动力较大、而从动件行程很小的场合，宜采用偏心圆盘结构，如剪床、冲床、颚式破碎机等。

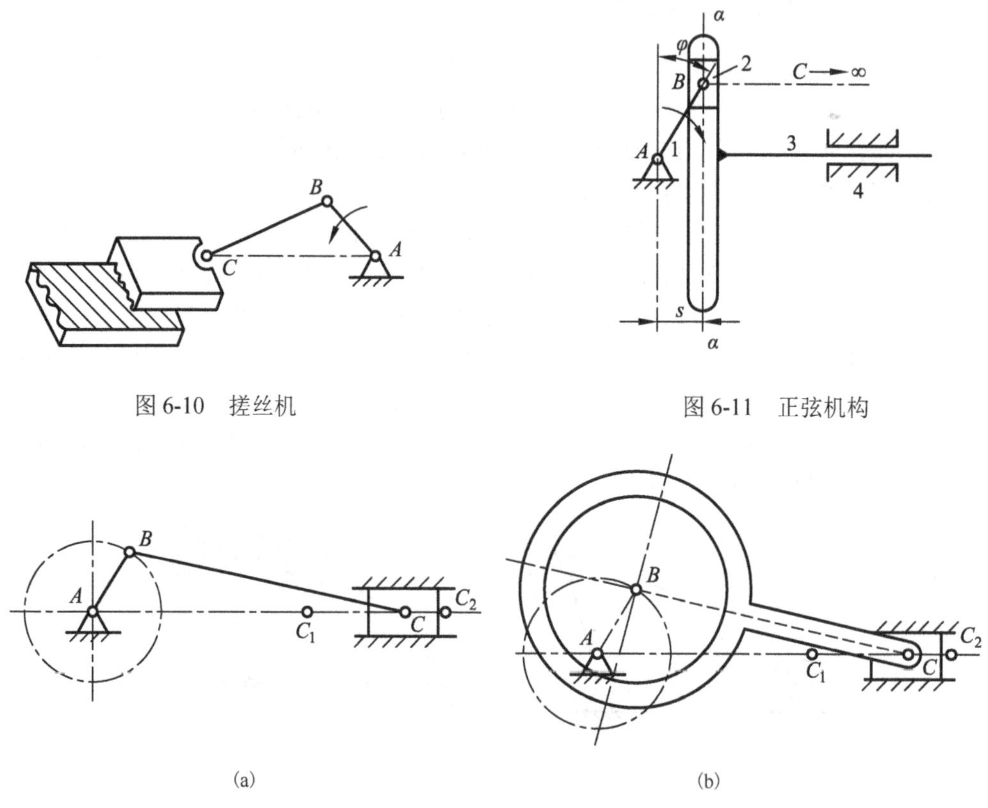

图 6-10　搓丝机

图 6-11　正弦机构

图 6-12　偏心轮机构

同样，如图 6-13(a)所示，设将运动副 B 的半径扩大，使之超过构件 AB 的长度，将转动副 C 的半径扩大，使之超过构件 AB 和 BC 的长度和，则将演化成为图 6-13(b)所示的双重偏心机构。这种机构在毛纺设备的洗毛机中得到应用。

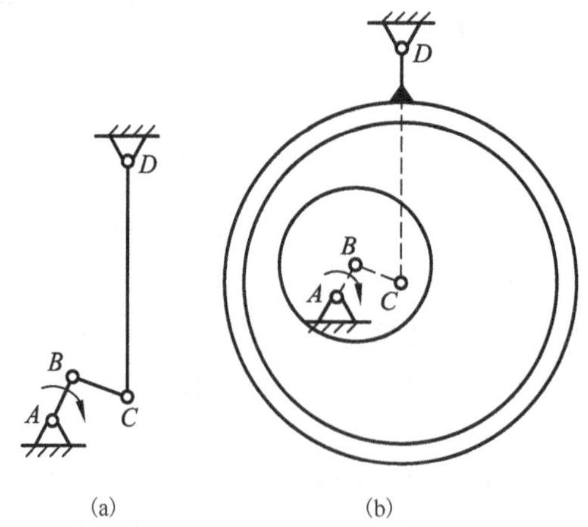

图 6-13　双重偏心机构

3. 选用不同构件作为机架的演化

以低副相连接的两构件之间的相对运动关系，不会因取其中哪一个构件为机架而改变。而选取不同的构件作为机架，却可以得到不同类型的机构。例如，在图 6-3(a)所示的曲柄摇杆机构中，若改取构件 1 作为机架，则得双曲柄机构；若改取构件 3 作为机架，则得双摇杆机构；若改取构件 4 作为机架，则得另一个曲柄摇杆机构。这种选取不同构件作为机架的演化方式称为机构的倒置。

同理，图 6-14 为含有移动副的平面四杆机构。选用构件 4 作为机架时，得到曲柄滑块机构(图 6-14(a))；选用构件 1 为机架时，构件 3 以构件 4 为导轨做相对移动，构件 4 绕固定铰链转动，特将构件 4 称为导杆。含有导杆的平面四杆机构称为导杆机构(图 6-14(b))。若导杆能做整周回转，称为转动导杆机构；若导杆只在某角度范围内摆动，则称为摆动导杆机构。

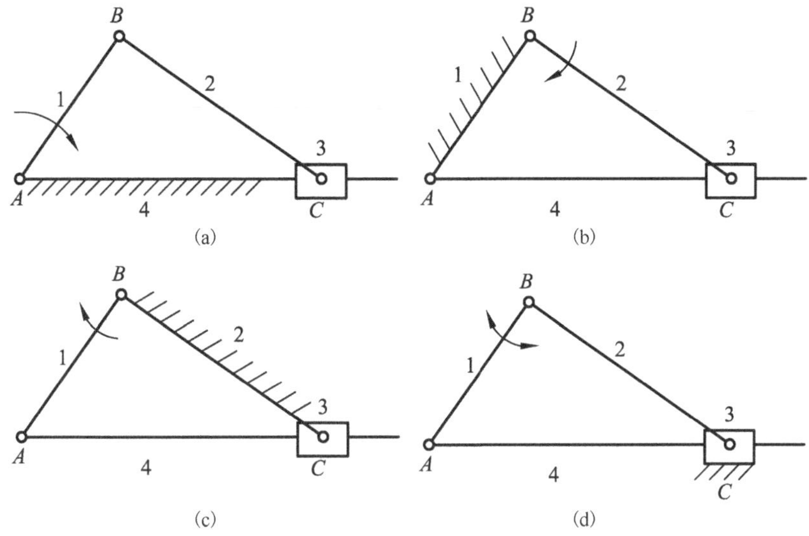

图 6-14　含移动副的平面四杆机构

若选用构件 2 作为机架，得到曲柄摇块机构，滑块 3 绕固定铰链摇摆，如图 6-14(c)所示。图 6-15 所示的摇臂式飞机起落架是其一种应用实例。选用滑块作为机架，得到移动导杆机构(或称为固定滑块机构，简称定块机构)，如图 6-14(d)所示。图 6-16 所示的半摇臂式飞机起落架是其一种应用实例。

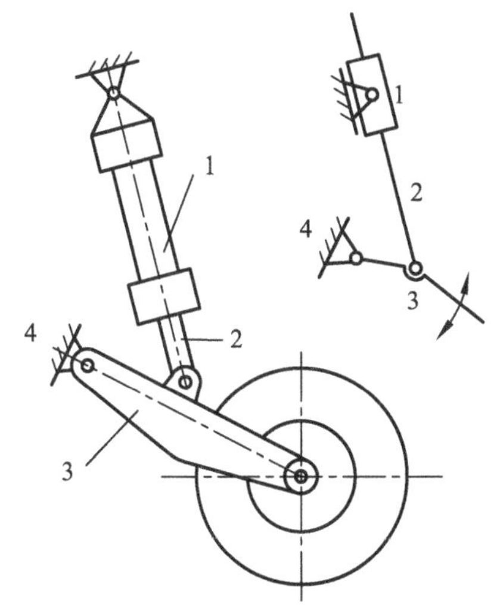

图 6-15　摇臂式飞机起落架

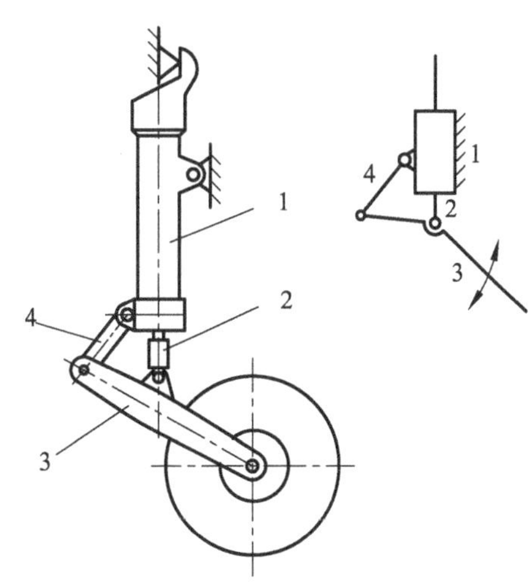

图 6-16　半摇臂式飞机起落架

综上所述，虽然平面四杆机构形式多种多样，但其本质可认为是由最基本的铰链四杆机构演化而成的，从而为认识和研究这些机构提供了方便。

6.3　平面四杆机构的工作特性

6.3.1　铰链四杆机构曲柄存在的条件

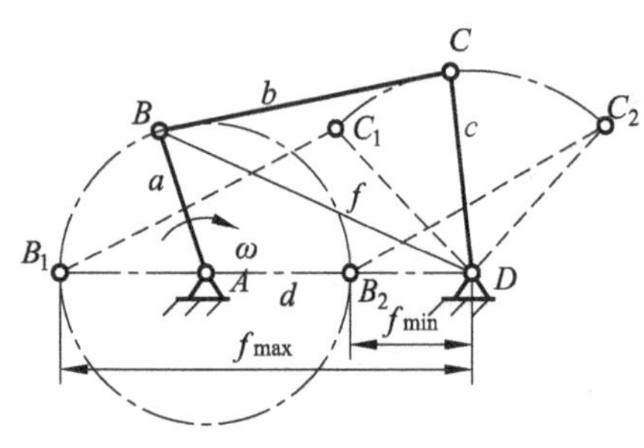

图 6-17　铰链四杆机构有曲柄的条件

铰链四杆机构的连架杆能否做整周回转而成为曲柄，取决于机构各杆的相对长度和选用哪个构件作为机架。下面来讨论曲柄存在的条件。在图 6-17 所示的铰链四杆机构中，各杆的长度分别为 a、b、c、d。a、c 为连架杆的长度，b 为连杆的长度，d 为机架的长度。设 $a \leqslant d$，如果 AB 杆能整周回转成为曲柄，则 B 点能通过其轨迹圆上的两端点。即如图 6-17 所示，只要 B 点能通过 AB 杆与机架 AD 共线时直径上两点 B_1、B_2，则说明 AB 杆能做整周回转。显然这时各构件的长度间有如下关系。

在$\triangle B_1C_1D$ 中有

$$f_{\max} = a + d \leqslant b + c \tag{6-1}$$

在$\triangle B_2C_2D$ 中，当 $c<b$ 时有

$$b - c \leqslant f_{\min} = d - a$$

即

$$a + b \leqslant c + d \tag{6-2}$$

当 $c>b$ 时有

$$c - b \leqslant f_{\min} = d - a$$

即

$$a + c \leqslant b + d \tag{6-3}$$

式(6-1)加式(6-2)得

$$a \leqslant c \tag{6-4}$$

式(6-1)加式(6-3)得

$$a \leqslant b \tag{6-5}$$

综合上述，连架杆长度 a 最短，且

$$\left.\begin{aligned} a + d \leqslant b + c \\ a + b \leqslant c + d \\ a + c \leqslant b + d \end{aligned}\right\}$$

同理，若设 $d \leqslant a$，有曲柄存在时，机架长度 d 最短，且

$$\left.\begin{aligned} d + a \leqslant b + c \\ d + b \leqslant a + c \\ d + c \leqslant a + b \end{aligned}\right\}$$

铰链四杆机构有曲柄存在的条件如下：

(1) 最短杆与最长杆长度之和小于或等于其余两杆长度之和；

(2)连架杆和机架中必有一杆为最短杆。

条件(1)称为杆长条件。满足杆长条件时，最短杆两端的转动副均为周转副。此时，若取最短杆为机架，则得到双曲柄机构；若取最短杆的相邻杆为机架，则得到曲柄摇杆机构；若取最短杆为连杆、与其相对的杆为机架，则得到双摇杆机构。

如果铰链四杆机构不能满足杆长条件，则不存在周转副，无论选取哪个构件作为机架，所得到机构均为双摇杆机构。

6.3.2　急回特性和行程速比系数

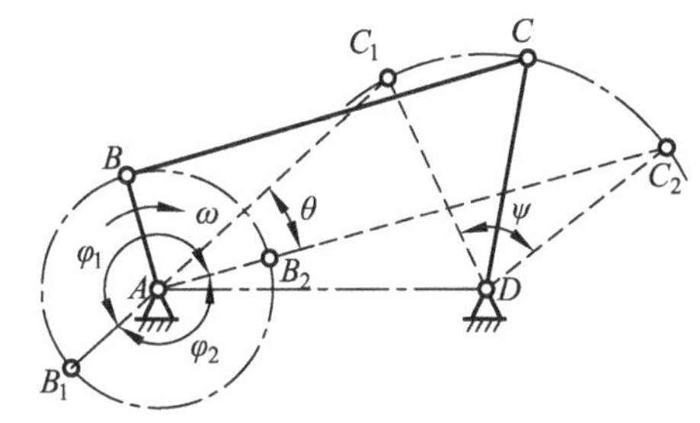

图 6-18　铰链四杆机构的急回特性

图 6-18 为一曲柄摇杆机构。设曲柄 AB 为原动件，在其转动一周的过程中，摇杆 CD 有两个极限位置 C_1D 和 C_2D，此时曲柄 AB 与连杆 BC 共线，即 B_1AC_1 和 AB_2C_2 均为直线。曲柄的固定铰链 A 对活动铰链 C 两个极限位置 C_1 与 C_2 所张的视角为θ，θ角称为极位夹角，显然，$\theta<180°$。当曲柄以等角速度ω由 AB_1 位置顺时针转过$\varphi_1=180°+\theta$角到达 AB_2 位置时，摇杆从左极限位置 C_1D 摆到右极限位置 C_2D，摆角为ψ，设所需时间为 t_1，C 点运动的平均速度为 v_1。当曲柄继续转过$\varphi_2=180°-\theta$角返回到 AB_1 时，摇杆从 C_2D 回到 C_1D，摆角仍为ψ，设所需时间为 t_2，C 点运动的平均速度为 v_2。曲柄匀速转动的过程中，摇杆往复摆动的摆角相同，但相应的曲柄转角不同，$\varphi_1>\varphi_2$，所以 $t_1>t_2$，$v_2>v_1$。摇杆返回过程运动的平均速度较快，这种现象称为机构的急回特性。

急回特性的显著程度通常用行程速比系数 K 来衡量，即

$$\begin{aligned} K &= \frac{v_2}{v_1} = \frac{\widehat{C_1C_2}/t_2}{\widehat{C_1C_2}/t_1} = \frac{t_1}{t_2} \\ &= \frac{\varphi_1}{\varphi_2} = \frac{180°+\theta}{180°-\theta} \end{aligned} \tag{6-6}$$

从式(6-6)可推得

$$\theta = 180°\frac{K-1}{K+1} \tag{6-7}$$

只要存在极位夹角θ，机构便具有急回特性，θ角越大，K 值也越大，机构的急回特性也越显著。

图 6-19(a)为无急回特性的对心曲柄滑块机构，这时$\theta=0$，$K=1$。图 6-19(b)为有急回特性的偏置曲柄滑块机构，这时$\theta\neq0$，$K>1$。

在图 6-20 所示的摆动导杆机构中，导杆的摆角为ψ，导杆在两个极限位置时，曲柄 AC 与导杆垂直，这时极位夹角$\theta=\psi\neq0$，所以有急回特性。

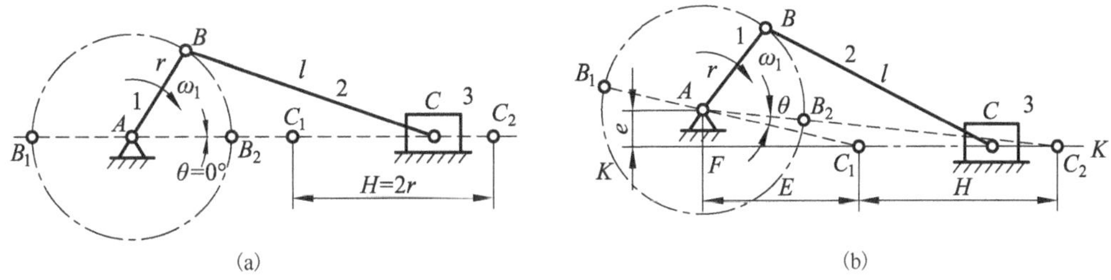

图 6-19　曲柄滑块机构的急回特性

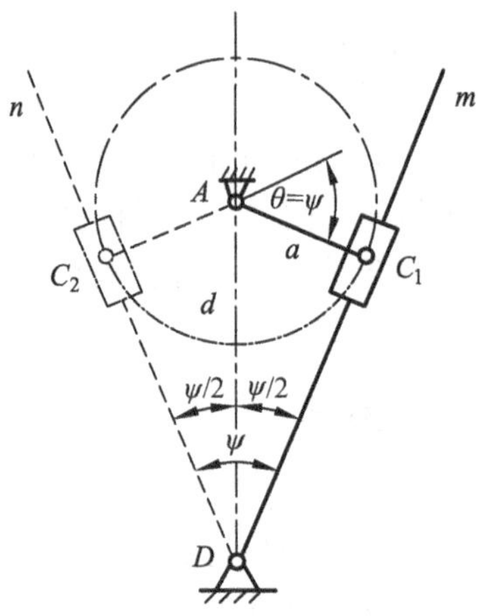

图 6-20　摆动导杆机构

机构急回特性在工程上的应用有三种情况：第一种情况是工作行程要求慢速前进，以利切削、冲压等工作的进行，而回程时为节省空回时间，则要求快速返回，如插床等就是如此，这是常见的情况；第二种情况是工作行程要求快进慢退，以达到工作需求，如某些颚式破碎机；第三种情况是一些设备在正、反行程中均在工作，故无急回要求，如某些机载搜索雷达的摇头机构。

6.3.3　压力角与传动角

在图 6-21 所示的平面四杆机构中，若不考虑各运动副中的摩擦力及构件重力和惯性力的影响，则由主动件 AB 经连杆 BC 传递到从动件 CD 上 C 点的力 $\boldsymbol{P}$ 将沿 BC 方向，而力 $\boldsymbol{P}$ 与点 C 速度方向之间所夹的锐角 α 称为机构在此位置时的压力角。力 $\boldsymbol{P}$ 可以分解为沿点 C 速度方向的分力 $\boldsymbol{P}_t$ 及沿 CD 方向的分力 $\boldsymbol{P}_n$，其中 $\boldsymbol{P}_t$ 是推动从动件 CD 运动的有效分力。因 $P_t=P\cos\alpha$，压力角 α 越小，则有效分力 $\boldsymbol{P}_t$ 越大。而 $\boldsymbol{P}_n$ 只能使铰链产生径向压力，$\boldsymbol{P}_n$ 越小，机构传力性能越好。因此压力角 α 是用来判断机构动力学性能的一个重要指标。

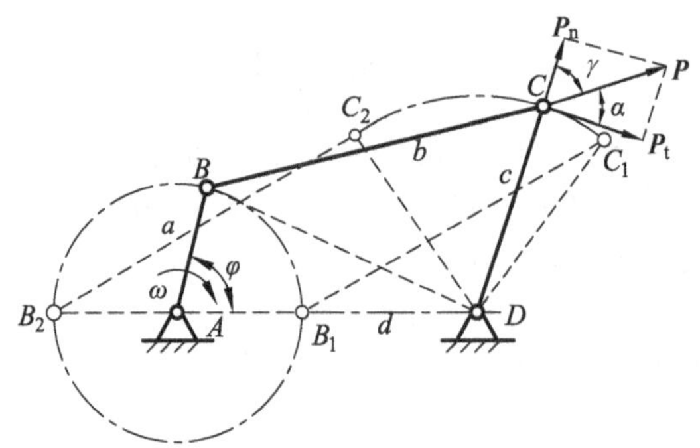

图 6-21　平面四杆机构的压力角及传动角

为了度量方便，又常用传动角 γ 来判断机构的传力性能。由图 6-21 可见，$\gamma=90°-\alpha$，即 γ 是压力角 α 的余角。传动角 γ 越大，机构传力性能越好。机构在工作中的传动角 γ 是变化的。为保证机构传动良好，设计时通常要求 $\gamma_{\min}\geqslant 40°$；对于高速大功率的机械应使 $\gamma_{\min}\geqslant 50°$；而在一些控制机构和仪表中，可取 $\gamma_{\min}\geqslant 35°$。

为了找出机构传动角的最小值，由图 6-21 所示的△*ABD* 和△*BCD* 可见

$$\overline{BD}^2 = a^2 + d^2 - 2ad\cos\varphi$$

$$\overline{BD}^2 = b^2 + c^2 - 2bc\cos\angle BCD$$

$$\angle BCD = \arccos\frac{b^2 + c^2 - a^2 - d^2 + 2ad\cos\varphi}{2bc} \tag{6-8}$$

式中，当$\angle BCD \leqslant 90^\circ$时，其即等于传动角$\gamma$；而当$\angle BCD > 90^\circ$时，传动角$\gamma = 180^\circ - \angle BCD$。由图 6-21 可见，最小传动角$\gamma_{\min}$可能出现在以下两个位置。

(1) $\varphi=0^\circ$，*B* 点到达 B_1 位置时：

$$\angle B_1C_1D = \arccos\frac{b^2 + c^2 - (d-a)^2}{2bc}$$

(2) $\varphi=180^\circ$，*B* 点到达 B_2 位置时：

$$\angle B_2C_2D = \arccos\frac{b^2 + c^2 - (d+a)^2}{2bc}$$

比较这两个位置时的传动角的大小，即可求得最小传动角$\gamma_{\min}$。由此可知，传动角的大小与机构中各杆的长度有关，故可按给定的许用传动角来设计平面四杆机构。

6.3.4　死点位置

在图 6-22 所示的曲柄摇杆机构中，设摇杆 *CD* 为主动件，则当机构处于图示的两个虚线位置之一时，连杆与曲柄在一条直线上。这时，$\alpha=90^\circ$，$\gamma=0^\circ$，连杆作用于曲柄的力通过曲柄中心，显然曲柄不能转动，机构出现“卡死”现象，机构的此种位置称为死点位置。

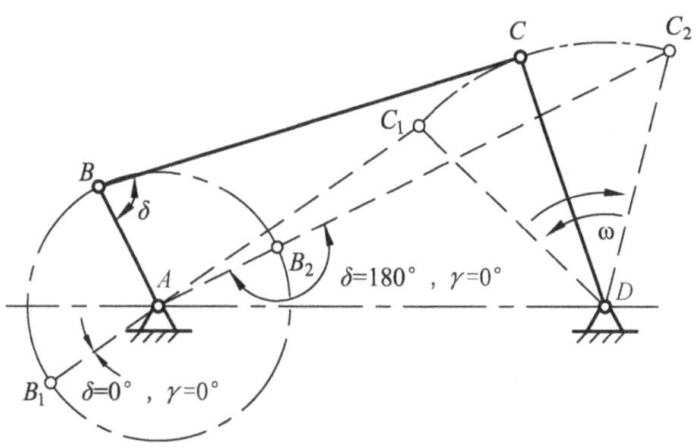

图 6-22　平面四杆机构的死点

为了保证机构顺利通过死点位置，必须采取适当的措施，如可利用从动件曲柄的惯性作用闯过死点(如内燃机利用飞轮的惯性)，也可采用两组以上的相同机构组合使用，而使各组机构的死点位置相互错开排列的方法(如图 6-5(b)所示的机车车轮联动机构，其两侧的曲柄滑块机构的曲柄位置相互错开了 90°)，等等。

工程实践中，也常利用机构的死点位置来实现某些要求。如图 6-23 所示的连杆式快速夹具，当工件被夹紧后，*B*、*C* 和 *D* 三个铰链中心在一直线上，机构处于死点位置，使夹具起到夹紧工件的作用。又如图 6-24 所示的飞机起落架机构，机轮放下时，杆 *BC*、*CD* 成一条直线，机构处于死点位置。尽管机轮受到很大的力，起落架不会反转。

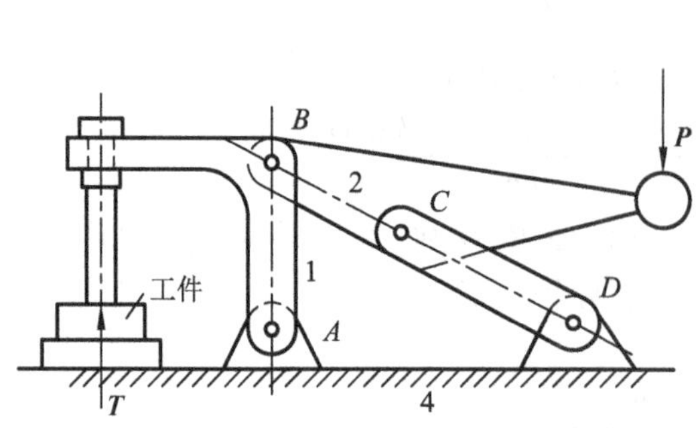

图 6-23　连杆式快速夹具

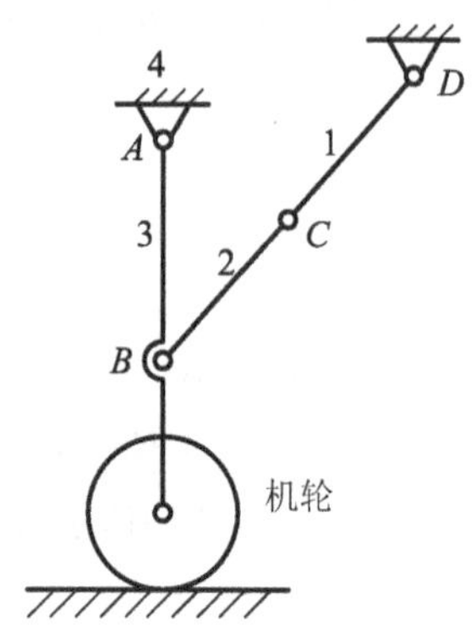

图 6-24　飞机起落架机构

比较图 6-18 和图 6-22 不难看出，机构的极限位置和死点实际上是机构的同一位置，所不同的仅是机构的原动件不同。机构在死点位置时本不能运动，但当因冲击振动等原因使机构离开死点位置而继续运动时，从动件的运动方向是不确定的，既可以正转也可以反转，故机构的死点位置也是机构运动的转折点。

6.3.5　铰链四杆机构的运动连续性

铰链四杆机构的运动连续性，是指机构在运动中各构件能够连续占据各给定的位置。在图 6-25 所示的曲柄摇杆机构中，曲柄 AB 连续转动时，摇杆 CD 因其初始条件不同，可在 ψ_3 或 ψ_3' 角范围内连续占据各位置做往复摆动。ψ_3 或 ψ_3' 角范围称为机构的可行域。在可行域内，机构的运动是连续的。δ 或 δ' 角范围称为机构的非可行域。摇杆 CD 不能进入非可行域，显然，机构不能由一个可行域跃过非可行域而进入另一个可行域。所以，在设计曲柄摇杆机构时，不能要求摇杆在两个不连通的可行域里运动。

在分析铰链四杆机构的运动连续性时，应分析其可行域。在分析图 6-26 所示的曲柄摇杆机构的可行域时，可设想将铰链 C 拆开，这时连架杆 3 做整周回转，连架杆 3 上 C 点的运动轨迹为 C 圆，而连杆 2 上 C 点的运动轨迹只能在由 $R_{max}=l_1+l_2$ 和 $R_{min}=|l_2-l_1|$ 所决定的 K_{12} 圆环面内。当构件 2、3 相连成铰链 C 时，C 点的运动轨迹只能是 C 圆与 K_{12} 圆环面相交的部分，即圆弧 $\overset{\frown}{C'C'}$ 和 $\overset{\frown}{C''C''}$，圆弧所对应的 ψ_3 和 ψ_3' 角范围为可行域，而 δ 和 δ' 角为非可行域。

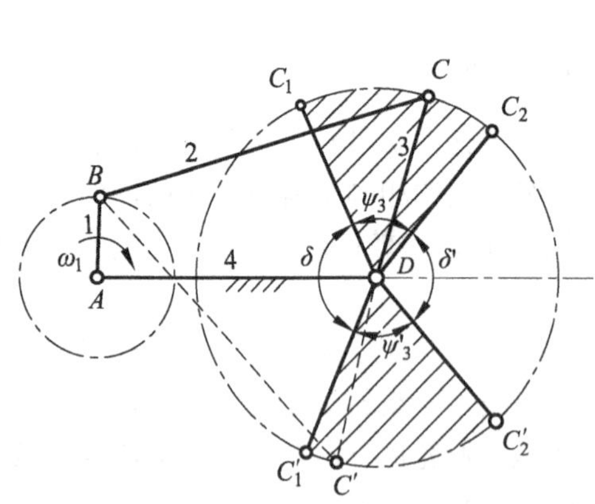

图 6-25　曲柄摇杆机构的可行域

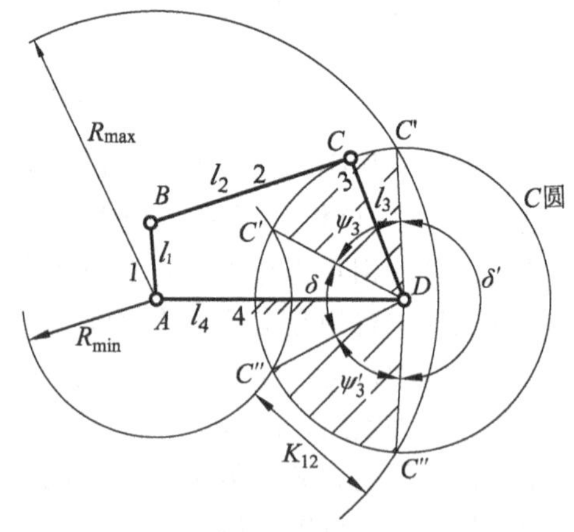

图 6-26　曲柄摇杆机构的可行域分析

6.4　平面连杆机构的设计

6.4.1　平面连杆机构设计的基本问题

平面连杆机构设计的基本问题，主要是根据给定的运动条件，选定机构的形式，确定机构运动简图的尺寸参数。为了使机构设计可靠、合理，还应考虑几何条件(如要求存在曲柄等)和动力学条件(如适当的传动角等)等。

生产实践中的要求是多种多样的，给定的条件也各不相同，但归纳起来，主要有下面两类问题。

1. 按照给定的位置或者运动规律设计平面四杆机构

(1)使连杆的运动满足给定的位置。图 6-27 为一种公共汽车车门开关的曲柄滑块机构。摆动汽缸 1 通过活塞 2 来推动构件 3 绕轴 A 转动，通过连杆 4(车门)使滑块 5 沿固定导路 6 移动。要求连杆 4(车门)能占据关闭(图 6-27 中实线)和开启(图 6-27 中虚线)两个位置。

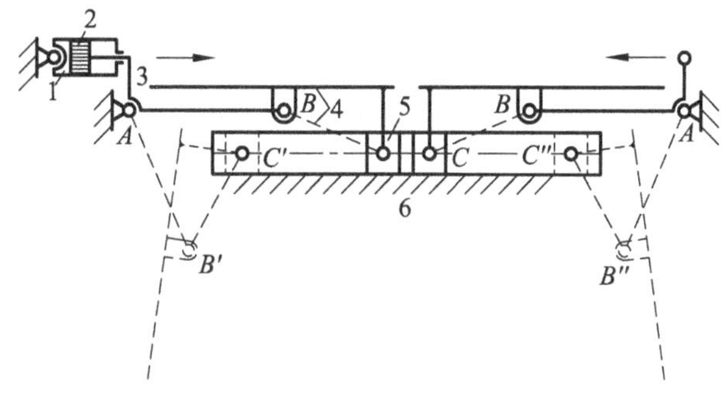

图 6-27　公共汽车车门开关机构

(2)两连架杆的转角能够满足给定的对应关系。如图 6-4(a)所示调整雷达天线俯仰角的曲柄摇杆机构，天线固结在摇杆 3 上，通过调整曲柄的转角以使天线处于最佳接收信号位置。

2. 利用连杆平面上的点实现一定轨迹的要求

要求在机构运动过程中，连杆上某些点的轨迹能符合预定的轨迹要求。如图 6-7(a)所示的鹤式起重机构，为避免货物做不必要的上下起伏运动，连杆上吊钩滑轮的中心点 E 应沿水平直线 EE' 移动；而如图 6-4(c)所示的搅拌机，应保证连杆上的 M 点能按预定的轨迹运动，以完成搅拌动作。

平面连杆机构的设计方法有图解法和解析法。图解法简单易行，几何关系清晰，但精度稍差；解析法精度较高，但比较抽象，而且求解过程比较繁复。设计时应根据具体情况来选择合宜的方法。

6.4.2　用图解法设计平面四杆机构

1. 按连杆预定位置设计平面四杆机构

图 6-28 为铰链四杆机构，连杆 BC 在运动

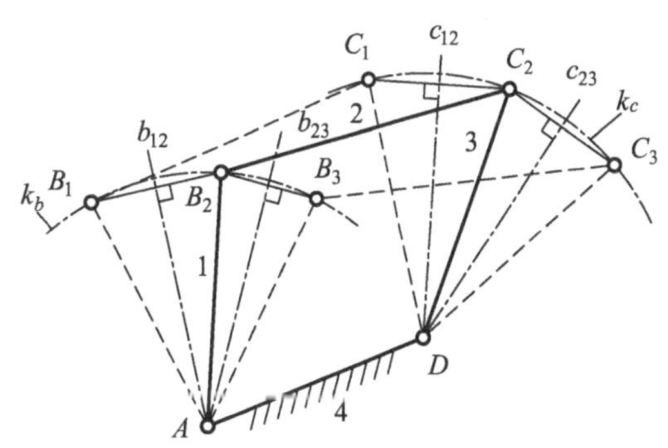

图 6-28　按连杆预定位置设计铰链四杆机构

过程中所依次占据的三个对应位置为 B_1C_1、B_2C_2 和 B_3C_3。显然点 B_1、B_2 和 B_3 的运动轨迹应是圆或一段圆弧，而该圆的圆心就是连架杆的固定铰链 A；同理，点 C_1、C_2 和 C_3 的运动轨迹也是圆或一段圆弧，其圆心是另一连架杆的固定铰链 D。因而，B_1B_2 和 B_2B_3 的中垂线的交点是固定铰链 A。同理，作 C_1C_2 和 C_2C_3 的中垂线交于点 D，即为另一固定铰链。

如果给定连杆平面的两个位置 B_1C_1、B_2C_2，显然点 A 可在 B_1B_2 的中垂线上任取，点 D 可在 C_1C_2 的中垂线上任取，有无数多解。此时，可再根据其他附加条件，如满足曲柄存在条件、紧凑的机构尺寸、较好的传动角等，来确定点 A、D 的位置。

2．按两连架杆给定的对应位置设计平面四杆机构

图 6-29(a)给定了连架杆 AB 和机架 AD 的长度，连架杆 AB 和另一连架杆 CD 上标线 DE 在机构运转中预定占据的 3 组位置 AB_1、DE_1，AB_2、DE_2，AB_3、DE_3，其对应转角用α及β表示，要求设计此平面四杆机构。

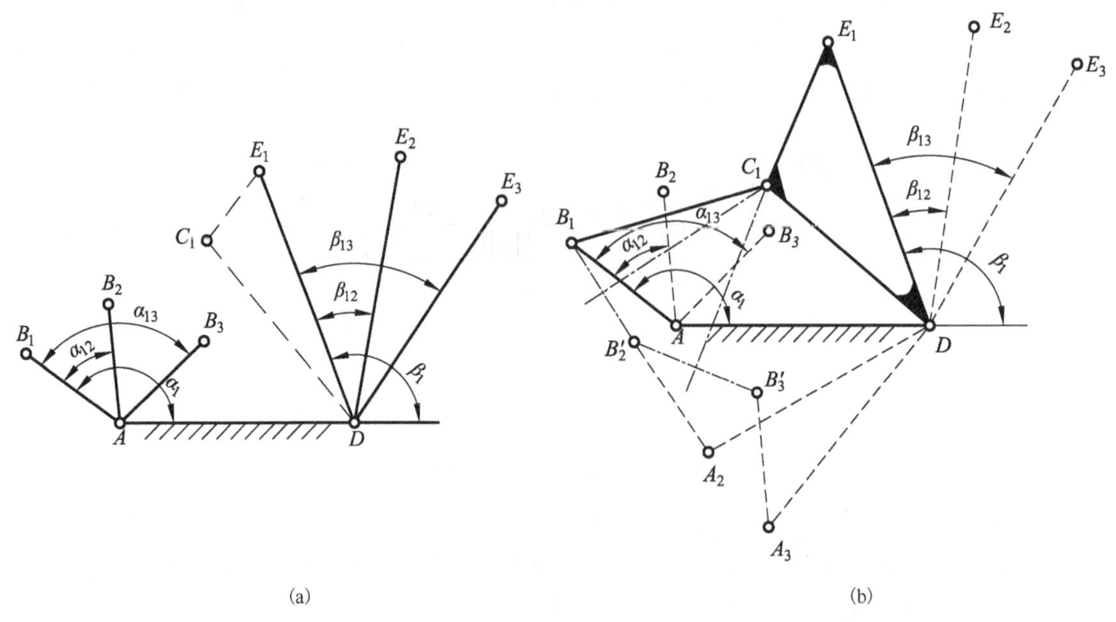

图 6-29　按连架杆对应位置设计平面四杆机构

根据低副相对运动不变性原理，各构件之间的相对运动与选择哪个构件为机架无关。若选 DE 为机架，则得到 AD 为连架杆而 AB 为连杆的一个转化机构，这样可以将给定两连架杆对应位置的问题转化为给定连杆位置的问题。

在 AD 为机架时，AB_1 转过α_{12}到达 AB_2 位置，相应 DE_1 转过β_{12}到达 DE_2 位置。这一过程相当于其转化机构的 DE_1 为机架，AD 反转β_{12}、AB_1 又相对 AD 转过α_{12}到达 A_2B_2' 位置。显然，转化机构中连杆的第二个位置 A_2B_2' 可求出。因为，A_2 在以 D 为圆心、$\overline{AD}$ 为半径的圆弧上，且$\angle ADA_2=-\beta_{12}$，A_2 可求出。B_2' 在以 A_2 为圆心、$\overline{AB}$ 为半径的圆弧上，且$\angle B_2'A_2D=\angle B_2AD$，$B_2'$ 也可求出。同理可求出转化机构连杆的第三个位置 A_3B_3'。A_3 在以 D 为圆心、$\overline{AD}$ 为半径的圆弧上，且$\angle ADA_3=-\beta_{13}$；B_3' 在以 A_3 为圆心、$\overline{AB}$ 为半径的圆弧上，且$\angle B_3'A_3D=\angle B_3AD$。$AB_1$、$A_2B_2'$、$A_3B_3'$ 位置已知，且已知固定铰链 D，现在来求另一铰链 C。作 B_1B_2' 的中垂线和 $B_2'B_3'$ 的中垂线，交点即为 C_1，连接 B_1C_1，图 6-29(b)中 AB_1C_1D 即为所设计的平面四杆机构。

如果两连架杆只给定两组对应位置，则有无穷多解。

3. 按给定的行程速比系数 K 设计平面四杆机构

若给定行程速比系数 K，可根据机构在极限位置时的几何关系，再结合有关的辅助条件来设计平面四杆机构。

1) 曲柄摇杆机构

设已知摇杆 CD 的长度、摆角 ψ 及行程速比系数 K，现设计一曲柄摇杆机构。

设计的实质是确定固定铰链 A 及各构件的长度，设计步骤如下。

(1) 求出极位夹角：

$$\theta = 180^\circ \times \frac{K-1}{K+1}$$

(2) 如图 6-30 所示，任选固定铰链 D 的位置，根据给定摇杆长度 $\overline{CD}$ 与摆角 ψ 作出摇杆的两个极限位置 C_1D 和 C_2D。

(3) 作 $\angle C_1C_2O=90^\circ-\theta$ 与 C_1C_2 的中垂线交于 O。

(4) 以 O 为圆心、$\overline{OC}$ 为半径作 G 圆，则 G 圆上除劣弧 $\overset{\frown}{C_1C_2}$ 以外的各点对弦线 C_1C_2 所张的圆周角均为 θ，所以固定铰链 A 只有在该圆弧上时其极位夹角才为 θ。延长 C_1D、C_2D，分别与 G 圆交于 F、E，若在虚线所示的弧 $\overset{\frown}{EF}$ 上选固定铰链 A 则无运动上意义(机构将不满足运动连续性要求)，所以固定铰链 A 可在圆弧 $\overset{\frown}{C_1PE}$ 或 $\overset{\frown}{C_2GF}$ 上任选。

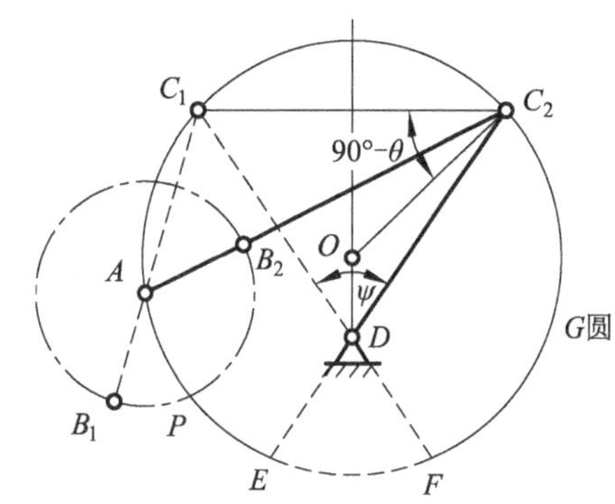

图 6-30　按行程速比系数以图解法设计平面四杆机构

(5) 选定固定铰链 A 后，连接 AC_1、AC_2，设曲柄长度 $\overline{AB}=a$，连杆长度 $\overline{BC}=b$，因机构在极限位置时，曲柄与连杆共线，故有

$$\overline{AC_1}=b-a,\quad \overline{AC_2}=b+a$$

可解得

$$a=\frac{\overline{AC_2}-\overline{AC_1}}{2},\quad b=\frac{\overline{AC_2}+\overline{AC_1}}{2}$$

由于固定铰链 A 在 G 圆的两段圆弧上任意选取，因此可有无数多解。这时可以附加一些其他辅助条件，例如，给定机架长度 d、给定最小传动角 $\gamma_{\min}$ 等，则可得到确定的解。当固定铰链 A 向 $E(F)$ 点靠近时，机构的最小传动角将随之减少而趋向零，故固定铰链 A 适当远离 $E(F)$ 点较为有利。

2) 曲柄滑块机构

设已知曲柄滑块机构的行程速比系数 K、冲程 H 和偏距 e，现设计此机构。

(1) 求出极位夹角：

$$\theta = 180^\circ \times \frac{K-1}{K+1}$$

(2) 如图 6-31 所示，作　直线 $\overline{C_1C_2}=H$，C_1、C_2 分别是滑块的两个极限位置。

(3) 作 $\angle C_2C_1O=90^\circ-\theta$，与过 C_2 点作 C_1C_2 的垂线交于 O。

(4) 作直角三角形 C_1OC_2 的外接圆，则曲柄的固定铰链 A 必在此圆上，其极位夹角

$\angle C_1AC_2=\theta$。

(5) 作一直线与 C_1C_2 平行，使其间距离等于给定的偏距 e，此直线与上述圆的交点即是固定铰链 A 的位置。

(6) 设曲柄长度为 a，连杆长度为 b，则

$$a=\frac{\overline{AC_1}-\overline{AC_2}}{2},\quad b=\frac{\overline{AC_1}+\overline{AC_2}}{2}$$

3) 摆动导杆机构

设已知摆动导杆机构中机架的长度为 d，行程速比系数为 K，现设计此机构。

如图 6-32 所示，导杆机构的极位夹角 θ 等于导杆的摆角 ψ，所需确定的尺寸是曲柄长度 a。其设计步骤如下。

(1) 求出极位夹角 $\theta=180°(K-1)/(K+1)$。

(2) 任选固定铰链 D，作导杆两极限位置，使摆角的大小为 ψ。

(3) 作摆角 ψ 的角平分线 AD，并使 $\overline{AD}=d$，得固定铰链 A。

(4) 过 A 点作导杆极限位置的垂线 AC_1 或 AC_2，即可得曲柄长度 a。

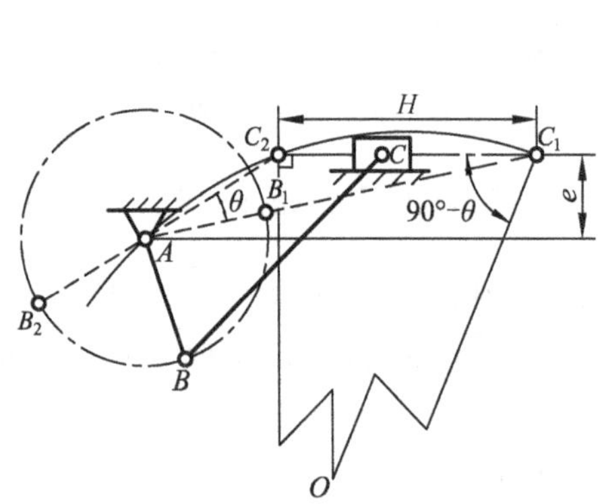

图 6-31　按行程速比系数设计曲柄滑块机构

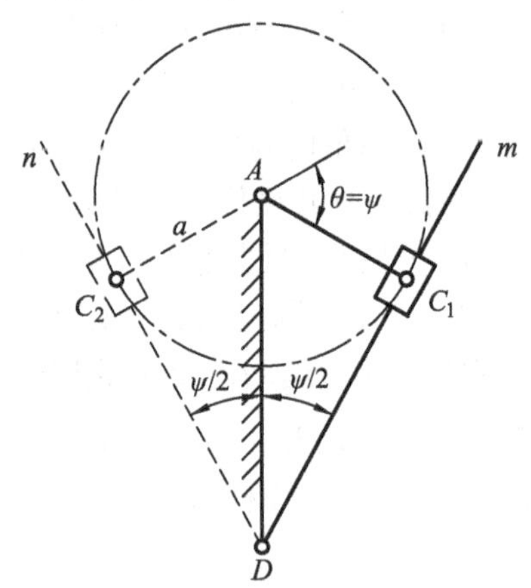

图 6-32　按行程速比系数设计摆动导杆机构

6.4.3　用解析法设计平面四杆机构

用解析法设计平面四杆机构，首先要建立机构的各待定尺寸参数和已知的运动参数的解析方程，通过求解方程得出需求的机构尺寸参数。解析法的特点为可借助于计算器或计算机求解，计算精度高，适应于对三个或三个以上位置设计的求解。其求解方法有封闭矢量图法、直角坐标约束方程法、矩阵法及复数法等，下面仅以封闭矢量图法为例进行说明。

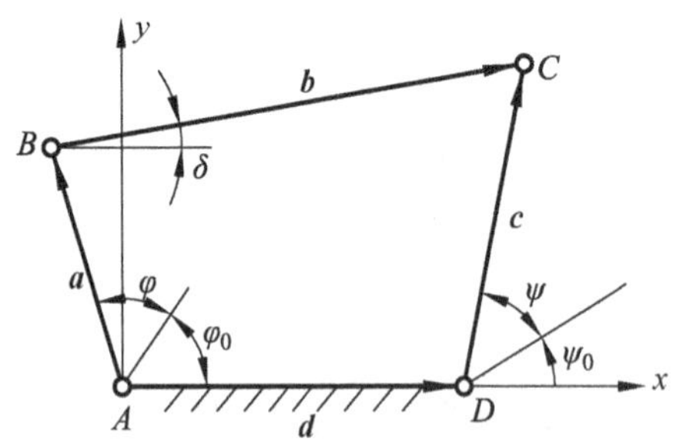

图 6-33　按两连架杆对应角位移设计铰链四杆机构

1. 按给定的两连架杆对应角位移设计平面四杆机构

如图 6-33 所示的铰链四杆机构中，原动件 AB 的初始角为 φ_0，角位移为 φ；从动件 CD 的

初始角为ψ_0，角位移为ψ；要求确定各构件尺寸 a、b、c、d。

为建立包括运动参数与构件尺寸参数的解析方程，先建立直角坐标系，使原点与固定铰链 A 重合，x 轴与机架 AD 相重合。把各构件表示为矢量构成矢量封闭形，可写出

$$\boldsymbol{a}+\boldsymbol{b}=\boldsymbol{c}+\boldsymbol{d} \tag{6-9}$$

分别投影到 x 轴和 y 轴上，则得到

$$\left.\begin{aligned} b\cos\delta &= d+c\cos(\psi+\psi_0)-a\cos(\varphi+\varphi_0) \\ b\sin\delta &= c\sin(\psi+\psi_0)-a\sin(\varphi+\varphi_0) \end{aligned}\right\} \tag{6-10}$$

将上面式子两边平方相加，整理之后得

$$b^2=d^2+c^2+a^2+2cd\cos(\psi+\psi_0)-2ad\cos(\varphi+\varphi_0)-2ac\cos\left[(\varphi-\psi)+(\varphi_0-\psi_0)\right] \tag{6-11}$$

用 $2ac$ 除式(6-11)，并令

$$\left.\begin{aligned} p_1 &= \frac{d^2+c^2+a^2-b^2}{2ac} \\ p_2 &= d/a \\ p_3 &= d/c \end{aligned}\right\} \tag{6-12}$$

则式(6-11)可写为

$$p_1+p_2\cos(\psi+\psi_0)-p_3\cos(\varphi+\varphi_0)=\cos\left[(\varphi-\psi)+(\varphi_0-\psi_0)\right] \tag{6-13}$$

式中含有 5 个未知数 p_1、p_2、p_3、φ_0 和ψ_0。如果给定 5 组角位移φ_1、ψ_1，φ_2、ψ_2，…，φ_5、ψ_5 分别代入式(6-13)中，则得 5 个方程，联立求解，可解得 p_1、p_2、p_3、φ_0 和ψ_0。再根据结构选定机架长度 d 并利用式(6-12)由 p_1、p_2、p_3 求出 a、b 和 c。

若给定三组角位移，可先选定初始角φ_0、ψ_0，再将三组角位移分别代入式(6-13)，可得线性方程组：

$$\left.\begin{aligned} p_1+p_2\cos(\psi_1+\psi_0)-p_3\cos(\varphi_1+\varphi_0)&=\cos\left[(\varphi_1-\psi_1)+(\varphi_0-\psi_0)\right] \\ p_1+p_2\cos(\psi_2+\psi_0)-p_3\cos(\varphi_2+\varphi_0)&=\cos\left[(\varphi_2-\psi_2)+(\varphi_0-\psi_0)\right] \\ p_1+p_2\cos(\psi_3+\psi_0)-p_3\cos(\varphi_3+\varphi_0)&=\cos\left[(\varphi_3-\psi_3)+(\varphi_0-\psi_0)\right] \end{aligned}\right\} \tag{6-14}$$

解此线性方程组求出 p_1、p_2、p_3，然后选定机架长度 d，最后由式(6-12)求得 a、b 和 c。

例如，设计如图 6-34 所示的铰链四杆机构，已知连架杆 AB 的起始角φ_0=60°，其转角范围为φ_m=100°；要求两连架杆 AB 和 CD 之间的转角近似地实现函数关系 $y=\lg x$（1≤x≤10），但必须保证下列三组对应值完全准确：x_1=2、y_1=0.3010；x_2=5、y_2=0.6990；x_3=9、y_3=0.9542。连架杆 CD 的起始角ψ_0=240°，其转角范围为ψ_m=−50°。

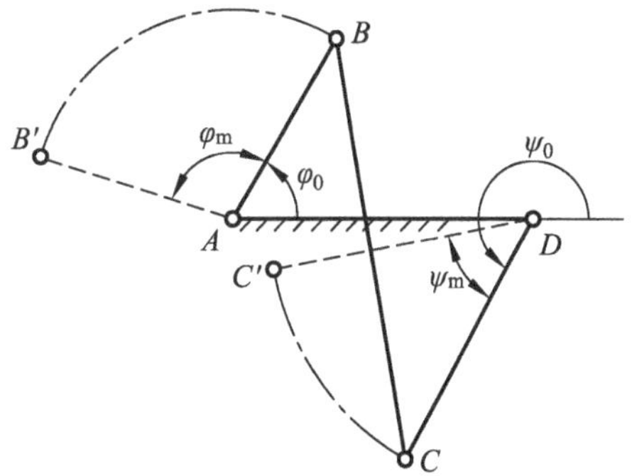

图 6-34　按期望函数设计铰链四杆机构

取输入角φ与给定函数 $y=\lg x$ 的自变量 x 成比例，输出角ψ与函数值 y 成比例，则转角φ与ψ的对应关系可以模拟给定的函数关系 $y=\lg x$。所以，按给定函数 $y=\lg x$ 要求设计铰链四杆机构时，首要的问题是要按一定的比例关系把给定函数 $y=\lg x$ 转换成两连架杆对应的角位移方程$\psi=\psi(\varphi)$。

(1) 因φ_m=100° 代表Δx=10−1=9，故得原动件转角φ的比例尺μ_φ=100° /9。又因为φ_m=−50° 代表Δy=lg10−lg1=1，故得从动件转角ψ的比例尺μ_ψ=−50° /1。

(2) 根据给定的 x、y 的三组对应值求出φ和ψ中的三组对应值为

$$\varphi_1 = \Delta x_1 \times \mu_\varphi = 11.11^\circ，\quad \psi_1 = \Delta y_1 \times \mu_\psi = -15.05^\circ$$

$$\varphi_2 = \Delta x_2 \times \mu_\varphi = 44.44^\circ，\quad \psi_2 = \Delta y_2 \times \mu_\psi = -34.95^\circ$$

$$\varphi_3 = \Delta x_3 \times \mu_\varphi = 88.88^\circ，\quad \psi_3 = \Delta y_3 \times \mu_\psi = -47.71^\circ$$

(3) 将φ、ψ的三组对应值和φ_0、ψ_0 值代入式(6-13)中，得到未知数 p_1、p_2、p_3 的三个线性方程，联立求解得到

$$p_1=0.42332870467，p_2=1.119775322，p_3=1.632123393$$

设 d=1.0，则得

$$a=0.89304，b=1.3075，c=0.61269$$

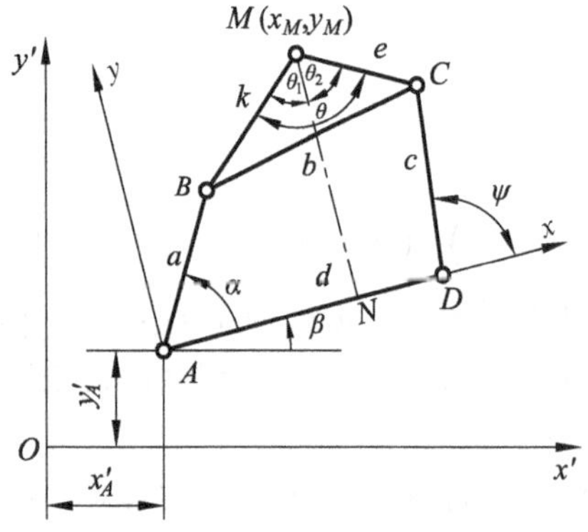

图 6-35　按给定的运动轨迹设计平面四杆机构

2. 按给定的运动轨迹设计平面四杆机构

如图 6-35 所示，要求选定各构件尺寸及连杆上某点 M 的位置，使该点运动轨迹与给定轨迹相符。先建立 M 点的位置方程，取参考坐标系 xAy，则 M 点的位置方程可写为

$$\left.\begin{aligned} x_M &= a\cos\alpha + k\sin\theta_1 \\ y_M &= a\sin\alpha + k\cos\theta_1 \end{aligned}\right\} \tag{6-15}$$

而在四边形 $MNDC$ 中

$$\left.\begin{aligned} x_M &= d + c\cos\psi - e\sin\theta_2 \\ y_M &= c\sin\psi + e\cos\theta_2 \end{aligned}\right\} \tag{6-16}$$

从式(6-15)中消去α角得

$$a^2 = x_M^2 + y_M^2 + k^2 - 2k\left(x_M\sin\theta_1 + y_M\cos\theta_1\right) \tag{6-17}$$

从式(6-16)中消去ψ角得

$$\left(d - x_M\right)^2 + y_M^2 + e^2 - c^2 - 2e\left[\left(d - x_M\right)\sin\theta_2 + y_M\cos\theta_2\right] = 0 \tag{6-18}$$

根据$\theta_1+\theta_2=\theta$，将式(6-17)、式(6-18)中的θ_1 和θ_2 消去，M 点的位置方程可写为

$$U^2 + V^2 = W^2 \tag{6-19}$$

式中，

$$U = e\left[\left(x_M - d\right)\cos\theta + y_M\sin\theta\right]\left(x_M^2 + y_M^2 + k^2 - a^2\right) - kx_M\left[\left(x_M - d\right)^2 + y_M^2 + e^2 - c^2\right]$$

$$V = e\left[\left(x_M - d\right)\sin\theta + y_M\cos\theta\right]\left(x_M^2 + y_M^2 + k^2 - a^2\right) + kx_M\left[\left(x_M - d\right)^2 + y_M^2 + e^2 - c^2\right]$$

$$W = 2ke\left\{\sin\theta\left[x_M\left(x_M - d\right) + y_M^2\right] - dy_M\cot\theta\right\}$$

上述方程中，待定尺寸参数为 a、c、d、e、k 和θ。若在给定的轨迹中任选 6 个点的坐标 x_{Mi}、y_{Mi} (i=1，2，…，6)，代入式(6-19)中，联立求解，即可求出机构尺寸及连杆上 M 点的位置。所得结果能精确实现给定轨迹中这 6 点的位置，其他位置就不一定能精确实现。为了使连杆曲线上能有更多的点与给定的轨迹相符合，引入另一个坐标系 $x'Oy'$，也就引入了机架在 $x'Oy'$坐标系中的位置参数 x_A'、y_A'和β，如图 6-35 所示。然后用坐标变换的方法，将式(6-19)变换到坐标系 $x'Oy'$中，即可得出包括 9 个待定尺寸参数在内的连杆曲线方程。于是连杆曲线

上可有 9 个点与给定的轨迹相符合。

用解析法设计平面四杆机构的优点是能得到较精确的设计结果，便于将机构的设计误差控制在允许的范围之内，但所得方程和计算过程可能相当复杂。但随着数学手段的发展和计算机的普遍应用，解析法得到日益广泛的应用。

6.5　平面多杆机构简介

在工程实际中，由于平面四杆机构结构简单，设计制造比较方便，因此得到广泛应用。但生产实际中提出的问题有时是复杂的，采用四杆机构常常难以满足要求，因而就不得不借助于多杆机构。相对于平面四杆机构，使用平面多杆机构可以达到以下一些目的。

1. 可精确实现连架杆 5 个以上的对应位置

采用平面四杆机构，仅能精确实现连架杆 5 个对应位置，而要实现 5 个以上的对应位置，可采用平面多杆机构。如图 6-36 所示的瓦特型六杆函数机构，就可精确实现连架杆 *AB*、*GF* 的 11 个对应位置。

2. 可改变从动件的运动特性

刨床、插床、插齿机等机器中的主传动机构都要求刀具的运动具有急回特性。用一般的平面四杆机构，虽可满足急回要求，但在工作行程中其等速性却不好。若采用平面多杆机构，可使它既具有空回行程的急回特性，又具有工作行程的等速性。如图 6-37 所示，Y52 插齿机的主传动机构就是一个平面六杆机构，可使插刀在工作行程中得到近似等速运动，以满足切削质量及刀具耐磨性的需要。图 6-5(a)所示的惯性筛六杆机构，不仅有较大的行程速比系数，而且在运转过程中加速度变化幅度大，可提高筛分效果。

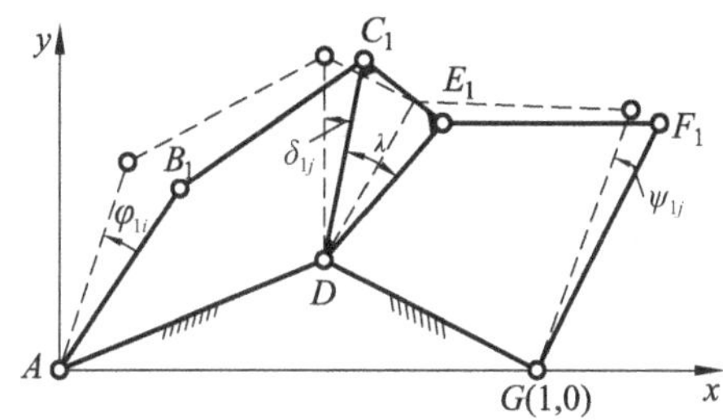

图 6-36　瓦特型六杆函数机构

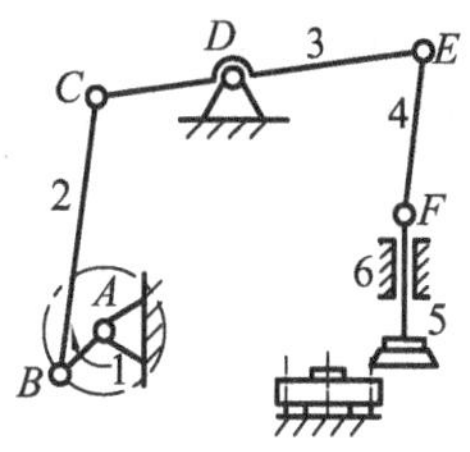

图 6-37　Y52 插齿机构

3. 可扩大机构从动件的行程

图 6-38 为一钢料推送装置的机构运动简图，采用平面多杆机构，可使从动件 5 的行程大幅度扩大。

4. 可实现机构从动件的间歇运动

在某些机械(如织布机等)中，要求从动件在运动过程中具有较长时间的停歇。图 6-39 为一具有间歇运动的平面六杆机构。构件 1、2、3、6 组成一曲柄摇杆机构，连杆 2 上点 *E* 的运动轨迹为一腰形曲线，该曲线中的 $\overset{\frown}{\alpha\alpha}$ 和 $\overset{\frown}{\beta\beta}$ 两段为近似的圆弧(其半径相等)，圆心分别在 *F* 点和 *F'* 点，铰链 *G* 在 *FF'* 的中垂线上。构件 4 的长度与圆弧的曲率半径相等，故当点 *E* 在 $\overset{\frown}{\alpha\alpha}$ 或 $\overset{\frown}{\beta\beta}$ 曲线段上运动时，从动件 5 将处于近似停歇状态。

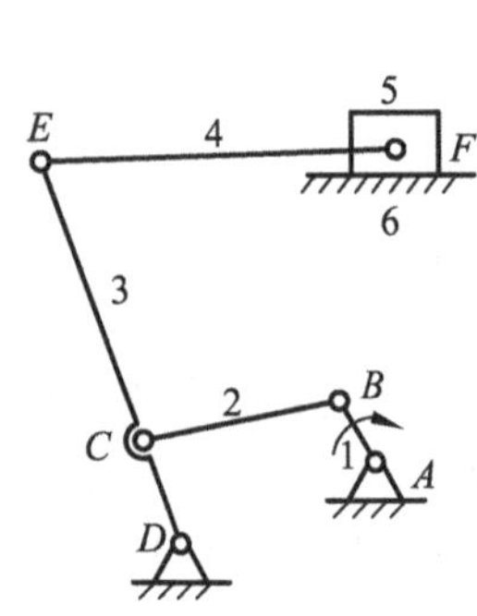

图 6-38 可扩大从动件行程的平面六杆机构

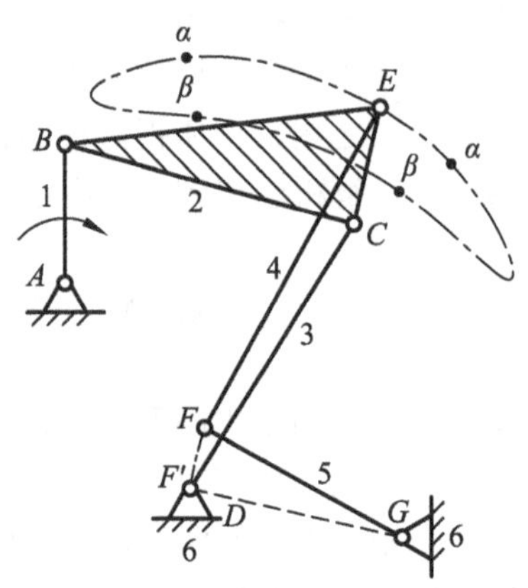

图 6-39 可实现从动件间歇运动的平面六杆机构

5. 可获得有利的传动角

在机构的从动件摆角较大、外廓尺寸或铰链位置受到严格限制的地方，采用平面四杆机构往往不能获得有利的传动角，而采用平面多杆机构则可使传动角条件得到改善。图 6-40(a)为某型洗衣机的搅拌机构，图 6-40(b)为其机构运动简图。由于输出摇杆 FG(叶轮)的摆角很大(>180°)，用曲柄摇杆机构时，其最小传动角将很小。采用如图 6-40 所示的平面六杆机构即可使这一问题获得很好解决。图 6-40(b)中用虚线示出了机构的两个极限位置，不难看出机构没有传动角过小的情况。

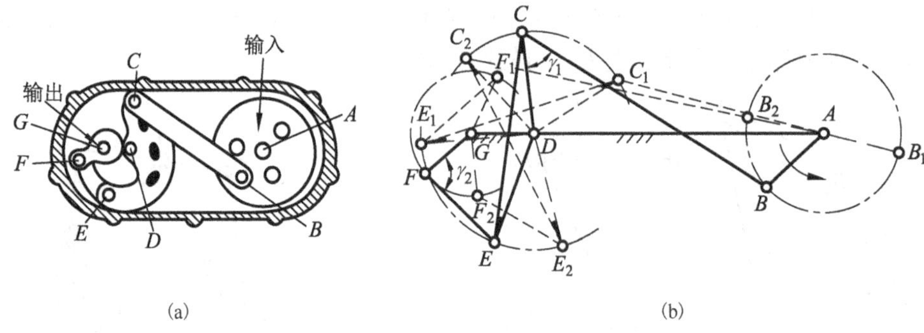

图 6-40 洗衣机的搅拌机构

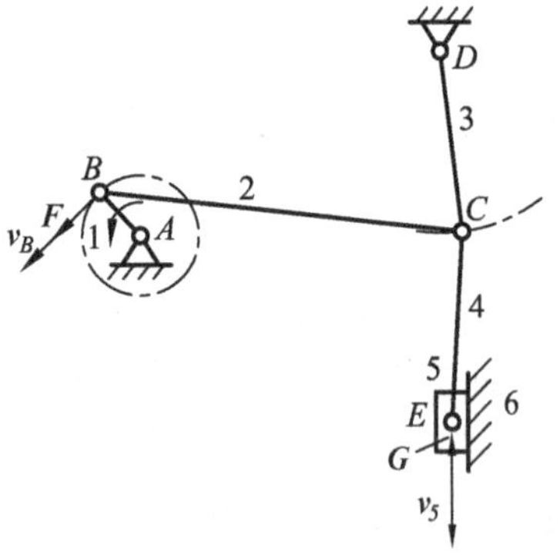

6. 可获得较大的机构增益

图 6-41 为广泛用于锻压设备中的肘杆机构。当从动件滑块 5 接近下死点时，由于速比 v_B/v_5 很大，故可用加于原动件 AB 上的很小力 $\boldsymbol{F}$ 克服很大的工作阻力 $\boldsymbol{G}$，即可获得很大的机构增益，以满足锻压工作的需要。

图 6-41 锻压设备中的肘杆机构

7. 其他应用

平面多杆机构按杆数可分为五杆、六杆、八杆机构等；按机构自由度可分为单自由度机构(如六杆、八杆、十杆机构等)和多自由度机构(如五杆、七杆两自由度机构以及八杆三自由度机构等)。图 6-42 为一种飞机襟翼的多杆收放机构，通过多杆联动，调整机翼外形，可在起飞和降落阶段展开以增加升力，在巡航阶段收起以减小飞行阻力。

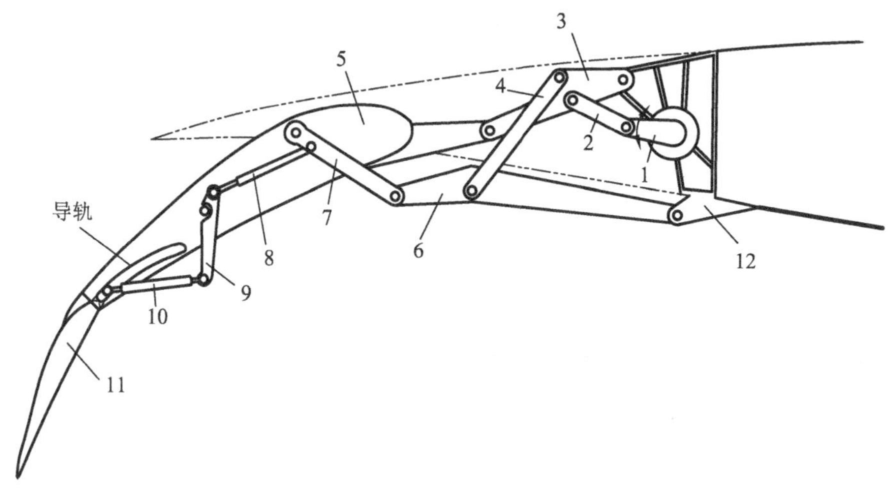

图 6-42　飞机襟翼的多杆收放机构

对于平面多杆机构，由于其尺寸参数多，运动要求复杂，因而其设计也较困难。具体设计方法可参阅有关专著。

本 章 小 结

本章在研究最基本的铰链四杆机构的基础上，进一步介绍了在实际中应用很广泛的各种平面连杆机构和平面四杆机构的设计方法，并简单介绍了平面多杆机构。主要内容如下。

(1) 平面连杆机构是全部由低副组成的平面机构，铰链四杆机构是全部由转动副组成的平面四杆机构，曲柄是做整周回转的连架杆，摇杆是不能做整周回转而只做往复摆动的连架杆。极位夹角是从动件摇杆在两极限位置时，曲柄上固定铰链对摇杆上活动铰链两个极限位置所张的视角；行程速比系数是指从动件空回行程平均速度与工作行程平均速度的比值；压力角为不计摩擦、惯性力和重力时，从动件受力方向与力作用点速度方向所夹的锐角。传动角与压力角互余；死点位置是压力角为 90° 时的位置。

(2) 平面四杆机构的基本形式有铰链四杆机构、具有一个移动副的四杆机构、具有两个移动副的四杆机构。

(3) 通过改变构件的形状及相对尺寸、扩大转动副的尺寸和选用不同构件作为机架等方法，实现四杆机构中各种机构的演化。

(4) 平面连杆机构设计的基本问题是：构件通过若干给定位置的刚体导引问题；输出构件实现给定运动规律的再现函数问题；给定连杆上一点运动轨迹的再现轨迹问题。

(5) 平面连杆机构的设计方法有图解法和解析法。

(6) 平面多杆机构简介。

复习思考题

1．铰链四杆机构有哪几种形式？

2．铰链四杆机构曲柄存在条件是什么？导杆机构和滑块机构曲柄存在条件是什么？

3．何谓极位夹角和行程速比系数？其间关系如何？

4．曲柄滑块机构、曲柄摇杆机构和导杆机构是否都有急回特性？

5．压力角和传动角如何定义？其大小对机构有何影响？在死点位置处各有何特点？如何确定铰链四杆机构、偏置曲柄滑块机构最小传动角γ_{min}的位置？

6．何谓机构的运动连续性和机构的可行域？

7．平面连杆机构的设计方法有哪几种？平面连杆机构的运动设计主要解决什么问题？

习 题

6-1 在题 6-1 图所示的平面四杆机构中，已知各构件长度 l_{AB}=55mm，l_{BC}=40mm，l_{CD}=50mm，l_{AD}=25mm，试问哪个构件固定可以获得曲柄摇杆机构？哪个构件固定可以获得双曲柄机构？哪个构件固定能获得双摇杆机构？

6-2 在题 6-2 图所示的铰链四杆机构中，已知 l_{BC}=50mm，l_{CD}=35mm，l_{AD}=30mm，试问：

(1)若此机构为曲柄摇杆机构，且 AB 杆为曲柄，l_{AB} 的最大值为多少？

(2)若此机构为双曲柄机构，l_{AB} 的最小值为多少？

(3)若此机构为双摇杆机构，l_{AB} 应为多少？

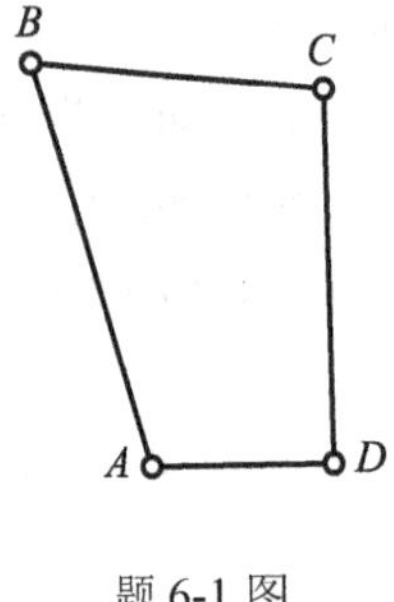

题 6-1 图

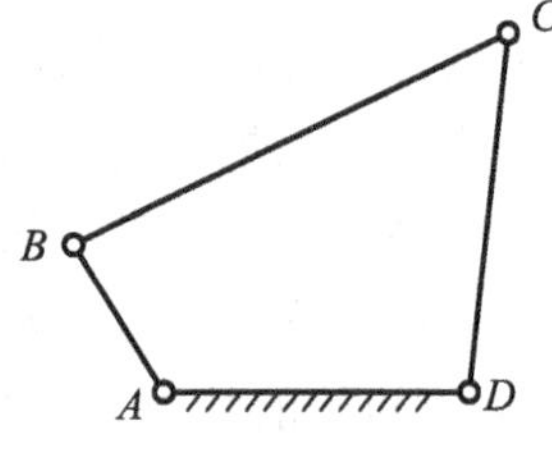

题 6-2 图

6-3 题 6-3 图为一偏置曲柄滑块机构，试求杆 AB 能成为曲柄的条件。当偏距 e=0 时，杆 AB 成为曲柄的条件是什么？

6-4 已知一偏置曲柄滑块机构如题 6-4 图所示。其中偏距 e=10mm，曲柄长度 l_{AB}=20mm，连杆长度 l_{BC}=70mm。求：

(1)曲柄作为原动件时的最大压力角α_{max}；

(2)滑块作为原动件时机构的死点位置；

(3)滑块的行程；

(4)判断该机构是否具有急回特性，并说明其理由；

(5)若滑块的工作行程方向朝右，试从急回特性和压力角两个方面判定题 6-4 图所示曲柄的转向是否正确，并说明道理。

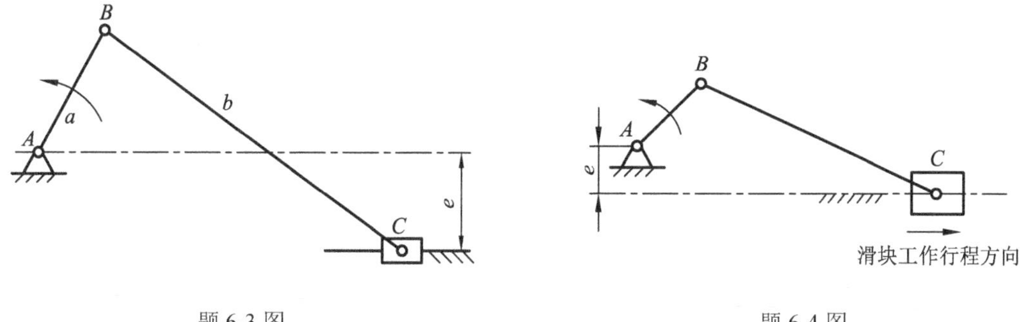

题 6-3 图　　　　题 6-4 图

6-5　题 6-5 图所示的导杆机构中，要求：

(1)当 l_{AB}=40mm，机构为摆动导杆时，l_{AC} 的最小值；

(2)AB 为原动件时，机构最大传动角 γ_{max} 的值(不计摩擦)。

(3)当 l_{AC}=50mm，且此机构为转动导杆机构时，l_{AB} 的最小值。

6-6　如题 6-6 图所示的平面连杆机构，各构件的尺寸为 l_{AB}=160mm，l_{BC}=260mm，l_{CD}=200mm，l_{AD}=80mm，并知构件 AB 为原动件，沿顺时针方向匀速转动。试确定：

(1)平面四杆机构 $ABCD$ 的类型；

(2)该平面四杆机构的最小传动角 γ_{min}；

(3)滑块 F 的行程速比系数 K。

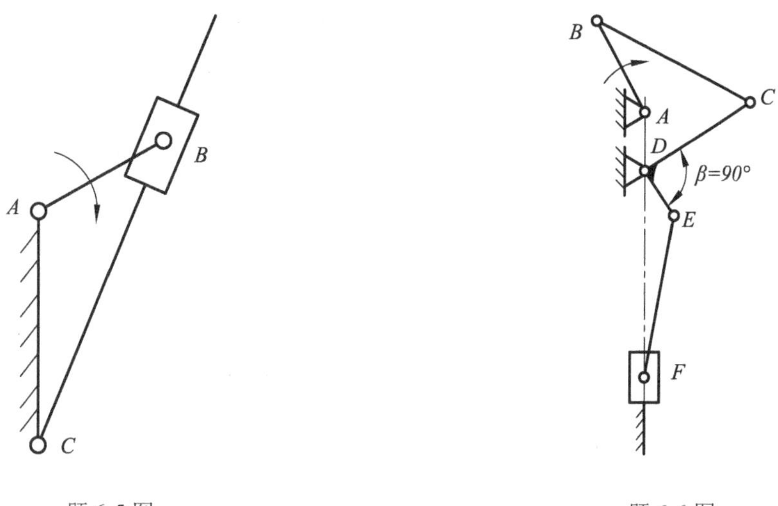

题 6-5 图　　　　题 6-6 图

6-7　设计某曲柄摇杆机构，如题 6-7 图所示。要求踏板 CD 在水平位置上下各摆 10°，l_{CD}=500mm，l_{AD}=1000mm。试用图解法求曲柄 AB 和连杆 BC 的长度。

6-8　题 6-8 图为加热炉炉门的启闭机构。点 $B_1(B_2)$、$C_1(C_2)$ 为炉门上的两铰链副中心。炉门打开后成水平位置时，要求炉门的热面朝下。固定铰链 A、D 应位于 yy 轴线上，其相互位置的尺寸如题 6-8 图所示，试设计此平面四杆机构。

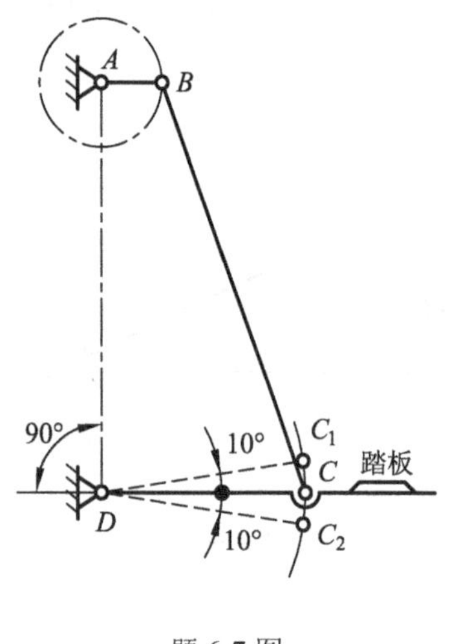

题 6-7 图

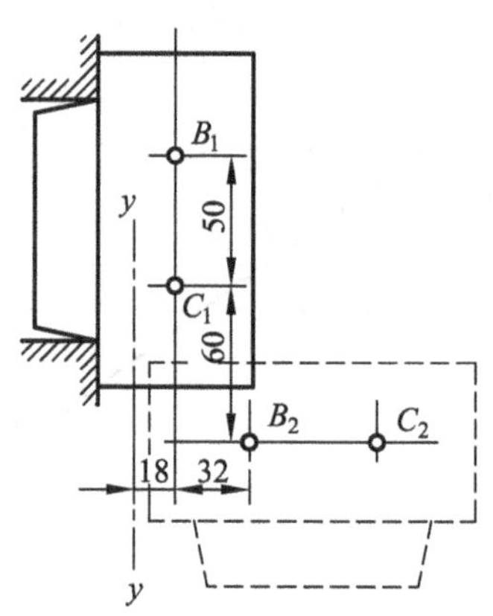

题 6-8 图

6-9　题 6-9 图为机床变速箱中滑移齿轮的操纵机构，已知滑移齿轮行程 H=60mm，l_{DE}=100mm，l_{CD}=120mm，l_{AD}=250mm，其相互位置如题 6-9 图所示。当滑移齿轮处于右端和左端时，操纵手柄 AB 分别处于水平和铅垂位置(即将手柄从水平位置顺时针转 90°后的位置)。试设计此机构。

6-10　题 6-10 图为一飞机起落架机构。实线表示降落时的位置，虚线表示飞行时的位置。已知 l_{FC}=520mm，l_{FE}=340mm；α=90°，β=60°，θ=10°。试用图解法求出构件长度 l_{CD} 和 l_{DE}。

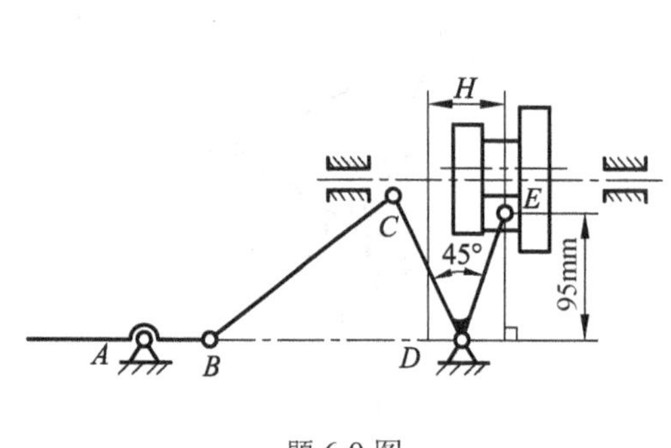

题 6-9 图

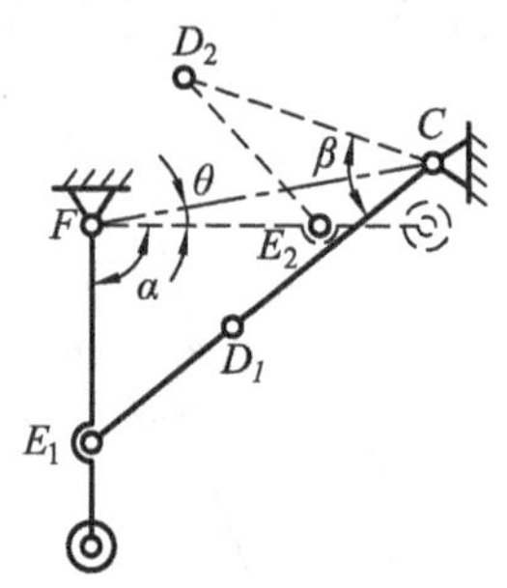

题 6-10 图

6-11　试设计一偏置曲柄滑块机构。已知滑块的行程速比系数 K=1.5，滑块的行程 $l_{C_1C_2}$=50mm，导路的偏距 e=20mm。求曲柄长度 l_{AB} 和连杆长度 l_{BC}。

6-12　试设计一曲柄摇杆机构。已知摇杆 CD 长度 l_{CD}=100mm，摇杆两极限位置间夹角 ψ=30°；行程速比系数 K=1.2，希望其最小传动角 $\gamma_{\min}$ 不小于 45°，求曲柄长度 l_{AB}、连杆长度 l_{BC} 和机架长度 l_{AD}，并核验所设计的曲柄摇杆机构是否有曲柄存在。

6-13　如题 6-13 图所示，设已知碎矿机的行程速比系数 K=1.2，颚板长度 l_{CD}=300mm，颚板摆角 ψ=35°；曲柄长度 l_{AB}=80mm，求连杆的长度，并验算最小传动角 $\gamma_{\min}$ 是否在允许范围内。

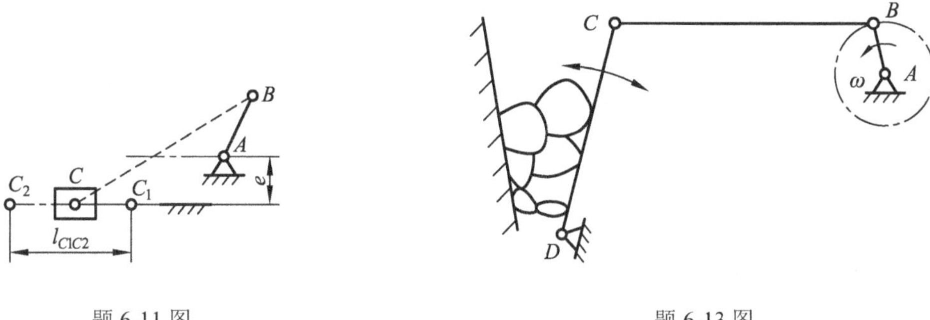

题 6-11 图　　　　题 6-13 图

6-14　如题 6-14 图所示，现欲设计一铰链四杆机构。设已知其摇杆 CD 的长度 l_{CD}=75mm，行程速比系数 K=1.5，机架 AD 的长度为 l_{AD}=100mm，又知摇扦的一个极限位置与机架间的夹角为ψ=45°，试求其曲柄长度 l_{AB} 和连杆长度 l_{BC}。

6-15　设计一铰链四杆机构，已知连架杆 AB 的长度 l_{AB}=100mm，机架的长度 l_{AD}=350mm，当构件 AB 位于 AB_1、AB_2、AB_3 三个位置时，另一连架杆 CD 上某一直线 DE 对应在 DE_1、DE_2、DE_3 三个位置，其中φ_1=55°、φ_2=75°、φ_3=105°；ψ_1=60°、ψ_2=85°、ψ_3=100°。试用图解法求铰链 C 的位置及连杆 BC 的长度 l_{BC}。

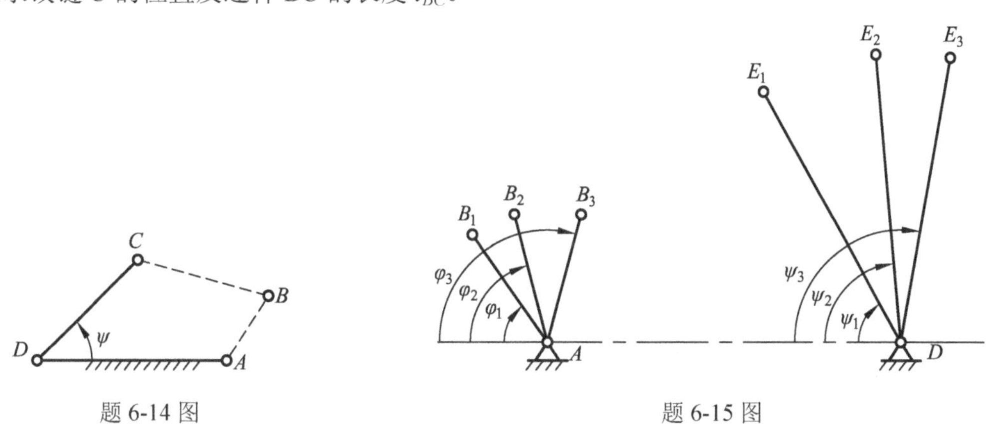

题 6-14 图　　　　题 6-15 图

6-16　题 6-16 图为一采用摇杆滑块机构的控制机构。若已知滑块和摇杆的 3 组对应位置为：s_1=130mm，φ_1=45°；s_2=80mm，φ_2=90°；s_3=30mm，φ_3=135°。试用图解法确定各构件的长度以及偏距 e。

6-17　题 6-17 图为一已知曲柄摇杆机构，现要求用一连杆将摇杆 CD 和一滑块 F 连接起来，使摇杆的三个已知位置 C_1D、C_2D、C_3D 和滑块的三个位置 F_1、F_2、F_3 相对应(图示尺寸按比例画出)。试确定此连杆的长度及其与摇杆 CD 铰接点 E 的位置。

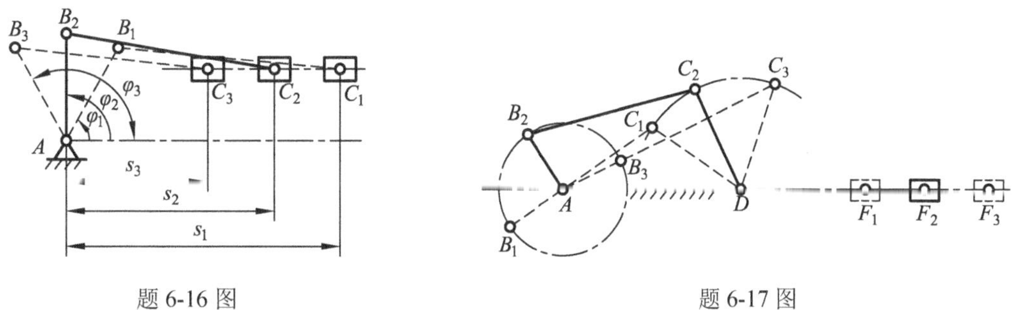

题 6-16 图　　　　题 6-17 图

6-18　试设计如题 6-18 图所示的六杆机构。当原动件 1 自 y 轴顺时针转过 $\varphi_{12}=60°$ 时，构件 3 顺时针转过 $\psi_{12}=45°$ 恰与 x 轴重合。此时滑块 6 自 E_1 移动到 E_2，位移 $s_{12}=20$mm。试确定铰链 B_1 和 C_1 的位置，并在所设计的机构中标明传动角γ，同时说明平面四杆机构 AB_1C_1D 的类型。

6-19　在题 6-19 图所示的插床用转动导杆机构中，已知 $l_{AB}=50$mm，$l_{AD}=40$mm，行程速比系数 $K=2.27$，求曲柄 BC 的长度及插刀 P 的行程。

6-20　题 6-20 图为偏置导杆机构，试作出其在图示位置时的传动角以及机构的最小传动角及其出现的位置，并确定机构为转动导杆机构的条件。

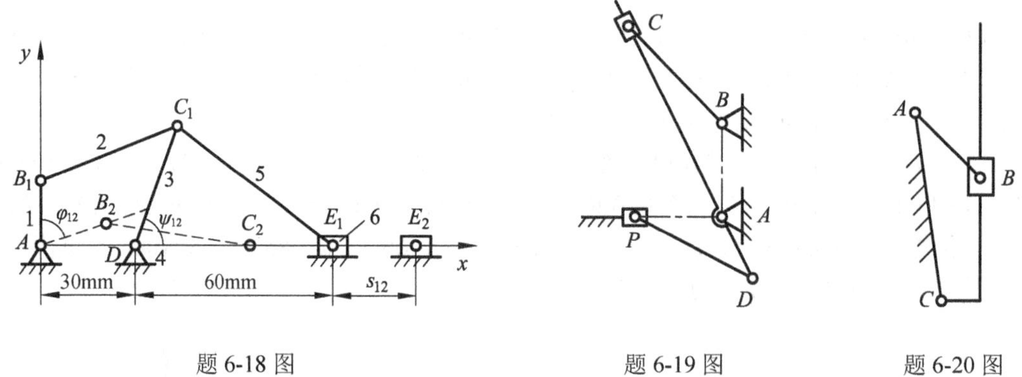

题 6-18 图　　　　题 6-19 图　　　　题 6-20 图

6-21　如题 6-21 图所示，给定平面四杆机构两连架杆的三组对应位置分别为$\varphi_1=35°$，$\psi_1=50°$；$\varphi_2=80°$，$\psi_2=75°$；$\varphi_3=125°$，$\psi_3=105°$。试以解析法设计此平面四杆机构。

6-22　如题 6-22 图所示，试用解析法设计平面四杆机构，使其两连架杆的对应转角关系近似实现已知函数 $y=\sin x\,(0\leqslant x\leqslant 90°)$。设计时取$\varphi_0=90°$，$\psi_0=105°$；$\varphi_m=110°$，$\psi_m=60°$。

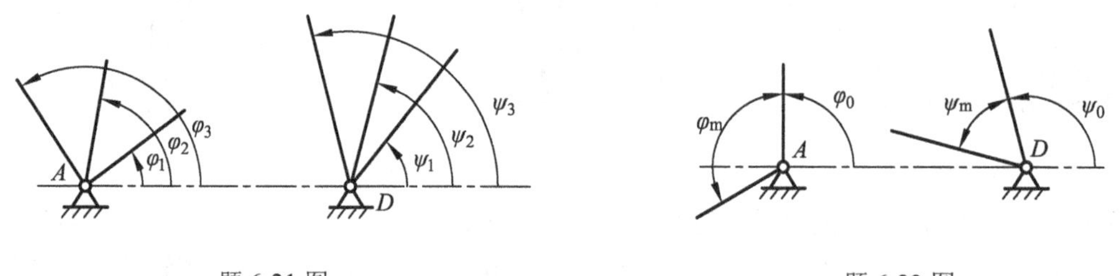

题 6-21 图　　　　题 6-22 图

第 7 章　凸 轮 机 构

7.1　概　　述

7.1.1　凸轮机构的特点与应用

据第六章可知，低副机构一般只能近似地实现给定运动律，且设计较为复杂。若从动件的位移、速度和加速度必须严格地按照预定规律变化，通常采用凸轮机构最为简便。凸轮机构在汽车发动机、机床、航空航天，以及各种自动机械、仪表、自动控制装置中均获得了广泛的应用。

图 7-1(a)为某内燃机配气凸轮机构，气阀 2 的运动规律取决于凸轮 1 的轮廓外形。当向径变化的凸轮轮廓与气阀的平底接触时，气阀产生往复移动；而当以凸轮回转中心为圆心的圆弧段轮廓与气阀接触时，气阀将静止不动。因此，随着凸轮 1 的连续转动，与机架 3 组成移动副的气阀 2 可获得间歇的、符合预期规律的运动，从而实现进气与排气的控制。

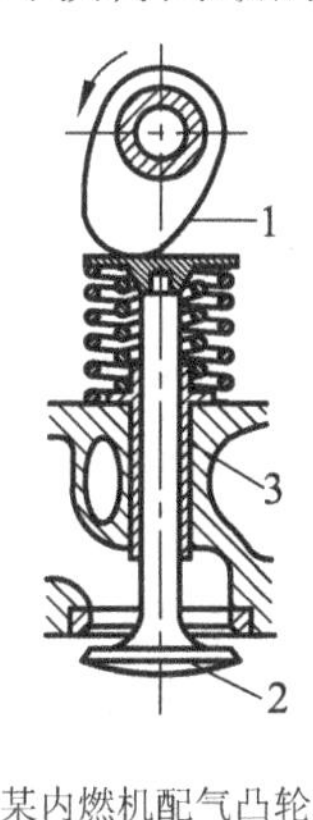

(a) 某内燃机配气凸轮机构

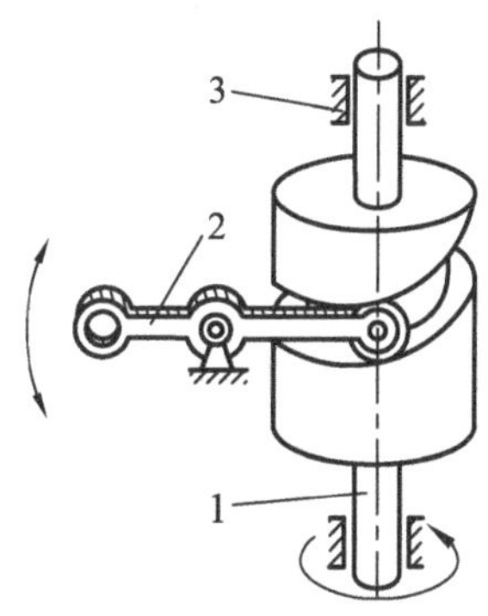

(b) 某自动机床自动进刀凸轮机构

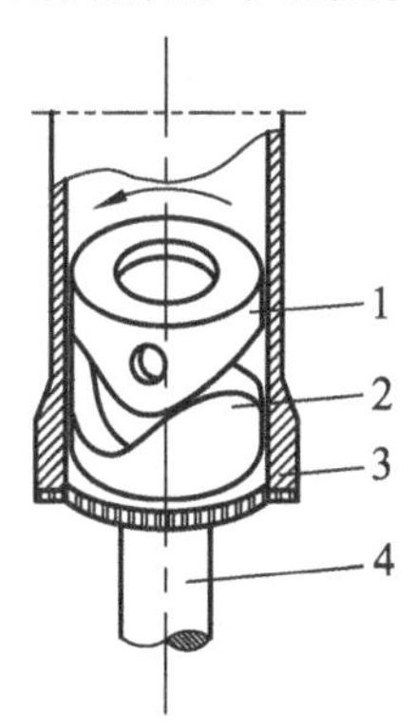

(c) 某飞机前起落架回中凸轮机构

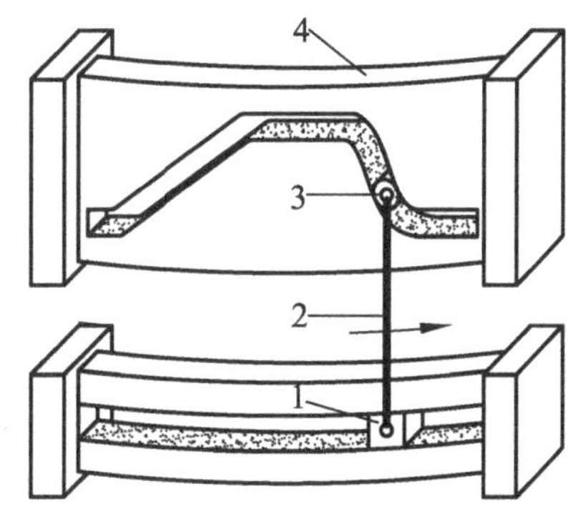

(d) 某航天器对接装置抱紧凸轮机构

图 7-1　凸轮机构典型应用案例

图 7-1(b)为某自动机床自动进刀凸轮机构，凸轮 1 与机架 3 组成转动副，当具有凹槽的圆柱凸轮 1 回转时，其凹槽的侧面迫使构件 2 摆动，从而控制刀架的进刀和退刀运动。其中，进刀和退刀的运动规律完全取决于凹槽的形状。

图 7-1(c)为某飞机前起落架回中凸轮机构。其中，凸轮机构安装在前起落架缓冲支柱内部，由上、下凸轮组成，上凸轮 1 固定在缓冲支柱活塞杆 4 上，下凸轮 2 固定在起落架主支柱外筒 3 上。上凸轮与缓冲支柱活塞杆、轮叉和前轮等可以一起绕缓冲支柱轴线转动，在飞机起飞离地或者着陆之前使前轮处于中立位置。飞机在地面滑行时，缓冲支柱稍有压缩，上、下凸轮脱开，便于前轮左右偏转。

图 7-1(d)为某航天器对接装置抱紧凸轮机构，当目标卫星被捕获拉回到预定范围内时，转动座固定件 1 以恒定的角速度转动，通过十字销轴支撑杆 2 带动十字销轴构件 3 在空间凸轮曲线凹槽 4 内运动，从而驱动抱紧环对目标卫星进行抱紧。

由以上应用实例可见，凸轮是一个具有曲线轮廓或凹槽的构件，运动时通过高副接触可以使从动件获得预期的运动。凸轮机构一般由凸轮、从动件和机架三个主要构件组成，通常凸轮为原动件。当凸轮作为从动件或固定不动时，又称其为反凸轮机构。

此外，凸轮机构结构简单，易于实现复杂的运动规律。然而，凸轮轮廓与从动件之间为点接触或线接触，容易磨损。所以，凸轮机构多用在传递动力不大的场合。

7.1.2　凸轮机构的分类

凸轮机构的类型很多，常见的分类方法如下。

1．按凸轮的形状划分

(1)盘形凸轮。如图 7-2(a)所示，该类凸轮是一种具有变化向径的盘形构件。当它绕固定轴转动时，可推动从动件在垂直于凸轮轴的平面内运动。

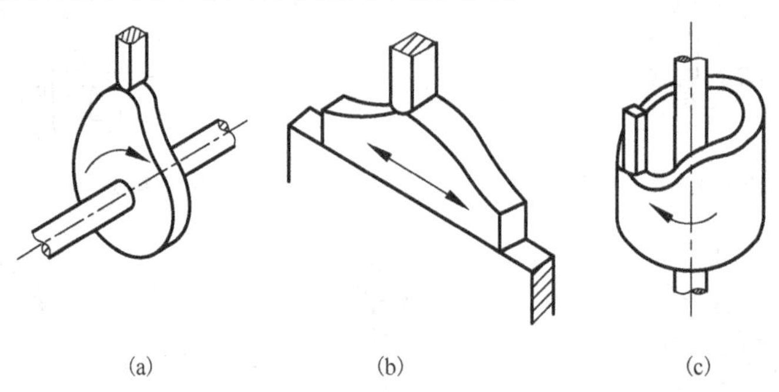

图 7-2　凸轮类型

(2)移动凸轮。如图 7-2(b)所示，该类凸轮可以看作回转中心在无穷远处的盘形凸轮。当移动凸轮做直线往复运动时，可推动从动件在同一运动平面内运动。

(3)圆柱凸轮。该类凸轮是一种在圆柱面上开有曲线凹槽(图 7-1(b))，或在圆柱端面上作出轮廓曲线的构件(图 7-2(c))。当它转动时，可使从动件在平行于其轴线或包含其轴线的平面内运动。由于该凸轮与从动件的运动不在同一平面内，所以这是一种空间凸轮机构。圆柱凸轮可以看作将移动凸轮卷绕于某一圆柱体上而成。

2. 按从动件的形状划分

(1)尖端从动件。如图7-3(a)、(b)所示，从动件尖端能与任意复杂的凸轮轮廓保持接触，从而使从动件实现任意运动，但因尖端容易磨损，所以只适用于传力不大的低速凸轮机构。

(2)滚子从动件。如图7-3(c)、(d)所示，由于滚子与凸轮之间的摩擦为滚动摩擦，磨损相对较小，故可用来传递较大的动力，应用较广。

(3)平底从动件。如图7-3(e)、(f)所示，其优点是不计摩擦时，凸轮对从动件的作用力始终垂直于从动件的底边，受力比较平稳，且凸轮与平底的接触面容易形成楔形油膜，故常用于高速凸轮机构。

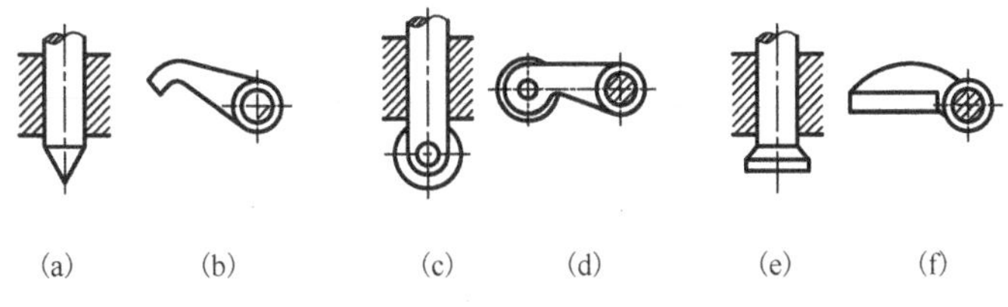

图7-3　从动件类型

此外，以上三种从动件也可按其相对于机架的运动形式分为做往复直线运动的直动从动件和做往复摆动的摆动从动件。对于直动从动件，若其轴线通过凸轮的回转轴心，则称其为对心直动从动件，否则称为偏置直动从动件。

3. 按凸轮与从动件保持接触(锁合)的方式划分

(1)力锁合。利用从动件的重力、弹簧力或其他外力使从动件与凸轮始终保持接触。

(2)形锁合。形锁合又称几何锁合，即利用凸轮与从动件构成的高副元素的特殊几何结构使凸轮与从动件始终保持接触。例如，图7-4(a)所示的凸轮机构中，利用凸轮上的凹槽和嵌于此凹槽中的滚子使凸轮与从动件始终保持接触。图7-4(b)、(c)所示的凸轮机构中，从动件上分别装有相对位置不变的两个平底或两个滚子，凸轮运动时，其轮廓能始终保证与两个平底或滚子同时接触。其中，图7-4(b)常称为等宽凸轮，图7-4(c)常称为等径凸轮。显然，这两种凸轮只能在180°范围内自由设计其轮廓曲线(简称廓线)，而另一180°的凸轮廓线必须按照等宽或等径的条件来确定，因而其从动件运动规律的自由选择受到一定限制。图7-4(d)为一种共轭凸轮(又称主回凸轮)机构。在此机构中，利用固联在同一轴上但不在同一平面上的主、回凸轮控制从动件，主凸轮Ⅰ驱使从动件沿逆时针方向摆动，而回凸轮Ⅱ驱使从动件沿顺时针方向返回，从而形成几何封闭，使凸轮与从动件始终保持接触。

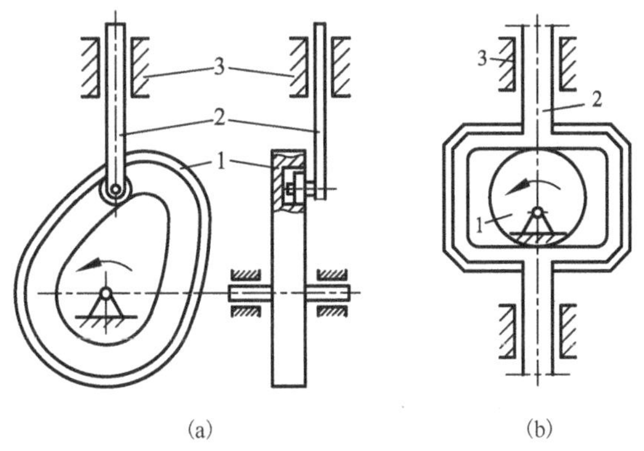

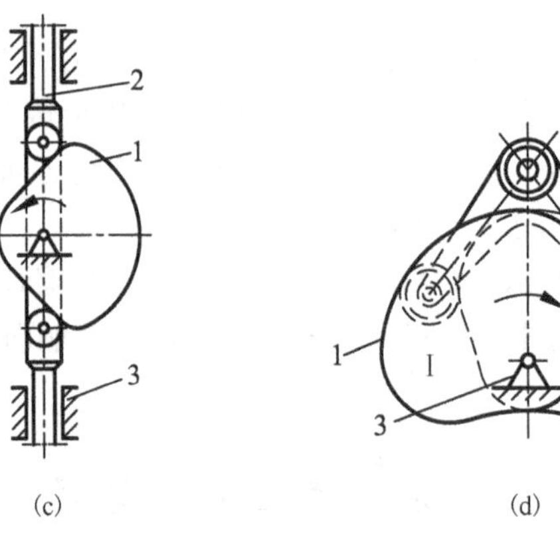

图 7-4　形锁合凸轮机构

1-凸轮；2-从动件；3-机架

7.2　从动件的运动规律

凸轮机构设计的基本任务是根据工作要求选定合适的凸轮机构类型，并合理地选定有关结构尺寸，进而选定从动件的运动规律，即确定从动件的位移、速度和加速度随时间或凸轮转角的变化规律，然后根据选定的从动件运动规律设计凸轮应具有的廓线。所以，根据工作要求选定从动件的运动规律，是设计凸轮廓线的前提。

7.2.1　描述凸轮机构运动的参数

图 7-5(a)为一偏置尖端从动件盘形凸轮机构。对于凸轮，以凸轮轮廓最小的向径 r_0 为半径所做的圆称为凸轮的基圆，r_0 称为基圆半径。图 7-5(a)所示位置为从动件开始上升的位置，这时凸轮轮廓上基圆与曲线 AB 的连接点 A 与尖端接触。凸轮逆时针转动，廓线 AB 与尖端作用，从动件按一定规律被凸轮推向远方，待 B 转到 B'时，从动件上升到距凸轮回转中心最远的位置，这一过程称为推程，相应的凸轮所转过的角度$\angle BOB'$称为推程运动角(注意：图中$\angle BOA$ 不是推程运动角)；当凸轮继续回转，而以 O 为中心的圆弧 $\overset{\frown}{BC}$ 与尖端作用时，从动件在最远位置停留，这一过程称为远休止程，所对应的凸轮转角称为远休止角；当廓线 CD 与尖端作用时，从动件以一定运动规律返回初始位置，这一过程称为回程，这时凸轮转过的角度称为回程运动角；当圆弧 $\overset{\frown}{DA}$ 与尖端作用时，从动件在距凸轮回转中心最近的位置停留不动，这一过程称为近休止程，所对应的凸轮转角称为近休止角。凸轮继续回转，从动件又重复进行升、停、降、停的运动循环。

从动件位移 s 与凸轮转角之间的对应关系可用图 7-5(b)所示的从动件位移线图来表示。其中从动件的最大位移 h 称为行程。δ_0 和 δ_0' 分别表示推程运动角和回程运动角，δ_s 和 δ_s' 分别表示远休止角和近休止角。因为凸轮大多被认为是等速转动的，即转角 δ 与时间 t 成正比，因此，该线图的横坐标也代表时间 t。通过微分可以获得从动件速度线图和加速度线图。从动件的位移线图、速度线图和加速度线图统称为从动件的运动线图。

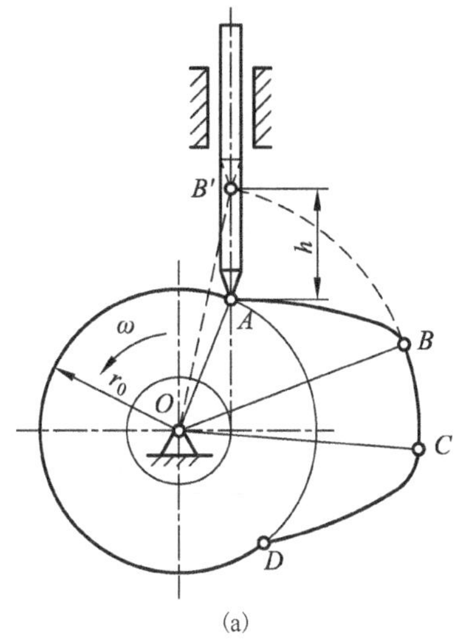

(a)

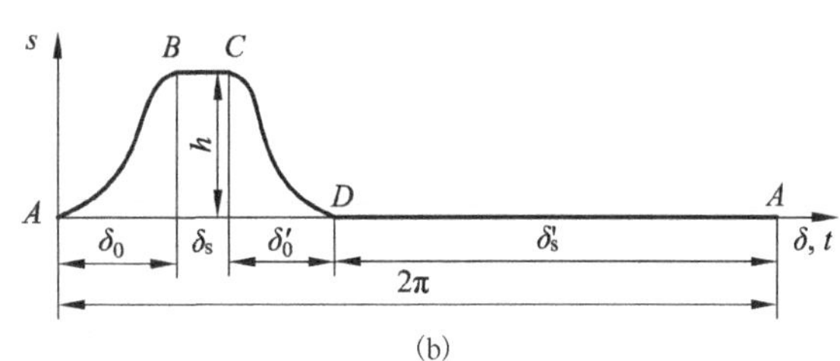

(b)

图 7-5　偏置尖端从动件盘形凸轮机构

7.2.2　从动件常用的运动规律

1. 等速运动

这种运动规律保证从动件在推程或回程时速度不变。在推程阶段，凸轮以等角速度ω转动，经过时间 t_0，凸轮转过推程运动角 δ_0，从动件的行程为 h，则从动件的速度 v、位移 s、加速度 a 分别为

$$v = h/t_0,\quad s = vt = ht/t_0,\quad a = \mathrm{d}v/\mathrm{d}t = 0$$

又因δ与 t 成正比，可得推程时从动件的运动方程为

$$\left.\begin{aligned} s &= h\delta/\delta_0 \\ v &= h\omega/\delta_0 \\ a &= 0 \end{aligned}\right\} \tag{7-1}$$

从动件运动线图如图 7-6 所示。由该图可见，在推程阶段开始和终止的瞬时，从动件速度有突变，加速度及产生的惯性力在理论上均为无穷大，使机构产生强烈冲击，称为“刚性冲击”。实际上，由于构件材料具有弹性，加速度和惯性力不至于达到无穷大，但仍将造成强烈的冲击。当加速度为正时，将会增大凸轮压力，使凸轮轮廓严重磨损；加速度为负时，可能会造成力封闭的从动件与凸轮轮廓瞬时脱离接触，并加大力封闭零件的载荷，因此等速运动只适用于低速。

类似于上述分析，可求出在回程时从动件做等速运动的方程为

$$\left.\begin{aligned} s &= h\left(1-\frac{\delta}{\delta_0'}\right) \\ v &= -\frac{h}{\delta_0'}\omega \\ a &= 0 \end{aligned}\right\} \tag{7-2}$$

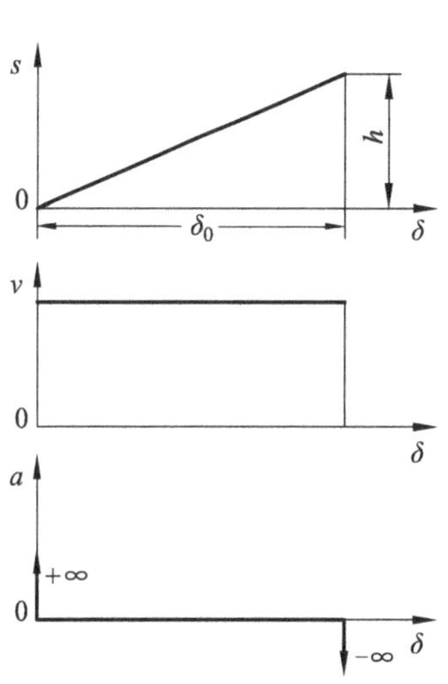

图 7-6　等速运动规律

需要注意的是，方程(7-2)中凸轮的转角δ总是从该段运动规律的起始位置开始计量。

2．等加速等减速运动

按此运动规律，在一个行程h中，从动件先做等加速运动，后做等减速运动，且通常加速度与减速度的绝对值相等。此时，从动件在等加速和等减速两个运动阶段的位移也相等，各为$h/2$。设在推程前半段时从动件的加速度a为常数C_1，即$a=C_1$。其对时间t的一次积分和二次积分分别是从动件的速度方程和位移方程：

$$\left.\begin{aligned} v &= C_1 t + C_2 \\ s &= \frac{1}{2}C_1 t^2 + C_2 t + C_3 \end{aligned}\right\}$$

式中，C_2和C_3为积分常数。由$t=0$时，$\delta=0$，$s=0$，$v=0$；$t=t_0/2$时，$\delta=\delta_0/2$，$s=h/2$。得

$$\left.\begin{aligned} C_2 &= C_3 = 0 \\ C_1 &= \frac{4h\omega^2}{\delta_0^2} \end{aligned}\right\}$$

从而可得推程前半段从动件做等加速运动的运动方程为

$$\left.\begin{aligned} s &= \frac{2h}{\delta_0^2}\delta^2 \\ v &= \frac{4h\omega}{\delta_0^2}\delta \\ a &= \frac{4h}{\delta_0^2}\omega^2 \end{aligned}\right\} \tag{7-3}$$

在推程的后半段中，从动件做等减速运动，同理可推出其运动方程为

$$\left.\begin{aligned} s &= h - \frac{2h}{\delta_0^2}(\delta_0 - \delta)^2 \\ v &= \frac{4h\omega}{\delta_0^2}(\delta_0 - \delta) \\ a &= -\frac{4h}{\delta_0^2}\omega^2 \end{aligned}\right\} \tag{7-4}$$

等加速等减速运动规律的运动线图如图7-7所示。由该图可见，加速度曲线是水平直线，速度曲线是斜直线，而位移曲线是两段在行程中点处光滑相连的抛物线。其中，速度曲线连续，不会出现刚性冲击；但在运动的起点、中点和终点处，加速度存在有限值突变，会引起惯性力的相应变化，在机构中引起柔性冲击。这种运动规律可适用于中速的场合。

等加速等减速运动规律位移曲线的作图方法如下(参见图7-7)。

(1)选取角度比例尺μ_δ和长度比例尺μ_l。在δ轴上截取线段$\overline{03}$代表$\delta_0/2$，过点3作δ轴的垂线，并在该垂线上截取线段$\overline{33'}$代表$h/2$。过3′点作δ轴平行线。

(2)将线段$\overline{03}$和$\overline{33'}$等分成相同份数(如3等份)，得分点1、2、3和1′、2′、3′。

(3)将坐标原点0分别与点1′、2′和3′相连，得连线$\overline{01'}$、$\overline{02'}$和$\overline{03'}$。再过点1、2、3分别作s轴的平行线，分别与连线$\overline{01'}$、$\overline{02'}$和$\overline{03'}$相交于1″、2″和3″。

(4)将点0、1″、2″和3″连成光滑的曲线，即为等加速运动规律的位移曲线。

后半段等减速运动规律位移曲线的画法与上述类似，只是弯曲方向相反。用类似方法可

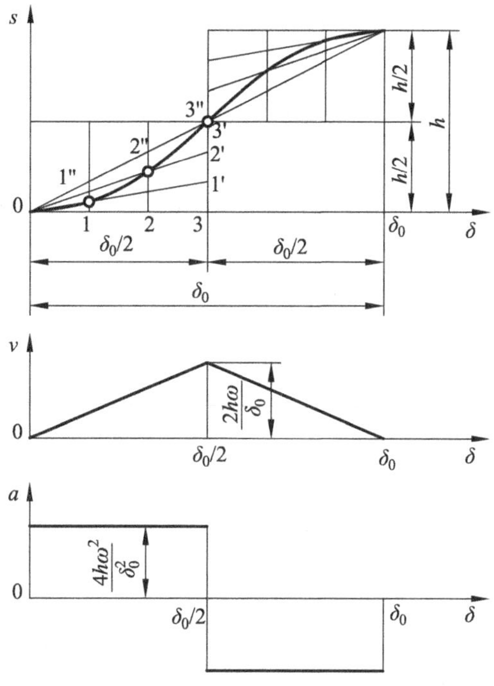

图 7-7　等加速等减速运动规律

导出从动件回程时的运动方程。等加速段为

$$\left.\begin{aligned} s &= h - \frac{2h}{\delta_0'^2}\delta^2 \\ v &= -\frac{4h\omega}{\delta_0'^2}\delta \\ a &= -\frac{4h\omega^2}{\delta_0'^2} \end{aligned}\right\} \tag{7-5}$$

等减速段为

$$\left.\begin{aligned} s &= \frac{2h}{\delta_0'^2}(\delta_0' - \delta)^2 \\ v &= -\frac{4h\omega}{\delta_0'^2}(\delta_0' - \delta) \\ a &= \frac{4h\omega^2}{\delta_0'^2} \end{aligned}\right\} \tag{7-6}$$

3．余弦加速度运动

按这种运动规律，在一个行程中的加速度曲线为半波余弦曲线，即 $a = C\cos(\pi\delta/\delta_0)$。其中，$C$ 为常数。对加速度 a 作积分计算，并利用在一个行程的端点条件，可得余弦加速度运动规律的运动方程为

$$\left.\begin{aligned}s&=\frac{h}{2}\left[1-\cos\left(\frac{\pi}{\delta_0}\delta\right)\right]\\v&=\frac{\pi h\omega}{2\delta_0}\sin\left(\frac{\pi}{\delta_0}\delta\right)\\a&=\frac{\pi^2h\omega^2}{2\delta_0^2}\cos\left(\frac{\pi}{\delta_0}\delta\right)\end{aligned}\right\}\tag{7-7}$$

余弦加速度运动规律的运动线图如图 7-8 所示。其中，速度线图为正弦曲线；位移线图遵循简谐运动规律，故余弦加速度运动规律又称为简谐运动规律。加速度线图在全程范围内光滑连接，但在始、末两处具有突变，故对停-升-停型运动，引起柔性冲击，只适用于中、低速。而对于升-降-升型运动来说，远、近休止角均为 0，加速度曲线为连续曲线，不存在冲击，这时可应用于高速。

余弦加速度运动规律位移曲线的作图方法如下(参见图 7-8)。

(1)选取角度比例尺 μ_δ，在横坐标轴上做出推程运动角 δ_0，并将其分为若干等份(如 6 等份)，得分点 1、2、…、6，并过各分点作铅垂线。

(2)选取长度比例尺 μ_l，在纵坐标轴上截取 $\overline{06'}$ 代表从动件行程 h。以 $\overline{06'}$ 为直径作一半圆，将半圆周分成与 δ_0 相同的等份数，得分点 1′、2′、…、6′。

(3)过半圆周上各分点作水平线，这些线与步骤(1)中所作的对应铅垂线分别相交于点 1″、2″、…、6″。

(4)将点 1″、2″、…、6″ 连成光滑的曲线，即为余弦加速度运动规律的推程位移曲线。

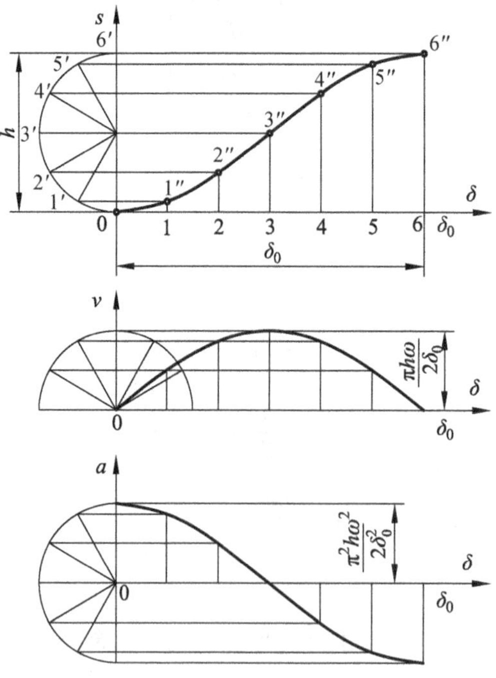

图 7-8　余弦加速度运动规律

用类似方法可导出从动件回程时的运动方程为

$$\left.\begin{aligned} s &= \frac{h}{2}\left[1+\cos\left(\frac{\pi}{\delta_0'}\delta\right)\right] \\ v &= -\frac{\pi h\omega}{2\delta_0'}\sin\left(\frac{\pi}{\delta_0'}\delta\right) \\ a &= -\frac{\pi^2 h\omega^2}{2\delta_0'^2}\cos\left(\frac{\pi}{\delta_0'}\delta\right) \end{aligned}\right\} \tag{7-8}$$

4．正弦加速度运动

这种运动规律的加速度曲线是整周期正弦曲线，其推程的运动方程为

$$\left.\begin{aligned} s &= h\left[\frac{\delta}{\delta_0}-\frac{1}{2\pi}\sin\left(\frac{2\pi}{\delta_0}\delta\right)\right] \\ v &= \frac{h\omega}{\delta_0}\left[1-\cos\left(\frac{2\pi}{\delta_0}\delta\right)\right] \\ a &= \frac{2\pi h\omega^2}{\delta_0^2}\sin\left(\frac{2\pi}{\delta_0}\delta\right) \end{aligned}\right\} \tag{7-9}$$

正弦加速度运动规律的运动线图如图 7-9 所示。由该图可知，这种运动规律的加速度光滑连续，所以没有冲击，振动、噪声及磨损比较小，适用于高速。

正弦加速度运动规律位移曲线的作图方法如下(参见图 7-9)。

(1)选取角度比例尺 μ_δ，在横坐标轴上作出推程运动角 δ_0，并将其分为若干等份(如 6 等份)，得分点 1、2、…、6；选取长度比例尺 μ_l，过点 6 作 s 轴的平行线并取 $\overline{66''}$ 代表行程 h，连接 $\overline{06''}$，则 $\overline{06''}$ 为位移方程中第一部分所代表的斜直线。

(2)以 0 为圆心，以 $R=h/(2\pi)$ 为半径作圆，并将此圆周等分成与 δ_0 相同的份数，得分点 $1'$、$2'$、…、$6'$。

(3)过圆周上各等分点作 s 轴的垂线，在 s 轴得各交点。过这些交点，作平行于 $\overline{06''}$ 的直线，分别与过横坐标轴各对应分点所作的垂线相交于点 $1''$、$2''$、…、$6''$。

(4)将点 $1''$、$2''$、…、$6''$ 连成光滑的曲线，即为正弦加速度运动规律的推程位移曲线。

从动件回程作正弦加速度运动的方程为

$$\left.\begin{aligned} s &= h\left[1-\frac{\delta}{\delta_0'}+\frac{1}{2\pi}\sin\left(\frac{2\pi}{\delta_0'}\delta\right)\right] \\ v &= \frac{h\omega}{\delta_0'}\left[\cos\left(\frac{2\pi}{\delta_0'}\delta\right)-1\right] \\ a &= -\frac{2\pi h\omega^2}{\delta_0'^2}\sin\left(\frac{2\pi}{\delta_0'}\delta\right) \end{aligned}\right\} \tag{7-10}$$

除上面介绍的几种从动件常用的运动规律外，根据工作需要，还可以选择其他运动规律，或者将上述常用运动规律组合起来应用。组合时，两条曲线在拼接处必须保持连续。例如，为了消除等速运动规律的刚性冲击，可将等速运动规律适当地加以修正。图 7-10 所示的等加

速-等速-等减速组合运动规律就可以满足这一要求。然而，这种运动规律的加速度线图是不连续的，因此还存在柔性冲击。

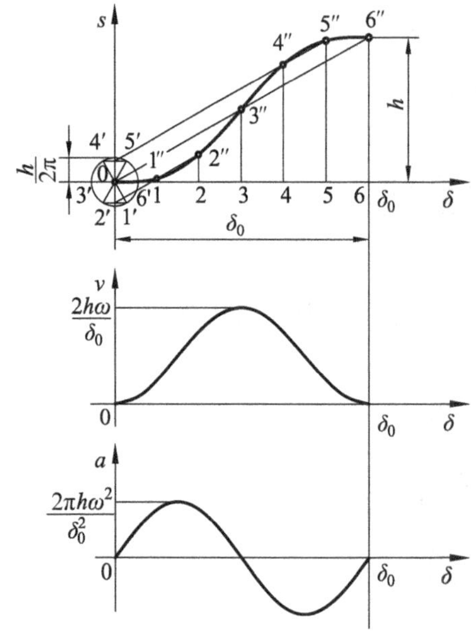

图 7-9　正弦加速度运动规律

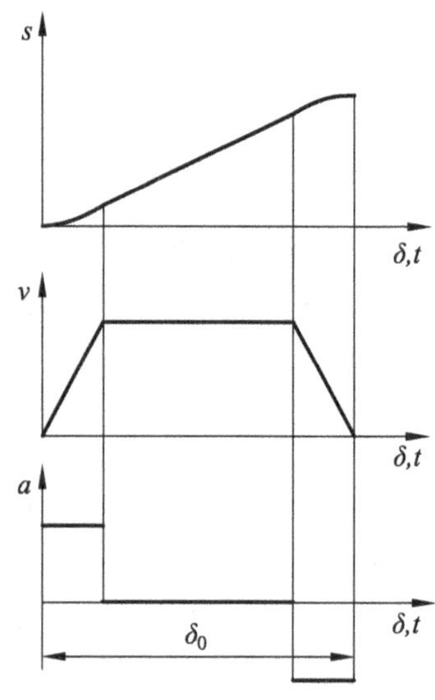

图 7-10　组合运动规律

在选择从动件运动规律时，除考虑刚性冲击和柔性冲击外，还应对各种运动规律所具有的最大速度 v_{max}、最大加速度 a_{max} 及其影响加以比较。v_{max} 越大，则动量越大。对于重载凸轮机构，即使处于低速，也具有很大的动量，故应选取 v_{max} 较小的运动规律。a_{max} 越大，惯性力越大，对于高速凸轮机构，为了减小惯性力的危害，宜选取 a_{max} 较小的运动规律。总之，选择从动件运动规律时，必须首先了解机器的工作过程，根据工作要求选择从动件的运动规律；同时还应考虑使凸轮机构具有良好的动力特性以及便于加工制造等因素。从动件运动规律的选择涉及问题甚多，在此不作深入讨论，需要时可参考有关资料。

为了比较几种常用的运动规律，现将它们的特性值以及推荐的应用范围列于表 7-1 中，供选择从动件运动规律时参考。

表 7-1　几种常用的从动件运动规律的特性比较及应用范围

运动规律名称	最大速度 v_{max} /($h\omega/\delta_0$)	最大加速度 a_{max} /($h\omega^2/\delta_0^2$)	最大加速度变化率 j_{max} /($h\omega^3/\delta_0^3$)	应用范围
等速	1.00	∞	—	低速轻负荷
等加速等减速	2.00	4.00	∞	中速轻负荷
余弦加速度	1.57	4.93	∞	中低速重负荷
正弦加速度	2.00	6.28	39.50	中高速轻负荷
改进梯形加速度	2.00	4.89	61.40	高速轻负荷
改进正弦加速度	1.76	5.53	69.50	中高速重负荷
改进等速（余弦）	1.22	7.68	48.20	低速重负荷
改进等速（正弦）	1.28	8.01	201.40	低速重负荷
五次多项式	1.88	5.77	60.00	高速中负荷

7.3　用图解法设计凸轮廓线

当从动件的运动规律已经选定，即可用图解法设计出凸轮的廓线。尽管凸轮机构的形式很多，从动件的运动规律也各不相同，但是用图解法设计凸轮廓线的基本原理和步骤却是相同的。

用图解法设计凸轮廓线时通常采用反转法，现以尖端从动件盘形凸轮机构为例说明其基本原理：给整个机构加上一个与凸轮转动角速度ω大小相等、方向相反的角速度$-\omega$，使其绕凸轮转动中心转动。这时，凸轮与从动件的相对运动不变，但凸轮将静止不动。机架和从动件一方面以角速度$-\omega$绕凸轮的转动中心转动，同时从动件又按原有的运动规律相对机架运动。由此不难求出反转后从动件尖端的运动轨迹，即凸轮廓线。对于其他凸轮机构，只需在此基础上稍作修改即可。下面通过实例介绍凸轮廓线的作法。

7.3.1　直动从动件盘形凸轮机构

如果采用尖端从动件，则直动尖端从动件盘形凸轮机构如图 7-11 所示。其中，图 7-11(b)为给定的从动件位移线图。设凸轮以等角速度ω顺时针回转，凸轮的基圆半径r_0和从动件导路的偏距e均已知，要求设计此凸轮的轮廓。运用反转法绘制此种凸轮轮廓的方法和步骤如下。

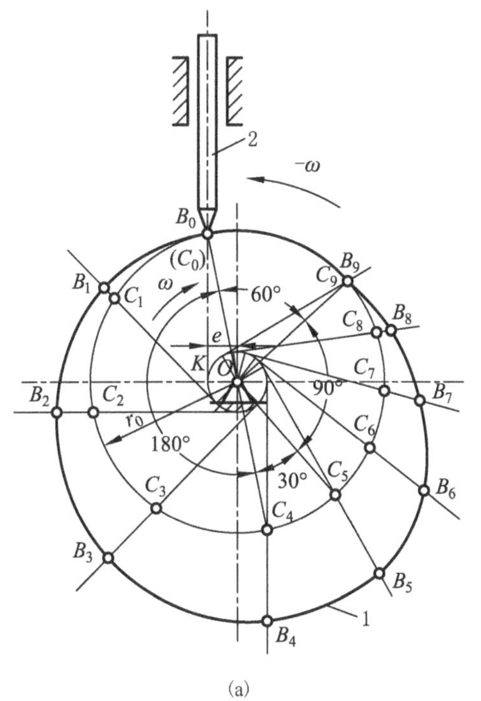

(a)

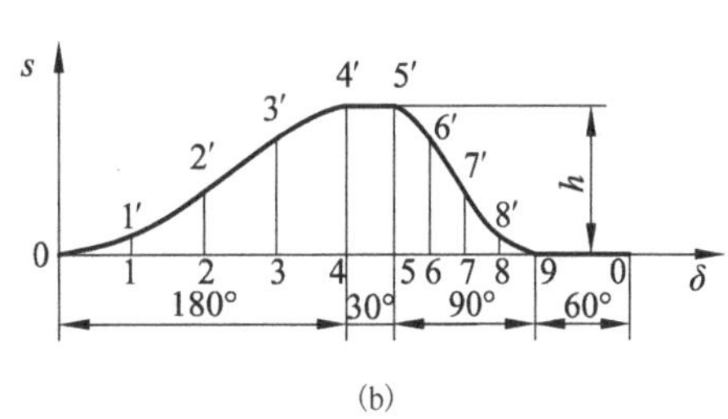

(b)

图 7-11　直动尖端从动件盘形凸轮机构

(1) 以r_0为半径作基圆，以e为半径作偏距圆，过点K作从动件导路与偏距圆相切，导路与基圆的交点B_0(C_0)便是从动件尖端的初始位置。

(2) 将位移线图上的推程运动角和回程运动角分别进行若干等分(图中各为 4 等分)。

(3) 图 7-11 (a) 中自 OC_0 开始，沿 ω 的相反方向取推程运动角 (180°)、远休止角 (30°)、回程运动角 (90°)、近休止角 (60°)，在基圆上得 C_4、C_5、C_9 诸点。将推程运动角和回程运动角等分成与图 7-11 (b) 相应的等份，得到 C_1、C_2、C_3 和 C_6、C_7、C_8 诸点。

(4) 过 C_1、C_2、C_3、…作偏距圆的一系列切线，这便是反转后从动件导路的一系列位置。

(5) 沿以上各切线，自基圆开始量取从动件相应的位移量，即取线段 $\overline{C_1B_1}=\overline{11'}$，$\overline{C_2B_2}=\overline{22'}$，…，得反转后尖端的一系列位置 B_1、B_2、…。

(6) 将 B_0、B_1、B_2、…连成光滑曲线 (在 B_4 和 B_5 之间以及 B_9 和 B_0 之间为以 O 为中心的圆弧)，便得到所求的凸轮轮廓。

如果采用滚子从动件，则直动滚子从动件盘形凸轮机构如图 7-12 所示。首先取滚子中心为参考点，把该点当作尖端从动件的尖端，按照上述方法求出一条廓线 η；再以 η 上各点为中心画一系列滚子，最后作这些滚子的内包络线 η' (对于凹槽凸轮还应作外包络线 η'')，它便是滚子从动件盘形凸轮的实际轮廓，或称为工作轮廓；而 η 称为此凸轮的理论轮廓。注意：在滚子从动件盘形凸轮机构的设计中，凸轮的基圆半径 r_0 是在理论轮廓上度量的。

如果采用平底从动件，则直动平底从动件盘形凸轮机构如图 7-13 所示。首先取平底与导路的交点 B_0 为参考点，把它看作尖端，运用尖端从动件盘形凸轮的设计方法求出参考点反转后的一系列位置 B_1、B_2、B_3、…；其次过这些点画出一系列平底，得一直线族；最后，作这些平底直线的包络线即可得到凸轮的实际轮廓。

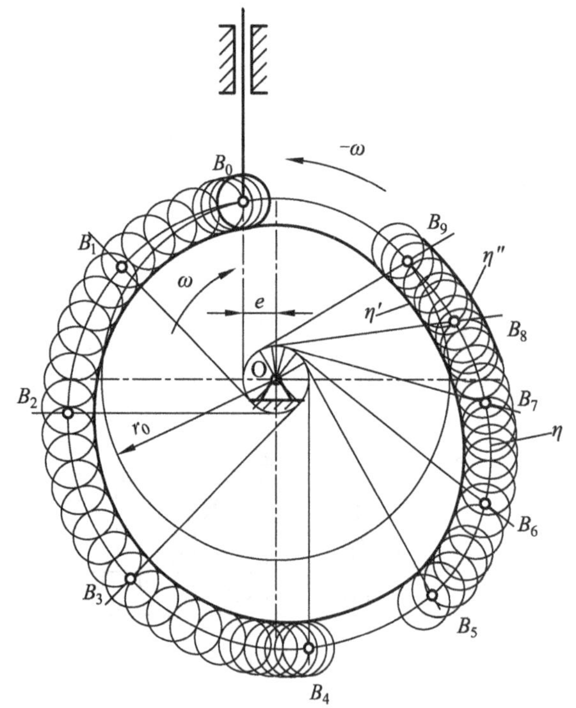

图 7-12　直动滚子从动件盘形凸轮机构图

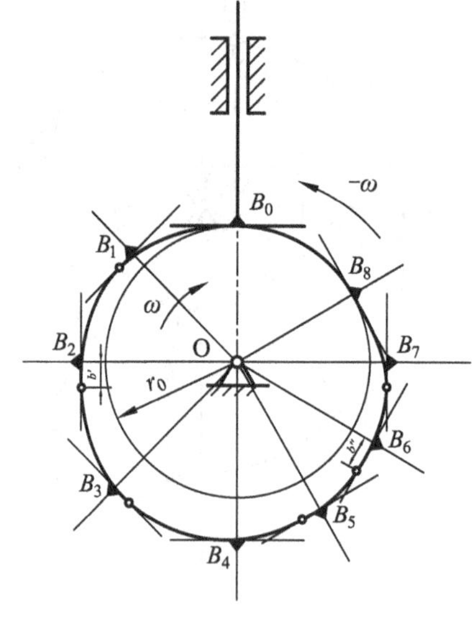

图 7-13　直动平底从动件盘形凸轮机构

7.3.2 摆动从动件盘形凸轮机构

图 7-14(a)为一摆动从动件盘形凸轮机构。设凸轮以等角速度ω顺时针回转，已知凸轮基圆半径r_0，凸轮与摆动从动件的中心距a，从动件长度l，从动件的最大摆角$\varphi_{\max}$，以及从动件的运动规律，要求设计此凸轮的廓线。

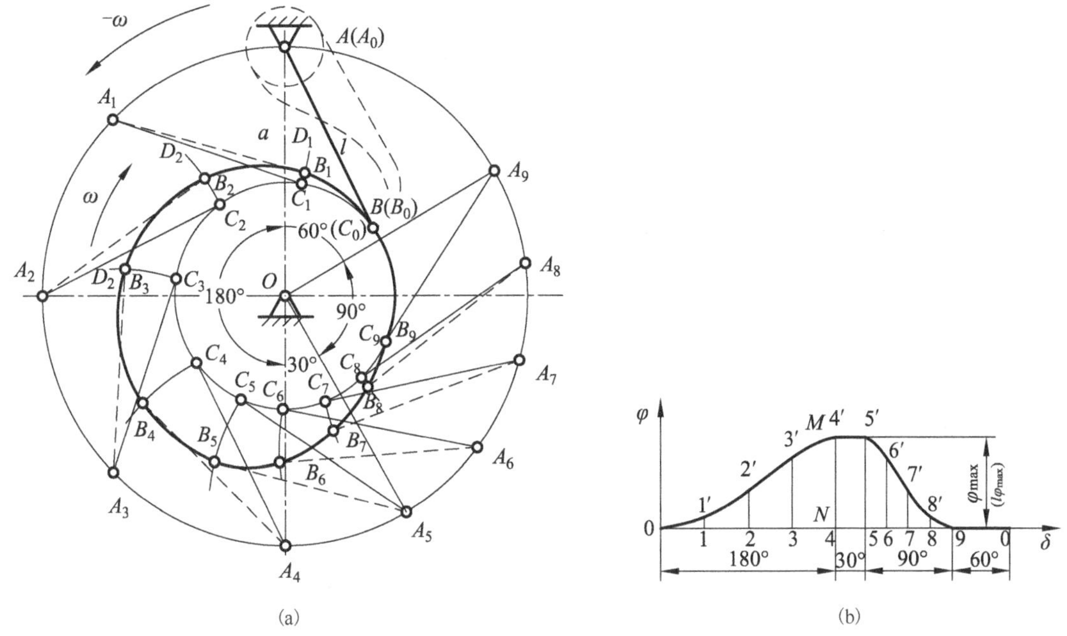

图 7-14　摆动从动件盘形凸轮机构

摆动从动件盘形凸轮机构的位移线图如图 7-14(b)所示，其纵坐标表示从动件的角位移φ，也表示从动件上任一点所走的弧长(如果在作位移线图时取$\overline{MN}$与$l\varphi_{\max}$相对应，则图中纵坐标的长度即等于尖端B所走的弧长)。运用反转法，给整个机构加上角速度$-\omega$，使其绕O点转动。此时，凸轮不动，摆动从动件的回转中心将以$-\omega$绕O点转动，同时从动件仍按原有规律绕A点摆动。这种凸轮廓线的设计可按下述步骤进行。

(1)将位移线图的推程运动角和回程运动角分别进行若干等分(图中各为 4 等分)。

(2)根据给定的a定出两转动中心O、A_0的位置。以r_0为半径作基圆，与以A_0为中心及l为半径所作的圆弧交于B_0(C_0)(如果要求从动件在推程时逆时针摆动，B_0在OA_0右方；反之则在OA_0左方)，该点即为从动件尖端的起始位置。

(3)以O为中心及$\overline{OA_0}$为半径画圆，沿$-\omega$方向依次量取 180°、30°、90°和 60°。将推程运动角和回程运动角分成与图 7-14(b)对应的等份，得A_1、A_2、A_3、…。它们便是反转后从动件回转中心的一系列位置。

(4)以A_1、A_2、A_3、…为中心，l为半径，作一系列圆弧$\overset{\frown}{C_1D_1}$、$\overset{\frown}{C_2D_2}$、$\overset{\frown}{C_3D_3}$、…，在这些圆弧上从基圆开始截取对应于图 7-14(b)的位移量，即取$\overset{\frown}{C_1B_1}=\overline{11'}$、$\overset{\frown}{C_2B_2}=\overline{22'}$、…(如果位移线图上的$\overline{MN}$与$l\varphi_{\max}$相对应)。在作图时，可以作$\angle C_1A_1B_1$、$\angle C_2A_2B_2$、…，分别等于位移线图上的线段$\overline{11'}$、$\overline{22'}$、…所对应的角度(这时位移线图上的$\overline{MN}$与$\varphi_{\max}$相对应)，从而

得到点 B_1、B_2、…。

(5) 将点 B_0、B_1、B_2、…连成光滑曲线，便得到摆动从动件的凸轮廓线。由图 7-14(a) 可见，此轮廓在某些位置与 A_3B_3 等直线已经相交。故在考虑具体结构时，应将从动件做成弯杆以避免从动件与凸轮的干涉。

同前所述，如果采用滚子或平底从动件，则 B_1、B_2、B_3 等点为参考点(滚子的中心或平底与基圆的切点)的运动轨迹，过这些点作一系列滚子或平底，最后作其包络线便可得到实际轮廓。

7.4　用解析法设计凸轮廓线

用图解法设计凸轮的廓线，简便易行，但误差较大，只能应用于低速或不重要的场合。对于设计精度较高的凸轮，如高速凸轮、靠模凸轮、检验用的样板凸轮等，采用图解法往往不能满足要求，需用解析法进行设计。

7.4.1　直动滚子从动件盘形凸轮机构

1. 理论廓线方程

图 7-15 为一偏置直动滚子从动件盘形凸轮机构，偏距 e、基圆半径 r_0、滚子半径 r_r、从动件的运动规律 $s=s(\delta)$ 和凸轮的回转方向等均已给定。

如图 7-15 所示，选取直角坐标系 xOy，其中 B_0 点为凸轮廓线的起始点。开始时滚子中心处于 B_0 处，当凸轮转过 δ 角时，从动件产生位移 s。由反转法作图可以看出，此时滚子中心应处于 B 点，其直角坐标为

$$\left.\begin{aligned} x &= (s_0+s)\sin\delta + e\cos\delta \\ y &= (s_0+s)\cos\delta - e\sin\delta \end{aligned}\right\} \tag{7-11}$$

式(7-11)即为凸轮理论廓线的直角坐标参数方程，其中，$s_0=\sqrt{r_0^2-e^2}$。

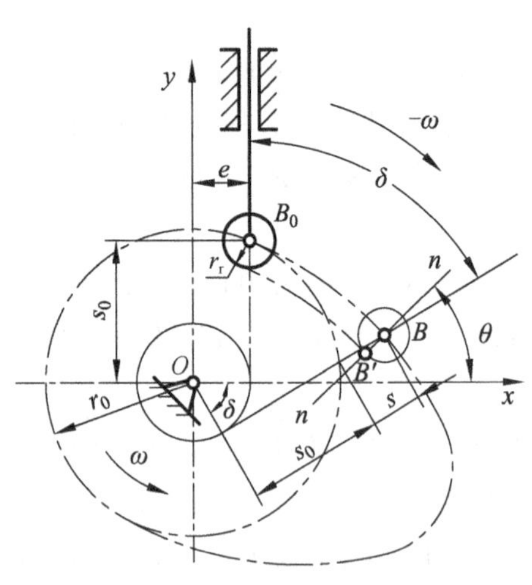

图 7-15　偏置直动滚子从动件凸轮机构廓线

2. 实际廓线方程

由于实际廓线与理论廓线在法线方向的距离处处相等，且等于滚子半径 r_r，故当已知理论廓线上的任意一点 $B(x, y)$ 时，该点理论廓线法线方向上距离为 r_r 处即为实际廓线上相应的点 $B'(x', y')$，如图 7-15 所示。由高等数学得知，理论廓线点 B 处法线 n-n 的斜率应与该点处切线的斜率互为负倒数，即

$$\tan\theta = \frac{\mathrm{d}x}{-\mathrm{d}y} = \left(\frac{\mathrm{d}x}{\mathrm{d}\delta}\right)\bigg/\left(-\frac{\mathrm{d}y}{\mathrm{d}\delta}\right) \tag{7-12}$$

式中，$\mathrm{d}x/\mathrm{d}\delta$ 和 $\mathrm{d}y/\mathrm{d}\delta$ 可根据式(7-11)求得

$$\left.\begin{aligned} \frac{\mathrm{d}x}{\mathrm{d}\delta} &= \left(\frac{\mathrm{d}s}{\mathrm{d}\delta}-e\right)\sin\delta + (s_0+s)\cos\delta \\ \frac{\mathrm{d}y}{\mathrm{d}\delta} &= \left(\frac{\mathrm{d}s}{\mathrm{d}\delta}-e\right)\cos\delta - (s_0+s)\sin\delta \end{aligned}\right\} \tag{7-13}$$

将式(7-13)代入式(7-12)即可求出 θ。

当求出θ角后，实际廓线上对应点$B'(x', y')$的坐标可由式(7-14)求出：

$$\left.\begin{aligned} x' &= x \mp r_r \cos\theta \\ y' &= y \mp r_r \sin\theta \end{aligned}\right\} \tag{7-14}$$

式中，“-”号为内等距曲线；“+”号为外等距曲线。式(7-14)即为凸轮的实际廓线方程。也可将式(7-12)代入式(7-14)得

$$\left.\begin{aligned} x' &= x \pm r_r \frac{\mathrm{d}y/\mathrm{d}\delta}{\sqrt{\left(\dfrac{\mathrm{d}x}{\mathrm{d}\delta}\right)^2 + \left(\dfrac{\mathrm{d}y}{\mathrm{d}\delta}\right)^2}} \\ y' &= y \mp r_r \frac{\mathrm{d}x/\mathrm{d}\delta}{\sqrt{\left(\dfrac{\mathrm{d}x}{\mathrm{d}\delta}\right)^2 + \left(\dfrac{\mathrm{d}y}{\mathrm{d}\delta}\right)^2}} \end{aligned}\right\} \tag{7-15}$$

式(7-15)也是凸轮的实际廓线方程，上下两式分别取“+、-”时表示内等距曲线，取“-、+”时表示外等距曲线。

3．刀具中心运动轨迹方程

当在数控铣床上铣削凸轮和在凸轮磨床上磨削凸轮时，需要求出刀具中心运动轨迹的方程。如果铣刀、砂轮等刀具的半径r_c和滚子半径r_r完全相等，则凸轮理论廓线的方程即为刀具中心运动轨迹的方程。如果$r_c \neq r_r$，刀具中心的运动轨迹应是凸轮理论廓线的等距曲线。若$r_c > r_r$，刀具中心运动轨迹则为凸轮理论廓线的外等距曲线；反之，刀具中心运动轨迹则为凸轮理论廓线的内等距曲线。其方程可用上述求等距曲线的方法求得

$$\left.\begin{aligned} x_c &= x \pm |r_r - r_c| \frac{\mathrm{d}y/\mathrm{d}\delta}{\sqrt{\left(\dfrac{\mathrm{d}x}{\mathrm{d}\delta}\right)^2 + \left(\dfrac{\mathrm{d}y}{\mathrm{d}\delta}\right)^2}} \\ y_c &= y \mp |r_r - r_c| \frac{\mathrm{d}x/\mathrm{d}\delta}{\sqrt{\left(\dfrac{\mathrm{d}x}{\mathrm{d}\delta}\right)^2 + \left(\dfrac{\mathrm{d}y}{\mathrm{d}\delta}\right)^2}} \end{aligned}\right\} \tag{7-16}$$

式(7-16)即为刀具的中心运动轨迹方程。加工凸轮时，使刀具的中心沿此轨迹运动，便可加工出凸轮的实际廓线。

7.4.2　摆动滚子从动件盘形凸轮机构

摆动滚子从动件盘形凸轮机构有两类布局形状：第一类如图 7-16(a)所示，从动件在推程时的摆动方向与凸轮的回转方向相同；第二类如图 7-16(b)所示，从动件在推程时的摆动方向与凸轮的回转方向相反。

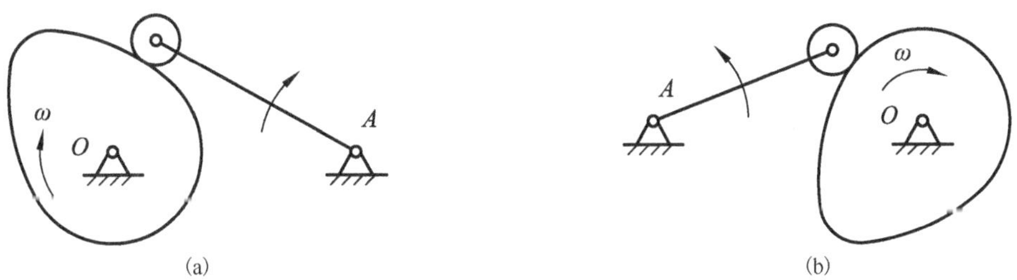

图 7-16　摆动滚子从动件盘形凸轮机构布局

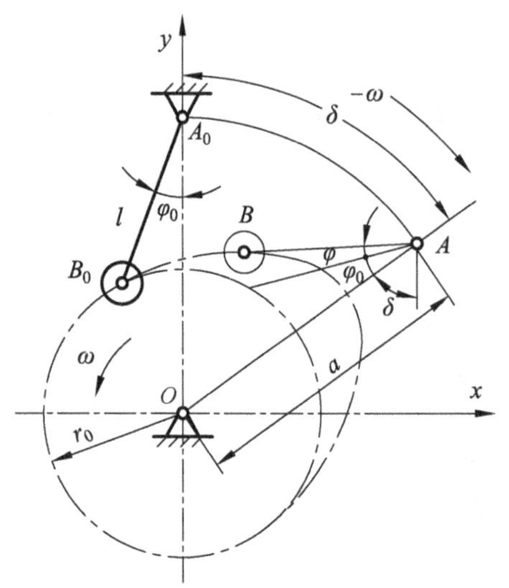

图 7-17　第二类摆动滚子从动件盘形凸轮机构廓线

图 7-17 为第二类摆动滚子从动件盘形凸轮机构。凸轮的基圆半径 r_0、滚子半径 r_r、从动件长度 l、中心距 a、从动件运动规律 $\varphi=\varphi(\delta)$ 和凸轮的回转方向等均已给定。如图 7-17 所示建立坐标系 xOy。在反转运动中，当从动件相对于凸轮转过 δ 角时，摆动从动件处于图示 AB 位置，其角位移为 φ，则 B 点坐标为

$$\left.\begin{aligned} x &= a\sin\delta - l\sin\left(\varphi+\varphi_0+\delta\right) \\ y &= a\cos\delta - l\cos\left(\varphi+\varphi_0+\delta\right) \end{aligned}\right\} \tag{7-17}$$

式(7-17)即是凸轮理论廓线的方程。式中，

$$\varphi_0 = \arccos\frac{a^2+l^2-r_0^2}{2al} \tag{7-18}$$

用类似方法可以推导出第一类摆动滚子从动件盘形凸轮机构的凸轮理论廓线方程：

$$\left.\begin{aligned} x &= a\sin\delta + l\sin\left(\varphi+\varphi_0-\delta\right) \\ y &= a\cos\delta - l\cos\left(\varphi+\varphi_0-\delta\right) \end{aligned}\right\} \tag{7-19}$$

与直动滚子从动件盘形凸轮机构类似，摆动滚子从动件盘形凸轮的实际廓线和刀具中心的运动轨迹均为其理论廓线的等距曲线，故凸轮实际廓线方程和刀具中心运动轨迹方程可分别利用式(7-14)(或式(7-15))和式(7-16)求得。

7.4.3　直动平底从动件盘形凸轮机构

图 7-18 为一直动平底从动件盘形凸轮机构。凸轮的基圆半径 r_0、从动件运动规律 $s=s(\delta)$ 和凸轮的回转方向等均已给定。设定坐标系的 y 轴与从动件轴线重合。当凸轮转过 δ 角时，根据反转法原理可知，从动件与凸轮在 B 点处相切。由瞬心法可知，此时凸轮与从动件的相对瞬心为 P 点，故知从动件的速度为

$$v = v_P = \overline{OP}\omega$$

则

$$\overline{OP} = \frac{v}{\omega} = \frac{\mathrm{d}s}{\mathrm{d}\delta}$$

由图 7-18 可知，B 点的坐标为

$$\left.\begin{aligned} x &= \left(r_0+s\right)\sin\delta + \frac{\mathrm{d}s}{\mathrm{d}\delta}\cos\delta \\ y &= \left(r_0+s\right)\cos\delta - \frac{\mathrm{d}s}{\mathrm{d}\delta}\sin\delta \end{aligned}\right\} \tag{7-20}$$

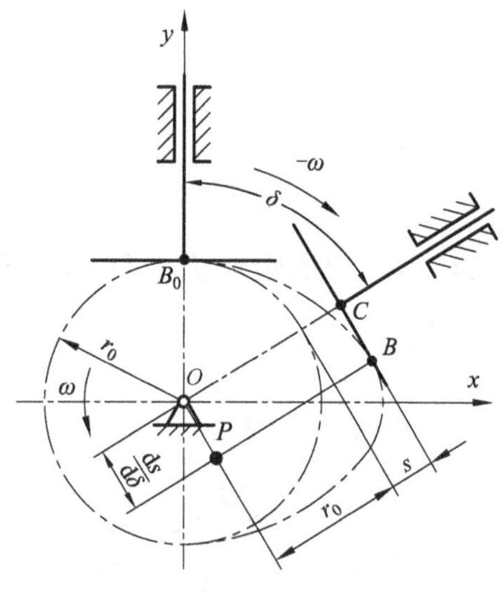

图 7-18　直动平底从动件盘形凸轮机构廓线

直动平底从动件盘形凸轮的轮廓可以用砂轮的端面磨削，也可以用砂轮、铣刀或钼丝的外圆加工。当用砂轮端面加工时，图 7-18 所示的刀具上点 C 的轨迹方程为

$$\left.\begin{aligned} x_c &= (r_0 + s)\sin\delta \\ y_c &= (r_0 + s)\cos\delta \end{aligned}\right\} \tag{7-21}$$

当用外圆加工时，刀具中心的运动轨迹是凸轮实际轮廓的等距曲线，其方程亦可根据式(7-14)或式(7-15)求出。

7.5　凸轮机构基本尺寸的确定

7.3 节和 7.4 节中介绍凸轮廓线的设计时，凸轮的基圆半径 r_0、直动从动件的偏距 e 或摆动从动件与凸轮的中心距 a、滚子半径 r_r 和平底从动件的平底尺寸等，都假设已事先给定。事实上，在确定这些尺寸和凸轮机构的一些其他基本尺寸时，要考虑到机构的受力情况是否良好、运动是否失真、尺寸是否紧凑等诸多因素。下面就这些问题加以讨论。

7.5.1　凸轮机构中的作用力与凸轮机构的压力角

图 7-19 为一直动尖端从动件盘形凸轮机构在推程中任一位置的受力情况。$\boldsymbol{Q}$ 为从动件上作用的载荷，包括工作阻力、重力、弹簧力和惯性力等，$\boldsymbol{P}$ 为凸轮作用于从动件上的驱动力，$\boldsymbol{R}_1$、$\boldsymbol{R}_2$ 分别为导轨两侧作用于从动件上的总反力，φ_1、φ_2 为摩擦角。根据力的平衡条件可得

$$\left.\begin{aligned} &P\sin(\alpha+\varphi_1)-(R_1-R_2)\cos\varphi_2=0 \\ &Q-P\cos(\alpha+\varphi_1)+(R_1+R_2)\sin\varphi_2=0 \\ &R_2(l+b)\cos\varphi_2-R_1 b\cos\varphi_2=0 \end{aligned}\right\}$$

由以上三式消去 R_1 和 R_2，经过整理后得

$$P=\frac{Q}{\cos(\alpha+\varphi_1)-\left(1+\dfrac{2b}{l}\right)\sin(\alpha+\varphi_1)\tan\varphi_2} \tag{7-22}$$

从动件在与凸轮的接触点 B 处所受正压力的方向，即凸轮廓线在该点的法线 n-n 的方向，此方向与从动件上点 B 的速度方向之间所夹的锐角α，称为此凸轮机构在图 7-19 所示位置的压力角。

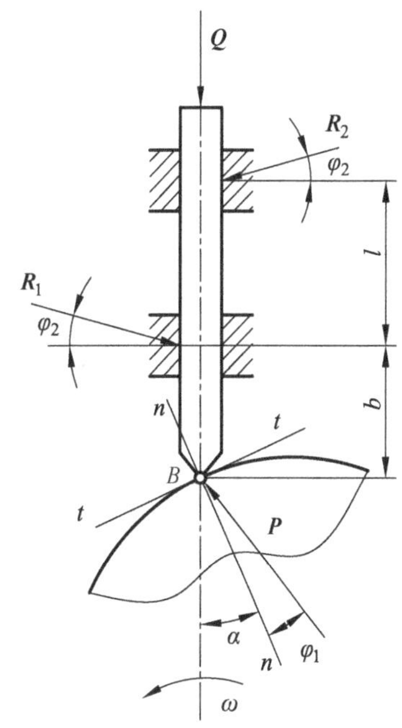

图 7-19　凸轮机构受力分析

压力角α是影响凸轮机构受力情况的一个重要参数。由图 7-19 可见，α越小，则驱动力 $\boldsymbol{P}$ 在从动件运动方向的有效分力越大；反之，α越大，则由驱动力 $\boldsymbol{P}$ 产生的从动件导路中的摩擦阻力越大，凸轮推动从动件所需的驱动力也就越大。由式(7-22)也可看出，在其他条件相同的情况下，压力角α越大，则分母越小，所需驱动力 $\boldsymbol{P}$ 越大。如果压力角α增大至使式(7-22)中的分母为零，则驱动力 $\boldsymbol{P}$ 将增至无穷大，机构发生自锁，此时的压力角称为临界压力角α_c，其值为

$$\alpha_c=\arctan\frac{1}{\left(1+\dfrac{2b}{l}\right)\tan\varphi_2}-\varphi_1 \tag{7-23}$$

由式(7-23)可知，α_c与支撑间的跨距 l、悬臂长度 b、接触面间的摩擦系数等有关。实践表明，当α增大到接近α_c时，即使尚未发生自锁，也会导致驱动力急剧增大，轮廓严重磨损，效率迅速降低。实际设计中通常规定某一许用压力角[α]，使得凸轮机构的最大压力角α_{max}≤[α]，[α]的值一般远小于α_c。推程时，许用压力角[α]的值一般是：对直动从动件取[α]=30°～40°，对摆动从动件取[α]=40°～50°。回程时，特别是对于力锁合的凸轮机构，其从动件的回程是由弹簧等施加外力驱动的，而不是由凸轮驱动的，故回程通常不存在自锁问题。因此，回程的许用压力角[α]可取得较大，通常取[α]=70°～80°。

7.5.2　凸轮基圆半径的确定

设计凸轮机构时，从机构受力方面考虑，压力角越小越好，而凸轮机构的压力角与凸轮基圆的尺寸直接相关，现说明如下。

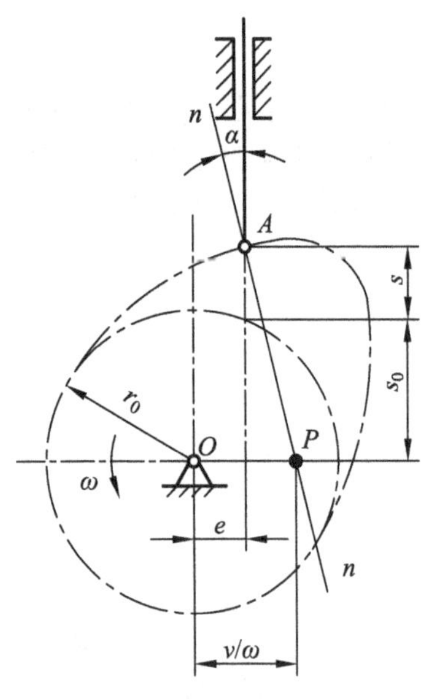

图 7-20　凸轮基圆半径的确定

图 7-20 为偏置直动尖端从动件盘形凸轮机构在推程中的一个位置。过凸轮与从动件的接触点作公法线 n-n，与过点 O 的导路垂线交于点 P，P 点为此位置凸轮与从动件的相对速度瞬心，而α为凸轮机构在此位置的压力角。由图 7-20 可得

$$\overline{OP}=\frac{v}{\omega} \tag{7-24}$$

$$\tan\alpha=\frac{v/\omega\mp e}{s+\sqrt{r_0^2-e^2}}=\frac{\mathrm{d}s/\mathrm{d}\delta\mp e}{s+\sqrt{r_0^2-e^2}} \tag{7-25}$$

式中，r_0为基圆半径；e 为偏距。e 前符号的确定方法是：如图 7-20 所示，当偏距及相对速度瞬心 P 在凸轮回转中心 O 点同侧时，取“−”号；反之，取“+”号。由式(7-25)可得

$$r_0=\sqrt{\left(\frac{\mathrm{d}s/\mathrm{d}\delta\mp e}{\tan\alpha}-s\right)^2+e^2} \tag{7-26}$$

由式(7-25)和式(7-26)可知，在从动件运动规律选定后，凸轮基圆半径的大小、偏距的大小及方位都会影响压力角的大小。欲使机构的尺寸紧凑，应使凸轮的基圆半径尽可能小，但基圆半径减小会导致机构的压力角增大，甚至超过许用值。从机构的受力方面来考虑这是不允许的。因此，设计时应在满足α_{max}≤[α]的前提下，选择尽可能小的基圆半径r_0。

压力角是机构位置的函数，而机构出现α_{max}的位置不易确定，因此很难利用式(7-26)直接确定r_0。而是根据α_{max}≤[α]来选择r_0，可采用作图法或试算法。试算法一般利用计算机来进行。首先按机构要求初选r_0，然后按给定的从动件运动规律求出各位置的 s 和 $\mathrm{d}s/\mathrm{d}\delta$，再利用式(7-25)求出各位置的压力角，从中求出最大压力角α_{max}。若α_{max}超过许用值[α]，则增大r_0重新计算；若α_{max}低于许用值[α]较多，则减小r_0重新计算，到α_{max}≤[α]并且α_{max}与[α]足够接近为止。若用作图法按α_{max}≤[α]来选择r_0，可参考有关文献。

在选择凸轮基圆半径时，除了应满足α_{max}≤[α]的条件，还应保证：凸轮的基圆半径大于凸轮轴的半径，凸轮实际廓线的最小曲率半径ρ_{amin}应大于一定的值。

当凸轮轴的直径d_s已知时，r_0可按以下经验公式确定：

$$r_0 > (0.8 \sim 1.0)d_s \tag{7-27}$$

对于滚子从动件凸轮机构，要防止凸轮实际廓线产生尖点或交叉(参阅 7.5.3 节)；对于平底从动件凸轮机构，为使平底与凸轮轮廓始终保持接触，必须保证凸轮轮廓外凸，即 $\rho_{amin}>0$。

7.5.3 滚子半径的选择

滚子半径的选择主要从凸轮廓线的形状、滚子的结构及强度等方面来考虑。

图 7-21 表明了凸轮廓线的形状与滚子半径的关系。其中，图 7-21(a)为内凹的凸轮廓线，a 为实际廓线，b 为理论廓线。前者曲率半径 ρ_a 等于后者曲率半径 ρ 与滚子半径 r_r 之和，即 $\rho_a = \rho + r_r$。这时，无论滚子半径大小如何，实际廓线总可以根据理论廓线作出。图 7-21(b)为外凸的凸轮廓线，且 $\rho > r_r$，$\rho_a = \rho - r_r > 0$，从而可以得到正常的实际廓线。图 7-21(c)中，$\rho = r_r$，实际曲率半径为零，出现尖点，凸轮轮廓在尖点处很容易磨损，不能付之实用。图 7-21(d)中 $\rho < r_r$，$\rho_a < 0$，实际轮廓线出现交叉，图中阴影部分在实际制造中将被切去，致使从动件不能按预期的运动规律运动，这种现象称为失真。

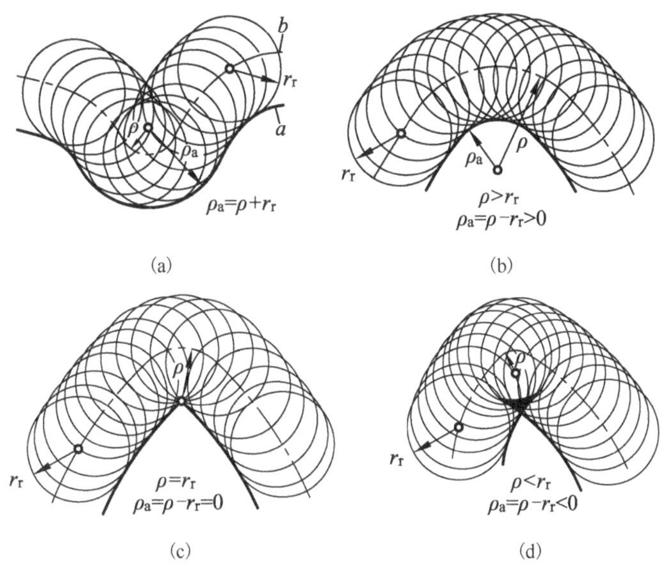

图 7-21　凸轮廓线的形状与滚子半径的关系

由上述分析可见，对于外凸的凸轮廓线，应使滚子半径 r_r 小于理论廓线的最小曲率半径 ρ_{min}，通常取 $r_r \leqslant 0.8\rho_{min}$。

由高等数学可知，以 $x=x(\delta)$、$y=y(\delta)$ 表示的凸轮理论廓线，其曲率半径的计算公式为

$$\rho = \frac{(\dot{x}^2 + \dot{y}^2)^{3/2}}{\dot{x}\ddot{y} - \ddot{x}\dot{y}} \tag{7-28}$$

式中，$\dot{x} = \mathrm{d}x/\mathrm{d}\delta$；$\dot{y} = \mathrm{d}y/\mathrm{d}\delta$；$\ddot{x} = \mathrm{d}^2x/\mathrm{d}\delta^2$；$\ddot{y} = \mathrm{d}^2y/\mathrm{d}\delta^2$。在用计算机进行设计时，可对理论廓线逐点计算，求出一系列曲率半径的数值，从中便可得到 ρ_{min}。

凸轮实际廓线的最小曲率半径 ρ_{amin} 一般不应小于 1～5mm，如果不能满足此要求，就应适当减小滚子半径或增大基圆半径；有时必须修改从动件的运动规律，以便将凸轮实际廓线出现尖点的地方代以合适的曲线。此外，滚子的尺寸还要受到其强度、结构等的限制，不能做得太小，通常取滚子半径 $r_r = (0.1 \sim 0.5)r_0$。

7.5.4 平底长度的确定

在图 7-13 中可以看到，平底与凸轮廓线的不同位置相切时，平底和导路的交点与这种切点间的距离是不同的。该图中标出的 b'、b''分别是从动件推程和回程时的最远距离，其中较大者即为上述交点与切点间的最大距离 $l_{\max}$。用图解法作出凸轮廓线后，即可确定出 $l_{\max}$。从动件平底长度应取为

$$L = 2l_{\max} + (5 \sim 7)\text{mm} \tag{7-29}$$

平底长度也可用公式计算。由图 7-18 可知，当从动件的中心线通过凸轮的轴心 O 时，$\overline{BC} = \mathrm{d}s / \mathrm{d}\delta$，故 $l_{\max} = |(\mathrm{d}s / \mathrm{d}\delta)|_{\max}$。注意 $|(\mathrm{d}s / \mathrm{d}\delta)|_{\max}$ 应根据推程和回程时从动件的运动规律分别计算，取其较大值。于是式(7-29)可改写为

$$L = 2|(\mathrm{d}s / \mathrm{d}\delta)|_{\max} + (5 \sim 7)\text{mm} \tag{7-30}$$

【例 7-1】设计一偏置直动滚子从动件盘形凸轮机构。已知 $\delta_0 = 120°$，$\delta_s = 60°$，$\delta_0' = 90°$，$\delta_s' = 90°$，行程 h=40mm，偏距 e=10mm，基圆半径 $r_0 = 50$ mm，滚子半径 $r_r = 10$ mm，数控线切割机的钼丝直径 $d_c = 0.15$ mm，凸轮等角速度转动，$\omega = 41.888$ rad / s，从动件推程和回程均做正弦加速度运动。试计算δ=π/4 时的理论廓线、实际廓线及钼丝中心坐标值。

解： 从动件推程时做正弦加速度运动，由式(7-9)得

$$\begin{aligned} s &= h\left[\frac{\delta}{\delta_0} - \frac{1}{2\pi}\sin\left(\frac{2\pi}{\delta_0}\delta\right)\right] \\ &= 40\left[\frac{\pi/4}{2\pi/3} - \frac{1}{2\pi}\sin\left(\frac{2\pi}{2\pi/3}\cdot\frac{\pi}{4}\right)\right] \\ &= 10.498(\text{mm}) \end{aligned}$$

由式(7-9)还可得到

$$\begin{aligned} \frac{\mathrm{d}s}{\mathrm{d}\delta} = \frac{v}{\omega} &= \frac{h}{\delta_0}\left[1 - \cos\left(\frac{2\pi}{\delta_0}\delta\right)\right] \\ &= \frac{40}{2\pi/3}\left[1 - \cos\left(\frac{2\pi}{2\pi/3}\cdot\frac{\pi}{4}\right)\right] \\ &= 32.603(\text{mm}) \end{aligned}$$

(1) 理论廓线坐标值 x、y。

由式(7-11)得

$$s_0 = \sqrt{r_0^2 - e^2} = \sqrt{50^2 - 10^2} = 48.990(\text{mm})$$

$$\begin{aligned} x &= (s_0 + s)\sin\delta + e\cos\delta = (48.990 + 10.498)\sin\frac{\pi}{4} + 10\cos\frac{\pi}{4} \\ &= 49.135(\text{mm}) \end{aligned}$$

$$\begin{aligned} y &= (s_0 + s)\cos\delta - e\sin\delta = (48.990 + 10.498)\cos\frac{\pi}{4} - 10\sin\frac{\pi}{4} \\ &= 34.993(\text{mm}) \end{aligned}$$

(2) 实际廓线坐标值 x'、y'。

由式(7-13)得

$$\frac{\mathrm{d}x}{\mathrm{d}\delta}=\left(\frac{\mathrm{d}s}{\mathrm{d}\delta}-e\right)\sin\delta+\left(s_0+s\right)\cos\delta$$

$$=\left(32.603-10\right)\sin\frac{\pi}{4}+\left(48.990+10.498\right)\cos\frac{\pi}{4}=58.047\ (\mathrm{mm})$$

$$\frac{\mathrm{d}y}{\mathrm{d}\delta}=\left(\frac{\mathrm{d}s}{\mathrm{d}\delta}-e\right)\cos\delta-\left(s_0+s\right)\sin\delta$$

$$=\left(32.603-10\right)\cos\frac{\pi}{4}-\left(48.990+10.498\right)\sin\frac{\pi}{4}=-26.082\ (\mathrm{mm})$$

由式(7-15)得

$$x'=x+r_{\mathrm{r}}\frac{\mathrm{d}y/\mathrm{d}\delta}{\sqrt{\left(\frac{\mathrm{d}x}{\mathrm{d}\delta}\right)^2+\left(\frac{\mathrm{d}y}{\mathrm{d}\delta}\right)^2}}$$

$$=49.135+10\times\frac{-26.082}{\sqrt{58.047^2+\left(-26.082\right)^2}}=45.036\ (\mathrm{mm})$$

$$y'=y-r_{\mathrm{r}}\frac{\mathrm{d}x/\mathrm{d}\delta}{\sqrt{\left(\frac{\mathrm{d}x}{\mathrm{d}\delta}\right)^2+\left(\frac{\mathrm{d}y}{\mathrm{d}\delta}\right)^2}}$$

$$=34.993-10\times\frac{58.047}{\sqrt{58.047^2+\left(-26.082\right)^2}}=25.871\ (\mathrm{mm})$$

(3) 钼丝中心轨迹的坐标值 x_{c}、y_{c}。

$$r_{\mathrm{c}}=d_{\mathrm{c}}/2=0.075\ (\mathrm{mm})$$

由式(7-16)得

$$x_{\mathrm{c}}=x+\left|r_{\mathrm{r}}-r_{\mathrm{c}}\right|\frac{\mathrm{d}y/\mathrm{d}\delta}{\sqrt{\left(\frac{\mathrm{d}x}{\mathrm{d}\delta}\right)^2+\left(\frac{\mathrm{d}y}{\mathrm{d}\delta}\right)^2}}$$

$$=49.135+\left|10-0.075\right|\times\frac{-26.082}{\sqrt{58.047^2+\left(-26.082\right)^2}}$$

$$=45.067\ (\mathrm{mm})$$

$$y_{\mathrm{c}}=y-\left|r_{\mathrm{r}}-r_{\mathrm{c}}\right|\frac{\mathrm{d}x/\mathrm{d}\delta}{\sqrt{\left(\frac{\mathrm{d}x}{\mathrm{d}\delta}\right)^2+\left(\frac{\mathrm{d}y}{\mathrm{d}\delta}\right)^2}}$$

$$=34.993-\left|10-0.075\right|\times\frac{58.047}{\sqrt{58.047^2+\left(-26.082\right)^2}}$$

$$=25.940\ (\mathrm{mm})$$

上面只计算了 $\delta=\pi/4$ 这一点的坐标值。在设计廓线时，需要根据凸轮的精度要求，每隔一定的角度增量(通常取 0.5°～1°)计算一次坐标值，从而求得一系列点的坐标值。这种大量重复的计算工作通常采用计算机来进行。

7.6 其他凸轮机构简介

7.6.1 圆柱凸轮机构简介

圆柱凸轮机构是一种空间凸轮机构，其特点是从动件的运动平面与凸轮的回转平面相垂直。滚子从动件与圆柱凸轮的接触表面是一个空间曲面，在平面内不能确切表示其形状，仅能以平面投影表示其近似形状。圆柱凸轮机构有三种构造形式：①在圆柱端面上制成廓线；②在圆柱表面上制成凹槽；③将不同曲线的金属板固定在圆柱表面上构成凸轮凹槽，这种构造形式便于调整更换。

圆柱凸轮廓线为空间曲线，但圆柱面可以展开为平面，故可用绘制平面凸轮廓线的方法来绘制其展开廓线。

图 7-22 为一直动滚子从动件圆柱凸轮机构。已知滚子从动件的运动规律 $s=s(\delta)$、滚子半径 r_r、圆柱平均半径 R、从动件的行程 h、圆柱凸轮的角速度ω及转向。

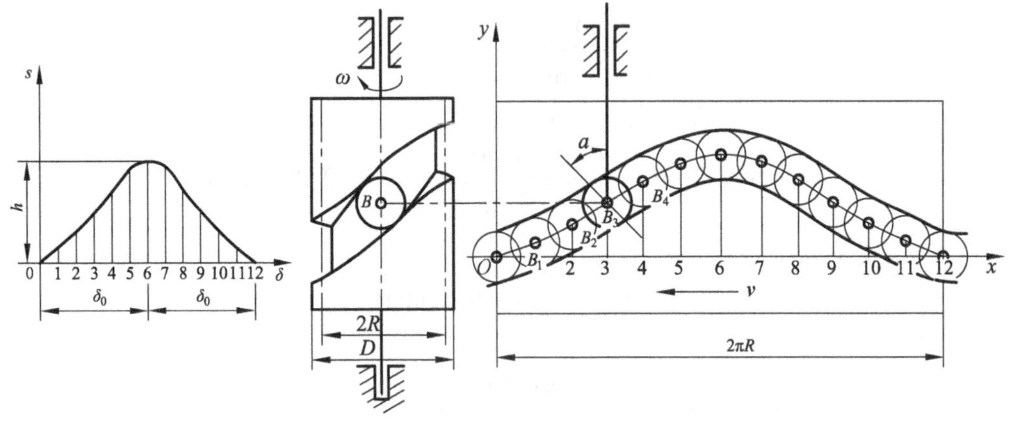

图 7-22　直动滚子从动件圆柱凸轮机构

作图步骤如下：将圆柱凸轮以平均半径为 R 的圆柱面展开，得到长度为 $2\pi R$ 的移动凸轮，其移动速度为 $v=\omega R$。按照反转法原理，给此移动凸轮机构加上一个公共速度$-v$，使之反向移动。显然，这并不影响凸轮与从动件间的相对运动，但此时凸轮将静止不动，而从动件则一方面随其导轨沿$-v$ 方向移动，同时又在其导轨中按预期的运动规律 $s=s(\delta)$往复运动。从动件在做此复合运动时，其滚子中心 B 描出的轨迹即为此移动凸轮的理论廓线。以理论廓线上各点为圆心，以 r_r 为半径作一系列滚子圆，再作出滚子圆的上、下两条包络线，即得到凸轮的实际廓线。将这样作出的移动凸轮图卷于圆柱上，并将所作出的曲线描在圆柱的外表面上，此即为该圆柱凸轮的廓线。

也可用解析法求展开平面上的凸轮廓线。取直角坐标系 xOy 如图 7-22 所示，则理论廓线的参数方程为

$$\left.\begin{aligned} x &= R\delta \\ y &= s \end{aligned}\right\} \tag{7-31}$$

式中，δ为圆柱凸轮的转角；s 为从动件的位移。实际廓线的方程仍为式(7-14)或式(7-15)。

为了保证从动件的灵活运动，不发生自锁和卡死现象，需控制廓线上的最大压力角。由

图 7-22 可知

$$\tan\alpha = \frac{\mathrm{d}s}{\mathrm{d}x} = \frac{\mathrm{d}s/\mathrm{d}\delta}{R} \tag{7-32}$$

当 $\mathrm{d}s/\mathrm{d}\delta$ 达到最大值时，压力角 α 达到最大值，若使 $\alpha_{max}=[\alpha]$，则有

$$R = \frac{\left(\mathrm{d}s/\mathrm{d}\delta\right)_{max}}{\tan[\alpha]} \tag{7-33}$$

由式(7-32)可见，当从动件运动规律一定时，R 越小，压力角 α 越大，故应适当选取圆柱的平均半径 R，以满足压力角的要求。

此外，现实中常用到一种反圆柱凸轮机构，即是在相对运动中圆柱凸轮固定不动或作为从动件，而主动件相对凸轮轴线以一定角速度回转，同时完成推程和回程动作，例如，转管枪炮的凸轮曲线槽主滚轮系统就是反圆柱凸轮在武器上的典型应用。

7.6.2　高速凸轮机构简介

在凸轮转速不高，从动件行程不大，从动件系统质量较小，且不考虑弹簧和从动件系统的弹性变形对运动影响的条件下，从动件的运动规律则完全取决于凸轮的廓线。但是，随着凸轮转速的提高，从动件最大加速度将显著增加(与凸轮转速的平方成正比)，机构运动副的动载荷也显著增大。这时，在外加的周期运动和激振力作用下，凸轮机构将产生过大的弹性变形、振动、噪声以及间隙等，需要研究解决。

(1) 由于速度、加速度运动规律的突变，产生明显的冲击并伴随着噪声。

(2) 从动件系统在高速状态下由于惯性作用所产生的弹性变形，将引起工作部分的振动。

(3) 在凸轮速度较高时，凸轮轮廓表面的加工误差也会造成从动件运动规律的改变，产生变形、冲击和振动等不正常状况。

(4) 由于从动件系统的间隙以及从动件和凸轮轮廓表面不能完全封闭，随着凸轮机构的速度和方向的改变，机构也会出现冲击和噪声。

目前对高速凸轮机构尚未形成广泛适用的定义和客观衡量的指标。因为高速凸轮机构不仅受到凸轮工作转速的影响，还与从动件的运动规律和系统的质量、刚度、阻尼等物理量有关。例如，搓丝机的送料凸轮以 1000r/min 的转速、$\delta=300°$ 以上的转角推动从动件往复运动行程为 5mm 时，从动件完全按预期运动规律正常工作。相反，印报纸轮转机的夹板凸轮，要求在凸轮转角 5° 以内实现夹报动作，尽管夹纸摆杆的摆角不大，但凸轮在 300r/min 的转速下，就常出现摆杆轴断裂的问题。这说明凸轮推程运动角不大、转速不高时也会出现高速凸轮的问题。特萨(D. Tesar)提出用 μ_m 作为研究凸轮机构振动的指标。该指标主要考虑凸轮机构从动件系统的刚度和质量，其表达式为

$$\mu_m = \frac{\omega_d^2}{k_f/m_e} = \left(\omega_d/\omega_n\right)^2 \tag{7-34}$$

式中，ω_d 为凸轮原设计角速度；ω_n 为从动件系统自振角速度；m_e 为从动件系统等效质量；k_f 为从动件系统刚度系数。

特萨提出：

(1) 当 $\mu_m=10^{-6}$，$\omega_d \ll \omega_n$ 时，为低速凸轮机构；

(2) 当 $\mu_m=10^{-4}$，$\omega_d \approx 0.01\omega_n$ 时，为中速凸轮机构；

(3) 当 $\mu_m=10^{-2}$，$\omega_d\approx0.1\omega_n$ 时，为高速凸轮机构。

但此指标还不能反映凸轮推程运动角、从动件的平均速度以及凸轮轮廓精度等因素的影响。因此，上述数值只能作为参考。

对高速凸轮机构，应将系统看成弹性振动系统。这时，由凸轮轮廓施加于从动件上的周期变化的运动及其他激振力，将使从动件产生振动，造成位移规律发生变化，产生新的位移(或实际位移)曲线，即位移响应。在分析与设计高速凸轮机构时，应考虑其位移响应。

图 7-23(a)为内燃机配气凸轮机构，其由凸轮 1、从动件系统 2、3、4 以及弹簧 5 和机架 6 等组成。由于该凸轮转速可高达 1400r/min，为了减轻零件质量，采用空心轻金属从动件。若忽略固体摩擦阻尼和黏性阻尼、弹簧的质量以及机架的弹性，可把机构简化成图 7-23(b)所示模型，即由一个质量块、两个弹簧并联而成的单自由度振动系统。设 m_e 为从动件系统集中在工作端的等效质量；k_s 为弹簧的刚度；k_f 为从动件系统的弹簧刚度，一般通过对系统实测求得；k 为弹簧初始封闭力；x 为从动件工作端的位移响应；x_e 为从动件与凸轮轮廓接触端的位移。

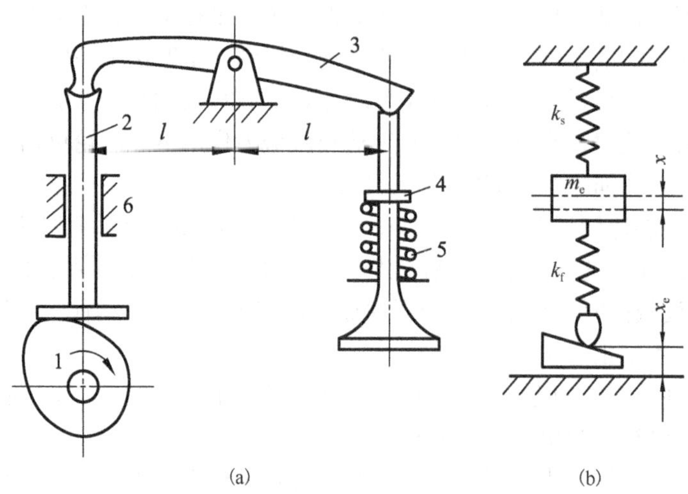

图 7-23　内燃机配气凸轮机构及其简化振动模型

根据振动模型，可写出等效质量 m_e 的运动方程：

$$m_e\frac{d^2x}{dt^2}+k_sx=k_f\left(x_e-x\right)-k$$

当从动件运动规律 $x(t)$ 已知时，可由上式求出：

$$x_e=\frac{m_e}{k_f}\frac{d^2x}{dt^2}+\frac{k}{k_f}+\frac{k_f+k_s}{k_f}x \tag{7-35}$$

若令 $m_e/k_f=a$，$k/k_f=b$，$(k_f+k_s)/k_f=c$，则可将式(7-35)写成

$$x_e=b+cx+a\frac{d^2x}{dt^2} \tag{7-36}$$

对式(7-36)求一、二阶导数得

$$\frac{dx_e}{dt}=c\frac{dx}{dt}+a\frac{d^3x}{dt^3} \tag{7-37}$$

$$\frac{\mathrm{d}^2x_e}{\mathrm{d}t^2}=c\frac{\mathrm{d}^2x}{\mathrm{d}t^2}+a\frac{\mathrm{d}^4x}{\mathrm{d}t^4} \tag{7-38}$$

为了保证从动件与凸轮轮廓接触时无冲击，必须使高速凸轮机构的 x_e 及其一阶、二阶导数连续，即从动件系统工作端的位移方程应满足上述条件，因此这类运动规律在高速凸轮机构中已获得了一定的运用。

对于高速凸轮机构，若从动件的加速度曲线不连续，会使系统产生振动。在图 7-24 中，实线为从动件的不同加速度运动规律，虚线为从动件的加速度响应。图 7-24(a) 为等加速等减速运动规律，图 7-24(b) 为余弦加速度运动规律，图 7-24(c) 为正弦加速度运动规律。三者皆为停-升-停型运动。从加速度响应曲线可以看出，正弦加速度运动规律振动最小。所以，高速凸轮机构应选择正弦加速度、改进梯形加速度及三次以上多项式等加速度曲线连续的运动规律，以减少从动件的加速度波动。

以上简要地介绍了与高速凸轮机构设计有关的一些问题。应当指出，高速凸轮机构的设计相当复杂。如图 7-24 中虚线所示，凸轮工作过程与测试结果相比不尽相同。因为图 7-24 中的三条虚线都只考虑了系统弹性变形及阻抗的影响，并未考虑凸轮的轮廓误差、构件间的间隙以及接触面的变形等因素。这些问题往往不能单纯从理论上解决。因此，在设计时不能只依赖理论计算，还需要借助于试验确定有关参数，以获得满意的结果。

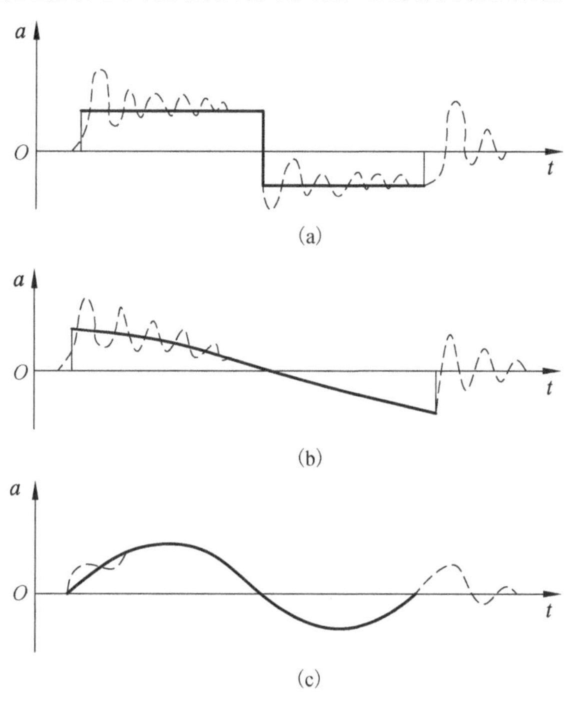

图 7-24　高速凸轮机构运动线图

本 章 小 结

本章介绍了凸轮机构的应用、从动件常用运动规律、凸轮廓线的设计和凸轮机构基本参数选择等问题，主要内容如下。

(1) 凸轮机构应用广，类型多。按凸轮的形状、从动件形状和维持高副接触的方式对凸轮机构进行了分类。

(2) 凸轮的基圆半径、推程运动角、回程运动角、远休止角、近休止角和从动件的行程是凸轮机构中的基本运动参数，刚性冲击和柔性冲击是凸轮机构运动中的重要概念。常用的运动规律有等速运动、等加速等减速运动、余弦加速度运动和正弦加速度运动四种，它们各有特点，相应的位移线图可由作图法作出。

(3) 设计凸轮的廓线可以采用图解法和解析法。设计中涉及理论廓线、实际廓线和刀具的中心运动轨迹，它们之间是等距曲线的关系。凸轮的基圆半径是从理论廓线上度量的。

(4) 为了使凸轮机构具有良好的力学性能，对凸轮机构的压力角有一定的要求。凸轮的基圆半径、从动件偏距的大小与方向对压力角有很大影响。滚子半径的大小不仅与结构及强度有关，而且直接影响着凸轮的实际廓线。平底从动件的平底长度与从动件的运动规律有关。

(5) 圆柱凸轮机构的设计可转化为移动凸轮机构设计的问题。冲击和振动是高速凸轮机构最显著的特点，因此，在研究高速凸轮机构时，应将其看作弹性振动系统。

复习思考题

1. 按从动件的形状分，凸轮机构有哪几种类型？各自的特点如何？

2. 何谓“刚性冲击”？何谓“柔性冲击”？

3. 试比较四种常见运动规律的优缺点，并说明它们的应用场合。

4. 一凸轮轮廓是按尖端从动件实现某种运动规律的要求设计的。若设计后改用滚子从动件，此时滚子从动件能否实现原运动规律？若改用平底从动件，又如何？

5. 何谓凸轮的理论廓线？何谓凸轮的实际廓线？两者之间存在什么关系？

6. 何谓凸轮机构的压力角？压力角的大小对凸轮尺寸、作用力和传动性能各有哪些主要影响？

7. 为了减小凸轮机构推程时的压力角，可采取哪些措施？

8. 在设计凸轮机构时，为什么要适当地选择凸轮的基圆半径、滚子半径和平底长度？

习 题

7-1 试用图解法设计一偏置直动滚子从动件盘形凸轮机构的凸轮廓线。已知凸轮以等角速度顺时针回转，从动件行程 h=40mm，凸轮轴心偏于从动件轴线右侧，偏距 e=15mm，凸轮的基圆半径 r_0=50mm，滚子半径 r_r=10mm。从动件的运动规律为：$\delta_0=135°$，$\delta_s=30°$，$\delta_0'=120°$，$\delta_s'=75°$，从动件在推程以余弦加速度运动(简谐运动)规律上升，在回程以等加速等减速运动规律返回。

7-2 试用图解法设计一对心直动平底从动件盘形凸轮机构的凸轮廓线。已知凸轮以等角速度顺时针回转，基圆半径 r_0=60mm，行程 h=25mm，从动件运动规律同题 7-1。

7-3 试用图解法设计一摆动滚子从动件盘形凸轮机构的凸轮廓线。已知凸轮以等角速度顺时针回转，基圆半径 r_0=70mm，中心距 a=160mm，摆杆长度 l=100mm，滚子半径 r_r=10mm，从动件的运动规律为：$\delta_0=120°$，$\delta_s=60°$，$\delta_0'=120°$，$\delta_s'=60°$，从动件在推程和回程均以余弦加速度运动(简谐运动)规律摆动，最大摆角φ_{max}=25°，从动件在推程时顺时针摆动。

7-4　试用图解法设计一摆动平底从动件盘形凸轮机构的凸轮廓线，并确定从动件的长度。已知凸轮以等角速度逆时针回转，中心距 a=75mm，基圆半径 r_0=30mm，从动件的运动规律为：$\delta_0=150°$，$\delta_s=30°$，$\delta_0'=150°$，$\delta_s'=30°$，从动件在推程和回程均以余弦加速度运动(简谐运动)规律摆动，最大摆角φ_{max}=15°，从动件在推程时顺时针摆动。

7-5　对于题 7-1 中的偏置直动滚子从动件盘形凸轮机构，试计算凸轮转角$\delta=60°$时，凸轮实际廓线的直角坐标值和极坐标值，并计算该位置的机构压力角数值。

7-6　编写题 7-3 的计算程序。每隔 10° 计算并打印凸轮实际轮廓曲线与理论廓线上点的直角坐标值和压力角的数值。

7-7　在题 7-7 图所示的凸轮机构中，已知凸轮的实际廓线为一圆，圆心为 O'，凸轮的回转中心为 O，滚子半径为 r_r，摆动从动件的回转中心为 A，试在图上求出(作图)：①凸轮的基圆半径 r_0；②凸轮的理论廓线；③凸轮从图示位置转过 45°，凸轮机构的压力角α；④凸轮从图示位置转过 45°，从动件的角位移φ(相对于推程起点)。

7-8　在题 7-8 图所示的凸轮机构中，已知凸轮的实际廓线为一圆，圆心为 A，凸轮的回转中心为 O。试在图上求出(作图)：①凸轮理论廓线和基圆；②从动件的行程 h；③滚子与凸轮在 B_1 点接触时所对应的凸轮转角；④当滚子位于 B_2 位置时，凸轮机构的压力角。

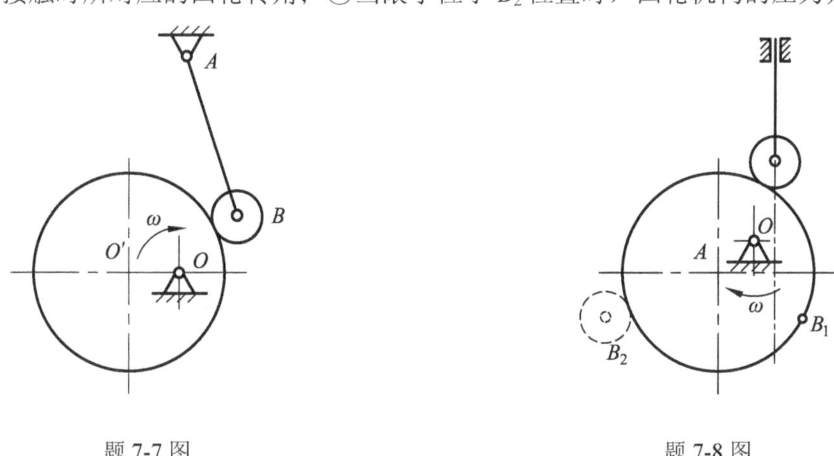

题 7-7 图　　　　题 7-8 图

第 8 章　齿 轮 机 构

8.1　概　　述

如图 8-1 所示，齿轮机构是由两个带齿的构件(齿轮)通过其齿面相互接触来传递两轴间的运动和动力的一种高副机构，是各类机械中应用最广泛的一种传动机构。

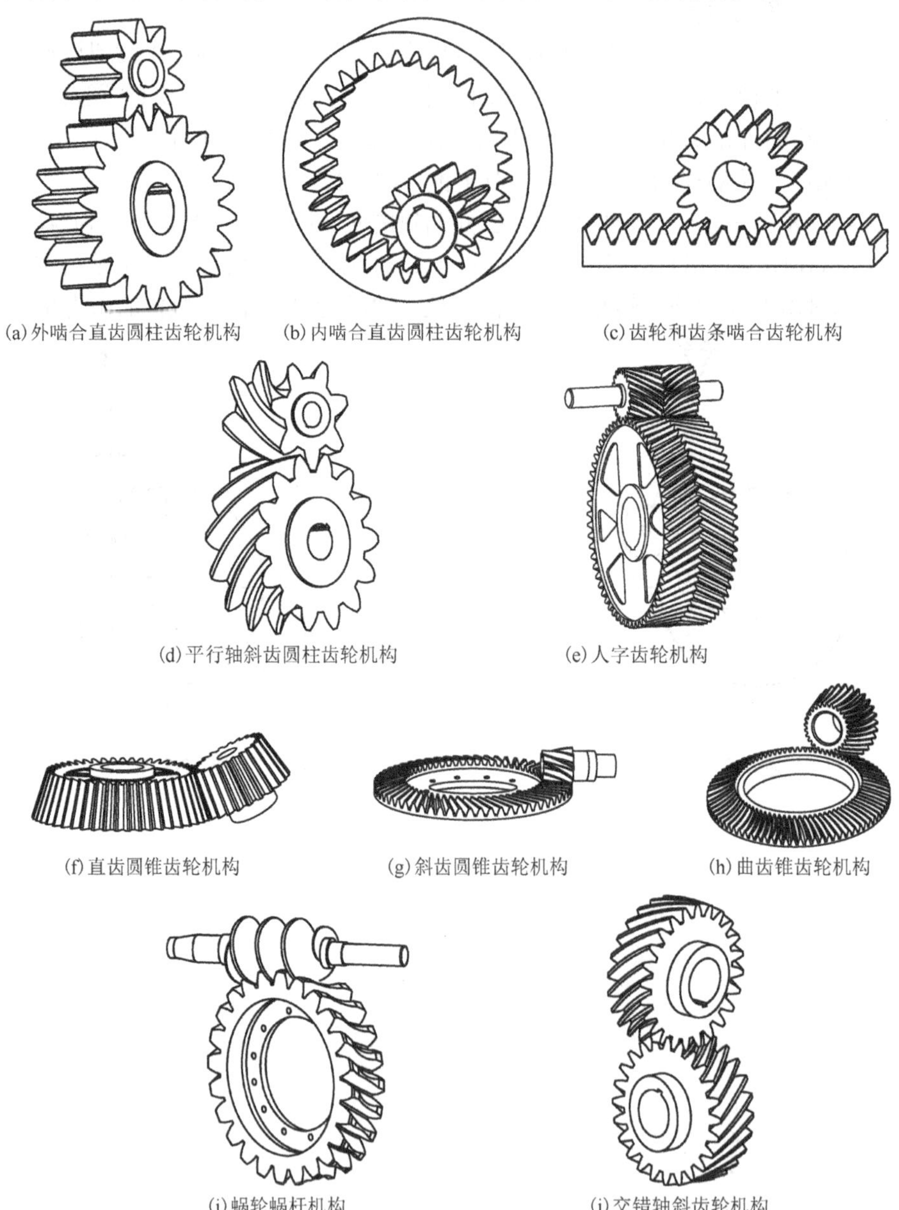

(a)外啮合直齿圆柱齿轮机构　(b)内啮合直齿圆柱齿轮机构　(c)齿轮和齿条啮合齿轮机构

(d)平行轴斜齿圆柱齿轮机构　(e)人字齿轮机构

(f)直齿圆锥齿轮机构　(g)斜齿圆锥齿轮机构　(h)曲齿锥齿轮机构

(i)蜗轮蜗杆机构　(j)交错轴斜齿轮机构

图 8-1　齿轮传动类型

齿轮机构的主要优点是：适用的圆周速度和功率范围广；效率高；可获得稳定的传动比；寿命较长；工作可靠性高；可实现平行轴、任意角相交轴和任意角交错轴之间的传动。其缺点是：要求较高的制造和安装精度，成本较高；不适宜于远距离两轴之间的传动。

根据一对齿轮在啮合过程中其传动比 i_{12}($i_{12}=\omega_1/\omega_2$，ω_1 和 ω_2 分别为主、从动轮的角速度)是否恒定，可将齿轮机构分为两大类。

(1) 定传动比(i_{12} 为常数)传动的齿轮机构。因为这种齿轮机构中的齿轮都是圆形的(如圆柱形和圆锥形等)，所以又称为圆形齿轮机构。当这种齿轮机构的主动轮等速回转时，从动轮也做等速回转，从而可使机械运转平稳，避免产生冲击、振动和噪声。这种性能满足了现代机械日益向高速重载方向发展的需要。因此，圆形齿轮在各种机械中应用最广，它是本章的研究对象。

(2) 变传动比(即 i_{12} 按一定的规律变化)传动的齿轮机构。因为这种齿轮机构中的齿轮一般是非圆形的(如图 8-2 所示的椭圆齿轮机构)，所以又称为非圆齿轮机构。非圆齿轮机构用于一些具有特殊要求的机械中。

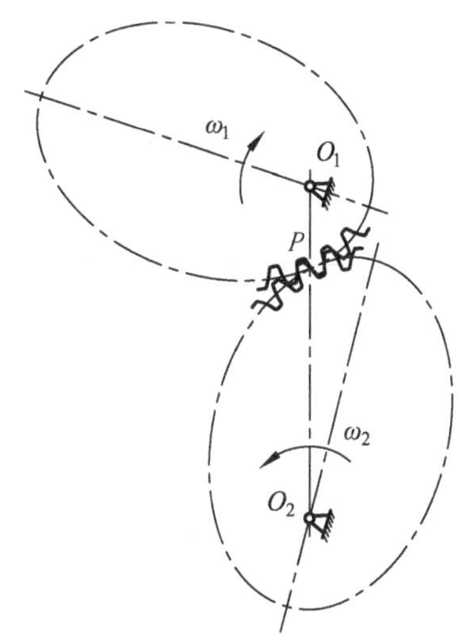

图 8-2 非圆齿轮机构

圆形齿轮机构的类型很多，根据两齿轮啮合传动时其相对运动、轴线相对位置、齿形和啮合方式等分类，结果如图 8-3 所示。

齿轮机构的类型虽然很多，但直齿圆柱齿轮传动是齿轮机构中最简单、最基本同时也是应用最广泛的一种。所以本章将直齿圆柱齿轮机构作为重点，研究其啮合原理、传动参数和几何尺寸计算等问题，并以此为基础讨论其他类型的齿轮机构。

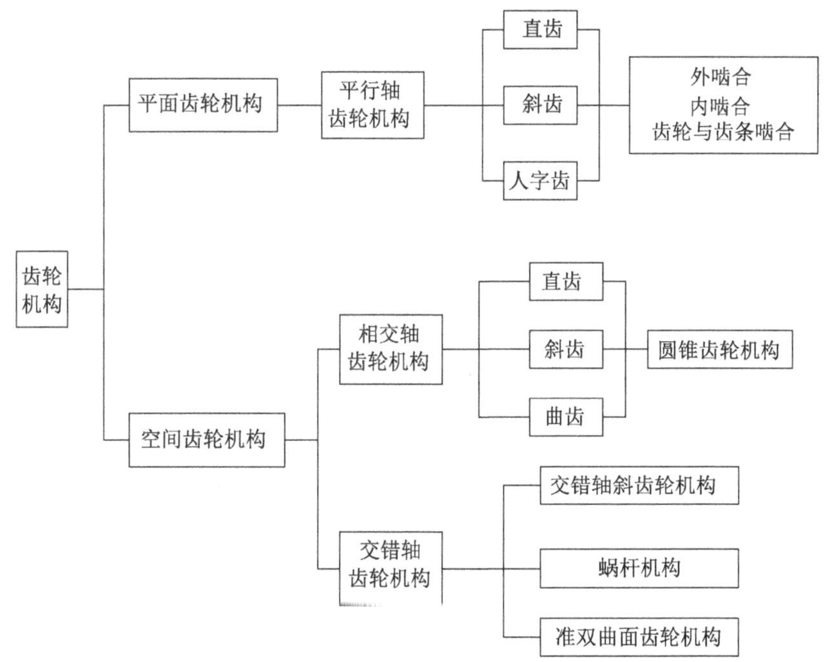

图 8-3 齿轮机构的分类

8.2　齿廓啮合基本定律及共轭齿廓

一对齿轮的齿依次交替地接触，从而实现一定规律的相对运动的过程和形态，称为啮合传动。当主动轮的角速度一定时，从动轮的角速度就与两轮齿廓的形状有关，也就是说两轮齿廓形状决定了一对齿轮传动比的变化规律。下面先分析齿廓曲线与传动比的关系，然后再讨论齿廓曲线。

8.2.1　齿廓啮合基本定律

图 8-4 为一对互相啮合的齿廓 C_1 和 C_2 在 K 点接触，两齿轮的角速度分别为ω_1和ω_2，对接触点 K 作两齿廓的公法线 n-n 与连心线 O_1O_2 相交于 P 点。由机构速度瞬心分析中的三心定理可知，此交点 P 即为齿轮 1 和 2 的相对瞬心。在瞬心 P 处，齿轮 1 和 2 的绝对速度 $\boldsymbol{v}_{P1}$ 和 $\boldsymbol{v}_{P2}$ 相等，故

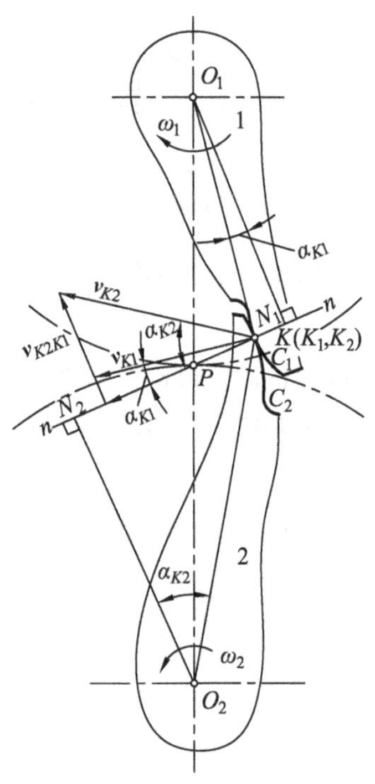

图 8-4　齿廓啮合基本定律

$$\boldsymbol{v}_{P1}=\boldsymbol{v}_{P2}$$

$$\omega_1\overline{O_1P}=\omega_2\overline{O_2P}$$

两齿轮的瞬时传动比 i_{12} 为

$$i_{12}=\frac{\omega_1}{\omega_2}=\frac{\overline{O_2P}}{\overline{O_1P}} \tag{8-1}$$

由此得出齿廓啮合基本定律：互相啮合传动的一对齿轮，在任一位置时的传动比，与其连心线被其啮合齿廓在接触点处的公法线所分成的两线段成反比。

事实上，要使这一对齿廓能连续接触传动，它们沿接触点的公法线方向是不能有相对运动的，否则，两齿廓将彼此分离或相互嵌入，因而不能达到正常传动的目的。这就是说，要使两齿廓能够接触传动，则 $\boldsymbol{v}_{K2}$ 和 $\boldsymbol{v}_{K2}$ 在公法线 n-n 方向的分速度应相等，所以两齿廓接触点间的相对速度 $\boldsymbol{v}_{K1K2}$ 只能沿齿廓接触点的公切线方向。设以 $\boldsymbol{n}$ 表示两齿廓在接触点处的公法矢，则在接触点处必须满足下列条件：

$$\boldsymbol{v}_{K1K2}\cdot\boldsymbol{n}=0 \tag{8-2}$$

这就是齿轮啮合的基本方程，它适合于平面和空间齿轮的啮合分析。

通过两齿廓接触点所做的齿廓公法线与两轮连心线 O_1O_2 的交点 P 称为节点。

在两齿轮的传动过程中，其轴心 O_1、O_2 均为定点，即$\overline{O_1O_2}$为定长，则由齿廓啮合基本定律可知：如果齿轮传动的瞬时传动比 i_{12} 为变值，则由两轮齿廓所决定的节点 P 在连心线 O_1O_2 上的位置是变动的；如果瞬时传动比 i_{12} 为常值，即齿轮做定传动比传动，则由两轮齿廓所决定的节点 P 在连心线 O_1O_2 上的位置是固定的。同时，两齿轮在接触点处的公法线的方向如何，则取决于两齿廓曲线的形状。由此可见，一对齿轮啮合的瞬时传动比取决于这对齿轮的齿廓形状。

常用的齿轮机构大多要求定传动比传动，故其齿廓曲线必须满足下述条件：无论两齿廓在何位置接触，过其接触点所作的齿廓公法线必须与两齿轮的连心线相交于一固定点 P。

一对作定传动比传动的齿轮，节点 P 为连心线上的一个定点，它在齿轮 1 的运动平面（与齿轮 1 相固连的平面）上的轨迹是一个以 O_1 为圆心、$\overline{O_1P}$ 为半径的圆。同理 P 点在齿轮 2 的运动平面上的轨迹是一个以 O_2 为圆心、$\overline{O_2P}$ 为半径的圆。这两个圆分别称为齿轮 1 与齿轮 2 的节圆，其半径分别记为 r_1' 和 r_2'。因 $r_1'=\overline{O_1P}$，$r_2'=\overline{O_2P}$，由式(8-1)得

$$i_{12}=\frac{\omega_1}{\omega_2}=\frac{r_2'}{r_1'} \tag{8-3}$$

$$\omega_1 r_1'=\omega_2 r_2'=v_P$$

式(8-3)表明一对齿轮节圆的圆周速度是相等的。由此可见，一对齿轮做定传动比传动时，它们的一对相切的节圆在做纯滚动。同时可知，一对外啮合齿轮的中心距等于两节圆半径之和，即

$$a=O_1O_2=r_1'+r_2' \tag{8-4}$$

同理，由式(8-1)可知，若要求两齿轮做变传动比传动，则节点 P 就不是一个定点，而是按相应的规律在连心线上移动。节点 P 在齿轮 1、齿轮 2 运动平面上的轨迹是某一曲线，一般地称其为瞬心线。图 8-2 所示的椭圆齿轮机构，其瞬心线为椭圆。

8.2.2　共轭齿廓

凡能实现预定传动比的一对齿廓称为共轭齿廓。从理论上讲，如果给出一齿廓曲线 C_1，在一般情况下都可以求出与其共轭的另一齿廓 C_2。求共轭齿廓曲线的方法有很多，下面仅讨论包络法。

如图 8-5 所示，设已给出齿轮 1 的齿廓曲线 C_1，令齿轮 1 的瞬心线 1-1 沿齿轮 2 的瞬心线 2-2 做纯滚动，并绘出 C_1 在相对运动中所占据的各个位置 C_1'、C_1''、…，然后作它们的包络线 C_2，则曲线 C_2 就是所要求的与齿廓曲线 C_1 共轭的齿廓曲线。因为一对齿轮传动时，它们的瞬心线做纯滚动，而曲线 C_2 就是在两齿轮瞬心线做纯滚动的条件下所得出的与齿廓曲线 C_1 的一系列位置相切的包络线，所以它符合齿廓啮合基本定律，故 C_1、C_2 是一对共轭的齿廓曲线。按包络原理求共轭齿廓，既可用图解法作出包络线，也可用解析法求出包络线方程。

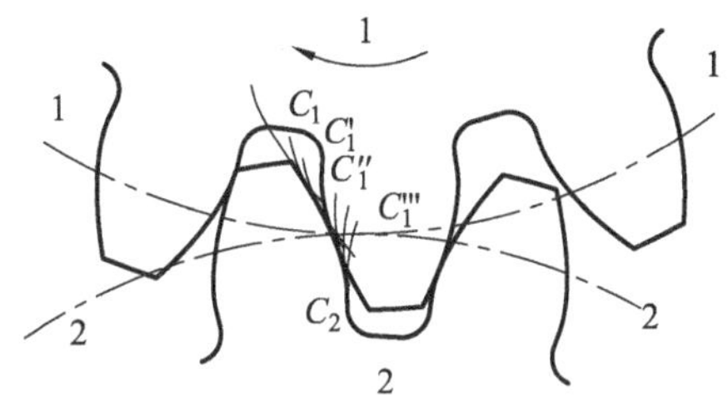

图 8-5　共轭齿廓

如上所述，可以作为共轭齿廓的曲线是很多的。从理论上说，只要给出一条齿廓曲线，就可根据齿廓啮合基本定律求出与其共轭的另一条齿廓曲线。但从生产使用上来说，还需考虑加工、安装和测量方便性，不是任意共轭曲线都能适用，须加以选择。用作定传动比传动的齿轮齿廓曲线，至今只有渐开线和摆线等几种共轭曲线。随着生产和科学技术的发展，将有新的齿廓曲线。因渐开线齿廓容易制造，便于安装，互换性好，故目前在工程实际中应用最多。本章将主要介绍渐开线齿轮。

8.3　渐开线及渐开线齿廓的啮合

8.3.1　渐开线的形成及其特性

如图 8-6(a)所示，当一直线 NK 沿以 r_b 为半径的圆周做纯滚动时，此直线上任意一点 K 的轨迹 AK 就是该圆的常态渐开线(以下均简称为渐开线)。这个圆称作渐开线的基圆，而直线则称为渐开线的发生线，图中 θ_K 称作对应渐开线 AK 段的展开角。

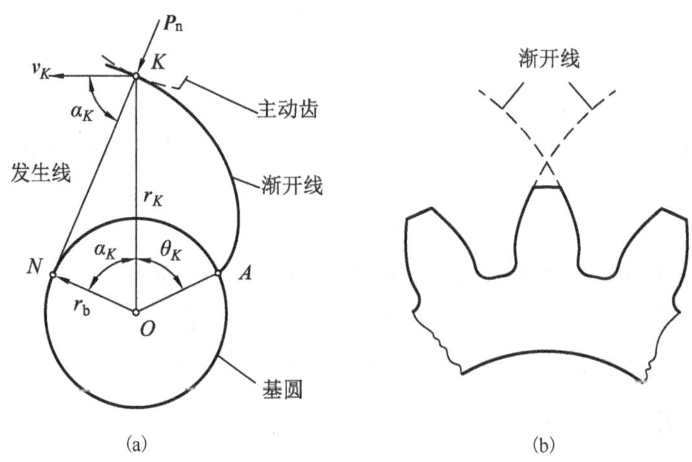

图 8-6　渐开线及渐开线齿廓

渐开线齿轮轮齿两侧的齿廓曲线由两支反向的渐开线组成，如图 8-6(b)所示。

由渐开线的形成过程可知渐开线具有如下性质。

(1)发生线沿着基圆滚过的长度 $\overline{NK}$，等于基圆上被滚动的圆弧长度 $\overset{\frown}{AN}$。

(2)因发生线沿基圆做纯滚动，故切点 N 为其瞬时速度中心，发生线上 K 点的瞬时转动半径为 $\overline{NK}$。线段 $\overline{NK}$ 为渐开线上 K 点的曲率半径，N 点为曲率中心，由此可知，线段 $\overline{NK}$ 是 K 点的法线。又因发生线始终与基圆相切，所以渐开线上任意点的法线必切于基圆。

(3)同一基圆的渐开线形状相同，大小不相等的基圆渐开线形状不同。如图 8-7 所示，C_1、C_2 为从半径不同的两基圆上展开的渐开线，当展开角 θ_K 相同时，基圆越大，渐开线在 K 点的曲率半径越大，即渐开线越趋于平直。当基圆半径为无穷大时，其渐开线就成为垂直于发生线 N_3K 的一条直线 C_3，齿条的齿廓就是这样的直线。

(4)基圆以内无渐开线。

8.3.2　渐开线方程

根据渐开线的形成过程，可推导出渐开线的方程。如图 8-6 所示，A 是渐开线在基圆上的起始点，K 是渐开线上任意一点，引线段 KO 为 K 点的向径，以 r_K 表示。该渐开线作为齿廓与另一共轭齿廓在 K 点啮合时，所受正压力 $\boldsymbol{P}_n$ 的方向应与法线 NK 的方向相同。同时，齿轮工作时绕 O 点转动，齿廓上点 K 的速度 $\boldsymbol{v}_K$ 的方向应垂直于 KO。$\boldsymbol{P}_n$ 的方向线与 $\boldsymbol{v}_K$ 的方向线之间的夹角称为渐开线在 K 点的压力角，以 α_K 表示。渐开线的方程可以用以 α_K 为参数的极坐标参数方程表示。

由直角三角形 OKN 得

$$r_K = \frac{r_b}{\cos\alpha_K} \tag{8-5}$$

$$\tan\alpha_K = \frac{\overline{NK}}{r_b} = \frac{\widehat{AN}}{r_b} = \frac{r_b(\theta_K + \alpha_K)}{r_b} = \theta_K + \alpha_K$$

$$\theta_K = \tan\alpha_K - \alpha_K$$

上式表明展开角 θ_K 随压力角 α_K 的不同而变化，这种函数关系称为渐开线展开角 θ_K 为压力角 α_K 的渐开线函数，工程上用 $\text{inv}\alpha_K$ 表示 θ_K，即

$$\text{inv}\,\alpha_K = \theta_K = \tan\alpha_K - \alpha_K \tag{8-6}$$

在工程上为了计算方便，将不同压力角 α_K 的渐开线函数值列成表，供齿轮计算时查用，使用时可查阅相关手册。

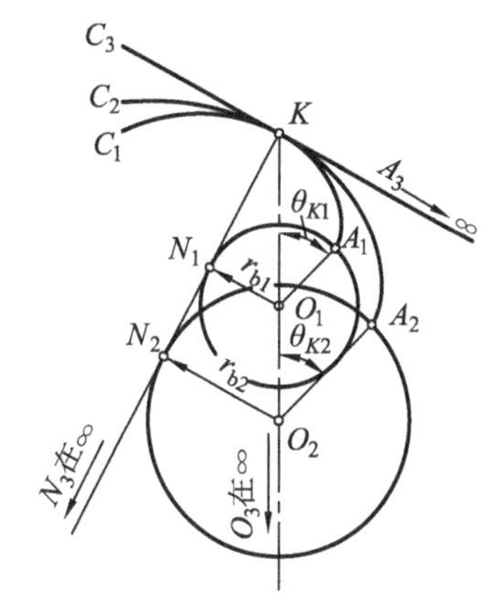

图 8-7 渐开线的性质

式(8-5)和式(8-6)为渐开线的极坐标参数方程。式(8-5)可改写为

$$\cos\alpha_K = r_b / r_K$$

由上式可知，渐开线上各点的压力角是不相同的。离基圆越远的点，压力角越大。渐开线在基圆上的点，其压力角为零。

8.3.3 渐开线齿廓的啮合

1. 渐开线齿廓满足定传动比传动

图 8-8 为一对渐开线齿廓 C_1 和 C_2 在任意点 K 接触，过 K 点作两齿廓的公法线 n-n 与两齿轮连心线交于 P 点。根据渐开线特性，公法线 n-n 必同时相切于两基圆，切点分别为 N_1 和 N_2，即 N_1N_2 为两基圆的一条内公切线。由于两齿轮圆心 O_1、O_2 及基圆半径 r_{b1}、r_{b2} 都不变，所以两基圆在同一方向只有一条内公切线。因此，两轮齿廓无论在何处接触，过接触点所作齿廓的公法线均与连心线 O_1O_2 相交于一固定点 P。根据齿廓啮合基本定律可得

$$i_{12} = \frac{\omega_1}{\omega_2} = \frac{\overline{O_2P}}{\overline{O_1P}} = 常数$$

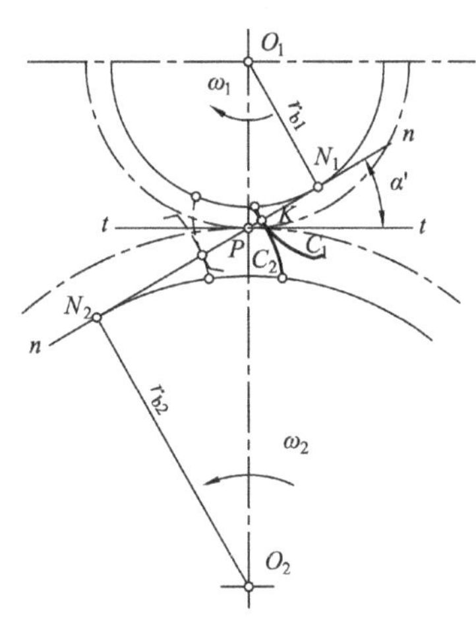

图 8-8 渐开线齿廓的啮合

由此可见，一对渐开线齿廓相啮合能保证定传动比传动。

2. 啮合线和啮合角

既然一对渐开线齿廓在任何位置啮合时，接触点的公法线都是同一条直线 N_1N_2，这就说明了一对渐开线齿廓从开始啮合到脱离啮合，所有啮合点均在直线 N_1N_2 上。因此，直线 N_1N_2 为两齿廓接触点的轨迹，故将 N_1N_2 称为渐开线齿轮传动的啮合线。啮合线 N_1N_2 与过节点 P 所作两节圆的公切线 t-t 之间的夹角 α' 称为啮合角，如图 8-8 所示。啮合角的大小表明了啮合线的倾斜程度，其数值等于渐开线在节圆上的压力角。由于啮合线与两齿廓接触点的公法线重合，而公法线的方向又是不变的，故知渐开线齿轮在传动过程中，齿廓之间的正压力方向始终不变。这对传动的平稳性很有利，是渐开线齿轮传动的一大优点。

3．渐开线齿轮传动的可分性

图 8-8 可知，$\triangle O_1N_1P \backsim \triangle O_2N_2P$，故得

$$i_{12}=\frac{\omega_1}{\omega_2}=\frac{\overline{O_2P}}{\overline{O_1P}}=\frac{r_2'}{r_1'}=\frac{r_{b2}}{r_{b1}} \tag{8-7}$$

式(8-7)表明，渐开线齿轮的传动比等于两齿轮渐开线的基圆半径的反比。一对渐开线齿轮制成后，基圆半径是确定的，其传动比就随之确定了。例如，两齿轮的中心距$\overline{O_1O_2}$由于制造或安装上的误差，而使实际值与设计值略有偏差，也不会影响传动比的大小。渐开线齿轮传动的这一特性称为该传动的可分性。这为齿轮的制造和安装带来了方便，是渐开线齿轮的又一大优点。

8.4　渐开线标准直齿圆柱齿轮的参数和尺寸计算

8.4.1　外齿轮各部的名称和基本参数

图 8-9 为一直齿外齿轮的一部分。齿轮上每一个用于啮合的凸起部分均称为齿，每个齿都具有两个对称分布的齿廓，一个齿轮的轮齿总数称为齿数，用 z 表示。齿轮上两相邻轮齿之间的空间称为齿槽；过所有齿顶端的圆称为齿顶圆，其半径和直径分别用 r_a 和 d_a 表示；过所有齿槽底边的圆称为齿根圆，其半径和直径分别用 r_f 和 d_f 表示。

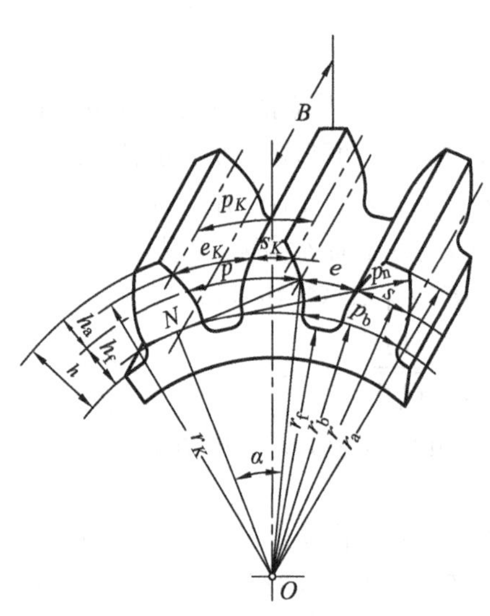

图 8-9　渐开线外齿轮的参数

在任意半径为 r_K 的圆周上，齿槽的弧线长和轮齿的弧线长分别称为该圆上的齿槽宽和齿厚，分别用 e_K 和 s_K 表示。沿该圆上相邻两齿的同侧齿廓间的弧线长称为该圆上的齿距，用 p_K 表示，显然有

$$p_K=s_K+e_K$$

由于该圆的周长等于 p_Kz，同时又等于πd_K，所以

$$d_K=\frac{p_K}{\pi}z=m_Kz$$

上式中的比值 $p_K/\pi=m_K$ 称为该圆上的模数。

由上式可知，一个齿轮的不同圆周上的齿距是不同的，模数 m_K 也不同，而且其中包含无理数π；同时，在不同直径的圆周上齿廓的压力角α_K($\cos\alpha_K=r_b/r_K$)也是不相等的。为了便于齿轮的计算、制造和换算，将齿顶圆与齿根圆之间的某个圆上的模数和压力角规定为标准值，这个圆称为分度圆。分度圆上的模数和压力角分别用 m 和α表示。工程上，齿轮的模数和压力角就是指齿轮分度圆上的模数和压力角，而且特将齿轮分度圆上的压力角称为齿轮的齿形角，我国已规定了齿轮的标准模数系列，表 8-1 为其中的一部分。我国标准规定的齿形角为 20°。国外的齿形角除用 20° 外，还有 15° 和 14.5° 等。

表 8-1　标准模数系列(GB/T 1357—2008)

第一系列	1，1.25，1.5，2，2.5，3，4，5，6，8，10，12，16，20，25，32，40，50
第二系列	1.125，1.375，1.75，2.25，2.75，3.5，4.5，5.5，(6.5)，7，9，11，14，18，22，28，35，45

注：选用模数时，应优先采用第一系列，其次是第二系列，括号内的模数尽可能不用。

分度圆上的齿距、齿厚和齿槽宽分别用 p、s 和 e 表示，分度圆直径用 d 表示，则有下列关系：

$$p=s+e=\pi m \tag{8-8}$$

$$d=\frac{p}{\pi}z=mz \tag{8-9}$$

由上列关系可见，如图 8-10 所示，齿数相同的齿轮，模数大，则其尺寸也大。模数 m 是决定齿轮尺寸的一个重要参数。

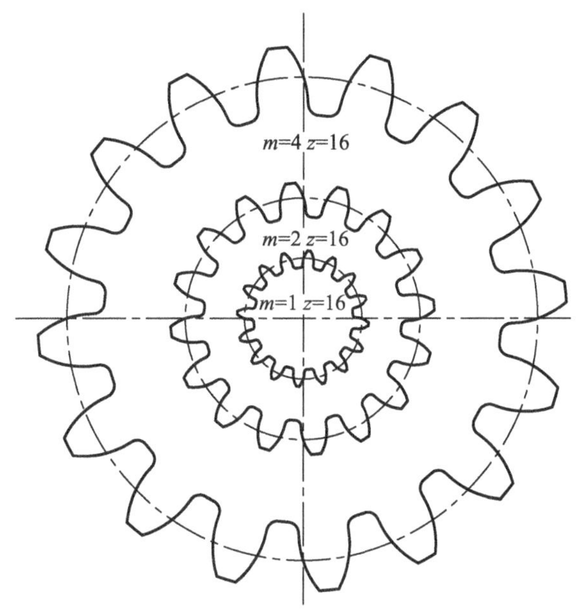

图 8-10　轮齿形状和模数的关系

在轮齿上，介于齿顶圆和分度圆之间的部分称为齿顶，其径向高度称为齿顶高，用 h_a 表示。介于齿根圆和分度圆之间的部分称为齿根，其径向高度称为齿根高，用 h_f 表示。齿顶圆与齿根圆之间轮齿的径向高度称为全齿高，用 h 表示，则

$$h=h_a+h_f \tag{8-10}$$

如果用模数表示，则标准齿轮的齿顶高和齿根高可分别写为

$$\left.\begin{aligned} h_a &= h_a^* m \\ h_f &= (h_a^* + c^*)m \end{aligned}\right\} \tag{8-11}$$

式中，h_a^* 和 c^* 分别称为齿顶高系数和顶隙系数，我国规定的标准值如下：

正常齿制　$h_a^*=1$，$c^*=0.25$

短齿制　$h_a^*=0.8$，$c^*=0.3$

模数 m、齿形角α、齿顶高系数 h_a^* 和顶隙系数 c^* 均取标准值，同时分度圆上的齿厚 s 与齿槽宽 e 相等的齿轮称为标准齿轮。

标准齿轮的齿顶圆直径 d_a 和齿根圆直径 d_f 为

$$\left.\begin{aligned} d_a &= d + 2h_a = (z + 2h_a^*)m \\ d_f &= d - 2h_f = (z - 2h_a^* - 2c^*)m \end{aligned}\right\} \tag{8-12}$$

将分度圆的参数代入式(8-5)，得齿轮的基圆直径：

$$d_b = d\cos\alpha = mz\cos\alpha \tag{8-13}$$

由式(8-13)可知，在齿轮的参数 z、m 和α确定后，齿轮的基圆大小也就确定了，即渐开线齿廓的形状一定。

齿轮相邻两齿同侧齿廓间沿法线所量得的距离 p_n 称为齿轮的法向齿距。根据渐开线的性质可证明：p_n 与齿轮基圆上的齿距 p_b 相等。所以，今后无论是法向齿距还是基圆齿距均以 p_b 表示，而且有

$$p_b = \frac{\pi d_b}{z} = \frac{\pi}{z} d\cos\alpha = p\cos\alpha = \pi m\cos\alpha \tag{8-14}$$

一个标准齿轮的各个基本尺寸完全取决于参数 z、m、α、h_a^* 和 c^*。为了便于设计和计算，将渐开线标准直齿圆柱齿轮几何尺寸的计算公式列于表 8-2 中。

表 8-2 渐开线标准直齿圆柱齿轮几何尺寸的计算公式

分度圆直径	d	$d_1=mz_1$，$d_2=mz_2$
齿顶高	h_a	$h_a=h_a^*m$
齿根高	h_f	$h_f=(h_a^*+c^*)m$
全齿高	h	$h=h_a+h_f=(2h_a^*+c^*)m$
齿顶圆直径	d_a	$d_{a1}=d_1+2h_a=(z_1+2h_a^*)m$，$d_{a2}=d_2\pm 2h_a=(z_2\pm 2h_a^*)m$ ①
齿根圆直径	d_f	$d_{f1}=d_1-2h_f=(z_1-2h_a^*-2c^*)m$，$d_{f2}=d_2\mp 2h_f=(z_2\mp 2h_a^*\mp 2c^*)m$①
基圆直径	d_b	$d_{b1}=mz_1\cos\alpha$，$d_{b2}=mz_2\cos\alpha$
齿距	p	$p=\pi m$
齿厚	s	$s=\pi m/2$
齿槽宽	e	$e=\pi m/2$
中心距	a	$a=(d_1\pm d_2)/2=m(z_1\pm z_2)/2$①
顶隙	c	$c=c^*m$

①上面符号用于外齿轮；下面符号用于内齿轮。

8.4.2 内齿轮及齿条的特点

1. 内齿轮

如图 8-11 所示，内齿轮的轮齿分布在空心圆柱的内表面上，其与外齿轮相比较有下列不同点。

(1)内齿轮的轮齿是内凹的，其齿厚和齿槽宽分别对应于外齿轮的齿槽宽和齿厚。

(2)内齿轮的齿顶圆小于分度圆，而齿根圆大于分度圆。因此，对于标准内齿轮有

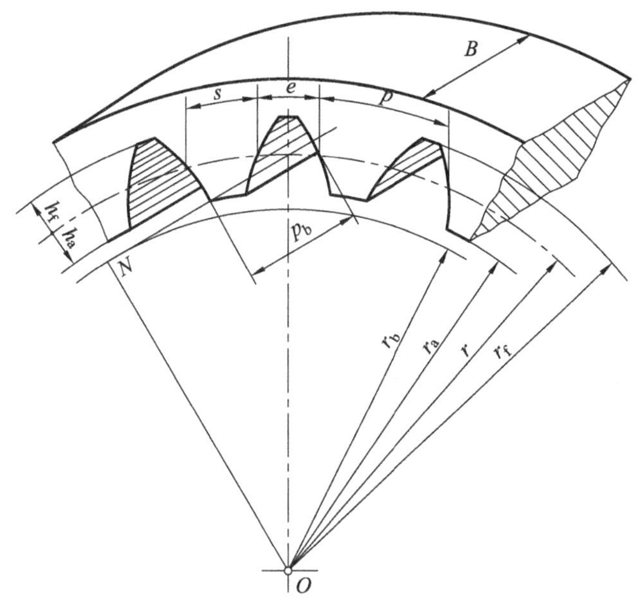

图 8-11　渐开线内齿轮参数

$$\left.\begin{aligned} d_a &= d - 2h_a = (z - 2h_a^*)m \\ d_f &= d + 2h_f = (z + 2h_a^* + 2c^*)m \end{aligned}\right\} \tag{8-15}$$

(3) 为使齿顶部分的齿廓全都为渐开线，内齿轮的齿顶圆必须大于基圆。

内齿轮的其他尺寸可按表 8-2 所列公式计算。

2．齿条

当齿轮的齿数趋于无穷多，各圆的直径趋于无穷大时，齿轮的各圆均变成了相互平行的直线，各齿同侧的渐开线齿廓变成了互相平行的斜直线齿廓，这样就形成了齿条，如图 8-12 所示。与齿轮相比，齿条具有下列特点。

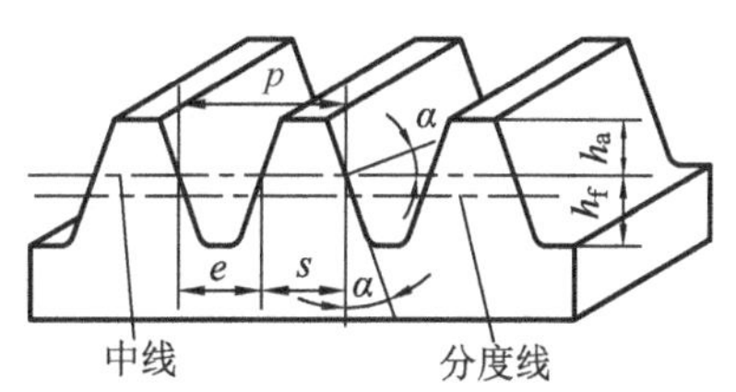

图 8-12　齿条参数

(1) 与齿顶线或齿根线平行的各直线上的齿距都相等，其上的模数都为同一个标准值，故这些直线都是分度线，但其中齿厚和齿槽宽相等的分度线称为中线，它是确定齿条齿部尺寸的基准线。

(2) 由于齿条的齿廓是直线，所以齿廓上各点的法线是平行的，而且在传动时齿条是做平动的，齿廓上各点速度的大小和方向都一致，所以齿条齿廓上各点的压力角都相同，其大小等于齿廓的倾斜角，此角即为齿形角，并取标准值。

齿条齿部的尺寸可按表 8-2 所列有关公式计算。

8.4.3　齿轮任意圆周上的齿厚

在设计和检验齿轮时，常需要知道其某一圆周上的齿厚。例如，在考察齿顶强度和确定齿侧间隙时，要分别确定齿顶圆和节圆上的齿厚。

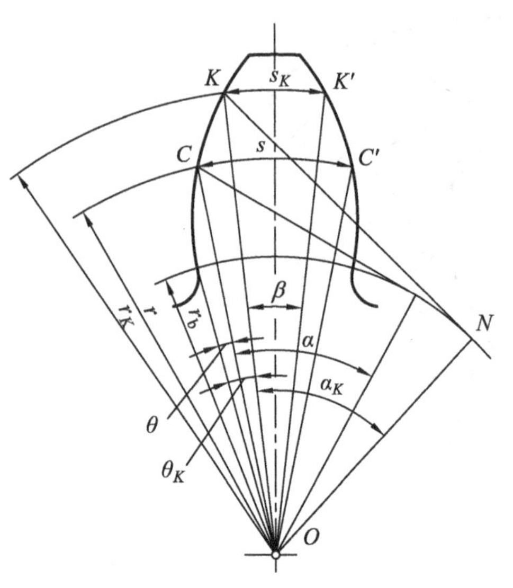

图 8-13　轮齿的任意圆齿厚

图 8-13 为齿轮的一个轮齿。图中 s、r、α和θ分别为分度圆的齿厚、半径、压力角和渐开线的展开角，而 s_K、r_K、α_K和θ_K分别为任意圆的齿厚、半径、压力角和渐开线的展开角，β为 s_K所对应的圆心角。

$$\beta = \angle COC' - 2\angle COK = \frac{s}{r} - 2\left(\theta_K - \theta\right)$$

$$= \frac{s}{r} - 2\left(\mathrm{inv}\,\alpha_K - \mathrm{inv}\,\alpha\right)$$

则

$$s_K = r_K\beta = s\frac{r_K}{r} - 2r_K\left(\mathrm{inv}\,\alpha_K - \mathrm{inv}\,\alpha\right) \quad (8\text{-}16)$$

由式(8-16)可得齿顶圆齿厚 s_a和节圆齿厚 s'分别为

$$s_a = s\frac{r_a}{r} - 2r_a\left(\mathrm{inv}\,\alpha_a - \mathrm{inv}\,\alpha\right) \quad (8\text{-}17)$$

$$s' = s\frac{r'}{r} - 2r'\left(\mathrm{inv}\,\alpha' - \mathrm{inv}\,\alpha\right) \quad (8\text{-}18)$$

式中，r_a和 r'分别为齿顶圆半径和节圆半径；α_a和α'分别为齿顶圆压力角和节圆压力角。

8.5　渐开线直齿圆柱齿轮的啮合传动

8.4 节讨论了渐开线标准直齿圆柱齿轮的基本参数和几何尺寸计算。本节将论述一对齿轮在啮合传动中的一些问题，包括齿轮的啮合过程、正确啮合的条件、中心距及啮合角、连续传动的条件及重合度等。

8.5.1　渐开线齿轮的啮合过程

图 8-14 为一对渐开线齿轮的啮合情况。设齿轮 1 为主动轮，以角速度ω_1回转；齿轮 2 为从动轮，以角速度ω_2回转，两轮的转向如图 8-14 所示。在一对齿轮的轮齿开始啮合时，主动轮轮齿的根部与从动轮轮齿的齿顶相接触；同时啮合点又应在啮合线 N_1N_2上，故一对轮齿的开始啮合点是从动轮的齿顶圆与啮合线 N_1N_2的交点 B_2。

随着传动的继续，两齿廓的啮合点将沿着啮合线 N_1N_2 移动。同时，啮合点将分别沿着主动轮的齿廓，由齿根逐渐移向齿顶，沿着从动轮的齿廓，由齿顶逐渐移向齿根。当啮合进行到主动轮的齿顶圆与啮合线的交点 B_1时，两轮齿即将脱离接触，故点 B_1为两轮齿的啮合终止点。

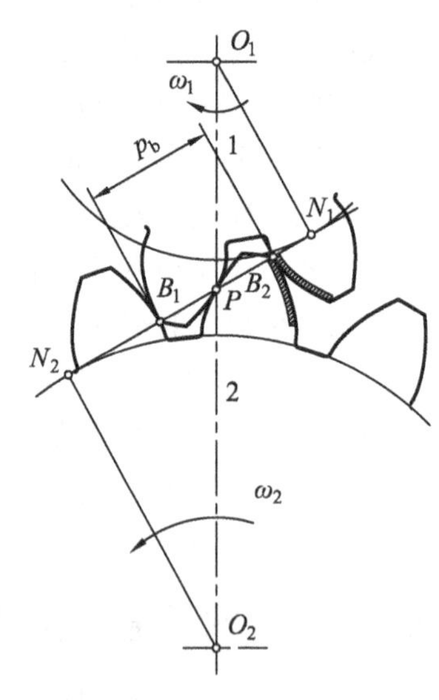

图 8-14　渐开线齿轮的啮合

从一对齿轮的啮合过程来看，啮合点实际所走过的轨迹只是啮合线 N_1N_2上的一段 B_1B_2，称其为实际啮合线段。若将两齿轮的齿顶圆加大，则点 B_1、B_2将分别趋近于啮合线与两基圆

的切点 N_1、N_2，因而实际啮合线段加长。但因基圆内无渐开线，所以两齿轮的齿顶圆与啮合线 N_1N_2 的交点不得超过点 N_1 及 N_2。因此，啮合线 N_1N_2 是理论上可能的最长啮合线段，称其为理论啮合线段，而点 N_1、N_2 则称为啮合极限点。

根据上述分析可知，在两轮齿啮合的过程中，轮齿的齿廓并非全部都能参加工作，而是只限于从齿顶到齿根的一段齿廓参加接触。实际上参加接触的这一段齿廓称为实际工作段，如图 8-14 中的阴影线部分。事实上，若在点 B_1、B_2 处，一齿轮的齿顶与另一齿轮的齿根部分的过渡曲线(非渐开线)相接触，则过接触点所作的齿廓公法线不能通过固定的节点 P，因而引起两齿轮传动比的变化，还可能使两齿轮卡住不动，这种现象称为过渡曲线干涉。避免过渡曲线干涉是齿轮传动设计时必须考虑的问题之一，其计算方法可参考有关文献。

8.5.2 一对渐开线齿轮正确啮合的条件

尽管一对渐开线齿轮能够保证定传动比传动，但这并不意味着随意的两个渐开线齿轮都能搭配起来正确地传动。例如，一个齿距很大的齿轮和另一个齿距很小的齿轮的轮齿根本不能互相接触，也就谈不上啮合传动了。因此，必须要研究一对渐开线齿轮正确啮合的条件。

一对渐开线齿轮在传动时，它们的齿廓啮合点都应在啮合线上。因此，要使处于接触状态的各对轮齿都能正确地进行啮合，也就是啮合点都在啮合线上，两齿轮的相邻两齿同侧齿廓间的法线距离应相等，即两齿轮的法向齿距应相等，如图 8-15 所示。这样，当前一对轮齿在啮合线上的点 B_1 啮合时，后一对轮齿就能正确地在啮合线的点 B_2 上进入啮合。由此可以得出结论：要使两齿轮正确啮合，它们的法向齿距 p_{b1} 和 p_{b2} 必须相等。又因

$$p_{b1} = p_1 \cos\alpha_1 = \pi m_1 \cos\alpha_1$$

$$p_{b2} = p_2 \cos\alpha_2 = \pi m_2 \cos\alpha_2$$

从而可得两齿轮正确啮合的条件为

$$m_1 \cos\alpha_1 = m_2 \cos\alpha_2 \tag{8-19}$$

由于模数和齿形角都已标准化，要满足式(8-19)，则应使

$$\left.\begin{aligned} m_1 = m_2 = m \\ \alpha_1 = \alpha_2 = \alpha \end{aligned}\right\} \tag{8-20}$$

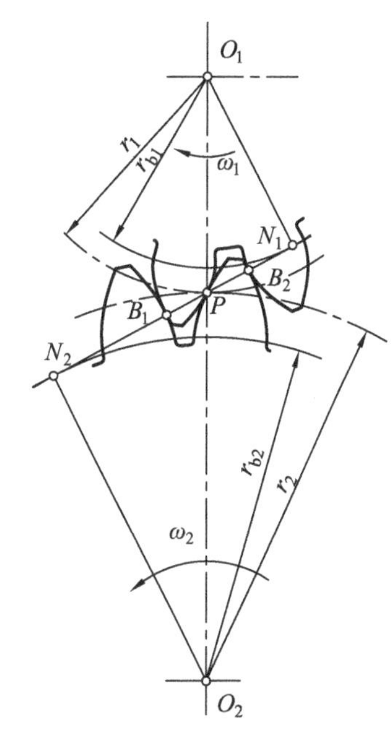

图 8-15 渐开线齿轮正确啮合的条件

这就是说，一对渐开线齿轮正确啮合的条件是：两齿轮的模数和齿形角必须分别相等。满足了这一条件后，传动比的关系式(8-7)可进一步写为

$$i_{12} = \frac{\omega_1}{\omega_2} = \frac{r_2'}{r_1'} = \frac{r_{b2}}{r_{b1}} = \frac{r_2 \cos\alpha_2}{r_1 \cos\alpha_1} = \frac{r_2}{r_1} = \frac{m_2 z_2 / 2}{m_1 z_1 / 2} = \frac{z_2}{z_1}$$

8.5.3 齿轮传动的中心距及啮合角

1. 外啮合齿轮传动

在确定一对标准齿轮传动的中心距时，应从以下两方面考虑。

(1) 保证两轮的顶隙 c 为标准值。当一对齿轮啮合传动时，为了避免一齿轮的齿顶与另一齿轮的齿槽底部相抵触，并且为了有一些空隙以便储存润滑油，故在一齿轮的齿顶圆与另一齿轮的齿根圆之间应留有一定的距离，距离的径向值称为顶隙。由图 8-16 (a) 可见，当两齿轮的中心距不同时，显然其顶隙的大小也不同。当顶隙为标准值 $c=c^*m$ 时，两齿轮的中心距为

$$\begin{aligned} a &= r_{a1} + c + r_{f2} = r_1 + h_a^* m + c^* m + r_2 - (h_a^* m + c^* m) \\ &= r_1 + r_2 = \frac{m}{2}(z_1 + z_2) \end{aligned} \tag{8-21}$$

即两齿轮的中心距等于两齿轮分度圆的半径之和，也就是两齿轮的分度圆相切，这种中心距称为标准中心距，对标准齿轮按标准中心距安装称为标准安装。

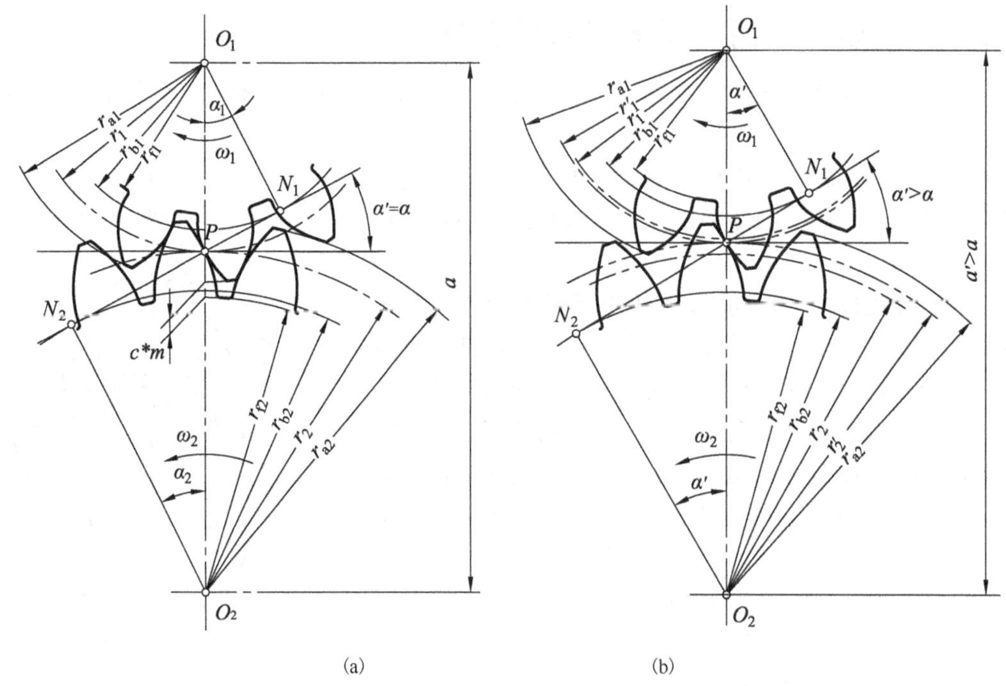

图 8-16　渐开线齿轮的中心距与啮合角

(2) 保证两轮的齿侧间隙(简称为侧隙)为零。当一对齿轮啮合传动时，为了便于在相互啮合的齿廓间进行润滑，以及避免轮齿因摩擦发热而膨胀所引起的挤压现象，在两齿轮的齿侧间总要留有一定的空间。但为避免轮齿间冲击，这种齿侧间隙一般都很小，通常是由制造公差来保证的。而在计算齿轮的公称尺寸时，都按侧隙为零来考虑，也就是无侧隙啮合传动。欲使一对齿轮在传动时的齿侧间隙为零，需使一个齿轮在节圆上的齿厚等于另一个齿轮在节圆上的齿槽宽，即 $s_1'=e_2'$，$s_2'=e_1'$。由图 8-16 可见，当两齿轮的中心距不同时，显然其齿侧间隙的大小也不同。侧隙是在两齿轮节圆上测量的。

标准安装时，可保证标准顶隙，节圆和分度圆重合(注意：节圆和分度圆是两个不同的概念)，啮合角(即节圆压力角) α' 和分度圆压力角 α 相等，并且还能满足无侧隙啮合的要求。这是由于在此情况下，齿轮在节圆上的齿厚和齿槽宽与在分度圆上的相等，并且根据标准齿轮的齿厚和齿槽宽相等的特点和一对齿轮的正确啮合条件，s_1、s_1'、s_2、s_2'、e_1、e_1'、e_2、e_2' 都相等，且均等于 $\pi m/2$。因此，满足无侧隙啮合的条件。

当一对齿轮由于轴的变形、轴承磨损或安装误差等原因，使两齿轮的实际中心距 a' 大于标准中心距 a 时，如图 8-16(b)所示，两齿轮的分度圆不是相切而是分离。此时，节圆不与分度圆重合，节圆半径大于分度圆半径；两基圆相远离，啮合线 N_1N_2 变陡，啮合角α'大于分度圆压力角α。如果两齿轮仍为标准齿轮，则顶隙 c 已大于标准值 c^*m，侧隙也大于零。一对标准齿轮没有按标准中心距安装称为非标准安装。

由图 8-16(a)可知，齿轮 1 的基圆半径 $r_{b1}=r_1\cos\alpha$，齿轮 2 的基圆半径 $r_{b2}=r_2\cos\alpha$，故有

$$r_{b1}+r_{b2}=(r_1+r_2)\cos\alpha=a\cos\alpha$$

同理，由图 8-16(b)可得

$$r_{b1}+r_{b2}=(r_1'+r_2')\cos\alpha'=a'\cos\alpha'$$

由此两式可得两轮的中心距与啮合角的关系为

$$a'\cos\alpha'=a\cos\alpha\ ,\quad a'=a\frac{\cos\alpha}{\cos\alpha'} \tag{8-22}$$

2．齿轮与齿条啮合传动

图 8-17 为齿轮与齿条啮合传动的情况，啮合线 N_1N_2 与齿轮基圆相切于 N_1 点，并垂直于齿条的直线齿廓。由于齿条的基圆为无穷大，故可以认为 N_2 点是啮合线与齿条基圆在无穷远处的切点。过齿轮轴心而与齿条分度线垂直的直线与啮合线的交点即为传动的节点 P。

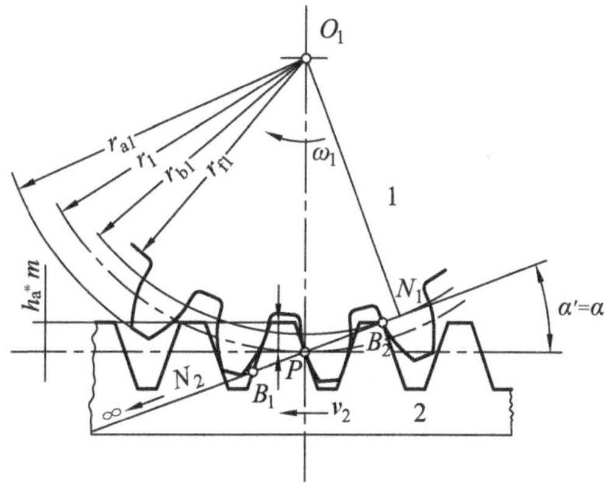

图 8-17　齿轮与齿条的啮合传动

齿轮与齿条在标准安装时，齿轮的节圆与分度圆重合，齿条的节线与中线重合。这时，啮合角等于齿轮和齿条的齿形角；顶隙为标准值；满足无侧隙啮合的条件。

非标准安装时，齿条从标准安装位置相对于齿轮中心分开些，这时齿条的齿廓与标准安装位置时的平行，故啮合线 N_1N_2 与标准安装位置时的相同。因此，这时齿轮的节圆仍和分度圆重合，而齿条的节线不是中线；啮合角仍等于齿轮和齿条的齿形角；顶隙已为非标准值；不能满足无侧隙啮合的条件。

3．内啮合齿轮传动

图 8-18 为一外齿轮与一内齿轮的啮合情况。当按标准中心距安装时，两齿轮的节圆与分度圆重合，其啮合角也等于分度圆压力角，并且满足无侧隙啮合条件，其顶隙也为标准值。此时标准中心距为

$$a=r_2'-r_1'=r_2-r_1=\frac{m}{2}(z_2-z_1) \tag{8-23}$$

当为非标准安装时，其情况与外啮合时相反，并且可导出与式(8-22)相同的公式。

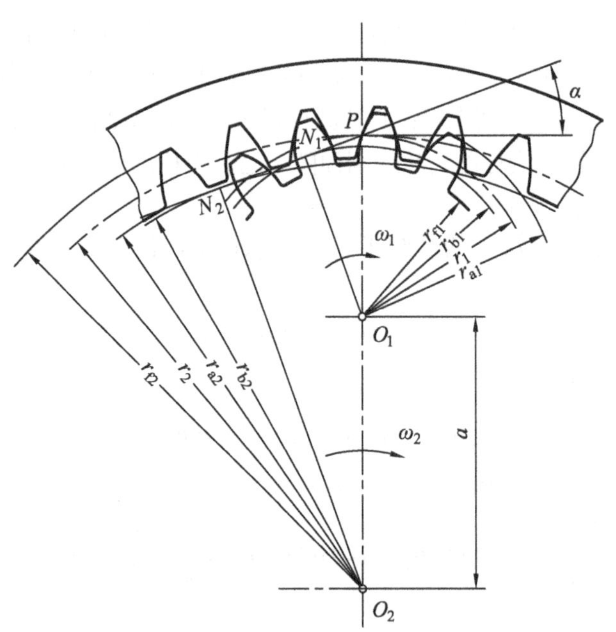

图 8-18　渐开线齿轮的内啮合传动

8.5.4　连续传动的条件及重合度

为了使齿轮能连续传动，必须在前一对轮齿尚未脱离啮合时，后一对轮齿及时地进入啮合，而为了达到这一目的，就必须使实际啮合线段大于或等于法向齿距，即 $\overline{B_1B_2} \geqslant p_b$。若 $\overline{B_1B_2}=p_b$，如图 8-19(a)所示，当前一对轮齿在 B_1 点分离时，后一对轮齿正好在点 B_2 开始进入啮合，传动过程除在 B_1 点和 B_2 点的两个接触瞬时外，始终只有一对轮齿处于啮合状态；若 $\overline{B_1B_2} > p_b$，如图 8-19(b)所示，则当前一对轮齿在点 B_1 分离时，后一对轮齿已经进入啮合，传动过程中有时为一对轮齿啮合，有时多于一对轮齿啮合；若 $\overline{B_1B_2} < p_b$，如图 8-19(c)所示，当前一对轮齿在 B_1 点分离时，后一对轮齿还没有开始进入啮合，这将使传动中断，从而引起轮齿间的冲击，影响传动的平稳性。

为了表明同时啮合齿对的多少，以及同时啮合齿对在啮合线上重叠的程度，定义 $\overline{B_1B_2}$ 与 p_b 的比值为齿轮传动的重合度，用 ε_α 表示。于是得齿轮连续传动的条件为

$$\varepsilon_\alpha=\frac{\overline{B_1B_2}}{p_b}\geqslant 1 \tag{8-24}$$

对于外啮合齿轮传动，如图 8-20(a)所示，$\overline{B_1B_2}=\overline{B_1P}+\overline{PB_2}$，而

$$\overline{B_1P}=\overline{B_1N_1}-\overline{PN_1}=r_{b1}(\tan\alpha_{a1}-\tan\alpha')=\frac{mz_1}{2}\cos\alpha(\tan\alpha_{a1}-\tan\alpha')$$

$$\overline{PB_2}=\overline{B_2N_2}-\overline{PN_2}=r_{b2}(\tan\alpha_{a2}-\tan\alpha')=\frac{mz_2}{2}\cos\alpha(\tan\alpha_{a2}-\tan\alpha')$$

$$\varepsilon_\alpha=\frac{\overline{B_1B_2}}{p_b}=\frac{\overline{B_1P}+\overline{PB_2}}{\pi m\cos\alpha}=\frac{1}{2\pi}\left[z_1(\tan\alpha_{a1}-\tan\alpha')+z_2(\tan\alpha_{a2}-\tan\alpha')\right] \tag{8-25}$$

式中，$\alpha_{a1}=\arccos\dfrac{r_{b1}}{r_{a1}}$；$\alpha_{a2}=\arccos\dfrac{r_{b2}}{r_{a2}}$；$\alpha'$ 为啮合角。

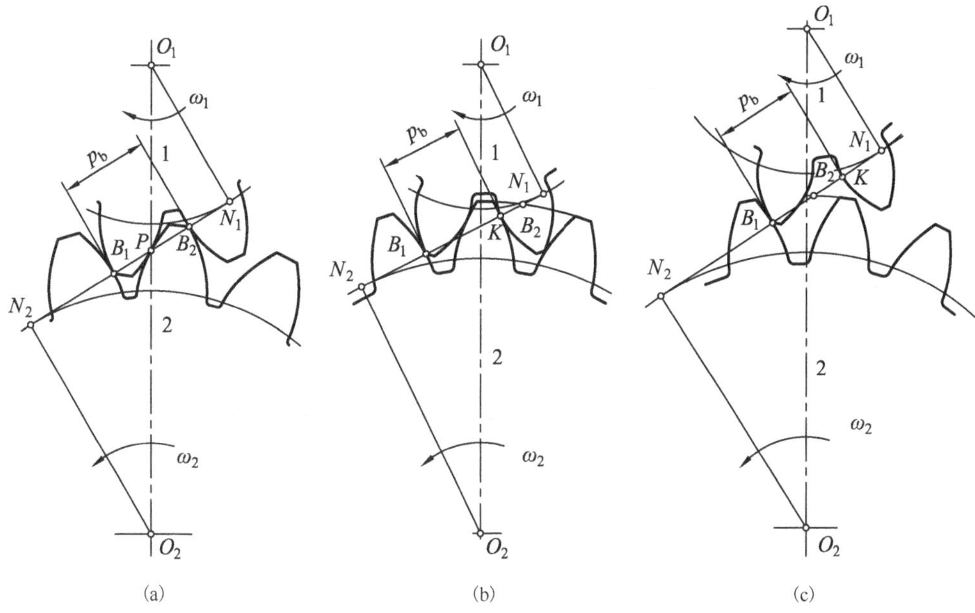

图 8-19　齿轮连续传动的条件

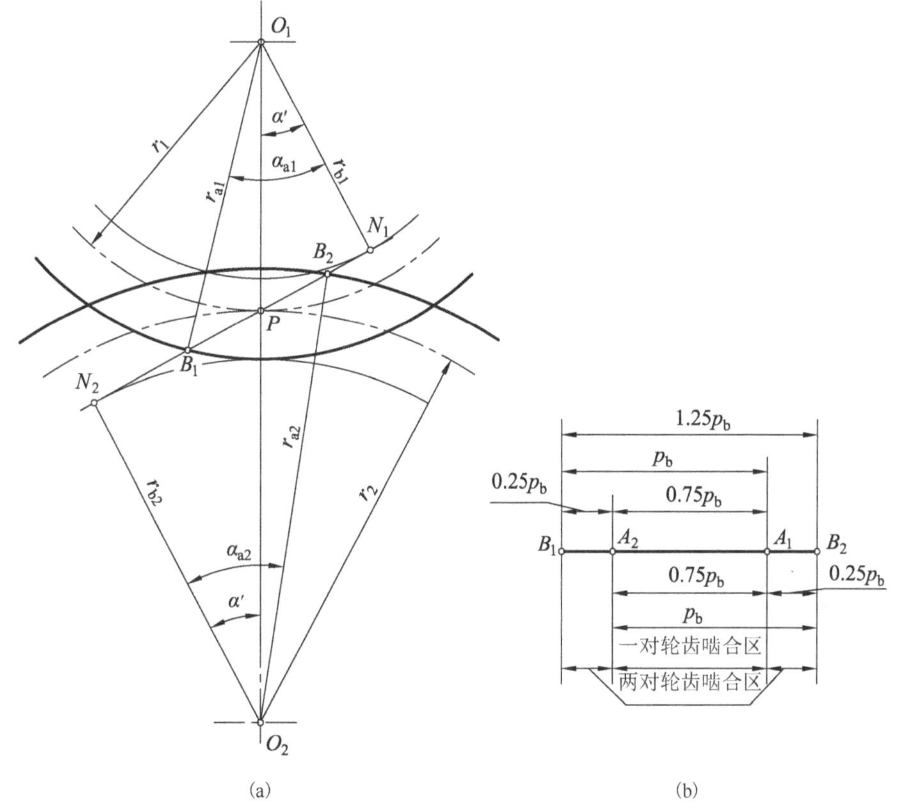

图 8-20　外啮合齿轮的啮合区长度

对于齿轮与齿条啮合传动，如图 8-17 所示，$\overline{B_1P}$ 的计算式不变，但此时 $\alpha'=\alpha$，而 $\overline{PB_2}=h_a^*m/\sin\alpha$。故齿轮与齿条啮合时的重合度为

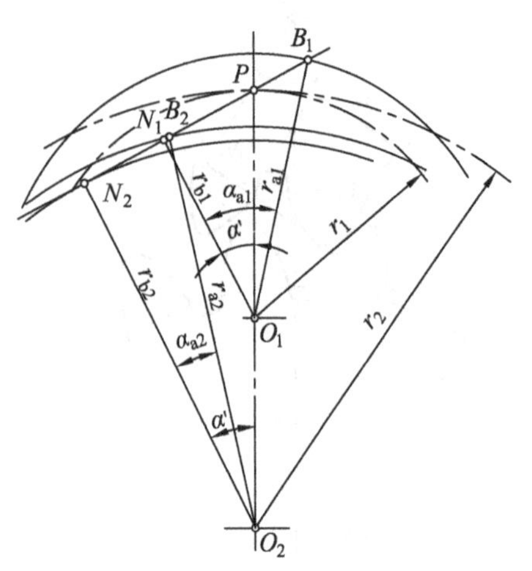

图 8-21　内啮合齿轮的啮合区长度

$$\varepsilon_\alpha = \frac{1}{2\pi}\left[z_1(\tan\alpha_{a1} - \tan\alpha) + \frac{2h_a^*}{\sin\alpha\cos\alpha}\right] \quad (8\text{-}26)$$

由式(8-25)、式(8-26)可以看出，ε_α与模数无关，但随齿数的增多而加大。如果假想将两齿轮的齿数逐渐增加，趋于无穷大，则ε_α将趋于一极限值$\varepsilon_{\alpha\max}$，这时$\overline{B_1P} = \overline{PB_2} = h_a^* m / \sin\alpha$ 故得

$$\varepsilon_{\alpha\max} = \frac{4h_a^*}{\pi\sin 2\alpha}$$

当α=20°，h_a^*=1.0 时，$\varepsilon_{\alpha\max}$=1.981。

对于内啮合齿轮传动，如图 8-21 所示，可用与上面类似的方法得重合度的计算公式为

$$\varepsilon_\alpha = \frac{1}{2\pi}\left[z_1(\tan\alpha_{a1} - \tan\alpha') - z_2(\tan\alpha_{a2} - \tan\alpha')\right] \quad (8\text{-}27)$$

如前所述，ε_α=1，表明在齿轮传动的过程中，除了在点 B_1 和 B_2 接触的瞬时外，始终只有一对轮齿参加啮合，参见图 8-19(a)。同理，ε_α=2，表明除了在点 B_1、B_2 和 $\overline{B_1B_2}$ 中点这 3 个接触的瞬时，有 3 对轮齿相接触外，同时啮合的轮齿只有两对。如果ε_α不是整数，例如，ε_α=1.25，可用图 8-20(b)来说明其意义。由图可知，在实际啮合线 B_2A_1 与 A_2B_1 两段范围内，也就是两个 $0.25p_b$ 的长度上，有两对轮齿同时啮合；而在 A_1A_2 段范围内，即 $0.75p_b$ 的长度上，只有一对轮齿啮合。

总之，ε_α值越大，表明多对轮齿啮合的时间越长，以致每一对轮齿所受的载荷也越小，从而使齿轮的承载能力相对地提高，而且传动更加平稳。所以重合度不仅是齿轮传动的连续性条件，而且是衡量齿轮承载能力和传动平稳性的重要指标。

【例 8-1】已知一对外啮合标准直齿圆柱齿轮传动，其基本参数为：z_1=22，z_2=33，m=2.5mm，α=20°，正常齿制。①试求这对齿轮的几何尺寸；②验算其小齿轮的齿顶厚是否大于一般工程设计所要求的 0.4m；③求标准安装时的重合度；④若两齿轮的中心距较标准中心距增加 1mm，其重合度为多少？

解： (1)分度圆半径为

$$r_1 = \frac{mz_1}{2} = \frac{2.5\times 22}{2} = 27.5 \ \text{(mm)}$$

$$r_2 = \frac{mz_2}{2} = \frac{2.5\times 33}{2} = 41.25 \ \text{(mm)}$$

齿顶圆半径为

$$r_{a1} = r_1 + h_a^* m = 27.5 + 1\times 2.5 = 30 \ \text{(mm)}$$

$$r_{a2} = r_2 + h_a^* m = 41.25 + 1\times 2.5 = 43.75 \ \text{(mm)}$$

齿根圆半径为

$$r_{f1} = r_1 - (h_a^* + c^*)m = 27.5 - (1+0.25)\times 2.5 = 24.375 \ \text{(mm)}$$

$$r_{f2} = r_2 - (h_a^* + c^*)m = 41.25 - (1+0.25)\times 2.5 = 38.125 \ \text{(mm)}$$

基圆半径为

$$r_{b1} = r_1\cos\alpha = 27.5\times\cos 20^\circ = 25.842 \ \text{(mm)}$$

$$r_{b2} = r_2 \cos\alpha = 41.25 \times \cos 20^\circ = 38.762 \text{ (mm)}$$

分度圆齿距、齿厚及齿槽宽为

$$p = \pi m = 3.1416 \times 2.5 = 7.854 \text{ (mm)}$$

$$s = e = p / 2 = 3.927 \text{ (mm)}$$

中心距为

$$a = \frac{m}{2}(z_1 + z_2) = \frac{2.5}{2} \times (22 + 33) = 68.75 \text{ (mm)}$$

(2) 小齿轮的齿顶圆压力角为

$$\alpha_{a1} = \arccos\frac{r_{b1}}{r_{a1}} = \arccos\frac{25.842}{30} = 30.526^\circ$$

小齿轮齿顶厚为

$$\begin{aligned} s_{a1} &= s\frac{r_{a1}}{r_1} - 2r_{a1}(\operatorname{inv}\alpha_{a1} - \operatorname{inv}\alpha) \\ &= 3.927 \times \frac{30}{27.5} - 2 \times 30 \times (\operatorname{inv}30.526^\circ - \operatorname{inv}20^\circ) = 1.766 \text{ (mm)} \end{aligned}$$

大于 $0.4m$ 即 1mm。

(3) 大齿轮的齿顶圆压力角为

$$\alpha_{a2} = \arccos\frac{r_{b2}}{r_{a2}} = \arccos\frac{38.762}{43.75} = 27.627^\circ$$

标准安装时的重合度为

$$\begin{aligned} \varepsilon_\alpha &= \frac{1}{2\pi}\left[z_1(\tan\alpha_{a1} - \tan\alpha) + z_2(\tan\alpha_{a2} - \tan\alpha)\right] \\ &= \frac{1}{2\pi}\left[22 \times (\tan 30.526^\circ - \tan 20^\circ) + 33 \times (\tan 27.627^\circ - \tan 20^\circ)\right] = 1.628 \end{aligned}$$

(4) 非标准安装时的中心距为

$$a' = a + 1 = 68.75 + 1 = 69.75 \text{ (mm)}$$

啮合角为

$$\begin{aligned} \alpha' &= \arccos\left(\frac{a}{a'}\cos\alpha\right) \\ &= \arccos\left(\frac{68.75}{69.75} \times \cos 20^\circ\right) = 22.147^\circ \end{aligned}$$

非标准安装时的重合度为

$$\begin{aligned} \varepsilon_\alpha &= \frac{1}{2\pi}\left[z_1(\tan\alpha_{a1} - \tan\alpha') + z_2(\tan\alpha_{a2} - \tan\alpha')\right] \\ &= \frac{1}{2\pi}\left[22 \times (\tan 30.526^\circ - \tan 22.147^\circ) + 33 \times (\tan 27.627^\circ - \tan 22.147^\circ)\right] = 1.251 \end{aligned}$$

由此可见，随着中心距的增大，啮合角增大，重合度减小。

8.6 渐开线齿轮的切齿原理

齿轮加工方法很多，有铸造法、热轧法、冲压法及切削法等。就切削法来讲，又可分为仿形法和范成法两大类。

8.6.1 仿形法

仿形法加工通常是在铣床上铣齿。图 8-22(a)为用盘形铣刀切制轮齿，图 8-22(b)为用指状铣刀切制轮齿。无论盘形铣刀还是指状铣刀，其刀刃都被制成被切齿轮齿槽的形状，每走刀一次切出一个齿槽，然后将齿轮分度、定位，再切出下一个齿槽。如此继续下去，直到切出所有轮齿，即加工完一个齿轮。由于不可能对每一种(模数、压力角和齿数均相同)齿轮都配一把铣刀，所以一般是一把铣刀要加工一定范围内齿数的齿轮。因此，仿形法加工的生产率和精度都较低，不适用于大批量生产和高精度要求的齿轮。但由于这种方法可以在普通铣床上加工，不需专用切齿机床，所以在单件生产和精度要求低的齿轮加工中尚在采用。

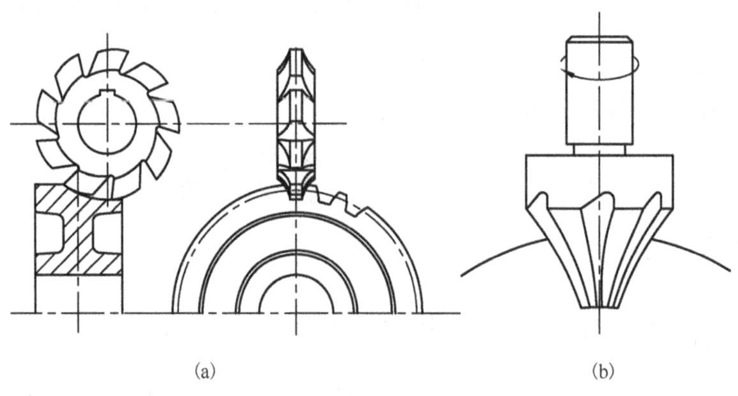

图 8-22　齿轮仿形加工

8.6.2 范成法

1. 范成法的切削加工原理

范成法又称展成法或包络法，加工齿轮在专用的齿轮加工机床上进行，是齿轮加工中最常采用的方法。范成法加工齿轮是利用一对齿轮相啮合的原理进行切齿，属于范成法加工轮齿的有插齿、滚齿、磨齿及剃齿等。下面主要介绍插齿和滚齿的加工原理。

1)用齿轮插刀加工齿轮

如图 8-23(a)所示，齿轮插刀是一个刀刃为齿廓的外齿轮，但刀刃顶部比正常齿高出 c^*m，以便切出顶隙部分。当用一把齿数为 z_0 的齿轮插刀，去加工一模数 m、齿形角α均与该插刀相同而齿数为 z 的齿轮时，将插刀和轮坯装在专用的插齿机床上，通过机床的传动系统使插刀与轮坯按恒定的传动比 $i=\omega_0/\omega=z/z_0$ 回转，并使插齿刀沿轮坯的齿宽方向做往复切削运动，这样，刀具的渐开线齿廓就在轮坯上包络出与刀具渐开线齿廓相共轭的渐开线齿廓，如图 8-23(b)所示。

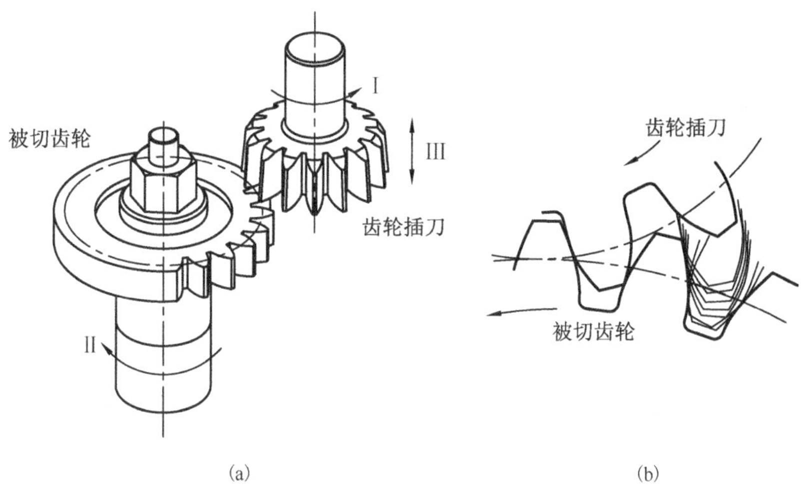

图 8-23　齿轮插刀切制齿轮

在用齿轮插刀加工齿轮时，刀具与轮坯之间的相对运动有：范成运动，即齿轮插刀与轮坯以恒定的传动比 i 做回转运动，犹如一对齿轮啮合传动一样；切削运动，即齿轮插刀沿着轮坯的齿宽方向做往复切削；进给运动，即为了切出轮齿的高度，在切削过程中，齿轮插刀还需向轮坯的中心做径向移动，直至达到规定的轮齿高度；让刀运动，即在插刀退刀时，轮坯沿径向让开一小段距离，以免刀刃损伤已形成的齿面。在插刀切削时，轮坯又恢复到原来位置。

根据正确的啮合条件，加工中的范成运动保证了被切齿轮的模数和齿形角必定与插刀的模数和压力角相等。故用同一把插刀切出的齿轮都能正确啮合。

2)用齿条插刀加工齿轮

图 8-24(a)为用齿条插刀切削齿轮的情形，其原理与用齿轮插刀切削齿轮相同。其范成运动为齿轮与齿条的啮合传动，即轮坯以角速度ω转动，齿条的移动速度 $v_0=mz\omega/2$，其中 m 和 z 分别为被切齿轮的模数和齿数。在实际加工中，刀具仅做切削运动，不移动，而轮坯在转动的同时又以速度 $\boldsymbol{v}_0$ 相对刀具做反向的范成移动，图中用$-\boldsymbol{v}_0$ 表示。用齿条插刀加工出来的齿廓也是刀具刀刃在各个位置时的包络线，如图 8-24(b)所示。

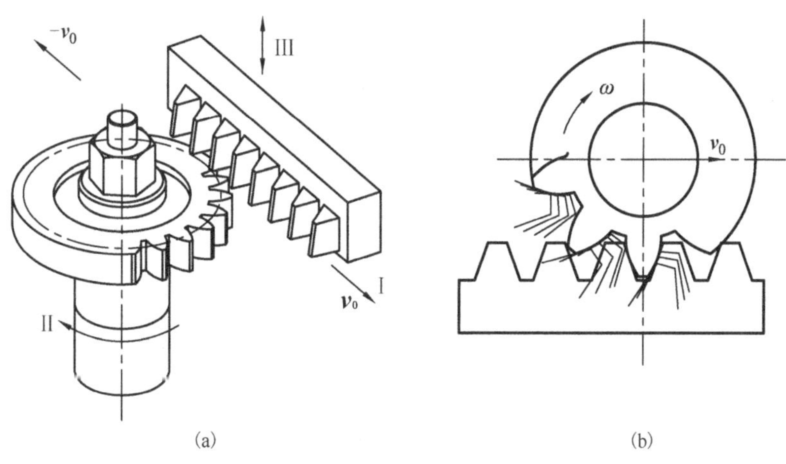

图 8-24　齿条插刀切制齿轮

3)用齿轮滚刀加工齿轮

无论用齿轮插刀还是齿条插刀加工齿轮，其切削是不连续的，这就影响了生产率的提高。因此，在生产中更广泛地采用齿轮滚刀加工齿轮，能连续切削，生产率高。

如图 8-25(a)所示，滚刀的形状像一个螺旋。用滚刀加工直齿轮时，滚刀轴线与轮坯端面之间的夹角应等于滚刀的螺旋升角λ，如图 8-25(b)所示。这样，滚刀螺旋的切线方向恰与轮坯的齿向相同。因滚刀在轮坯回转面内的投影为一齿条，并且滚刀螺旋通常是单线的，故当滚刀转一周时，其螺旋移动一个螺距，相当于该齿条移动一个齿距。因此，滚刀连续地转动就相当于一根无限长的齿条在做连续移动，而转动的轮坯则成为与其啮合的齿轮。所以滚刀的范成运动实质上与齿条插刀范成加工一样。为了沿齿宽方向切出齿槽，滚刀在转动的同时，还需沿轮坯轴线方向移动。

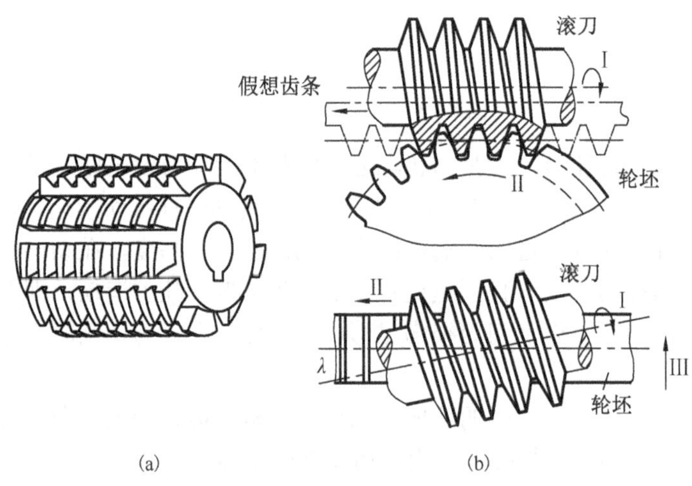

图 8-25　齿轮的滚齿加工

2. 标准齿条形刀具

范成法加工齿轮时的刀具分为齿轮形刀具(如齿轮插刀)和齿条形刀具(如齿条插刀、滚刀等)两大类。本章后面部分将主要涉及用齿条形刀具加工齿轮的有关问题，故这里对齿条形刀具作较详细的介绍。

如图 8-26 所示，标准齿条形刀具的齿廓形状与普通传动用的标准齿条相似，在此将直线齿廓的倾斜角α特称为刀具角。齿条形刀具的齿顶比普通齿条多出高为c^*m的一段，其目的是使被切成的齿轮在啮合时具有径向间隙。刀具的顶刃和侧刃之间用圆弧角光滑过渡。加工齿轮时，刀具顶刃切出齿根圆，而侧刃切出渐开线齿廓。至于圆弧角刀刃，则切出轮齿根部的非渐开线齿廓曲线，称为过渡曲线，该曲线将渐开线齿廓和齿根圆光滑地连接起来。在正常情况下，齿廓过渡曲线不参加啮合。因此，在以后的讨论中，刀具齿顶这部分的高度将不再提及，而认为齿条形刀具的齿顶高为h_a^*m。刀具齿根部的c^*m段高度为刀具和轮坯之间的顶隙。

平分刀具齿高的直线称为中线或模数线，其上的齿厚等于齿槽宽。在齿条形刀具上与中线平行的任一直线称为分度线或机床节线，或加工节线，其上的齿距、模数和压力角均为标准值，但齿厚不等于齿槽宽。根据刀具的特点和加工原理可知：

(1)在切削齿轮时，轮坯上与齿条形刀具上任一分度线相切并做纯滚动的圆，其模数 m

和压力角α均等于齿条插刀的标准模数和压力角，这个圆就是被加工齿轮的分度圆。由此可知，分度圆即为加工时齿轮的节圆，因此分度圆也称加工节圆或机床节圆。

(2) 当齿条形刀具的中线与被加工齿轮的分度圆相切并做纯滚动时，切削出来的齿轮，由于其齿厚与齿槽宽是相等的，所以是标准齿轮，如图 8-27 所示。

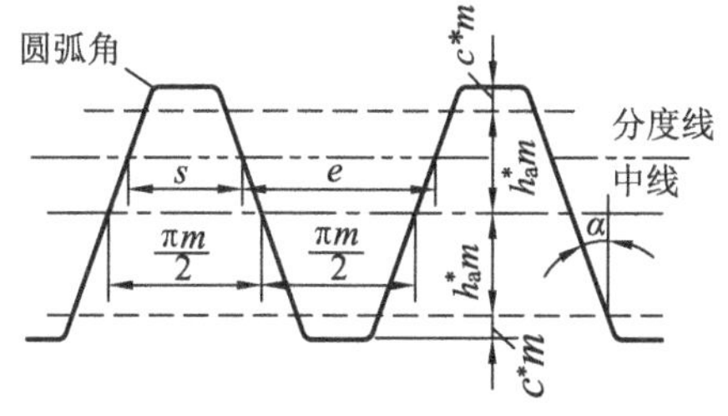

图 8-26 齿条插刀刃形

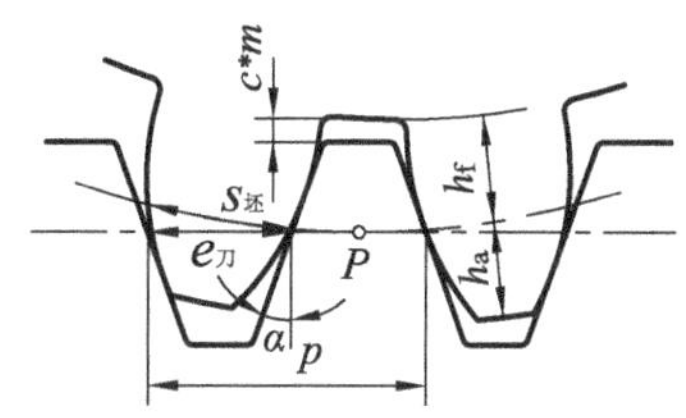

图 8-27 标准齿轮的加工

(3) 当齿条形刀具除中线以外的任一分度线与被加工齿轮的分度圆相切并做纯滚动时，对于切削出来的齿轮，由于其齿厚与齿槽宽不相等，且与加工标准齿轮相比较，切削时刀具与轮坯中心的相对位置必定移动了一定距离，所以这种齿轮为非标准齿轮，又称为变位齿轮或修正齿轮。

8.7 渐开线齿廓的根切

用范成法加工齿轮时，有时刀具的顶部切入了轮齿的根部，因而将齿根的渐开线齿廓切去一部分，这种现象称为根切，如图 8-28 所示。根切的齿廓将使轮齿的抗弯强度减弱，齿轮传动的重合度下降，破坏定传动比传动，这些对齿轮传动极为不利。因此，应尽力避免根切现象的发生。

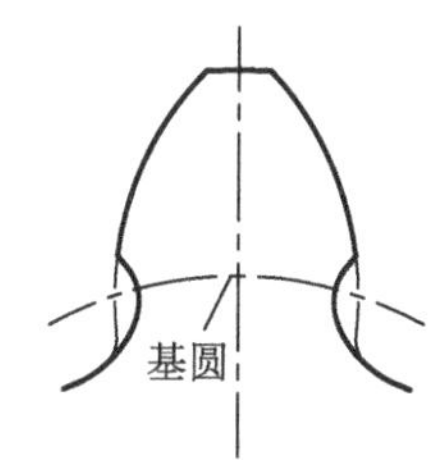

图 8-28 根切轮齿及齿廓

8.7.1 根切的原因

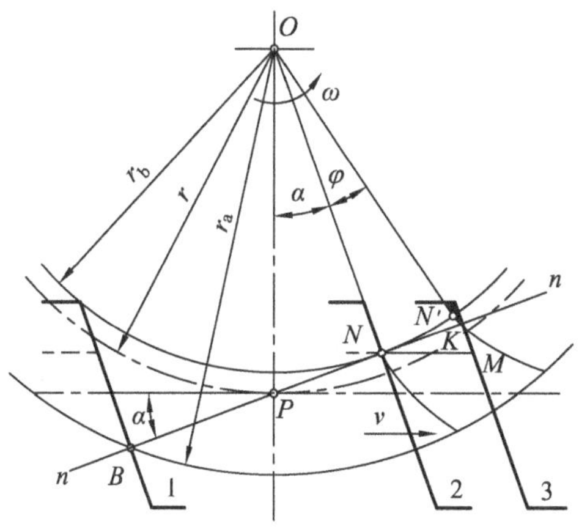

图 8-29 齿条形刀具加工渐开线齿廓根切的原因

当齿轮插刀或齿条形刀具的齿顶圆或齿顶线与啮合线的交点超过被加工齿轮的啮合极限点 N 时，就发生根切。下面以齿条形刀具为例进行证明。

图 8-29 为刀具加工标准齿轮的情况。图中刀具的中线与轮坯的分度圆相切，B 点为轮坯齿顶圆与啮合线的交点，而 N 点为轮坯基圆与啮合线的切点。根据范成法加工齿轮的原理可知：刀具将从位置 1 开始切削齿廓的渐开线部分，而刀具行至位置 2 时，齿廓的渐开线部分已全部切出。如果刀具的齿顶线恰好通过 N 点(图中的虚线)，则当范成运动继续进行时，该刀刃即与已切好的渐开线齿廓脱离，因而就不会发生根切现

象。但如图 8-29 所示，由于刀具的齿顶线超过了 N 点，所以当范成运动继续进行时，刀具还将继续切削。现设轮坯由位置 2 再转过一角度φ时，刀具相应地由位置 2 移到位置 3，刀刃和啮合线交于 K 点。由图 8-29 可知，当轮坯转过φ角时，其基圆转过的弧长为

$$\overset{\frown}{NN'} = r_b\varphi = r\varphi\cos\alpha$$

同时刀具的位移为

$$\overline{NM} = r\varphi$$

而刀具的两位置 2 与 3 之间的法线距离为

$$\overline{NK} = \overline{NM}\cos\alpha = r\varphi\cos\alpha$$

从而得

$$\overset{\frown}{NN'} = \overline{NK}$$

因 $\overline{NN'} < \overset{\frown}{NN'}$，则 $\overline{NN'} < \overline{NK}$，故知 N'点必落在位置 3 刀刃的左侧，而被刀刃切掉，造成根切。

8.7.2 标准齿轮不发生根切的最少齿数

由于加工齿轮时采用的是标准刀具，所以在模数已定的条件下，刀具的齿顶线位置为一定的。这样，在加工标准齿轮时，刀具的齿顶线是否超过啮合极限点 N，即是否产生根切，仅与 N 点的位置有关。而由图 8-30 可以看出，N 点的位置与被切齿轮的基圆半径 r_b 的大小有关，r_b 越小，则 N 点越接近于节点 P，也就是说产生根切的可能性就越大。又因

$$r_b = r\cos\alpha = \frac{mz}{2}\cos\alpha$$

而被切齿轮的模数 m 和齿形角α均与刀具相同，所以产生根切与否，就取决于被切齿轮的齿数 z 的数量，z 越少就越容易根切。为了不产生根切，则齿数 z 不得少于某一最少的极限，这就是最少齿数。下面来求标准齿轮用标准齿条形刀具切制时不发生根切的最少齿数 $z_{\min}$。

如图 8-31 所示，要使被切齿轮避免根切，显然应使 $h_a^* m \leqslant \overline{NM}$，将

$$\overline{NM} = \overline{PN}\sin\alpha = r\sin^2\alpha = \frac{mz}{2}\sin^2\alpha$$

代入并整理得

$$z \geqslant \frac{2h_a^*}{\sin^2\alpha}$$

因此

$$z_{\min} = \frac{2h_a^*}{\sin^2\alpha} \tag{8-28}$$

对于标准齿条形刀具，当α=20°，h_a^*=1 时，$z_{\min}$=17，当α=20°，h_a^*=0.8 时，$z_{\min}$=14。

因齿轮形刀具的齿顶是圆，而齿条形刀具的齿顶线是直线，因此用齿条形刀具加工齿轮比用齿轮形刀具更易发生根切。换言之，用齿条形刀具加工而不发生根切的齿轮，若用齿轮形刀具来加工，则一定也不会发生根切现象。齿轮形刀具切制标准外(内)齿轮的最少齿数显然与刀具的齿数有关，需要时可参阅有关文献。

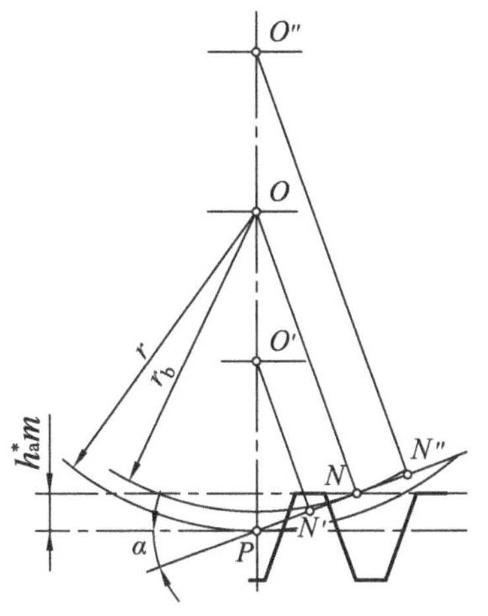

图 8-30　极限啮合点和基圆半径

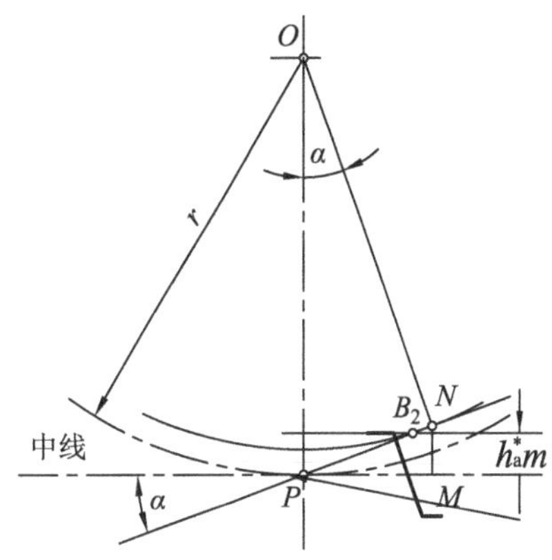

图 8-31　避免根切的条件

8.8　变 位 齿 轮

标准齿轮具有互换性好、设计计算简单等优点，但也有很多缺点，主要如下。

(1)标准齿轮的齿数必须大于或等于最少齿数 z_{min}，否则会产生根切。

(2)标准齿轮不适用于实际中心距 a' 不等于标准中心距 a 的场合。当 a' 大于 a 时，采用标准齿轮虽然能保证定传动比传动，但会出现过大的齿侧间隙，重合度也减小。当 a' 小于 a 时，因较大的齿厚不能进入较小的齿槽，致使标准齿轮无法安装。

(3)一对互相啮合的标准齿轮，小齿轮齿根厚度小于大齿轮齿根厚度，抗弯强度有差别。

为了弥补上述不足，在工程中出现了变位齿轮。它可以制成齿数少于 z_{min} 而无根切的齿轮；可以实现非标准中心距的无侧隙啮合；可以使大小齿轮的抗弯强度比较接近。

8.8.1　变位齿轮的切削加工原理

变位齿轮的引出一般是从加工齿数 $z < z_{min}$ 的齿轮而不发生根切入手的。

8.7 节中已经指出：当刀具的齿顶线与啮合线的交点超过啮合极限点 N 时，被切轮齿必将发生根切。如图 8-32 所示，当刀具处于虚线位置时，其齿顶线与啮合线的交点超过了 N 点，致使被切齿轮发生根切现象。若将刀具移出一段距离，即使刀具的中线与轮坯分度圆之间有一段距离，这时刀具处于图 8-32 中实线的位置，从而便刀具的齿顶线与啮合线的交点不超过 N 点。这样被切齿轮就不再发生根切。这种用改变刀具与轮坯的相

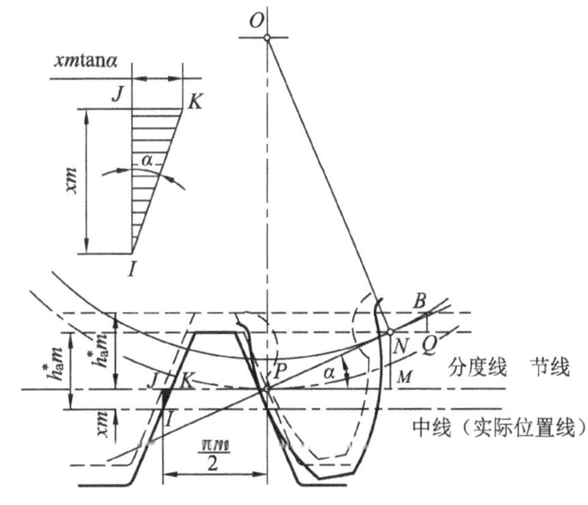

图 8-32　变位齿轮的加工

对位置来切制齿轮的方法，称为变位修正法，采用这种方法切制的齿轮称为变位齿轮。

8.8.2 变位系数

以切削标准齿轮的位置为基准，在变位齿轮的加工过程中，刀具的移动距离 xm 称为变位量或移距，x 称为变位系数或移距系数，并规定刀具离开轮坯中心的变位系数为正，反之为负。

当齿轮的齿数 $z<z_{\min}$ 时，为防止齿轮根切(如图 8-32 中的虚线所示)，在加工时移距 xm 应保证使刀具的齿顶线移至啮合极限点 N 以下，即

$$xm \geqslant \overline{BQ}$$

式中，$\overline{BQ}$ 为加工标准齿轮时，刀具齿顶线超出啮合极限点 N 的距离，根据图 8-32 所示可知

$$\overline{BQ} = h_{\mathrm{a}}^{*}m - \overline{NM} = h_{\mathrm{a}}^{*}m - \overline{PN}\sin\alpha = h_{\mathrm{a}}^{*}m - \frac{mz}{2}\sin^{2}\alpha$$

式中，z 为被加工齿轮的齿数，将上式代入前式，并整理得

$$x \geqslant h_{\mathrm{a}}^{*} - \frac{z}{2}\sin^{2}\alpha$$

由式(8-28)有 $\dfrac{z}{2}\sin^{2}\alpha = \dfrac{h_{\mathrm{a}}^{*}z}{z_{\min}}$，故上式变为

$$x \geqslant h_{\mathrm{a}}^{*}\frac{z_{\min} - z}{z_{\min}}$$

于是得最小变位系数为

$$x_{\min} = h_{\mathrm{a}}^{*}\frac{z_{\min} - z}{z_{\min}} \tag{8-29}$$

由式(8-29)可知，当齿轮的齿数 $z<z_{\min}$ 时，$x_{\min}$ 为正值，说明为了避免发生根切，该齿轮应采用正变位，其变位系数 $x \geqslant x_{\min}$；反之，当齿轮的齿数 $z>z_{\min}$ 时，$x_{\min}$ 为负值，说明该齿轮在变位系数 $x \geqslant x_{\min}$ 的条件下采用负变位也不会发生根切。

8.8.3 变位齿轮的几何尺寸

1. 分度圆

图 8-32 为用齿条形刀具加工变位齿轮，齿轮分度圆不与刀具中线相切，而相切于分度线(或加工节线)，分度圆与分度线保持纯滚动。由于分度线与中线相平行，刀具分度线上的齿距、模数和压力角与中线上的都相等。从而可知，被加工齿轮分度圆上的齿距、模数和压力角仍然等于刀具的齿距、模数和压力角。由此可知，刀具变位以后，齿轮的分度圆直径不变。又因基圆直径 $d_{\mathrm{b}}=d\cos\alpha$，故变位齿轮的基圆直径不变，从而变位前后齿廓渐开线的形状相同，但所采用的区段不同，如图 8-33 所示。

2. 齿顶高和齿根高

图 8-32 为用正变位切制齿轮的情形，刀具由标准位置移出 xm 的距离，这时与轮坯分度圆相切的不是刀具的中线，而是刀具的一条分度线。这样切出的正变位齿轮，其齿根高比标准齿轮减小了 xm 的一段。即

$$h_{\mathrm{f}} = h_{\mathrm{a}}^{*}m + c^{*}m - xm = (h_{\mathrm{a}}^{*} + c^{*} - x)m \tag{8-30}$$

而齿轮的齿根圆半径将增大为

$$r_{\mathrm{f}}=r-h_{\mathrm{f}}=\frac{mz}{2}-(h_{\mathrm{a}}^{*}+c^{*}-x)m \tag{8-31}$$

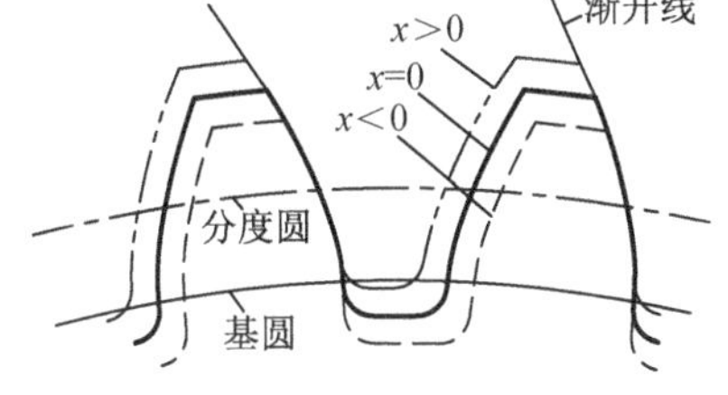

图 8-33　变位齿廓和标准齿廓

变位齿轮的齿顶高则应根据毛坯圆大小来确定，依据不同的原则，可能有不同的尺寸。例如，为了保持全齿高 $h=(2h_{\mathrm{a}}^{*}+c^{*})m$ 不变，则正变位齿轮的毛坯圆(齿顶圆)半径应较标准齿轮增大 xm，这时的齿顶高和齿顶圆的半径为

$$\left.\begin{aligned} h_{\mathrm{a}}&=h_{\mathrm{a}}^{*}m+xm=(h_{\mathrm{a}}^{*}+x)m \\ r_{\mathrm{a}}&=r+h_{\mathrm{a}}=\left(\frac{z}{2}+h_{\mathrm{a}}^{*}+x\right)m \end{aligned}\right\} \tag{8-32}$$

在切制变位齿轮时，若以齿顶圆对刀，当径向进刀量为全齿高时，刀具的中线与轮坯分度圆之间的距离恰为 xm。前面所说的在切制变位齿轮时，将刀具移出(或移进) xm，实际上就是将毛坯圆的半径增大(或减小) xm，靠控制进刀量 h，从而改变刀具与轮坯的相对位置。

3. 齿厚与齿槽宽

刀具变位后，因其分度线上的齿槽宽和齿厚不相等，故与分度线做纯滚动的被切齿轮的分度圆上的齿厚和齿槽宽也不相等。图 8-32 中刀具作正移距，其分度线上的齿槽宽比中线上的齿槽宽增大了 $2\overline{JK}$，故齿轮的分度圆齿厚也增大了 $2\overline{JK}$；与此相应，齿轮分度圆上的齿槽宽则减小了 $2\overline{JK}$。因此，变位齿轮分度圆齿厚和齿槽宽的计算公式分别为

$$\left.\begin{aligned} s&=\frac{\pi m}{2}+2\overline{JK}=\frac{\pi m}{2}+2xm\tan\alpha \\ e&=\frac{\pi m}{2}-2\overline{JK}=\frac{\pi m}{2}-2xm\tan\alpha \end{aligned}\right\} \tag{8-33}$$

式(8-33)对正移距和负移距都适用，当负移距时，x 以负值代入。至于变位齿轮任意圆周上的齿厚仍可用式(8-16)进行计算。需要指出的是，对于正变位齿轮，过大的变位可能引起齿顶变尖($s_{\mathrm{a}}=0$)或齿顶厚过薄的现象，齿轮传动将因齿顶强度不够而失效。因此，在设计正变位齿轮时必须校核齿顶厚，一般建议 $s_{\mathrm{a}}=(0.25\sim0.4)m$。

正变位齿轮齿厚增加，将使轮齿的抗弯强度提高。又由于齿根圆和齿顶圆较标准齿轮都加大，齿廓渐开线采用了远离基圆的一段，这段渐开线平直一些(图 8-33)，所以使轮齿的接触强度也有可能得到提高(是否提高接触强度，要看两齿轮配对以后的情况，见 8.9 节)。因此，正变位齿轮不仅可避免根切，还能有效地改善齿轮的传动性能。负变位齿轮对轮齿强度不利，所以很少采用，仅用于配凑非标准中心距的齿轮传动。

8.9　变位齿轮机构

8.9.1　变位齿轮传动的参数

1. 无侧隙啮合方程

如前所述，在计算齿轮的几何尺寸时，都是按无侧隙啮合来考虑的。当一对标准齿轮按标准中心距安装时，可以自然地得到无侧隙啮合。下面将要讨论的是：一对变位齿轮啮合传动时，如何得到无侧隙啮合。

根据一对齿轮无侧隙啮合的条件，即 $s_1'=e_2'$ 或 $s_2'=e_1'$，两齿轮的节圆上齿距应满足

$$p'=s_1'+e_1'=s_1'+s_2' \tag{8-34}$$

由式(8-18)可知，两齿轮节圆上的齿厚各为

$$s_1'=s_1\frac{r_1'}{r_1}-2r_1'(\operatorname{inv}\alpha'-\operatorname{inv}\alpha)，\quad s_2'=s_2\frac{r_2'}{r_2}-2r_2'(\operatorname{inv}\alpha'-\operatorname{inv}\alpha)$$

式中，$s_1=m\left(\dfrac{\pi}{2}+2x_1\tan\alpha\right)$；$s_2=m\left(\dfrac{\pi}{2}+2x_2\tan\alpha\right)$。又因

$$r_b=r'\cos\alpha'=r\cos\alpha，\quad p_b=p'\cos\alpha'=p\cos\alpha$$

$$\frac{r_1'}{r_1}=\frac{\cos\alpha}{\cos\alpha'}，\quad \frac{r_2'}{r_2}=\frac{\cos\alpha}{\cos\alpha'}，\quad \frac{p'}{p}=\frac{\cos\alpha}{\cos\alpha'}$$

将以上各式及 $p=\pi m, r_1=\dfrac{mz_1}{2}, r_2=\dfrac{mz_2}{2}$，代入式(8-34)并化简得

$$\operatorname{inv}\alpha'=\frac{2(x_1+x_2)}{z_1+z_2}\tan\alpha+\operatorname{inv}\alpha=\frac{2x_\Sigma}{z_\Sigma}\tan\alpha+\operatorname{inv}\alpha \tag{8-35}$$

式中，$x_\Sigma=x_1+x_2$ 为变位系数和；$z_\Sigma=z_1+z_2$ 为两齿轮齿数和。式(8-35)称为无侧隙啮合方程，它表明了一对齿轮在无侧隙啮合时，其啮合角 α' 与变位系数和 x_Σ 之间的关系。若 $x_\Sigma=0$，则 $\alpha'=\alpha$，两齿轮节圆和分度圆重合，其实际中心距 a' 为标准中心距 a；若 $x_\Sigma\neq0$，则 $\alpha'\neq\alpha$，两齿轮的节圆与分度圆不重合，其分度圆或分离或相交，其实际中心距为非标准中心距。

2．实际中心距 a' 与中心距变动系数 y

由式(8-22)可知，一对齿轮啮合传动时，其实际中心距 a' 为

$$a'=r_1'+r_2'=(r_1+r_2)\frac{\cos\alpha}{\cos\alpha'}=a\frac{\cos\alpha}{\cos\alpha'} \tag{8-36}$$

式(8-36)和式(8-35)是变位齿轮传动设计的基本关系式，通常成对使用。若已知 x_Σ，可先由式(8-35)求出 α'，再由式(8-36)算出 a'；若给定 a'，则可先由式(8-36)确定 α'，再按式(8-35)求出 x_Σ。按此方法计算得到的一对变位齿轮都能保证无侧隙啮合传动。

现以 ym 表示实际中心距 a' 和标准中心距 a 之差 Δa，则有

$$ym=\Delta a=a'-a=a\left(\frac{\cos\alpha}{\cos\alpha'}-1\right)=\frac{mz_\Sigma}{2}\left(\frac{\cos\alpha}{\cos\alpha'}-1\right)$$

$$y=\frac{z_\Sigma}{2}\left(\frac{\cos\alpha}{\cos\alpha'}-1\right) \tag{8-37}$$

式中，y 称为中心距变动系数，其值可为正、负或零。y 和 x_Σ 一样反映了 a' (或 α') 相对于 a(或 α)的变动情况。

根据式(8-37)，实际中心距也可表示为

$$a'=a+\Delta a=a+ym=\left(\frac{z_\Sigma}{2}+y\right)m \tag{8-38}$$

3. 全齿高 h 与齿高变动系数 Δy

为了保证两齿轮啮合时具有标准的顶隙，其中心距为

$$\begin{aligned} a'' &= r_{a1} + c + r_{f2} = r_1 + h_{a1} + c + r_2 - h_{f2} \\ &= r_1 + r_2 + (h_a^* + x_1)m + c^* m - (h_a^* + c^* - x_2)m \\ &= r_1 + r_2 + (x_1 + x_2)m \\ &= a + x_\Sigma m = \left(\frac{z_\Sigma}{2} + x_\Sigma\right)m \end{aligned} \tag{8-39}$$

齿轮的传动既希望做无侧隙啮合，又希望其顶隙为一标准值。为此，则应使 $a'=a''$，即 $y=x_\Sigma$。但实际上，只要 $x_1+x_2\neq 0$，就有 $x_1+x_2>y$，即 $a''>a'$。如果两齿轮按大的中心距 a''安装，虽然满足了顶隙为标准值，但齿侧间存在间隙；如果按小的中心距 a'安装，虽然满足了无侧隙的要求，但顶隙就太小了。为了克服这一矛盾，两齿轮按小的中心距 a'安装，而将两齿轮的齿顶削短一些，以满足顶隙为标准值的要求。现以 Δym 表示 a''和标准中心距 a' 之差，则有

$$\Delta ym = a'' - a' = x_\Sigma m - ym \tag{8-40}$$

即

$$\Delta y = x_\Sigma - y$$

式中，Δy 称为齿高变动系数。这样，两齿轮的齿顶高为

$$h_a = (h_a^* + x - \Delta y)m \tag{8-41}$$

而全齿高 h 也降低了Δym，结果变为

$$\begin{aligned} h &= h_a + h_f = (h_a^* + x - \Delta y)m + (h_a^* - x + c^*)m \\ &= (2h_a^* + c^*)m - \Delta ym \end{aligned} \tag{8-42}$$

相应的齿顶圆半径为

$$r_a = r + h_a = r + (h_a^* + x - \Delta y)m \tag{8-43}$$

而对齿根高和齿根圆却无影响，仍可用式(8-30)和式(8-31)计算。

8.9.2　变位齿轮传动的类型

根据一对齿轮变位系数和 x_Σ 的不同，齿轮传动可分为零传动($x_\Sigma=0$)、正传动($x_\Sigma>0$)和负传动($x_\Sigma<0$)三种类型。

1．零传动

零传动又可以分为下列两种情况。

(1)当 $x_\Sigma=0$，且 $x_1=x_2=0$ 时，为标准齿轮传动或零变位齿轮传动。有关这类齿轮传动的问题，在前面已经较详细地阐述过。

(2)当 $x_\Sigma=0$，且 $x_1=-x_2\neq 0$ 时，为等变位齿轮传动。显然，小齿轮应取正变位，大齿轮应取负变位。又两齿轮都不应发生根切，所以必须使

$$x_1 \geqslant h_a^* \frac{z_{\min} - z_1}{z_{\min}}，\quad x_2 \geqslant h_a^* \frac{z_{\min} - z_2}{z_{\min}}$$

则

$$x_\Sigma = x_1 + x_2 \geqslant \frac{h_a^*}{z_{\min}}[2z_{\min} - (z_1 + z_2)] \tag{8-44}$$

但此时 $x_\Sigma=0$，故得

$$z_\Sigma = z_1 + z_2 \geqslant 2z_{\min}$$

上式表明，若采用等变位齿轮传动，必须保证两齿轮的齿数和大于或等于最少齿数的两

倍。由于 $x_\Sigma=0$，所以等变位齿轮传动的啮合特点为：$\alpha'=\alpha$，$a'=a$，$y=0$，$\Delta y=0$，即分度圆与节圆重合。与标准齿轮相比，小齿轮的齿根圆半径和齿顶圆半径都增加了 x_1m，而大齿轮则相反。全齿高没有变，但小齿轮的齿顶高和齿根高分别增加和减少了 x_1m，大齿轮则相反，即它们都不是标准值，故这种齿轮传动又称为高度变位齿轮传动。

等变位齿轮传动的主要优点如下。

第一，可以减小齿轮机构的尺寸。因小齿轮取正变位，其齿数 z_1 可小于 $z_{\min}$ 而不发生根切，所以当传动比一定时，两齿轮的齿数和可以相应地减少，从而使机构的体积和质量也减小。

第二，可以相对地提高齿轮的抗弯强度。在标准齿轮传动中，小齿轮的齿根较薄，大齿轮的齿根较厚。但在等变位齿轮传动中，小齿轮取正变位导致其齿根变厚，大齿轮取负变位导致其齿根变薄。所以，只要适当地选择变位系数，就能使大、小两轮的抗弯强度大致相等，相对地提高了齿轮的抗弯强度。但因$\alpha'=\alpha$，节点啮合时的齿廓综合曲率半径$\rho_\Sigma=\rho_1\rho_2/(\rho_1+\rho_2)$与标准齿轮传动时一样，一般认为其齿面接触强度并没有提高。

第三，可以改善齿面间的相对滑动状况。在节点处啮合时两齿面间无相对滑动，而离开节点时齿面间有相对滑动。在标准齿轮传动中，小齿轮齿根处的相对滑动大于大齿轮齿根处的相对滑动。在等变位齿轮传动中，小齿轮的半径增加了 x_1m，大齿轮反之，故实际啮合线向大齿轮的啮合极限点移动一段距离，从而使小齿轮齿根处的相对滑动与大齿轮齿根处的相对滑动大致相等，从而合理地调整了齿面间的相对滑动状况。

第四，因其中心距仍为标准中心距，从而可以成对地替换标准齿轮。

等变位齿轮传动的主要缺点是：必须成对设计、制造和使用；小齿轮为正变位，齿顶易变尖；由于实际啮合线的位置在移动的同时稍微缩短，所以重合度略为减小。

2．正传动

因为$x_\Sigma>0$，由式(8-44)可知，两齿轮的 z_Σ 可以小于或者大于 $2z_{\min}$。正传动的啮合特点为：$\alpha'>\alpha$，$a'>a$，$y>0$，$\Delta y>0$，即分度圆小于节圆。因$\Delta y>0$，故两齿轮的全齿高都比标准齿轮降低了Δym。

采用与分析等变位齿轮传动相类似的方法，可知正传动的主要优点是：可以使齿轮机构的体积和质量比等变位齿轮传动更小；不但可以相对地提高齿轮的抗弯强度，还提高了齿轮的接触强度；减小了齿面间的相对滑动；在实际中心距大于标准中心距时，只有采用正传动来凑中心距。

正传动的主要缺点有：必须成对设计、制造和使用；齿轮为正变位，齿顶易变尖；重合度减小。

3．负传动

因为$x_\Sigma<0$，由式(8-44)可知，两齿轮的 z_Σ 必须大于 $2z_{\min}$。传动的啮合特点为：$\alpha'<\alpha$，$a'<a$，$y<0$，$\Delta y>0$，即分度圆大于节圆。因$\Delta y>0$，故两齿轮的全齿高都比标准齿轮降低了Δym。

负传动的主要特点是：齿轮的接触强度和抗弯强度都降低了；加大了齿面间的相对滑动；也必须成对设计、制造和使用。但其重合度略有增加；在实际中心距小于标准中心距时，可用负传动来凑中心距。负传动缺点较多，除用于凑中心距外，一般很少采用。

因与标准齿轮传动相比，正传动和负传动的啮合角都不等于分度圆压力角，即啮合角发生了变化，所以这两种传动又统称为角度变位齿轮传动。

为了便于计算，现将各类齿轮传动的主要计算公式列于表 8-3。

表 8-3　外啮合各类齿轮传动的主要计算公式

名称	符号	零传动($x_\Sigma=0$)		正传动和负传动
		标准齿轮传动	等变位齿轮传动	($x_\Sigma\neq0$)
变位系数	x	$x_1=x_2=0$	$x_1=-x_2\neq0$	$x_1\neq x_2$
分度圆直径	d	$d=mz$		
啮合角	α'	$\alpha'=\alpha$		$\operatorname{inv}\alpha'=\frac{2x_\Sigma}{z_\Sigma}\tan\alpha+\operatorname{inv}\alpha$ 或 $\cos\alpha'=\frac{\alpha}{\alpha'}\cos\alpha$
节圆直径	d'	$d'=d$		$d'=d\frac{\cos\alpha}{\cos\alpha'}$
中心距变动系数	y	$y=0$		$y=\frac{z_\Sigma}{2}\left(\frac{\cos\alpha}{\cos\alpha'}-1\right)$
齿高变动系数	Δy	$\Delta y=0$		$\Delta y=x_\Sigma-y$
齿顶高	h_a	$h_a=h_a^*m$	$h_a=(h_a^*+x)m$	$h_a=(h_a^*+x-\Delta y)m$
齿根高	h_f	$h_f=(h_a^*+c^*)m$	$h_f=(h_a^*+c^*-x)m$	
全齿高	h	$h=(2h_a^*+c^*)m$		$h=(2h_a^*+c^*-\Delta y)m$
齿顶圆直径	d_a	$d_a=d+2h_a$		
齿根圆直径	d_f	$d_f=d-2h_f$		
中心距	a	$a=\frac{1}{2}(d_1+d_2)$		$a'=\frac{1}{2}(d_1'+d_2')=a+ym$

8.9.3　变位系数的选择原则

在变位齿轮的设计中，所给定的原始数据不同，其设计方法也不完全相同。一般来说最终要通过式(8-35)计算出 x_Σ 或按式(8-44)的要求选定 x_Σ，再将 x_Σ 适当地分解为 x_1 和 x_2。

如何合理地选择变位系数是设计变位齿轮的关键。在选择变位系数时主要考虑两方面的要求。

一方面是基本要求。主要有：不发生根切，即选择的变位系数 x 不应小于 $x_{\min}$；有一定的齿顶厚，一般齿厚不小于$(0.24\sim0.4)m$；重合度大于或等于许用值($\varepsilon_\alpha\geqslant1.1\sim1.2$)；不发生干涉现象。在设计时必须要满足这些条件，否则，所设计的齿轮是不能应用的。

另一方面是提高传动质量方面的要求。主要有：两齿轮等磨损、等强度及啮合节点处于两对齿啮合区等。

以上要求往往是互相矛盾、顾此失彼的。因此，在选择变位系数时，首先一定要满足基本要求，然后根据齿轮的工作情况，抓住主要质量要求，兼顾其他要求，选择合理的变位系数。在工程中选择变位系数的方法很多，有计算法、线图法、表格法及封闭图法等，其中以封闭图法最为常用，设计中可查阅有关资料。

【例 8-2】有一对外啮合直齿圆柱变位齿轮传动，已知 $z_1=14$，$z_2=63$，$m=5\text{mm}$，$\alpha=20°$，$h_a^*=1$，$c^*=0.25$，$x_1=0.75$，$x_2=0.25$。①试问这对齿轮会不会发生根切？②求中心距及主要尺寸；③计算重合度。

解： (1) 齿轮 1 不发生根切的最小变位系数 $x_{1\min}$ 为

$$x_{1\min}=h_a^*\frac{z_{1\min}-z}{z_{1\min}}=\frac{1\times(17-14)}{17}=0.176$$

则 $x_1>x_{1\min}$，故齿轮 1 不会发生根切。而齿轮 2，因 $z_2>17$，且 $x_2=0.25$，所以也不会发生根切。

(2) 由无侧隙啮合方程求啮合角 α'。

$$\operatorname{inv}\alpha'=\frac{2(x_1+x_2)}{z_1+z_2}\tan\alpha+\operatorname{inv}\alpha=\frac{2\times(0.75+0.25)}{14+63}\tan 20°+\operatorname{inv}20°=0.024358$$

求得 $\alpha'=23°24'29''$。齿轮传动的实际中心距为

$$a'=a\frac{\cos\alpha}{\cos\alpha'}=\frac{m}{2}(z_1+z_2)\frac{\cos\alpha}{\cos\alpha'}=\frac{5}{2}(14+63)\frac{\cos 20°}{\cos 23°24'29''}=197.114\ \text{(mm)}$$

两齿轮主要尺寸如下：

$$d_1=mz_1=5\times14=70\ \text{(mm)}$$

$$d_2=mz_2=5\times63=315\ \text{(mm)}$$

$$d_{b1}=d_1\cos\alpha=70\times\cos 20°=65.778\ \text{(mm)}$$

$$d_{b2}=d_2\cos\alpha=315\times\cos 20°=296.003\ \text{(mm)}$$

$$d_{f1}=m(z_1-2h_a^*-2c^*+2x_1)=65\text{mm}$$

$$d_{f2}=m(z_2-2h_a^*-2c^*+2x_2)=305\text{mm}$$

$$d_{a1}=2a'-d_2+2m(h_a^*-x_2)=86.728\text{mm}$$

$$d_{a2}=2a'-d_1+2m(h_a^*-x_1)=326.728\text{mm}$$

(3) 两齿轮的齿顶圆压力角为

$$\alpha_{a1}=\arccos\frac{d_{b1}}{d_{a1}}=\arccos\frac{65.778}{86.728}=40°40'23''$$

$$\alpha_{a2}=\arccos\frac{d_{b2}}{d_{a2}}=\arccos\frac{296.003}{326.728}=25°2'49''$$

则重合度为

$$\begin{aligned}\varepsilon_\alpha&=\frac{1}{2\pi}[z_1(\tan\alpha_{a1}-\tan\alpha')+z_2(\tan\alpha_{a2}-\tan\alpha')]\\&=\frac{1}{2\pi}[14\times(\tan 40°40'23''-\tan 23°24'29'')+63\times(\tan 25°2'49''-\tan 23°24'29'')]\\&=1.295\end{aligned}$$

8.10　平行轴斜齿圆柱齿轮机构

直齿圆柱齿轮的齿廓曲面及其啮合特性在所有垂直于轴线的平面内都是一样的，因此，只要在其中一个平面中研究就够了。但实际上齿轮总有一定宽度。前述渐开线形成的基圆实际上是基圆柱，如图 8-34 (a) 所示，发生线应是发生面，点 K 应是一条平行于齿轮轴线的直线 KK。直齿圆柱齿轮的齿廓是发生面绕基圆柱做纯滚动时，发生面上的直线 KK 在空间形成的

渐开面。因此，当一对直齿圆柱齿轮相啮合时，两个齿面的接触线是平行于轴线的直线，如图 8-34(b)所示，即直齿圆柱齿轮的啮合在理论上是沿整个齿宽同时接触或同时分离的。直齿圆柱齿轮的这种接触方式容易引起冲击、振动和噪声，这对传动质量是极为不利的。显然，如能使轮齿的啮合过程成为渐进性的，即齿面接触线长度从零逐渐变长，再由长逐渐变为零，如图 8-35(c)所示，一定能提高齿轮传动的质量。平行轴斜齿圆柱齿轮传动能够达到这一目的。

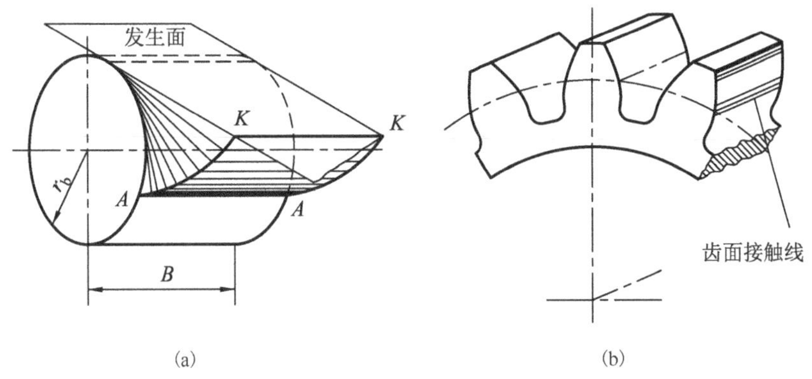

图 8-34　渐开线直齿圆柱齿轮

8.10.1　斜齿圆柱齿轮齿廓曲面的形成与啮合特点

斜齿轮齿廓曲面形成的原理和直齿轮类似，也是发生面绕基圆柱做纯滚动，所不同的是形成齿廓曲面的直线 *KK* 不再与基圆柱的轴线平行，而是与轴线方向偏斜了一个角度β_b，如图 8-35(a)所示，即 *KK* 线和发生面与基圆柱的切线相交成角β_b。这样，当发生面绕基圆柱做纯滚动时，直线 *KK* 上的每一点都依次从它与基圆柱面的接触点起展成一条渐开线。线 *KK* 上各点所展成的渐开线就形成了斜齿轮的齿廓曲面。由此可知，斜齿轮各端面(与基圆柱轴线垂直的平面)上的齿廓曲线仍是渐开线。而且由于这些渐开线都是由同一个基圆柱上展成的，形状都一样，只是展成的起点不同而已。又如图 8-35(a)所示，因为发生面绕基圆柱做纯滚动时，线 *KK* 上的各点是依次和基圆柱面接触的，并在基圆柱面上形成了一条由各渐开线起始点组成的螺旋线 *AA*(即基圆柱面上的齿线)，所以线 *KK* 在空间所形成的曲面为一渐开螺旋面。螺旋线 *AA* 的螺旋角也就是直线 *KK* 对轴线方向偏斜的角β_b，即轮齿在基圆柱面上的螺旋角。角β_b越大，轮齿偏斜也越厉害；若β_b=0，就成为直齿轮了。因此，我们可以将直齿圆柱齿轮看作斜齿圆柱齿轮的一个特例。此外，根据渐开螺旋面的形成过程可知，相切于基圆柱的平面与齿廓曲面的交线为直线，它与基圆柱母线的夹角总是β_b。

两直齿圆柱齿轮传动时，其两啮合齿面上的接触线将沿啮合平面(两齿轮基圆柱面的内公切面)移动，并且与两齿轮轴线保持平行。而图 8-35(b)中两斜齿圆柱齿轮传动时，其两啮合齿面上的接触线 *KK* 沿啮合平面移动，但不与两齿轮轴线平行，成β_b角。如果齿轮 1 为主动轮，齿轮 2 为从动轮，则轮齿从开始啮合到终止时，在从动轮齿面上形成的接触线痕迹如图 8-35(c)所示，为线 1、2、3、…，齿面上的接触线先由短变长，然后由长变短，直到脱开啮合。

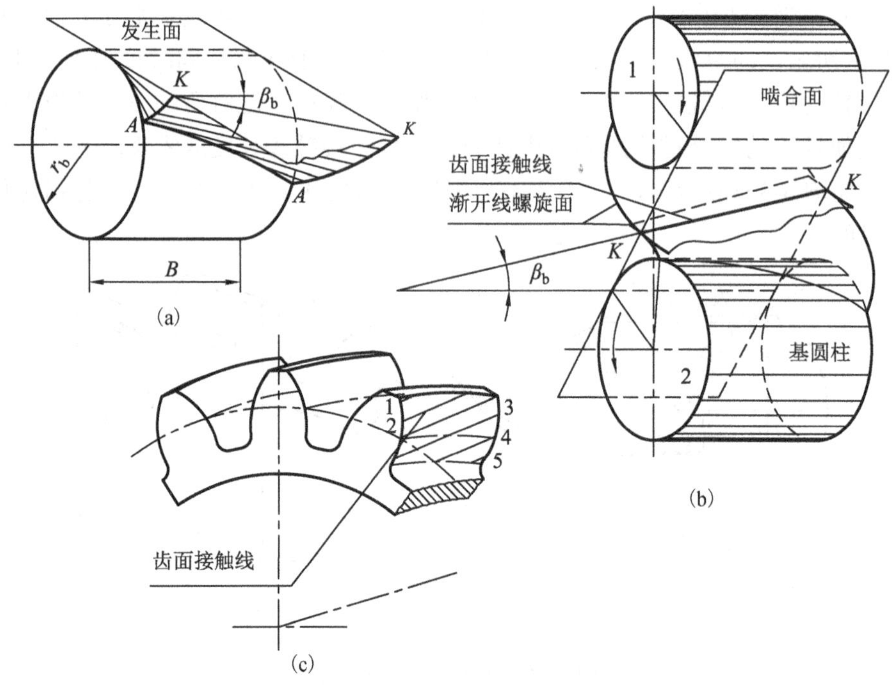

图 8-35　渐开螺旋面的啮合

8.10.2　斜齿轮的基本参数

与直齿轮不同，斜齿轮由于齿向的倾斜，一些基本参数要分为法面参数和端面参数，分别用下角标 n 和 t 来区别。其中，法面是垂直于分度圆柱面螺旋线切线的平面。

1．螺旋角

设想将斜齿轮沿其分度圆柱面展开，得到一个矩形，如图 8-36(a)所示，矩形的高就是斜齿轮的轮宽 B；其长是分度圆的周长πd。这时分度圆柱上轮齿的螺旋线便展成为一条斜直线，其与轴线的夹角为β，称为斜齿轮分度圆柱上的螺旋角，简称为斜齿轮的螺旋角。通常用这个螺旋角β来表示斜齿轮轮齿的倾斜程度。

由图 8-36(a)所示的几何关系，得

$$\tan\beta = \frac{\pi d}{P_z}$$

式中，P_z为螺旋线的导程，即螺旋线绕分度圆一周后上升的高度。

对于同一个斜齿轮，任一圆柱上的螺旋线导程 P_z 都一样。因此，根据图 8-36(b)所示的几何关系，基圆柱上的螺旋角β_b就应为

$$\tan\beta_b = \frac{\pi d_b}{P_z}$$

由上两式得

$$\tan\beta_b = \frac{d_b}{d}\tan\beta = \tan\beta\cos\alpha_t \tag{8-45}$$

式中，α_t为斜齿轮的端面压力角。

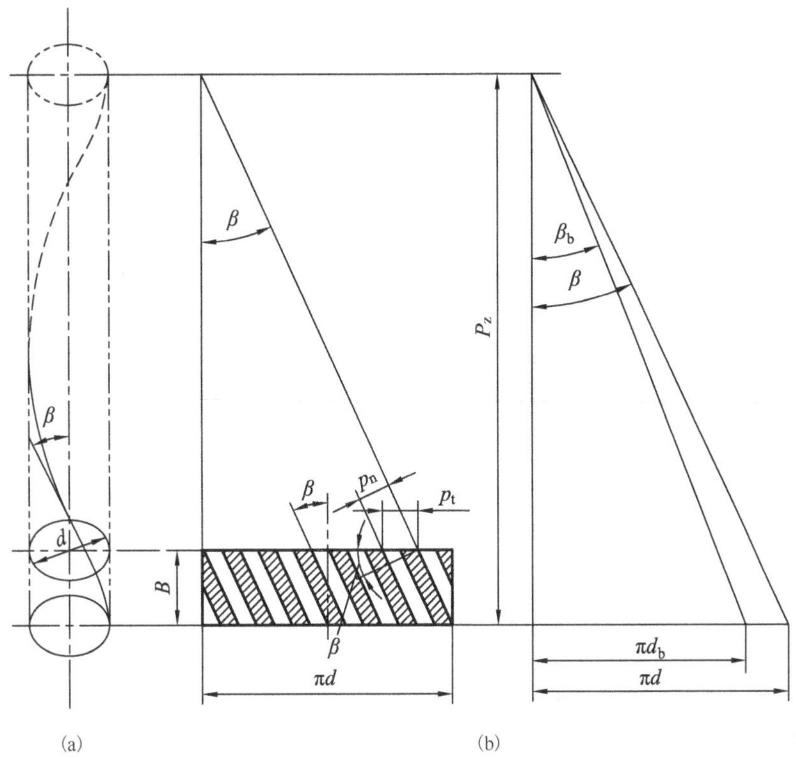

图 8-36　斜齿轮的齿廓展开

2. 齿距和模数

由图 8-36(a)可知，法面齿距 p_n 和端面齿距 p_t 的关系为

$$p_n = p_t \cos\beta \tag{8-46}$$

因 $p_n=\pi m_n$，$p_t=\pi m_t$，故得

$$m_n = m_t \cos\beta \tag{8-47}$$

式中，m_n 和 m_t 分别为法面模数和端面模数。

3. 压力角

为了便于分析，可以用图 8-37 所示的齿条来说明。图中平面 ABD 为前端面，其上压力角为α_t；平面 ACE 为法向平面，其上压力角为α_n；$\angle ACB=90°$。

在直角三角形 ABD、ACE 和 ABC 中有

$$\tan\alpha_t = \frac{\overline{AB}}{\overline{BD}}, \quad \tan\alpha_n = \frac{\overline{AC}}{\overline{CE}}, \quad \overline{AC} = \overline{AB}\cos\beta$$

又因 $\overline{BD}=\overline{CE}$，故得

$$\tan\alpha_n = \frac{\overline{AC}}{\overline{CE}} = \frac{\overline{AB}\cos\beta}{\overline{BD}} = \tan\alpha_t \cos\beta \tag{8-48}$$

因 $\cos\beta<1$，所以α_n一定小于α_t。

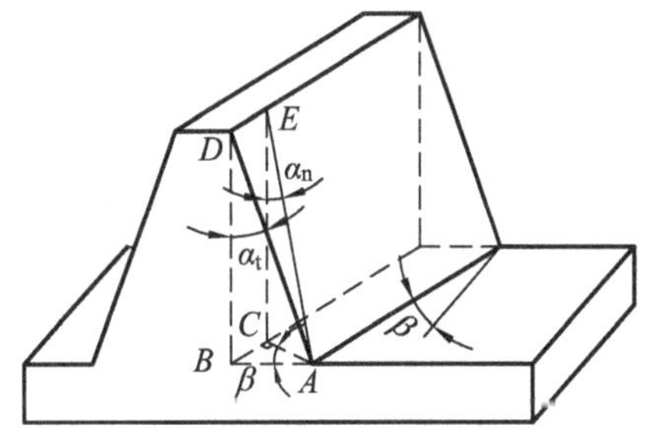

图 8-37　斜齿条的端面和法面压力角

4. 齿顶高系数和顶隙系数

无论从法向来看还是从端面来看，轮齿的齿顶高都是相同的，顶隙也是相同的，即

$$h_{an}^* m_n = h_{at}^* m_t, \quad c_n^* m_n = c_t^* m_t$$

将式(8-47)代入上式即得

$$\left.\begin{aligned} h_{at}^* &= h_{an}^* \cos\beta \\ c_t^* &= c_n^* \cos\beta \end{aligned}\right\} \tag{8-49}$$

式中，h_{an}^* 和 h_{at}^* 分别为法面和端面的齿顶高系数；c_n^* 和 c_t^* 分别为法面和端面的顶隙系数。

在斜齿轮的切齿加工中，刀具通常是沿轮齿的螺旋齿槽方向运动的，刀具的齿形等于齿轮的法面齿形；在强度计算时，也是考察法面齿形，因此规定斜齿轮的法面基本参数 m_n、α_n、h_n^* 和 c_n^* 为标准值。

8.10.3　平行轴斜齿轮传动的正确啮合条件和重合度

1. 正确啮合条件

平行轴斜齿轮在端面内的啮合相当于直齿轮的啮合，所以其端面正确啮合条件为

$$\alpha_{t1} = \alpha_{t2}, \quad m_{t1} = m_{t2}$$

由图 8-35 可知，平行轴斜齿轮传动的两基圆柱螺旋角的大小必相等，即$\beta_{b1}=\pm\beta_{b2}$，因外啮合时螺旋角方向应相反，即一个为左旋，另一个为右旋，而内啮合时方向相同，故负号用于外啮合，正号用于内啮合；又由式(8-45)可得$\beta_1=\pm\beta_2$。再结合式(8-47)及式(8-48)最终可得平行轴斜齿轮传动的正确啮合条件：

$$\left.\begin{aligned} \alpha_{n1} &= \alpha_{n2} = \alpha_n \\ m_{n1} &= m_{n2} = m_n \\ \beta_1 &= \pm\beta_2 \end{aligned}\right\} \text{ 或 } \left.\begin{aligned} \alpha_{t1} &= \alpha_{t2} = \alpha_t \\ m_{t1} &= m_{t2} = m_t \\ \beta_1 &= \pm\beta_2 \end{aligned}\right\} \tag{8-50}$$

2. 重合度

为便于分析斜齿轮传动的重合度，现以端面尺寸相同的一对直齿轮传动与一对斜齿轮传动进行对比。

如图 8-38 所示，上图为直齿轮传动的啮合面，下图为斜齿轮传动的啮合面，直线 B_2B_2 表示在啮合平面内，一对轮齿进入啮合的位置，B_1B_1 则表示一对轮齿脱离啮合的位置；B_1B_1 与 B_2B_2 之间的区域为轮齿的啮合区。

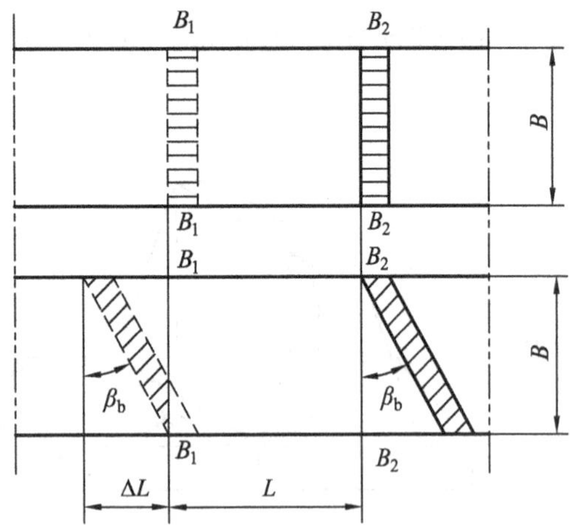

图 8-38　斜齿轮传动的轴向重合度

对于直齿轮传动来说，轮齿在 B_2B_2 处进入啮合时，就沿整个齿宽接触，在 B_1B_1 处啮合时，也是沿整个齿宽即将分开，故直齿轮传动的重合度 $\varepsilon_\alpha=L/p_{bt}$。

对于斜齿轮传动来说，轮齿也是在 B_2B_2 处进入啮合，不过它不是沿整个齿宽同时进入啮合，而是由轮齿的一端先进入啮合后，随着齿轮的转动，才逐渐达到沿全齿宽接触。在 B_1B_1 处啮合时，也不是沿整个齿宽同时分开，而是由轮齿的一端先脱离啮合，直到该轮齿转动到图 8-38 中虚线所示位置时，这对轮齿才完全脱离接触。这样，斜齿轮的实际啮合区比直齿轮增大了$\Delta L=B\tan\beta_b$，因此斜齿轮传动的重合度也比直齿轮传动大，其

增大的一部分重合度以ε_β表示，则

$$\varepsilon_{\beta}=\frac{\Delta L}{p_{\mathrm{bt}}}=\frac{B\tan\beta_{\mathrm{b}}}{p_{\mathrm{bt}}}=\frac{B\tan\beta\cos\alpha_{\mathrm{t}}}{p_{\mathrm{t}}\cos\alpha_{\mathrm{t}}}=\frac{B\tan\beta\cos\beta}{p_{\mathrm{n}}}=\frac{B\sin\beta}{\pi m_{\mathrm{n}}} \tag{8-51}$$

所以斜齿轮传动的重合度ε_γ为ε_α与ε_β两部分之和，即

$$\varepsilon_\gamma=\varepsilon_\alpha+\varepsilon_\beta$$

ε_α是根据斜齿轮传动的端面参数像直齿轮传动那样所求得的重合度，称为端面重合度。ε_α的大小可用直齿轮传动时重合度的公式计算，但要用斜齿轮的端面啮合角α_{t}'和端面齿顶圆压力角α_{at}来代替直齿轮传动的啮合角α'和齿顶圆压力角α_{a}。ε_β是由于斜齿轮轮齿的倾斜和齿轮具有一定的轴向宽度，而使斜齿轮传动比直齿轮传动增加的一部分重合度，故称为纵向重合度。

8.10.4　斜齿圆柱齿轮的当量齿数

在用仿形法加工斜齿轮时，必须按照齿轮的法面齿形来选择铣刀。在进行斜齿轮的抗弯强度计算时，因为力作用在法平面内，也必须知道它的法面齿形。这就需要研究具有z个轮齿的斜齿轮，其法面的齿形应与多少个轮齿的直齿轮的齿形相同或最相接近。

如图 8-39 所示，过斜齿轮分度圆柱上齿廓的任一点C作轮齿螺旋线的法平面n-n，该法平面与分度圆柱的交线为一椭圆。其长半轴为$a=d/(2\cos\beta)$，短半轴为$b=d/2$。由高等数学可知，椭圆在C点的曲率半径为$\rho=a^2/b=d/(2\cos^2\beta)$。以$\rho$为分度圆半径，以斜齿轮法面模数$m_{\mathrm{n}}$和法面压力角$\alpha_{\mathrm{n}}$作一虚拟的直齿圆柱齿轮，其齿形即可认为近似于斜齿轮的法面齿形。该虚拟的直齿圆柱齿轮称为斜齿圆柱齿轮的当量齿轮，其齿数称为当量齿数，用z_{v}表示，故

$$z_{\mathrm{v}}=\frac{2\rho}{m_{\mathrm{n}}}=\frac{d}{m_{\mathrm{n}}\cos^2\beta}=\frac{m_{\mathrm{t}}z}{m_{\mathrm{n}}\cos^2\beta}=\frac{z}{\cos^3\beta} \tag{8-52}$$

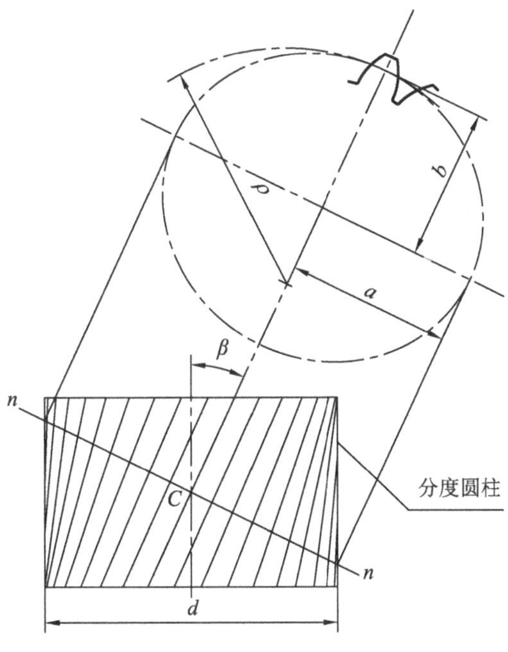

图 8-39　斜齿轮的当量齿轮

式中，z 为斜齿轮的实际齿数。

当量齿数除用于斜齿轮抗弯强度计算及铣刀的选择外，在斜齿轮变位系数的选择及齿厚测量等处也要用到。在用范成法加工斜齿轮时，因为齿形是范成的，不需考虑选刀具齿数的问题，只要按斜齿轮的法向模数及法向压力角来选刀具就可以了。

8.10.5　平行轴斜齿轮的变位和几何尺寸计算

1．变位

仿照直齿轮最少齿数的求法，用齿条形刀具切制斜齿轮时，斜齿轮的最少齿数 $z_{\min}$ 也可由端面参数求出

$$z_{\min}=\frac{2h_{\mathrm{at}}^{*}}{\sin^{2}\alpha_{\mathrm{t}}}=\frac{2h_{\mathrm{an}}^{*}\cos\beta}{\sin^{2}\alpha_{\mathrm{t}}} \tag{8-53}$$

与直齿轮一样，斜齿轮也可以通过变位修正的方法来满足不同的要求。加工变位斜齿时，也与加工变位直齿轮一样，仅需将刀具沿被切齿轮的半径方向移动一个距离$\varDelta_{\mathrm{r}}$。刀具的这个变量 $\varDelta_{\mathrm{r}}$ 无论从齿轮的端面或法向来看，都是一样的，即$\varDelta_{\mathrm{t}}=\varDelta_{\mathrm{n}}=\varDelta_{\mathrm{r}}$。但是，当用模数与变位系数来表示这个变量时，因斜齿轮的端面模数与法面模数不同，斜齿轮的变位系数就分为端面变位系数 x_{t} 和法面变位系数 x_{n}，它们之间的关系为 $x_{\mathrm{t}}m_{\mathrm{t}}=x_{\mathrm{n}}m_{\mathrm{n}}=x_{\mathrm{n}}m_{\mathrm{t}}\cos\beta$，或

$$x_{\mathrm{t}}-x_{\mathrm{n}}\cos\beta \tag{8-54}$$

至于平行轴斜齿轮的端面中心距变动系数 y_{t} 和端面齿高变动系数Δy_{t} 无须与法面换算，直接按端面的关系进行计算。

2．几何尺寸计算

平行轴斜齿轮在端面内的尺寸关系与直齿轮相同，因此只要将表 8-2 和表 8-3 中的各参数看作端面参数，表中所列计算公式就完全适用于平行轴标准斜齿轮和变位斜齿轮的几何尺寸计算。但应注意，计算时必须把法面标准参数换算为端面参数。

外啮合平行轴斜齿轮的标准中心距为

$$a=\frac{d_{1}+d_{2}}{2}=\frac{m_{\mathrm{t}}\left(z_{1}+z_{2}\right)}{2}=\frac{m_{\mathrm{n}}\left(z_{1}+z_{2}\right)}{2\cos\beta} \tag{8-55}$$

式(8-55)表明，在设计平行轴斜齿轮时，可通过改变螺旋角β的方法来凑中心距，而不一定采用变位的方法。

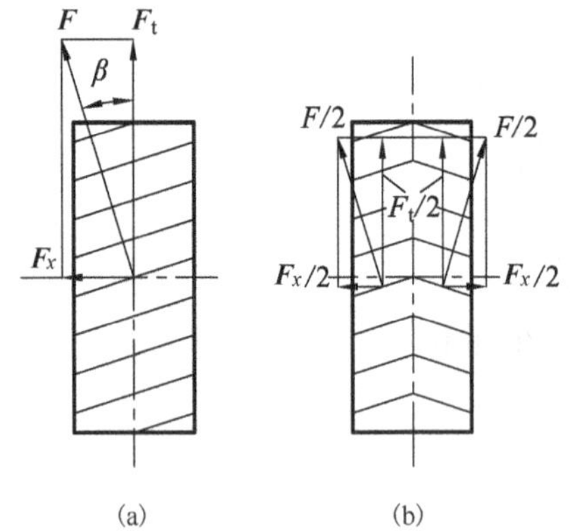

图 8-40　斜齿轮传动的轴向力

8.10.6　平行轴斜齿轮传动的主要优缺点

综上所述，与直齿轮传动相比，平行轴斜齿轮传动的主要优点如下。

(1) 齿面接触线是斜线，一对轮齿是逐渐进入啮合和逐渐脱离啮合的，故运传平稳，噪声小，适用于高速传动。

(2) 重合度较大，并随齿宽和螺旋角的增大而增大，故承载能力高。

(3) 斜齿轮的最少齿数较少，故能使机构较紧凑。

斜齿轮的主要缺点是轮齿受法向力 $\boldsymbol{F}$ 时会产生轴向分力 $\boldsymbol{F}_{x}$，如图 8-40(a)所示，这对支承结构和传动都不

利。为了抵消轴向力，可以采用如图 8-40(b)所示的人字齿轮。人字齿轮可以看作螺旋角大小相等、方向相反的两个斜齿轮合并而成，因左右对称而使轴向力抵消。但人字齿轮的制造较困难，成本较高。

由上述可知，斜齿轮螺旋角β的大小对传动性能影响很大，若β太小，则斜齿轮的优点不能充分体现；若β太大，则会产生很大的轴向力。设计时一般取$\beta=8°\sim20°$。

8.11 蜗 杆 机 构

蜗杆机构用来实现两交错轴间的传动，其两轴的交错角 Σ 通常为 90°。

8.11.1 蜗杆机构的形成及分类

图 8-1(i)和图 8-41 为蜗杆机构的组成情况，其中半径较小的圆柱上分布有螺旋齿(形似螺杆)的构件称为蜗杆，而另一个半径较大、外形很像一个斜齿轮的构件称为蜗轮。

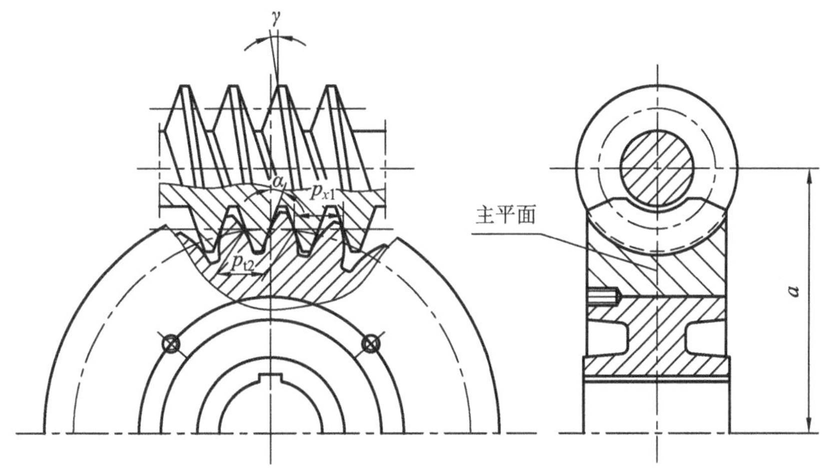

图 8-41 蜗轮蜗杆传动

实际上，蜗杆也可从斜齿轮演化而来。当斜齿轮的半径较小、轴向尺寸较长，而螺旋角又较大时，一个轮齿就能在圆柱上绕一周或几周得到一条螺旋。因此蜗杆上有几条螺旋就相当于有几个齿。蜗杆与螺杆相仿，也有左旋、右旋以及单头、多头之分，通常采用右旋蜗杆，蜗杆的头数一般取 $z_1=1\sim4$。

蜗杆机构中的齿面生成是按范成原理获得的。一类是以蜗杆为母轮，做成刀具，采用范成法加工，获得配对的蜗轮；另一类是以蜗轮为母轮，做成刀具，采用范成法加工，获得配对的蜗杆。前一类方法居多。此外，为了改善接触情况，蜗轮表面做成圆弧形，部分地包住蜗杆，从而可以实现齿间的接触为线接触。

如图 8-42 所示，根据蜗杆参与啮合部分的形状，蜗杆机构可分为圆柱蜗杆机构(图 8-42(a))、环面蜗杆机构(图 8-42(b))和锥蜗杆机构(图 8-42(c))三类。

圆柱蜗杆机构又分为普通圆柱蜗杆机构和圆弧圆柱蜗杆机构两类。按蜗杆齿廓曲线的形状，普通圆柱蜗杆可以分为下列四种类型。

(1)阿基米德圆柱蜗杆。采用车刀车削，车刀刀刃为直线，夹角一般为$2\alpha=40°$。加工时刀刃平面通过蜗杆轴线，所得到的蜗杆在轴面(通过轴线的平面)内具有直线齿廓，在法面内具有外凸齿廓，在端面内的齿廓为阿基米德螺线。

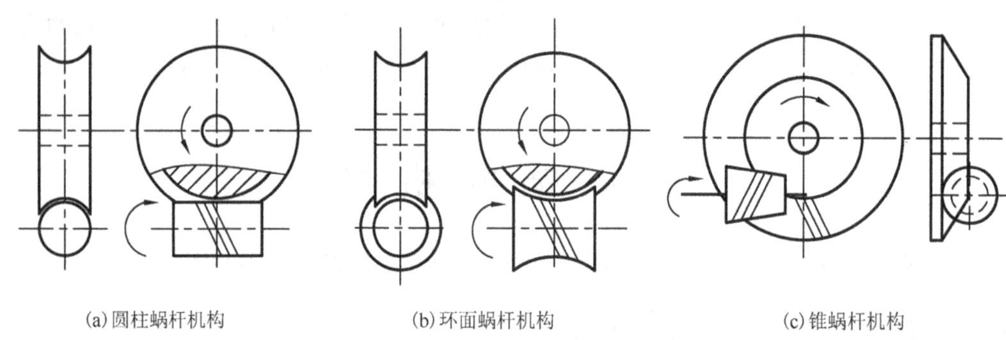

(a)圆柱蜗杆机构　(b)环面蜗杆机构　(c)锥蜗杆机构

图 8-42　蜗轮蜗杆传动类型

(2)法向直廓圆柱蜗杆，也称延伸渐开线圆柱蜗杆。加工时车刀刀刃平面放在螺旋的法向上，所得到的蜗杆在法面内具有直线齿廓，在轴面内具有外凸齿廓，在端面内的齿廓为延伸渐开线。

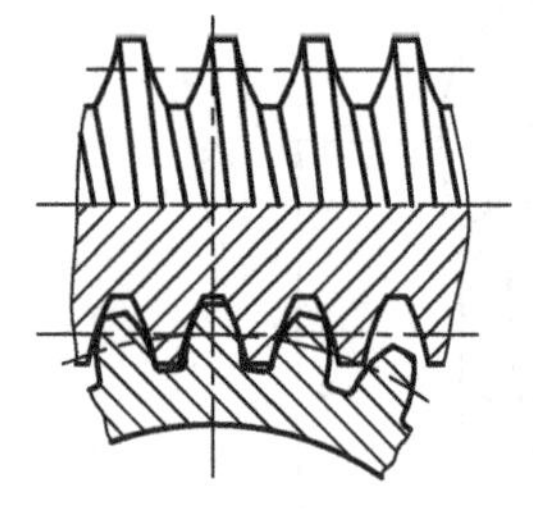

图 8-43　圆弧圆柱蜗杆机构

(3)渐开线圆柱蜗杆。加工时车刀刀刃平面与基圆上或下相切，被切出的齿面为渐开线螺旋面。切于基圆柱的剖面上一侧为直线齿廓，另一侧为外凸齿廓，在轴面内为外凸齿廓，在端面上为渐开线齿廓。

(4)锥面包络圆柱蜗杆。此种蜗杆由铣刀加工而成，所得蜗杆在任何方向都为曲线齿廓，在端面内为近似的阿基米德螺线。

圆弧圆柱蜗杆机构如图 8-43 所示，此种蜗杆在轴面内或法面内为内凹圆弧。

在各类蜗杆机构中，以普通圆柱蜗杆最为基本。因此本节主要讨论普通圆柱蜗杆的有关问题。

8.11.2　正确啮合条件

图 8-41 为阿基米德圆柱蜗杆机构，其中蜗轮用与蜗杆相似的滚刀经范成加工而成，但滚刀的外径略大，以便加工出顶隙。因阿基米德圆柱蜗杆在轴面内为一具有直线齿廓的齿条，所以，在通过蜗杆轴线并垂直于蜗轮轴线的平面(称为主平面)内，蜗轮的齿形为渐开线齿廓。这样，阿基米德圆柱蜗杆与蜗轮啮合时，在其主平面内为直线齿条与渐开线齿轮的啮合。其他普通圆柱蜗杆机构在主平面内也是齿轮齿条的啮合，但不是直线齿廓的齿条与渐开线齿轮的啮合。由此可知，蜗杆传动的正确啮合条件为：蜗杆轴面内的模数m_{x1}和齿形角α_{x1}分别等于蜗轮端面内的模数m_{t2}和齿形角α_{t2}，即

$$\left.\begin{aligned} m_{x1} &= m_{t2} = m \\ \alpha_{x1} &= \alpha_{t2} = \alpha \end{aligned}\right\}$$

标准模数列于表 8-4，通常标准齿形角$\alpha=20°$。

表 8-4　普通圆柱蜗杆机构的模数 m 和分度圆直径 d_1 的搭配

m	d_1	m	d_1	m	d_1	m	d_1
1	18	3.15	(28) 35.5 (45) 56	6.3	(50) 63 (80) 112	12.5	(90) 112 (140) 200
1.25	20 22.4	4	(31.5) 40 (50) 71	8	(63) 80 (100) 140	16	(112) 140 (180) 250
1.6	20 28	5	(40) 50 (63) (90)	10	(71) 90 (112) 160	20	(140) 160 (224) 315
2	(18) 22.4 (28) 35.5					25	(180) 200 (280) 400
2.5	22.4 28 (33.5) 45						

注：摘自 GB/T 10085—2018，括号中的数值尽可能不采用。

此外，蜗杆和蜗轮轮齿的螺旋角应满足一定的关系。图 8-44 为蜗杆机构分度圆柱上轮齿螺旋线的接触情况，t-t 为两螺旋线的公切线。由图中所示的关系可知 $\Sigma=\beta_1+\beta_2=90°$，或

$$\beta_2 = 90° - \beta_1 = \gamma$$

式中，γ 为蜗杆分度圆柱上的导程角，此式表明蜗杆的导程角与蜗轮的螺旋角大小相等，方向相同。

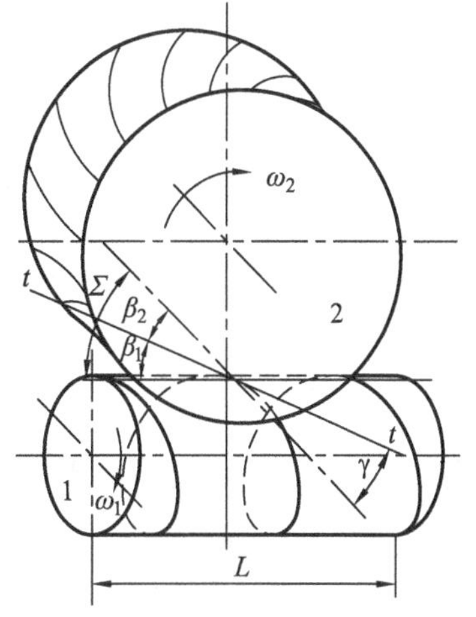

图 8-44　蜗轮蜗杆传动的几何参数

8.11.3　普通圆柱蜗杆传动的主要参数和几何尺寸计算

1. 蜗杆分度圆直径 d_1

范成切制蜗轮的滚刀除了外径稍大，其他尺寸和齿形与相应的蜗杆相同，这势必要求配备很多滚刀，这是不可能的。为了便于滚刀标准化，减少刀具型号，对蜗杆分度圆直径 d_1 制定了标准系列，并与模数相匹配，见表 8-4。

2. 蜗杆的导程角 γ

与螺杆相仿，设蜗杆头数为 z_1，螺旋线的导程为 P_z，轴向齿距为 p_x，则有蜗杆分度圆柱上的导程角 γ 为

$$\tan\gamma = \frac{P_z}{\pi d_1} = \frac{z_1 p_x}{\pi d_1} = \frac{z_1 \pi m}{\pi d_1} = \frac{z_1 m}{d_1} \tag{8-56}$$

3. 蜗杆传动的几何尺寸计算

蜗轮的分度圆直径 d_2 为

$$d_2 = mz_2 \tag{8-57}$$

蜗杆、蜗轮的齿顶高、齿根高、全齿高、齿顶圆直径及齿根圆直径可仿直齿轮公式计算，但一般齿顶高系数$h_a^*=1$；顶隙系数$c^*=0.2$，必要时允许减少为 0.15 或增大为 0.35。

由图 8-41 可知蜗杆机构的标准中心距为

$$a = \frac{d_1 + d_2}{2} = \frac{m}{2}\left(\frac{z_1}{\tan\gamma} + z_2\right) \tag{8-58}$$

为了凑中心距或提高传动质量，也可采用变位的蜗杆机构，具体方法可参阅有关文献。

4．蜗杆传动的齿面滑动速度和传动比

蜗杆传动在啮合处有较大的滑动速度。如图 8-45 所示，设蜗杆圆周速度为$\boldsymbol{v}_1$，蜗轮圆周速度为$\boldsymbol{v}_2$，沿螺旋线方向上的齿面滑动速度为$\boldsymbol{v}_s$，由速度三角形的关系得

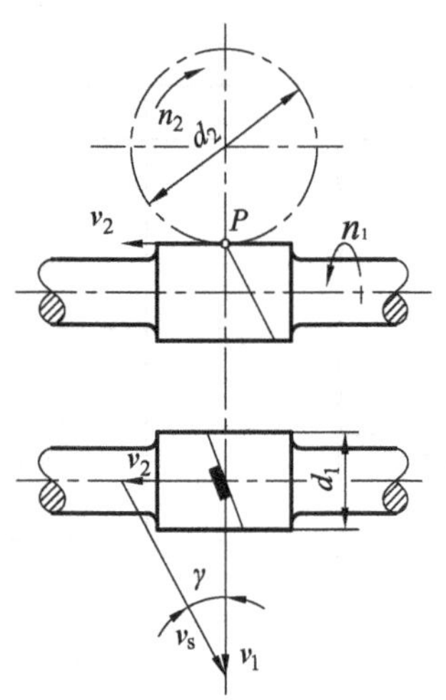

图 8-45　蜗轮蜗杆啮合点的相对速度

$$v_s = \sqrt{v_1^2 + v_2^2} = \frac{v_1}{\cos\gamma} \tag{8-59}$$

根据图 8-45 中速度三角形的关系，还可以确定从动轮的转向。通常蜗杆主动，图 8-45 中的$\boldsymbol{v}_1$和$\boldsymbol{v}_s$方向已知，则用速度三角形的关系可得$\boldsymbol{v}_2$的方向，并据此可得出从动蜗轮的转动方向。也可用左(右)手定则确定从动蜗轮的转向，即蜗杆螺旋为左(右)旋时，相应地用左(右)手去握住蜗杆，并使四指沿着蜗杆的转向，则$\boldsymbol{v}_2$的方向与大拇指的指向相反，从而可定出蜗轮的转向。

蜗杆机构的传动比为

$$i_{12} = \frac{\omega_1}{\omega_2} = \frac{v_1/r_1}{v_2/r_2} = \frac{r_2}{r_1(v_2/v_1)} = \frac{d_2}{d_1\tan\gamma} = \frac{z_2}{z_1} \tag{8-60}$$

z_1一般较小，故蜗杆机构可获得较大的传动比。

8.11.4　蜗杆机构的优缺点

蜗杆机构的主要优点是：可以得到很大的传动比；因是线接触，故承载能力较大；传动平稳、无噪声；当蜗杆的导程角小于当量摩擦角时，机构具有自锁性，即只能由蜗杆带动蜗轮，而不能由蜗轮带动蜗杆。

蜗杆机构的主要缺点是：由于齿面滑动速度大，易磨损，易发热，故效率较低，而对于具有自锁性的蜗杆传动，其效率更低，小于 50%；为了散热和减小磨损，常需贵重的抗磨材料和良好的润滑，故成本较高；蜗杆的轴向力较大。

8.12　圆锥齿轮机构

8.12.1　圆锥齿轮机构的特点和类型

如图 8-1(f)～(h)所示，圆锥齿轮机构用来实现相交轴之间的传动，轴线间夹角即轴交角Σ可为任意值，但通常为 90°。圆锥齿轮的轮齿排列在截圆锥体上，轮齿由齿轮的大端到小

端逐渐收缩变小，这是圆锥齿轮区别于圆柱齿轮的特殊点之一。由于这个几何上的特点，对应于圆柱齿轮的各有关“圆柱”的名称，这里都变为了“圆锥”，如分度圆锥(称为分锥)、齿顶圆锥(称为顶锥)、齿根圆锥(称为根锥)、基圆锥(称为基锥)和节圆锥(称为节锥)等。为了便于计算和测量，通常取圆锥齿轮大端的参数为标准值。

圆锥齿轮机构按两齿轮啮合形式的不同，可分为外啮合、内啮合和平面啮合三种，分别如图 8-46(a)～(c)所示。

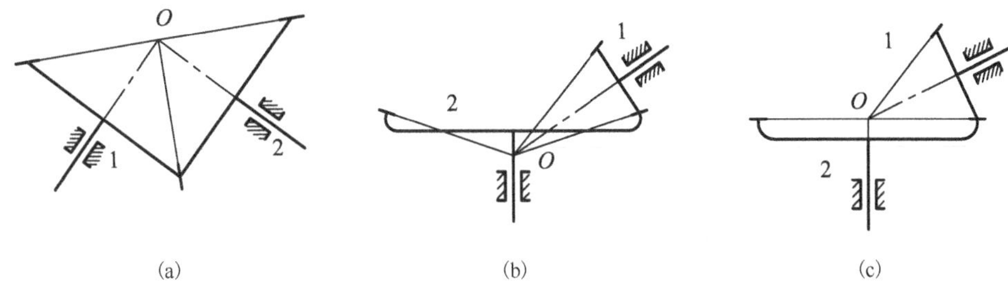

图 8-46 圆锥齿轮的啮合形式

圆锥齿轮的齿廓曲面与其节锥的交线称为节锥齿线，根据节锥展开后节锥齿线的形状，可将圆锥齿轮分为直齿、斜齿和曲齿三类。直齿圆锥齿轮机构的设计、制造及安装均较易，而且是研究其他圆锥齿轮机构的基础，故本节将讨论直齿圆锥齿轮机构。

8.12.2 直齿圆锥齿轮的啮合及理论齿廓的形成

直齿圆锥齿轮的啮合传动可以从直齿圆柱齿轮的啮合传动演化而来。直齿圆柱齿轮传动中的轴线、各圆柱面母线、齿面母线及齿面接触线都互相平行，可以认为它们的交点在无穷远处。如果设想将该无穷远点移至为有限远的点，则原来互相平行的线就相交，获得圆锥齿轮机构，如图 8-47 所示。并由此演化过程可推知：

(1)直齿圆锥齿轮传动中的两节锥做纯滚动；

(2)直齿圆锥齿轮啮合中的接触线将始终通过两轴线的交点，从而将直齿圆柱齿轮传动中的啮合平面变为与基锥相切的圆平面，该圆平面的圆心与基锥的顶点重合；

(3)两节锥的公切面与啮合圆平面所夹的锐角为啮合角α'；

(4)直齿圆锥齿轮传动能保证定传动比传动，其啮合角为常数。

以下根据直齿圆锥齿轮的啮合特点说明其理论齿廓曲面的生成原理。

如图 8-48 所示，圆平面 S 与一基锥相切于 OP，且圆的半径 R'与基锥的锥距 R 相等，同时圆心 O 与锥顶重合。则当 S 面沿基锥表面做纯滚动时，其任一半径线 OB 在空间形成一曲面，该曲面即为直齿圆锥齿轮的齿廓曲面。因为在齿廓曲面的生成过程中 OB 线上任一点到点 O 的距离不变，所生成的渐开线必在以 O 为中心的球面上。故将 OB 线上任一点所生成的渐开线称为球面渐开线，而将 OB 线所生成的曲面称为球面渐开曲面。

若设想将图 8-48 中的 O 点移至无穷远处，则基锥变为基圆柱，圆平面变为平面，即又演化为生成直齿圆柱齿轮齿廓曲面的情况。

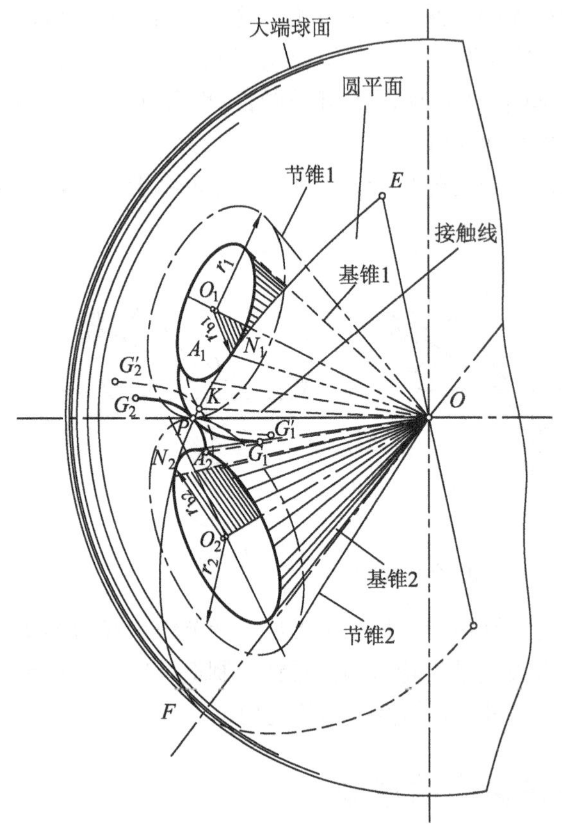

图 8-47　球面渐开线齿廓的啮合

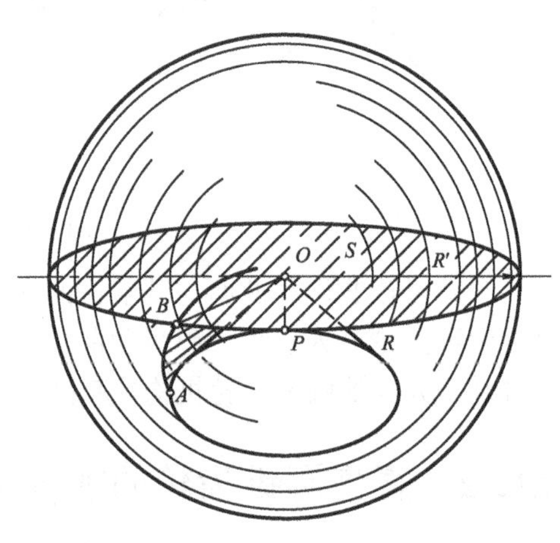

图 8-48　球面渐开线的形成

8.12.3　直齿圆锥齿轮的背锥和当量齿数

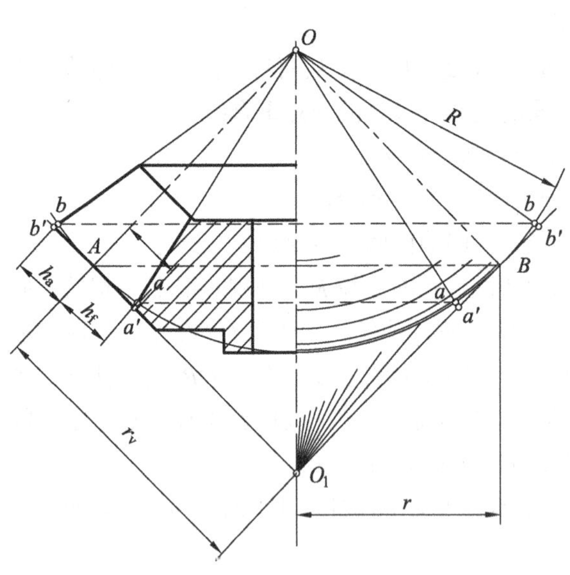

图 8-49　直齿圆锥齿轮的背锥

如上所述，圆锥齿轮的齿廓曲线在理论上是球面曲线，但是，球面不能展成平面，这给圆锥齿轮的设计和制造带来很多困难，所以在工程上采用下述近似的方法来研究圆锥齿轮的齿廓曲线。

图 8-49 为一个直齿圆锥齿轮的轴向半剖面图，三角形 OAB 代表其分锥，$\widehat{bA}$ 和 $\widehat{Aa}$ 为其齿轮大端球面上齿形的齿顶高和齿根高。过点 A 作 $AO_1 \perp AO$ 交直齿圆锥齿轮的轴线于点 O_1，再以 OO_1 为轴线、以 O_1A 为母线作圆锥 O_1AB，这个圆锥称为辅助圆锥或背锥。显然背锥与球面相切于圆锥齿轮大端的分度圆上。

在背锥上自点 A 和点 B 取齿顶高和齿根高得点 b' 和 a'。由图 8-49 可见，在点 A

和点 B 附近，背锥面和球面非常接近。锥距 R 与大端模数 m_e 的比值越大，两者越接近，即背锥的齿形与大端球面上的齿形越接近。因此可用背锥上的齿形来近似地代替球面上的理论齿形。与球面不同，背锥面可以展成平面，因而可以用下述方法求得圆锥齿轮的近似齿廓。

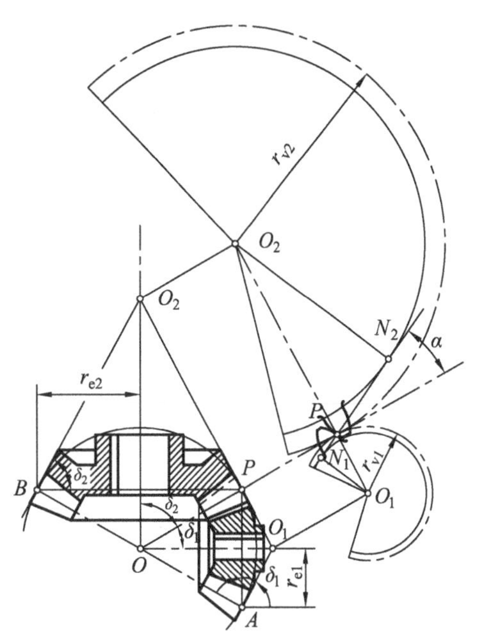

图 8-50　圆锥齿轮的当量齿轮

图 8-50 为一对圆锥齿轮的轴向剖面图。OAP、OBP 和 O_1AP、O_2BP 这四个三角形分别代表两齿轮的分锥和背锥。如图 8-50 所示，将两背锥展成平面后即得到两个扇形齿轮。该两扇形齿轮的模数、压力角、齿顶高、齿根高及齿数就是圆锥齿轮的相应参数。又扇形齿轮的分度圆半径 r_{v1} 和 r_{v2} 是背锥的锥距，现将该两扇形齿轮的轮齿补足使其成为完整的圆柱齿轮，那么它们的齿数将从 z_1 和 z_2 增大为 z_{v1} 和 z_{v2}，该虚拟的两圆柱齿轮称为圆锥齿轮的当量齿轮，而它们的齿数 z_{v1} 和 z_{v2} 称为圆锥齿轮的当量齿数。下面来求当量齿数 z_{v1} 和 z_{v2} 与真实齿数 z_1 和 z_2 的关系。由图 8-50 得

$$r_{v1}=\frac{r_{e1}}{\cos\delta_1}=\frac{m_e z_1}{2\cos\delta_1}$$

但 $r_{v1}=m_e z_{v1}/2$，故得

$$z_{v1}=\frac{z_1}{\cos\delta_1} \tag{8-61}$$

同理得

$$z_{v2}=\frac{z_2}{\cos\delta_2} \tag{8-62}$$

式中，δ_1 和 δ_2 分别为两齿轮的分锥角。由于 $\cos\delta_1$ 和 $\cos\delta_2$ 恒小于 1，故 $z_{v1}>z_1$，$z_{v2}>z_2$，并且 z_{v1} 和 z_{v2} 不一定是整数。

用当量齿轮的齿形来代替直齿圆锥齿轮大端球面上的理论齿形，误差很小，所以通过当量齿轮的概念可以将直齿圆柱齿轮的某些原理直接应用到直齿圆锥齿轮上。例如，根据一对圆柱齿轮正确啮合的条件可知，一对圆锥齿轮正确啮合的条件应为两齿轮大端的模数和压力角分别相等；一对圆锥齿轮传动的重合度可以按其当量齿轮传动重合度计算；仿形法加工时可按当量齿数来选择刀具；为了避免轮齿的根切，圆锥齿轮的最少齿数 z_{min} 可根据当量齿轮的最少齿数 z_{vmin} 换算，即 $z_{min}=z_{vmin}\cos\delta$。

8.12.4　直齿圆锥齿轮传动的基本参数和几何尺寸计算

1　基本参数的标准值

锥齿轮大端模数 m_e 的标准值见表 8-5，压力角为$\alpha=20°$，其齿顶高系数 h_a^* 和顶隙系数 c^* 为：对于正常齿 $h_a^*=1$，$c^*=0.2$；对于短齿 $h_a^*=0.8$，$c^*=0.3$。

表 8-5 锥齿轮大端模数 m_e 的标准值(摘自 GB 12368—1990)

m_e 的标准值	0.1，0.12，0.15，0.2，0.25，0.3，0.35，0.4，0.5，0.6，0.7，0.8，0.9，1，1.125，1.25，1.375，1.5，1.75，2，2.25，2.5，2.75，3，3.25，3.5，3.75，4，4.5，5，5.5，6，6.5，7，8，9，10，11，12，14，16，18，20，22，25，28，30，32，36，40，45，50

2. 传动比

如图 8-50 所示，一对圆锥齿轮啮合时，因 $r_{e1}=\overline{OP}\sin\delta_1$ 和 $r_{e2}=\overline{OP}\sin\delta_2$，故其传动比为

$$i_{12}=\frac{\omega_1}{\omega_2}=\frac{z_2}{z_1}=\frac{r_{e2}}{r_{e1}}=\frac{\overline{OP}\sin\delta_2}{\overline{OP}\sin\delta_1}=\frac{\sin\delta_2}{\sin\delta_1} \tag{8-63}$$

当轴交角 $\Sigma=\delta_1+\delta_2=90°$ 时，得

$$i_{12}=\cot\delta_1=\tan\delta_2 \tag{8-64}$$

3. 标准直齿圆锥齿轮的几何尺寸计算

通常直齿圆锥齿轮的齿高变化形式有两种，即不等顶隙收缩齿和等顶隙收缩齿。如图 8-51(a)所示，不等顶隙收缩齿的顶锥、根锥和分锥的顶点相重合，齿轮副的顶隙由大端到小端逐渐减小；如图 8-51(b)所示，等顶隙收缩齿在啮合处一齿轮的顶锥母线与另一齿轮的根锥母线互相平行，顶锥的顶点不与根锥和分锥的顶点相重合，齿轮副的顶隙沿齿长保持与大端的顶隙相等。相比较而言，在强度和润滑性能方面，等顶隙收缩齿优于不等顶隙收缩齿。现将标准直齿圆锥齿轮的几何尺寸计算公式列于表 8-6。

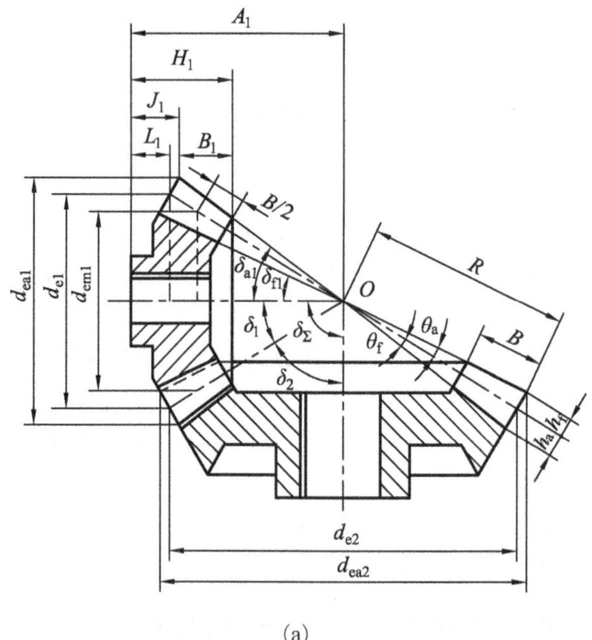

(a)

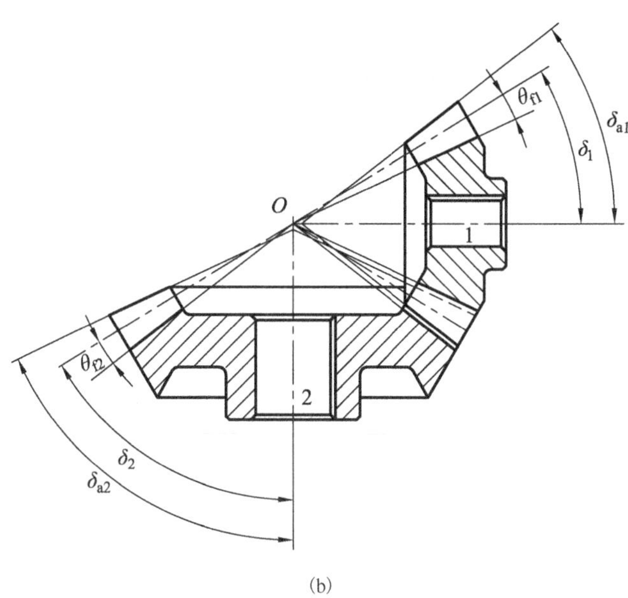

(b)

图 8-51 不同顶隙类型的直齿圆锥齿轮

表 8-6 标准直齿圆锥齿轮的几何尺寸计算公式(Σ=90°)

名称	代号	计算公式	
		小齿轮	大齿轮
分锥角	δ	$\delta_1 = \operatorname{arc\,cot}\dfrac{z_2}{z_1}$	$\delta_2 = 90^\circ - \delta_1$
齿顶高	h_a	$h_{a1} = h_{a2} = h_a^* m_e$	
齿根高	h_f	$h_{f1} = h_{f2} = \left(h_a^* + c^*\right) m_e$	
分度圆直径	d_e	$d_{e1} = m_e z_1$	$d_{e2} = m_e z_2$
齿顶圆直径	d_{ea}	$d_{ea1} = d_{e1} + 2h_a \cos\delta_1$	$d_{ea2} = d_{e2} + 2h_a \cos\delta_2$
齿根圆直径	d_{ef}	$d_{ef1} = d_{e1} - 2h_f \cos\delta_1$	$d_{ef2} = d_{e2} - 2h_f \cos\delta_2$
锥距	R	$R = \dfrac{m_e z}{2\sin\delta} = \dfrac{m_e}{2}\sqrt{z_1^2 + z_2^2}$	
齿顶角	θ_a	(收缩顶隙传动) $\tan\theta_{a1} = \tan\theta_{a2} = h_a / R$	
齿根角	θ_f	$\tan\theta_{f1} = \tan\theta_{f2} = h_f / R$	
分度圆齿厚	s	$s = \dfrac{\pi m_e}{2}$	
顶隙	c	$c = c^* m_e$	
当量齿数	z_v	$z_{v1} = z_1 / \cos\delta_1$	$z_{v2} = z_2 / \cos\delta_2$
顶锥角	δ_a	收缩顶隙传动	
		$\delta_{a1} = \delta_1 + \theta_{a1}$	$\delta_{a2} = \delta_2 + \theta_{a2}$
		等顶隙传动	
		$\delta_{a1} = \delta_1 + \theta_{f2}$	$\delta_{a2} = \delta_2 + \theta_{f1}$
根锥角	δ_f	$\delta_{f1} = \delta_1 - \theta_{f1}$	$\delta_{f2} = \delta_2 - \theta_{f2}$
齿宽	B	$B \leqslant \dfrac{R}{3}$	

8.12.5　直齿圆锥齿轮的范成切齿方法及其变位原理

1．范成切齿方法

如图 8-52(a)所示，在一对圆锥齿轮中，当大齿轮 2 的分锥角δ_2=90°时，其分锥就变为一个圆平面。这种圆锥齿轮称为冠轮，其背锥是一个圆柱面，将此圆柱面展开，其当量齿轮就变成一个具有直线齿廓的齿条。因此圆锥齿轮与冠轮的啮合就相当于圆柱齿轮与齿条的啮合，如图 8-52(b)所示。

范成法切制圆锥齿轮就是用具有直刃的刀具代替冠轮，而实际加工时是采用两把单边直刃的刀具(刨刀)组成冠轮的一个齿间。切齿时刀具一方面与轮坯做范成运动，另一方面沿分锥母线方向做往复切削运动，如图 8-52(c)所示。当切完一个齿后，轮坯自动退出，并由机床分度机构转过一个齿，然后再送进切削下一个齿，这样反复工作，直至切出全部轮齿。

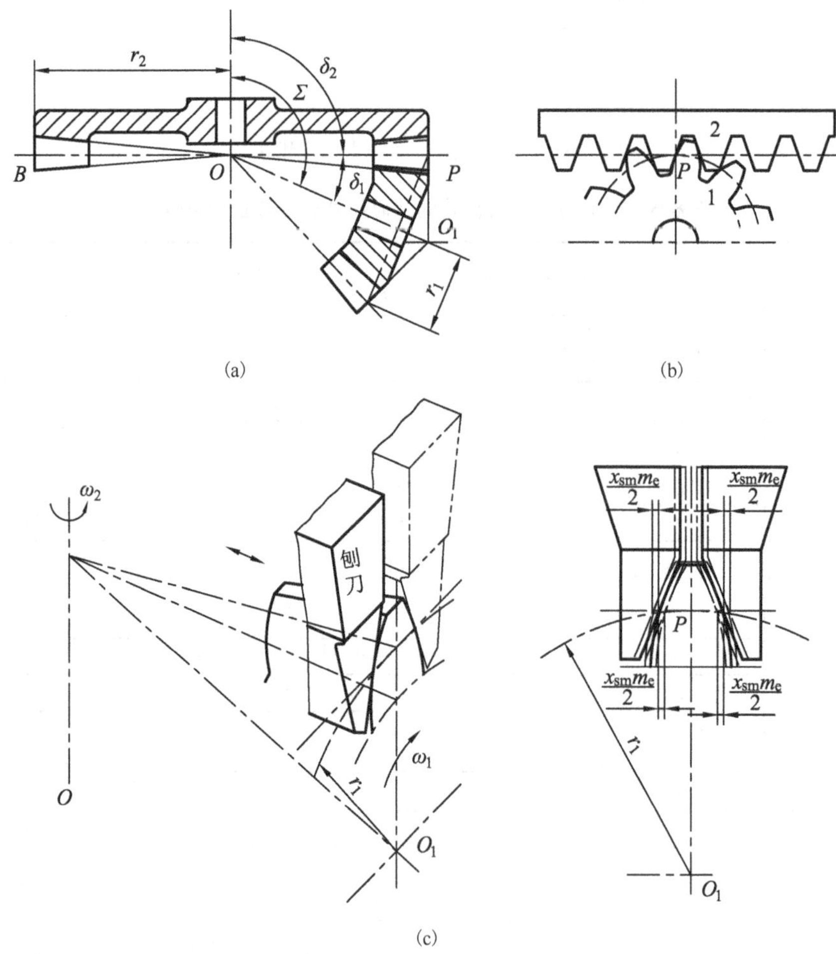

图 8-52　直齿圆锥齿轮的加工

2．直齿圆锥齿轮的变位

直齿圆锥齿轮的变位多采用两种方法，即高变位和切向变位。

高变位的目的是增加小齿轮的轮齿强度，消除小齿轮的根切，这时小齿轮采用正变位而大齿轮采用负变位，即取$x_{hm1}=-x_{hm2}$ (x_{hm}为高变位系数)。在这种情况下，分锥和节锥重合，轴交角不变，但顶锥角和根锥角改变了。

圆锥齿轮的切向变位是采用改变两齿轮分度圆齿厚的方法使一对互相啮合的轮齿的抗弯强度接近相等，使小齿轮的齿厚增加 $x_{sm1}m_e$，同时相应地使大齿轮的齿厚减少 $x_{sm2}m_e$，取 $x_{sm1}=-x_{sm2}$（x_{sm} 为切向变位系数）。实现切向变位的具体方法是加工时将两个刀片各沿分度圆的切线方向靠拢或分离一个 $x_{sm}m_e/2$ 的距离。

8.13　交错轴斜齿轮机构、圆弧齿轮机构及摆线齿轮机构简介

8.13.1　交错轴斜齿轮机构

交错轴斜齿轮机构（又称为螺旋齿轮机构）是由两个法面参数相同、螺旋角不相等的斜齿轮组成的，用于传递空间两交错轴之间的运动和动力，如图 8-1(j) 所示。就单个齿轮而言，交错轴斜齿轮和平行轴斜齿轮完全相同，但平行轴斜齿圆柱齿轮机构的两轴线平行，两轮齿的接触形式为斜直线接触，而交错轴斜齿轮机构的两轴线交错，两轮齿的接触为点接触。

1．中心距和轴交角

图 8-53 为一交错轴斜齿轮机构，标准安装时，节圆柱与分度圆柱重合，两齿轮的节圆柱相切于点 P，即切点位于两交错轴的公垂线上。该公垂线的长度即为交错轴斜齿轮机构的中心距：

$$a = r_1 + r_2 = \frac{m_n}{2}\left(\frac{z_1}{\cos\beta_1} + \frac{z_2}{\cos\beta_2}\right) \tag{8-65}$$

可见，交错轴斜齿轮传动的中心距 a 可以通过改变两螺旋角 β_1 和 β_2 的方法来进行调整。

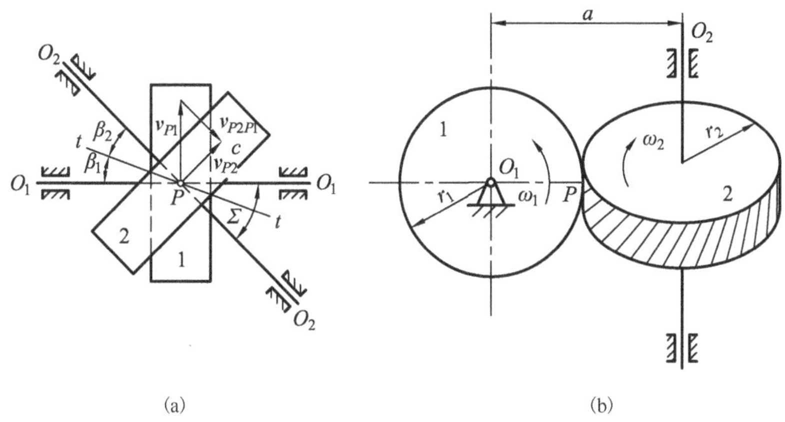

图 8-53　交错轴斜齿轮机构

过切点 P 作两分度圆柱的公切面，两齿轮轴线在此公切面上投影所夹的角 Σ 称为轴交角，Σ 与两螺旋角 β_1 和 β_2 的关系可表示为

$$\Sigma = |\beta_1 + \beta_2| \tag{8-66}$$

若螺旋方向相同，式中 β_1 和 β_2 同号，若螺旋方向相反，式中 β_1 和 β_2 异号。当轴交角 $\Sigma=0$ 时，$\beta_1=-\beta_2$，为平行轴斜齿圆柱齿轮机构。故平行轴斜齿圆柱齿轮机构是交错轴斜齿轮机构的一个特例。

2. 正确啮合条件

交错轴斜齿轮机构的轮齿在法面内啮合，其正确啮合条件为：两齿轮的法面模数和法面分度圆上的压力角相等且为标准值，即

$$m_{n1} = m_{n2} = m \text{，} \quad \alpha_{n1} = \alpha_{n2} = \alpha \tag{8-67}$$

同时，轴交角 Σ 与两螺旋角 β_1 和 β_2 的关系要满足式(8-66)。

由于 $m_{n1} = m_{t1}\cos\beta_1$ 和 $m_{n2} = m_{t2}\cos\beta_2$，故 $m_{t1}/m_{t2} = \cos\beta_2/\cos\beta_1$。当 $\beta_1 \neq \beta_2$ 时，两齿轮的端面模数不相等，端面的参数也就不相等，这是交错轴斜齿轮机构的又一特点。

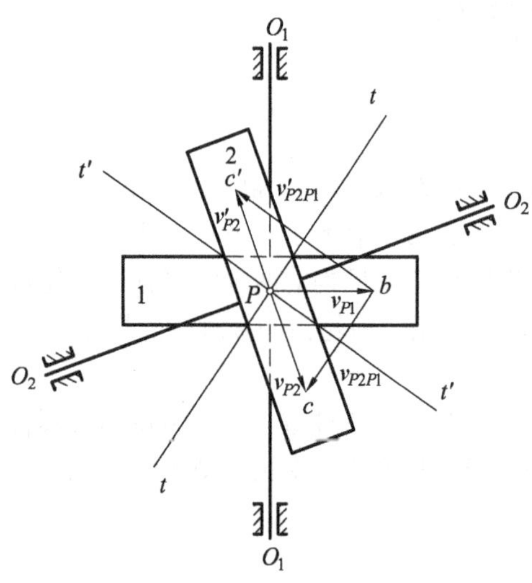

图 8-54 交错轴斜齿轮机构啮合点的相对速度

3. 传动比与从动轮的转向

设交错轴斜齿轮机构中两齿轮的齿数分别为 z_1 和 z_2，根据斜齿轮的计算公式得

$$z_1 = \frac{d_1}{m_{t1}} = \frac{d_1\cos\beta_1}{m_{n1}} \text{，} \quad z_2 = \frac{d_2}{m_{t2}} = \frac{d_2\cos\beta_2}{m_{n2}}$$

从而交错轴斜齿轮机构的传动比为

$$i_{12} = \frac{\omega_1}{\omega_2} = \frac{z_2}{z_1} = \frac{d_2\cos\beta_2}{d_1\cos\beta_1} \tag{8-68}$$

可见，交错轴斜齿轮机构的传动比同时由分度圆直径和螺旋角两参数来确定。

交错轴斜齿轮机构中从动轮的方向，可根据速度矢量图解法来确定。如图 8-54 所示，两齿轮分度圆的切点为 P，两轮齿在 P 点处的切线为 t-t，齿轮 1 上 P 点处的线速度为 $\boldsymbol{v}_{P1}$，齿轮 2 上 P 点处的线速度为 $\boldsymbol{v}_{P2}$，由相对运动原理可知

$$\boldsymbol{v}_{P1} + \boldsymbol{v}_{P2P1} = \boldsymbol{v}_{P2}$$

式中，v_{P2P1} 为齿轮 2 上 P 点相对于齿轮 1 上 P 点的相对速度，其方向应平行于切线 t-t。若 $\boldsymbol{v}_{P1}$ 大小和方向已知，$\boldsymbol{v}_{P2}$ 方向线垂直于其轴线，便可作速度多边形来判定 $\boldsymbol{v}_{P2}$ 的方向，从而得知从动轮 2 的转向。

4. 交错轴斜齿轮机构的主要优缺点

(1) 根据式(8-68)可知，传动比一定时，可借改变螺旋角的方法来改变两分度圆的直径，从而满足对中心距的要求；两齿轮分度圆一定时，可借改变两齿轮螺旋角来满足不同的传动比要求。

(2) 可通过改变螺旋角的旋向来改变从动轴的转向。如图 8-54 所示，主动轮的转向一定，要改变从动轮的转向，只要改变两齿轮的轮齿旋向即可。使齿轮在点 P 处的公切线由 t-t 变为 t'-t'，这时齿轮 1 上 P 点的速度 $\boldsymbol{v}_{P1}$ 保持不变，齿轮 2 上 P 点的速度 $\boldsymbol{v}_{P2}$ 变为 $\boldsymbol{v}'_{P2}$，$\boldsymbol{v}'_{P2}$ 的方向与 $\boldsymbol{v}_{P2}$ 的方向正好相反。

(3) 两齿廓的接触为点接触，接触应力大。

(4) 两齿廓不仅沿齿高方向有相对滑动，而且沿齿向也有较大的相对滑动速度 $\boldsymbol{v}_{P2P1}$。因此，齿面磨损较快，传动效率较低。可利用这一运动特点来进行剃齿、珩齿、研齿，以及齿轮的精加工。

(5) 啮合传动时要产生轴向力，轴承既要承受径向力又要承受轴向力。

(6) 交错轴斜齿轮机构中心距无可分性。

8.13.2 圆弧齿轮机构

圆弧齿轮机构是一种平行轴斜齿轮机构，其端面齿廓或法面齿廓为圆弧。这种齿轮机构的小齿轮的齿廓曲面为凸圆弧螺旋面，大齿轮的齿廓曲面为凹圆弧螺旋面，如图8-55所示。

1. 圆弧齿轮齿廓的形成

如图8-56所示，按给定的传动比作两齿轮的节圆柱(与分度圆柱重合)，其半径分别为r_1和r_2，PP为两节圆柱的切线，即该对齿轮的瞬时轴。在齿轮的端面上，设两齿轮的啮合齿廓仅在一点相接触，并选择适当的接触点位置K；以节点P为圆心、$\overline{PK}$为半径作圆弧，则该圆弧为齿轮1凸齿面的端面齿廓曲线；再以比$\overline{PK}$稍大一些的长度为半径作圆弧，与凸齿圆弧相切于K点，该圆弧为齿轮2凹齿面的端面齿廓曲线，它的圆心必在直线PK的延长线上。在两齿轮的传动过程中，令两齿轮的端面齿廓沿着与两齿轮轴线平行的方向做等速平移。这样，一方面，在固定坐标系中接触点K的轨迹为一平行于PP的直线KK；另一方面，在随同两齿轮一起运动的动坐标系中，接触点的轨迹分别为两条螺旋线KA和KB，而两个端面圆弧齿廓的轨迹分别为齿轮1上一段外凸的圆弧螺旋面和齿轮2上一段内凹的圆弧螺旋面，即以这两段圆弧螺旋面分别作为两齿轮的齿廓曲面。

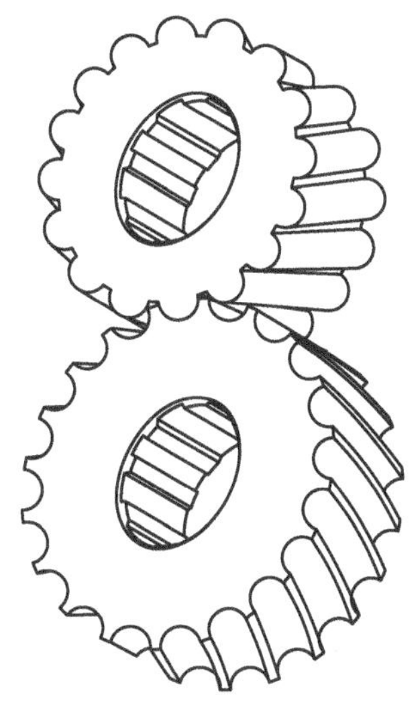

图8-55 圆弧齿轮机构

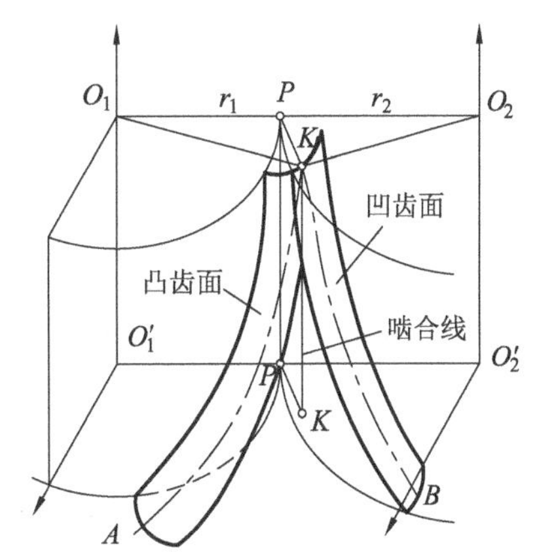

图8-56 圆弧齿廓的啮合

2. 圆弧齿轮的啮合传动参数

(1) 传动比。当一对圆弧齿轮的齿廓在啮合线KK上任一点接触时，过接触点所作的两齿廓的公法线必通过瞬时轴PP，故两轮的传动比i_{12}为

$$i_{12}=\frac{\omega_1}{\omega_2}=\frac{\overline{O_2P}}{\overline{O_1P}}=\frac{r_2}{r_1} \tag{8-69}$$

由于两齿轮分度圆半径r_1及r_2为定值，故知i_{12}为常数，此即说明圆弧齿轮机构能保证定传动比传动。

(2) 重合度。由于圆弧齿轮的轮齿是螺旋形的，故圆弧齿轮传动的重合度可用类似于斜齿轮传动的重合度的公式计算，即重合度为

$$\varepsilon_\gamma = \varepsilon_\alpha + \varepsilon_\beta = \varepsilon_\alpha + \frac{B\sin\beta}{\pi m_n} \tag{8-70}$$

但由于圆弧齿轮传动两啮合齿廓在任一端面上只做瞬时的啮合，故端面重合度$\varepsilon_\alpha=0$，其纵向重合度ε_β即为其总重合度ε_γ，则

$$\varepsilon_\gamma = \varepsilon_\beta = \frac{B\sin\beta}{\pi m_n} = \frac{B}{p_x}$$

这里运用了轴向齿距p_x与法面齿距p_n的关系：

$$p_x = p_n / \sin\beta = \pi m_n / \sin\beta$$

以上各式中B为齿宽；m_n为法面模数；β为分度圆柱螺旋角。

增大重合度可以提高传动的平稳性并减小噪声。在圆弧齿轮传动中，要使重合度达到许用值(通常为1.25)，设计时要恰当选择螺旋角β及齿宽B。增大β将引起轴向推力的增加，不宜过大，一般在 10°～20° 的范围内选取。可见要获得较大的重合度，只有通过增大齿宽B来解决。

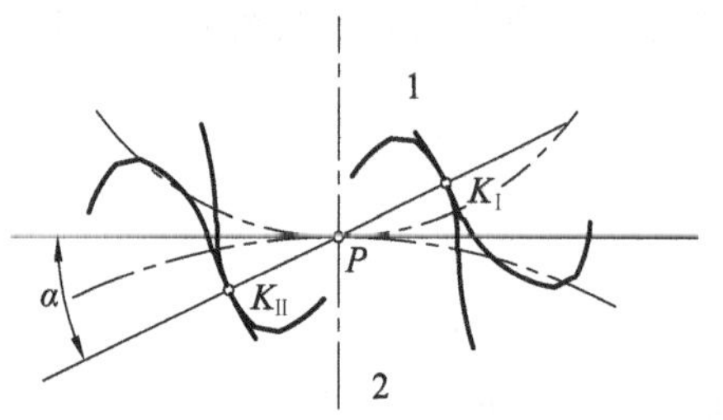

图 8-57　双圆弧齿轮

3. 圆弧齿轮传动的优缺点

圆弧齿轮传动的主要优点是：由于凹凸齿面相接触，且经跑合后为线接触，并在加载后为面接触，故接触强度高；接触线是经过跑合后形成的，因而对制造误差和变形不敏感，适应受载情况；没有根切问题，故机构的尺寸可很小。

圆弧齿轮传动的主要缺点是：中心距的误差会使其承载能力显著下降；抗弯强度一般较弱；凸齿面和凹齿面的齿轮要用两把刀具切制。

为了进一步提高圆弧齿轮的承载能力，可以采用双圆弧齿轮，如图 8-57 所示。双圆弧齿轮的齿顶为凸齿面，齿根为凹齿面。相啮合的齿轮具有相同的齿廓，因而可用一把刀具加工。此外，双圆弧齿轮传动为多点接触，使载荷分散，相应地提高了强度，特别是齿根较厚，其抗弯强度的提高最为显著。

8.13.3　摆线齿轮机构

某些特殊的机构，尤其是钟表和仪表中，广泛地采用摆线齿轮机构。以下介绍一些摆线齿轮机构的基本知识。

1. 摆线齿轮齿廓的形成

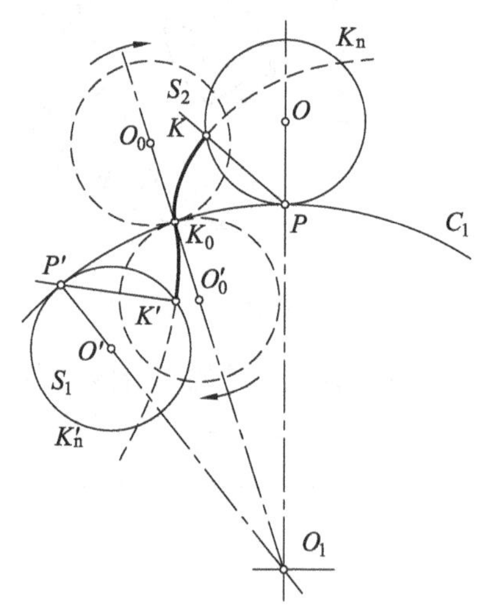

图 8-58　摆线齿廓的形成

如图 8-58 所示，当圆S_2由位置O沿固定圆C_1的外表面做纯滚动时，圆S_2上任一点K的轨迹为一外摆线K_0KK_n，圆S_2称为滚圆，而圆C_1称为导圆。根据外摆线的形成过程可知：

(1) $\overset{\frown}{PK_0} = \overset{\frown}{PK}$。

(2) PK 为外摆线在点 K 的法线(因为点 P 为滚圆在位置 O 时的瞬心)。

同样，如图 8-58 所示，当滚圆 S_1 由位置 O_0' 沿固定导圆 C_1 的内表面做纯滚动时，滚圆上任一点 K_0 的轨迹为一内摆线 $K_0K'K_n'$。根据内摆线形成的过程可知：

(1) $\overset{\frown}{PK_0}=\overset{\frown}{P'K'}$。

(2) $P'K'$为内摆线在点 K'的法线。

摆线齿轮的齿廓即由一段外摆线和一段内摆线所构成。

2. 摆线齿轮的啮合传动参数

(1) 传动比。如图 8-59 所示，当滚圆 S_1 分别在导圆 C_1、C_2 的内外表面上滚动时，S_1 的任意点 K_0 将画出作为齿轮 1 齿根齿廓的内摆线 K_0b_0 与作为齿轮 2 齿顶齿廓的外摆线 K_0a_0。现设该两齿廓在点 K_0 啮合，由于 K_0b_0 和 K_0a_0 都是由滚圆 S_1 上同一点所形成的轨迹，所以这两条曲线是沿滚圆 S_1 圆周上的点 K_0、K_1、P…而依次啮合的。故滚圆 S_1 上的 $\overset{\frown}{K_0P}$ 即为一段啮合线。根据摆线的性质可知，PK_1、PK_0 等分别为通过啮合点 K_1、K_0 所作的齿廓公法线，它们均通过点 P，故知摆线齿廓能保证定传动比传动，其传动比为

$$i_{12}=\frac{\omega_1}{\omega_2}=\frac{\overline{O_2P}}{\overline{O_1P}}=\frac{r_2}{r_1}$$

同理，也可以证明，齿轮 1 齿顶的齿廓曲线和齿轮 2 齿根的齿廓曲线啮合时，也能保证定传动比传动，并且可知导圆 C_1、C_2 即为两齿轮的节圆。

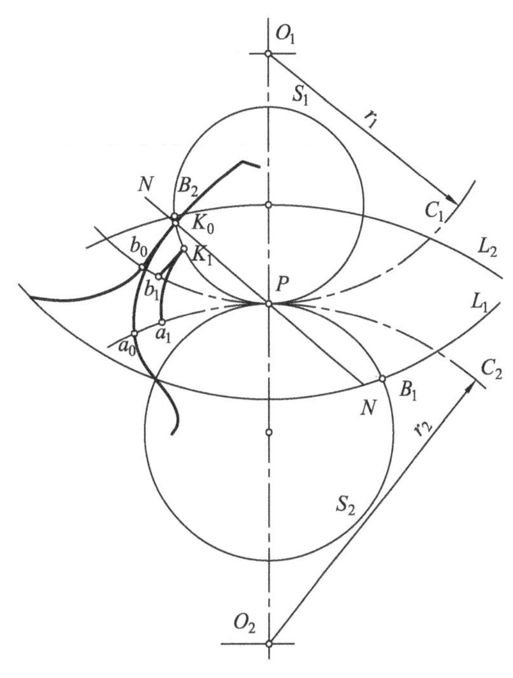

图 8-59　摆线齿廓的啮合

(2) 重合度。由上所述可知，摆线齿轮的啮合线是滚圆的圆周，即图 8-59 中所示的 $\overset{\frown}{B_2PB_1}$，故摆线齿轮传动的啮合角(即两齿廓在啮合点处的公法线与节圆的公切线之间所夹的锐角)为一变数，随着啮合点位置的改变而改变。显然，在节点 P 处啮合时，其啮合角为零。

由图 8-59 可知，摆线齿轮的实际啮合线为 $\overset{\frown}{B_2PB_1}$，故其重合度$\varepsilon_\alpha$为

$$\varepsilon_\alpha=\frac{\overset{\frown}{B_1P}+\overset{\frown}{B_2P}}{p'} \tag{8-71}$$

式中，p'为节圆上的齿距。由图 8-59 可见，当齿高不变时，滚圆越大则其实际啮合线越长；又当滚圆大小不变时，齿高越高则实际啮合线也越长，故重合度ε_α越大。

为了增大重合度，滚圆的直径应取得大一些。但是如图 8-60 所示，滚圆直径越大，则齿轮的根圆齿厚越小。因此摆线齿轮的滚圆直径受齿根抗弯强度的限制。

3. 摆线齿轮机构的主要优缺点

摆线齿轮机构的主要优点为：重合度较大；因啮合时是凹凸齿面相接触，故其接触应力较小；无根切现象，故可使机构的尺寸很小。

摆线齿轮机构的主要缺点为：两齿轮的中心距必须十分准确，否则不能保证定传动比传

动；由于啮合角是变化的，故齿廓间的作用力也是变化的，影响传动的平稳性；制造较困难。

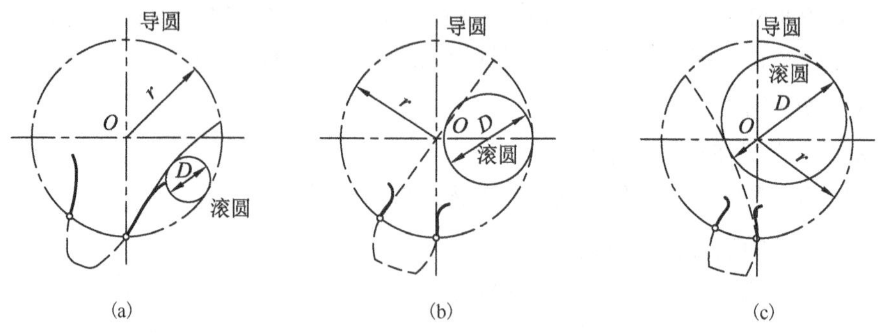

图 8-60　摆线齿轮的滚圆直径与齿根圆齿厚

本章小结

本章主要介绍了直齿圆柱齿轮、平行轴斜齿圆柱齿轮、蜗杆和直齿圆锥齿轮四种齿轮机构，对交错轴斜齿轮机构、圆弧齿轮机构和摆线齿轮机构作了简单介绍，其主要内容如下。

(1)圆形齿轮机构的类型很多，通常根据两齿轮做啮合传动时的相对运动、轴线的相对位置、齿形和啮合方式等进行分类；常用的齿轮机构大多要求具有定传动比；一对齿轮做定传动比传动时，它们的一对相切的节圆在做纯滚动；工程上作为定传动比的共轭齿廓主要是渐开线和摆线等几种。

(2)渐开线的形成及其性质是研究渐开线齿轮传动的基础；渐开线齿轮传动具有定传动比、啮合线为定直线、啮合角为定角和中心距具有可分性；为了便于齿轮的计算、制造和互换，将齿顶圆和齿根圆之间某个圆上的模数和压力角规定为标准值，这个圆称为分度圆；一个标准齿轮的各个基本尺寸完全取决于齿数、模数、压力角、齿顶高系数和顶隙系数五个参数；与外齿轮相比，内齿轮和齿条在几何上各具特点。

(3)一对齿轮在啮合中，实际啮合线只是理论啮合线的一部分，轮齿的齿廓只是从齿顶到齿根的一段参加接触；一对渐开线齿轮正确啮合的条件是它们的模数和齿形角分别相等；在确定一对标准齿轮传动的中心距时，要保证两齿轮的顶隙为标准值和齿侧间隙为零；与外啮合齿轮传动相比，内啮合齿轮传动和齿轮与齿条的啮合传动各具特点；为了使一对齿轮能连续传动，其重合度要大于等于 1。

(4)轮齿的切削加工中有仿形法和范成法两种；范成法加工齿轮是利用一对齿轮相啮合的原理进行切齿的，所用的刀具分为齿轮形刀具(如齿轮插刀)和齿条形刀具(如齿条插刀、滚刀等)两大类；当齿轮插刀或齿条形刀具的齿顶圆或齿顶线与啮合线的交点超过被加工齿轮的啮合极限点时会发生根切；为了不发生根切，齿数不得少于最少齿数。

(5)当刀具从切削标准齿轮的位置移动一段距离时切出的齿轮称为变位齿轮，所移动的距离用变位系数与模数的乘积来表示；与标准齿轮相比，变位齿轮的几何参数中某些不变，某些则发生了变化；为了得到无侧隙啮合传动，一对变位齿轮的啮合角及变位系数和要满足无侧隙啮合方程；为了使一对变位齿轮传动具有标准顶隙，需将两齿轮的齿顶削短一些；变位齿轮传动的类型有零传动、正传动和负传动，它们各具特点；在选择变位系数时，首先要满足基本要求，其次才是提高传动质量方面的要求。

(6)斜齿轮的齿面是渐开螺旋面；平行轴斜齿轮啮合传动的齿面接触线是倾斜的；斜齿轮的基本参数有法面和端面之分；平行轴斜齿轮啮合传动的正确啮合条件不但考虑模数和压力角，还要考虑螺旋角；斜齿轮传动的重合度是端面重合度和纵向重合度之和；用当量齿轮来研究斜齿轮的法面齿形与多少个齿的直齿轮的齿形相同或接近；在平行轴斜齿轮啮合传动的设计中，可以通过改变螺旋角的方法来凑中心距；斜齿轮的螺旋角一般为 8°～20°。

(7)蜗杆机构用来实现两交错轴间的传动，其两轴的交错角通常为 90°，其齿面是按范成原理获得的；蜗杆机构的正确啮合条件是从主平面内的啮合关系和螺旋线的接触关系来考察的；为了便于滚刀的标准化，减少刀具的型号，对蜗杆分度圆直径制定了标准系列，并与模数相匹配；传动比大，线接触，具有自锁性；齿面滑动速度大，效率低，这些是蜗杆机构的主要特点。

(8)圆锥齿轮机构用来实现相交轴之间的传动，轴交角通常为 90°，其理论齿廓曲面为球面渐开曲面；直齿圆锥齿轮传动中的两节锥做纯滚动；通过背锥引进当量齿轮来研究圆锥齿轮的齿形；为了便于计算和测量，取圆锥齿轮大端的参数为标准值；圆锥齿轮的变位有高变位和切向变位两种。

(9)交错轴斜齿轮机构是一种交错轴渐开螺旋面的斜齿轮传动机构，两齿轮的接触为点接触；圆弧齿轮机构是一种平行轴斜齿轮传动机构，其端面齿廓或法面齿廓为圆弧；摆线齿轮机构的齿廓由一段外摆线和一段内摆线构成。

复习思考题

1. 圆形齿轮是如何分类的？
2. 要使一对齿轮的传动比保持不变，其齿廓应符合什么条件？
3. 何谓共轭齿廓？常用的共轭齿廓有哪些？
4. 渐开线是如何形成的？它有哪些主要性质？
5. 模数和分度圆是如何定义的？
6. 何谓标准齿轮？标准齿轮的几何尺寸是由哪些基本参数决定的？
7. 节圆和分度圆有何区别？啮合角和压力角有何区别？
8. 一对渐开线直齿圆柱齿轮的正确啮合条件是什么？
9. 何谓实际啮合线、理论啮合线和齿廓工作段？
10. 确定一对齿轮传动的中心距时，应从哪两方面考虑？
11. 齿轮与齿条啮合传动、内齿轮啮合传动各有何特点？
12. 何谓重合度？如果$\varepsilon_\alpha<1$ 将发生什么现象？试说明$\varepsilon_\alpha=1.35$ 的含义。
13. 试说明仿形法和范成法切齿的原理和特点。
14. 在什么条件下会发生根切现象？正常齿制标准直齿轮不发生根切的最少齿数是多少？
15. 变位齿轮是如何加工出来的？与标准齿轮相比，变位齿轮的哪些参数没有发生变化？哪些参数发生了变化？
16. 如何才能使变位齿轮传动既做无侧隙啮合，又具有标准顶隙？
17. 变位齿轮传动有哪几种类型？各有何特点？
18. 变位系数的选择原则主要有哪些？

19．试说明斜齿圆柱齿轮齿廓曲面的形成与啮合特点。

20．斜齿轮的端面模数和法面模数的关系如何？端面压力角和法面压力角的关系如何？哪一个模数和压力角为标准值？

21．平行轴斜齿轮传动的正确啮合条件是什么？

22．斜齿轮的当量齿轮是如何定义的？它有什么作用？

23．与直齿轮传动相比，斜齿轮传动的重合度有何特点？

24．与直齿轮传动相比，斜齿轮传动的优缺点有哪些？斜齿轮的螺旋角应在什么范围内？

25．按蜗杆齿廓曲线的形状，普通圆柱蜗杆可分为哪几种类型？

26．蜗杆传动的正确啮合条件是什么？

27．为何对蜗杆分度圆直径制定标准系列？

28．试说明蜗杆传动的主要优缺点。

29．试说明直齿圆锥齿轮的啮合特点及理论齿廓的形成过程。

30．何谓锥齿轮的背锥和当量齿轮？锥齿轮大端和小端的模数是否相等？哪一个模数为标准值？

习 题

8-1 在半径 r_b=35mm 的基圆上展开一条渐开线，试求 r_K=50mm 圆上渐开线一点 K 的压力角α_K、展开角θ_K和曲率半径ρ_K，当给定α=20°时，试求向径 r 及展开角θ。

8-2 一个渐开线标准直齿圆柱齿轮的 z=26，m=3mm，h_a^*=1，α=20°。试求齿廓曲线在齿顶圆、分度圆两点的曲率半径及压力角。

8-3 测得一标准直齿圆柱齿轮的齿顶圆直径 d_a=208mm，齿根圆直径 d_f=172mm，齿数 z=24，试确定该齿轮的模数和齿顶高系数。

8-4 试比较渐开线标准直齿圆柱齿轮(α=20°，正常齿制)的基圆和齿根圆，在什么条件下基圆大于齿根圆？什么条件下基圆小于齿根圆？

8-5 已知一对外啮合标准直齿圆柱齿轮的参数为：z_1=24，z_2=120，m=2mm，α=20°，h_a^*=1，c^*=0.25。试求传动比 i_{12}、分度圆直径 d_1 和 d_2、齿顶圆直径 d_{a1} 和 d_{a2}、全齿高 h、标准中心距 a、分度圆齿厚 s 和齿槽宽 e。

8-6 已知一对外啮合标准直齿圆柱齿轮的传动比 i_{12}=2.5，z_1=40，h_a^*=1，m=10mm，α=20°，试计算这对齿轮的各几何尺寸。

8-7 已知一对正确安装的外啮合正常齿制标准直齿圆柱齿轮的α=20°，m=4mm，传动比 i_{12}=3，标准中心距 a=144mm，试求两齿轮的齿数、分度圆半径、齿根圆半径及基圆半径。

8-8 已知一对外啮合正常齿制标准直齿圆柱齿轮的标准中心距 a=168mm，z_1 =24，z_2=60，试求两齿轮的分度圆半径和模数，当实际中心距较标准中心距加大 1mm 安装时，试求其啮合角α'及两齿轮的法向齿距 p_n。

8-9 已知一对外啮合正常齿制标准直齿圆柱齿轮的参数为：z_1 =24，z_2=18，m=2mm，α=20°。当其标准安装时，试计算其重合度ε_α。

8-10 已知一对外啮合正常齿制标准直齿圆柱齿轮的参数为：z_1=28，d_{a1}=120mm，a=164mm，α=20° 试计算该对齿轮的重合度ε_α、实际啮合线长度、单齿啮合区长度和双齿啮合区长度。

8-11　已知一对外啮合正常齿制标准直齿圆柱齿轮的参数为：z_1=40，z_2=60，m=5mm，α=20°，今将这对齿轮安装得刚好能够连续传动，试求这时的啮合角α'、实际中心距 a'、节圆半径r_1'和r_2'、节点啮合处两齿轮齿廓的曲率半径ρ_1'和ρ_2'、顶隙c'。

8-12　有三个正常齿制且α=20°的标准齿轮，m_1=2mm，z_1=20；m_2=2mm，z_2=50；m_3=5mm，z_3=24。问这三个齿轮的齿形有何不同？可以用一把成形铣刀加工吗？可以用一把滚刀加工吗？

8-13　已知一正常齿制直齿圆柱齿轮的z=10，m=3mm，α=20°。当用齿条形刀具加工时，试求其不产生根切时的分度圆半径、基圆半径和齿根圆半径。

8-14　用标准齿条形刀具切制齿轮。已知齿轮参数为：z=35，h_a^*=1，α=20°，欲使齿轮轮齿的渐开线起始点在基圆上，试问是否需要变位？如果需变位，其变位系数应取多少？

8-15　已知一对外啮合直齿圆柱齿轮的参数为：z_1=12，z_2=24，m=10mm，α=20°，h_a^*=1，a=180mm。试问这对齿轮用标准齿轮可否？若不行，变位系数如何选取？

8-16　有一齿条形刀具，m=2mm，α=20°，h_a^*=1，c^*=0.25。刀具在切制齿轮时的移动速度 v_d=1mm/s。①由这把刀具切制 z=14 的标准齿轮时，求刀具中线与轮坯中心的距离 L 及轮坯的转速；②由这把刀具切制 z=14 的变位齿轮时，其变位系数 x=1.5，求刀具中线与轮坯中心的距离 L'及此时轮坯的转速。

8-17　在题 8-17 图所示的回归式齿轮机构中，两对齿轮由同一把标准齿条形刀具制成，已知z_1=z_2=30，z_2'=17，z_3=45，α=20°，齿轮 1、2 都是标准齿轮。为保证两对齿轮同心，试求齿轮 2′和齿轮 3 的变位系数和$(x_2'+x_3)$应为多少？当取x_3=0 时，x_2'应为多少？

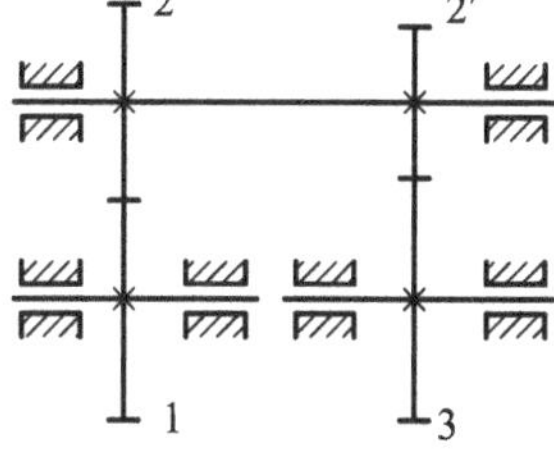

题 8-17 图

8-18　若题 8-17 中的四个齿轮都可以用变位齿轮，试问又有几种传动类型的方案供比较选择？

8-19　已知一对斜齿轮传动，z_1=24，z_2=56，m_n=3mm，α_n=20°，h_{an}^*=1，c_n^*=0.25，β=18°，试计算该对齿轮的主要尺寸。

8-20　已知一对标准斜齿轮传动，z_1=24，z_2=120，m_n=2mm，α_n=20°，h_{an}^*=1，c_n^*=0.25。若中心距为 165mm，齿宽为 20mm，试计算该对齿轮的重合度。

8-21　已知一对斜齿轮传动，z_1=30，z_2=100，m_n=6mm，试问其螺旋角为多少时才能满足标准中心距为 400mm？

8-22　用范成法滚刀切制 z=16、α_n=20°、h_{an}^*=1 的斜齿轮，当其β=15°时是否会产生根切？仍用此滚刀切削一齿数 z=15 的斜齿轮，螺旋角至少应为多少时才能避免根切？

8-23　已知一对正常收缩齿标准圆锥齿轮传动，m_e=5mm，α=20°，z_1=21，z_2=35，h_a^*=1，c^*=0.2，轴交角 Σ=90°。试求：①两齿轮的主要尺寸；②两齿轮的当量齿数。

8-24　已知一直齿圆锥齿轮，z=10，h_a^*=1，c^*=0.2，α=20°，δ=25°，试求当量齿数，并判断该齿轮是否发生根切？

8-25　已知一对蜗杆蜗轮传动，其参数为：m=6mm，α=20°，z_1=1，z_2=45，h_a^*=1，c^*=0.2，蜗杆为阿基米德圆柱蜗杆。试计算蜗杆和蜗轮的主要尺寸及标准中心距。

8-26　对于蜗杆与蜗轮传动，已知蜗轮的端面模数 m_{t2}=10mm，端面压力角α_{t2}=20°，z_1=2，z_2=36。试求蜗杆螺旋的导程角γ及蜗杆与蜗轮的标准中心距 a。

第 9 章　轮　　系

9.1　概　　述

第 8 章对一对齿轮传动机构的啮合原理及其设计进行了研究。但是一对齿轮传动机构常常不能满足实际的需要，例如，在各种金属切削机床中，需要把电动机的转速转变为机床主轴的多种转速；根据汽车前进、后退以及道路的不同状况，需要车轮具有不同的转速来调节车轮上的驱动力矩；在钟表中，需要时针、分针、秒针保持一定转速的比例关系，等等。这些都需要采用一系列互相啮合的齿轮将输入轴和输出轴连接起来才可能实现。我们把这种由一系列的齿轮所组成的传动系统称为轮系。

轮系的组成是各种各样的。根据轮系运动时，各齿轮几何轴线的位置是否固定，通常可以将轮系分为定轴轮系、周转轮系和混合轮系三种类型。

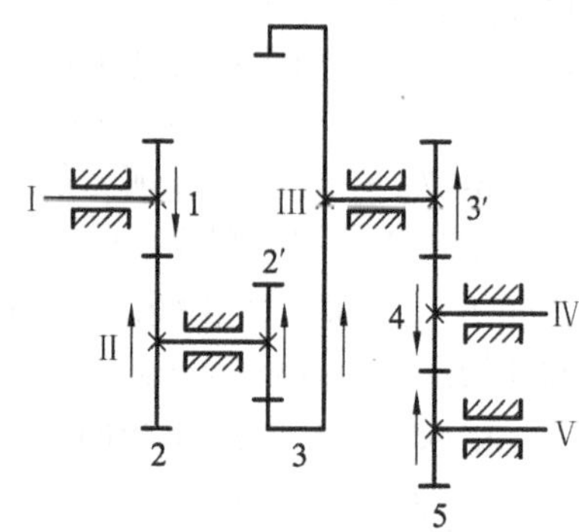

图 9-1　典型的定轴轮系

9.1.1　定轴轮系

如果轮系运动时，各齿轮几何轴线的位置固定不动，称为定轴轮系或普通轮系。如图 9-1 所示的轮系就是一个典型的定轴轮系。

9.1.2　周转轮系

轮系运动时，至少有一个齿轮的几何轴线绕另一个齿轮的几何轴线转动，称其为周转轮系。如图 9-2 所示的轮系就是一个典型的周转轮系，内齿轮 1 固定不动，当转动手柄 H 时，由于齿轮 2 与齿轮 1 相啮合，双联齿轮 2-2′既绕自己的几何轴线 O_2 转动，又随同几何轴线 O_2 绕位置固定的几何轴线 O_1 转动，从而使齿轮 2′推动与它相啮合的齿轮 3 转动。

周转轮系又可分为差动轮系和行星轮系，这将在 9.3 节中论述。

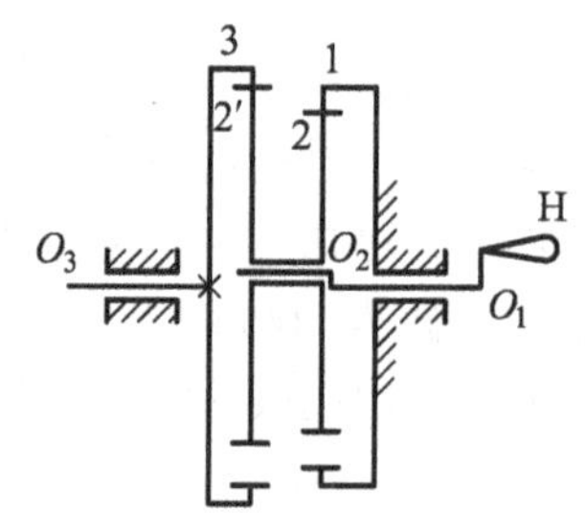

图 9-2　典型的周转轮系

9.1.3　混合轮系

在工程实际应用中，由于机械传动速度和功率的需要，常用到由定轴轮系和周转轮系或由几个单一的周转轮系组合而成的混合轮系。如图 9-3 所示的涡轮螺旋桨发动机主减速器就是一个由定轴轮系和周转轮系组成的典型的混合轮系。

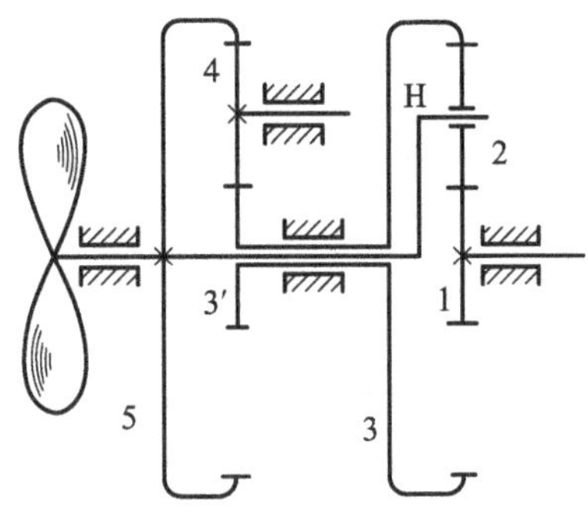

图 9-3　涡轮螺旋桨发动机主减速器的轮系

9.2　定轴轮系及其传动比计算

轮系的传动比是指轮系中输入轴与输出轴的角速度(或转速)之比，用 i_{ab} 表示，下标 a、b 分别为输入轴和输出轴的代号，即 $i_{ab}=\omega_a/\omega_b=n_a/n_b$ 。它是表明轮系中齿轮转速大小关系和转向关系的重要运动参数。对于图 9-4(a)、(b)及图 9-5 和图 9-6 所示情况下的齿轮传动机构，其传动比分别按下列 4 个公式计算。

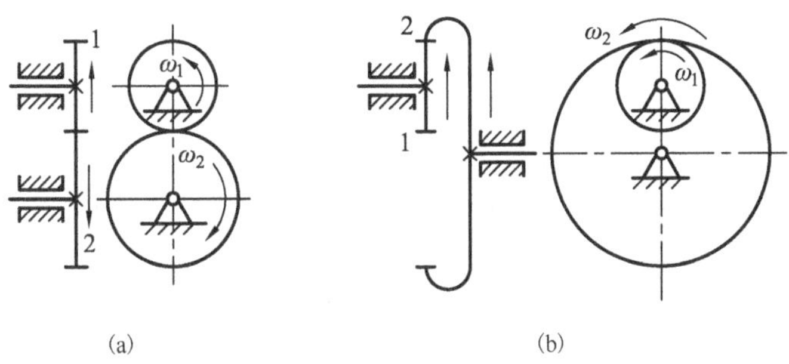

图 9-4　一对圆柱齿轮传动

(1)外啮合圆柱齿轮传动机构：

$$i_{12}=\frac{\omega_1}{\omega_2}=-\frac{z_2}{z_1}$$

(2)内啮合圆柱齿轮传动机构：

$$i_{12}=\frac{\omega_1}{\omega_2}=+\frac{z_2}{z_1}$$

(3)圆锥齿轮传动机构：

$$i_{12}=\frac{\omega_1}{\omega_2}=\frac{z_2}{z_1}$$

(4)蜗杆传动机构：

$$i_{12}=\frac{\omega_1}{\omega_2}=\frac{z_2}{z_1}$$

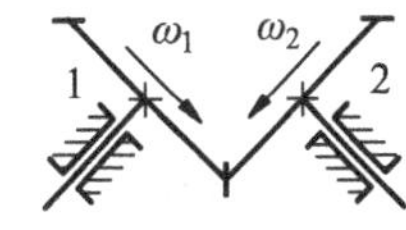

图 9-5　一对圆锥齿轮传动

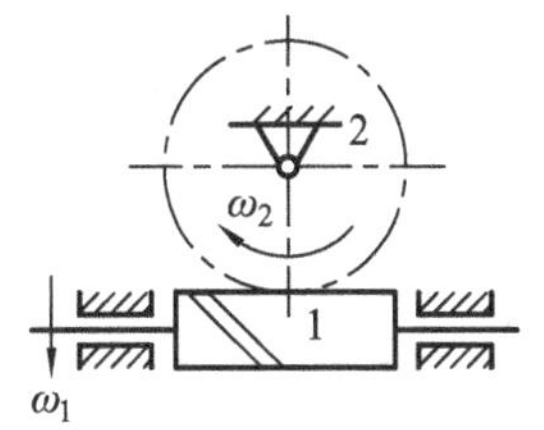

图 9-6　蜗杆传动

上述前两式中，传动比 i_{12} 的正负号，分别说明两齿轮的转向相同和相反；对于圆锥齿轮传动机构和蜗杆传动机构，由于它们是空间齿轮机构，两齿轮的转向关系用箭头在图上标出，传动比的表达式中仅表示其大小。

圆锥齿轮传动机构中两齿轮的转向关系，可根据其啮合原理，采用两相对指向节点的箭头或两相反背向节点的箭头表示。蜗杆传动中两齿轮的转向关系如图 9-6 所示，其确定方法见 8.11 节。

图 9-1 为多对齿轮所组成的定轴轮系。计算轮系的传动比 i_{15}，可先计算出各对啮合齿轮的传动比，即

$$i_{12}=\frac{\omega_1}{\omega_2}=-\frac{z_2}{z_1}，\quad i_{23}=\frac{\omega_2}{\omega_3}=\frac{\omega_{2'}}{\omega_3}=\frac{z_3}{z_{2'}}$$

$$i_{34}=\frac{\omega_3}{\omega_4}=\frac{\omega_3'}{\omega_4}=-\frac{z_4}{z_{3'}}，\quad i_{45}=\frac{\omega_4}{\omega_5}=-\frac{z_5}{z_4}$$

则该定轴轮系的传动比为

$$i_{15}=\frac{\omega_1}{\omega_5}=\frac{\omega_1}{\omega_2}\cdot\frac{\omega_2}{\omega_3}\cdot\frac{\omega_3}{\omega_4}\cdot\frac{\omega_4}{\omega_5}=i_{12}i_{23}i_{34}i_{45}=(-1)^3\frac{z_2z_3z_4z_5}{z_1z_{2'}z_{3'}z_4}$$

上式表明，定轴轮系的传动比等于轮系的各对啮合齿轮传动比的连乘积，其大小等于各啮合齿轮中的从动轮齿数的连乘积与主动轮齿数连乘积的比值；传动比的正负号(表明输入轴与输出轴的转向相同或相反)则取决于外啮合的次数，外啮合的次数为偶数时，取正号；外啮合的次数为奇数时，取负号。

在这个定轴轮系中，齿轮 4 同时与齿轮 3 和 5 相啮合。它既是前一级传动的从动轮，又是后一级传动的主动轮。因此它的齿数不影响传动比的大小。但它却使外啮合的次数发生了改变，从而改变了传动比的符号。在定轴轮系中，这种齿轮称为惰轮或过桥齿轮。

对于由圆柱齿轮组成的定轴轮系，称之为平面定轴轮系，如图 9-1 所示轮系就属于平面定轴轮系。在一个平面定轴轮系中，假设 1 为输入轴，n 为输出轴，m 为圆柱齿轮外啮合的次数，则可得到平面定轴轮系传动比的普遍计算公式：

$$i_{1n}=\frac{\omega_1}{\omega_n}=(-1)^m\frac{\text{所有从动轮的齿数连乘积}}{\text{所有主动轮的齿数连乘积}} \tag{9-1}$$

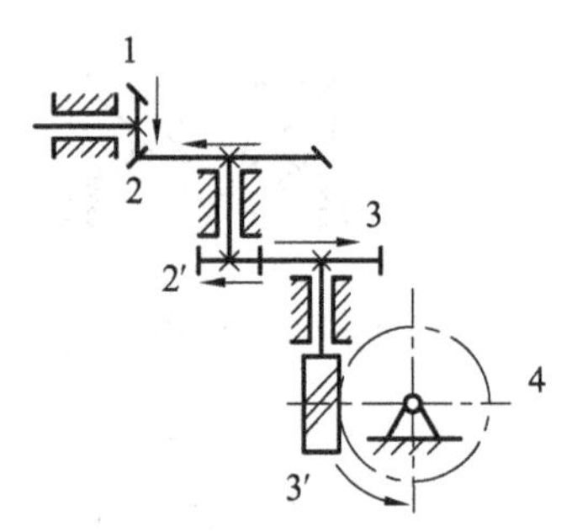

图 9-7　存在轴线不平行的定轴轮系

如果在一个定轴轮系中，存在圆锥齿轮传动、交错轴斜齿轮传动、蜗杆传动等空间齿轮机构，其传动比的大小虽仍可用式(9-1)来计算，但由于不平行轴之间的转动方向不能用正负号表达，必须采用标注箭头的方式来表示。

【例 9-1】在图 9-7 所示的存在轴线不平行的定轴轮系中，已知各轮的齿数 z_1=18，z_2=36，$z_{2'}$=20，z_3=40，$z_{3'}$=1(右旋)，z_4=20。若 $\omega_1=100$ rad/s，求蜗轮的角速度 ω_4 及各轮的转向。

解： 由于该轮系中有圆锥齿轮传动和蜗杆传动等空间齿轮机构，因此只能用式(9-1)计算轮系传动比的大小，采用箭头表示各齿轮的转向。

$$i_{14}=\frac{\omega_1}{\omega_4}=\frac{z_2z_3z_4}{z_1z_{2'}z_{3'}}=\frac{36\times40\times20}{18\times20\times1}=80$$

$$\omega_4 = \frac{\omega_1}{i_{14}} = \frac{100}{80} = 1.25\ (\text{rad/s})$$

根据各对齿轮的啮合关系，各齿轮的转动方向如图9-7所示。

9.3 周转轮系及其传动比计算

9.3.1 周转轮系的组成

在图9-8所示的周转轮系中，齿轮1和3及构件H分别绕各自的固定几何轴线O_1、O_3和O_H转动(三者重合)；齿轮2空套在构件H的心轴O_2上，齿轮2既随同构件H绕固定的几何轴线O_H公转，又绕自身的几何轴线O_2自转。在该周转轮系中，齿轮2既做公转又做自转，称为行星轮；构件H支持行星轮自转和公转，称为系杆，又称为转臂或行星架；齿轮1和3几何轴线位置固定并与行星轮相啮合，称为中心轮，又称为太阳轮。

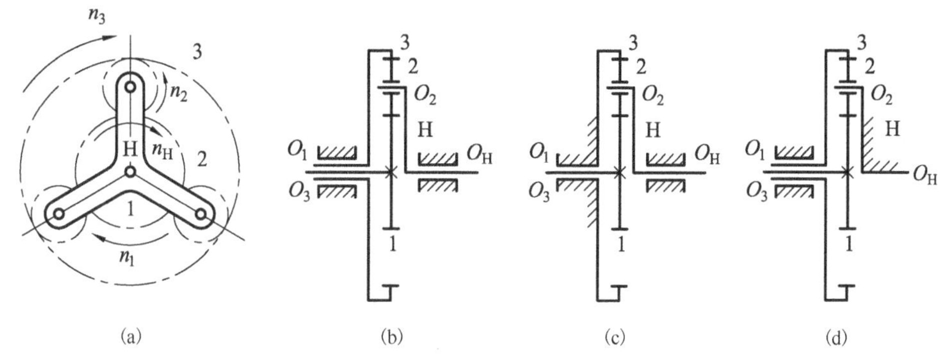

图9-8 圆柱齿轮组成的周转轮系

凡是几何轴线与系杆的轴线O_H重合且又承受外力矩的构件称为基本构件。由于周转轮系中一般都以中心轮和系杆作为运动的输入和输出构件，通常称它们为周转轮系的基本构件。

对于每个单一的周转轮系，必定具有一个系杆，具有一个或几个行星轮以及与行星轮相啮合的中心轮。

如图9-8(b)所示的周转轮系，它的中心轮1和3均能转动。该周转轮系的自由度为2，则称为差动轮系。为了使差动轮系中各构件有确定的相对运动，需要给定两个原动件。

如图9-8(c)所示的周转轮系，它的中心轮3固定不动，只有中心轮1能转动，该周转轮系的自由度为1，则称为行星轮系。为了使行星轮系中各构件具有确定的相对运动，只需给定一个原动件。

周转轮系还可按基本构件的数目分类，以K表示中心轮，H表示系杆，可将周转轮系划分为2K-H型、K-H型等。

9.3.2 周转轮系传动比计算

周转轮系与定轴轮系之间的根本差别在于：周转轮系中，转动着的系杆使行星轮既有自转又有公转，所以周转轮系的传动比不能直接用求解定轴轮系传动比的方法来计算。如果根据相对运动的原理，给整个周转轮系加上一个公共角速度 $-\omega_H$，使它绕系杆的轴线 O_H 回转。此时，系杆变为固定不动的构件，而周转轮系中各个构件之间的相对运动关系仍保持不变，于是，周转轮系就转化为一个假想的定轴轮系，如图 9-8(d)所示，称为转化轮系。可运用式(9-1)列出转化轮系的传动比计算公式，从而求解出周转轮系的传动比。

现以图 9-8(b)所示的周转轮系为例来具体说明。对图 9-8(b)所示的周转轮系加上一个公共角速度 $-\omega_H$ 后，就转化成一个假想的定轴轮系，如图 9-8(d)所示。各构件转化前后的角速度如表 9-1 所示。

表 9-1 周转轮系中各构件转化前后的角速度

构件	原轮系中的角速度	转化轮系中的角速度
1	ω_1	$\omega_1^H = \omega_1 - \omega_H$
2	ω_2	$\omega_2^H = \omega_2 - \omega_H$
3	ω_3	$\omega_3^H = \omega_3 - \omega_H$
H	ω_H	$\omega_H^H = \omega_H - \omega_H = 0$

于是转化轮系的传动比 i_{13}^H 就可以按照定轴轮系传动比的方法计算：

$$i_{13}^H = \frac{\omega_1^H}{\omega_3^H} = \frac{\omega_1 - \omega_H}{\omega_3 - \omega_H} = -\frac{z_2 z_3}{z_1 z_2} = -\frac{z_3}{z_1}$$

要特别注意的是：上式中齿数比前面的负号表示转化轮系中齿轮 1 与 3 的转向相反。

图 9-8(c)中，中心轮 3 固定不动，即 $\omega_3 = 0$，则上式可变为

$$i_{13}^H = \frac{\omega_1^H}{\omega_3^H} = \frac{\omega_1 - \omega_H}{\omega_3 - \omega_H} = \frac{\omega_1 - \omega_H}{0 - \omega_H} = -\frac{z_3}{z_1}$$

简化得到

$$i_{1H} = 1 - i_{13}^H = 1 + \frac{z_3}{z_1}$$

根据以上相对运动的原理，不难推广到周转轮系的一般情形。周转轮系中的任意两个齿轮 A 和 B(它们可以都是中心轮，也可以一个是中心轮而另一个是行星轮)以及系杆 H 的角速度之间的关系应为

$$i_{AB}^H = \frac{\omega_A - \omega_H}{\omega_B - \omega_H} = (-1)^m \frac{\text{转化轮系中，从}A\text{到}B\text{间所有从动轮的齿数连乘积}}{\text{转化轮系中，从}A\text{到}B\text{间所有主动轮的齿数连乘积}} \tag{9-2}$$

式中，m 为从 A 到 B 间所有外啮合的次数。需要特别指出的是：

(1) 只有两齿轮的轴线平行时，两齿轮的转速才能代数相加减，因此式(9-2)只适用于齿轮 A、齿轮 B 和系杆 H 的轴线互相平行的场合；

(2) 若周转轮系中含有圆锥齿轮，式(9-2)中 $(-1)^m$ 的取值，应按转化轮系中齿轮 A 和齿轮 B 的转向判定，相同时取“+”，相反时取“−”；

(3) 当将已知角速度的数值代入式(9-2)求解未知角速度时，必须注意数值的正负号。在假定某一转动方向为正以后，与其相反的转动方向必须取负号。

为了进一步理解和掌握周转轮系传动比的计算方法，举例如下。

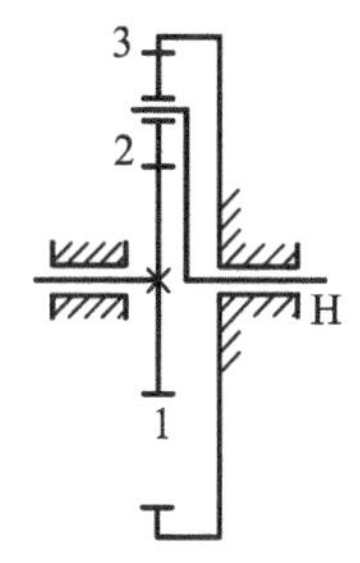

图 9-9　平面行星轮系

【例 9-2】在图 9-9 所示的平面行星轮系中，各齿轮的齿数为：$z_1=30$，$z_2=21$，$z_3=72$。已知 $n_1=850\ \text{r/min}$，求传动比 $i_{1\text{H}}$ 和系杆 H 的转速 n_H。

解：由式(9-2)可得

$$i_{13}^{\text{H}}=\frac{\omega_1-\omega_\text{H}}{\omega_3-\omega_\text{H}}=-\frac{z_3}{z_1}$$

$$i_{1\text{H}}=\frac{\omega_1}{\omega_\text{H}}=1+\frac{z_3}{z_1}=1+\frac{72}{30}=3.4$$

设齿轮 1 的转动方向为正，则系杆 H 的转速为

$$n_\text{H}=n_1/i_{1\text{H}}=850/3.4=250\ (\text{r/min})$$

【例 9-3】在图 9-10 所示的由圆锥齿轮组成的轴线不平行行星轮系中，各齿轮的齿数 $z_1=20$，$z_2=30$，$z_{2'}=40$，$z_3=60$，已知 $n_1=1430\ \text{r/min}$。求系杆 H 的转速 n_H。

解：在该轮系中，齿轮 1、3 和系杆 H 的几何轴线互相重合，可用式(9-2)进行计算。

$$i_{13}^{\text{H}}=\frac{\omega_1^{\text{H}}}{\omega_3^{\text{H}}}=\frac{\omega_1-\omega_\text{H}}{\omega_3-\omega_\text{H}}=-\frac{z_2z_3}{z_1z_{2'}}$$

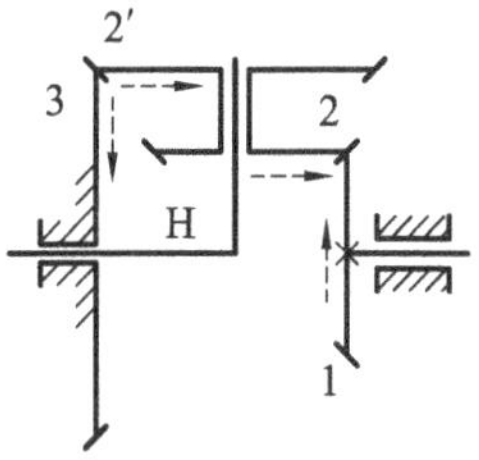

图 9-10　轴线不平行的行星轮系

上式中的负号是根据在转化轮系中 ω_1^{H} 与 ω_3^{H} 的转向相反而得到的，如图 9-10 中的虚线箭头所示。所以

$$i_{1\text{H}}=\frac{\omega_1}{\omega_\text{H}}=1+\frac{30\times 60}{20\times 40}=3.25$$

设齿轮 1 的转向为正，则系杆 H 的转速为

$$n_\text{H}=\frac{n_1}{i_{1\text{H}}}=\frac{1430}{3.25}=440\ \ (\text{r/min})$$

特别应注意的是，本例题中行星轮 2-2′的轴线与齿轮 1、3 及系杆 H 的轴线不平行，故不能用式(9-2)来计算 ω_2。

9.4　混合轮系及其传动比计算

实际应用中，常用到由定轴轮系和周转轮系或由几个单一的周转轮系组合而成的混合轮系。显然，混合轮系不可能转化成一个定轴轮系，不可能用一个公式求解其传动比，必须首先将混合轮系区分出定轴轮系和周转轮系，然后分别对每一个周转轮系和定轴轮系列出有关的转速关系方程，最后联立求解出所要求的传动比。求解的关键在于正确区分混合轮系中的周转轮系。只要正确寻找出了每个单一的周转轮系，余下的都是定轴轮系。

寻找周转轮系的办法是：第一，找出行星轮，即找出那些几何轴线绕另一齿轮的几何轴线转动的齿轮；第二，找出系杆，即支持行星轮转动的构件；第三，找出中心轮，即几何轴

线与系杆的回转轴线重合，且直接与行星轮相啮合的定轴转动齿轮。这样找出的行星轮、系杆、中心轮就构成了一个单一周转轮系。如此反复，直至找出所有的周转轮系。剩下的就是定轴轮系。

【例 9-4】在图 9-11 所示的混合轮系中，各齿轮的齿数 $z_1=18$，$z_2=36$，$z_{2'}=20$，$z_3=30$，$z_4=80$，$n_1=1440$ r/min，求传动比 $i_{1\mathrm{H}}$ 和系杆的转速 n_{H}。

解：首先分清周转轮系，由于齿轮 3 的几何轴线绕齿轮 2′、4 和构件 H 的几何轴线转动，故齿轮 3 是行星轮，由此可知，H 为系杆，齿轮 2′和 4 是中心轮。剩余的齿轮 1 和 2 就组成了定轴轮系，所以 2′-3-4-H 组成了行星轮系；齿轮 1-2 组成了定轴轮系。

定轴轮系的传动比为

$$i_{12}=\frac{\omega_1}{\omega_2}=-\frac{z_2}{z_1}=-\frac{36}{18}=-2$$

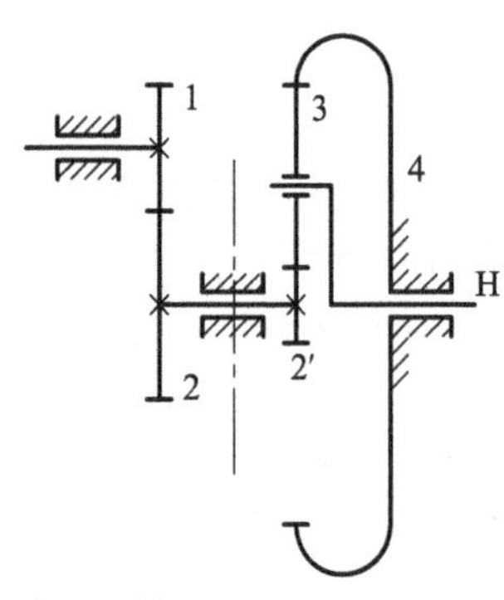

图 9-11　圆柱齿轮组成的混合轮系

行星轮系的传动比为

$$i_{2'4}^{\mathrm{H}}=\frac{\omega_{2'}-\omega_{\mathrm{H}}}{\omega_4-\omega_{\mathrm{H}}}=-\frac{z_3z_4}{z_{2'}z_3}=-\frac{z_4}{z_{2'}}$$

$$i_{2'\mathrm{H}}=1+\frac{z_4}{z_{2'}}=1+\frac{80}{20}=5$$

由于 $\omega_2=\omega_{2'}$，故混合轮系的传动比为

$$i_{1\mathrm{H}}=i_{12}\cdot i_{2'\mathrm{H}}=-10$$

系杆 H 的转速为

$$n_{\mathrm{H}}=\frac{n_1}{i_{1\mathrm{H}}}=\frac{1440}{-10}=-144\ (\mathrm{r/min})$$

$i_{1\mathrm{H}}$ 和 n_{H} 为负，表示 n_{H} 与 n_1 的转动方向相反。

【例 9-5】在图 9-12 所示的电动卷扬机减速器中，已知各齿轮齿数 $z_1=24$，$z_2=52$，$z_{2'}=26$，$z_3=72$，$z_{3'}=18$，$z_4=27$，$z_5=72$。求传动比 $i_{1\mathrm{H}}$。

解：在该轮系中，双联齿轮 2-2′的几何轴线是绕齿轮 1 和 3 的轴线转动的，故 2-2′是行星轮，由此可知，H 是系杆，齿轮 1 和 3 是中心轮，剩余的齿轮 3′、4 和 5 就组成了定轴轮系。

定轴轮系的传动比为

$$i_{35}=\frac{\omega_3}{\omega_5}=-\frac{z_4z_5}{z_{3'}z_4}=-\frac{27\times72}{18\times27}=-4$$

周转轮系的转化轮系的传动比为

$$i_{13}^{\mathrm{H}}=\frac{\omega_1-\omega_{\mathrm{H}}}{\omega_3-\omega_{\mathrm{H}}}=-\frac{z_2z_3}{z_1z_{2'}}=-\frac{52\times72}{24\times26}=-6$$

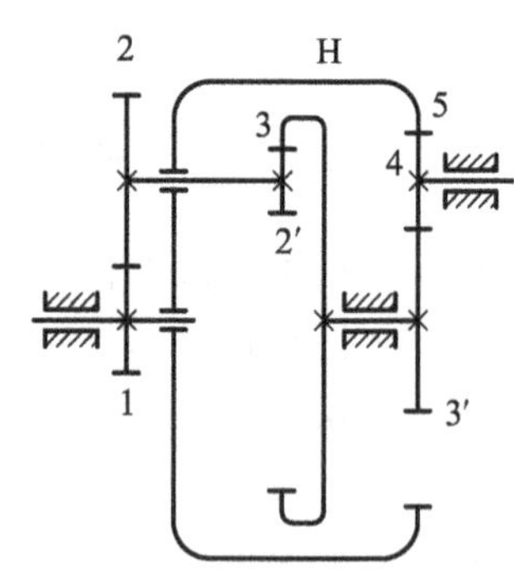

图 9-12　电动卷扬机减速器运动简图

由于 $\omega_5 = \omega_H$，故联立上面两式，可得

$$\frac{\omega_1 - \omega_H}{-4\omega_H - \omega_H} = -6$$

$$i_{1H} = 31$$

9.5　轮系的应用

9.5.1　实现分路传动

在只有一个动力源的机械设备中，常常需要使其若干个执行构件配合起来完成预期的动作，这时可采用几个定轴轮系作为几个分路传动来实现。

图 9-13 所示的机械式钟表机构就是分路传动的典型例子(括号内的数值是对应齿轮的齿数)。发条盘 N(即动力源)通过齿轮 1 和 2 组成的定轴轮系直接带动分针 M，然后分成两路：一路通过齿轮 3、4、5 和 6 组成的定轴轮系带动秒针 S，进而通过齿轮 7 和 8 的传动带动擒纵轮 E；另一路通过齿轮 9、10、11 和 12 组成的定轴轮系带动时针 H。

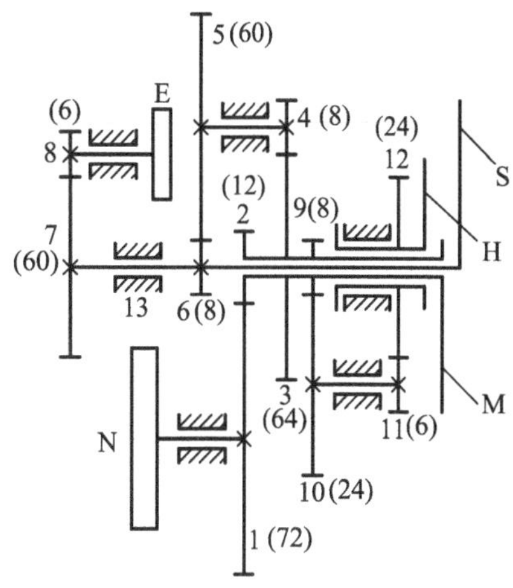

图 9-13　钟表的齿轮传动系统图

9.5.2　实现相距较远的两轴之间的传动

主动轴和从动轴间的距离较远时，如果只用一对齿轮传动，如图 9-14 中双点画线表示的一对齿轮，则齿轮的尺寸就很大，浪费材料，制造和安装也不方便。如果改用轮系来传动，如图 9-14 单点画线所示的轮系，便可克服上述不足之处。

9.5.3　实现变速传动和换向传动

图 9-15 为汽车的变速传动箱，图中 I 为动力输入轴，II 为动力输出轴，4、6 为滑移齿轮，*A*-*B* 为牙嵌式离合器。改变滑移齿轮与固定转动齿轮的啮合状态和牙嵌式离合器的工作状态，可使动力输出轴 II 得到 4 种输出转速。

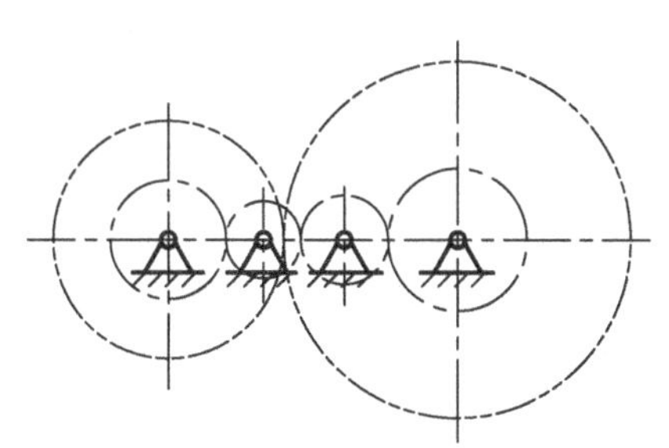

图 9-14　多级齿轮传动替代单级齿轮传动

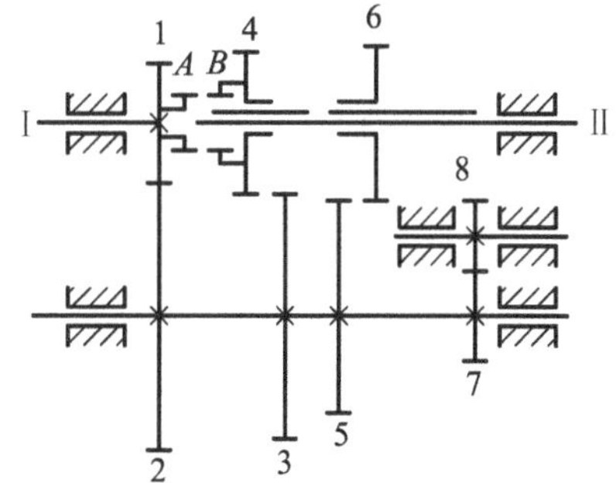

图 9-15　汽车的变速传动箱

第一挡：离合器 *A*、*B* 相嵌合而齿轮 5、6 和 3、4 均脱离。

第二挡：齿轮 3、4 相啮合而齿轮 5、6 和离合器 *A*、*B* 均脱离。

第三挡：齿轮 5、6 相啮合而齿轮 3、4 和离合器 A、B 均脱离。

倒车挡：齿轮 6、8 相啮合而齿轮 3、4 和 5、6 以及离合器 A、B 均脱离。惰轮 8 起到换向的作用，使输出轴 II 反转。

9.5.4 获得较大的传动比

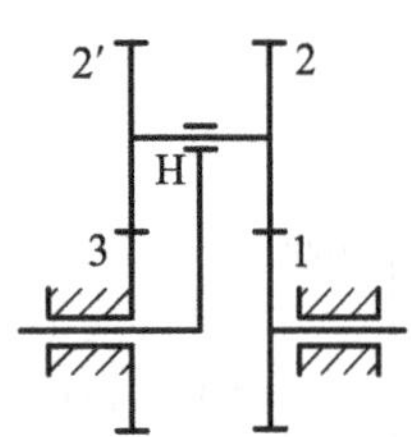

图 9-16　大传动比的行星轮系

当两轴之间需要较大的传动比时，虽然可采用多级齿轮组成的定轴轮系来实现，但由于级数过多，轴和齿轮的数目增加，导致结构复杂。此时若采用行星轮系传动，适当选择齿轮的齿数，则可获得很大的传动比。如图 9-16 所示的大传动比行星轮系，各齿轮齿数为：$z_1 = 100$，$z_2 = 101$，$z_{2'} = 100$，$z_3 = 99$，其传动比 $i_{\text{H}1}$ 可根据(9-2)计算出：

$$i_{13}^{\text{H}} = \frac{\omega_1 - \omega_{\text{H}}}{\omega_3 - \omega_{\text{H}}} = (-1)^2 \frac{z_2 z_3}{z_1 z_{2'}}$$

代入数值，经过计算可得出传动比 $i_{\text{H}1} = 10000$。

应当指出，这种传动比很大的行星轮系，用于减速时，效率很低，只适用作辅助传动机构，不宜传递大功率；用于增速时，则很可能会发生自锁。

9.5.5 实现运动的分解和合成

机械传动装置常采用具有两个自由度的差动轮系或由定轴轮系与差动轮系组成的混合轮系实现运动的分解和合成。

差动轮系的三个基本构件中，若取一个基本构件为主动件，另外两个基本构件为从动件，则两个从动件可获得主动件分解而来的两个具有转速差的运动，称为运动的分解。

差动轮系的三个基本构件中，若取两个基本构件为主动件，另外一个基本构件为从动件，则该从动件可获得两个主动件合成而来的运动，称为运动的合成。

如图 9-17 所示的炼钢转炉齿轮变速传动装置，中心轮 a 直接由电动机 M_1 输入运动，中心轮 b 由电动机 M_2 通过齿轮 1、2 输入运动，系杆 H 则输出合成运动。由于在炼钢装料时，要求炉体转动快；而在出钢和出渣时，要求炉体转动慢。该装置具有四挡不同的合成输出转速。电机相应的工作情况为：①两电机 M_1 和 M_2 同向转动，此时输出的转速最大；②两电机 M_1 和 M_2 反向转动，此时输出的转速最小；③制动器 I 制动，即 $n_a = 0$；④制动器 II 制动，即 $n_b = 0$。

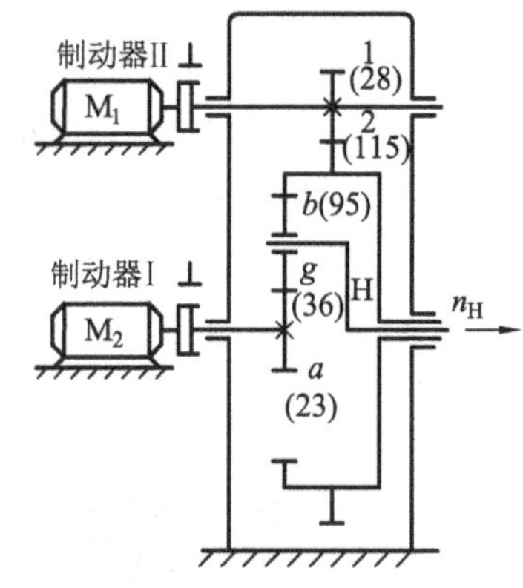

图 9-17　炼钢转炉齿轮变速传动装置运动简图

图 9-18 为汽车后桥差速器的轮系，当汽车转弯时，能将发动机曲轴的转动经过变速箱传递给齿轮 5，再以不同的转速分别传递给左右两个车轮。

当汽车在平坦的道路上直线行驶时，左右两个车轮的转速相同。当汽车向左拐弯时，为了使车轮和地面间不发生滑动以减少轮胎的磨损，就要求右车轮的转速大于左车轮的转速。

通过分析可知，在图 9-18 所示的轮系中，齿轮 4 和 5 组成了定轴轮系，齿轮 1、2、3 和 4(作系杆)组成了差动轮系。设齿轮 5 的转速为 n_5，由于 $z_1 = z_3$，则可得

$$n_1 + n_3 = 2(z_5/z_4)n_5$$

设车身的瞬时转动中心为 C，则根据左右两车轮走过的弧长与它们至 C 点的距离成正比，可得到

$$\frac{n_1}{n_3} = \frac{r'}{r''} = \frac{r'}{r' + B}$$

显然，根据上述两式可求出 n_1 和 n_3。

差动轮系具有分解和合成运动的特性，已在汽车、航空、冶金等动力传输中得到广泛应用。

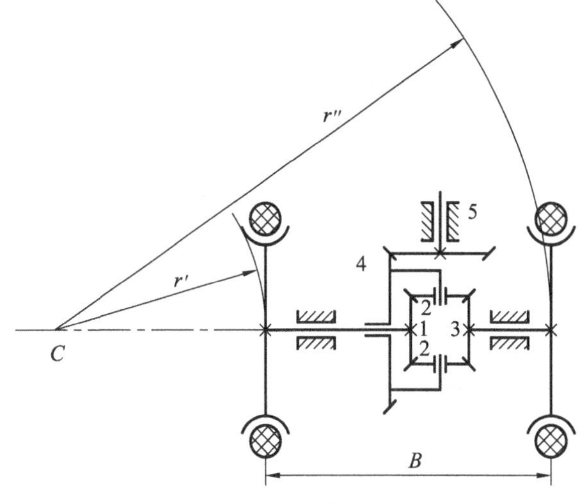

图 9-18　汽车后桥差速器运动简图

9.6 行星轮系中各齿轮齿数的确定

行星轮系是一种共轴式传动装置。为了分担载荷以减小齿轮的模数和尺寸，使行星架上的离心惯性力平衡，改善动力性能而使运转平稳，一般都采用两个或多个均匀分布在中心轮周围的行星轮，因而行星轮系中各齿轮齿数及行星轮个数，须满足以下四个条件：①保证实现给定的传动比，即满足传动比条件；②保证两中心轮及系杆的轴线重合，即满足同心条件；③保证各行星轮能够均匀地装入两中心轮之间，即满足安装条件；④保证各行星轮不致互相碰撞，即满足邻接条件。现以图 9-19 所示的行星轮系为例说明。

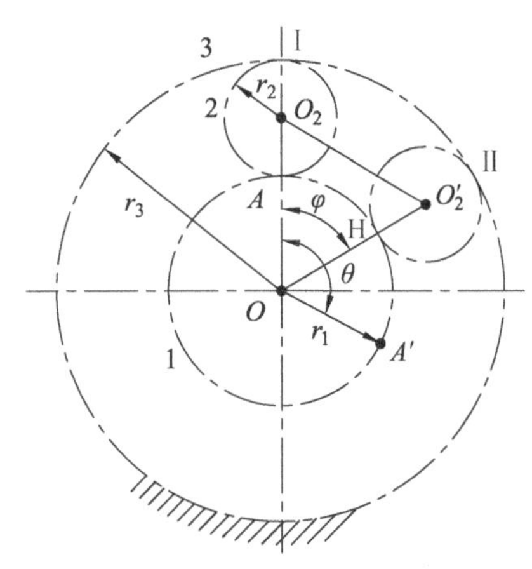

图 9-19　圆柱齿轮组成的行星轮系

1. 传动比条件

行星轮系的传动比为

$$i_{1H} = 1 + \frac{z_3}{z_1}$$

故此得到传动比条件：

$$\frac{z_3}{z_1} = i_{1H} - 1 \tag{9-3}$$

2. 同心条件

要保证行星轮能正常回转，两个中心轮和系杆的回转轴线必须在同一轴线上，则必须满足下式：

$$r_3' - r_1' + 2r_2'$$

当采用标准齿轮传动或等移距变位齿轮传动时，上式变为

$$r_3 = r_1 + 2r_2$$

故此得到同心条件：

$$z_3 = z_1 + 2z_2 \tag{9-4}$$

3. 安装条件

为了使各个行星轮都能够均匀地装入两中心轮之间，则行星轮的数目与中心轮齿数之间必须保持一定的关系。设需要在中心轮 1 与 3 之间装入 K 个均匀分布的行星轮，则相邻两行星轮间所夹中心角为 $\varphi = 2\pi/K$。先装入第一个行星轮 O_2，它与中心轮 1 相切于 A 点，此时两中心轮和系杆间的相对位置就确定了，中心轮和行星轮间的相对位置就受到了限制。为了在相隔 φ 处装入第二个行星轮，可以设想把中心轮 3 固定起来，而转动中心轮 1，使第一个行星轮的位置 O_2 转到 O_2'，使 $\angle O_2OO_2' = \varphi$，这时中心轮 1 上的点 A 转到了 A' 位置，转过的角度为 θ，根据传动比公式有

$$\frac{\theta}{\varphi} = \frac{\omega_1}{\omega_H} = i_{1H} = 1 + \frac{z_3}{z_1}$$

$$\theta = \left(1 + \frac{z_3}{z_1}\right)\frac{2\pi}{K}$$

如果这时中心轮 1 恰好转过整数齿 N，则中心轮 1 和 3 的相对位置又回复到与开始装第一个行星轮时一模一样，故在原来装第一个行星轮的位置 O_2 处一定能装入第二个行星轮，故可得

$$\theta = N\frac{2\pi}{z_1}$$

联立上面两式，可得安装条件：

$$N = (z_1 + z_3)/K \tag{9-5}$$

4. 邻接条件

为了保证相邻两行星轮不致发生相互碰撞，必须使两相邻行星轮的中心距 $\overline{O_2O_2'}$ 大于两行星轮的齿顶圆半径之和，即 $\overline{O_2O_2'} > 2r_{a2}$。对于标准齿轮传动，得

$$2(r_1 + r_2)\sin\frac{\pi}{K} > 2(r_2 + h_a^* m)$$

故此得到邻接条件：

$$(z_1 + z_2)\sin\frac{\pi}{K} > z_2 + 2h_a^* \tag{9-6}$$

行星轮系中，各齿轮齿数和行星轮个数的选择，要同时满足上述 4 个条件。一般按式(9-3)～式(9-5)确定出 z_1、z_2、z_3 和 K，再用式(9-6)校核。

【例 9-6】如图 9-19 所示的行星轮系，已知传动比 $i_{1H} = 6$，试确定 z_1、z_2、z_3 和行星轮个数 K。

解： 按式(9-3)计算得到

$$z_3/z_1 = 6 - 1, \quad z_3 = 5z_1$$

按式(9-4)可得到

$$z_3 = z_1 + 2z_2, \quad z_2 = 2z_1$$

按式(9-5)可得到

$$(z_1 + z_3)/K = N, \quad 6z_1/K = N$$

综合上面条件，取 $z_1=18$ 和 $K=3$，则可得到

$$z_3=5\times18=90$$
$$z_2=2\times18=36$$
$$N=(18+90)/3=36$$

按式(9-6)校核：

$$(z_1+z_2)\sin\frac{\pi}{K}=(18+36)\sin\frac{\pi}{3}=46.77$$
$$z_2+2h_a^*=36+2\times1=38$$
$$46.77>38$$

因此，$z_1=18$，$z_2=36$，$z_3=90$，$K=3$，同时满足 4 个条件。

9.7　行星轮系的效率

在各种轮系中，定轴轮系的效率计算是比较简单的，其效率就等于组成该轮系的各对齿轮的效率的连乘积。而对于行星轮系来说，其效率的分析和计算复杂程度远超定轴轮系。目前用来计算行星轮系效率的方法有多种，下面介绍应用比较方便的转化机构法，又称啮合功率法。

根据机械效率的定义，若以 N_d 表示机构的输入功率，N_r 表示其输出功率，N_f 表示损耗功率，参阅 5.5 节，该机械的传动效率为

$$\eta=\frac{N_r}{N_d}=\frac{N_d-N_f}{N_d}=1-\frac{N_f}{N_d}$$
$$\eta=\frac{N_r}{N_d}=\frac{N_r}{N_r+N_f}=\frac{1}{1+N_f/N_r}$$

行星轮系的损耗功率主要包括：①齿廓间的摩擦损耗，称为啮合损耗；②轴承损耗，这是由外载荷及构件惯性力的作用，在支承中产生支承反力所引起的摩擦损耗；③搅动润滑油而引起的油阻损耗。由于后两者通常远小于第一种损耗，因此在行星轮系的效率计算中，一般只考虑啮合损耗。

齿轮传动中啮合损耗主要取决于：齿廓间的作用力、摩擦系数及啮合齿廓间的相对滑动速度。如前所述，行星轮系的转化机构与原行星轮系的差别仅在于整个行星轮系附加了一个公共角速度 $-\omega_H$。各齿轮之间的相对运动关系并没有发生变化，齿廓间的作用力以及摩擦系数也不会改变。所以行星轮系啮合损耗的计算可用相应的转化机构来代替。

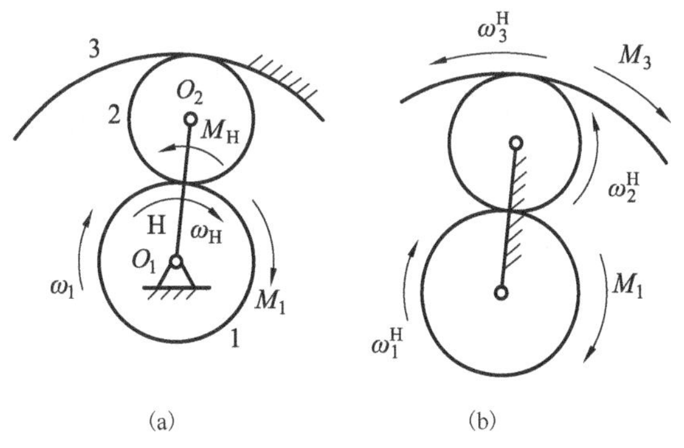

图 9-20　行星轮系及其对应的转化机构

如图 9-20 所示，设作用于齿轮 1 的轴上的扭矩为 M_1，于是齿轮 1 所传递的功率为 N_1：

$$N_1=M_1\omega_1 \tag{9-7a}$$

而在其转化机构中，齿轮 1 所传递的功率

为 N_1^{H}：

$$N_1^{\mathrm{H}}=M_1(\omega_1-\omega_{\mathrm{H}})=N_1(1-i_{\mathrm{H}1}) \tag{9-7b}$$

如果 $N_1^{\mathrm{H}}>0$，则说明齿轮 1 在转化机构中为主动件，N_1^{H} 为输入功率，这时转化机构的损耗功率为 $N_{\mathrm{f}}^{\mathrm{H}}$：

$$N_{\mathrm{f}}^{\mathrm{H}}=N_1^{\mathrm{H}}(1-\eta_{1n}^{\mathrm{H}})=M_1(\omega_1-\omega_{\mathrm{H}})(1-\eta_{1n}^{\mathrm{H}}) \tag{9-7c}$$

式中，η_{1n}^{H} 为该轮系的转化机构的效率，即把该轮系视作定轴轮系时，从中心轮 1 到中心轮 n 的传动总效率。对具体的轮系来说，可认为是已知值。

如果 $N_1^{\mathrm{H}}<0$，则说明齿轮 1 在转化机构中成为从动件，而 N_1^{H} 为输出功率，这时转化机构的损耗功率应为

$$N_{\mathrm{f}}^{\mathrm{H}}=\left|N_1^{\mathrm{H}}\right|\left(\frac{1}{\eta_{1n}^{\mathrm{H}}}-1\right)=\left|M_1(\omega_1-\omega_{\mathrm{H}})\right|\left(\frac{1}{\eta_{1n}^{\mathrm{H}}}-1\right) \tag{9-7d}$$

一般来说，$\eta_{1n}^{\mathrm{H}}>0.9$，故 $\left(\dfrac{1}{\eta_{1n}^{\mathrm{H}}}-1\right)$ 与 $(1-\eta_{1n}^{H})$ 相差不大，所以行星轮系的损耗功率的计算公式可表达为

$$N_{\mathrm{f}}=N_{\mathrm{f}}^{\mathrm{H}}=\left|N_1(1-i_{\mathrm{H}1})\right|(1-\eta_{1n}^{\mathrm{H}}) \tag{9-7e}$$

损耗功率求得后，就很容易求解出行星轮系的效率。

当中心轮 1 为主动件时，行星轮系的效率为

$$\eta_{1\mathrm{H}}=1-\frac{N_{\mathrm{f}}}{N_{\mathrm{d}}}=1-\left|1-i_{\mathrm{H}1}\right|(1-\eta_{1n}^{\mathrm{H}}) \tag{9-8a}$$

当中心轮 1 为从动件时，行星轮系的效率为

$$\eta_{\mathrm{H}1}=\frac{1}{1+N_{\mathrm{f}}/N_{\mathrm{r}}}=\frac{1}{1+\left|1-i_{\mathrm{H}1}\right|(1-\eta_{1n}^{\mathrm{H}})} \tag{9-8b}$$

从式(9-8a)和式(9-8b)中可以看出，行星轮系的啮合效率随 $i_{\mathrm{H}1}$ 和 η_{1n}^{H} 而变化，由于 η_{1n}^{H} 可视为大于 0.9 的常数，故可认为行星轮系的啮合效率只随 $i_{\mathrm{H}1}$ 变化，啮合效率的变化曲线如图 9-21 所示。借助于此两条曲线，可根据效率变化情况，优选轮系的类型。

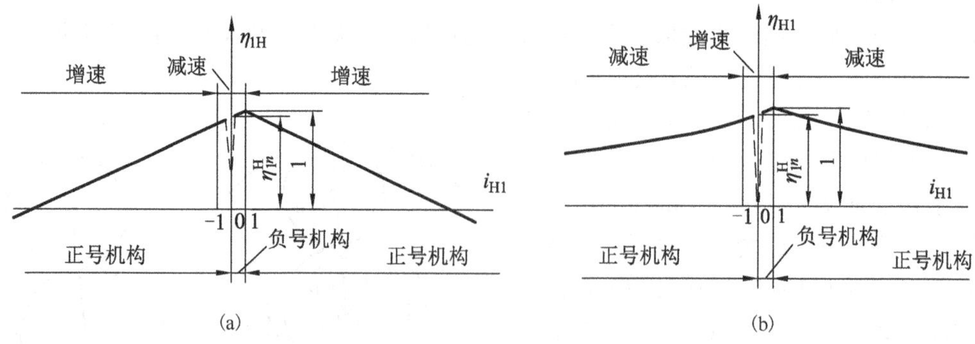

图 9-21　行星轮系的效率与传动比关系图

图 9-21(a)为 $\eta_{1\mathrm{H}}-i_{\mathrm{H}1}$ 效率线图，此时齿轮 1 为主动件，系杆 H 为从动件，故在 $-1<i_{\mathrm{H}1}<1$ 范围内，$|n_1|>|n_{\mathrm{H}}|$，为减速传动；在其余范围内则为增速传动。从图 9-21(a)中可以看出，$|i_{\mathrm{H}1}|$ 足够大时，效率 $\eta_{1\mathrm{H}}\leqslant 0$，此时轮系发生自锁。

在$0 < i_{H1} < 1$的范围内，转化轮系的传动比$i_{1n}^{H} = 1 - i_{1H} = 1 - 1/i_{H1} < 0$，这类轮系称为负号机构；而$i_{H1}$在其余范围，转化机构的传动比$i_{1n}^{H} = 1 - i_{1H} = 1 - 1/i_{H1} > 0$，则相应的轮系称为正号机构。

从图 9-21(a)中可以看出，负号机构效率高，甚至高于转化机构的效率η_{1n}^{H}；而正号机构的效率则低于负号机构，且变化范围大，可能为零，甚至为负值，发生自锁。

图 9-21(b)为$\eta_{H1} - i_{H1}$效率线图，此时齿轮 1 为从动件，系杆 H 为主动件，故在$-1 < i_{H1} < 1$的范围内，为增速传动，在其余范围内为减速传动。从图 9-21(b)中可以看出，负号机构的效率较高，正号机构的效率较低，但不会出现等于零的情况。

在上述两个线图中，$i_{H1} = 1$和$i_{H1} = 0$是两个特殊点。$i_{H1} = 1$时，其效率可视为 1。而在$i_{H1} = 0$时，说明轮系的减速比或增速比为无穷大，这实际上是不可能的。由于$i_{1n}^{H} = 1 - 1/i_{H1}$，当$i_{H1} \to 0$时，则$\left|i_{1n}^{H}\right| \to +\infty$，其效率必然将显著降低而趋近于零。故在$i_{H1} = 0$的邻域内的效率曲线，应如图 9-21 中虚线所示。对于常用的 2K-H 型行星轮系，其$\left|i_{H1}\right|$通常大于 0.05，故不在上述虚线范围内。

综合上述，负号机构的啮合效率总是比较高的，而且总高于其转化机构的效率η_{1n}^{H}。所以在动力传动中，多采用负号机构。

9.8 其他行星传动简介

随着生产和科学技术的发展，除采用渐开线行星齿轮传动外，还出现了其他行星传动。并在工程上得到了广泛应用。

9.8.1 渐开线少齿差行星传动

渐开线少齿差行星传动的运动简图如图 9-22 所示，由行星轮 1、固定的中心轮 2 和系杆 H 组成，系杆 H 为输入轴，V 为输出轴，由于 V 轴与行星轮 2 采用等转速比机构相连接，所以 V 轴的转速与行星轮 1 的绝对转速相等。

渐开线少齿差行星传动的传动比可按式(9-2)求得

$$i_{12}^{H} = \frac{\omega_1 - \omega_H}{\omega_2 - \omega_H} = \frac{z_2}{z_1}$$

因$\omega_2 = 0$，可得到

$$i_{H1} = \frac{\omega_H}{\omega_1} = -\frac{z_1}{z_2 - z_1} \tag{9-9}$$

由式(9-9)可知，如果齿数差$z_2 - z_1$较小，则可获得较大的传动比。如果$z_2 - z_1 = 1$，这种渐开线少齿差行星传动称为一齿差行星传动，此时传动比$i_{H1} = -z_1$。在工程实际应用中，通常取齿数差$z_2 - z_1 =$ 1～4 为宜。

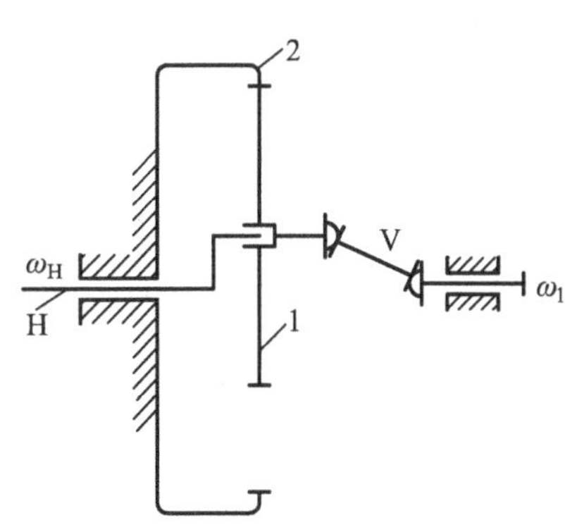

图 9-22 渐开线少齿差行星传动

渐开线少齿差行星传动的等转速比机构，通常采用双盘销轴式输出机构，如图 9-23 所示。

在行星轮的辐板上沿半径为 ρ 的圆周均匀开有 K 个销孔，而在输出轴的圆盘上沿半径为 ρ 的圆周也均匀分布 K 个圆柱销。这些圆柱销对应地插入行星轮的销孔中。

设齿轮 1 和 2 的中心距为 a，则系杆 H 的转臂长度也必为 a。行星轮上的销孔直径为 d_h，输出轴的圆盘上的圆柱销直径为 d_s，若三者满足以下关系：

$$d_h = d_s + 2a$$

则可以保证销孔和圆柱销在轮系转动过程中始终保持接触，使输入轴与输出轴的轴线恰好重合。同时由于中心轮 2 的中心 O_2、行星轮 1 的中心 O_1、销孔中心 O_h 以及圆柱销的中心 O_s 可以在任意位置保持为一平行四边形 $O_1O_2O_sO_h$，所以输出轴将随行星轮而保持相同转速同步转动。

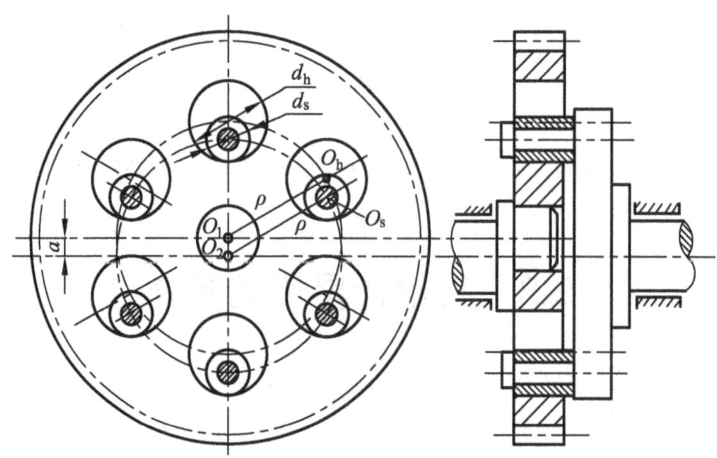

图 9-23　渐开线少齿差行星传动的等转速比机构

实际应用中，由于系杆的转臂长度很小，故采用偏心轴作系杆；为了改善渐开线少齿差行星传动的平衡性能和受力状态，提高承载能力，通常采用两个互成 180° 的行星轮；为减少摩擦磨损，使磨损均匀，一般在销轴上装有活动销套。

9.8.2　摆线针轮行星传动

摆线针轮行星传动的工作原理与渐开线少齿差行星传动基本相同，区别只在于齿轮的轮廓线是摆线而不是渐开线。

如图 9-24 所示，摆线针轮行星传动由偏心轴 H(相当于系杆)、摆线齿轮 2(相当于行星轮)和针齿轮 1(相当于固定的中心轮)组成。其摆线齿轮的转动也必须依靠等转速比的销孔输出机构传动到输出轴上。

由于针齿轮与摆线齿轮的齿廓共轭关系，针齿轮的齿数 z_1 与摆线齿轮的齿数 z_2 只能相差 1，所以其传动比为

$$i_{H2} = \frac{\omega_H}{\omega_2} = -\frac{z_2}{z_1 - z_2} = -z_2$$

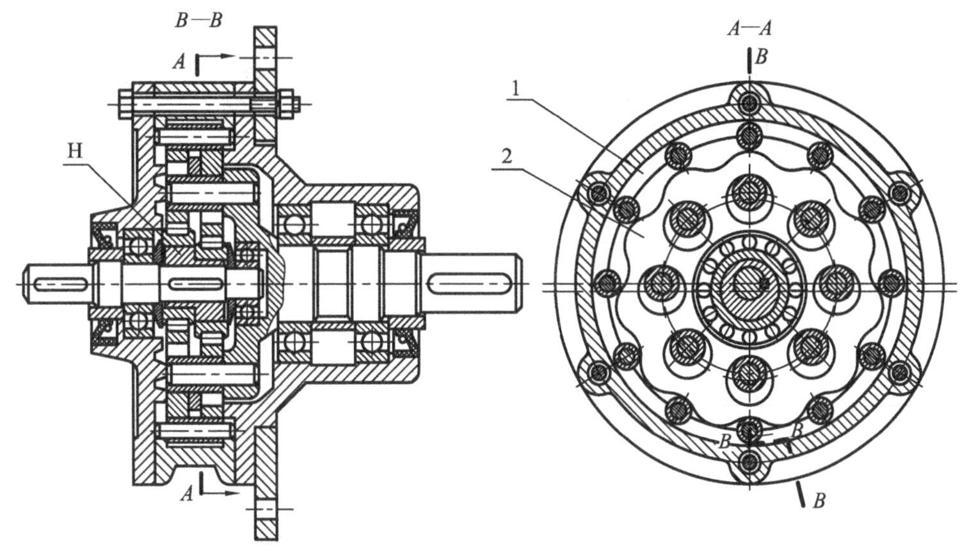

图 9-24　摆线针轮行星传动

由于摆线针轮行星传动中，同时啮合的齿数多，重合度大，故承载能力高；轮齿之间的相对运动为滚动，故传动平稳，磨损小，寿命长。啮合角约为 40°，而渐开线一齿差行星传动的啮合角高达 54°～56°。由于摆线针轮行星传动的啮合角小，故可减轻轴承的载荷，提高传动效率。

9.8.3　谐波齿轮传动

谐波齿轮传动是利用行星轮系传动原理发展起来的一种新型传动。谐波齿轮传动的简图如图 9-25 所示，由柔性轮 2（相当于行星轮）、刚性轮 1（相当于固定的中心轮）和波发生器 H（相当于系杆）组成。

谐波齿轮传动中，波发生器 H 的外缘尺寸大于柔性轮的内孔直径，将其安装到柔性轮的内孔中，柔性轮的内孔就变成了椭圆形，在椭圆的长轴处，柔性轮与刚性轮的轮齿相啮合，而短轴处，它们的轮齿相脱离，其余各点则处于啮合与脱离之间的过渡状态。随着波发生器 H 的转动，柔性轮与刚性轮的啮合区域也相应发生转动，使轮齿不断地啮入-啮合-啮出-脱离，从而达到传递运动的目的。

显然，若刚性轮固定，则柔性轮与波发生器的转向相反；若柔性轮固定，则刚性轮与波发生器转向相同；若刚性轮与柔性轮均不固定，则形成差速运动。

由于柔性轮比刚性轮少 $z_1 - z_2$ 个齿，所以当波发生器转动一周时，柔性轮相对刚性轮沿相反方向转过 $z_1 - z_2$ 个齿的角度，因此可得到其传动比为

$$i_{\mathrm{H2}} = \frac{\omega_{\mathrm{H}}}{\omega_2} = -\frac{z_2}{z_1 - z_2}$$

按照波发生器上装的滚子数不同，可有双波谐波齿轮传动（图 9-25）和三波谐波齿轮传动（图 9-26）等，为了有利于力的平衡和不发生轮齿干涉，两轮的齿数差 $z_1 - z_2$ 必须是波发生器滚子数的整数倍。

为了加工方便，谐波齿轮的齿形多采用渐开线齿廓。

谐波齿轮传动的优点有：传动零件少，结构紧凑，传动比大，不需要等转速比机构，啮合齿数多，承载能力大，传动平稳等，目前广泛应用于军工和民用部门。

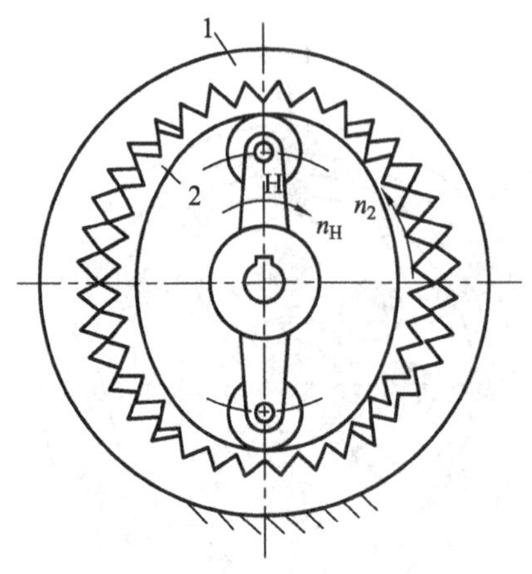

图 9-25　双波谐波齿轮传动

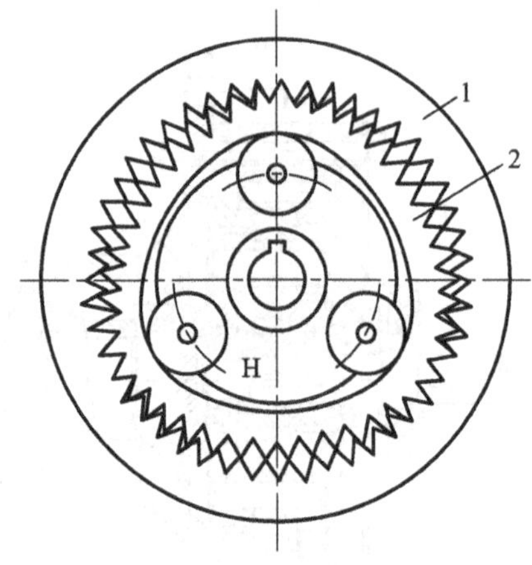

图 9-26　三波谐波齿轮传动

图 9-27 为一整体式谐波减速器的实例。其中，1 为刚性轮，2 为柔性轮，H 为波发生器，H 的左端为输入轴，2 的右端为输出轴。

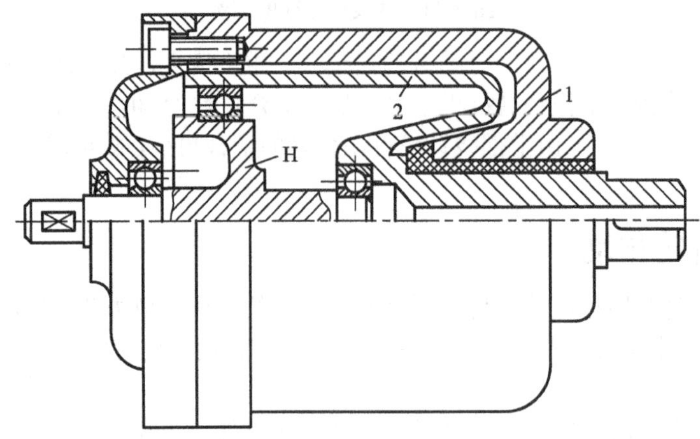

图 9-27　整体式谐波减速器结构简图

本 章 小 结

本章重点论述了定轴轮系和周转轮系的传动比计算，在此基础上，给出了混合轮系传动比的计算方法。此外还对轮系的应用、行星轮系中各齿轮齿数的确定方法、行星轮系的效率以及其他行星传动作了简要概述。

轮系是由一系列齿轮组成的齿轮传动系统。根据轮系中齿轮的几何轴线是否固定，可将轮系划分为定轴轮系、周转轮系。而若干个定轴轮系和若干个周转轮系组合在一起就形成了混合轮系。

(1) 定轴轮系传动比的计算公式(9-1)为

$$i_{1n}=\frac{\omega_1}{\omega_n}=(-1)^m\frac{\text{所有从动轮的齿数连乘积}}{\text{所有主动轮的齿数连乘积}}$$

式中，1 为输入轴；n 为输出轴；m 为其间外啮合的次数。

应用上式时，应注意以下两点。

① 当轮系中各齿轮轴线相互平行时，若 m 为奇数，则 i_{1n} 为负值，说明齿轮 1 与齿轮 n 转向相反；若 m 为偶数，则 i_{1n} 为正值，说明齿轮 1 与齿轮 n 的转向相同。

② 当轮系中存在齿轮轴线不相互平行的情况时，不能根据 m 的奇偶性来判定齿轮 1 和齿轮 n 的转向关系，只能在简图上采用箭头标注的方法来判断齿轮 1 与齿轮 n 的转向关系。

(2) 周转轮系传动比的计算公式(9-2)为

$$i_{AB}^{\mathrm{H}}=\frac{\omega_A-\omega_{\mathrm{H}}}{\omega_B-\omega_{\mathrm{H}}}=(-1)^m\frac{\text{转化轮系中，从}A\text{到}B\text{间所有从动轮的齿数连乘积}}{\text{转化轮系中，从}A\text{到}B\text{间所有主动轮的齿数连乘积}}$$

式中，H 为周转轮系中系杆的标号。

应用上式时，应注意以下三点。

①齿数连乘积之比前的$(-1)^m$正负号取决于假想的转化轮系的传动比的正负号。

②上式只适用于齿轮 A、B 与系杆 H 的回转轴线互相平行的轮系。

③应用此式时，应先规定一个正转向，齿轮 A、B 和系杆 H 的转向与规定的正转向相同时取正号，反之亦然。

(3) 混合轮系的传动比计算的一般方法和步骤如下。

①分清定轴轮系和周转轮系。首先根据齿轮轴线是否固定找到行星轮，进而找出系杆和与行星轮相啮合的中心轮，直到找出所有的周转轮系，剩下的轮系自然就是定轴轮系。

②列出传动比计算公式。根据各个轮系之间的相互传递运动的关系有选择地列出每个周转轮系和定轴轮系的传动比计算公式。

③联立传动比计算公式求解，并注意运用轮系中各周转轮系与定轴轮系的传递运动的联系。

(4) 轮系的应用非常广泛，通常用作：实现分路传动；实现相距较远的两轴之间的传动；实现变速传动和换向传动；获得较大的传动比；实现运动的分解和合成。

(5) 行星轮系中各齿轮齿数需根据四个条件来确定：

① 传动比条件——实现给定的传动比要求；

② 同心条件——保证两中心轮与系杆的轴线重合；

③ 安装条件——保证各行星轮能够均匀地装入两中心轮之间；

④ 邻接条件——保证各行星轮之间不致互相碰撞。

(6) 通过转化轮系的效率分析，进而可求解出行星轮系的效率。

复习思考题

1. 何谓定轴轮系？何谓周转轮系？它们之间的根本差别在哪里？

2. 何谓惰轮？它在轮系中起什么作用？

3. 如何计算定轴轮系的传动比？传动比的符号表示什么意思？

4. 何谓周转轮系的转化轮系？i_{ab} 与 i_{ab}^{H} 有何区别？ω_a 与 ω_a^{H} 有何区别？这里，H 为系杆，a 和 b 为齿轮的代号。

5. 混合轮系的传动比如何计算？怎样从一个混合轮系中区分出定轴轮系和周转轮系？

6. 如何确定行星轮系中各齿轮的齿数？它们应满足哪些条件？

7. 如何计算行星轮系的效率？

习　题

9-1　在题 9-1 图所示的轮系中，已知 $z_1 = z_2 = z'_3 = z_4 = 20$，齿轮 1、3、3′与 5 同轴线，求传动比 i_{15}。

9-2　在题 9-2 图所示的手摇提升装置中，设已知各齿轮的齿数，试求出其传动比 i_{15}，并标出重物上升时手柄的转向。

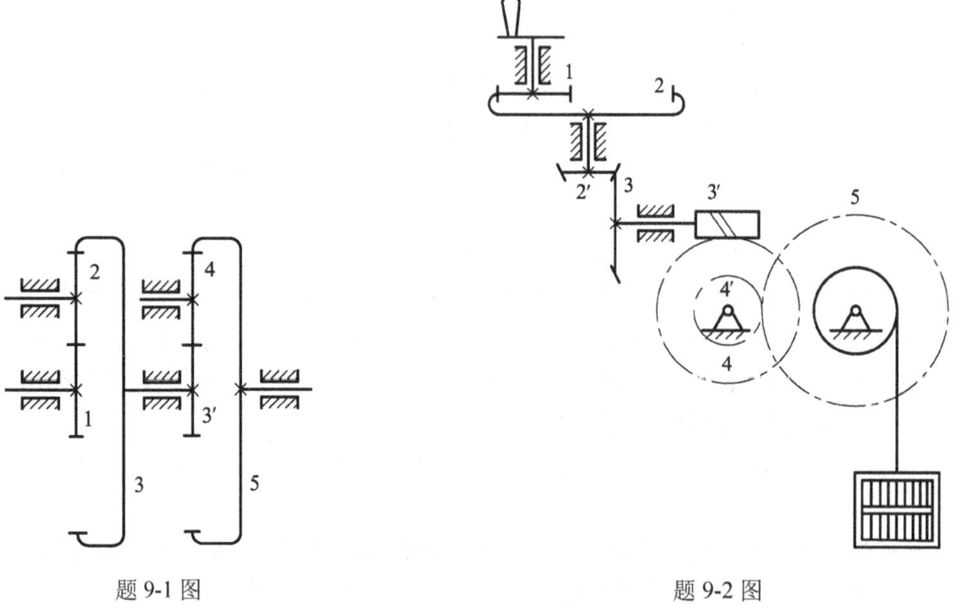

题 9-1 图　　　　题 9-2 图

9-3　题 9-3 图为一时钟的传动装置。S、M 和 H 分别表示秒针、分针和时针。图中括号数字表示该齿轮的齿数。假设齿轮 B 和 C 的模数相等，试求齿轮 A、B、C 的齿数。

9-4　题 9-4 图为汽车式起重机主卷筒的传动系统。试计算传动比 i_{15}，并说明双向离合器的作用。

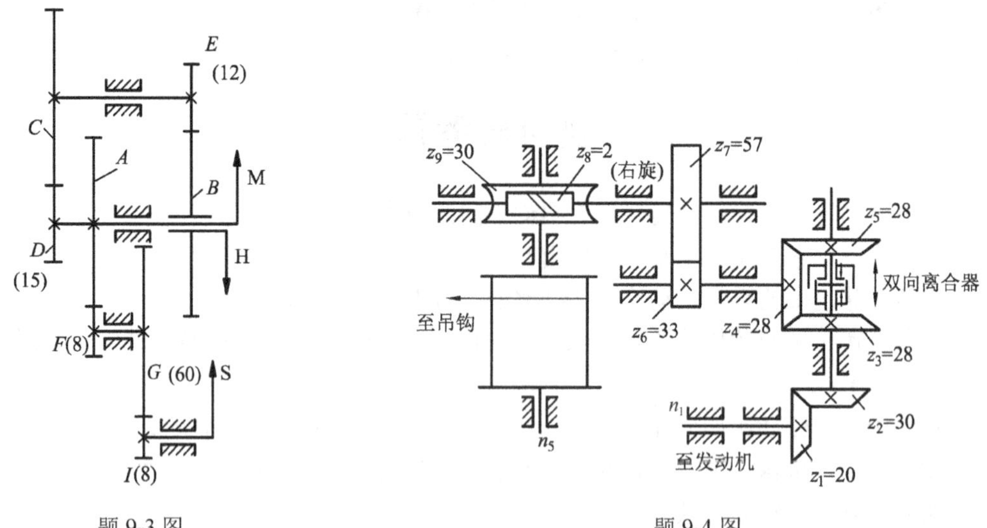

题 9-3 图　　　　题 9-4 图

9-5　在题 9-5 图所示的行星轮系中，已知齿轮 3 的转速 n_3=2400 r/min，$z_1=125$，$z_3=165$，求系杆 H 的转速 n_H。

9-6　在题 9-6 图所示的轮系中，已知齿轮 1 的转速 n_1=3500 r/min，各齿轮的齿数 $z_1=36$，$z_2=60$，$z_3=23$，$z_4=46$，$z_4'=69$，$z_5=31$，$z_6=131$，$z_7=94$，$z_8=36$，试求系杆 H 的转速 n_H。

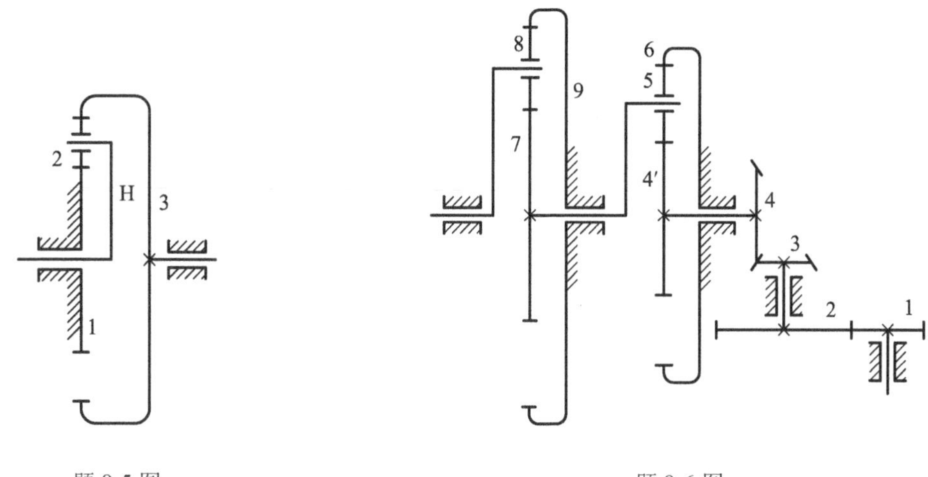

题 9-5 图　　题 9-6 图

9-7　题 9-7 图为自行车里程表机构，C 为车轮轴。设各齿轮的齿教 $z_1=17$，$z_3=23$，$z_4=19$，$z_4'=20$，$z_5=24$，轮胎受压后使 28in (1in=2.54cm) 的车轮的有效直径为 $D=700$mm，当车行驶 1km 时，指针 N 刚好转动一周。试求轮 2 的齿数 z_2。

9-8　题 9-8 图为门座式起重机的旋转机构，已知电动机的转速 $n_d=1440$r/min，各齿轮的齿数 $z_1=1$ (右旋)，$z_2=40$，$z_3=15$，$z_4=180$。试确定该门座式起重机的转速 (即机房平台的转速)。

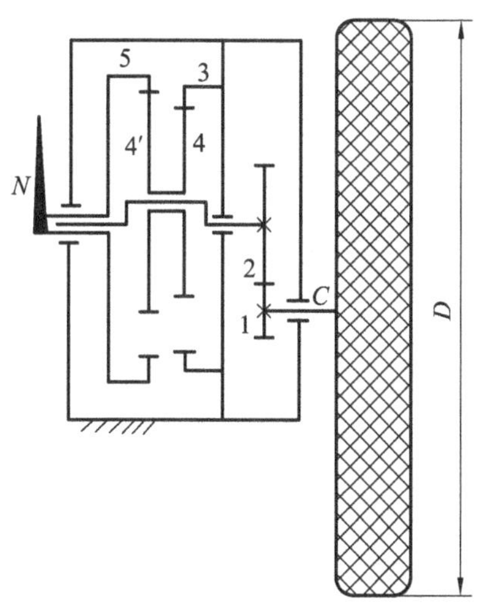

题 9-7 图

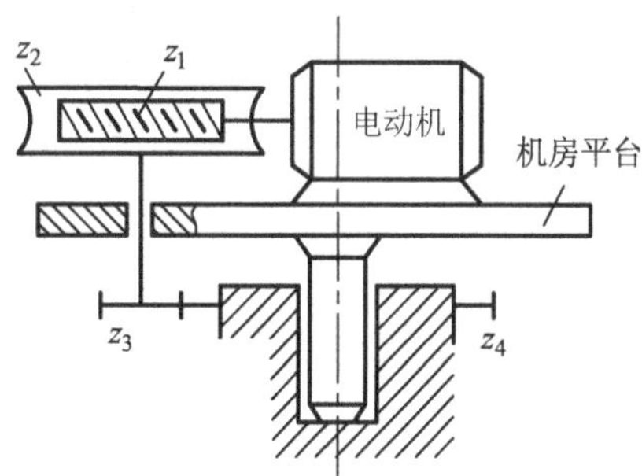

题 9-8 图

9-9　在题 9-9 图所示的轮系中，已知 O_1 轴的转速 $n_1 = 140\text{r/min}$。各齿轮的齿数分别为 $z_1 = 20$，$z_2 = 40$，$z_3 = 30$，$z_4 = 15$，$z_5 = 30$。求构件 H 及齿轮 4 和 5 的转速 n_{H}、n_4、n_5 的大小和方向。

9-10　在题 9-10 图所示轮系中，齿轮 1 与电动机轴相连，其转速为 1440r/min。已知各齿轮齿数为 $z_1 = z_2 = 20$，$z_3 = 60$，$z_4 = 90$，$z_5 = 210$，求构件 3 的转速 n_3。

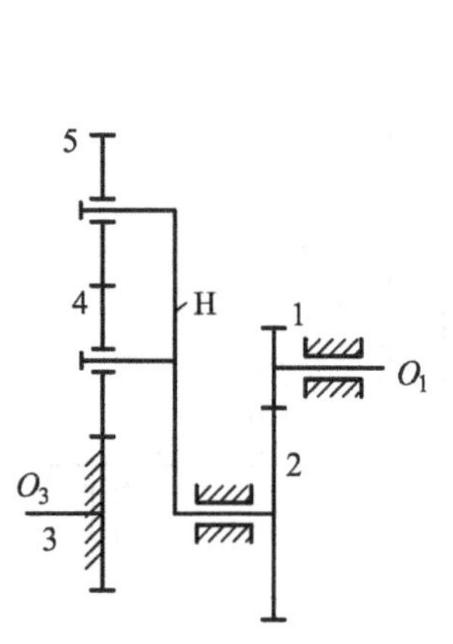

题 9-9 图

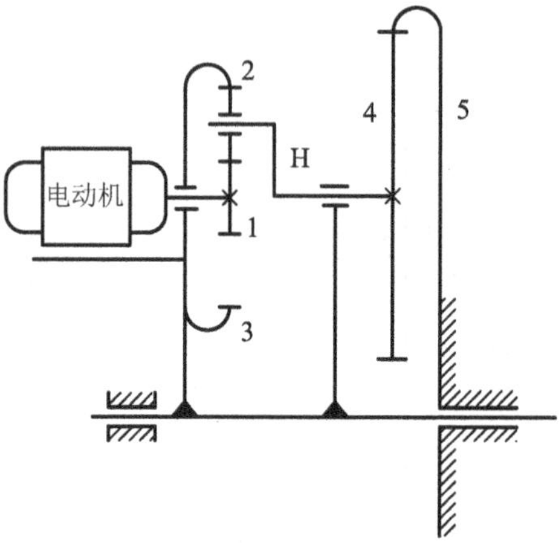

题 9-10 图

9-11　在题 9-11 图所示的行星轮系中，已知 $i_{1\text{H}} = 2.5$，要求齿轮 3 的分度圆直径 d_3 尽可能接近 280mm。当各齿轮的模数 $m = 2.5\text{mm}$、压力角 $\alpha = 20^\circ$、齿顶高系数 $h_a^* = 1.0$ 时，各齿轮的齿数为多少？此时是否可均匀地装入 3 个相等间隔的行星轮？

9-12　在题 9-12 图所示的一内接、外接双排行星轮系的传动比 $i_{1\text{H}} = 21$，各齿轮的模数相等，试确定各齿轮的齿数。

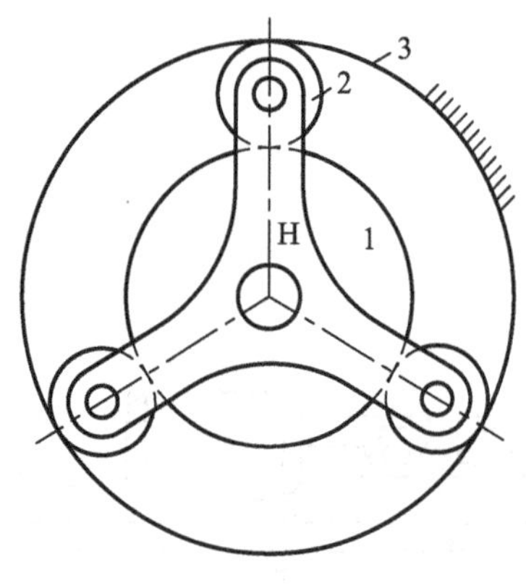

题 9-11 图

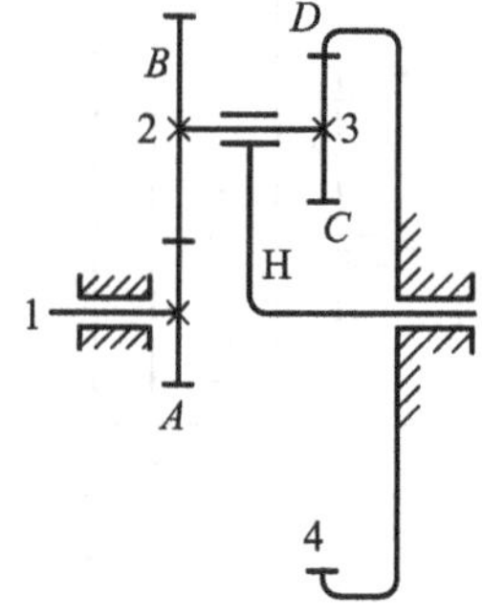

题 9-12 图

第 10 章　其他常用机构

10.1　概　述

在各种机器和仪器中，除前面讨论的平面连杆机构、凸轮机构、齿轮机构等以外，还经常用到其他类型的机构，如棘轮机构、槽轮机构、不完全齿轮机构、凸轮间歇运动机构、万向联轴节机构、螺旋机构等，种类很多，通常称为其他常用机构。本章简要介绍这些机构的工作原理、类型、运动特点及用途。

10.2　棘 轮 机 构

10.2.1　棘轮机构的基本形式和工作原理

棘轮机构有两种形式。图 10-1(a)为外啮合式棘轮机构，图 10-1(b)为内啮合式棘轮机构。棘轮机构主要由摇杆 1、驱动棘爪 2、棘轮 3 和机架 4 等构件所组成。棘轮 3 固联在轴 O 上，其轮齿分布在轮的边缘上，摇杆 1 空套在轴 O 上。当摇杆 1 沿顺时针方向摆动时，与它相连的驱动棘爪 2 便借助于弹簧或自重的作用插入棘轮的齿槽内，使棘轮转过某一角度。当摇杆沿逆时针方向摆动时，与它相连的驱动棘爪 2 便在棘轮的齿背上滑过。此时止回棘爪 5 便阻止棘轮随同摇杆 1 沿逆时针方向转动，故棘轮 3 静止不动。这样，当摇杆 1 连续往复摆动时，就实现了棘轮的单向间歇运动。

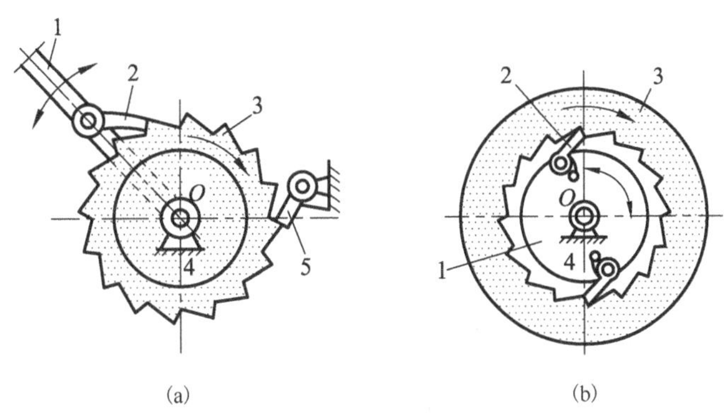

图 10-1　棘轮机构

如果改变摇杆 1 的结构和形状，就可以得到如图 10-2 所示的双动式棘轮机构，摇杆 1 往复摆动时，棘轮 2 沿同一方向转动。驱动棘爪 3 可以制成直的，如图 10-2(a)所示；或制成带钩头的，如图 10-2(b)所示。

要使一个棘轮获得双向的间歇运动，可把棘轮轮齿的侧面制成对称的形状，一般采用矩形，棘爪需制成可翻转的或可回转的，如图 10-3 所示。

图 10-3(a)所示的可变向棘轮机构，通过翻转棘爪实现棘轮的转动变向。当棘爪 1 在图 10-3(a)所示的实线位置时，棘轮 2 将沿逆时针方向做间歇运动；当棘爪翻转到虚线位置时，棘轮将沿顺时针方向做间歇运动。

图 10-3(b)所示的可变向棘轮机构，通过回转棘爪实现棘轮的转动变向。当棘爪 1 在图 10-3(b)所示位置时，棘轮 2 将沿逆时针方向做间歇运动；若棘爪 1 被提起绕自身轴线旋转 180° 后再插入棘轮 2 中，则可实现沿顺时针方向的间歇运动；若将棘爪 1 被提起绕自身轴线旋转 90° 放下，棘爪 1 就会架在壳体的顶部平台上，使棘爪 1 与棘轮 2 脱离接触，当棘爪 1 往复摆动时棘轮 2 静止不动。此种棘轮机构常应用在牛头刨床工作台的自动进给装置中。

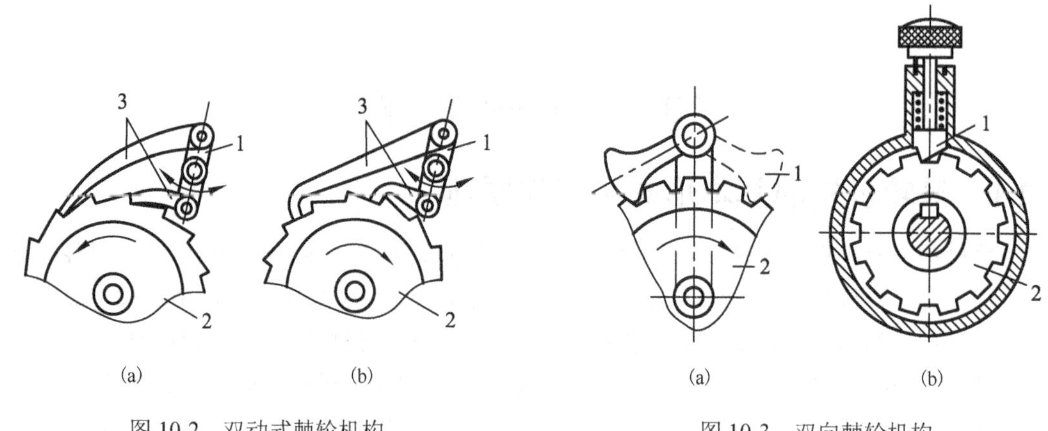

图 10-2　双动式棘轮机构

图 10-3　双向棘轮机构

10.2.2　棘轮机构的运动特点和应用

棘轮机构具有结构简单、制造方便和运动可靠的特点，在各类机械中有较广泛的应用。

(1)棘轮机构具有间歇运动特性，可实现单向和多向间歇转动。当棘轮直径为无穷大时，即变为棘条，此时，还可实现间歇移动。

(2)棘轮机构具有快速超越运动特性。如图 10-4 所示的自行车小链轮中的内啮合式棘轮机构，当脚蹬踏板时，小链轮 3 带动车轮轴 1 做顺时针转动，驱动自行车前进。当自行车前进时，如果脚踏板不动，车轮轴 1 及安装在其上的棘爪 2 可以超越棘轮 3 而转动。这种从动件可超越主动件做快速转动的特点，称为棘轮机构的超越运动特性。

(3)棘轮机构可以实现有级变速传动。如图 10-5 所示，齿罩 2 在摇杆 1 摆角为α的范围内遮住一部分棘轮 3 的轮齿，使棘爪在摆动过程中，只能与未被遮住的棘轮轮齿啮合。改变齿罩的位置，可以获得不同的啮合齿数，从而改变棘轮转动的角度，实现有级变速传动。如果要实现无级变速传动，必须采用摩擦式棘轮机构，如图 10-6 所示，这种机构是通过棘爪 1 与棘轮 2 之间的摩擦力来传递运动的，其中 3 为制动棘爪。这种机构在传动过程中很少产生噪声，但其接触表面间容易发生滑动，因此传动精度不高，传递的扭矩也受到一定的限制。实际应用中，常把摩擦式棘轮机构作为超越离合器，实现进给和传送运动。

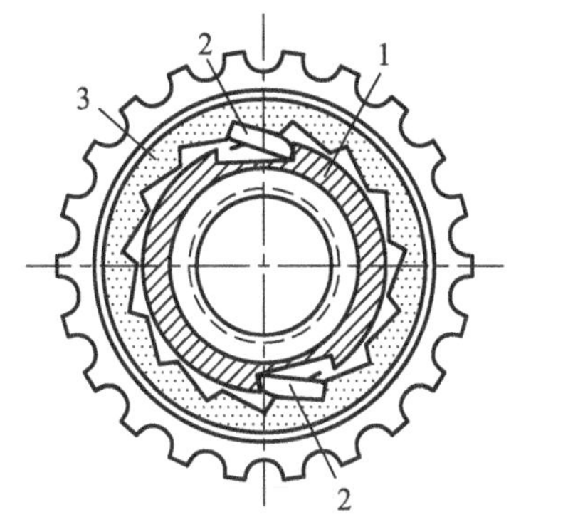

图 10-4　用于超越离合的棘轮机构

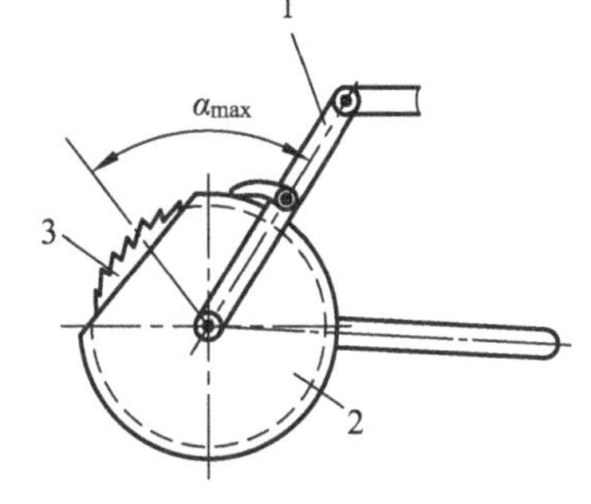

图 10-5　有级变速传动的棘轮机构

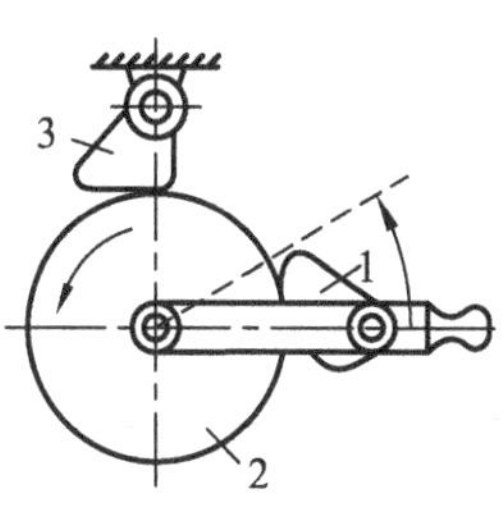

图 10-6　摩擦式棘轮机构

10.2.3　棘爪工作条件

如图 10-7 所示，A 为棘轮齿顶，O_2 为棘爪的转动中心，O_1 为棘轮的转动中心，当 $\angle O_1AO_2=90°$ 时，棘爪受力最小。轮齿对棘爪作用的力有正压力 $\boldsymbol{N}$ 和摩擦力 $\boldsymbol{F}$。$\boldsymbol{N}$ 可以分解为圆周力 $\boldsymbol{P}$ 和径向力 $\boldsymbol{T}$，径向力 $\boldsymbol{T}$ 有使棘爪落到齿根的趋势，但摩擦力 $\boldsymbol{F}$ 起阻止棘爪落向齿根的作用。显然，只有棘爪能顺利地落到齿根，才能保证棘轮机构正常工作。这就要求轮齿工作面相对棘轮半径朝齿体内偏斜一角度 φ，它称为棘轮轮齿的偏斜角。φ 角的大小可以从下列关系中求出：

$$TL>FL\cos\varphi$$

由于 $F=fN$，$T=N\sin\varphi$，则 $\tan\varphi>f$，$\varphi>\rho$，其中 $\rho=\arctan f$，为棘轮轮齿与棘爪之间的摩擦角。当摩擦系数 f=0.2 时，$\rho\approx 11°30'$。为可靠起见，通常取 $\varphi=20°$。一般手册中介绍的棘轮机构尺寸均能满足 $\varphi>\rho$ 的要求，故可不必验算。

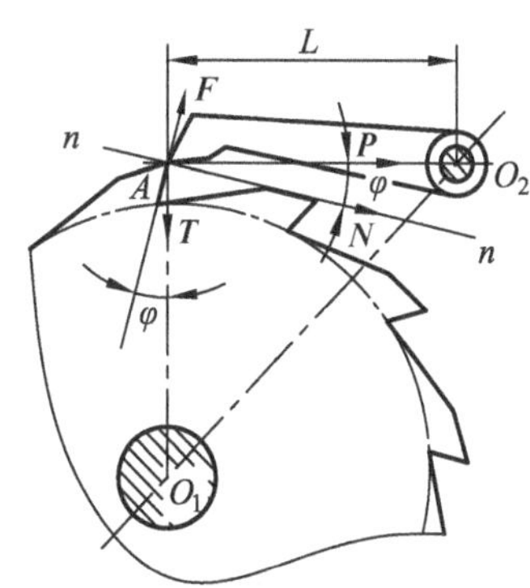

图 10-7　棘轮机构的受力分析

10.2.4　棘轮、棘爪的几何尺寸

对于一般进给和分度所使用的棘轮机构，可根据所要求的棘轮最小转角来确定棘轮的齿数，然后选定模数。为设计方便，棘轮轮齿的模数已经标准化。

对于起重机械制动所使用的棘轮，由于承载较大，为保证安全，一般选取较大的模数，且应该对棘轮轮齿的弯曲强度进行校核。

确定模数和齿形之后，棘轮和棘爪的其他尺寸也就能随之确定。这些尺寸如图 10-8 所示，具体计算由表 10-1 给出。

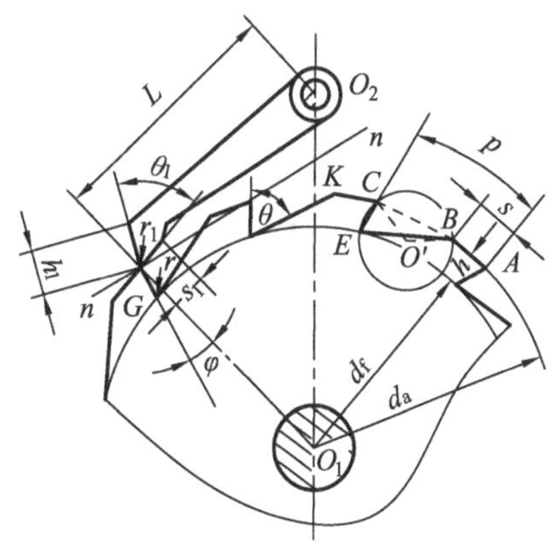

图 10-8　棘轮机构的几何尺寸

表 10-1　棘轮机构几何尺寸的计算公式

名称	符号	计算公式与说明
模数	m	由强度计算或类比法确定，并选用标准值 常用的模数有：1，2，3，4，5，6，7，8，10，12，14，16，18，20 等
齿数	z	通常在 8～30 范围内选取
齿顶圆直径	d_a	$d_a=mz$
齿高	h	$h=0.75m$
齿根圆直径	d_f	$d_f=d_a-2h$
周节	p	$p=\frac{\pi d_a}{z}=\pi m$
齿顶厚	s	$s=m$
齿宽	b	$b=\psi_m m$ ψ_m 为齿宽系数：铸铁 ψ_m=1.5～6.0，铸钢 ψ_m=1.5～4.0，锻钢 ψ_m=1～2
棘轮齿槽圆角半径	r	r=1.5mm
齿槽夹角	θ	θ=60°或 55°，可根据铣刀角度决定
棘爪长度	L	$L=2p$
棘爪工作高度	h_1	一般取 $h_1=1.5m$
棘爪尖顶圆半径	r_1	r_1=2mm
棘爪齿形角	θ_1	$\theta_1=\theta-(1°\sim3°)$
棘爪底平面长度	s_1	$s_1=(1\sim0.8)m$

由表 10-1 计算出棘轮的主要尺寸后，可按下述方法画出齿形：如图 10-8 所示，根据 d_a 和 h 先画出齿顶圆和齿根圆，并按周节 p 和齿顶厚 s 将齿顶圆等分；其次连接弦 BC，然后自 B、C 点分别作 $\angle O'BC=\angle O'CB=90°-\theta$，得交点 O'；以 O'为圆心、$O'B$ 为半径画圆交齿根圆于 E 点；连接 CE、BE，得到全部齿形。

10.3　槽 轮 机 构

10.3.1　槽轮机构的类型和工作原理

槽轮机构又称马耳他机构或日内瓦机构，是一种常见的间歇运动机构。槽轮机构的基本结构形式可分为外接和内接两种，分别如图 10-9 和图 10-10 所示。其中外接槽轮机构应用比较普遍，是本节讨论的重点。

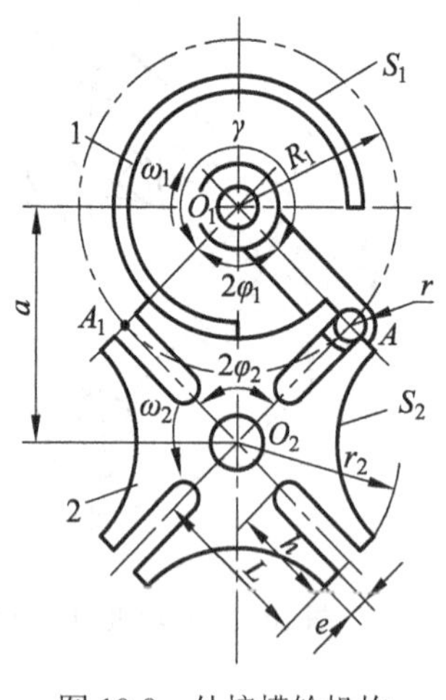

图 10-9　外接槽轮机构

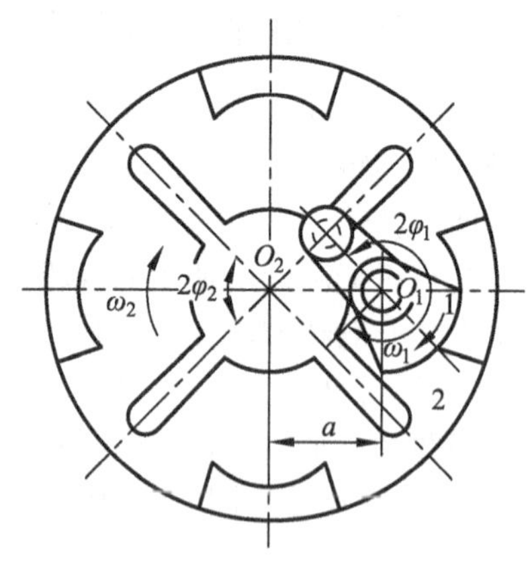

图 10-10　内接槽轮机构

槽轮机构是由具有圆销的主动拨盘 1 和具有若干条径向槽的槽轮 2 及机架所组成的。当主动拨盘 1 做等速连续转动时，槽轮做反向(外啮合)或同向(内啮合)的单向间歇转动。在圆销未进入槽轮径向槽时，槽轮上的内凹锁止弧 S_2 被主动拨盘的外凸锁止弧 S_1 卡住，使槽轮停歇在确定位置上不动。当主动拨盘上的圆销 A 进入槽轮径向槽时，锁止弧松开，圆销驱使槽轮转动，循环往复，时动时停，因此槽轮机构是一种间歇运动机构。

为避免槽轮 2 在起动和停歇时发生刚性冲击，圆销 A 开始进入径向槽或从径向槽中脱出时，径向槽的中心线应切于圆销中心的运动圆周，即 $O_1A \perp O_2A$ 或者 $O_1A_1 \perp O_2A_1$。

10.3.2　槽轮机构的运动特点和应用

槽轮机构具有结构简单、制造方便、工作可靠和机械效率高等特点，但不像棘轮机构那样具有超越运动特性，也不能改变或调节从动轮的转动角度。由于槽轮机构工作时存在冲击，故不宜用于高速场合，其适用范围受到一定限制。当需要槽轮停歇时间短、传动较平稳、机构外廓尺寸小和实现同向传动时，可采用内接槽轮机构。

槽轮机构常用于不需要调节转角的某些自动机械中。图 10-11 为槽轮机构在六角车床中的应用。

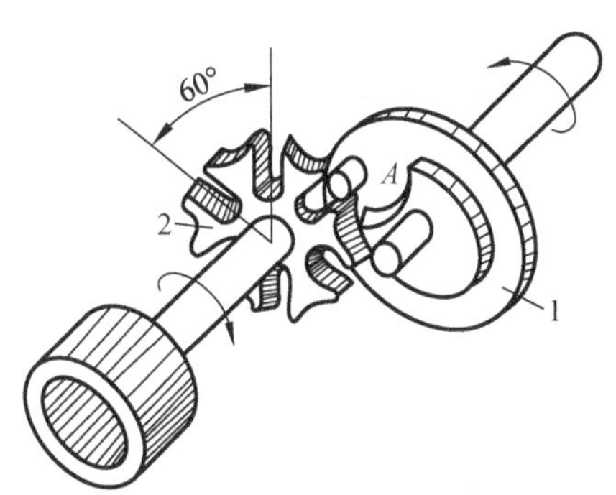

图 10-11　六角车床上的槽轮机构

10.3.3　槽轮机构的运动系数

如图 10-9 所示，若外接槽轮机构中槽轮 2 上均布的径向槽数为 z，则槽轮转动 $2\varphi_2$ 角度时，主动拨盘转角 $2\varphi_1$ 为

$$2\varphi_1 = 180° - 2\varphi_2 = 180° - \frac{360°}{z} \tag{10-1}$$

在槽轮的一个运动循环内，槽轮的运动时间 t_m 与一个运动循环的总时间 t 之比，称为槽轮机构的运动系数 τ。当主动拨盘做等角速回转时，时间比可用转角比来表示。对于只有一个圆销的外接槽轮机构，t_m 和 t 各对应于主动拨盘的转角 $2\varphi_1$ 和 360°。故单圆销外接槽轮机构的运动系数 τ 为

$$\tau = \frac{t_m}{t} = \frac{2\varphi_1}{360°} = \frac{180° - 360°/z}{360°} = \frac{z-2}{2z} \tag{10-2}$$

在一个运动循环内，槽轮的停歇时间 t'_m 可用 τ 按下式求得：

$$t'_m = t - t_m = t - \tau t = t(1-\tau)$$

由式(10-2)可得出如下结论。

(1) 因 τ 应大于零，故槽轮的径向槽数不能小于 3。

(2) 单圆销外接槽轮机构的 τ 值恒小于 0.5，即槽轮的运动时间恒小于停歇时间。

(3) 如果欲得到 $\tau \geqslant 0.5$ 的槽轮机构，可在主动拨盘上装 k 个圆销，则槽轮在一个运动循环中的运动时间是只有一个圆销的槽轮机构的 k 倍，故

$$\tau = k(z-2)/(2z) \tag{10-3}$$

因为 τ 应小于 1，即 $k(z-2)/(2z)<1$，故可得到 $k<2z/(z-2)$。由此可知：

当 $z=3$ 时，$k=1\sim5$

$$当 z = 4 或 5 时，k = 1 \sim 3$$
$$当 z \geqslant 6 时，k = 1 \sim 2$$

槽数 $z>9$ 的槽轮机构比较少见，因为当中心距一定时，z 越大槽轮的尺寸也越大，转动时的惯性力矩也越大。另外，从式(10-3)中可以看出，当 $z>9$ 时，τ 值的改变很小，表明槽数增加，对槽轮和主动拨盘的运动时间之比影响不大。因此，生产实际中所用的槽轮机构的槽数 z 通常取 4～8。

图 10-11 为六角车床上的槽轮机构，1 为拨盘，2 为槽轮，它被用来间歇地转动工作台和刀架。如果将此槽轮机构与齿轮机构配合使用，可以使槽轮机构所产生的冲击主要由中间轴吸收，使转动平稳，可减小槽轮尺寸，又便于槽轮转位机构的标准化。因此，新型自动机械大多采用这种方案。

10.3.4 槽轮机构的几何尺寸

在图 10-9 中，当给出径向槽数 z，并选定槽轮的中心距 a 和圆销半径 r 之后，单销槽轮机构的主要尺寸可计算如下：

圆销的回转半径 $$R_1 = a\sin\frac{\pi}{z}$$

槽顶高 $$L = a\cos\frac{\pi}{z}$$

槽深 $$h > L-\left(a-r_1-r\right) = a\left(\sin\frac{\pi}{z}+\cos\frac{\pi}{z}-1\right)+r$$

锁止弧张开角 $$\gamma = 2\pi-2\varphi_1 = 2\pi\left(\frac{1}{z}+\frac{1}{2}\right)\text{(圆销数 }k=1\text{)}$$

槽顶侧壁厚 $$e = 3 \sim 10\text{mm}$$

10.4 不完全齿轮机构

10.4.1 不完全齿轮机构的工作原理和运动特点

不完全齿轮机构是一种由普通渐开线齿轮机构演化而成的间歇运动机构。其基本结构形式可分为外啮合式和内啮合式两种，分别如图 10-12(a)、(b)所示。不完全齿轮机构与普通渐开线齿轮机构相比，其主要特点是轮齿不满布于整个节圆圆周上，故当主动轮连续回转时，从动轮做间歇回转运动。

如图 10-12 所示的不完全齿轮机构，主动轮 1 每转一周，从动轮 2 转 1/4 周，即从动轮回转 90° 停歇一次。当从动轮处于停歇位置时，从动轮上锁止弧 S_2 与主动轮上的锁止弧 S_1 密合，保证从动轮停在确定位置上。

不完全齿轮机构和槽轮机构等其他间歇运动机构的功能相仿，但又有其本身的特点。例如，槽轮的径向槽数一般为 3～9，故从动轮运动角通常为 40°～120°，而不完全齿轮机构的从动轮既可做整周转动，也可在一周中多次停歇。因此，它能在较广的范围内得到应用。再从动力特性看，槽轮运动时间内速度变化较大，但在进入和脱离接触时，速度变化不大，冲击较小。而不完全齿轮机构在从动轮运动时间的中段和普通渐开线齿轮一样，做定传动比传动，但在进入和脱离啮合时，速度突变，冲击较大。为改善这种缺点，可在两齿轮上加装瞬心线附加杆(图 10-13)。此附加杆的作用是使从动轮在开始运动阶段，由静止状态按某种预定的运动规律(取决于附加杆上瞬心线的形状)逐渐加速到正常的运动速度；而在终止运动阶段，又借助于另一对附加杆的作用，使从动轮由正常运动速度逐渐减速到静止。由于不完全齿轮机构在从动轮开始运动阶段的冲击，一般都比终止运动阶段的冲击严重，故有时仅在开始运动处加装一对附加杆，图 10-13 所示的不完全齿轮机构即是如此。在实际生产中，不完全齿轮机构常用于多工位自动机械和半自动机械工作台的间歇转位，也应用于计数机构及某些间歇进给机构之中。

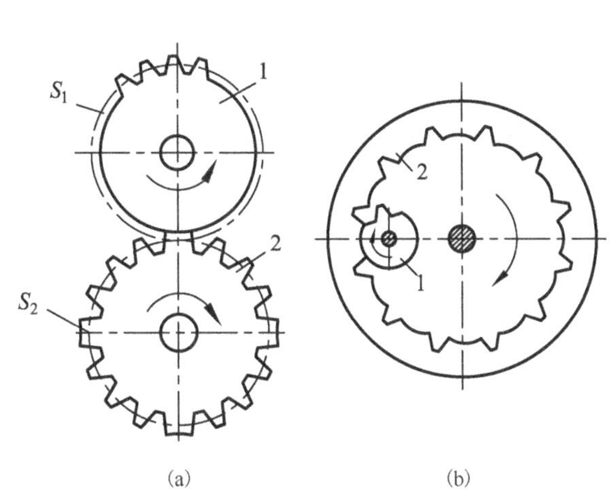

图 10-12　不完全齿轮机构

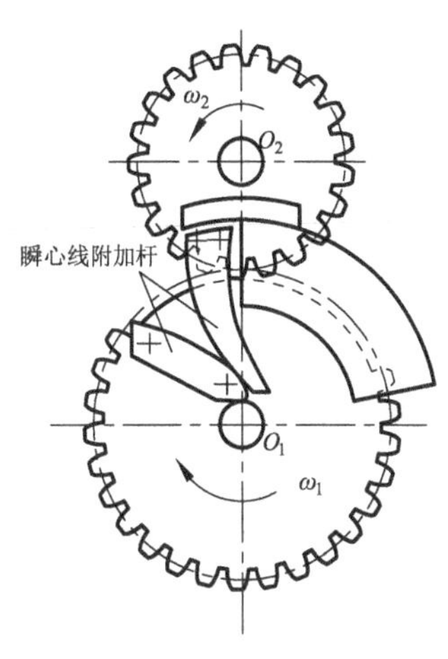

图 10-13　不完全齿轮机构的瞬心线附加杆

10.4.2　不完全齿轮机构的啮合过程分析

不完全齿轮机构的啮合过程与普通渐开线齿轮机构有所不同，故有必要作一简略分析。

先分析主动轮齿数等于 1 的情况。图 10-14 为一对齿廓进入和脱离啮合的位置。当主动轮 1 的齿廓和从动轮 2 的齿顶在 E 点接触时，从动轮 2 开始转动。这时从动轮 2 的齿顶在主动轮 1 的齿廓上向齿根滑动，两齿轮齿廓的接触点将沿着从动轮齿顶圆从 E 点移到 B_2 点。在这个过程中，从动轮 2 做加速转动。当主动轮继续转动时，两齿轮进入正常啮合传动过程，啮合点将开始沿实际啮合线 B_2B_1 移动，此时从动轮做等角速度转动。当啮合点到达 B_1 点时，由于没有后续轮齿处于啮合状态，两齿轮并没有完全脱离啮合，而是主动轮 1 的齿顶沿着从动轮 2 的齿廓向齿顶滑动。直到两齿轮的接触点沿主动轮的齿顶从 B_1 点移到 D 点才脱离接触。在这个过程中，从动轮 2

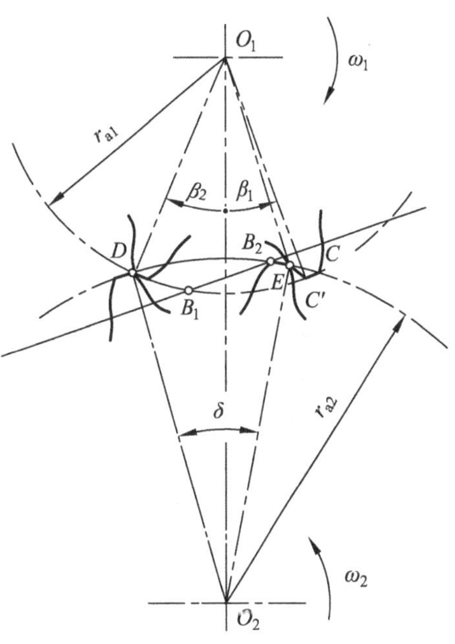

图 10-14　不完全齿轮机构的啮合

做减速转动。由上述可知，在整个啮合过程中，只有当主动轮 1 和从动轮 2 在实际啮合线 B_2B_1 上啮合时，才做定传动比传动，而在进入啮合(由 E 到 B_2)与脱离啮合(由 B_1 到 D)这两小段时间内，从动轮都做变速运动。此外，由图 10-14 可知，从动轮 2 每次转过角度δ，相应地，主动轮 1 转过角度$\beta(=\beta_1+\beta_2)$。

当主动轮齿数大于 1 时，主动轮上第一个齿进入啮合时的运动情况，与主动轮齿数等于 1 时进入啮合的运动情况相同。在主动轮的第一个齿与从动轮 2 的轮齿在 B_2 点接触之后，两齿轮开始做定角速比传动，且随后的各对轮齿的啮合传动与普通渐开线齿轮传动一样。当主动轮最后一个轮齿与从动轮 2 的啮合点到达 B_1 点时，由于没有后续轮齿，因此它与主动轮齿数等于 1 时脱离啮合的运动情况相同。从而，可以把主动轮齿数为 z_1 ($z_1>1$)的不完全齿轮啮合情况看作齿数为 1 的不完全齿轮和 z_1-1 个齿的普通齿轮传动的组合。

10.5　凸轮间歇运动机构

10.5.1　凸轮间歇运动机构的类型和工作原理

凸轮间歇运动机构由凸轮 1、转盘 2、滚子 3 以及机架等所组成。根据凸轮的形式可分为：圆柱形凸轮间歇运动机构，如图 10-15 所示；蜗杆形凸轮间歇运动机构，如图 10-16 所示。

圆柱形凸轮间歇运动机构的凸轮呈圆柱形状，滚子均匀分布在转盘的端面。蜗杆形凸轮间歇运动机构中，凸轮上有一条突脊犹如蜗杆，滚子则均匀分布在转盘的圆柱面上，犹如蜗轮的齿，这种蜗杆形凸轮间歇运动机构可通过调整凸轮与转盘的中心距来消除滚子与突脊接触的间隙，以补偿磨损。

在图 10-15 所示的圆柱形凸轮间歇运动机构中，转盘 2 的端面沿圆周方向均匀固定了 z 个滚子 3。当凸轮转过曲线槽所对应角度δ_t时，曲线槽就推动滚子，使从动盘以某种运动规律转过相邻两滚子所夹的中心角 $2\pi/z$；当凸轮继续转过 $2\pi-\delta_t$时，转盘静止不动，并依靠凸轮的棱边进行定位，这样就可把凸轮的连续转动变为转盘的间歇转动，从而实现转盘的分度运动。

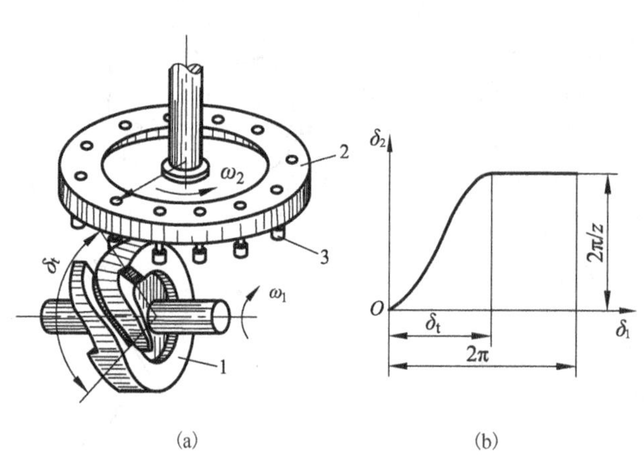

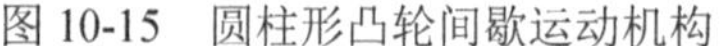
图 10-15　圆柱形凸轮间歇运动机构

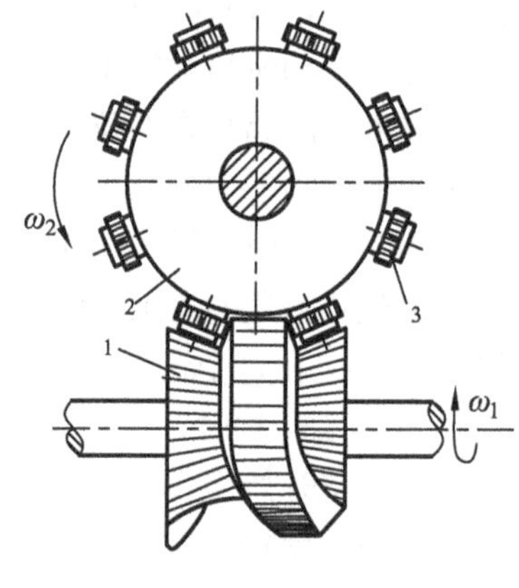

图 10-16　蜗杆形凸轮间歇运动机构

10.5.2　凸轮间歇运动机构的运动特点和应用

从凸轮与转盘的相对运动关系上看，凸轮间歇运动机构实质上是摆动从动件圆柱凸轮机构，具有 z 个滚子的转盘相当于 z 个摆动从动件，摆杆长度为滚子中心所在的圆周半径 R_2，最大摆角为 $2\pi/z$。不同之处在于凸轮间歇运动机构中的凸轮使转盘只向一个方向做间歇运动（相当于凸轮机构中的运动规律只有推程和远休止角），曲线槽必须是开口的；而摆动从动件圆柱凸轮机构中的凸轮使摆动从动件来回摆动，故曲线槽必须是封闭的。

设凸轮间歇运动机构中凸轮转动一周所需时间为 T，凸轮转过曲线槽所对应的角度为δ_t，则转盘的转动时间为

$$t_m = (\delta_t/2\pi)T \tag{10-4}$$

静止时间为

$$t'_m = (1 - \delta_t/2\pi)T \tag{10-5}$$

显然，可以在凸轮转速不变的情况下，通过改变凸轮的曲线槽所对应的角度δ_t来改变转盘的转动时间与静止时间。可以根据转盘所选定的运动规律来设计凸轮的轮廓，使转盘在运动过程中避免刚性冲击和降低柔性冲击，减少动载荷，使机构传动平稳，且具有较好的动力性能和定位精度。因此，凸轮间歇运动机构适用于高速转位分度机构，如拉链嵌齿机、火柴包装机等机械装置都应用了凸轮间歇运动机构来实现高速分度运动。

10.6　万向联轴节机构

10.6.1　单万向联轴节

单万向联轴节是用于传递两相交轴之间转动的一种空间低副机构，它允许两传动轴之间的夹角在传动过程中有所变化。

如图 10-17 所示的单万向联轴节由两个固接于轴 1 和轴 2 端部的叉形接头、一个十字形构件 3 和机架 4 所组成。叉形接头 1 和 2 分别与机架构成转动副 A 和 D，与十字形构件构成转动副 B 和 C，这 4 个转动副的轴线相交于十字形构件的中心 O。轴 1 和轴 2 所夹的锐角α称为单万向联轴节的轴角。由于结构和动力性能的限制，实际应用中，轴角$\alpha\leqslant45°$。

对于单万向联轴节，当主动轴 1 回转一周时，从动轴 2 也跟着回转一周。但仔细观察就可以发现，两轴的瞬时角速度并不保持时时相等，即当主动轴 1 以等角速度ω_1回转时，从动轴 2 做变角速度ω_2转动。通过运动分析，可得到如下结论：

$$i_{21} = \omega_2/\omega_1 = \cos\alpha/(1 - \sin^2\alpha\cos^2\varphi_1) \tag{10-6}$$

式中，φ_1 为主动轴的转角，取主动轴 1 的叉面位于两轴所组成的平面内时作为φ_1的起始度量位置。

由式(10-6)可知，传动比 i_{21} 为轴角α和主动轴 1 转角φ_1的二元函数。当α=0° 时，i_{21}=1；当α=90° 时，i_{21}=0，即两轴不能实现传动。实际上，轴角α的取值范围为 0°～45°，不宜太大。

在给定的轴角α条件下，当φ_1=0° 或 180° 时，$i_{21}=1/\cos\alpha$为最大；当φ_1=90° 或 270° 时，$i_{21}=\cos\alpha$为最小，即 $i_{21\max}=1/\cos\alpha$；$i_{21\min}=\cos\alpha$。

图 10-18 为当φ_1在 0°～180° 范围内变化时，对不同的轴角α，i_{21} 随φ_1的变化曲线。由

从动轴 2 的角速度ω_2在$\omega_1\cos\alpha \leqslant \omega_2 \leqslant \omega_1/\cos\alpha$范围内变化可知，传动比 i_{21} 的波动幅度随轴角α的增大而逐渐加剧。

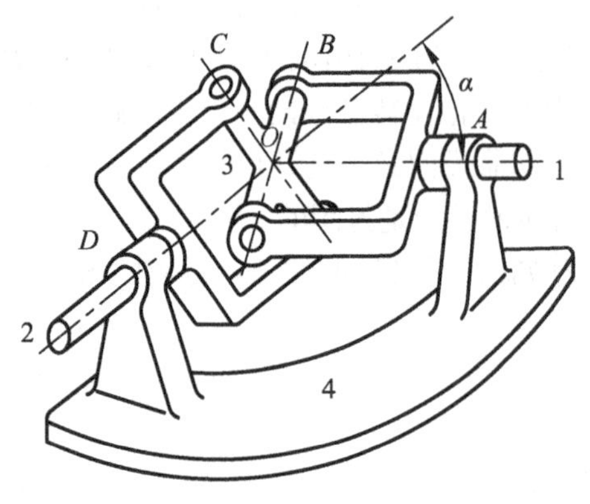

图 10-17　单万向联轴节

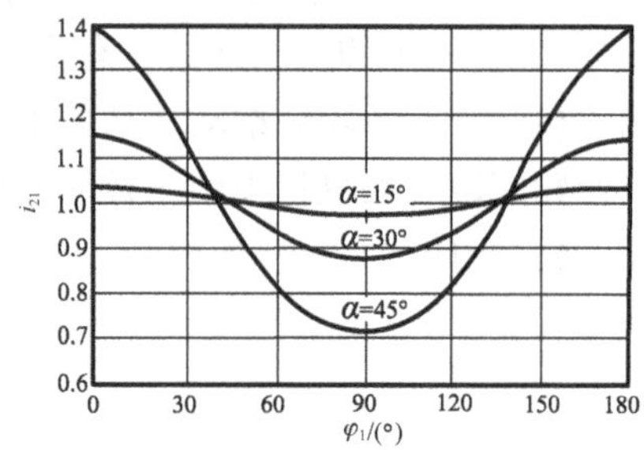

图 10-18　单万向联轴节传动比的变化曲线

10.6.2　双万向联轴节

由于单万向联轴节传动时传动比的不均匀性，在传动中将会产生周期性的附加动载荷，使轴产生振动。为改善这种情况，常把万向联轴节成对使用，构成双万向联轴节。如图 10-19 所示，用中间轴 C 和两个单万向联轴节把主动轴 1 和从动轴 2 连接起来，中间轴 C 的两部分用滑键相连。

为使被连接的两轴的传动角速度始终保持相等，双万向联轴节必须满足以下两个条件。

(1) 主动轴 1 与中间轴 C 的夹角必须等于从动轴与中间轴的夹角，即$\alpha_1=\alpha_2$。

(2) 中间轴 C 两端的叉平面必须位于同一平面内。

为了方便起见，假定中间轴 C 为主动轴，则由第二个条件可以写出轴 1 和轴 2 分别对中间轴 C 的传动比公式：

$$\omega_1/\omega_C = \cos\alpha_1/(1-\sin^2\alpha_1\cos^2\varphi_C) \tag{10-7}$$

$$\omega_2/\omega_C = \cos\alpha_2/(1-\sin^2\alpha_2\cos^2\varphi_C) \tag{10-8}$$

根据第一个条件$\alpha_1=\alpha_2$，故可知$\omega_1=\omega_2$。

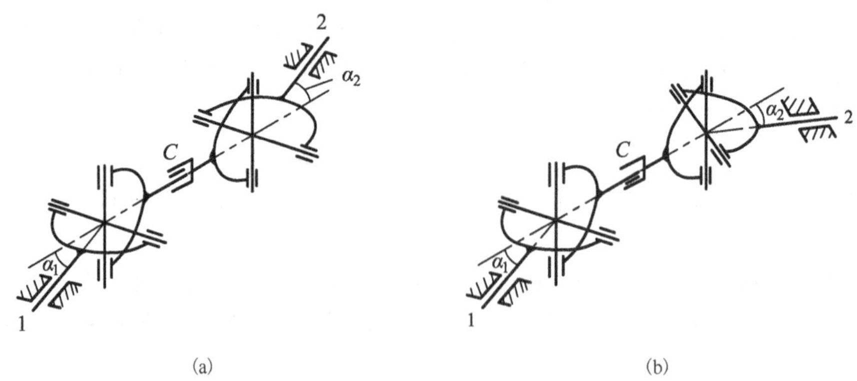

图 10-19　双万向联轴节

单万向联轴节用来传递相交两轴间的转动，它的特点是：当两轴间夹角α略微改变时，仍然可以工作，但会影响其瞬时传动比的大小。

双万向联轴节用来传递相交两轴或平行两轴间的转动，它的特点是：当两轴间夹角变化时，能保持瞬时传动比始终等于 1，因此它的应用很广。在某些机械中，双万向联轴节经常作为主传动链和输送机构的连接装置。

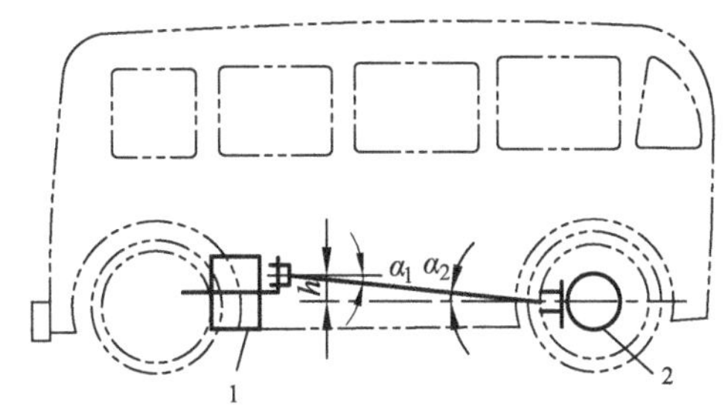

图 10-20　车辆的双万向联轴节

双万向联轴节大量在汽车上应用。如图 10-20 所示，汽车的发动机和变速箱位于车体的前部，而汽车一般又多以后轮为主动轮，因此汽车的减速箱和后桥的主传动器必须用双万向联轴节连接。当汽车行驶时，道路不平会引起变速箱输出轴和后桥输入轴相对位置的变化，即 h 忽大忽小，这时中间轴与它们的夹角也发生相应的变化，由于双万向联轴节利用滑键结构连接，可以适应这种变化而保持$\alpha_1=\alpha_2$，故两轴的传动不受影响，汽车将继续正常行驶。

10.7　螺 旋 机 构

由螺旋副连接相邻构件而成的机构称为螺旋机构，它由螺杆 1、螺母 2 和机架 3 所组成。如图 10-21(a)为简单的螺旋机构，其中 A 为转动副，B 为螺旋副，其导程为 P_B，C 为移动副，当螺杆 1 转过φ角时，螺母 2 将沿螺杆轴向移动位移 S，其值为

$$S = P_B \frac{\varphi}{2\pi} \tag{10-9}$$

在图 10-21(b)中，A 和 B 均为螺旋副，若两者的螺旋方向相同，则当螺杆 1 转过φ角时，螺母 2 将沿螺杆轴向移动位移 S，其值为

$$S = (P_A - P_B)\frac{\varphi}{2\pi} \tag{10-10}$$

显然，若 P_A 和 P_B 相差很小，则 S 的值可以很小，这种螺旋机构通称为差动螺旋机构，常用于测微计、分度机构及调节机构中。

若 A 与 B 的螺旋方向相反，则当螺杆 1 转过φ角时，螺母 2 将沿螺杆轴向移动位移 S，其值为

$$S = (P_A + P_B)\frac{\varphi}{2\pi} \tag{10-11}$$

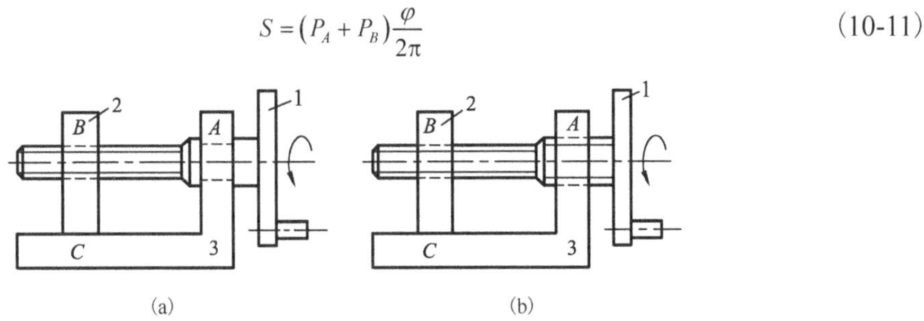

图 10-21　螺旋机构

显然，转动螺杆可使螺母很快地移动，这种螺旋机构通称为复式螺旋机构，常用于快速调节和连接机构中，如用于火车车厢之间的连接等场合。

本 章 小 结

本章简介其他常用机构中的棘轮机构、槽轮机构、不完全齿轮机构、凸轮间歇运动机构、万向联轴节机构和螺旋机构，主要内容如下。

(1) 棘轮机构。结构简单、制造方便、运动可靠，由于其棘爪与棘轮啮合时存在冲击和噪声，运动精确度不高。所以常用于低速单向间歇运动、超越运动和防逆转运动。

(2) 槽轮机构。结构简单、制造方便、工作可靠，槽轮的起动和停歇的时间与槽数 z、销数 k 有一定的关系，其运动系数 τ 为

$$\tau = \frac{k(z-2)}{2z}$$

由于圆销进出槽轮时有柔性冲击，在槽数较少时尤为明显，所以适用于作低速转位机构。

(3) 不完全齿轮机构。可使从动轮在一周内作多次停歇，其运动时间与停歇时间的比值可在较大的范围内变动，故应用范围比槽轮机构广泛。

不完全齿轮机构的结构简单、制造方便、工作可靠，可通过安装瞬心线附加连杆来减少轮齿之间的冲击。它常用于低速、轻载的多工位自动机中工作台的间歇转位或间歇送进运动。

(4) 凸轮间歇运动机构。结构简单、传动平稳，可通过适当的凸轮轮廓来实现转盘的任何运动规律和转动时间与静止时间比值，故该机构常用于传递交错轴间的分度运动和间歇转位。

(5) 万向联轴节机构。结构简单、制造方便、工作可靠，适用于在传动过程中轴间夹角或轴间距离不断变化的场合。常用于机床、汽车、飞机以及其他机械设备中。

当单万向联轴节的主动轴等速回转时，从动轴做变速回转运动。连接相交的或平行的两轴可采用双万向联轴节，使主动轴与从动轴的瞬时角速度相等，但必须满足下列两个条件。

① 主动轴与中间轴的夹角必须等于从动轴与中间轴的夹角。

② 中间轴两端的叉平面必须位于同一平面内。

(6) 螺旋机构。利用两个螺旋的旋向和导程的不同，可使移动构件获得较大的或微小的位移。螺旋机构常用于测微计、分度机构及许多精密设备中。

复习思考题

1. 在凸轮间歇运动机构中，怎样保证从动件在静止时间内确实静止不动？
2. 常见的棘轮机构有哪几种形式？试简述棘轮机构的工作特点。
3. 槽轮机构有哪几种基本形式？槽轮机构的运动系数是如何定义的？
4. 在不完全齿轮机构中，采用瞬心线附加连杆的目的是什么？
5. 试简述凸轮间歇运动机构的工作原理及其运动特点。
6. 使用双万向联轴节的目的是什么？
7. 差动螺旋机构和复式螺旋机构的应用场合如何？
8. 除本书中已述的机构外，请再列举出一些机构，并说明它们的工作原理与特点。

习　题

10-1　牛头刨床工作台的横向进给螺杆的导程为 5mm，与螺杆联动的棘轮齿数为 40，问棘轮的最小转角和该刨床的最小横向进给量是多少？

10-2　某自动机床工作转台要求有 6 个工作位置，转台静止时完成加工工序，最长的工序时间为 5s，原动机转速为 720r/min，槽轮与主动拨盘之间的中心距 $a \leqslant 200$mm。试设计此槽轮机构，并求出所需的传动比。

10-3　在一台四工位自动机中，由一对不完全齿轮机构来实现工作台的间歇转位运动。已知假想齿数 $z_1 = z_2 = 40$，$\alpha = 20°$，$h_a^* = 1$，$m = 2$mm，主动轮 1 的转速为 6r/min。求：

(1) 从动轮在一个运动循环中的运动时间 t_m 与停歇时间 t_m'；

(2) 主、从动轮实有的齿数 z_1' 和 z_2'。

10-4　如图 10-17 所示，在单万向联轴节中，轴 1 以 1000r/min 等速转动。轴 2 变速转动，其最低转速为 866r/min，试求轴 2 的最高转速。在轴 1 转一周的过程中，α 为何值时，两轴转速相等。

10-5　题 10-5 图为用作微调的螺旋机构，旋钮 1 与机架 3 组成的螺旋副 A 为右旋，导程 $S_A = 2.9$mm，旋钮 1 与螺杆 2 组成的螺旋副 B 的旋向与导程 S_B 为多少时，可使螺杆 2 在旋钮 1 转一周后向下伸出 0.1mm？

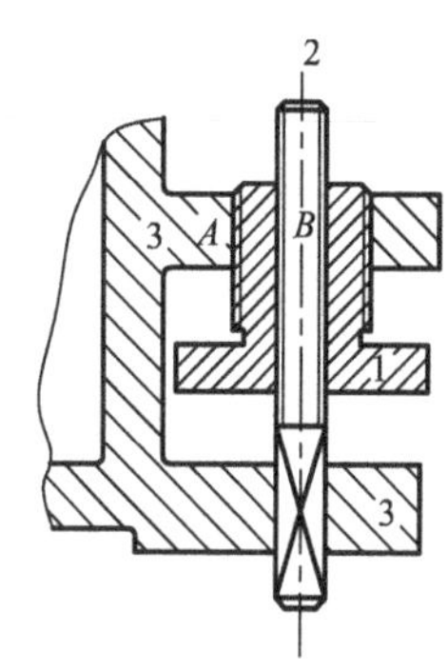

题 10-5 图

第 11 章　机械的运转及其速度波动的调节

11.1　概　　述

前面各章中对平面机构进行运动分析和受力分析时，都假定原动件做匀速运动。事实上，机械的原动件(机械的主轴)的速度是波动的。这是因为，机械上不仅工作阻力是变化的，而且机械中构件的惯性力及惯性力矩一般也是变化的。要维持原动件的匀速运动，就必须随机械中各构件运动位置的不断变化，提供与之相适应的驱动力或驱动力矩，但设计这样一台原动机显然是相当困难的。因此，在原动件做匀速运动的基础上，进行机构的运动分析和受力分析必将带来误差。

机械的运动规律与作用在其上的外力密切相关，因此，根据机械所受外力确定其真实运动规律是学习本章的目的之一。

此外，机械在高速运转中的速度波动将会导致运动副中产生较大的附加载荷，从而使机械的工作效率降低，甚至影响机械的使用寿命和工作精度。因此采取某些措施，以减小机械主轴的速度波动程度，是学习本章的又一目的。

综上所述，本章研究的主要内容是：研究机械在外力作用下的真实运动规律以及机械运转时原动件速度波动的调节问题。对于起动和停车阶段机械的速度变化过程及有关的计算问题本章也作了介绍。

11.2　机械运转的三个阶段及其作用力

11.2.1　机械运转的三个阶段

机械从起动到停止通常经历三个运转阶段：起动、稳定运转和停车。图 11-1 为机械主轴(原动件)的角速度ω随时间 t 的变化曲线。

1．起动阶段

机械从静止到开始稳定运转，这一阶段为起动阶段。如图 11-1 所示。其特点是：机械的输入功恒大于输出功和损耗功之和，主轴的角速度从零开始加速至正常工作速度。

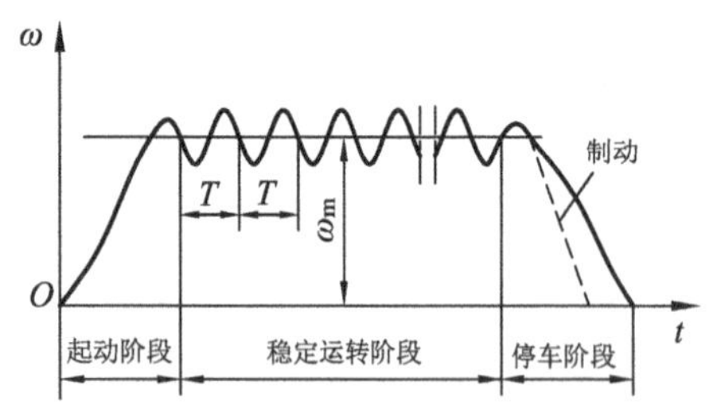

图 11-1　机械运转的三个阶段

设 W_d、W_r 和 W_f 分别表示机械驱动力(或驱动力矩)做的输入功、克服工作阻力(或工作阻力矩)做的输出功和克服有害阻力(或有害阻力矩)做的损耗功；E_0、E_1 表示时刻 t_0、t_1 时刻系统具有的总动能。则在 $\Delta t=t_1-t_0$ 的时间间隔内，根据动能定理有

$$W_d-(W_r+W_f)=E_1-E_0>0 \tag{11-1}$$

从式(11-1)可知，采用不加工作负载方式起动，使 $W_r=0$，待机械达到稳定状态后再加上负载 W_r；或者另加一个启动马达来加大输入功 W_d，都能缩短起

动阶段的时间。

2. 稳定运转阶段

起动阶段结束后，机械即进入稳定运转阶段。在稳定运转阶段中，有些机械的主轴角速度恒定不变，如鼓风机、离心泵等，我们称这种运动状态为等速稳定运转。而多数机械的主轴平均角速度不变，瞬时角速度周期性地在平均角速度值上下波动，我们称这种运动状态为周期变速稳定运转，如图 11-1 所示。处于周期变速稳定运转阶段的机械，其主轴的位置、速度和加速度从某一初始值开始变化，至变回其初始值的最短时间称为一个周期，以 T 表示。在一个运动周期的始末两位置，速度相等，动能增量为 0。因此，在 t_0 到 $t_1=t_0+T$ 的周期中，输入功恒等于输出功与损耗功之和：

$$W_d-(W_r+W_f)=E_1-E_0=0 \tag{11-2}$$

3. 停车阶段

从机械的动力源被切断，直至机械主轴的角速度为 0，这一阶段称为停车阶段。在这一阶段中输入功恒为 0，机械完全依靠起动阶段中积蓄的能量来维持运动。这一运动阶段的特点是在任一时间间隔$\Delta t=t_1-t_0$内，有

$$-(W_r+W_f)=E_1-E_0<0 \tag{11-3}$$

因为机械动能的减少量等于工作阻力与有害阻力做功之和，在实际生产中通常采用增大有害阻力的方法，如采用制动的摩擦阻力做功来加快停车进程。

11.2.2　作用在机械上的驱动力和工作阻力

作用在机械上的力有驱动力、工作阻力，除此之外还有重力、惯性力、摩擦力等。在一般情况下，重力、惯性力、摩擦力与驱动力和工作阻力相比要小得多，故常忽略不计。

一般而言，作用于机械上的驱动力、工作阻力是随机械的运动参数(位移、速度、时间等)而变化的，通常将这种变化关系称为机械特性。表示这种特性的关系曲线，称为机械特性曲线。

1. 驱动力和工作阻力的形式

(1) 力是常量：如起重机起吊定质量工件时工件重力对起重机的阻力，以重锤为动力的机械系统中重锤产生的驱动力，以及轧钢机、刨床等在工作过程中的载荷均可近似看作常数。

(2) 力是位置的函数：如往复式压缩机中，作用在活塞上的工作阻力；以弹簧为动力的机械中，弹簧产生的驱动力；蒸汽机、内燃机等原动机发出的驱动力。

(3) 力是速度的函数：如作用在鼓风机、搅拌机、离心泵叶轮上的工作阻力；各种电动机发出的驱动力。

(4) 力是时间的函数：如碎石机、球磨机、揉面机内加工物体施加给工作机的工作阻力；蓄电池拖动的电动机发出的驱动力。

2. 电动机的机械特性

交流异步电动机是生产中应用最为广泛的动力设备，因此有必要对其机械特性作比较详细的介绍。

图 11-2 为三相交流异步电动机的机械特性曲线。其特性曲线可以分为 AB 和 AC 两部分。从图中可以看出，如果电动机的工作点位于 AB 段，当外载增加，电动机转速下降时，电动机发出的驱动力矩不但不能进一步增大以抗衡外载的增加，相反，其输出力矩因 AB 段曲线具有

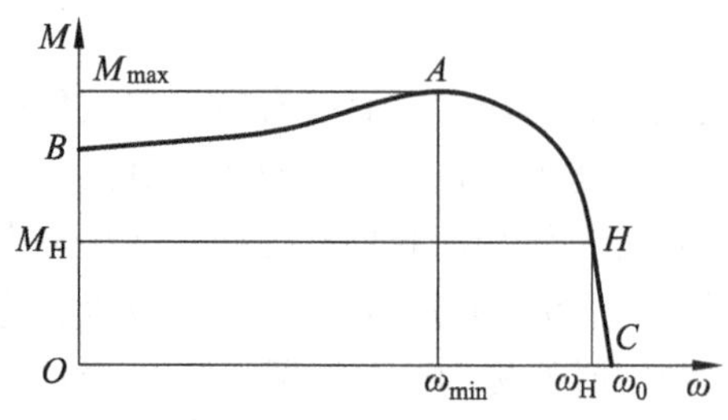

图 11-2　三相交流异步电动机的机械特性曲线

上升特性而减小，即ω减小，输出力矩 M 也减小，结果造成电动机迅速停机。因此，三相交流异步电动机的机械特性曲线的 AB 段为电动机的非稳定工作阶段。在 AC 段电动机的运转将是稳定的，因为随着载荷的增加，电动机的转速下降，它的输出力矩将增加以抵抗增大的外载荷，从而使电动机达到新的平衡转速。在 AC 段曲线上 A、H、C 三点的坐标可根据电动机的铭牌给出的下列参数确定：额定功率 N_H(kW)、额定转速 n_H(r/min)、同步转速 n_0(r/min)、最大力矩 M_{max} 和额定力矩 M_H 的比值$\lambda=M_{max}/M_H$。

设以 S 表示电动机的转差率，即某一转速 n 和同步转速 n_0 之差与同步转速的比值：

$$S=\frac{n_0-n}{n_0}=\frac{\omega_0-\omega}{\omega_0} \tag{11-4}$$

有

$$\left.\begin{aligned}n&=n_0(1-S)\\ \omega&=\omega_0(1-S)\end{aligned}\right\} \tag{11-5}$$

式中，ω_0 为同步角速度，以 rad/s 计。

额定转差率 $S_H=(n_0-n_H)/n_0$ 可直接由电动机铭牌所给出的参数 n_0 和 n_H 计算出来。最大力矩时的转差率 $S_0=(n_0-n_{min})/n_0$ 可由电动机特性推导出来：

$$S_0=S_H\left(\lambda+\sqrt{\lambda^2-1}\right) \tag{11-6}$$

由此得出最小转速 n_{min}、额定力矩 M_H、最大力矩 M_{max} 分别为

$$n_{min}=n_0\ (1-S_0) \tag{11-7}$$

$$\left.\begin{aligned}M_H&=9550\frac{N_H}{n_H}\\ M_{max}&=\lambda M_H\end{aligned}\right\} \tag{11-8}$$

把式(11-7)和式(11-8)中的转速换算为角速度，就可以定出 $A(\omega_{min}, M_{max})$、$H(\omega_H, M_H)$、$C(\omega_0, 0)$三点的坐标。

在额定工作点 H 附近的机械特性曲线，可近似地用直线 HC 替代。因此，机械特性曲线可近似地写成

$$M=M_H\frac{n_0-n}{n_0-n_H}=M_H\frac{\omega_0-\omega}{\omega_0-\omega_H} \tag{11-9}$$

或

$$\left.\begin{aligned}M&=a-b\omega\\ a&=M_H\frac{\omega_0}{\omega_0-\omega_H}=\frac{M_H}{S_H}\\ b&=\frac{M_H}{\omega_0-\omega_H}=\frac{M_H}{\omega_0 S_H}\end{aligned}\right\} \tag{11-10}$$

需要利用机械特性曲线的整个稳定段或相当长一段时，机械特性曲线可用抛物线来近似表示，写成函数形式为

$$M=a+b\omega+c\omega^2 \tag{11-11}$$

将机械特性曲线上 A、H、C 三点的坐标，代入上式即能求得三个待定系数 a、b、c。

11.3　机械系统的等效动力学模型

求解外力作用下的机械系统的真实运动规律，属于机械动力学的正问题。必须首先建立作用于其上的外力与系统运动参数间的函数关系，即机械动力学模型。机械动力学建模方法很多。例如，对于多刚体机械系统，可以采用多体动力学方法如牛顿-欧拉矢量力学法。对于含弹性构件、运动副间隙的机械系统，可以使用传递矩阵法、有限元法等。本节主要针对应用最为广泛的单自由度机械系统，讨论用动能定理，通过建立机械的等效动力学模型来描述机械运动的方法，即等效动力学方法。

11.3.1　等效动力学模型的建立

从功能变化的观点看，在机械运转时的任一时间间隔内，作用在机械各构件上的外力所做的功之和 W 等于机械动能的增量ΔE，这就是动能定理，其表达式为

$$\Delta E=W \tag{11-12}$$

如果机械中有 k 个活动构件，则在$\Delta t=t_1-t_0$时间内机械动能的增量为

$$\Delta E=\frac{1}{2}\left(\sum_{i=1}^{k}J_{si}\omega_{i1}^2+\sum_{i=1}^{k}m_i v_{si1}^2\right)-\frac{1}{2}\left(\sum_{i=1}^{k}J_{si}\omega_{i0}^2+\sum_{i=1}^{k}m_i v_{si0}^2\right) \tag{11-13}$$

式中，m_i 和 J_{si} 分别表示第 i 个构件的质量和绕其质心的转动惯量；v_{si0} 和 v_{si1} 分别表示第 i 个构件在 t_0 和 t_1 时刻的质心的瞬时速度；ω_{i0} 和ω_{i1} 分别表示第 i 个构件在 t_0 和 t_1 时刻的角速度。

设 k 个活动构件上均作用有合外力矩和合外力，这些力在Δt 时间内做的功为

$$W=\int_{t_0}^{t_1}\left(\sum_{i=1}^{k}M_i\omega_i+\sum_{i=1}^{k}F_i v_i\cos\alpha_i\right)\mathrm{d}t \tag{11-14}$$

式中，ω_i 为构件 i 在瞬时 t 的角速度；M_i 为作用于构件 i 上的合外力矩，与ω_i 同向时为正值，否则取负值；F_i 为作用于构件 i 上的合外力；v_i 为合外力 F_i 作用点速度的绝对值；α_i 为合外力 F_i 与其作用点的速度 $\boldsymbol{v}_i$ 间的夹角。将式(11-13)、式(11-14)代入式(11-12)得机械的运动方程：

$$\begin{aligned}&\frac{1}{2}\left(\sum_{i=1}^{k}J_{si}\omega_{i1}^2+\sum_{i=1}^{k}m_i v_{si1}^2\right)-\frac{1}{2}\left(\sum_{i=1}^{k}J_{si}\omega_{i0}^2+\sum_{i=1}^{k}m_i v_{si0}^2\right)\\&=\int_{t_0}^{t_1}\left(\sum_{i=1}^{k}M_i\omega_i+\sum_{i=1}^{k}F_i v_i\cos\alpha_i\right)\mathrm{d}t\end{aligned} \tag{11-15}$$

方程(11-15)中通常有ω_i 和 v_i 共 $2k$ 个待定运动参数，对于单自由度机械，这些运动参数中只有一个是独立的，只要解出这个运动参数，其余的运动参数也就完全确定了。

假设构件 q 的角速度为独立运动参数，由式(11-15)可得

$$\begin{aligned}&\frac{1}{2}\sum_{i=1}^{k}\left[J_{si}\left(\frac{\omega_{i1}}{\omega_{q1}}\right)^2+m_i\left(\frac{v_{si1}}{\omega_{q1}}\right)^2\right]\omega_{q1}^2-\frac{1}{2}\sum_{i=1}^{k}\left[J_{si}\left(\frac{\omega_{i0}}{\omega_{q0}}\right)^2+m_i\left(\frac{v_{si0}}{\omega_{q0}}\right)^2\right]\omega_{q0}^2\\&=\int_{t_0}^{t_1}\sum_{i=1}^{k}\left[M_i\frac{\omega_i}{\omega_q}+F_i\frac{v_i}{\omega_q}\cos\alpha_i\right]\omega_q\,\mathrm{d}t\end{aligned} \tag{11-16}$$

式中，ω_{q0}、ω_{q1}和ω_q分别为构件 q 在 t_0、t_1和瞬时 t 时刻的角速度。式(11-16)左端方括号内的量具有转动惯量的量纲，以 J_e表示。右端方括号内的量具有力矩的量纲，以 M_e表示。则

$$\left.\begin{aligned} J_e &= \sum_{i=1}^{k}\left[J_{si}\left(\frac{\omega_i}{\omega_q}\right)^2 + m_i\left(\frac{v_{si}}{\omega_q}\right)^2\right] \\ J_{e1} &= \sum_{i=1}^{k}\left[J_{si}\left(\frac{\omega_{i1}}{\omega_{q1}}\right)^2 + m_i\left(\frac{v_{si1}}{\omega_{q1}}\right)^2\right] \\ J_{e0} &= \sum_{i=1}^{k}\left[J_{si}\left(\frac{\omega_{i0}}{\omega_{q0}}\right)^2 + m_i\left(\frac{v_{si0}}{\omega_{q0}}\right)^2\right] \end{aligned}\right\} \tag{11-17}$$

$$M_e = \sum_{i=1}^{k}\left[M_i\frac{\omega_i}{\omega_q} + F_i\frac{v_i}{\omega_q}\cos\alpha_i\right] \tag{11-18}$$

因此式(11-15)可以简化为

$$\frac{1}{2}J_{e1}\omega_{q1}^2 - \frac{1}{2}J_{e0}\omega_{q0}^2 = \int_{t_0}^{t_1} M_e\omega_q \,\mathrm{d}t \tag{11-19}$$

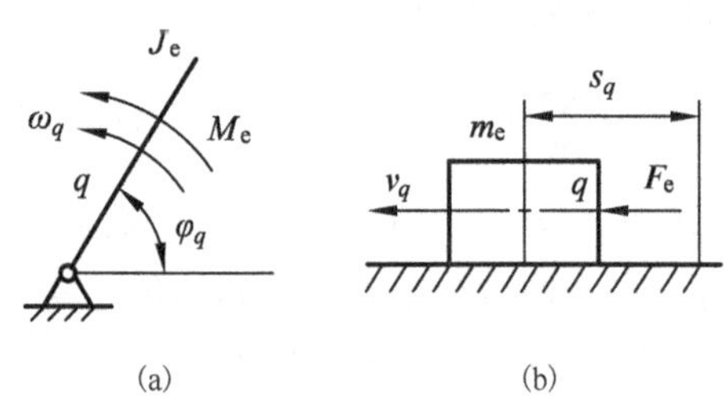

图 11-3　等效动力学模型

式(11-19)的形式是一个以ω_q做回转运动的构件在力矩 M_e作用下的运动方程。由此可见，单自由度机械的运动分析问题，可以转化为一个回转构件的运动分析问题，这种转化不会改变单自由度机械在动力学方面的性质。我们称由式(11-19)表达的动力学模型为原机械以运动参数ω_q 建立的等效动力学模型。这个动力学模型由一个转动惯量为 J_e的回转构件和作用于其上的力矩 M_e构成，如图 11-3(a)所示。其中 J_e为原机械的等效转动惯量，M_e为原机械的等效力矩。

类似地，如果单自由度机械系统中具有独立坐标的构件是做直线移动的，则可以建立机械的另一种形式的等效动力学模型。它由等效质量为 m_e的移动构件和一个作用在其上的等效力 F_e构成，如图 11-3(b)所示，其等效质量 m_e和等效力 F_e分别为

$$\left.\begin{aligned} m_e &= \sum_{i=1}^{k}\left[J_{si}\left(\frac{\omega_i}{v_q}\right)^2 + m_i\left(\frac{v_{si}}{v_q}\right)^2\right] \\ m_{e1} &= \sum_{i=1}^{k}\left[J_{si}\left(\frac{\omega_{i1}}{v_{q1}}\right)^2 + m_i\left(\frac{v_{si1}}{v_{q1}}\right)^2\right] \\ m_{e0} &= \sum_{i=1}^{k}\left[J_{si}\left(\frac{\omega_{i0}}{v_{q0}}\right)^2 + m_i\left(\frac{v_{si0}}{v_{q0}}\right)^2\right] \end{aligned}\right\} \tag{11-20}$$

$$F_e = \sum_{i=1}^{k}\left[M_i\frac{\omega_i}{v_q} + F_i\frac{v_i}{v_q}\cos\alpha_i\right] \tag{11-21}$$

与式(11-19)相对应的运动方程为

$$\frac{1}{2}m_{e1}v_{q1}^2-\frac{1}{2}m_{e0}v_{q0}^2=\int_{t_0}^{t_2}F_e v_q\,\mathrm{d}t \tag{11-22}$$

式中，v_{q0}、v_{q1}和v_q分别为构件q在t_0、t_1和瞬时t时刻的速度。

由以上分析我们可以得出这样的结论：对于单自由度机械，可将作用在机械上的所有外力和各构件的质量转化到某一选定的构件上，并保持选定的构件与机械中该构件的真实运动相同，该构件称为等效构件。这样就通过等效构件将复杂的单自由度机械简化为一个构件的力学模型，将机械的动力学的研究转化为一个等效构件的分析研究。

为了便于分析计算，一般选择只做直线移动或绕定轴转动的构件为等效构件。由上述内容可知，当等效构件做直线移动时，等效构件具有机构的等效质量，其上作用有机构的等效力；当等效构件为绕定轴转动的构件时，等效构件具有机构的等效转动惯量，其上作用有等效力矩。

综上所述，可得建立机械系统动力学方程、确定系统运动规律的具体步骤如下：

(1)将具有独立坐标的构件(通常是做转动的原动件，偶尔也可能是做往复移动的构件)取作等效构件；

(2)按式(11-17)或式(11-20)求出机械系统的等效转动惯量或等效质量，按式(11-18)或式(11-21)求出机械系统的等效力矩或等效力，并将其作用于等效构件上，形成机械系统的等效动力学模型；

(3)根据功能原理，列出等效动力学模型的运动方程，它也是机械系统只含独立坐标的构件的运动方程；

(4)求解所列出的运动方程，得到等效构件的运动规律，即机械系统中具有独立坐标的构件的运动规律；

(5)用机械运动分析方法，由具有独立坐标构件的运动规律，求出机械系统中所有其他构件的运动规律。

11.3.2　等效力和等效力矩的计算

等效力和等效力矩的计算公式已经在式(11-21)和式(11-18)中给出。分析可知，用等效构件替代整个机械时，作用在该等效构件上的等效力或等效力矩产生的瞬时功率与原机械系统中所有外力和外力矩产生的瞬时功率之和相等。可以利用这一条件进行等效力和等效力矩的计算。

根据具体要求，可以转化所有加在机械系统上的力，也可以只转化其中一个或几个力。被转化的可能是常数，也可能是与各种运动参数有关的变量。由式(11-21)和式(11-18)可知，F_e和M_e不仅与所转化的力有关，也与速度比有关。这些速度比是等效构件位置的函数，它们与机械的真实速度无关。所以在已知外力和外力矩时，可以在不知道机械真实速度的情况下求得等效力或等效力矩。为此，可以先选定等效构件，任意假定它的速度，求出各外力作用点的速度和受外力矩作用的构件的角速度，从而求出有关的速度比。

【例 11-1】将图 11-4 中卷扬机提升的吊重 5 的重力G转化到电动机 1 轴上，相啮合齿轮 2 和 3 的传动比为i，吊重提升速度为$\boldsymbol{v}$。

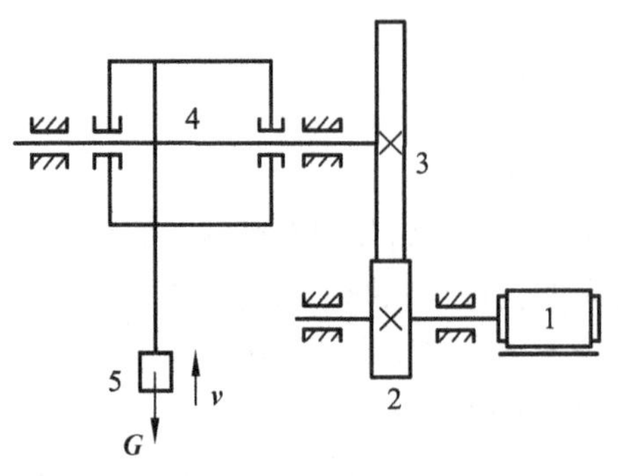

图 11-4　卷扬机机构

解：提升吊重所需的功率为

$$N=Gv\cos 180^\circ=-Gv\ (\mathrm{J/s})$$

被换算到电动机轴上的等效力矩的功率为

$$N_e=M_e\omega_1\,(\mathrm{J/s})$$

式中，ω_1 电动机转子的角速度，由于以上二式相等，即 $N_e=N$，得等效力矩：

$$M_e=-G\frac{v}{\omega_1}=-GR\frac{\omega_4}{\omega_1}=-GR/i\quad(\mathrm{N\cdot m})$$

式中，ω_4 为卷筒 4 的角速度；R 为卷筒的半径，m。由于被提升吊重的重力是常数，减速箱的传动比 i 不变，故等效力矩为常数。

【例 11-2】在图 11-5 所示的正弦机构中，设已知曲柄 1 的长度为 l_1，以匀角速度ω_1逆时针转动，作用在滑块 3 上的阻力 $F_3=Kv_3$（K 为常数）。当取曲柄 1 为等效构件时，试求图示位置时的等效阻力矩 M_{er}。

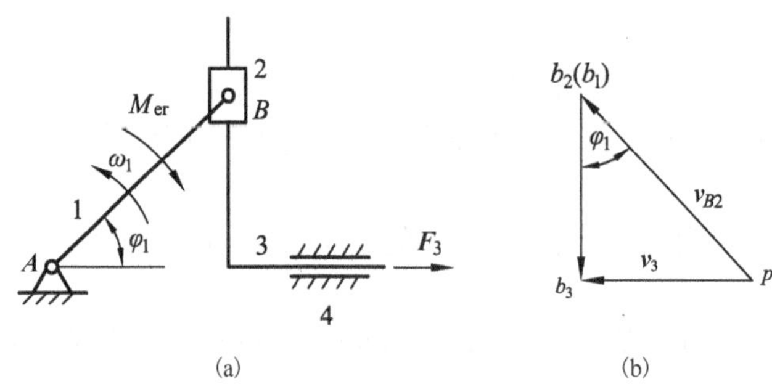

图 11-5　正弦机构

解：根据运动分析与图 11-5(b)可得

$$v_{B2}=v_{B1}=l_1\omega_1$$

$$v_3=v_{B3}=v_{B2}\sin\varphi_1=l_1\omega_1\sin\varphi_1$$

由等效前后瞬时功率相等的条件得

$$M_{er}\omega_1=F_3v_3\cos 180^\circ$$

$$M_{er}=-Kl_1^2\omega_1\sin^2\varphi_1$$

式中，负号表明 M_{er} 与ω_1 反向。

由上述内容可知：

(1)等效力或等效力矩可为正，也可为负，它们是等效力学模型中的假想量，不是机械上各力的合力或合力矩；

(2)在已知外力和外力矩时，可以在不知道机械真实运动的情况下进行等效力或等效力矩的计算；

(3)当外力、外力矩均为常数或为构件的位置函数时，等效力或等效力矩为等效构件的位置函数。当外力、外力矩中有的力或力矩是随速度(或时间)变化时，等效力或等效力矩是等效构件位置和速度(或时间)的函数。在这种情况下，如果不知道机械的真实运动就无法知道某些外力或外力矩，只能写出等效力或等效力矩与位置、速度(或时间)的关系式，而得不出具体的大小。

11.3.3　等效质量和等效转动惯量的计算

等效质量和等效转动惯量的计算公式分别为式(11-20)和式(11-17)。分析可知，等效构件的动能和整个机械的动能相等。因此，为了确定等效质量或等效转动惯量，可以先计算机械所有构件的总动能的值，并使等效构件的动能值与之相等。可以利用这一条件进行计算，或直接按式(11-20)、式(11-17)计算。由此两式可知，等效转动惯量和等效质量与速度比平方有关，速度比的计算与等效力或等效力矩中的方法相同。

【例 11-3】在图 11-5 中，若曲柄 1 对 A 轴的转动惯量为 J_1，滑块 2 和 3 的质量分别为 m_2 和 m_3。当取曲柄为等效构件时，试求图示位置其等效转动惯量 J_e。

解： 由等效前后动能相等的条件得

$$\frac{1}{2}J_e\omega_1^2 = \frac{1}{2}J_1\omega_1^2 + \frac{1}{2}m_2 v_{B2}^2 + \frac{1}{2}m_3 v_3^2$$

$$J_e = J_1 + m_2\left(\frac{v_{B2}}{\omega_1}\right)^2 + m_3\left(\frac{v_3}{\omega_1}\right)^2$$

将 v_{B2} 和 v_3 的结果代入上式得

$$J_e = J_1 + m_2 l_1^2 + m_3 l_1^2 \sin^2\varphi_1$$

由上式可知，等号右边的前两项是常量，第三项随等效构件的位置参数 φ_1 而变化，故这种机构的等效转动惯量是由常量和变量两部分组成的。若变量部分所占总的比例较小，在工程上为了简便，可取其平均值代替，或略去不计。

【例 11-4】图 11-6 为一机床工作台传动系统。设已知各齿轮的齿数分别为 z_1、z_2、z_2'、z_3，齿轮 3 的节圆半径为 r_3，各齿轮的转动惯量分别为 J_1、J_2、J_2'、J_3，其中，J_1 包括电动机转子的转动惯量。工作台与被加工工件的质量之和为 m。试求以齿轮 1 为等效构件时该传动系统的等效转动惯量。

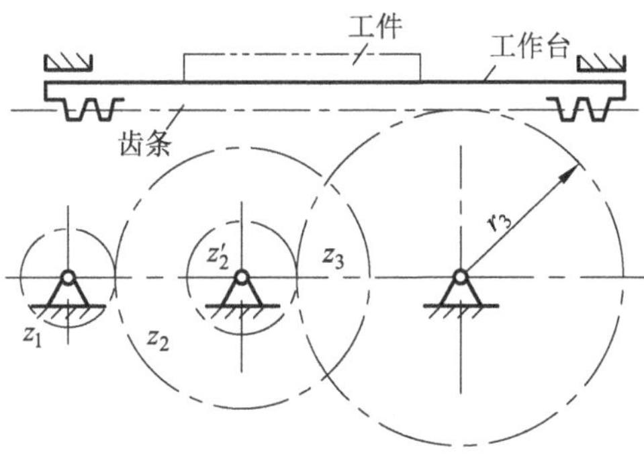

图 11-6　机床工作台传动系统

解： 由式(11-17)得

$$J_e = J_1 + \left(J_2 + J_2'\right)\left(\frac{\omega_2}{\omega_1}\right)^2 + J_3\left(\frac{\omega_3}{\omega_1}\right)^2 + m\left(\frac{v_4}{\omega_1}\right)^2$$

式中，$v_4 = \omega_3 r_3$；$\dfrac{\omega_2}{\omega_1} = \dfrac{z_1}{z_2}$；$\dfrac{\omega_3}{\omega_1} = \dfrac{z_1 z_2'}{z_2 z_3}$。于是得

$$J_e = J_1 + (J_2 + J_2')\left(\frac{z_1}{z_2}\right)^2 + J_3\left(\frac{z_1 z_2'}{z_2 z_3}\right)^2 + m r_3^2\left(\frac{z_1 z_2'}{z_2 z_3}\right)^2$$

由于系统中各构件的转速比为常数，故等效转动惯量在系统的运动过程中始终等于一个常数。在此例中，如果设 z_1=20，z_2=60，z_2'=20，z_3=80，则得

$$J_e = J_1 + \frac{1}{9}(J_2 + J_2') + \frac{1}{144}J_3 + \frac{1}{144}m r_3^2$$

由上式可以看出，当计算机械的等效转动惯量时，转速高的构件，其等效转动惯量大，转速低的构件，其等效转动惯量小。例如，齿轮 1 的等效转动惯量即等于齿轮 1 原来的转动惯量，而齿轮 3 的等效转动惯量仅是它原来转动惯量的 1/144。所以，对于传动系统中的低速部分，当其转动惯量不大时，常常可以忽略不计。

由上述内容可知：

(1) 等效质量或等效转动惯量总是正值；

(2) 等效质量或等效转动惯量是等效构件位置的函数，可以在不知道机械真实运动的情况下求得；

(3) 等效质量或等效转动惯量是假想的量，不是等效构件真正的质量和转动惯量。

11.4 机械的运动方程及其求解方法

11.4.1 机械的运动方程

当建立机械的等效动力学模型后，单自由度机械在已知力作用下的真实运动便可通过机械运动方程得到解决。再用运动分析的方法即可求出机械中所有构件的真实运动规律。下面首先介绍机械系统运动方程的表达形式。

1. 能量形式的运动方程

机械运转时，在任一时间间隔$\Delta t=t-t_0$内所有外力所做的功之和 W 应等于机械动能的增量ΔE。等效构件为转动件时，设作用于等效构件上的等效力矩为 M_e，起始位置角为φ_0，Δt 时间后转至φ角，则有

$$\int_{\varphi_0}^{\varphi} M_e \,\mathrm{d}\varphi = \frac{1}{2}J_e\omega^2 - \frac{1}{2}J_{e0}\omega_0^2$$

式中，J_e、J_{e0} 分别为等效构件在位置角φ、φ_0时的等效转动惯量；ω、ω_0 分别为等效构件在位置角φ、φ_0时的角速度。

在计算时，若将驱动力和工作阻力分别计算，则

$$M_e=M_{ed}-M_{er}$$

式中，M_{ed}和 M_{er}分别为等效驱动力矩和等效阻力矩，其中 M_{er}的方向与等效构件转动方向相反，并已在式中用负号表示，所以计算时 M_{ed}、M_{er}均取正值。

由于研究对象均指等效构件，为了书写简便，在后面的叙述中，将各等效量(等效质量、等效转动惯量、等效力和等效力矩)的标识符的下标“e”省略。因此运动方程可写为

$$\int_{\varphi_0}^{\varphi} M \,\mathrm{d}\varphi = \int_{\varphi_0}^{\varphi} (M_d - M_r)\,\mathrm{d}\varphi = \frac{1}{2}J\omega^2 - \frac{1}{2}J_0\omega_0^2 \tag{11-23}$$

式中，φ_0、J_0和ω_0为 $t=t_0$时的初值；φ、J和ω为任意时刻 t 的值。

当等效构件为移动件时，同理可得

$$\int_{s_0}^{s} F\,\mathrm{d}s = \int_{s_0}^{s} (F_\mathrm{d} - F_\mathrm{r})\,\mathrm{d}s = \frac{1}{2}mv^2 - \frac{1}{2}m_0 v_0^2 \tag{11-24}$$

式中，s_0、m_0 和 v_0 为 $t=t_0$ 时的初值；s、m 和 v 为任意时刻 t 的值。式(11-23)和式(11-24)也称为运动方程的积分形式。

2．力矩或力形式的运动方程

前面已分析过，在Δt 时间内，外力对机械所做的功 W 等于机械的动能增量ΔE，即 $W=\Delta E$。当Δt 很小变为微分量 $\mathrm{d}t$ 时，对于转动的等效构件有

$$\mathrm{d}W=M\mathrm{d}\varphi，\quad \mathrm{d}E = \mathrm{d}\left(\frac{1}{2}J\omega^2\right)$$

代入 $\mathrm{d}W=\mathrm{d}E$ 方程式，可以得到

$$M = \frac{\mathrm{d}\left(\frac{1}{2}J\omega^2\right)}{\mathrm{d}\varphi} = J\frac{\mathrm{d}\left(\omega^2/2\right)}{\mathrm{d}\varphi} + \frac{\omega^2}{2}\frac{\mathrm{d}J}{\mathrm{d}\varphi}$$

式中

$$\frac{\mathrm{d}\left(\omega^2/2\right)}{\mathrm{d}\varphi} = \frac{\mathrm{d}\left(\omega^2/2\right)}{\mathrm{d}t}\cdot\frac{\mathrm{d}t}{\mathrm{d}\varphi} = \omega\frac{\mathrm{d}\omega}{\mathrm{d}t}\cdot\frac{1}{\omega} = \frac{\mathrm{d}\omega}{\mathrm{d}t}$$

代入上式，得

$$M = M_\mathrm{d} - M_\mathrm{r} = J\frac{\mathrm{d}\omega}{\mathrm{d}t} + \frac{\omega^2}{2}\frac{\mathrm{d}J}{\mathrm{d}\varphi} \tag{11-25}$$

这就是力矩形式的运动方程。当 J 为常数时，式(11-25)可简化为

$$M = M_\mathrm{d} - M_\mathrm{r} = J\frac{\mathrm{d}\omega}{\mathrm{d}t} \tag{11-26}$$

类似地，对于移动的等效构件，可得力形式的运动方程为

$$F = F_\mathrm{d} - F_\mathrm{r} = \frac{v^2}{2}\frac{\mathrm{d}m}{\mathrm{d}s} + m\frac{\mathrm{d}v}{\mathrm{d}t} \tag{11-27}$$

当 m 为常数时，式(11-27)简化为

$$F = F_\mathrm{d} - F_\mathrm{r} = m\frac{\mathrm{d}v}{\mathrm{d}t} \tag{11-28}$$

转动等效构件和移动等效构件的运动方程形式相似，求解方法也相同。机械一般都有一根转动的主轴，所以习惯上常取主轴作为等效构件。为了方便和不失一般性，以下主要讨论等效构件为转动件的情况。

11.4.2　运动方程的求解方法

求解机械的运动规律时，可根据实际情况，选用一种易于求解的方程形式。建立了机械系统的运动方程，就可以着手解决机械系统的动力学问题，由已知的作用于机械系统上的力的变化规律，确定机械系统的真实运动规律。

由于作用于机械系统上的外力是多种多样的，因而等效力矩可能是位置、速度和时间的函数。求解运动方程所需的原始数据(等效转动惯量、等效力矩等)能用函数表达式、曲线或数值表格等不同形式给出。在不同情况下，求解运动方程的方法也应该不同，有解析法、图

解法和数值法三种。解析法常常遇到微积分运算的困难，其应用受到一定的限制。图解法简单易行，但计算精度低，尤其当作图步骤多时更是如此，因此图解法也受到一定的限制。数值法能够在较短的时间内获得精度较高的计算结果，故这种方法是研究机械系统真实运动规律最主要和最有效的方法。下面主要介绍解析法和数值法。

1. 解析法

假设工作阻力为常数或随角速度ω变化，机械的传动比为定值，即等效转动惯量为常数。也就是说$M=M(\omega)$，J=常数。用电动机驱动的鼓风机、离心泵以及车床等均属于这种类型的机械。

对于这类机械，应用力矩形式的运动方程较为方便，由式(11-26)得

$$M(\omega)=J\frac{\mathrm{d}\omega}{\mathrm{d}t}$$

由于这类机械稳定运转时ω为常数，故其稳定运转时的角速度ω可由代数方程 $M(\omega)=0$ 求得。若需要研究其过渡过程，则可根据已知的初始条件求解上式。

设初值$t=t_0$时$\omega=\omega_0$，将运动方程分离变量，并将等号两边积分得

$$\int_{t_0}^{t}\mathrm{d}t=J\int_{\omega_0}^{\omega}\frac{\mathrm{d}\omega}{M_{\mathrm{d}}(\omega)-M_{\mathrm{r}}(\omega)} \tag{11-29}$$

假设等效力矩可以表示为二次ω的多项式：

$$M(\omega)=a+b\omega+c\omega^2$$

代入式(11-29)得

$$t=t_0+J\int_{\omega_0}^{\omega}\frac{\mathrm{d}\omega}{a+b\omega+c\omega^2}$$

积分后得方程的解：

$b^2-4ac<0$ 时

$$t=t_0+\frac{2J}{\sqrt{4ac-b^2}}\left(\arctan\frac{2c\omega+b}{\sqrt{4ac-b^2}}-\arctan\frac{2c\omega_0+b}{\sqrt{4ac-b^2}}\right)$$

$b^2-4ac>0$ 时

$$t=t_0+\frac{2J}{\sqrt{b^2-4ac}}\ln\left(\frac{2c\omega+b-\sqrt{b^2-4ac}}{2c\omega+b+\sqrt{b^2-4ac}}\cdot\frac{2c\omega_0+b+\sqrt{b^2-4ac}}{2c\omega_0+b-\sqrt{b^2-4ac}}\right)$$

当 $b^2-4ac<0$ 时，方程 $a+b\omega+c\omega^2=0$ 无实根，表示机械无稳定转速，因此 $b^2-4ac<0$ 的情况只会在机械被制动的过程中出现。

通过以上分析可得到机械运动规律 $t=f(\omega)$，若需要得到较为直观的速度的时间历程 $\omega=f(t)$，则可以用数学方法对函数 $t=f(\omega)$求反函数，或借用数值法求解。采用数值法时可构造方程 $t_i-f(\omega_i)=0$，然后取一系列的 i 值，求出方程的根ω_i，于是便得到离散型函数的运动规律$\omega_i=f(t_i)$。

若需要得到运动规律$\omega=f(\varphi)$，则运动方程可改写为

$$M(\omega)=J\omega\frac{\mathrm{d}\omega}{\mathrm{d}\varphi} \tag{11-30a}$$

$$\mathrm{d}\varphi=\frac{J\omega}{M(\omega)}\mathrm{d}\omega \tag{11-30b}$$

两边积分得

$$\varphi=\varphi_0+J\int_{\omega_0}^{\omega}\frac{\omega}{M(\omega)}\mathrm{d}\omega \tag{11-31}$$

将 $M(\omega)=a+b\omega+c\omega^2$ 代入式(11-31)并积分，则当 $b^2-4ac<0$ 时有

$$\varphi=\varphi_0+\frac{J}{2c}\left[\ln\frac{a+b\omega+c\omega^2}{a+b\omega_0+c\omega_0^2}-\frac{2b}{\sqrt{4ac-b^2}}\left(\arctan\frac{2c\omega+b}{\sqrt{4ac-b^2}}-\arctan\frac{2c\omega_0+b}{\sqrt{4ac-b^2}}\right)\right]$$

当 $b^2-4ac<0$ 时有

$$\varphi=\varphi_0+\frac{J}{2c}\left[\ln\frac{a+b\omega+c\omega^2}{a+b\omega_0+c\omega_0^2}-\frac{b}{\sqrt{b^2-4ac}}\ln\left(\frac{2c\omega+b-\sqrt{b^2-4ac}}{2c\omega+b+\sqrt{b^2-4ac}}\cdot\frac{2c\omega_0+b+\sqrt{b^2-4ac}}{2c\omega_0+b-\sqrt{b^2-4ac}}\right)\right]$$

得到解析式 $\varphi=f(\omega)$ 后，再对其求反函数，或采用方程求根法，求出机械系统的运动规律 $\omega=f(\varphi)$。

当机械的工作阻力是执行构件位置的函数(如冲床等)，或工作阻力为常数，但执行构件和等效构件之间存在变速比传动关系时，等效阻力矩为等效构件位置的函数，即 $M_r=M_r(\varphi)$。以电动机为动力的机械，其驱动力矩是角速度的函数，即 $M_d=M_d(\omega)$。因此两者组合得到的等效力矩将是等效构件位置和速度的函数，即 $M=M_d-M_r=M(\varphi,\omega)$。若机械包含变速比机构，则机械的等效转动惯量为等效构件位置的函数，即 $J=J(\varphi)$。$M(\varphi,\omega)$、$J(\varphi)$ 是机械中经常遇到的情况。取 φ 为自变量，则力矩形式的运动方程为

$$M(\varphi,\omega)=\frac{\omega^2}{2}\frac{\mathrm{d}J(\varphi)}{\mathrm{d}\varphi}+J(\varphi)\omega\frac{\mathrm{d}\omega}{\mathrm{d}\varphi} \tag{11-32}$$

一般情况下，上述一阶非线性微分方程中 φ 和 ω 不易进行变量分离，难以用积分法求解，因此通常采用图解法或数值法进行求解。

【例 11-5】一起重机的电机机械特性曲线工作段如图 11-7 所示。已知 $\omega_1=100\text{rad/s}$ 时，$M_1=10\text{N·m}$；$\omega_2=52\text{rad/s}$ 时，$M_2=100\text{N·m}$；$\omega_3=0\text{rad/s}$ 时，$M_3=145\text{N·m}$。设以电机转轴为等效构件，在该电机的驱动下，作用在该电机轴上的等效阻力矩 $M_r=223\text{N·m}$，系统的等效转动惯量 $J=1\text{kg·m}^2$，试分析电机在初角速度 $\omega_0=100\text{rad/s}$ 时的运动情况。

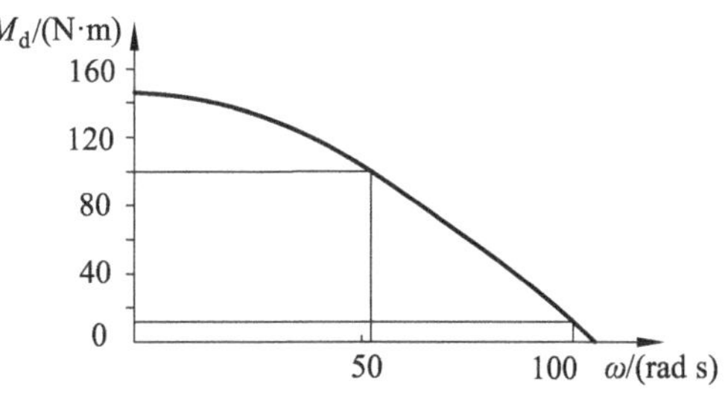

图 11-7　某电机机械特性曲线

解：首先求出电机机械特性曲线工作段的曲线方程。把已有的三组对应值代入 $M_d=a+b\omega+c\omega^2$ 中得关于 a、b、c 的三元一次方程组为

$$\left.\begin{aligned}&a+100b+100^2c=10\\&a+52b+52^2c=100\\&a=145\end{aligned}\right\}$$

解得 $a=145$，$b=-0.3404$，$c=-0.0101$。故电机的机械特性曲线工作段的方程为

$$M_d=145-0.3404\omega-0.0101\omega^2$$

所以等效力矩的函数表达式为

$$M=M_d-M_r=-78-0.3404\omega-0.0101\omega^2$$

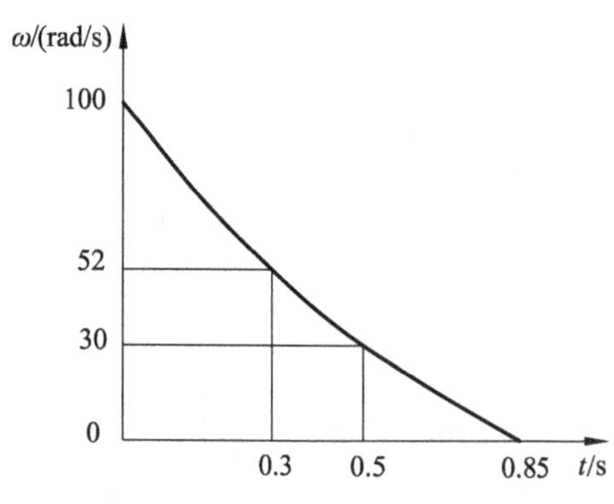

图 11-8　某电机的制动过程曲线

令 $t_0=0$，而 $J=1$ 为常数，由式(11-29)可得

$$t=\int_{100}^{\omega}\frac{\mathrm{d}\omega}{-78-0.3404\omega-0.0101\omega^2}$$

因为 $b^2-4ac<0$，得

$$t=\frac{2}{\sqrt{4ac-b^2}}\arctan\frac{2c\omega+b}{\sqrt{4ac-b^2}}\Bigg|_{100}^{\omega}$$

整理后得

$$\omega=-86.2485\tan(0.8711t-0.935)-16.8515$$

如果这时需要计算电机从初角速度 100rad/s 到完全停止所需的时间，即可令上式中 $\omega=0$，解之 $t\approx0.85$s，其制动过程的曲线如图 11-8 所示。

2．数值法

数值法的原理是：将自变量时间 t 的区间分成许多相等的小区间；在每个小区间内认为方程的解函数 $\omega=f(t)$ 呈线性变化；在每个小区间内将 ω 的一阶微分方程近似转换为线性代数方程，利用小区间中 ω 的初值 ω_i 与确定的斜率求得终值 ω_{i+1}，而该终值又是下一个小区间的初值。由于已知 $t=t_0$ 时，$\omega=\omega_0$，即运动方程的求解属初值问题，故可利用算式的递推性，按顺序对一系列的小区间作递推计算即可求得 $\omega=f(t)$ 的一系列近似离散值。

数值法的递推计算式为

$$\omega_{i+1}=\omega_i+\rho_i\Delta t$$

式中，ρ_i 为区间 (t_i, t_{i+1}) 的斜率；Δt 为区间 (t_i,t_{i+1}) 的长度，$\Delta t=t_{i+1}-t_i$ 也称为步长，一般为常数。

当 $M=M(\omega)$、J=常数时，机械运动方程为

$$M(\omega)=J\frac{\mathrm{d}\omega}{\mathrm{d}t}$$

$$\mathrm{d}\omega=\frac{M(\omega)}{J}\mathrm{d}t$$

将方程两边对区间 (t_i,t_{i+1}) 积分得

$$\omega_{i+1}=\omega_i+\int_{t_i}^{t_{i+1}}\frac{M(\omega)}{J}\mathrm{d}t \tag{11-33}$$

根据微分中值定理有

$$\frac{\omega_{i+1}-\omega_i}{\Delta t}=[\omega']_{t=t_i+\theta\Delta t}=\left[\frac{M(\omega)}{J}\right]_{\omega=\omega(t_i+\theta\Delta t)}$$

可改写为

$$\omega_{i+1}=\omega_i+\left[\frac{M(\omega)}{J}\right]_{\omega=\omega(t_i+\theta\Delta t)}\Delta t \tag{11-34}$$

式中，θ 为 0 与 1 之间的某个数。

将式(11-33)与式(11-34)对照可知

$$\rho_i=\left[\frac{M(\omega)}{J}\right]_{\omega=\omega(t_i+\theta\Delta t)}$$

因为$\omega=f(t)$与θ均为未知，故无法求得精确的ρ_i值，但在区间较小时，可以通过一定的算法确定其近似解，从而得到能实际使用的递推算式。这些算式的具体推导本书从略，读者可以参考有关的资料。

11.5　机械速度波动的调节

一般情况下机械系统的正常工作过程是稳定运转阶段，其等效驱动力矩和等效阻力矩并不时时相等，其等效转动惯量保持不变或随不同工况变化，因此，机械的等效构件(机械的主轴)的角速度也会发生变化。如果机械中等效力矩做周期性变化，由力矩形式的运动学方程可知，运动方程角速度的解也将呈周期性的变化，即机械主轴的角速度呈周期性的波动，这种速度波动称为周期性速度波动。如冲床，冲头每冲一次，主轴就产生一次较大的速度波动。如果机械中某些外力的变化不具有周期性，则主轴的速度波动也无周期性，这种情况称为非周期性速度波动。如作用在推土机上的工作阻力，随着土质、地形、推土量等因素无规律地变化。在多数情况下，机械系统的速度波动是有害的，将不同程度地恶化生产过程，降低产品质量，因而必须采取措施加以调节，并限制在许可范围内。

11.5.1　机械的自调性分析

机械运转时总会遇到负载或驱动力的一些人为的或随机的变化。如金属切削机床由于切削量的变化引起切削阻力的变化；柴油发电机由于用电量的变化引起负荷的变化；电动机因为电源电压变化引起驱动力矩的变化。当发生这些变化时，机械若能自动调整转速，并在新的平稳转速下稳定工作，则称这种机械具有自调性。无自调性或自调性差的机械必须装调速器才能正常工作。图 11-9(a)为无自调性的机械的特性曲线，图中 A 点为机械当前的平衡工作点，即满足关系式 $M_d=M_r$。若负载减小，M_r 曲线下移，则出现过剩的驱动力矩ΔM，使机械的转速上升，当转速自ω_A上升到ω'时，过剩的驱动力矩由ΔM 增大到$\Delta M'$，使转速进一步上升，直至机械损坏。反之负载增加，则必然导致机械停车，所以这种机械不具有自调性。图 11-9(b)为具有自调性的机械的特性曲线，平衡工作点在 A 点。若负载减小，则转速上升，但过剩的驱动力矩ΔM 也相应减少，最后在 B 点重新稳定。可以看出具有自调性的机械的等效力矩 M_d-M_r 随ω的增大而减小，或随ω的减小而增大，即 $\dfrac{\partial\left(M_d-M_r\right)}{\partial\omega}<0$，因此机械具有自调性的条件为

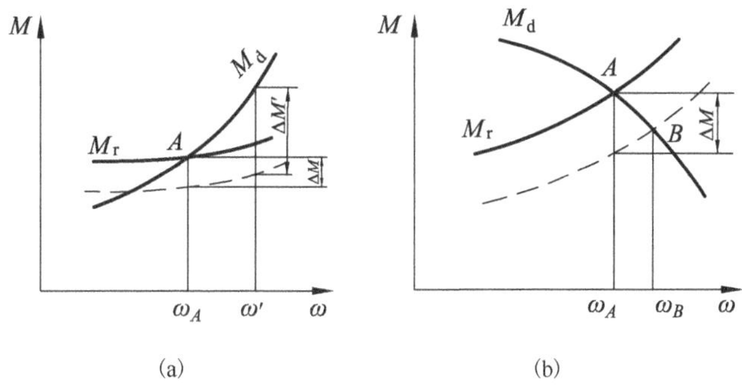

图 11-9　机械的自调性分析

$$\frac{\partial M_{\mathrm{r}}}{\partial \omega} > \frac{\partial M_{\mathrm{d}}}{\partial \omega} \tag{11-35}$$

若不是负载变化，而是机械受到一个瞬时的激励，使运动参数偏离了稳态值，这时具有自调性的机械将会自动恢复到稳态值，这种特性称为系统的稳定性，其基本概念和自调性相同。

11.5.2 周期性速度波动的调节

对于速度呈周期性波动的机械，其速度波动的最大值与最小值是由机械的运动方程唯一确定的。这使我们有可能根据运动方程来寻求减少机械速度波动的方法。

在以主轴为等效构件的机械中，当等效构件的角位移为φ_a和φ_b时，设其角速度分别达到最大值$\omega_{\max}$和最小值$\omega_{\min}$。由机械动能形式的运动方程得到

$$\frac{1}{2}\left[J(\varphi_a)\omega_{\max}^2 - J(\varphi_b)\omega_{\min}^2\right] = \int_{\varphi_b}^{\varphi_a} M\,\mathrm{d}\varphi \tag{11-36}$$

在一般情况下，机械的转动惯量由两部分组成，设以 J_{c} 表示与等效构件有定传动比的各构件的等效转动惯量，以 $J'(\varphi_i)$ 表示等效构件位于φ_i 时与等效构件有变传动比的各构件的等效转动惯量，则等效构件在位置φ_i时的等效转动惯量为

$$J(\varphi_i)=J_{\mathrm{c}}+J'(\varphi_i) \tag{11-37}$$

将式(11-37)代入式(11-36)中得

$$\frac{1}{2}\left\{\left[J_{\mathrm{c}} + J'(\varphi_a)\right]\omega_{\max}^2 - \left[J_{\mathrm{c}} + J'(\varphi_b)\right]\omega_{\min}^2\right\} = \int_{\varphi_b}^{\varphi_a} M\,\mathrm{d}\varphi \tag{11-38}$$

设$\Delta J_{ba}=J'(\varphi_b)-J'(\varphi_a)$，由式(11-38)可得

$$\omega_{\max}^2 - \omega_{\min}^2 = \frac{2\int_{\varphi_a}^{\varphi_b} M\,\mathrm{d}\varphi + \Delta J_{ba}\omega_{\min}^2}{J_{\mathrm{c}} + J'(\varphi_a)} \tag{11-39}$$

从式(11-39)可以看出，如果作用在机械上的外力不变，与等效构件有变传动比的各构件的质量和转动惯量也不变，总可以通过增大 J_{c} 来减小机械主轴速度波动的幅值。因此可以在等效构件(一般为机械的主轴)上安装一个转动惯量较大的旋转构件——飞轮，来减小机械主轴速度波动的幅值。机械上安装飞轮以后，当驱动力所做的功超过阻力所做的功时，飞轮能将这些多余的能量储存起来，即动能增加较多而速度增加较少。反之，当阻力所做的功超过驱动力所做的功时，飞轮又能将储存的多余能量释放出来，使其动能减小较多而速度减小较少。这样就可以达到调节速度波动的目的。不过应当强调指出的是，安装飞轮不能使机械运转速度绝对不变，也不能解决非周期性速度波动的问题，例如，在一个时期内，若驱动力所做的功一直小于阻力所做的功，则飞轮的能量将没有补充的来源，也就起不了调节机械速度波动的作用。

11.5.3 非周期性速度波动的调节

非周期性速度波动发生的原因是驱动力所做的功持续大于或小于阻力所做的功。这时利用飞轮已不能达到调速的目的，必须应用称为调速器的专用机构。现代调速器的类型很多，有纯机械的，也有包含液压元件、气动元件和电气或电子元件的。

图 11-10 为离心调速器。调速器本体 5 由两个对称摇杆滑块机构并联而成，套筒 N(相当于滑块)和中心轴 P 组成移动副。两个重球 K 分别装在摇杆 AC 和 BD 的末端，AC 和 BD 由

弹簧 L 互相连接，使两重球在中心轴 P 不转时相互靠近。中心轴 P 经一对圆锥齿轮 3、4 连于原动机 1 的主轴上，而原动机又和工作机 2 相连。当机械主轴的转速ω_1改变时，调速器的转速ω_g也随着改变，从而由于重球 K 离心力的作用带动套筒 N 上下移动。在主轴的不同转速下，套筒将占有不同的位置。套筒 N 经销轴 M 与杠杆 OR 相连，从而控制节流阀 6。当工作机 2 的载荷减小时，原动机 1 的转速增加，调速器的转速加大，致使重球 K 在离心力的作用下远离中心轴 P。这时套筒 N 上升，使杠杆 OR 推动节流阀 6 下降，减少了进入原动机的燃气等工作介质，使驱动力减小到和阻力相适应，从而使机械在略高的转速下重新达到稳定运动。反之，如果载荷增大，转速降低，重球 K 便靠近中心轴 P，节流阀 6 上升，增加进入原动机的工作介质，使驱动力上升，又和阻力相适应，从而使机械在略低的转速下重新达到稳定运动。

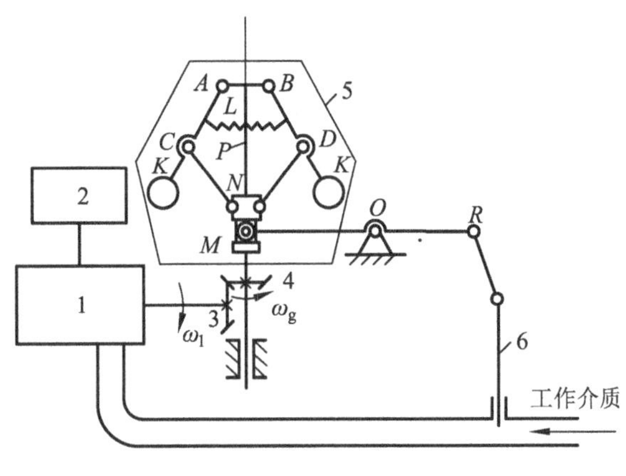

图 11-10　离心调速器

11.6　飞轮的设计

11.6.1　机械周期性速度波动的参数

机械周期性速度波动可以使用三个总体参数进行描述：其一是运动变化的周期；其二是周期性速度波动角速度的平均值；其三是速度的不均匀程度。

假设机械一个周期内角速度的变化如图 11-11 所示。在周期 T 内的平均角速度ω_m应为在此周期内的转角φ_T和 T 的比值，即$\omega_m=\varphi_T/T$，而$\varphi_T=\int_0^T\omega\,\mathrm{d}t$ 等于曲线下面积 $OABCDEO$。故

$$\omega_m=\frac{\int_0^T\omega\,\mathrm{d}t}{T}\tag{11-40}$$

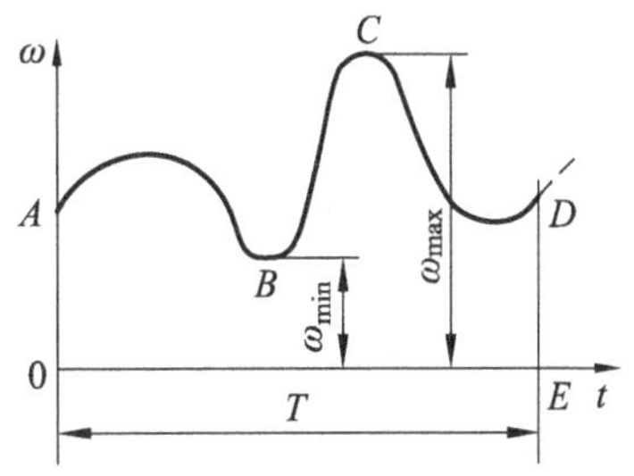

图 11-11　机械一个周期的角速度变化曲线

由于实际的平均角速度往往不易求得，工程计算中常用最大和最小角速度的算术平均值来替代式(11-40)以简化计算，即

$$\omega_m=\frac{1}{2}\left(\omega_{max}+\omega_{min}\right)\tag{11-41}$$

在一个周期内，角速度的最大差值$\omega_{max}-\omega_{min}$ 可反映出机械主轴角速度变化的绝对量，但不能反映机

械运转的不均匀程度。因为在高速机械中，如平均转速为5000r/min的机械中若有50r/min的波动，则速度波动并不很显著；而若在平均转速为100r/min的低速机械中，转速波动为50r/min，则其速度波动将很明显。一般采用角速度的变化量和其平均角速度的比值来描述机械系统运转的不均匀程度。这个比值用δ表示，称为机械运转的不均匀系数，即

$$\delta = \frac{\omega_{\max} - \omega_{\min}}{\omega_{\mathrm{m}}} \tag{11-42}$$

由式(11-41)和式(11-42)解得

$$\delta = 2\frac{\omega_{\max} - \omega_{\min}}{\omega_{\max} + \omega_{\min}} \tag{11-43}$$

$$\omega_{\max} = \omega_{\mathrm{m}}\left(1 + \frac{\delta}{2}\right) \tag{11-44}$$

$$\omega_{\min} = \omega_{\mathrm{m}}\left(1 - \frac{\delta}{2}\right) \tag{11-45}$$

由式(11-42)可知，当ω_{m}一定时，δ越小，则$\omega_{\max}$与$\omega_{\min}$之差越小，即机械运转越平稳。由于各种机械的工作性质不同，对其速度波动的限制也不一样。例如，发电机的速度波动会直接影响输出的电压和电流的变化，若变化太大，会使灯光忽明忽暗，闪烁不定；又如，金属切削机床的速度波动也会影响被加工工件的表面质量。因而，对于这种机械，其许可的运转不均匀系数应当取得小一些；相反，由于破碎机和冲床等机械的速度波动对其正常工作影响不大，因此，其许可的运转不均匀系数可取得大一些。表11-1给出了某些常用到的机械运转不均匀系数的许用值$[\delta]$，可供设计时参考。机械运转周期性速度波动的调节，可以采用飞轮来减小机械运转的不均匀系数，使

$$\delta \leqslant [\delta] \tag{11-46}$$

表 11-1　机械运转的许用不均匀系数

机械名称	许用不均匀系数$[\delta]$
碎石机	1/5～1/20
农业机械	1/10～1/50
冲床、剪床	1/7～1/10
金属切削机床、船用发动机螺旋桨	1/20～1/40
汽车、拖拉机	1/20～1/60
内燃机、往复式压缩机	1/80～1/160
织布机	1/40～1/50
纺纱机	1/60～1/100
发动机带直流发电机	1/100～1/200
发动机带交流发电机	1/200～1/300
航空发动机、汽轮发电机	<1/200

11.6.2　飞轮转动惯量的近似计算

飞轮设计的基本问题是，在许用值$[\delta]$范围内确定飞轮的转动惯量J_{F}。设机械在未安装飞轮时，其主轴的运转速度不均匀系数δ大于其许用值$[\delta]$。为此，在机械主轴即等效构件上安装一个转动惯量为J_{F}的飞轮，使其主轴的速度在允许范围内波动。又设等效构件的初始角位移为φ_0，当等效构件从φ_0转到φ_a时，其角速度达到最大值$\omega_{\max}$；当等效构件从φ_0转到φ_b时，

其角速度达到最小值$\omega_{\min}$。设等效转动惯量的常量部分为J_c，变量部分为$J'(\varphi_i)$。由机械的运动方程得

$$\frac{1}{2}\left[J_F+J_c+J'(\varphi_a)\right]\omega_{\max}^2-\frac{1}{2}\left[J_F+J_c+J'(\varphi_b)\right]\omega_{\min}^2=\int_{\varphi_0}^{\varphi_a}M\,\mathrm{d}\varphi-\int_{\varphi_0}^{\varphi_b}M\,\mathrm{d}\varphi \tag{11-47}$$

式中，φ_a、φ_b未知。尽管我们可以根据给出的ω_m和$[\delta]$求出允许的$\omega_{\max}$和$\omega_{\min}$，但是无法求出J_F。因此，在工程实际中常将式(11-47)简化。

机械安装飞轮以后，等效转动惯量中的变量部分由于受转速比的影响，其值与常量部分相比通常比较小；同时，飞轮的转动惯量在一般情况下要求并不十分精确。所以可以忽略等效转动惯量中的变量部分，即认为系统的等效转动惯量为常量(J_F+J_c)。则式(11-47)可以写成

$$\frac{1}{2}(J_F+J_c)\left(\omega_{\max}^2-\omega_{\min}^2\right)=\int_{\varphi_0}^{\varphi_a}M\,\mathrm{d}\varphi-\int_{\varphi_0}^{\varphi_b}M\,\mathrm{d}\varphi \tag{11-48}$$

式中，等号左端表示系统动能的最大值与最小值之差，由动能定理可知，等号右端应为等效力矩做功的最大值$W_{\max}$与最小值$W_{\min}$之差。

设等效构件从初始位置φ_0运动到任一位置φ时等效力矩$M=M_d-M_r$做的功为正，这时称等效力矩做盈功；反之若等效力矩$M=M_d-M_r$做的功为负，称等效力矩做亏功。因此式(11-48)等号右端应为等效力矩所做的最大盈功$W_{\max}$与最大亏功$W_{\min}$之差，称为最大盈亏功，以$\Delta W_{\max}$表示。因此式(11-48)可以改写为

$$\frac{1}{2}(J_F+J_c)\left(\omega_{\max}^2-\omega_{\min}^2\right)=W_{\max}-W_{\min}=\Delta W_{\max} \tag{11-49}$$

将式(11-44)、式(11-45)代入式(11-49)得

$$J_F=\frac{\Delta W_{\max}}{\omega_m^2[\delta]}-J_c \tag{11-50}$$

对于运动呈周期性变化的机械，最大盈亏功的值由等效驱动力矩M_d和等效阻力矩M_r的变化规律唯一确定。因此，飞轮转动惯量计算中的核心问题是如何从已知的M_d和M_r的函数曲线中求出最大盈亏功$\Delta W_{\max}$之值。一旦最大盈亏功值求得，便可以根据式(11-50)求得J_F。这里介绍一种称为能量指示图的方法来求解最大盈亏功$\Delta W_{\max}$。

已知机械在稳定运转阶段一个运动周期内的等效驱动力矩和等效阻力矩都是等效构件角位置φ的函数，$M_d(\varphi)$和$M_r(\varphi)$的变化曲线如图 11-12(a)所示，等效构件的平均角速度为ω_m，相应的能量指示图如图 11-12(b)所示。

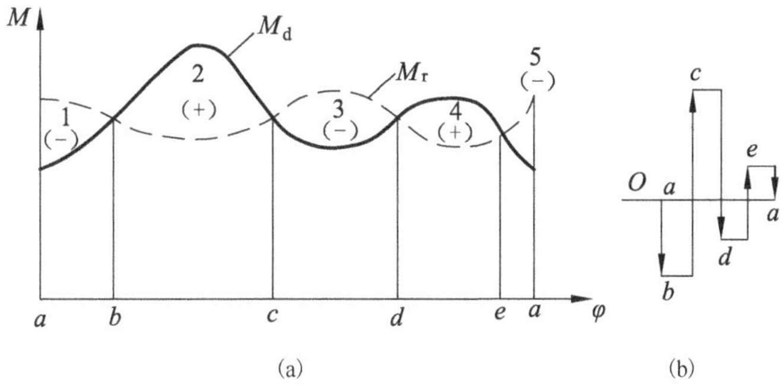

图 11-12　一个运动周期内的等效力矩变化曲线及能量指示图

在图 11-12(a)中，两给定曲线$M_d(\varphi)$与$M_r(\varphi)$的相交处，$M_d=M_r$，则$(J_F+J_c)\varepsilon=0$，所以主

轴在此处的角加速度为零，即ε=0。而最大和最小角速度ω_{max}和ω_{min}总是发生在ε=0 处，所以W_{max}和W_{min}必发生在$M_d(\varphi)$与$M_r(\varphi)$曲线的相交处。至于W_{max}和W_{min}具体发生在哪个位置，可作能量指示图求得。其求法如下。

先求图 11-12(a)中 1、2、3、4、5 面积的大小，在图 11-12(b)中按比例分别以垂直矢量$\overrightarrow{ab}$、$\overrightarrow{bc}$、$\overrightarrow{cd}$、$\overrightarrow{de}$、$\overrightarrow{ea}$表示。取任一点 O 为基点，按面积 1、2、3、4、5 的顺序依次衔接地画出相应的垂直矢量。此时应注意：负面积表示此区间 M_r>M_d，矢量箭头指向下；正面积表示此区间 M_d>M_r，矢量箭头指向上。由于一个运动循环的起始位置与终点位置处的动能相等，所以能量指示图的首尾应在同一水平线上，即形成封闭的台阶形折线。从图 11-12(b)可以看出，b 点最低，c 点最高，故主轴在角位置φ_b时机械的动能最小，在角位置φ_c时其动能最大，所以最大盈亏功ΔW_{max}发生在φ_b至φ_c的区间。而

$$\Delta W_{max}=\int_{\varphi_b}^{\varphi_c}\left(M_d-M_r\right)d\varphi=\text{面积 2 所代表的功}$$

用式(11-50)设计飞轮时，由于忽略了等效转动惯量中的变量部分，而机械的等效转动惯量总是起阻止系统速度变化的作用，所以按式(11-50)设计出的飞轮的转动惯量比按式(11-47)设计的要大。从满足运转平稳的要求来看，这是有利的。

一般来讲，机械转动惯量的常量部分也比飞轮的转动惯量小得多，J_c也可忽略，所以

$$J_F=\frac{\Delta W_{max}}{\omega_m^2[\delta]}=\frac{900\Delta W_{max}}{\pi^2 n^2[\delta]} \tag{11-51}$$

式中，n 为飞轮的转速。

由式(11-51)可知：

(1)当ΔW_{max}与ω_m一定时，飞轮转动惯量 J_F 与许用不均匀系数$[\delta]$为一等边双曲线关系。当$[\delta]$很小时，会使飞轮转动惯量 J_F 很大。因此过分追求机械运转的均匀性，将会使飞轮过于笨重。

(2)由于 J_F 不可能为无穷大，而ΔW_{max}与ω_m又都是有限值，所以$[\delta]$不可能为零，即安装飞轮后不能消除机械的速度波动，只能是减小波动的幅度。

(3)当 J_F 与ω_m一定时，ΔW_{max}与$[\delta]$成正比，即最大盈亏功越大，机械运转越不均匀。

(4)当ΔW_{max}与$[\delta]$一定时，J_F 与ω_m的平方成反比。所以为了减小飞轮的转动惯量，宜将飞轮安装在机械中的高速轴上。当然，在实际设计中还必须考虑安装飞轮轴的刚性和结构的可能性等。

11.6.3　飞轮几何尺寸及质量的设计

飞轮通常由轮缘 1、轮辐 2 和轮毂 3 组成，如图 11-13 所示。由于 2、3 部分的转动惯量占全飞轮转动惯量的 15%左右，为了简化计算，可以只考虑轮缘部分的转动惯量。

设飞轮外径为 D_1，轮缘内径为 D_2，轮缘质量为 m，由理论力学的有关知识可得

$$J_F=\frac{m}{2}\left(\frac{D_1^2+D_2^2}{4}\right)=\frac{m}{8}\left(D_1^2+D_2^2\right) \tag{11-52}$$

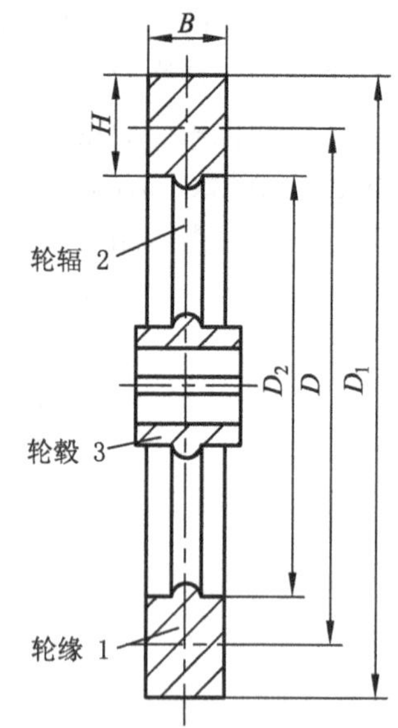

图 11-13　飞轮结构简图

如果飞轮轮缘厚度 H 不大，可认为轮缘质量集中在平均直径为 D 的圆周上。设 $D=(D_1+D_2)/2$，由式(11-52)得

$$J_F \approx \frac{mD^2}{4} \tag{11-53}$$

当机械需要安装的飞轮的转动惯量 J_F 求出后，则可按式(11-53)选择飞轮平均直径 D 和质量 m。

当飞轮的转动惯量一定时，D 越大，则 m 越小，这对减轻机械的静载是有利的。但直径太大，会带来制造和运输的困难，占据的空间大，同时由于轮缘圆周速度增大，有可能使飞轮因离心力过大而破裂。因此，在确定飞轮尺寸时，应校验飞轮的最大圆周速度，使其满足安全极限。

当 D 确定后，飞轮的质量即可求出，近似为

$$m=\pi\rho BHD$$

式中，ρ为材料密度；B 为飞轮宽度；D 为飞轮平均直径；H 为飞轮轮缘厚度。定出了飞轮的主要尺寸及飞轮的质量，其他部分的几何尺寸就容易求得了。

本章小结

本章讨论机械的运转及其速度波动调节方面的一些基本问题，其主要内容如下。

(1)机械的运转通常经历起动、稳定运转和停车三个阶段。

(2)机械上的作用力通常是常量或是位置、速度、时间的函数；三相交流异步电动机的机械特性可由其额定参数近似地确定。

(3)在研究单自由度机械的运动与力的关系时，可以采用等效动力学模型。将作用在机械上的所有外力和各构件的质量转化到某一选定的构件上，并保持该构件与机械中该构件的真实运动相同，该构件就是等效构件。等效构件上的等效力(或等效力矩)是按等效前后瞬时功率相等的条件确定的；等效构件的等效质量(或等效转动惯量)是按等效前后动能相等的条件确定的。

(4)机械的运动方程有能量形式和力(或力矩)形式两种；机械运动方程的求解多用解析法和数值法。

(5)机械速度波动的形式有周期性速度波动和非周期性速度波动两种。机械的速度波动是有害的，必须设法加以调节，并限制在许可范围内。周期性速度波动可用飞轮进行调节；非周期性速度波动则必须用专门的调速装置——调速器。

(6)飞轮设计的基本问题是，在许用速度不均匀系数[δ]范围内，确定飞轮的转动惯量 J_F。在飞轮转动惯量的近似计算中，可略去等效转动惯量的变量部分和略去全部的等效转动惯量。

复习思考题

1．机械运转通常经历哪三个阶段？

2．工作阻力和驱动力有哪些形式？

3．何谓等效构件？计算等效力(或等效力矩)和等效质量(或等效转动惯量)所依据的条件是什么？

4．等效力(或等效力矩)和等效质量(或等效转动惯量)有哪些特点？

5．周期性速度波动和非周期性速度波动的特点是什么？调节方法各如何？

6．运转不均匀系数δ是如何定义的？

7．何谓飞轮？飞轮为什么能调速？将飞轮装在高速轴还是低速轴上有利？对于非周期性速度波动能否用飞轮调速？

8．试说明求解最大盈亏功的能量指示图的原理。

习　　题

11-1　在题 11-1 图所示的六杆机构中，已知滑块 5 的质量 m_5=20kg，$l_{AB}=l_{ED}$=100mm，$l_{BC}=l_{CD}=l_{EF}$=200mm，$\varphi_1=\varphi_2=\varphi_3=90°$，作用在滑块 5 上的力 P=500N。当取曲柄 AB 为等效构件时，求机构在图示位置的等效转动惯量和力 $\boldsymbol{P}$ 的等效阻力矩。

11-2　在题 11-2 图所示的轮系中，已知各齿轮齿数 $z_1=z_2'=20$，$z_2=z_3=40$，$J_1=J_2'=0.01\text{kg}\cdot\text{m}^2$，$J_2=J_3=0.04\text{kg}\cdot\text{m}^2$。作用在轴 O_3 上的阻力矩 M_3=40N·m。当取齿轮 1 为等效构件时，求机构的等效转动惯量和阻力矩 M_3 的等效阻力矩。

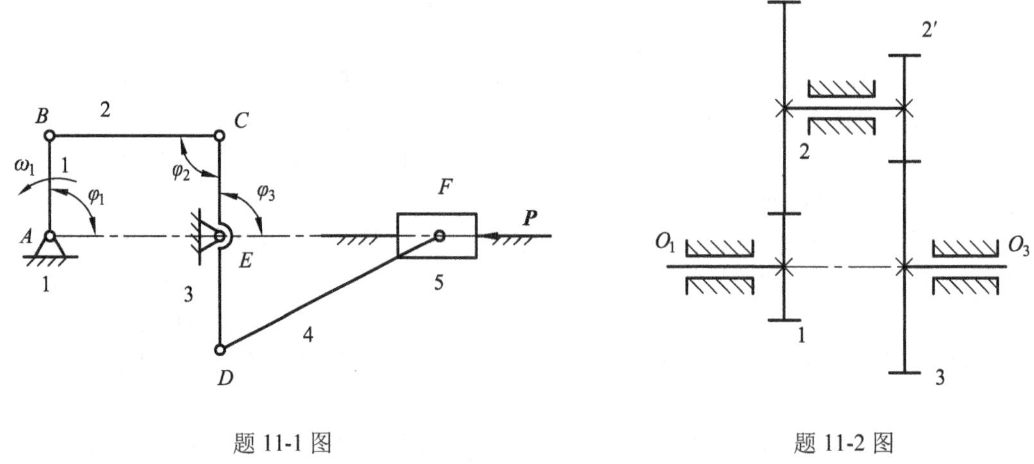

题 11-1 图　　　　题 11-2 图

11-3　某机械选用交流异步电动机为原动机，电动机的额定角速度ω_{H}=102.8rad/s，额定转矩 M_{H}=465N·m，同步角速度ω_0=104.6rad/s，过载系数 T_{M}=2。以电动机轴为等效构件，求等效阻力矩 M_{r}=400N·m 时，该机械稳定运转的角速度。

11-4　在题 11-4 图所示的曲柄滑块机构中，已知构件的质量 m_2=10kg，m_3=30kg；曲柄 1 对轴 A 的转动惯量 $J_{1A}=0.5\text{kg}\cdot\text{m}^2$，连杆 2 对其质心 S_2 的转动惯量 $J_{S2}=1\text{kg}\cdot\text{m}^2$；$l_{AB}$=200mm，$l_{BC}$=600mm，$l_{BS2}$=200mm。当$\varphi=0°$时，曲柄的角速度$\omega_0$=10rad/s。作用在曲柄轴上的不变驱动力矩和阻力矩各为 M_{d}=50N·m 和 M_{r}=20N·m。求当$\varphi=90°$时曲柄的角速度(不计重力做功)。

11-5　题 11-5 图为一机组转化到主轴的等效驱动力矩曲线 $M_{\text{d}}(\varphi)$和等效阻力矩 $M_{\text{r}}(\varphi)$曲线。机组中除飞轮外其他构件的转动惯量不计，主轴的转速为 600r/min，机组运转不均匀系数为 0.04。试求安装在主轴上飞轮的转动惯量 J_{F} 及平均角速度ω_{m}。

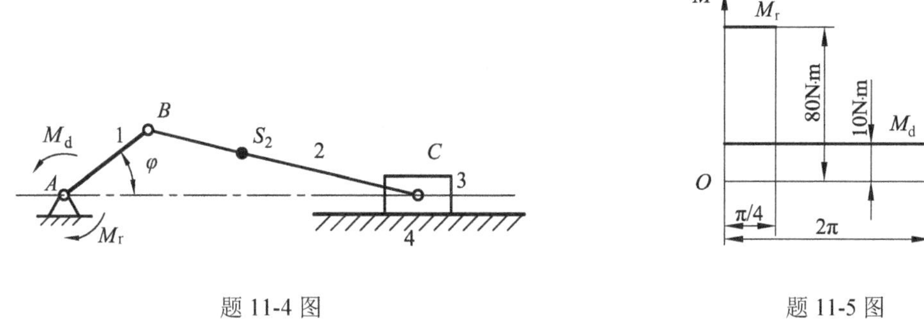

题 11-4 图　　　　　　　　　　　　题 11-5 图

11-6　题 11-6 图为一机械转化到曲柄轴上的等效阻力矩变化曲线。机械在一个工作循环稳定运转时期，其等效驱动力矩为不变量。机械中活动构件的等效转动惯量 J=0.12kg·m^2。当已知曲柄平均角速度为 30rad/s，运转不均匀系数δ=0.02 时，试确定装在曲柄轴上的飞轮的转动惯量 J_F。

11-7　题 11-7 图为多汽缸发动机曲柄上的驱动力矩和阻力矩的变化曲线，其阻力矩等于常数，驱动力矩曲线与阻力矩曲线围成的面积依次为+580、−320、+390、−520、+190、−390、+260、−190(单位为 mm^2)。题 11-7 图的比例尺μ_M=100N·m/mm，μ_φ=0.1rad/mm，设曲柄的平均转速为 120r/min，要求发动机的转速不得超过其平均值的±3%，求应该在曲柄轴上安装飞轮的转动惯量。

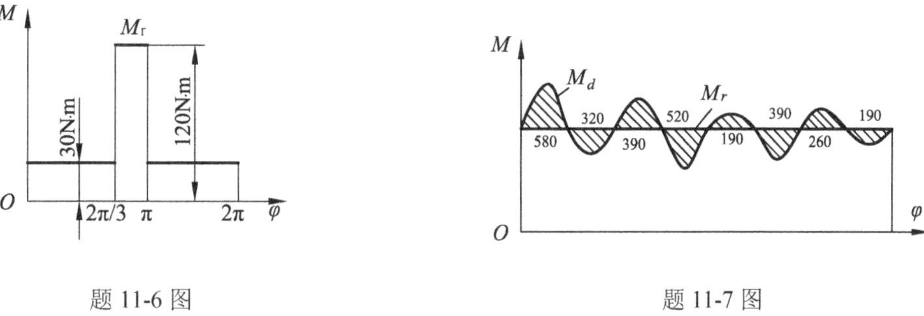

题 11-6 图　　　　　　　　　　　　题 11-7 图

第 12 章　机械的平衡

12.1　概　　述

机械运转过程中，运动构件不平衡的惯性力会在机械各运动副中引起动压力。这一方面会使运动副中产生附加摩擦力，从而增加运动副中的磨损，并降低机械效率；另一方面会在构件中引起附加应力，影响构件强度。同时，这种惯性力又是随机械运动的循环而做周期性的变化的，导致机械及其基础发生机械振动。这往往会降低机械工作精度及可靠性，甚至造成机械事故或破坏。随着机械向重型、高速和精密方向发展，上述问题更显得突出。

为了避免构件不平衡惯性力引起的不良后果，必须合理地分配各构件的质量，使惯性力得以平衡。机械平衡，就是为了减小或消除各构件的不平衡惯性力所引起的机械振动和运动副中的附加动压力而采取的改变构件质量分布的措施。按机械运转时构件运动的特点，机械平衡可分为以下两类。

1．转子的平衡

绕固定轴回转的构件，通常称为转子。转子第一次出现强烈振动时的转速称为一阶临界转速。转子工作转速低于其一阶临界转速时，可以不考虑转子的弹性变形而视为刚体，称为刚性转子。工作转速高于一阶临界转速的转子，称为柔性转子。对于刚性转子可以用力学中的力系平衡原理，采取附加平衡质量的方法，使转子上所有质量的惯性力构成一个平衡力系而达到平衡。柔性转子的平衡，要考虑弹性变形等因素，平衡理论和平衡技术都复杂得多，其内容已超出本课程教学大纲范围，故从略。

2．机构的平衡

机械中做往复运动或做复杂运动的构件，无论其质量分布如何，所产生的惯性力或惯性力矩，都不可能在同一构件内部通过调整质量分布的方法得以平衡，而需对整个机构加以研究。在这种情况下，可以将所有构件的惯性力和惯性力矩用作用于机座上的惯性力合力和惯性合力矩来代替。其中对惯性合力矩的平衡，需要与作用在机构上的外加驱动力矩和阻力矩一并考虑才能进行，相当复杂。为了简化，在实际的机构平衡计算中，常只对作用在机构上的惯性力合力，采取调整机构质量分布的方法，予以平衡。这种机构惯性力合力的平衡，也称为机构的静平衡。

本章着重研究刚性转子的平衡原理和平衡方法，这是工程中最常见的平衡问题。

12.2　转子的平衡原理

12.2.1　转子不平衡的原因及分类

转子回转时，其分布质量所产生的惯性力，如果导致转了支承上存在动压力，则此转子称为不平衡转子。图 12-1 为一绕回转轴 AB 转动的不平衡转子，其质量 M 等于各分布质量

$m_i(i=1,2,\cdots,n)$之和，即$M=\sum_{i=1}^{n}m_i$，转子质心为C。在回转轴AB上任取一点O为坐标原点作坐标系$Oxyz$，其中Oz轴与回转轴AB相重合。转子质心C的坐标为(x_C, y_C, z_C)，各分布质量m_i的坐标为(x_i, y_i, z_i)。设转子以等角速度ω回转，各分布质量将在垂直于回转轴的回转平面内产生惯性力。对坐标轴Oz上任一点，如坐标原点O，可求得惯性力的合力(主矢)$\boldsymbol{F}_O$和惯性力的合力矩(主矩)$\boldsymbol{M}_O$，它们在各坐标轴上的投影为

$$\left.\begin{aligned}
F_{Ox}&=\sum_{i=1}^{n}m_ix_i\omega^2=Mx_C\omega^2\\
F_{Oy}&=\sum_{i=1}^{n}m_iy_i\omega^2=My_C\omega^2\\
F_{Oz}&=0\\
M_{Ox}&=-\sum_{i=1}^{n}m_iy_iz_i\omega^2=-J_{yz}\omega^2\\
M_{Oy}&=\sum_{i=1}^{n}m_ix_iz_i\omega^2=J_{xz}\omega^2\\
M_{Oz}&=0
\end{aligned}\right\}\tag{12-1}$$

式中，J_{yz}和J_{xz}分别称为转子对轴y及轴z和对轴x及轴z的惯性积，是转子与轴z相关的两个惯性积。若转子对过O点的轴z的两惯性积等于零，则称轴z为过O点的惯性主轴。过转子质心C的惯性主轴，称中心惯性主轴。

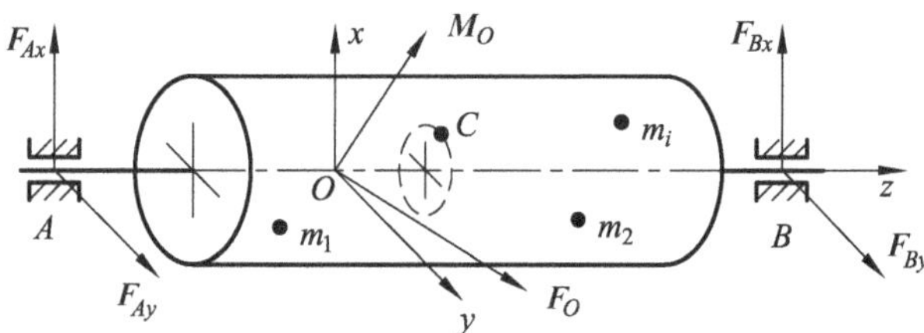

图 12-1　不平衡转子惯性力的简化

转子的惯性力的主矢和主矩将对转子支承A和B引起动反力。要使支承上的动反力为零，也就是转子平衡，必须使$F_{Ox}=F_{Oy}=0$，$M_{Ox}=M_{Oy}=0$，由式(12-1)可知，必须是$x_C=y_C=0$，$J_{yz}=J_{xz}=0$。因此，若转子是平衡的，其回转轴必然与中心惯性主轴重合。对于实际的转子，由于转子结构相对回转轴不对称，材料不均匀，加工方法和装配工艺存在几何尺寸误差等因素，转子回转轴不可能与其中心惯性主轴相重合，一般情况下总是不平衡的。

根据转子分布质量的惯性力系简化结果不同，转子不平衡可能有 4 种情况。

(1)主矢不为零而主矩为零。显然，主矢便是通过转子质心的惯性力系的合力，此时转子质心与回转轴间存在一偏心距，转子的中心惯性主轴与回转轴平行，如图 12-2(a)所示。这种转子称为静不平衡转子。

(2)主矢与主矩均不为零且相互垂直。这时主矢与主矩在同一平面内。可进一步将主矢与主矩向回转轴上另一点简化，使得新的主矩为零，主矢不为零。新的主矢作用于新的简化点，不是质心。此时转子仍存在质心偏心距，中心主惯性轴与回转轴相交，如图 12-2(b)所示。这种转子称为准静不平衡转子，该准静不平衡转子也是一种静不平衡转子。

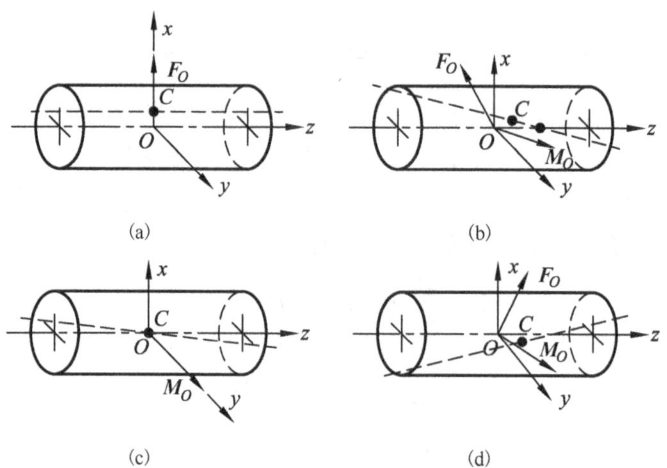

图 12-2 转子不平衡的类型

(3) 主矢为零而主矩不为零。主矢为零，使转子回转轴通过质心；主矩不为零，使转子中心惯性主轴与回转轴相交，且交于质心，如图 12-2(c) 所示。这种转子称为偶不平衡转子。

(4) 主矢与主矩均不为零且不相互垂直。这种情况下，转子中心惯性主轴与回转轴既不平行也不相交，如图 12-2(d) 所示，这种转子称为动不平衡转子。在工程实际中，不平衡转子大多属于这类。其中偶不平衡转子是动不平衡转子的特例。

12.2.2 转子的静平衡

对于静不平衡转子，相当于其质量分布在同一回转平面内，转子质心与回转轴间有一偏心距。当转子回转时，分布质量形成的惯性力为一平面汇交力系，其合力为通过质心的主矢，而不存在主矩。欲使转子平衡，可在转子质心回转平面内附加一平衡质量，使其产生的惯性力与原分布质量的惯性力总和为零，转子质心移到回转轴线上，转子便达到平衡。

径向尺寸 D 相对轴向尺寸 L 较大 ($D/L \geqslant 5$) 的转子，如盘形凸轮、齿轮、带轮、叶轮等盘形转子，都可看成静不平衡一类的转子。图 12-3(a) 为一以等角速度 ω 回转的盘形转子，在同一平面内的分布质量为 m_i，矢径为 $\boldsymbol{r}_i$，离心惯性力为 $\boldsymbol{F}_i (i=1,2,\cdots,n)$，若不平衡，则

$$\sum_{i=1}^{n}\boldsymbol{F}_i=\sum_{i=1}^{n}m_i\boldsymbol{r}_i\omega^2\neq 0$$

为使其平衡，在同一平面内还附加有一平衡质量 m_{b}，其矢径为 $\boldsymbol{r}_{\mathrm{b}}$，离心惯性力为 $\boldsymbol{F}_{\mathrm{b}}$，则

$$\boldsymbol{F}_{\mathrm{b}}+\sum_{i=1}^{n}\boldsymbol{F}_i=m_{\mathrm{b}}\boldsymbol{r}_{\mathrm{b}}\omega^2+\sum_{i=1}^{n}m_i\boldsymbol{r}_i\omega^2=0$$

消去公因子 ω^2 后得

$$m_{\mathrm{b}}\boldsymbol{r}_{\mathrm{b}}+\sum_{i=1}^{n}m_i\boldsymbol{r}_i=0 \tag{12-2a}$$

式中，质量与矢径的乘积称为质径积，它相对地表达了各质量在同一转速下离心惯性力的大小和方向。此矢量用 $\boldsymbol{W}$ 表示，则式 (12-2a) 变为

$$\boldsymbol{W}_{\mathrm{b}}+\sum_{i=1}^{n}\boldsymbol{W}_i=0 \tag{12-2b}$$

式 (12-2b) 可表述为：静不平衡转子的平衡条件是转子分布质量的质径积矢量和为零。根

据式(12-1)可知，采取平衡质量可使转子质心移到回转轴上，分布质量的惯性力总和为零。这称为转子的静平衡，工程上又称为单面平衡。

已知转子质量分布情况，可由式(12-2b)求解转子静平衡的平衡质量的质径积。若采用矢量图解法，需先计算出各分布质量的质径积的大小 $W_i=m_ir_i(i=1,2,\cdots,n)$，选取适当的作图比例尺$\mu_w$，按式(12-2b)的矢量关系作图，求出平衡质量的质径积矢量 $\boldsymbol{W}_{\rm b}$，如图 12-3(b)所示。最后在 $m_{\rm b}$ 和 $r_{\rm b}$ 两参数中选定一参数(通常是选定 $\boldsymbol{r}_{\rm b}$，并尽可能大些)，就可得到另一参数的大小。

用解析法求解时，过回转中心取直角坐标系 Oxy，各质量矢量 $\boldsymbol{r}_i$ 与 x 轴的夹角α_i逆时针为正。由平衡条件式(12-2b)得坐标轴上的投影方程：

$$\left.\begin{aligned} W_{\rm b}\cos\alpha_{\rm b}+\sum W_i\cos\alpha_i=0 \\ W_{\rm b}\sin\alpha_{\rm b}+\sum W_i\sin\alpha_i=0 \end{aligned}\right\} \tag{12-3}$$

由此可得

$$\left.\begin{aligned} W_{\rm b}&=\sqrt{(-\sum W_i\cos\alpha_i)^2+(-\sum W_i\sin\alpha_i)^2} \\ \alpha_{\rm b}&=\arctan(-\sum W_i\sin\alpha_i)/(-\sum W_i\cos\alpha_i) \end{aligned}\right\} \tag{12-4}$$

为了确定平衡质量的质径积相位角$\alpha_{\rm b}$值，可先由式中分子与分母计算结果的正负确定 $\boldsymbol{r}_{\rm b}$ 所在的象限。

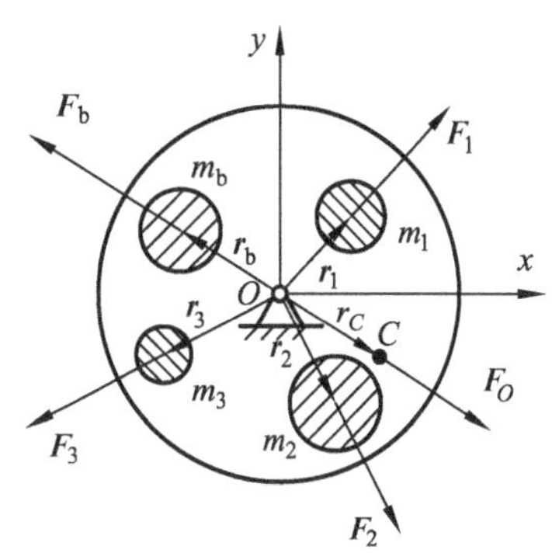

(a)

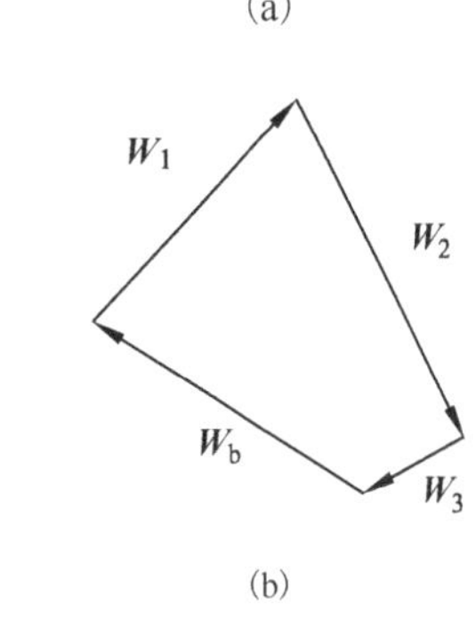

(b)

图 12-3　刚性转子静平衡设计

有时，转子结构不允许在偏心质量平面内安装平衡质量 $m_{\rm b}$，可以另外选择两个与此平面平行的平面 Ⅰ 及 Ⅱ，称为校正平面，安装平衡质量 $m_{\rm bI}$ 和 $m_{\rm bII}$ 来代替 $m_{\rm b}$。两个校正平面可以位于偏心质量所在平面的两侧或同侧，分别如图 12-4(a)、(b)所示。两校正平面间距离为 l，与偏心质量所在平面的距离分别为 $l_{\rm bI}$ 和 $l_{\rm bII}$。为了使 $m_{\rm bI}$ 和 $m_{\rm bII}$ 能完全代替 $m_{\rm b}$，必须使 $m_{\rm bI}$ 和 $m_{\rm bII}$ 产生的离心惯性力 $\boldsymbol{F}_{\rm bI}$ 和 $\boldsymbol{F}_{\rm bII}$ 与 $m_{\rm b}$ 产生的离心惯性力 $\boldsymbol{F}_{\rm b}$ 等效。为此应使 $m_{\rm bI}$ 和 $m_{\rm bII}$ 与 $m_{\rm b}$ 处于同一轴面内，即 $\boldsymbol{F}_{\rm b}$ 应是平行力 $\boldsymbol{F}_{\rm bI}$ 和 $\boldsymbol{F}_{\rm bII}$ 的合力。按照平行力的合成与分解原理，图 12-4(a)中应有

$$\left.\begin{aligned} F_{\rm b}&=F_{\rm b\,I}+F_{\rm b\,II} \\ F_{\rm b\,I}l_{\rm b\,I}&=F_{\rm b\,II}l_{\rm b\,II} \end{aligned}\right\}$$

解上述方程组得

$$\left.\begin{aligned} F_{\rm b\,I}&=F_{\rm b}\frac{l_{\rm b\,II}}{l} \\ F_{\rm b\,II}&=F_{\rm b}\frac{l_{\rm b\,I}}{l} \end{aligned}\right\} \tag{12-5a}$$

设转子的角速度为ω，质量 $m_{\rm b}$、$m_{\rm b\,I}$ 和 $m_{\rm b\,II}$所在的半径分别为 $r_{\rm b}$、$r_{\rm b\,I}$ 和 $r_{\rm b\,II}$，则

$$\left.\begin{aligned} F_{\rm b}&=m_{\rm b}r_{\rm b}\omega^2 \\ F_{\rm b\,I}&=m_{\rm b\,I}r_{\rm b\,I}\omega^2 \\ F_{\rm b\,II}&=m_{\rm b\,II}r_{\rm b\,II}\omega^2 \end{aligned}\right\}$$

将上式代入式(12-5a)，整理得

$$\left.\begin{aligned} m_{\mathrm{b\,I}} r_{\mathrm{b\,I}} &= m_{\mathrm{b}} r_{\mathrm{b}} \frac{l_{\mathrm{b\,II}}}{l} \\ m_{\mathrm{b\,II}} r_{\mathrm{b\,II}} &= m_{\mathrm{b}} r_{\mathrm{b}} \frac{l_{\mathrm{b\,I}}}{l} \end{aligned}\right\} \tag{12-5b}$$

当 $r_{\mathrm{b\,I}}=r_{\mathrm{b\,II}}=r_{\mathrm{b}}$ 时，上式简化为

$$\left.\begin{aligned} m_{\mathrm{b\,I}} &= m_{\mathrm{b}} \frac{l_{\mathrm{b\,II}}}{l} \\ m_{\mathrm{b\,II}} &= m_{\mathrm{b}} \frac{l_{\mathrm{b\,I}}}{l} \end{aligned}\right\} \tag{12-5c}$$

在图 12-4(b)所示情形下，按照平行力的合成与分解原理，仍然可得上述结果。

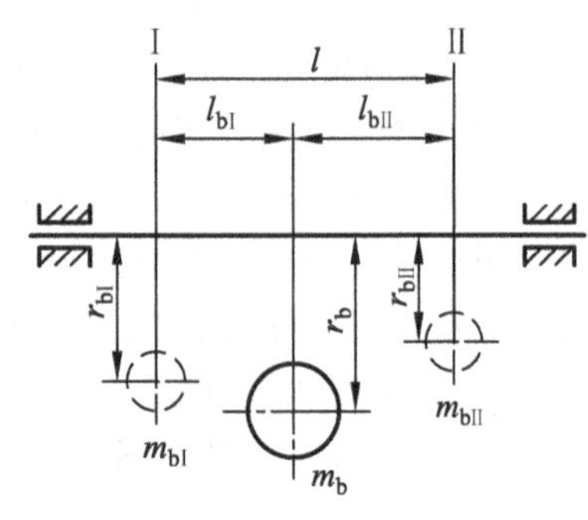

(a)

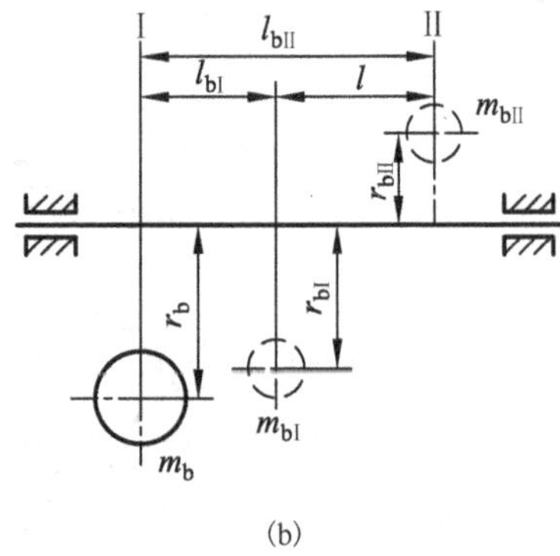

(b)

图 12-4　偏心质量的两类校正平面

12.2.3　转子的动平衡

一般的转子，尤其是轴向尺寸较大的转子，质量分布不可能都在同一回转平面内。当转子回转时，分布质量产生的惯性力将构成一个空间力系。该空间力系对回转轴上任一点简化可得到一个主矢和一个主矩。无论是准静不平衡、偶不平衡还是动不平衡的转子，都存在一个主矩，因而就不能像静不平衡转子那样，只在一个质心回转平面内用附加平衡质量的办法使其平衡。为此，可任选两个垂直于回转轴的平面作为附加平衡质量的平衡平面，附加平衡质量后使得整个转子的惯性力得到平衡。

图 12-5(a)为一动不平衡转子，分布质量 m_i 及其矢径 $\boldsymbol{r}_i$ 在各自回转平面内的质径积为 $m_i\boldsymbol{r}_i\,(i=1,2,\cdots,n)$。任选两个平衡平面 I 和 II，按式(12-5b)将分布质量的质径积 $m_i\boldsymbol{r}_i$ 分解为两平衡平面上的质径积 $m_{i\mathrm{I}}\boldsymbol{r}_{i\mathrm{I}}$ 和 $m_{i\mathrm{II}}\boldsymbol{r}_{i\mathrm{II}}$，即

$$\left.\begin{aligned} m_{i\mathrm{I}} \boldsymbol{r}_{i\mathrm{I}} &= m_i \boldsymbol{r}_i \frac{l_{i\mathrm{II}}}{l} \\ m_{i\mathrm{II}} \boldsymbol{r}_{i\mathrm{II}} &= m_i \boldsymbol{r}_i \frac{l_{i\mathrm{I}}}{l} \end{aligned}\right\} \tag{12-6}$$

式中，l 为两平衡平面间的距离；$l_{i\mathrm{I}}$ 为质量 m_i 所在平面与平面 I 之间的距离；$l_{i\mathrm{II}}$ 为质量 m_i 所在平面与平面 II 之间的距离。由此可以认为，转子动不平衡是由任意两个垂直于回转轴的平面上存在偏心质量造成的。

为使转子达到平衡，只需在两平衡平面上附加平衡质量，其质径积为 $m_{\mathrm{bI}}\boldsymbol{r}_{\mathrm{bI}}$ 和 $m_{\mathrm{bII}}\boldsymbol{r}_{\mathrm{bII}}$，并满足下列条件：

$$\left.\begin{aligned} m_{\mathrm{b\,I}} \boldsymbol{r}_{\mathrm{b\,I}} + \sum_{i=1}^{n} m_{i\mathrm{I}} \boldsymbol{r}_{i\mathrm{I}} &= 0 \\ m_{\mathrm{b\,II}} \boldsymbol{r}_{\mathrm{b\,II}} + \sum_{i=1}^{n} m_{i\mathrm{II}} \boldsymbol{r}_{i\mathrm{II}} &= 0 \end{aligned}\right\} \quad \text{或} \quad \left.\begin{aligned} m_{\mathrm{b\,I}} \boldsymbol{r}_{\mathrm{b\,I}} + \sum_{i=1}^{n} m_{i\mathrm{I}} \boldsymbol{r}_{i\mathrm{I}} \frac{l_{i\mathrm{II}}}{l} &= 0 \\ m_{\mathrm{b\,II}} \boldsymbol{r}_{\mathrm{b\,II}} + \sum_{i=1}^{n} m_{i\mathrm{II}} \boldsymbol{r}_{i\mathrm{II}} \frac{l_{i\mathrm{I}}}{l} &= 0 \end{aligned}\right\} \tag{12-7}$$

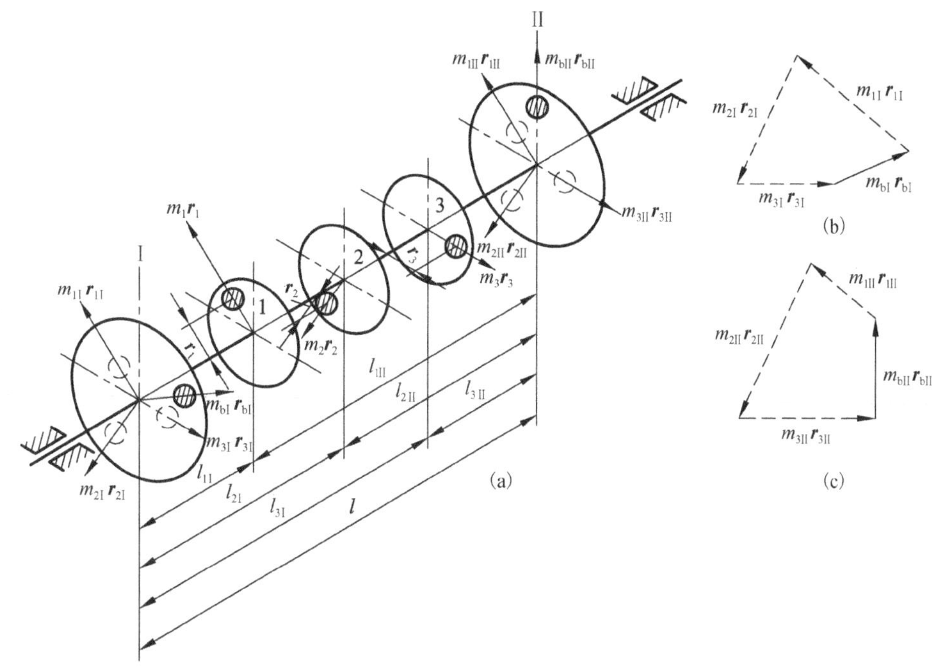

图 12-5　刚性转子的动平衡

这不仅使转子分布质量的惯性力合力(主矢)为零，也使得惯性力的合力矩(主矩)为零。这种采取在任意两平衡平面上附加平衡质量的方法，使转子分布质量的惯性力合力及惯性合力矩等于零的措施，称为转子动平衡，工程上又称为双面平衡。

比较转子的静平衡与动平衡，可以得到如下结论：静平衡转子不一定是动平衡的，动平衡转子则一定是静平衡的。

为了求得在平衡平面上需附加的平衡质量或质径积，可以根据式(12-7)，在两平衡平面上作矢量图解，如图 12-5(b)和(c)所示。而用解析法计算时，将式(12-7)向坐标轴上的投影，得

$$\left.\begin{aligned}
&m_{\text{b I}}r_{\text{b I}}\cos\alpha_{\text{b I}}+\sum_{i=1}^{n}m_ir_i\frac{l_{i\text{II}}}{l}\cos\alpha_i=0\\
&m_{\text{b I}}r_{\text{b I}}\sin\alpha_{\text{b I}}+\sum_{i=1}^{n}m_ir_i\frac{l_{i\text{II}}}{l}\sin\alpha_i=0\\
&m_{\text{b II}}r_{\text{b II}}\cos\alpha_{\text{b II}}+\sum_{i=1}^{n}m_ir_i\frac{l_{i\text{I}}}{l}\cos\alpha_i=0\\
&m_{\text{b II}}r_{\text{b II}}\sin\alpha_{\text{b II}}+\sum_{i=1}^{n}m_ir_i\frac{l_{i\text{I}}}{l}\sin\alpha_i=0
\end{aligned}\right\}\tag{12-8}$$

解得

$$\left.\begin{aligned}
&m_{\text{b I}}r_{\text{b I}}=\frac{1}{l}\sqrt{(-\sum m_ir_il_{i\text{II}}\cos\alpha_i)^2+(-\sum m_ir_il_{i\text{II}}\sin\alpha_i)^2}\\
&\alpha_{\text{b I}}=\arctan(-\sum m_ir_il_{i\text{II}}\sin\alpha_i)/(-\sum m_ir_il_{i\text{II}}\cos\alpha_i)\\
&m_{\text{b II}}r_{\text{b II}}=\frac{1}{l}\sqrt{(-\sum m_ir_il_{i\text{I}}\cos\alpha_i)^2+(-\sum m_ir_il_{i\text{I}}\sin\alpha_i)^2}\\
&\alpha_{\text{b II}}=\arctan(-\sum m_ir_il_{i\text{I}}\sin\alpha_i)/(-\sum m_ir_il_{i\text{I}}\cos\alpha_i)
\end{aligned}\right\}\tag{12-9}$$

式中，$\alpha_{b\,\mathrm{I}}$和$\alpha_{b\,\mathrm{II}}$分别为质径积为 $m_{b\mathrm{I}}\boldsymbol{r}_{b\mathrm{I}}$ 和 $m_{b\mathrm{II}}\boldsymbol{r}_{b\mathrm{II}}$ 的相位角，其大小由式中分子、分母计算结果的正负值所决定的象限来确定。式(12-9)也可由式(12-1)推导出。

从以上分析看出，两平衡平面的位置虽然可以任意选定，但实际上要考虑转子结构和允许附加平衡质量的部位。这一般在转子设计时就预先确定下来。另外，为了能得到较小的附加平衡质量的质径积，两平衡平面之间的距离应尽可能取大些。

12.3　转子的不平衡量和平衡品质

12.3.1　转子的不平衡量

转子的不平衡量，一般用平衡平面上的质径积标量 mr(单位：g·mm)和转子中心惯性主轴与回转轴的偏心距 e(单位：μm)两种方法表示。

对于单面平衡的静不平衡转子，其中心惯性主轴与回转轴平行，两轴偏心距 e 就是转子质心矢径的模，在平衡平面上使转子平衡的平衡质量的质径积的大小 $m_b r_b$ 由式(12-4)确定，因此该转子的不平衡量的质径积的大小为

$$mr = Me = m_b r_b \tag{12-10}$$

对于需用双平衡平面进行平衡的转子，可以将其看成在两个选定的平衡平面上分别有一偏心质量 M_I 和 M_II。如果两偏心质量对回转轴的矢径就是中心惯性主轴与回转轴的偏心距 e_I 和 e_II，且产生的惯性力与转子分布质量产生的惯性力等效，则该两偏心质量称为转子质量 M 折算到两平衡平面上的当量质量。为使转子平衡而需在两平衡平面上附加的平衡质量的质径积 $m_{b\mathrm{I}}\boldsymbol{r}_{b\mathrm{I}}$ 和 $m_{b\mathrm{II}}\boldsymbol{r}_{b\mathrm{II}}$ 的大小由式(12-9)确定，该转子不平衡量的质径积的大小为

$$\left.\begin{aligned} m_\mathrm{I} r_\mathrm{I} &= M_\mathrm{I} e_\mathrm{I} = m_{b\,\mathrm{I}} r_{b\,\mathrm{I}} \\ m_\mathrm{II} r_\mathrm{II} &= M_\mathrm{II} e_\mathrm{II} = m_{b\,\mathrm{II}} r_{b\,\mathrm{II}} \end{aligned}\right\} \tag{12-11}$$

对转子进行平衡校正时，通常采用质径积表示转子的不平衡量，很直观，操作也方便。但是，质径积是一个与转子质量大小有关的相对量，不便于不同质量的转子之间的不平衡量的比较。例如，有质量大小不相等的两个转子，其不平衡量相等，即质径积相同，但其不平衡效果是不同的，质量大的转子振动量显然比质量小的转子振动量小。因此，有时采用转子平衡平面上的偏心距 e 来表示转子的不平衡量，定义为转子单位质量的不平衡量，也称为平衡平面上的不平衡率。单面平衡的转子，其偏心距 e 为

$$e = \frac{mr}{M} \tag{12-12}$$

双面平衡的转子，其偏心距 e_I 和 e_II 为

$$\left.\begin{aligned} e_\mathrm{I} &= \frac{m_\mathrm{I} r_\mathrm{I}}{M_\mathrm{I}} \\ e_\mathrm{II} &= \frac{m_\mathrm{II} r_\mathrm{II}}{M_\mathrm{II}} \end{aligned}\right\} \tag{12-13}$$

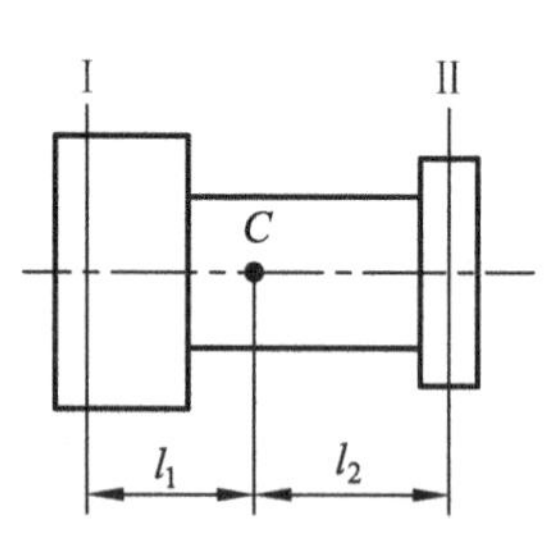

图 12-6　具有两平衡平面的转子

在计算两平衡平面上的当量质量 M_I 和 M_II 时，不仅要考虑质量等效，还应考虑转动惯量等效，计算较为复杂。工程上考虑到大多数转子质量分布是在两平衡平面之间，当量质量按质量等效近似计算。如图 12-6 所示转子，质量为 M，质心 C 与两平衡平面 I 和 II 的距离为 l_I 和 l_II，则当量质量为

$$\left.\begin{aligned} M_{\mathrm{I}} &= \frac{l_{\mathrm{II}}}{l_{\mathrm{I}}+l_{\mathrm{II}}}M \\ M_{\mathrm{II}} &= \frac{l_{\mathrm{I}}}{l_{\mathrm{I}}+l_{\mathrm{II}}}M \end{aligned}\right\} \tag{12-14}$$

12.3.2　转子的平衡品质

转子平衡状态的优良程度称为平衡品质（或称为平衡精度）。转子的绝对平衡是做不到的，实际上也不需要将转子的平衡品质定得过高，而应以满足实际工作要求为度。对不同工作要求的转子可允许存在不同的许用不平衡量，即许用不平衡质径积[mr]或者许用不平衡偏心距[e]。

一般来说，转子质量较大，允许存在的不平衡量也较大。虽然用偏心距可以表示转子平衡程度的高低，但转子不平衡量引起的动力效应和转速有关。实践证明，在相当大的频率范围内，只要转子的偏心距与其角速度的乘积 $e\omega$ 不变，人们对转子不平衡所产生振动的感受是相同的。另外，对圆周速度相同、几何形状相似的转子，应力相等的条件是 $e\omega$ 为常数。故可以用 $e\omega$ 乘积的大小作为各类转子平衡品质等级的分级标准。

具体转子的平衡品质等级要根据长期经验的积累来确定。表 12-1 列出了刚性转子的类型和平衡品质等级的关系(摘自 GB/T 9239.1—2006)供参考使用。对一个特定的转子，按其类型选择表 12-1 中对应的品质等级 G，查得平衡品质 A，再根据转子最高工作角速度 ω 确定转子的许用不平衡偏心距[e]，即

$$[e] = \frac{1000A}{\omega} \tag{12-15}$$

表 12-1　各种典型刚性转子的平衡品质等级

品质等级	$A=\dfrac{e\omega}{1000}$ mm/s	转子类型示例
G4000	4000	固有不平衡的大型低速船用柴油机(活塞速度小于 9m/s)的曲轴驱动装置
G1600	1600	固有平衡的大型低速船用柴油机(活塞速度小于 9m/s)的曲轴驱动装置
G630	630	弹性安装的固有不平衡的曲轴驱动装置
G250	250	刚性安装的固有不平衡的曲轴驱动装置
G100	100	汽车、卡车和机车用的往复式发动机整机
G40	40	汽车车轮、轮箍、车轮总成、传动轴、弹性安装的固有平衡的曲轴驱动装置
G16	16	农业机械、刚性安装的固有平衡的曲轴驱动装置、粉碎机、驱动轴(万向传动轴、螺桨轴)
G6.3	6.3	航空燃气轮机、离心机(分离机、倾注洗涤器)、最高额定转速达 950r/min 的电动机和发电机(轴中心高度不低于 80mm)、风机、齿轮、通用机械、机床、造纸机、流程工业机器、泵、透平增压机、水轮机
G2.5	2.5	压缩机、计算机驱动装置、最高额定转速大于 950r/min 的电动机和发电机(轴中心高度不低于 80mm)、燃气轮机和蒸汽轮机、机床驱动装置、纺织机械
G1.0	1.0	声音设备、图像设备、磨床驱动装置
G0.4	0.4	陀螺仪、高精密系统的主轴和驱动件

在确定转子许用不平衡质径积时，对于单面平衡的转子，确定许用不平衡偏心距后，按

转子的质量 M，可计算它的许用不平衡质径积$[mr]$：

$$[mr] = M[e] \tag{12-16}$$

对于双面平衡的转子，按式(12-14)计算转子总的许用不平衡质径积，再分配到两个平衡平面上(图 12-6)：

$$\left.\begin{aligned}[mr]_{\mathrm{I}} &= \frac{l_{\mathrm{II}}}{l_{\mathrm{I}} + l_{\mathrm{II}}} M[e] \\ [mr]_{\mathrm{II}} &= \frac{l_{\mathrm{I}}}{l_{\mathrm{I}} + l_{\mathrm{II}}} M[e]\end{aligned}\right\} \tag{12-17}$$

12.4　转子的平衡试验

在转子设计中，尽管可以做到理论上的完全平衡，但制造时转子材料的不均匀、加工与安装的误差，都会造成转子的不平衡，这种不平衡的大小和方位有着很大的随机性，不可能在设计时予以消除。因此，对于平衡精度要求较高的转子，在加工完成后还需要通过试验的方法，确定转子在平衡平面上的不平衡量的大小和方位，并加以校正平衡，以达到转子工作所要求的平衡精度。

12.4.1　转子的静平衡试验

静平衡试验一般适用于轴向尺寸较小的盘形转子，是为了解决对转子惯性力合力进行平衡的问题。即设法使转子质心移到回转轴上。试验时将转子两侧等直径的轴放在水平安装的两个平行的钢制刀口形导轨或圆柱导轨上，如图 12-7 所示。转子重力为 $\boldsymbol{G}$。由于转子质心偏离回转轴线，在重力矩 $M_G=Ge\sin\alpha$的作用下，转子在导轨上滚动，直到转子质心处于铅垂线下方时才停止。然后，在通过转子轴线的铅垂线上方，即转子质心所在的反方向某半径处，加上平衡质量，并逐步调整所加平衡质量的大小，直至转子在任意位置都能保持静止不动。

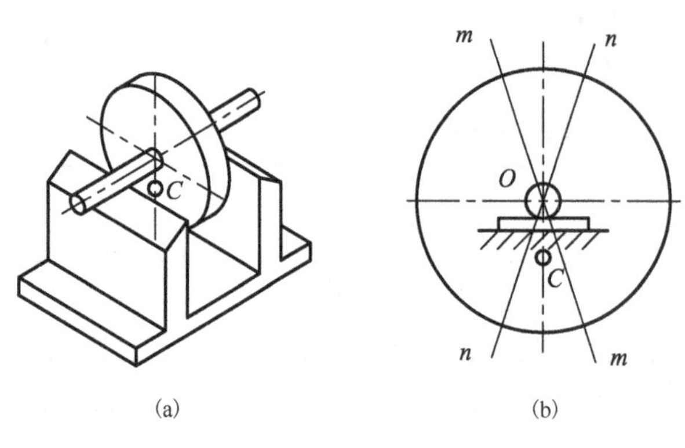

图 12-7　导轨式静平衡试验台

为了克服转子在导轨上滚动时摩擦阻力的影响，可将转子向一个方向滚动，待静止后过轴线作铅垂线 n-n，再使转子向另一个方向滚动，同样待静止后过轴线再作铅垂线 m-m，则转子质心必在 n-n 和 m-m 两线夹角的平分线上，最后在平分线上方附加平衡质量。

这种利用重力作用，在导轨平衡架上做静平衡试验的方法，设备简单，操作方便，平衡精度也较高，故得到较广泛的应用。

12.4.2　转子的动平衡试验

目前转子动平衡试验方法人致可分为两类。一类是用专门的平衡试验机对转子进行动平衡试验。这种方法的平衡精度容易达到较高的要求，工作效率也高，更适合成批量的转子平衡。

另一类是现场平衡。有些转子没有合适的动平衡机可用，或者转子必须在工作条件下平衡。这时把转子装在本身的机器上对整机平衡。该方法可选用通用的测振仪器，而不需要专门的平衡设备。平衡效果更可满足实际要求，但对测试操作人员的操作技术水平要求较高，工作效率也较低。这两类平衡方法的原理是基本相同的。下面简要地介绍动平衡机的工作原理。

不平衡转子回转时产生的惯性力，使转子支承受到动压力而发生振动。动平衡机就是利用振动传感器测量支承的振动参数来衡量转子的不平衡程度。一台通用动平衡机由驱动系统、支承系统和测量系统三部分组成。图 12-8 为一种电测式动平衡机的工作原理示意框图。驱动系统带动转子以选定的平衡转速转动；支承系统是一弹性系统，用以支承转子，并在转子不平衡的激发下做一定方式的振动；测量系统是将转子支承处振动传感器拾得的振动信号，经电路处理，由指示装置显示转子在两平衡平面上不平衡量的大小和方位。

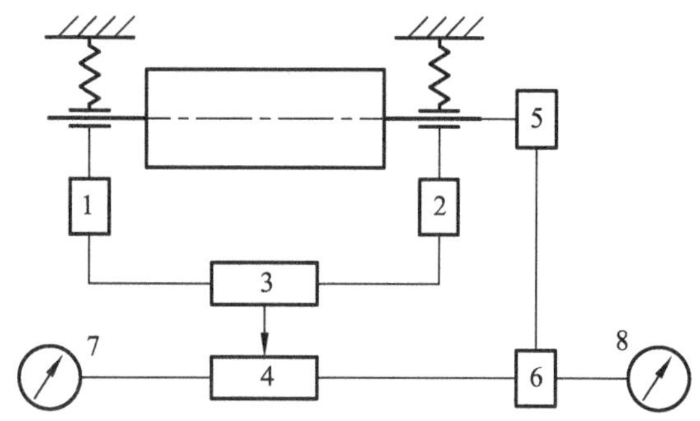

图 12-8　电测式动平衡机工作原理

图 12-8 中传感器 1 和 2 拾得支承的振动信号，送入解算电路 3，以消除两平衡平面上不平衡量的相互影响，然后经放大器 4 将信号放大；最后由指示仪表 7 显示不平衡量的大小。经放大后的信号和基准信号发生器 5 发出的信号一起输给鉴相器 6，经处理后由仪表 8 指示不平衡量的方位。

在测得转子平衡平面上的不平衡量(通常以质径积表示)的大小和方位后，即可进行校正，使转子达到平衡精度的要求。

12.5　平面机构的静平衡

设机构的总质量为 M，总质心为 S，总质心的加速度为 $\boldsymbol{a}_s$，则机构的总惯性力 $\boldsymbol{F}=-M\boldsymbol{a}_s$。由于机构的总质量 M 不为零，要使 $\boldsymbol{F}$ 在机构的任何运动位置都为零，则必须使机构在任何运动位置上总质心的加速度 $\boldsymbol{a}_s$ 为零。也就是说，机构总质心 S 应做匀速直线运动或静止。平面机构的静平衡，就是采取附加平衡质量的方法，使机构在运动过程中总质心的位置不变，即使机构的总质心落在机架上。下面以平面铰链四杆机构为例，介绍平面机构静平衡的方法。

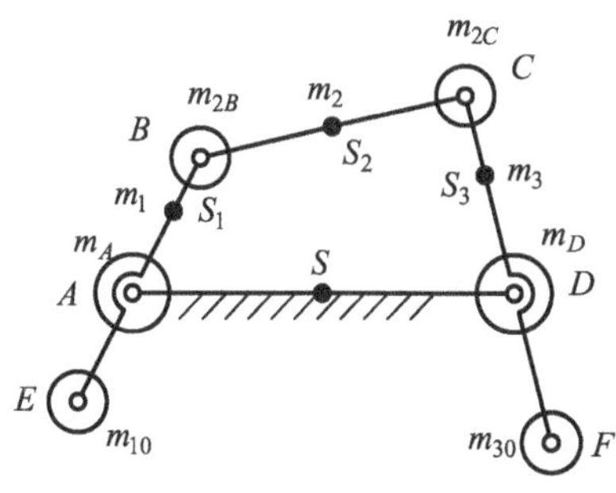

图 12-9　平面铰链四杆机构的静平衡

图 12-9 为平面铰链四杆机构，设各运动构件长度为 l_1、l_2、l_3，质量为 m_1、m_2、m_3，质心位置为 S_1、S_2、S_3。为对机构进行平衡，将构件 2 的质量 m_2 用集中于 B、C 两点的质量 m_{2B}、m_{2C} 代替，这时需满足下列条件：

$$\left.\begin{aligned} m_{2B}+m_{2C}&=m_2 \\ m_{2B}l_{BS2}&=m_{2C}l_{CS2} \end{aligned}\right\}$$

由此可得

$$
\left.\begin{aligned}
m_{2B} &= m_2 \frac{l_{CS2}}{l_2} \\
m_{2C} &= m_2 \frac{l_{BS2}}{l_2}
\end{aligned}\right\} \tag{12-18}
$$

满足这种条件的质量代换，称为质量静代换。

对构件 1，可在其延长线上 E 处加上一平衡质量 m_{10} 来平衡 m_1 和 B 点的质量 m_{2B}，使其质心 S_1 移到固定铰链 A 处。为此应满足下列条件：

$$
m_{2B}l_1 + m_1 l_{AS1} = m_{10} l_{AE}
$$

若选定长 l_{AE}，则附加平衡质量的大小为

$$
m_{10} = \frac{m_{2B}l_1 + m_1 l_{AS1}}{l_{AE}} \tag{12-19}
$$

同理，在构件 3 的延长线上 F 处附加一平衡质量 m_{30} 来平衡质量 m_3 和 C 点的质量 m_{2C}，使其质心 S_3 移到固定铰链 D 处。为此应满足下列条件：

$$
m_{2C}l_3 + m_3 l_{DS3} = m_{30} l_{DF}
$$

若选定长 l_{DF}，则附加平衡质量的大小为

$$
m_{30} = \frac{m_{2C}l_3 + m_3 l_{DS3}}{l_{DF}} \tag{12-20}
$$

这样，就可认为在 A 和 D 两点分别具有质量 m_A 和 m_D，代替了机构的质量：

$$
\left.\begin{aligned}
m_A &= m_1 + m_{2B} + m_{10} \\
m_D &= m_3 + m_{2C} + m_{30}
\end{aligned}\right\}
$$

此时机构的总质心 S 就落在机架 AD 上，其位置可由式(12-21)确定：

$$
l_{AS} = l_{AD} \frac{m_D}{m_A + m_D} \tag{12-21}
$$

最终，机构的总质心 S 的速度和加速度都为零，机构总惯性力为零，机构达到了静平衡。

本 章 小 结

本章介绍了刚性转子的平衡原理、不平衡量、平衡品质、平衡试验和平面机构的静平衡，主要内容如下。

(1) 转子的静平衡的对象是指径向尺寸 D 相对于轴向尺寸 L 较大($D/L \geqslant 5$)的转子，可以认为其质量分布在同一回转平面内，各质量产生的离心力为一平面汇交力系。静不平衡转子的质心与回转轴间有一偏心距，欲使转子平衡，可在转子质心回转平面内附加一平衡质量，使各质量产生的离心力的合力等于零。此外，静平衡的条件也可认为是转子分布质量的质径积矢量和为零。

(2) 一般的转子，尤其是轴向尺寸较大的转子，质量分布不在同一回转平面内，各质量产生的离心力为一空间力系，向轴上任一点简化可得到一个主矢和一个主矩。这时要在两个平衡平面上附加平衡质量，才能使得整个转子的惯性力系得到平衡。在分析时先将各分布质量或质径积分解到两个选定的平衡平面上，再按静平衡原理对两个平衡平面分别进行平衡。在两个平衡平面上附加平衡质量，使转子分布质量的惯性力的合力和合力矩等于零的这种措施

称为动平衡。静平衡转子不一定是动平衡的，动平衡转子则一定是静平衡的。

(3) 转子不平衡量的表示方法有两种，即平衡平面上的质径积标量 mr（单位：g·mm）和转子中心惯性主轴与回转轴的偏心距 e（单位：μm）。按偏心距 e 与角速度 ω 乘积的大小对平衡品质进行分级，使用中要合理地选择平衡品质等级。

(4) 进行转子的静平衡试验，利用的是转子所受重力对轴线产生力矩时会引起转子转动的特性；进行转子的动平衡试验，利用的是转子转动时所产生的惯性力会引起弹性支承振动的特性。

(5) 平面机构的静平衡，是指采取附加平衡质量的方法，使机构在运动过程中总质心的位置不变，也就是使机构的总质心落在机架上。

复习思考题

1．为什么要对机械进行平衡？机械平衡问题可以分为哪两大类？

2．何谓静不平衡？何谓动不平衡？

3．转子的静平衡和动平衡各应满足什么条件？静平衡的转子是否也就动平衡？

4．转子不平衡量的表示方法有哪些？

5．按什么量对转子的平衡品质进行分级？为什么选定这个量？

6．在转子的静平衡试验中，如何消除导轨对转子的摩擦阻力的影响？

习　　题

12-1　题 12-1 图为一盘形转子，有位于同一平面内的 4 个偏心质量，它们的大小和回转半径分别为：m_1=50g，m_2=70g，m_3=80g，m_4=100g；r_1=100mm，r_2=130mm，r_3=150mm，r_4=100mm，各偏心质量的方位如图所示。设平衡质量 m_b 的回转半径 r_b=140mm，试求平衡质量的大小和方位（$\boldsymbol{r}_b$ 与 $\boldsymbol{r}_1$ 的夹角）。

12-2　题 12-2 图所示圆盘的质量为 M，经静平衡试验测定后其质心偏心距为 e，方向垂直向下。由于该图盘上不允许安装平衡质量，只能在同轴的两平行平面 I 和 II 上装平衡质量。试求该两平面上各应加多大的质径积，并确定其方位。

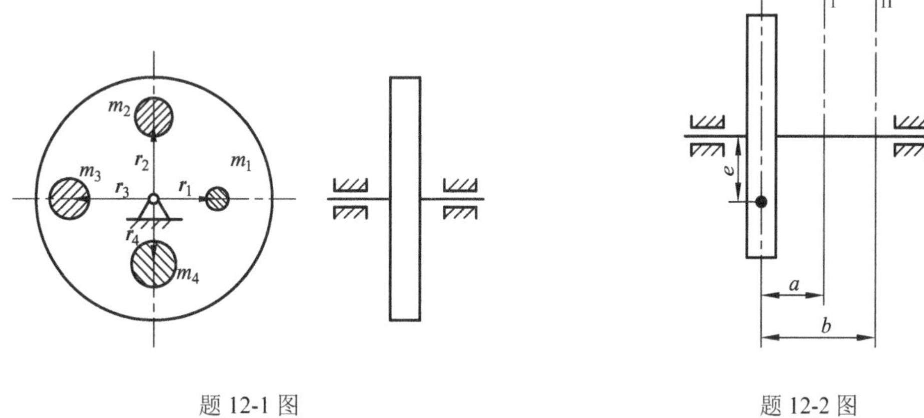

题 12-1 图　　　　题 12-2 图

12-3　题 12-3 图所示转子沿轴向有两个偏心质量，其质量大小和所在位置分别为：m_1=1g，m_2=2g；r_1=100mm，r_2=50mm；l_1=100mm，l_2=200mm，l=400mm，α_{12}=90°（m_1、m_2 对称位于 x 轴两侧）。若选择转子的两个端面 I 和 II 为平衡平面，且两平衡质量的回转半径 $r_{\mathrm{I}}=r_{\mathrm{II}}$=100mm。试求两平衡质量的大小及方位。

12-4　已知一小型机转子，质量为 10kg，工作转速 n=8000r/min，试确定其平衡品质 A，并求出许用不平衡质径积的大小。

12-5　已知题 12-5 图所示的转子质量 M=100kg，其质心 C 至 I 和 II 平衡平面的距离分别为 l_1=400mm，l_2=200mm，此转子的工作转速 n=8000r/min，要求动平衡品质等级为 G100 级，试确定在两平衡平面内许用不平衡质径积各为多少。

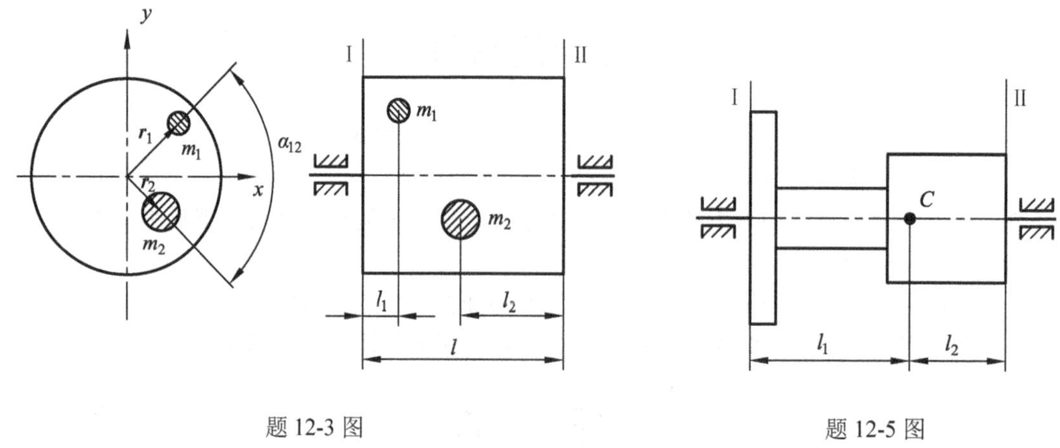

题 12-3 图　　题 12-5 图

12-6　已知一磨床的砂轮盘，质量 M=40kg，工作转速 n=2000r/min，经过静平衡后，砂轮盘尚有残余不平衡质径积为 0.0095kg·m，试问其静平衡是否合格？

第 13 章　机械传动系统方案设计

13.1　概　　述

“设计”是制订一个方案或方法来达到某个既定目的的过程。机械设计就是根据使用和工艺过程的要求，对机械的工作原理、运动、力和能量的传递方式，以及各零部件的形状尺寸、材料、润滑方法等进行构思、分析计算和制图，具体描绘这一有形实体的工作过程。机械设计是机械生产的第一步，是决定机械产品性能的重要工作部分。

机械产品的生产过程，一般是先进行调查研究，即了解产品的使用要求(如使用对象、使用环境、技术指标等)和制造条件(如制造厂的设备条件、制造技术水平等)，并充分运用前人的经验和最新的科学技术成果进行可行性研究。在此基础上进行方案的初步设计，即确定机械的工作原理、运动方案和各种机构装置的总体布置，再进行零部件的设计，然后进行工艺设计、试制(即加工、装配和调试)和使用，最后根据出现的问题进行修改。以上所述仅是机械产品生产过程的大体顺序。事实上各阶段的设计工作常常是相互重叠、交叉进行的。前半部分设计方案的选择在整个设计过程中起着关键性的作用。机械传动系统方案设计是总体方案设计的前提，是整个机械设计工作的基础。

一般说来，机械传动系统方案设计的主要内容和步骤如下：

(1) 根据机械预期完成的生产任务，确定机械系统的基本参数；

(2) 确定各执行构件和原动机的运动形式和运动参数；

(3) 合理选择机构类型，拟定机械的组合方案；

(4) 画出协调这些机构运动先后顺序的运动循环图。

(5) 对所选的方案进行运动学、动力学综合，确定相应的机构尺寸，完成系统运动简图的设计。

机械传动系统方案设计是进行以后的结构与强度设计、工艺设计等的基本依据。方案设计的合理性，直接关系到机械的工作性能和质量，关系到结构的繁简和技术的先进性，也关系到经济的合理性及使用的安全可靠性等。所以机械传动系统方案设计是机械设计十分重要的环节。

本章主要讨论机械传动系统方案的拟定、机构的选型与评价、机构的组合等方面的内容。读者通过本章的学习，可以对机械传动系统方案设计的内容有初步的了解，掌握机械传动系统方案的拟定及机构选型等方面的基本知识。

13.2　机构的选型

根据机械的工作要求，合理选择机构并进行恰当的组合安排，绘出机构运动简图，使设计的机械能较好地实现预期的功能，这就是机械传动系统方案设计的任务。机械传动系统方案设计的一个关键是正确地选择机构的类型和结构。在前面的有关章节中，已讨论了几种常用机构的分析与设计问题，介绍了它们的用途、运动和工作特点。但在各种机械中，不同类型的机械在要求上各不相同；为实现同一传动方案，在机构的选择和组合上也有很大的灵活性。不同的组合构成了不同的方案，它们各有优缺点，应按实际情况选用其中最好的一种，这就是机构的选型。选型的正确与否，将直接影响到机械使用的效果、结构的繁简程度等。

机械传动系统的作用是将原动机的运动转变为执行构件所需要的运动。在着手选定机构的类型之前，必须弄清执行构件(机械传动的末端)和原动机(机械传动的起始端)的运动形式和运动参数，这是影响机构选型的两个主要因素。

13.2.1　执行构件的运动形式和运动参数

执行构件常见的运动形式有回转运动、直线运动和曲线运动 3 种。而前两种运动形式又是最基本的。

回转运动可分为如下 3 种：①连续回转运动，其运动参数为每分钟转数；②间歇回转运动，其运动参数为每分钟转位的次数、转角的大小和运动系数等；③往复摆动，其运动参数为每分钟摆动的次数、摆角的大小和行程速比系数等。

直线运动也可分为如下 3 种：①往复直线运动，其运动参数为每分钟的行程数、行程的大小和行程速比系数等；②带停歇的往复直线运动，其运动参数为在机械的一个工作循环中的停歇次数、停歇位置、停歇时间、行程和工作速度等；③带停歇的单向直线运动，其运动参数为每次的进给量等。

曲线运动有时是由两个或三个方向的移动所组成的；有时是要求执行构件沿某种曲线的轨迹运动。

13.2.2　原动机的运动形式和运动参数

原动机的运动形式主要是回转运动和往复直线运动，当采用电动机、液压马达和气动马达等原动机时，原动件做回转运动；当采用往复式油缸或气缸等原动机时，原动件做往复直线运动。

原动机选择是否恰当，对整个机械的性能、对机械传动系统的组成及其繁简程度将有直接影响。因此，在同样的执行构件运动形式下，不同的原动机形式，要求选用不同的执行构件。表 13-1 列出了常用原动机的运动形式，表 13-2 列举了采用不同的原动机时，为实现某一执行构件运动形式可以采用的机构形式。

表 13-1　常用原动机的运动形式

序号	运动形式	原动机类型	性能与特点
1	连续回转运动	电动机 内燃机	结构简单、价格便宜、维修方便、单机容量大，机动灵活，但初始成本高
2	往复直线移动	直线电动机 活塞式液压缸或气缸	结构简单且紧凑、维修方便、调速容易，速度低，但运转费用较高
3	往复摆动	双向电动机 摆动式液压缸或气缸	结构简单且紧凑、维修方便、调速容易，速度低，但运转费用较高

表 13-2　采用不同原动机实现同一执行构件运动形式的机构形式分析

序号	原动机类型	执行构件运动形式	可采用的执行机构的形式
1	电动机	连续回转运动	双曲柄机构、齿轮机构、转动导杆机构、万向联轴节等
2	电动机	往复摆动	曲柄摇杆机构、摆动导杆机构、摆动从动件凸轮机构、曲柄摇块机构等
3	电动机	往复直线移动	曲柄滑块机构、直动从动件凸轮机构、齿轮齿条机构等
4	电动机	单向间歇回转运动	槽轮机构、曲柄摇杆机构与棘轮机构的组合、不完全齿轮机构等
5	摆动式液压缸或气缸	单向间歇回转运动	棘轮机构、曲柄摇杆机构与槽轮机构的组合、曲柄摇杆机构与不完全齿轮机构的组合等
6	摆动式液压缸或气缸	往复摆动	平行四边形机构、曲柄摇杆机构、双摇杆机构、双曲柄机构等

13.2.3　机构的选型方法

完成同一种运动功能的机构，可以由不同的传动原理、不同的基本机构及不同的组合方式来实现。这就是说要实现某一运动功能，可以用基本机构及其演化机构来实现，也可以由若干基本机构组合而成的机构系统来完成。因此，同一运动功能就可以由许多不同的方案来实现。现以牛头刨床为例说明怎样选择它的一个执行机构。

牛头刨床的生产任务是加工长度较大的平面或成形表面。其工作原理是用刨刀做往复纵向移动来刨削工件表面，同时工作台则做间歇的横向进给运动，即刨削时工作台静止不动，而不刨削时工作台做横向进给运动。其工艺要求如下。

(1) 为了提高加工表面的质量，刨削时刨刀应为匀速或近似匀速运动，同时工作台每次横向进给的量也应相同。

(2) 为了提高生产率，刨头空回行程的时间应比工作行程的时间短，即空回行程时刨头的移动速度应大于工作行程时的移动速度。

(3) 当将工件的表面刨掉一层之后，调整刨刀下移一个切削深度，同时又能方便地调整进给机构，使工作台做反向的间歇进给，以便继续刨削工件的另一层表面，如此重复循环工作，直至达到要求。

根据上述工艺要求，可供选择的刨头执行机构有 6 种：①螺旋机构；②直动从动件凸轮机构；③齿轮齿条机构；④曲柄滑块机构；⑤转动导杆机构和曲柄滑块机构串联而成的组合机构，见图 13-1 (a)；⑥摆动导杆机构和摆杆滑块机构串联而成的组合机构，见图 13-1 (b)。这六种机构究竟哪一种机构最好，我们要参照选型的一些基本原则，然后选出一种最佳方案，具体评选见 13.3 节。

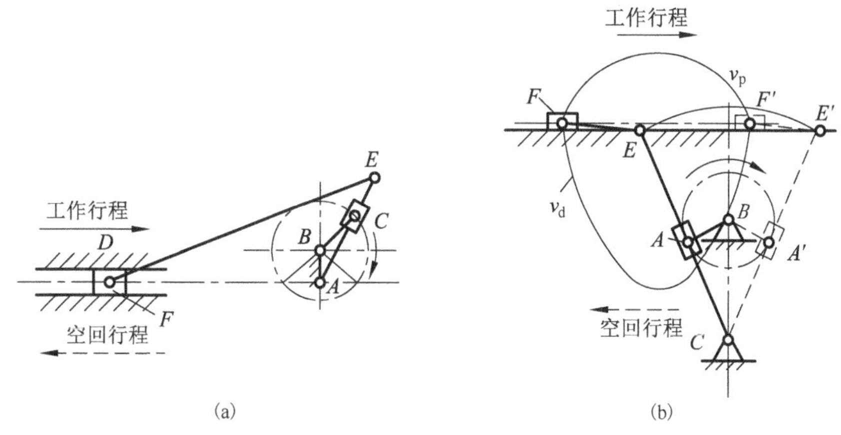

图 13-1　牛头刨床刨头运动方案图

13.2.4 机构的选型原则

机构选型时应遵循的原则，可归纳成表 13-3。

表 13-3 选用执行机构的原则与方法

序号	机构选型原则	实施方法
1	依照生产工艺要求，选择恰当的机构形式和运动规律	(1) 按执行构件运动形式选用相应的机构形式 (2) 选用机构的运动误差不超过允许限度，可以采用近似实现运动规律的机构 (3) 机构的执行构件在工作循环中的速度、加速度的变化应符合要求，以保证产品质量
2	结构简单、尺度适度，在整体布置上占的空间小，实现布局紧凑	(1) 机构的结构在满足要求的情况下力求简单、可靠 (2) 由原动件(输入)到从动件(执行构件)间的运动链要短，构件和运动副数尽量减少
3	制造加工容易	(1) 在采用低副的机构中，转动副制造简单，易保证运动副元素的配合精度；移动副元素制造较困难，不易保证配合精度 (2) 采用带高副的机构，可以减少运动副和构件数，但高副元素形状一般较为复杂，制造较困难
4	考虑动力源的形式	(1) 有气、液动力源时，常利用气动、液压机构，以简化机构结构、便于调节速度 (2) 采用电动机后，执行机构要考虑到原动件为连续转动，这样会有不少方便之处
5	动力特性要好	(1) 考虑机构的平衡，使动载荷最小 (2) 执行构件的速度、加速度变化应符合要求 (3) 采用具有最大传动角和最大增力系数的机构，以减小原动件上的驱动力矩
6	具有较高的生产效率与机械效率	(1) 机构的传动链尽量短 (2) 尽量少采用移动副(因其易发生楔紧或自锁现象) (3) 采用合适的机构形式，可提高生产效率 (4) 执行机构的选择要考虑到原动机的运动方式、功率、扭矩及其载荷特性是否能够相互匹配协调 (5) 机构的传力特性好，有利于机械效率的提高

13.3 机构选型的评价

在进行机构选型时，根据上述原则，虽然可以选用一些所需的机构形式作为执行机构，但是在这些可行的执行机构中，往往难以选择综合性能最佳的机构。为了得到最佳方案，必须对机构选型进行评价。

13.3.1 机构选型的评价体系

机构选型的评价体系是由机械传动方案设计所应满足的要求来确定的。表 13-4 所列出的机构选型评价体系包括 5 大类性能指标和 17 项具体评价内容。根据有关专家的咨询意见，还可以对机械传动系统方案设计中机构选型的评价体系进行修改、补充和完善。

表 13-4 评价体系一览表

序号	性能指标	具体内容
1	机构的功能	运动规律的形式、传动精度
2	机构的工作性能	应用范围、可调性、运转速度、承载能力
3	机构的动力性能	加速度峰值、噪声、耐磨性、可靠性
4	经济性	制造难易、制造误差敏感程度、调整方便性、能耗大小
5	结构紧凑性	尺寸、质量、结构复杂性

13.3.2　机构选型的评价方法

评价方法分定性和定量两种。定量评价方法有技术评价法、系统工程评价法和模糊评价法三种，其内容比较复杂，这里不作阐述。下面只介绍定性评价方法，其内容有以下四个方面。

1．机构功能的质量

机构的功能是转换运动和传递力。在设计机构运动方案时，应分析所设计机构的功能，并根据功能要求来设计、选择机构，组成方案。一般来说，能满足机构基本功能要求的方案不止一个，然而，各种方案在实现功能的质量上还是有差别的，所以需首先对实现功能的质量进行比较分析。如机构是否能达到所要求的行程大小？达到这一行程所需的机构空间尺寸是否合适？机构是否能满足要求的运动规律？机构是否有良好的传力特性？生产率是否满足要求？所需原动机的功率大小是多少？是否有优良的动力性能(如惯性力平衡，动载荷、冲击、振动、噪声小等)？精度如何？对长时间使用以后出现的变化(磨损、变形等)是否有应对的办法？上述这些功能质量上的缺陷能否设法缓解并消除或有替代方案？

2．机构结构的合理性

机构结构要简单。应检查方案中有没有不必要的部分？能否用结构更简单的机构替代？构件数和运动副数是否尽量少？能否用通用件或标准件和外购件？通常机械制造的难易程度与使用构件的多寡的平方成正比例，这是因为零件的制造技术和零件间的接合(装配)技术两方面的问题同时存在。因此，减少构件数和运动副数可降低制造上的困难程度。同时还可减少误差环节和摩擦损耗，提高机构的刚度，并且连带地降低了机构产生故障的可能性，提高了其工作的可靠性。而增多由专业厂生产的通用件、标准件、外购件，相当于提高了零件的制造质量，可以使装配工作更简单、容易。因此，有时宁可用有设计误差的但结构简单的近似机构，也不采用理论上没有误差但结构复杂的精确机构。例如，不用图 13-2(b)所示的八杆精确直线机构，而用图 13-2(a)所示的四杆近似直线机构。

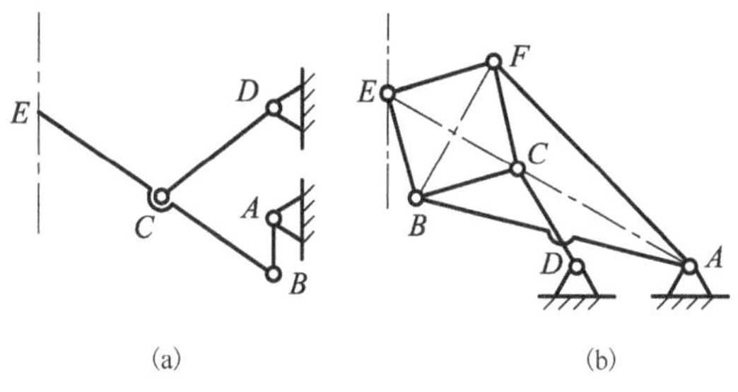

图 13-2　实现直线运动的连杆机构选型

动力源的合理选择也有利于机构的简化和改善运动质量。例如，从动件做直线运动，若能从现场的电、气、液压源中选择一个合适的直线运动动力源，那么就可省去运动变换机构，简化了机构系统，若现场不具备某些动力源，那么，为简化机构而特别设置一个新的动力源，也许是不合适的。

3．机构的经济性

机构的经济性需从多方面综合考虑。如从用户的立场来检查机构的功能是否考虑充分；从制造者的立场来检查效率和成本是否有矛盾，能否使用更廉价的材料，能否有更简易的加工方法，等等。需要在积累一定的经验后才能对机构的经济性作深入的分析。然而，像运动副的形式、构件的尺寸公差对机构运动性能和经济性的影响等问题还是可以考虑的。例如，运动副的形式直接影响到机械的结构、耐用度、效率、灵敏度和加工难度等。一般说来，转动副制造简单，容易保证运动副元素的配合精度，效率较高。若采用标准滚动轴承，则更易达到高精度、高效率和高灵敏度的要求。移动副的配合精度就较低，滑动摩擦的移动副还容易产生楔紧、自锁和爬行现象。高副易于用少数构件精确实现给定的运动规律和轨迹，但一般高副形状复杂，相对其他运动副来说制造困难，接触面小，磨损较快，故宜用于低速轻载的场合。

在设计和制造的关系方面，我们应从制造是否简便的观点出发来衡量。如果这个方案的机构设计虽然比较繁、难，但是制造容易，则还是应该优先选用。因为这有利于提高机械的经济性。

4．机构的实用性

从理论上可行的机构到能够将其付诸实用，还是有一段距离的。所以，设计者要为用户着想，除满足功能要求、经济性好外，还应考虑机构工作的安全性和可靠性；对机构产生的振动、噪声等公害有没有相应的防护措施；机构总体布置上对操作是否方便；是否便于进行日常的检查和维修等。

按照上述评价方法，对13.2.3节中所述牛头刨床执行机构的6种可能机构做出如下综合评述。

螺旋机构的优点是面接触，受力好，刨头工作行程为匀速移动等。其缺点是必须另有换向和变速机构，才能使螺杆反转和变速，从而刨头做高速回程移动。此外，行程的开始和终止时有冲击，其安装和润滑也较难，故不是最佳的刨头运动机构。

直动从动件凸轮机构的优点是很容易实现急回运动和工作行程的匀速移动，但是，当刨头的行程(即凸轮机构从动件的行程)较大时，为了保证其压力角不超过许用的压力角，则凸轮的基圆半径也较大，致使凸轮和整个机床的纵向尺寸都很大。又高副受力较差，易磨损，且比较难平衡和制造，所以这种机构不适用于牛头刨床。

齿轮齿条机构的优点是工作行程为匀速移动，其主要缺点是行程的两端有冲击，而且必须有换向、变速机构才能得到高速的回程移动，因此，它适用于大行程的龙门刨床，而非最佳的牛头刨床刨头运动机构。

曲柄滑块机构的受力好，磨损少，易制造，安装和维修方便，工作可靠且连接处是几何封闭的，不必另有反向机构。其缺点是工作行程不是匀速或近似匀速移动；若是对心的曲柄滑块机构，则又没有急回特性。此外，如果行程较大，则该机构沿滑块移动方向所占的范围也很大。因此，它不宜作为刨头运动机构。

图13-1(a)所示的六杆低副机构具有受力好，运动副几何封闭，无须反向机构，工作可靠，以及有急回特性和工作行程中刨头为近似匀速运动等优点。其缺点是因为刨头的行程较大，则转动导杆长度也较大，致使牛头刨床沿刨头移动方向的尺寸太大。另外，导杆AE的转动轴A位于曲柄销C运动的圆周之内，若轴A设计成悬臂梁，则受力条件差，因此也不是最佳的刨头运动机构。

图13-1(b)所示机构的优点与图13-1(a)所示机构相同，可是它却没有后者的缺点。它沿刨头移动方向的尺寸小得多，且导杆的转动轴C位于曲柄销A运动的圆周之外，故轴C不必设计成悬臂梁，受力条件好。图中的v_p和v_d分别为工作行程和空回行程中刨头移动速度随其位移而变化的曲线。该两曲线表明，$v_p < v_d$，而且工作行程中间部分的速度变化较小，即接近匀速。综合以上分析可知，这种机构最适宜选为刨头运动机构。

13.4　机构的组合

工程实际中，常常会出现采用几种基本机构不能满足工作要求的情况。例如，要求实现大的传动比；要求实现大的行程而机构尺寸又受到一定的限制；要求实现很大的力的机械效益；低副机构要求实现长时间的停歇；实现某些特殊的运动规律、动力学特性以及轨迹和刚体位置的要求等。还常常会遇到空间布置、尺寸、质量、传动距离及运动平面等诸多条件的要求。这就要求设计者能根据实际需要在基本机构的基础上创造新的机构。其中一种常用的有效方法就是机构的组合。

机构的组合，就是利用两种或两种以上的基本机构，按一定方式的连接，通过结构上的组合达到运动的组合，扩大或改变了原基本机构的性能，重新形成一种新的机构。组合后的机构，可称为组合机构或多构件机构。它可以是同一类机构的组合(如多杆机构、轮系等)，也可以是不同种类机构的组合(如齿轮-连杆组合机构、凸轮-连杆组合机构、凸轮-齿轮组合机构等)。下面简要介绍机构组合的方式和基本原理以及组合举例。

13.4.1　机构的组合方式

按照基本机构组合方式不同，常见的组合机构有以下几种。

(1) 由两个或两个以上基本机构串联而成的组合机构。这种组合机构中前一种基本机构的从动件输出，就是后一种基本机构主动件的输入。如图 13-3 所示，构件 1、2、5 组成凸轮机构，而后一种基本机构为连杆机构，由构件 2、3、4、5 组成；构件 2 是凸轮机构的从动件，也是连杆机构的主动件。

采用基本机构的串联，机构比较容易构造，但它往往仍不能避开原基本机构所固有的局限性，尤其是当串联基本机构比较多时，构件的数目增多，会失掉应用的价值。

关于这种组合机构的分析和综合，基本是利用前面各章节有关基本机构的分析和综合的方法一个一个地解决，一般不会遇到太大的困难。

(2) 由一个基本的机构或两个串联的机构去封闭一个具有两个自由度的基本机构所组成的组合机构。如图 13-4 所示的齿轮-连杆组合机构，就是由具有一个自由度的四连杆机构(由 1、2、3、4 构件组成)去封闭一个差动轮系机构(由 2、3、4、5 构件组成)。

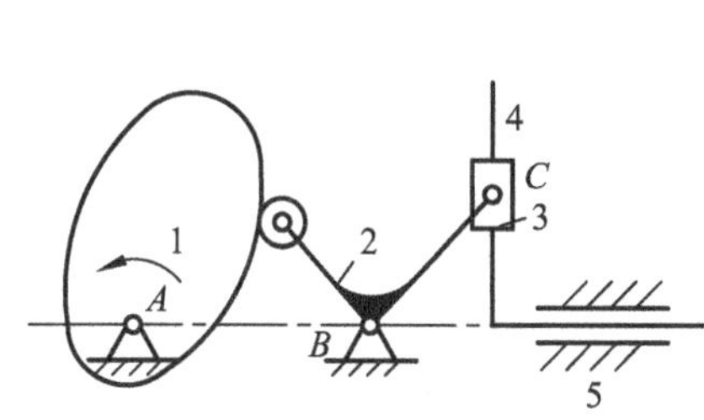

图 13-3　凸轮-连杆组合机构

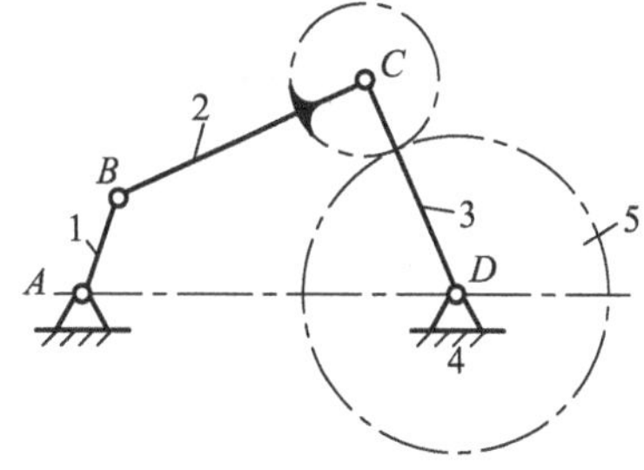

图 13-4　齿轮-连杆组合机构

(3) 由具有两个单自由度的基本机构并联而成的组合机构，如图 13-5 所示的联动凸轮机构。在自动机和自动机床中，为了实现在平面上的任意轨迹，经常采用联动凸轮机构。图 13-5 中 A、B 是两个单自由度的凸轮机构，其从动件用十字导杆机构并联起来。它不像串联组合机构是“首”、“尾”相连，而将它们的“尾”连接起来，得到了一种“新”的组合，从而适应生产上对运动的需要。设计这种机构时，一般根据工程上所需的轨迹 $y=f(x)$，分别算出 $x=f(\varphi_1)$ 和 $y=f(\varphi_2)$，然后按照前面章节所讲的方法设计凸轮的轮廓曲线。

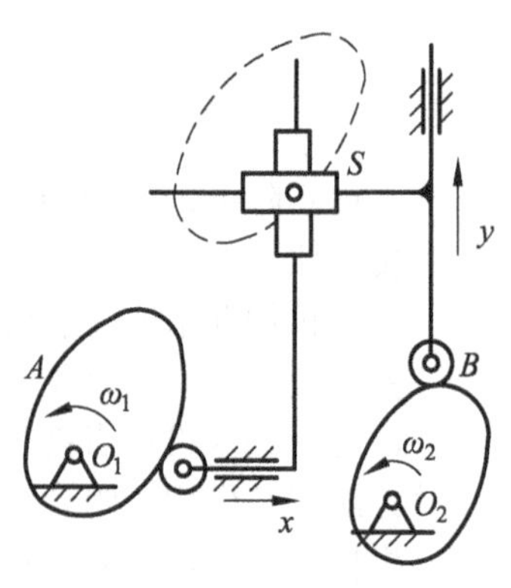

图 13-5　联动凸轮机构

13.4.2　常见组合机构的分析与设计

1. 凸轮-连杆组合机构

比较简单的形式是：由一个凸轮机构和一个具有两个自由度的五杆机构所组成。五杆机构的形式可以根据前面所讲连杆机构的演化进行演变，如导杆机构、摇块机构、定块机构等。凸轮机构可以是移动凸轮机构，也可以是摆动凸轮机构。凸轮机构的封闭形式可以选择在连杆机构的不同部位。五杆机构的运动轨迹可取在不同的连杆上，比四杆机构连杆上的轨迹更加多样化，可实现复杂的运动规律和运动轨迹。

在图 13-6(a)、(b)所示的两凸轮-连杆组合机构中，其连杆机构具有两个自由度，用一个凸轮机构去封闭使它们成为具有一个自由度的机构。

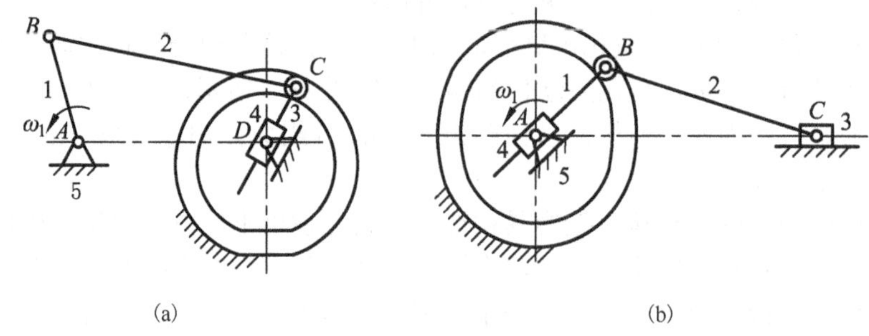

图 13-6　凸轮-连杆组合机构

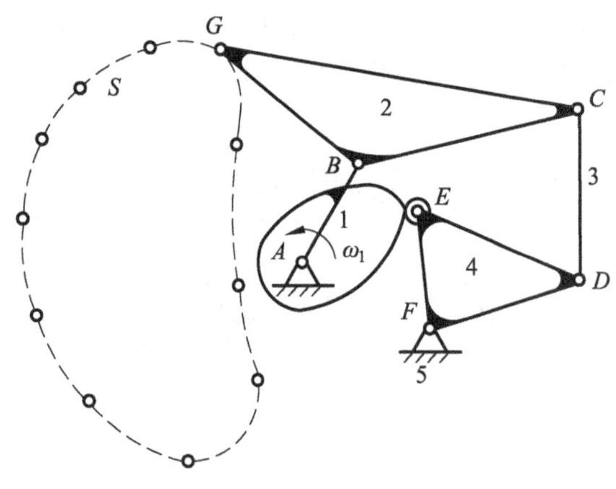

图 13-7　实现预定轨迹的凸轮-连杆组合机构

图 13-7 是实现预定轨迹 S 或者是预定运动规律的另一种凸轮-连杆组合机构。此机构未用凸轮机构封闭前，是一个五杆机构，具有两个自由度。假定给定构件 1 做等速转动，同时使 G 点沿着预定的轨迹 S 运动。这样，机构的运动就完全确定了，从而可求得构件 1 和构件 4 之间的相对运动关系。然后用凸轮机构去封闭它以满足构件 1 和构件 4 之间的相对运动，使机构上的 G 点轨迹能满足 S 轨迹的要求。

根据上面所述思路，无论用解析法还是用图解法，都可做出满足预定轨迹 S 的凸轮轮廓。在图 13-8(a)所示的凸轮-连杆组合机构中，欲使其连杆 C 点的运动轨迹为预定曲线 S，现以图解法为例说明该组合机构的设计方法。

(1) 如图 13-8(b) 所示，根据轨迹 S 的位置和机械总体布局的要求，选定主动件的转动中心 A。

(2) 设 l_1、l_2 为构件 1、2 的长度，达到最远距离的点 $\rho''=l_1+l_2$，最近距离的点 $\rho'=l_2-l_1$，由此可以得到 $l_1=(\rho''-\rho')/2, l_2=(\rho''+\rho')/2$。

(3) 设构件 3 的长度为 l_3，找出轨迹 S 到构件 4 的导程的最大垂直距离 H。应取构件 3 的长度 l_3 大于 H。

(4) 平面五杆机构的尺寸选定后，将 B 点的运动圆周分为若干等份(图中为 12 等份)；以这些分点为圆心，以 l_2 为半径画弧，分别与轨迹 S 相交得其相应点；再以轨迹 S 上的交点为圆心，以 l_3 为半径画弧与构件 4 的导路相交，得到 D 点的相应位置。这样就可以得到凸轮 1 的转角 φ_1 与从动件 4 位移 s_D 之间的关系示意图，如图 13-8(c) 所示。

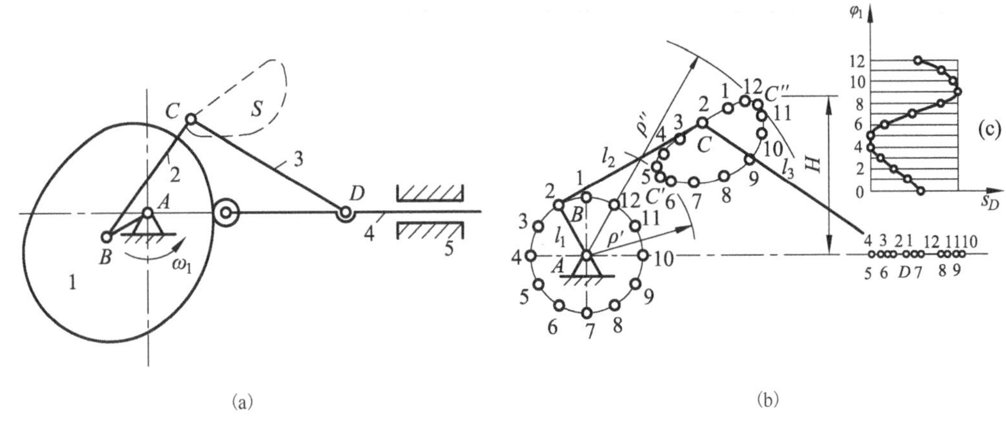

图 13-8　图解法设计凸轮-连杆组合机构

(5) 根据凸轮机构的设计原理，已知预定的运动规律以及基圆半径、滚子半径等尺寸，就可做出凸轮轮廓曲线。

当然，在前面初选 l_1、l_2、l_3 等构件长度后，有时会出现一些问题，应再根据具体情况试选和改进，直到获得满意的结果。

2. 齿轮-连杆组合机构

齿轮-连杆组合机构是由定传动比的齿轮机构和变传动比的连杆机构所组成的。同样可以实现复杂的运动规律和运动轨迹。例如，可以使从动件实现单向变速转动，或者具有短时间停留的单向变速转动；也可以使从动件在一个方向转动过程中间歇地反向转动一段时间。这种机构在轻工业机械中广泛应用，可实现复杂的运动规律。

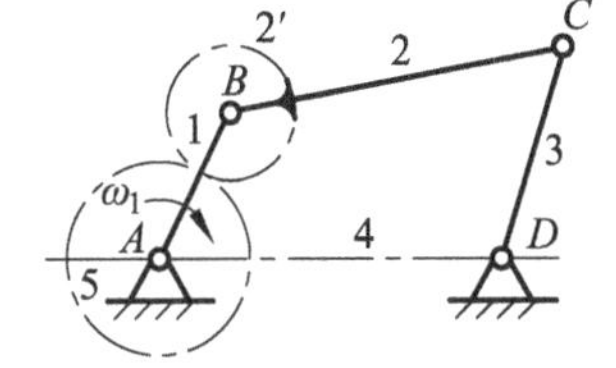

图 13-9　齿轮-连杆组合机构

图 13-9 是一典型的齿轮-连杆组合机构。可以看出，它是由四杆机构 $ABCD$ 和差动轮系组成的。四杆机构 $ABCD$ 的曲柄 AB 的铰链上装有齿轮 2′ 和 5，行星轮 2′ 与连杆 2 固联，而中心轮 5 与曲柄 1 共轴线，但分别自由转动。

四杆机构 $ABCD$ 的自由度为 1，当给定构件 1 为主动件时，它的运动是完全确定的。而差动轮系 1-2′-5-4 是具有两个自由度的机构，当 1、2′的运动完全给定时，5 的运动也就完全确定了，可以看成由一个四杆机构去封闭一个具有两自由度的差动轮系而成。

当主动曲柄 1 以 ω_1 等速回转时，因为 ω_2 是变化的，所以齿轮 5 也做变速运动。由

$$\frac{\omega_5-\omega_1}{\omega_2'-\omega_1}=\frac{\omega_5-\omega_1}{\omega_2-\omega_1}=-\frac{z_2'}{z_5}$$

得到

$$\omega_5=\omega_1\frac{z_5+z_2'}{z_5}+\left(-\frac{z_2'}{z_5}\right)\omega_2 \tag{13-1}$$

式中，ω_2 为连杆 2 的绝对角速度，其值作周期性的变化。

由式(13-1)可以看出，从动轮 5 的角速度 ω_5 由两部分组成：一为等角速度部分，即 $\omega_1(z_5+z_2')/z_5$；二为 $(-z_2'/z_5)/\omega_2$ 部分，随 ω_2 作周期性变化。四杆机构的尺寸关系不同，以及两轮的齿数不同，就可得到从动轮 5 不同的运动规律。

根据这种思路，也可以用四杆机构去封闭由三个齿轮组成的周转轮系，从而得到不同的运动规律。如图 13-10 所示，图中齿轮 1 与机架 4 组成回转副 A，其圆心与连杆 2 组成转动副 B；齿轮 5 松套在轴 C 上，而齿轮 6 与机架 4 组成转动副 D；杆 3 为摇杆，它的一端松套在轴 D 上；齿轮 5 分别与齿轮 1 和齿轮 6 啮合，而齿轮 1 的偏距 AB 即为曲柄的长度。当主动件 1 等速回转一周时，从动轮 6 非匀速转动一次。

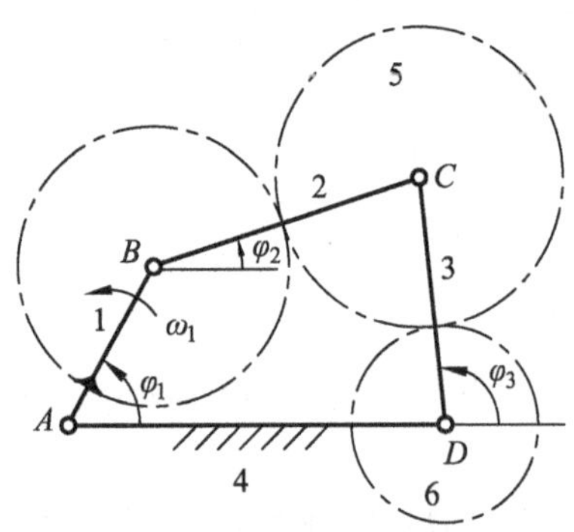

图 13-10　三齿轮-连杆组合机构

齿轮-连杆组合机构可用解析法进行运动分析。在图 13-10 中，对周转轮系 1-2-5 可得

$$i_{51}^2=\frac{\omega_5-\omega_2}{\omega_1-\omega_2}=-\frac{r_1}{r_5}$$

$$\omega_5=\omega_1\left(-\frac{r_1}{r_5}\right)+\omega_2\left(1+\frac{r_1}{r_5}\right)=-\frac{r_1}{r_5}\omega_1+\frac{l_2}{r_5}\omega_2 \tag{13-2}$$

同理，对周转轮系 5-3-6 可得

$$\omega_5=-\frac{r_6}{r_5}\omega_6+\frac{l_3}{r_5}\omega_3 \tag{13-3}$$

联立解式(13-2)与式(13-3)得

$$\omega_6=\frac{r_1}{r_6}\omega_1-\frac{l_2}{r_6}\omega_2+\frac{l_3}{r_6}\omega_3 \tag{13-4}$$

从式(13-4)可看出，当 ω_1 已知时，四杆机构中的 ω_2、ω_3 也已确定，只要几何尺寸确定，ω_6 就完全确定了。

由四杆机构的运动分析可知

$$\omega_2=-\frac{l_1\sin(\varphi_1-\varphi_3)}{l_2\sin(\varphi_2-\varphi_3)}\omega_1,\ \omega_3=\frac{l_1\sin(\varphi_1-\varphi_2)}{l_3\sin(\varphi_3-\varphi_2)}\omega_1$$

将上式代入式(13-4)可求得

$$i_{61}=\frac{\omega_6}{\omega_1}=\frac{r_1}{r_6}+\frac{l_1[\sin(\varphi_1-\varphi_3)-\sin(\varphi_1-\varphi_2)]}{r_6\sin(\varphi_2-\varphi_3)} \tag{13-5}$$

$$\cos\varphi_2=\frac{l_4-l_1\cos\varphi_1+l_3\cos\varphi_3}{l_2} \tag{13-6}$$

$$\cos\varphi_3 = \frac{1}{1+B^2}(-A \pm B\sqrt{1-A^2+B^2}) \tag{13-7}$$

其中

$$A = \frac{l_4^2 - 2l_1l_4\cos\varphi_1 + l_1^2 + l_3^2 - l_2^2}{2l_3(l_4 - l_1\cos\varphi_1)},\ B = \frac{l_1\sin\varphi_1}{l_4 - l_1\cos\varphi_1}$$

由上述公式可以看出，φ_2、φ_3是l_1、l_2、l_3、l_4及φ_1的函数，又因要满足$r_6 = l_3 - r_5 = l_3 - (l_2 - r_1)$这一几何约束条件，故$i_{61}$仅为$l_1$、$l_2$、$l_3$、$l_4$、$r_1$及$\varphi_1$的函数，当$\varphi_1$为自变量时，$i_{61}$仅取决于$l_1$、$l_2$、$l_3$、$l_4$、$r_1$。

3. 凸轮-齿轮组合机构

凸轮-齿轮组合机构大多数是由差动轮系和凸轮机构所组成的。即用凸轮机构去封闭一个具有两自由度的差动轮系机构。如图 13-11(a)所示，齿轮 1、2、2′、3 和系杆 H 构成差动轮系，具有两个自由度；F 为固定在行星轮上的凸轮，它与轴线不动的滚子 G 相接触。当主动轮 1 等速转动时，凸轮向径大小的变化使得从动轮 3 按一定规律做变速运动。若凸轮轮廓有一段是以回转中心为圆心的圆弧，当滚子与这段圆弧相接触时，从动轮 3 做匀速转动。

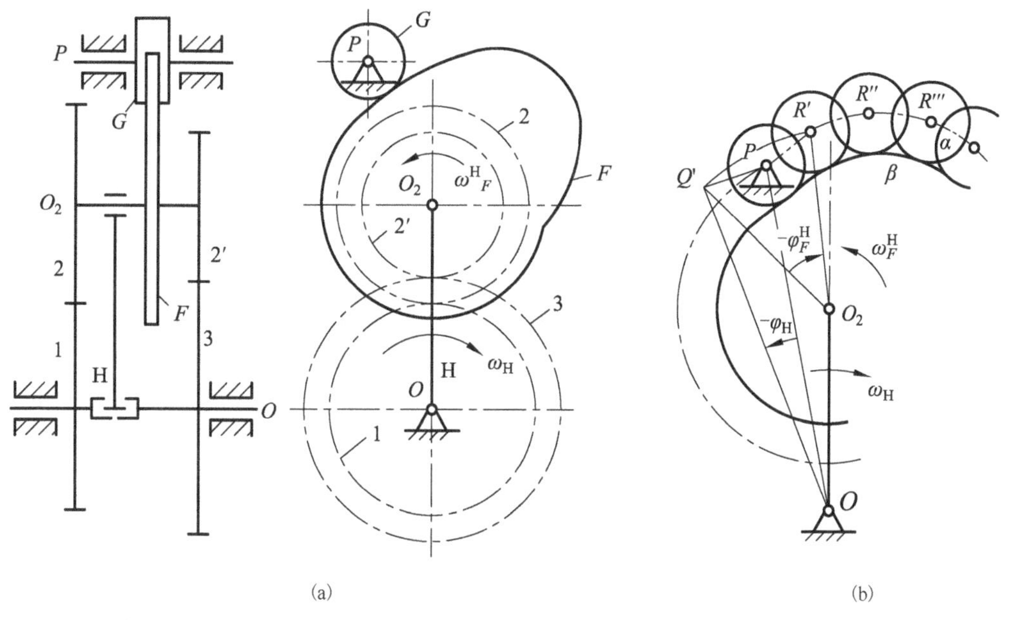

图 13-11　凸轮-齿轮组合机构

设计这类组合机构所要解决的主要问题是，根据从动件预定的运动要求$\varphi_3(\varphi_1)$绘出凸轮轮廓曲线。凸轮轮廓曲线绘制的方法如前所述。但这里要注意几点：①系杆 H 相当于普通凸轮机构的机架，系杆的运动φ_H相当于反转运动；②行星轮相当于普通凸轮机构中的摆动从动杆，它相对于系杆的运动相当于摆杆的“预期运动”。

设计这种机构的已知条件是：差动轮系的各齿轮齿数(或分度圆直径)，以及主动轮和从动轮转角间的函数关系$\varphi_3 = \varphi_3(\varphi_1)$。要求设计凸轮的轮廓，设计步骤如下。

① 恰当地选择凸轮的基圆半径和滚子半径，以及滚子中心到主动轮 1 中心的距离l_{OP}。

② 求出系杆的转角φ_H和凸轮相对于系杆的转角$\varphi_F^H = \varphi_F - \varphi_H$。

根据周转轮系相对运动原理得

$$\begin{aligned}\frac{\varphi_1-\varphi_H}{\varphi_3-\varphi_H}&=\frac{z_3z_2}{z_{2'}z_1}=K\\ \varphi_H&=(\varphi_1-K\varphi_3)/(1-K)\end{aligned} \tag{13-8}$$

$$\begin{aligned}\frac{\varphi_F-\varphi_H}{\varphi_1-\varphi_H}&=-\frac{z_1}{z_2}=-K'\\ \varphi_F^H&=\varphi_F-\varphi_H=-K'(\varphi_1-\varphi_H)\end{aligned} \tag{13-9}$$

③ 根据求得的$\varphi_F^H=\varphi_F-\varphi_H$与$\varphi_H$轴的函数关系，可求作凸轮的轮廓曲线，如图 13-11(b)所示，O、O_2、P为起始位置，将整个系统绕O点转$-\varphi_H$角，则O_2在起始位置，而点P移到点Q'；然后整个系统绕O_2点转$-\varphi_F^H$角，点Q'移到位置R'，则R'便是所求的凸轮理论轮廓上的一点。依照同样的作图方法求得R''、R'''、…点。将这些点连成一光滑的曲线α，便是所求的凸轮理论轮廓曲线。最后以理论轮廓曲线的各点为圆心，以滚子半径为半径作一系列的圆，这些圆的内包络线就是所求的实际轮廓曲线β。

13.5　机械传动系统的运动循环图

当机械系统内仅有一个输出构件，或者虽有数个输出构件但其相互之间没有固定的运动配合关系时，机械系统内所选的机构就可以分别进行参数综合。例如，吊车上起重吊钩的升降机构和吊车桁架的平移机构就是这样。通常，如果机械工作不具有周期性，采取分别驱动各个输出构件的方式，对机构尺寸参数进行综合；若机械工作具有周期性，各个输出构件之间有动作的协调配合关系，那么在进行各个机构的尺寸和参数综合之前，就需要制定出各构件动作协调配合的时间关系。机械的协调配合关系一旦遭到破坏，机械不仅不能完成预期的工作任务，甚至会损坏机械设备。因此，为了保证机械在工作时各执行构件间相互协调配合，设计时应编制出机械的运动循环图，即以原动件转角为横坐标(代表时间)、各输出构件的运动或状态为纵坐标，表明各执行构件运动的相互关系的图形。

在生产实际中机械的运动循环有两种。第一种是可变运动循环，机械中各执行机构的运动规律是非周期性的，如起重机和建筑机械等。第二种是固定运动循环，机械中各执行机构的运动规律是周期性的，各执行机构经过一定时间间隔后，其位移、速度等运动参数重复出现，完成各自的运动循环。每一循环内一般又分为工作行程和空回行程。生产中大多数机械运动循环为固定运动循环。

采用固定运动循环的机械，各执行机构须按工艺要求以一定的顺序运动。一般机械常用气、液、电或机械的方式集中或分散控制。用机械方式集中控制时，常采用分配轴或主轴与各执行机构的主动件固连；或用分配轴上的凸轮控制执行机构的主动件，固连控制的依据就是运动循环图。运动循环图可以做成直角坐标式的直线循环图或极坐标式的圆循环图，并取某一主要执行构件有代表性的特征位置作为起始位置，当分配轴或主轴转过一周时，各执行机构均完成一个运动循环。现将两种运动循环图的表示方法列于表 13-5 中。

表 13-5　机械运动循环图常用的表示方法及特点

序号	类型	绘制方法	特点	图例
1	直角坐标式循环图	将运动循环各运动区段的时间和顺序按比例绘制在直角坐标轴上，实际上它就是执行构件位移线图，但为了简单起见，通常将工作行程、空回行程、停歇区段分别用上升、下降、水平的直线来表示	1．能清楚地看出各执行机构的运动状态及起止时间 2．各执行机构的位移情况及相互关系一目了然 3．便于指导执行机构的几何尺寸设计	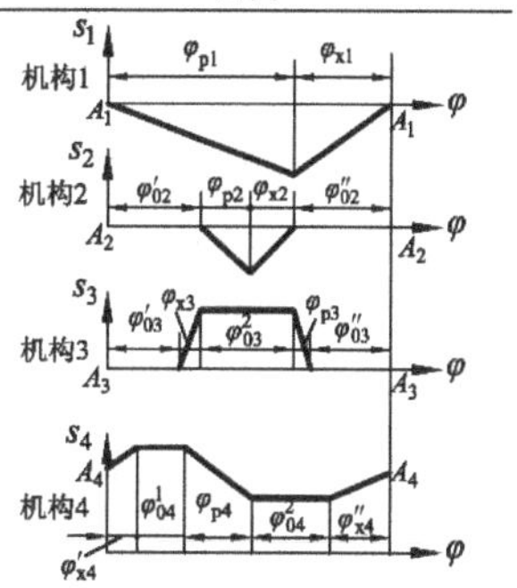
2	极坐标式循环图	将运动循环各运动区段的时间和顺序按比例绘制在圆形坐标上	1．直观性较强。因为机械的运动循环通常是在分配轴转一周的过程中完成的，所以通过它能直接看出各个执行机构原动件在分配轴上所处的相位 2．便于凸轮机构的设计、安装、调试 3．同心圆太多时看起来不是很清楚	

13.6　机械传动系统的方案设计举例

汽车的收放式顶篷整体结构如图 13-12 所示，它包括折叠机构、车顶架(顶架杆与尾架杆)、车顶锁、主支撑、液压系统、控制系统，以及篷布、张紧带和密封元件等其他辅助装置，其中折叠机构是汽车收放式顶篷的主要装置。

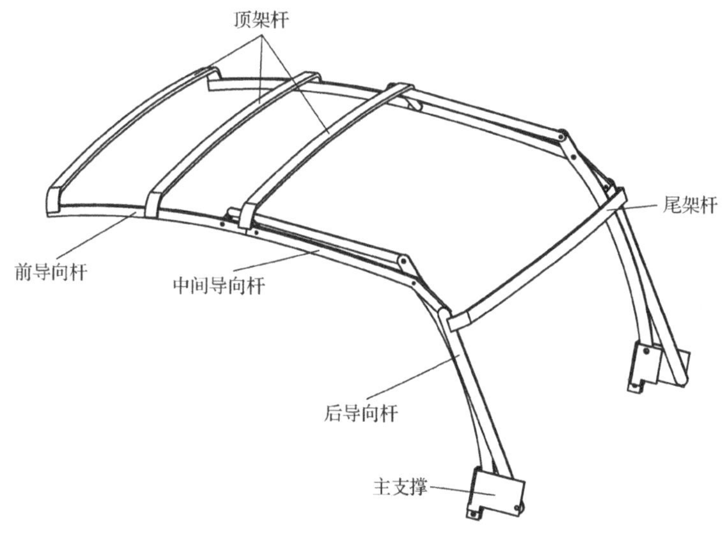

图 13-12　汽车收放式顶篷整体结构图

13.6.1　收放式顶篷的工作过程分析

位于车身两侧并列的两个折叠机构带动顶篷完成展开、折叠工作，它不仅需要工作到位，而且要求具有一定的运动精度。图 13-12 中的前导向杆、中间导向杆和后导向杆是折叠机构的重要部分，具有导向定位作用，它与汽车侧窗相配合。

折叠机构的运动过程分为三个阶段：顶篷展开过程、顶篷保持阶段、顶篷折叠过程。

液压系统驱动折叠机构从行李箱处展开，逐渐撑起篷布，直到顶篷前部到达前挡风玻璃，篷布完全展开，顶篷与车身保持锁定，此时敞篷汽车作为普通汽车使用。需要变成敞篷汽车时，车顶锁打开，顶篷与车身分离，在液压系统的驱动下，顶篷逐渐折叠到行李箱中。

现以某型四门五座的 SUV 为设计对象，将其改装为双门四座的软顶敞篷车，并简述折叠机构的设计过程。

13.6.2 折叠机构的设计要求分析

1. 设计要求

(1) 折叠展开功能：软顶能够快速准确地完成折叠与展开动作，展开和折叠过程时间小于 15s，且要求运动平稳，无剧烈波动。

(2) 折叠展开位置要求：顶篷展开能够精准到位，顶篷前端与汽车前挡风玻璃上端锁定正常，顶篷要求在折叠状态下能够完全收放在行李箱中。

(3) 干涉性：折叠机构运动过程中各个构件之间不允许发生运动干涉。

(4) 折叠尺寸要求：应尽量减小软顶折叠状态时的占用尺寸，以增加行李箱的可用空间。

(5) 传动角：保证工作机构的传动良好，运行流畅，最小传动角 $\gamma_{min} \geqslant 30°$。

(6) 整体外形要求：敞篷车顶篷外形优美流畅，符合大众审美和空气动力性要求。

(7) 在满足工作要求的前提下，要求结构尽可能简单，承载能力强，强度、刚度高，操作简单，维护方便；应保证驾驶员具有良好视野和头顶空间，并确保软顶工作安全。

2. 车身主要参数

某型 SUV 的车身主要参数见表 13-6。

表 13-6 某型 SUV 的车身主要参数

参数	尺寸	参数	尺寸
长度	4675mm	座位数	5
宽度	1888mm	*A* 柱最高点坐标	(1090mm，1999mm)
轴距	2740mm	车身倾角	3.9°
车门数	4	行李箱空间	825mm×605mm×1840mm

13.6.3 折叠机构构型的设计思路

软顶折叠机构作为实现软顶展开与折叠工作的作业机构，是软顶系统设计的核心，折叠机构的性能决定了整个软顶系统的优劣。由于连杆机构的各运动副均为低副，并具有压强小、便于润滑、寿命长、制造简单方便的优点，在机构设计中广泛应用。因此，采用连杆机构作为软顶敞篷的折叠机构。

为了方便折叠机构的驱动和控制，要求折叠机构的自由度为 1。根据平面连杆机构的自由度公式可知构件必须是偶数，所以软顶折叠机构的备选机构可采用平面四杆机构、平面六杆机构和平面八杆机构。

1. 平面四杆机构构型

平面四杆机构为实现软顶折叠功能最简单的构型，如图 13-13 所示。把连杆作为主顶篷，两连架杆分别作为驱动杆和平衡杆，同时也可以作为顶篷外形的一部分，顶篷可折叠成两截。显然，该构型由于覆盖面积有限，目前主要应用于小型敞篷跑车。

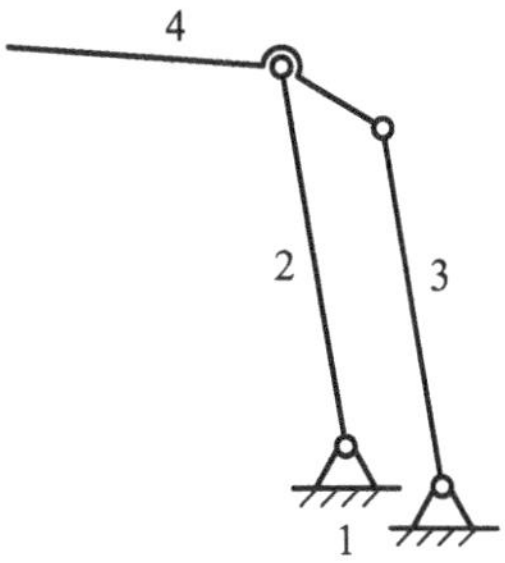

图 13-13　平面四杆机构构型图

2. 平面六杆机构构型

平面六杆机构相对于平面四杆机构来说，能实现造型更复杂的敞篷外形。在实际应用中，根据顶篷折叠截数不同，平面六杆机构可分为两节式和三节式两种类型，图 13-14(a)完全展开可以分为两节，2 和 3 为折叠机构的原动件与从动件，使 5、6 展开就构成了整个软顶，由于只有两节，受尺寸限制，该机构构型只适合于中小型敞篷跑车。图 13-14(b)完全展开可以分为三节，前两节可以位于乘坐空间上方，最后一节作为汽车背部。虽然图 13-14(b)采用三节式构型，但由于机构构型的限制，其覆盖的面积有限。

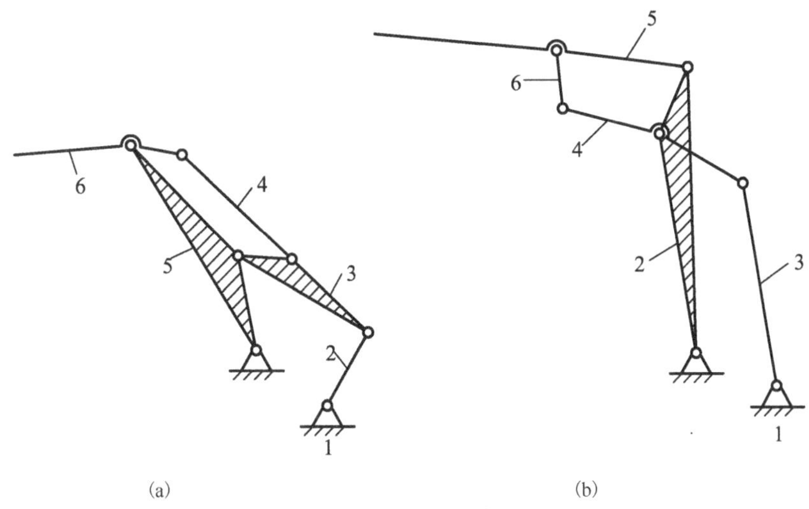

图 13-14　平面六杆机构构型图

3. 平面八杆机构构型

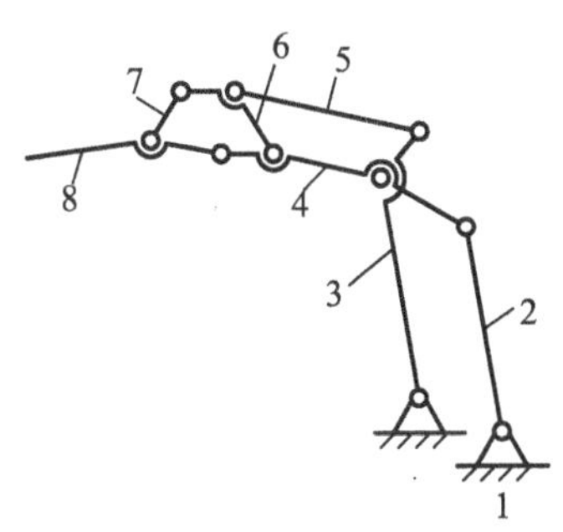

图 13-15　平面八杆机构构型简图

图 13-15 为三节式平面八杆机构构型简图。前两节位于乘坐空间上方，最后一节与尾架杆一起构成汽车背部，并一起构成车顶。平面八杆机构能够覆盖更长的车顶范围来增大乘用空间，可适用于较长轴距车型。另外，每节长度较短，有利于减少行李箱的占用空间。因此，平面八杆机构构型适合用于顶篷覆盖面积较大的车型。

4. 折叠机构构型方案确定

在确定折叠机构构型方案时，要综合考虑车型轴距和行李箱空间大小等因素。通过前面四种机构构型方案的分析，按照顶篷覆盖面积大小比较，八杆机构构型>六杆机构构型

(三节式)>六杆机构构型(两节式)>四杆机构构型。显然，敞篷车顶篷覆盖面积的大小决定了采用何种机构的构型，而且行李箱空间需要与构型单节长度相适应。因此，根据不同的车型具有不同大小的顶篷覆盖面积和行李箱，可以总结出表 13-7，此表给出四种机构构型方案适用的车型。

表 13-7　四个机构构型方案比较与适用车型

构型方案	节数	适用范围
四杆机构构型	两节式	小型敞篷跑车
六杆机构构型	两节式	中小型敞篷跑车；中短轴距车型，A、A0、A00 级轿车改型的敞篷车
六杆机构构型	三节式	
八杆机构构型	三节式	较长轴距车型，如中型 SUV，B、C 级轿车改型的敞篷车

根据表 13-6 中某型 SUV 的车身主要参数，考虑到该车型为中型 SUV，轴距较长，要求改装为双门四座车型，前两节需要较大的覆盖空间，因此选用平面八杆机构作为该 SUV 软顶的折叠机构的构型。

13.6.4　某型 SUV 的折叠机构的设计

1. 折叠机构设计的需求分析

经过前面的分析与论证，折叠机构采用三节式平面八杆机构，如图 13-16 所示，折叠机构分为 *LJ*、*DJ*、*AD* 三节，其中 *LJ* 与 *DJ* 处于汽车座位正上方，*AD* 位于汽车背部，一起组成了整个遮蔽空间。设计要求 *LJ*、*DJ*、*AD* 展开位置能够运动到 *L'J'*、*D'J'*、*AD'* 折叠位置。根据两位置设计需求，确定了折叠机构主要设计位置参数，如表 13-8 所示。可以把 *LJ* 作为前导向杆，*DJ* 作为中间导向杆，*AD* 作为后导向杆。

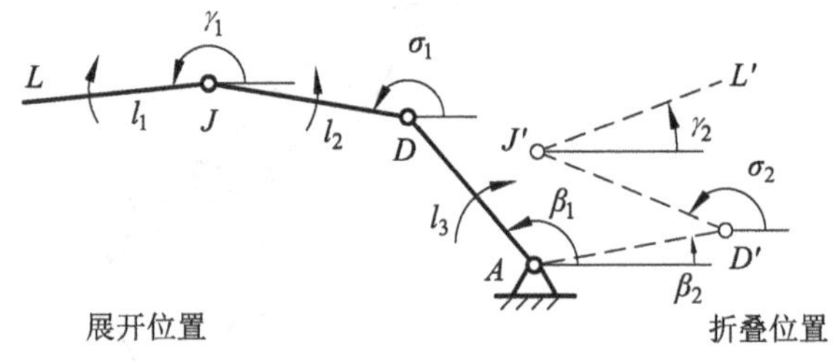

图 13-16　折叠机构设计需求示意图

表 13-8　折叠机构设计位置参数表

	前导向杆 *LJ*	中间导向杆 *DJ*	后导向杆 *AD*
展开位置	l_1、γ_1	l_2、σ_1	l_3、β_1
折叠位置	l_1、γ_2	l_2、σ_2	l_3、β_2

2. 折叠机构尺寸综合方法

图 13-17 为平面八杆折叠机构简图，*A* 和 *B* 为固定支座，安装于车身，构件 2(*ADE*)作为驱动杆，构件 1(*BC*)起到平衡的作用。构件 2、3、5、7 由于存在多个铰点，将其简化成多边形。整体机构可以分为 3 个尺寸链，构件 1、2、3、8 组成尺寸链 1，构件 2、3、4、5 组成尺寸链 2，构件 3、5、6、7 组成尺寸链 3。其中设定机架 *BA* 与水平线的夹角为δ，构件 2 中的 *AD* 与 *DE* 的夹角为μ，构件 3 中的 *CD* 与 *JD* 的延长线的夹角为τ，机构展开时，*GK* 与

水平线的夹角为φ_{KG}。L为折叠机构前端与汽车A柱的接触点，$LJDA$作为顶篷内侧，与汽车侧窗配合。其中J点并非铰链接点，其实际结构类似门栓机构，将J点正上方O点作为铰点，但设计位置角度仍以J点作为基准。

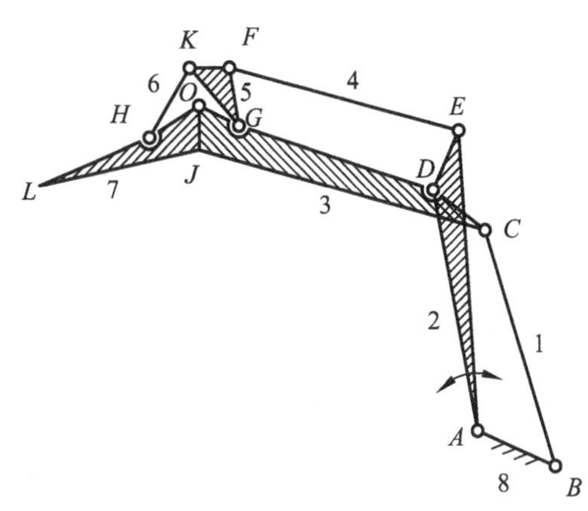

图 13-17　平面八杆折叠机构简图

顶篷外形为复杂的曲面，在软顶篷的设计中，通常结合实际结构，采用边界表示法，通过一系列关键点构建顶篷外形，建立软顶篷框架线框模型。软顶篷外形一般可以通过两侧点和顶篷脊线点确定，其中两侧点与车身相连，且相对于脊线点所在的车身中间平面对称。如图 13-18 所示，两侧分别由五个点构成曲线，L 点为顶篷与汽车 A 柱的相配合点，L、J、D、X所构成的曲线为软顶篷与汽车侧窗的相配合线，X、Y所构成的直线为软顶篷与汽车行李厢上沿的相配合线。脊线可由Q_1、Q_2、Q_3、Q_4、Q_5五点所构成的曲线确定形状。

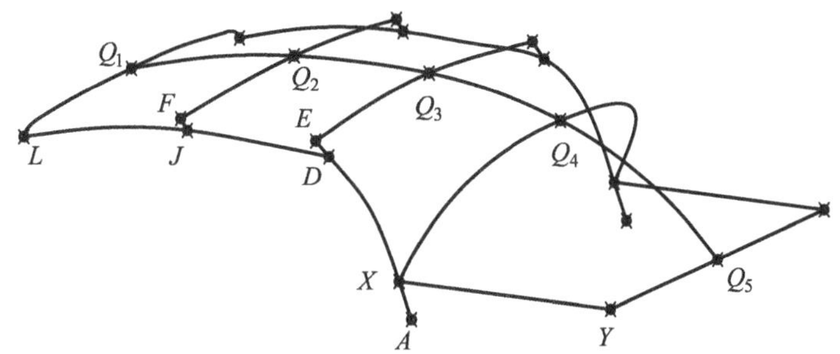

图 13-18　软顶篷外形构造图

根据图 13-16～图 13-18，采用解析法按照平面八杆机构的三个尺寸链对折叠机构两设计位置进行精确尺寸综合，推导并确立一组独立的设计参数：

$$\left\{\begin{matrix} l_1、l_2、l_3、\beta_1、\beta_2、\sigma_1、\sigma_2、\gamma_1、\gamma_2、\tau、\delta、\mu、\varphi_{KG}、\\ CD、DE、EF、FG、HJ、JG、OJ \end{matrix}\right\}$$

建立折叠机构参数化设计模型，在此基础上，建立折叠机构的优化设计数学模型，获得折叠机构的几何尺寸。

3. 折叠机构优化设计数学模型

1) 设计变量的选取

在设计时，根据敞篷外形确定展开位置参数，由于该车型为双排四门敞篷车，顶篷外形内侧由$LJDX$连线构成，其与侧窗相配合，X点为后车门上沿与车身平面的交点，如图 13-19 所示。A点位置位于车身内，AD杆为经过X点的非直杆。则L、J、D、X、Y为确定参数点。优化时，以汽车整体坐标系为基准，将A点作为设计变量，这样保持l_1、l_2、σ_1、λ_1不变，因此折叠机构优化设计的变量为

$$\{x_A、y_A、\beta_2、\sigma_2、\gamma_2、\tau、\delta、\mu、\varphi_{KG}、CD、DE、EF、FG、HJ、JG、OJ\}$$

表 13-9　机构已知参数

L 点坐标	J 点坐标	D 点坐标	X 点坐标	Y 点坐标
(1090，1199)	(1740，1300)	(2305，1266)	(2597，850)	(3422，906)

2) 目标函数的确定

由于该车型是双门四座敞篷车，可以认为顶篷折叠后完全置于行李箱中，因此要求折叠机构与车身铰接点 A 位置在 X 点右下侧。将行李箱空间简化为 $XX'YY'$ 梯形，折叠机构占用的面积为 S_1，顶篷占用的面积为 S_2，根据占用行李箱空间最小化建立目标函数：$f = S_1 + S_2 \to \min$

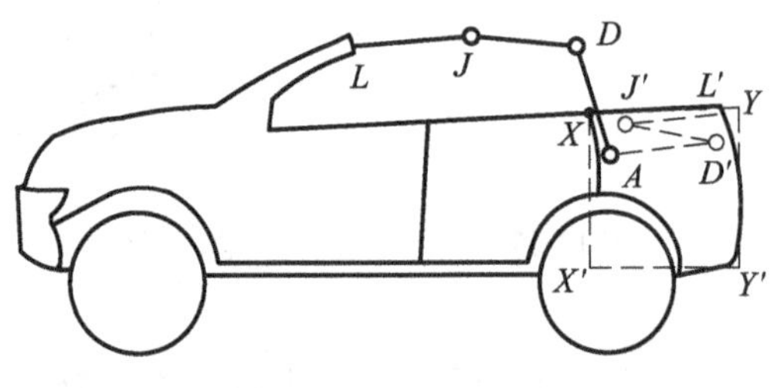

图 13-19　折叠机构展开位置和折叠位置与车身配合示意图

3) 约束条件

根据折叠机构的工作要求和几何外形的要求(其外形要求如图 13-19 所示)，折叠机构必须满足以下八个方面的条件，才能保证顶篷的折叠机构能正常工作，并且满足设计要求。

(1) 为保证传动良好，避免出现自锁，设计时需使最小传动角 $\gamma_{\min} \geqslant [\gamma]$。

(2) 为保证铰接点 A 的位置约束，应该使 A 在 X 点右下方。

(3) 保证顺利转开和折叠，且避免运行过程中出现死点。

(4) 由于导向杆形状一般为弯曲的，而理论计算为直线，且存在顶架杆，优化时需考虑实际形状，防止相互干涉。

(5) 展开状态外形约束，F 点和 E 点处安装顶架杆，符合外形要求。

(6) 为保证机构整体相对于行李箱的位置约束，折叠形态不能超出行李箱空间范围。

(7) 顶篷展开折叠过程中要求顶篷运动平稳，摆动幅度较小。

(8) 连杆 KFG 几何形状约束。

4．优化设计的结果

根据折叠机构的工作要求和几何外形的要求，初步综合平面八杆机构的几何尺寸，采用 CATIA PEO 优化模块求解，得到了折叠机构优化设计结果及机构的最佳尺寸。优化设计结果见表 13-10，折叠机构折叠状态占用行李箱空间由原先的 0.1750m^2 优化至 0.1119m^2，目标函数值下降超过 30%，极大地优化了折叠机构的占用空间。

表 13-10　折叠机构优化设计前后设计变量参数值

设计参数	初始值	优化值	设计参数	初始值	优化值
x_A / mm	2650	2633.15	φ_{KG} / (°)	158	158.48
y_A / mm	720	775.36	JG / mm	33	33.27
γ_2 / (°)	3.9	3.68	FG / mm	70	71.19
β_2 / (°)	2	1.98	EF / mm	540	537.5
σ_2 / (°)	177	180.53	OJ / mm	35	31.77
δ / (°)	150	148.59	HJ / mm	80	75.32
τ / (°)	27	29.71	CD / mm	138	106.2
μ / (°)	10	14.63	DE / mm	75	74.391

13.6.5　某型 SUV 的折叠机构的运动仿真

计算机辅助工程(CAE)广泛应用于机械工程的设计、制造等领域，同样也可以用于机构的综合与分析，运用 CATIA 软件建立汽车软顶篷折叠机构的数字样机，如图 13-20 所示，用于来替代传统的实物样机进行测试和试验，检验折叠机构是否满足设计要求。

汽车软顶篷折叠机构的运动仿真分析是检验设计质量的一个重要环节，运动仿真分析的具体流程如下：

(1) 数字样机准备，完成完整的静态约束装配；

(2) 运动副创建，定义固定件；

(3) 施加驱动命令；

(4) 运动模拟，观察机构运行情况；

(5) 运动参数测量，运动结果提取和分析。

如图 13-21 所示，运用 CATIA 运动仿真分析模块，获得了折叠机构的运动过程仿真图。

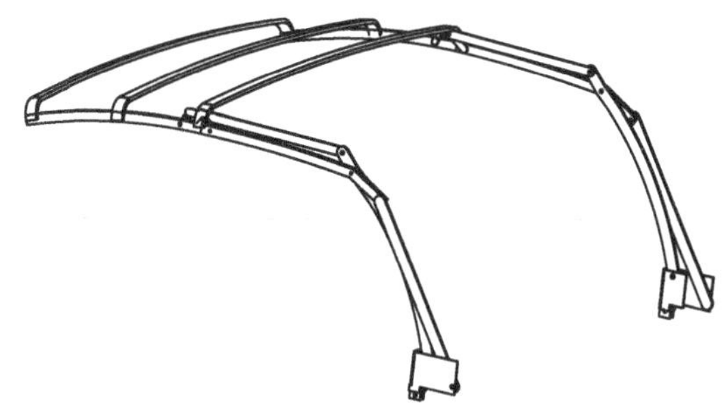

图 13-20　汽车软顶篷折叠机构的数字样机

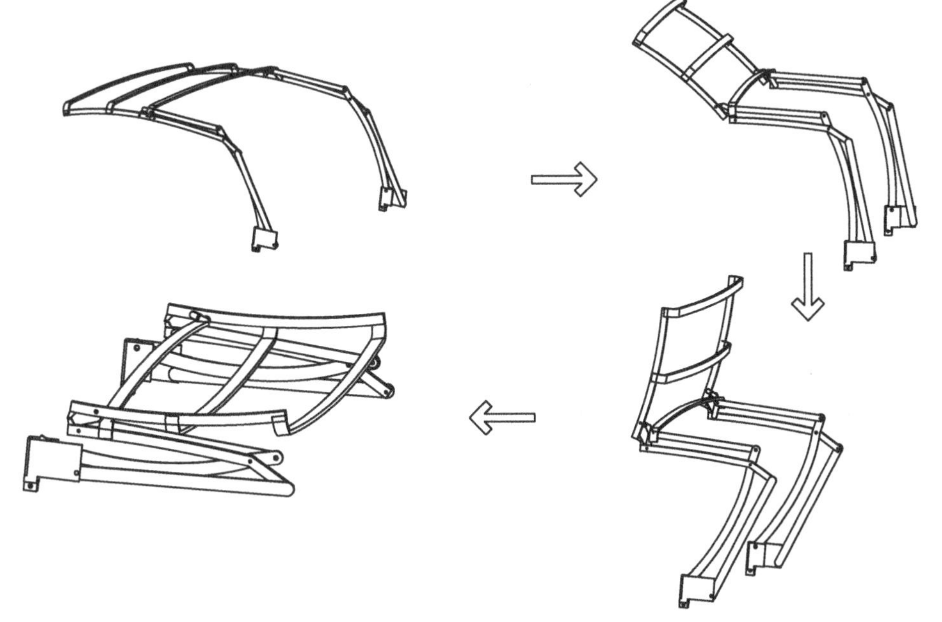

图 13-21　折叠机构的运动过程仿真图

对折叠机构的运动过程进行仿真，不仅可以直观地看到整个机构的运动过程，而且可获得速度、加速度数据，以及进行干涉、碰撞分析，可以验证软顶篷折叠机构设计的合理性。

本 章 小 结

本章介绍了机械传动系统方案设计的主要内容和步骤，对机械传动系统方案设计中所涉及的一些主要问题进行了介绍，如机构的选型、机构选型的原则和评价体系、机构的组合以及机械各执行机构之间的运动协调关系即运动循环图，其中对机构的选型及机构的组合方式和常见的几种组合类型作了重点介绍。最后通过一个具体实例，对整个机械传动系统方案设计的全过程进行了详细的叙述。通过本章学习，应掌握机械传动系统方案拟定及机构选型的基本知识；掌握常见机构的组合方式及类型，了解机构选型的评价体系，逐步地树立工程设计的观点，为后续专业课程的学习打下基础。

复习思考题

1. 机械传动系统方案设计的主要目的是什么？
2. 在进行机构选型时，首先要考虑的两个主要因素是什么？
3. 机构选型应遵循的一般原则有哪些？
4. 周期性工作的机械，为何要编制运动循环图？
5. 常见机构的组合方式有哪些？各举一例说明。

习　　题

13-1　题 13-1 图为洗瓶机有关部件的工作情况示意图。待洗的瓶子放在两个转动着的导辊 D 上，导轨带动瓶子 P 旋转。当推头 M 把瓶子推向前时，转动着的刷子 S 就把瓶子外面洗净；当瓶子即将洗刷完毕时，后一个瓶子被送入导辊待推。试设计洗瓶机的推瓶机构(要求推头 M 在 600mm 的工作行程中做近似匀速运动，平稳地接触和脱离瓶子，然后推头快速返回原位，行程速比系数 $K=3$。只需列举 2～3 种设计方案)。

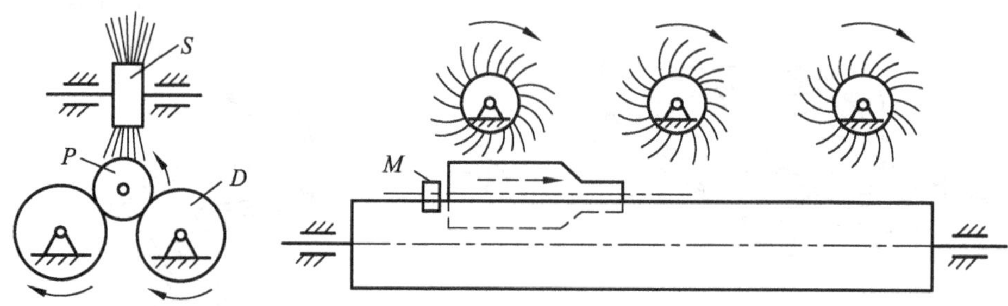

题 13-1 图

13-2　题 13-2 图为齿轮-连杆组合机构。齿轮 2′ 与连杆 2 固接，齿轮 5 可绕铰链 A 转动。设已知杆长 l_{AB}、l_{BC} 及齿轮的齿数。①若 1 为原动件，该机构为何种组合方式？并写出 ω_5 与 ω_1 之间的关系式；②以 3 为原动件，该机构又为何种组合方式？并导出 ω_5 与 v_3 之间的关系式。

13-3　题 13-3 图为铁板输送机构的运动简图。已知各齿轮的齿数和各杆的杆长。试求以 1 为原动件，该机构为何种组合方式，并写出 ω_7 与 ω_1 之间的关系式。

13-4　凸轮-连杆组合机构如题 13-4 图所示。欲使连杆 C 点的轨迹(S)为图中所示，试设计此组合机构。

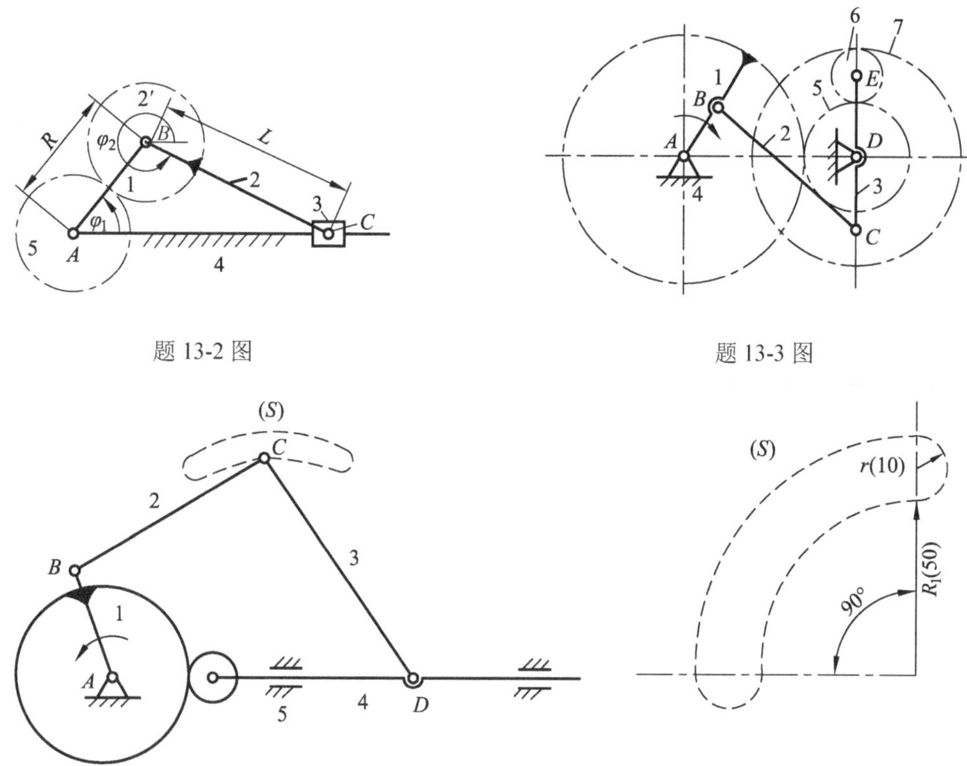

题 13-2 图

题 13-3 图

题 13-4 图

13-5　某自动测量装置组合机构如题 13-5 图所示。要求滑块从 O 点沿 y 轴上升 130mm，然后再返回原点 O。EF 构件由电动机单向驱动。已知 $\overline{OA}=240\text{mm}$，$\overline{AB}=95\text{mm}$，$\overline{BD}=236\text{mm}$，$F$ 点的位置为 $x_F=143\text{mm}$，$y_F=190\text{mm}$。试根据从动件压力角不超过 45° 的要求，确 DC、CE、EF 的长度。

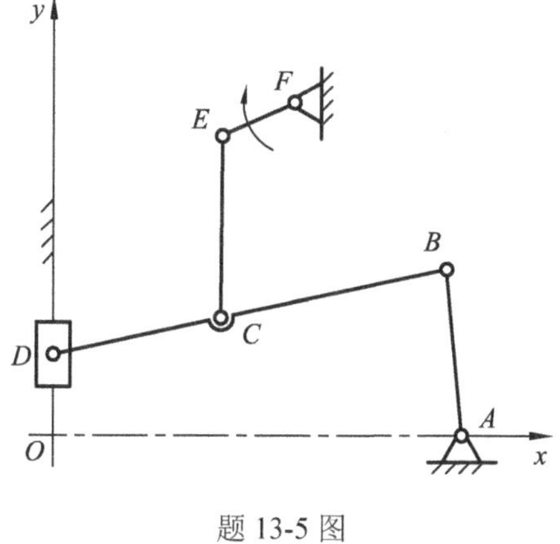

题 13-5 图

参 考 文 献

柴洪友, 高峰, 2018. 航天器结构与机构[M]. 北京: 北京理工大学出版社.

陈建平, 范钦珊, 2018. 理论力学[M]. 3 版. 北京: 高等教育出版社.

成大先, 2016. 机械设计手册[M]. 6 版. 北京: 化学工业出版社.

邓宗全, 于红英, 王知行, 2015. 机械原理[M]. 3 版. 北京: 高等教育出版社.

范元勋, 张庆, 2014. 机械原理与机械设计(上册)[M]. 3 版. 北京: 清华大学出版社.

郭卫东, 2013. 机械原理[M]. 2 版. 北京: 科学出版社.

哈尔滨工业大学理论力学教研室, 2002. 理论力学[M]. 6 版. 北京: 高等教育出版社.

洪嘉振, 杨长俊, 2008. 理论力学[M]. 3 版. 北京: 高等教育出版社.

侯文伟, 杨臻, 高碧祥, 2019. 一种卫星对接装置空间凸轮机构传动分析验证[J]. 火力与指挥控制, 44(4): 74-77, 81.

华大年, 1994. 机械原理[M]. 2 版. 北京: 高等教育出版社.

教育部高等学校机械基础课程教学指导分委员会, 2012. 高等学校机械基础系列课程现状调查分析报告暨机械基础系列课程教学基本要求[M]. 北京: 高等教育出版社.

李树军, 2009. 机械原理[M]. 北京: 科学出版社.

楼鸿棣, 邹慧君, 1990. 高等机械原理[M]. 北京: 高等教育出版社.

孟宪源, 姜琪, 2004. 机构构型与应用[M]. 北京: 机械工业出版社.

牛春匀, 2008. 实用飞机结构工程设计[M]. 程小全, 译. 北京: 航空工业出版社.

申永胜, 2015a. 机械原理[M]. 3 版. 北京: 清华大学出版社.

申永胜, 2015b. 机械原理学习指导[M]. 3 版. 北京: 清华大学出版社.

孙桓, 1998. 机械原理教学指南[M]. 北京: 高等教育出版社.

孙桓, 陈作模, 葛文杰, 2013. 机械原理[M]. 8 版. 北京: 高等教育出版社.

杨家军, 2014 . 机械原理[M]. 2 版. 武汉: 华中科技大学出版社.

杨义勇, 金德闻, 2009. 机械系统动力学[M]. 北京: 清华大学出版社.

姚卫星, 顾怡, 2016. 飞机结构设计[M]. 北京: 国防工业出版社.

于靖军, 2013. 机械原理[M]. 2 版. 北京: 机械工业出版社.

张策, 2008. 机械动力学[M]. 2 版. 北京: 高等教育出版社.

张策, 2018. 机械原理与机械设计(上册)[M]. 3 版. 北京: 机械工业出版社.

赵自强, 张春林, 2016. 机械原理[M]. 2 版. 北京: 机械工业出版社.

郑文纬, 吴克坚, 1997. 机械原理[M]. 7 版. 北京: 高等教育出版社.

中国机械工程学科教程研究组, 2017. 中国机械工程学科教程(2017 年)[M]. 北京: 清华大学出版社.

朱如鹏, 1998. 机械原理[M]. 北京: 航空工业出版社.

祝毓琥, 1986. 机械原理[M]. 2 版. 北京: 高等教育出版社.

邹慧君, 高峰, 2007. 现代机构学进展(第 1 卷\第 2 卷)[M]. 北京: 高等教育出版社.

邹慧君, 郭为忠, 2007. 机械原理学习指导与习题选解[M]. 北京: 高等教育出版社.

邹慧君, 郭为忠, 2016. 机械原理[M]. 3 版. 北京: 高等教育出版社.

BUDYNAS R G, NISBETT J K, 2015. Shegley's mechanical engineering design[M]. 10 版(影印版). 北京: 机械工业出版社.

NORTON R L, 2017. Design of machinery-An introduction to the synthesis and analysis of mechanisms and machines[M]. 5 版(影印版). 北京: 机械工业出版社.

UICKER J J, PENNOCK G R, SHIGLEY J E, 2003. Theory of machines and mechanisms[M]. 3rd. New York: Oxford University Press.